普通高等教育“十二五”规划教材

# UG NX7.5 高级应用教程

主　编　钟　奇　王晓军
副主编　韩立兮　高　波　李俊文
参　编　侯雯卉　肖善华　廖璘志
主　审　黄士涛

机 械 工 业 出 版 社

本书通过大量实例，对 UG NX7.5 环境下的机械产品设计与制造技术进行了全面、系统地介绍。作者本着实用、够用、好用的原则，对 UG 的使用与操作提炼出很多独特方法与经验，为读者学习 UG 技术提供一个优秀的平台。

全书分为 7 章，分别介绍 UG 基本知识、单一零件的建模、完整产品的设计及装配、零件与装配工程图、产品外观渲染、模具设计及机械产品加工编程等内容，涵盖了机械产品设计与加工、模具设计与制造、工业设计所需要的 UG 操作的基本知识。各章实例众多，内容由浅入深，层次分明，重点突出，条理清晰。

本书已经过本科与专科多年的教学实践，并根据教学反馈进行了多次修改，教学效果良好，是学习 UG 的好助手。

本书可作为机械类、工业设计类、模具设计类或近机械专业的本科院校、专科学校、相关培训学校教学和学习使用，也可作为工程技术人员、UG 爱好者学习与参考之用。

**图书在版编目（CIP）数据**

UG NX7.5 高级应用教程/钟奇，王晓军主编. —北京：机械工业出版社，2012.5（2018.1 重印）

普通高等教育“十二五”规划教材

ISBN 978-7-111-38363-5

Ⅰ.①U… Ⅱ.①钟…②王… Ⅲ.①机械设计-计算机辅助设计-应用软件-高等学校-教材 Ⅳ.①TH122

中国版本图书馆 CIP 数据核字（2012）第 096624 号

机械工业出版社（北京市百万庄大街 22 号 邮政编码 100037）
策划编辑：舒 恬 责任编辑：舒 恬 任正一 版式设计：霍永明
责任校对：陈辛辉 封面设计：张 静 责任印制：孙 炜
北京玥实印刷有限公司印刷
2018 年 1 月第 1 版第 3 次印刷
184mm×260mm · 21.25 印张 · 538 千字
标准书号：ISBN 978-7-111-38363-5
定价：43.80 元

# 前　言

一个先进的设计理念如何能快速转换成实际的产品？借助现代计算机技术，进行虚拟环境下的数字化设计，对于快速开发新产品，适应市场急剧变化的需求是一个非常好的选择。UG是目前在国内外高端设计领域广泛应用的工程软件，使企业能够通过新一代数字化产品开发系统，实现向产品全生命周期管理转型的目标，是企事业产品设计开发及产品制造加工的利器。

本书内容的编写采用UG NX7.5版本，与以前的UG版本相比，UG NX7.5版本界面更加美观、简练，功能更加强大，使用更方便快捷，产品设计更加高效，数据利用更加充分。

学习工程软件UG要达到学以致用，否则就不能很好地解决工程技术问题。本书是编者结合多年来使用UG进行产品设计与开发的切身体会，和实际工作中的大量工程应用，编写成的一本实用性较强的教材，使读者获得较好的学习效果，在工作中自如地使用UG。

本书有如下特点：

(1) 明确提出学习的重点难点，操作技巧。

(2) 面向应用，服务应用，知识点与实际工程应用相结合。

(3) 实例多，让读者在理解命令的同时，掌握如何使用所学命令进行实际应用。为此，教材采取先讲解后应用或讲解与应用并行的方式，使读者学得快，用得上。

(4) 涉及知识面广，可同时满足机电产品设计、机械设计与制造、工业设计、模具、数控、汽车、玩具设计、航空航天、船舶等专业的需求。

(5) 配套电子资源包含大量专门为本教材录制的学习录像，可供读者自学。除此之外，本书配有电子教案、教学大纲、部分习题答案，供教师教学参考使用，任课教师可登录机械工业出版社教育服务网www.cmpedu.com免费下载相关电子资源；如果教师在使用教材时存在疑惑，可以通过QQ（495385186）与编者直接联系，相互切磋与探讨。

本书包含各专业共同需要的知识点（UG基础知识、三维建模），以及不同专业可能要用到的知识点（产品设计与装配技术、工程图技术、工业设计与渲染技术、模具设计技术、机械加工技术）。在章节中，根据学习规律安排知识结构的顺序，让读者可以轻松地学习。

建议学习本书的总课时：专科120学时，本科90学时。学习本教材时，除第1章、第2章及第4章是必学内容外，其余章节应该根据各专业特点进行删减。学习的课时量也可以根据学习情况适当进行调整，不要贪多求全，否则欲速则不达。

本书可作为高等院校本科，专科教学教材，从事工程应用的培训教材，也可以供工程技术人员、社会自学人员、UG爱好者学习与参考之用。

本书由广东技术师范学院天河学院钟奇、广东技术师范学院王晓军、湖南环境生物学院韩立兮、广东技术师范学院天河学院高波、李俊文，以及唐山学者侯雯卉、宜宾学者肖善华、廖璘志等编写，郑州大学博士研究生导师黄士涛教授对本书进行了全面审核，并提出了很多宝贵的意见。在此，对黄士涛教授及其他对本书有帮助的学者一并致谢。由于编者水平有限，加之时间仓促，不足之处在所难免，恳请从事UG软件应用和研究的人员及广大读者批评指正。

**编　者**

# 目　录

# 第 1 章　UG 基本知识

**本章重点：**

本章主要介绍 UG NX7.5 界面的组成及常用操作，是后续学习的基础。要求掌握 UG 工作界面的组成以及调整方法和 UG 的基本操作方法，熟练掌握 UG 的常用操作，并通过本章实例理解 UG 的三维造型基本方式。

**本章难点：**

UG 环境下一些对话框的操作及设置，如点构造器、矢量构造器等的使用。

UG 是机械设计与制造的重要专业工具软件，是机械类专业人士学习 CAD/CAM/CAE 技术的重要渠道。UG 是 Unigraphics 的缩写，是一个交互式 CAD/CAM（计算机辅助设计与计算机辅助制造）系统，可以轻松实现各种复杂实体及造型的建构。UG NX7.5 的主要功能包括：工业设计和风格造型、仿真、NC 加工、模具设计制造、开发解决方案等。

由于 UG NX7.5 包含的内容十分丰富，要想掌握该软件所有的功能，需要花费大量时间。读者可以根据自己所从事的专业，选择性地学习其中部分章节。

## 1.1　UG 界面及调整

### 1.1.1　UG 界面

启动 UG，并进入到 UG 的建模环境中，可以看到 UG 的界面如图 1-1 所示。

图 1-1　UG 建模环境界面

需要注意的是，若读者启动 UG 后，画面与图 1-1 的界面可能不同，这是由于 UG 界面经过了调整的缘故。UG 的界面可被使用者自由调整成自己喜欢的界面，以适应不同应用及不同用户习惯的需要。下面介绍进行界面调整的方法。

### 1.1.2　调整界面

**1. 增加工具条**

方法 1：在任意工具条上单击鼠标右键（后文中简称为“右击”），弹出快捷菜单。用鼠标左键单击（后文中简称为“单击”）其中之一，即可显示该工具条。

方法 2：单击【工具】→[⊖]【定制…】，将弹出【定制】对话框，在【工具条】面板上，单击所需工具条前面的复选框，即可显示相应的工具条。

**2. 移动工具条**

当需要调整工具条在屏幕上的显示位置时，可以通过拖动标题栏来移动工具条到适当位置。工具条根据需要可以横放，也可以竖放。

如图 1-2 所示是正在拖动【特征】工具条时的情况。

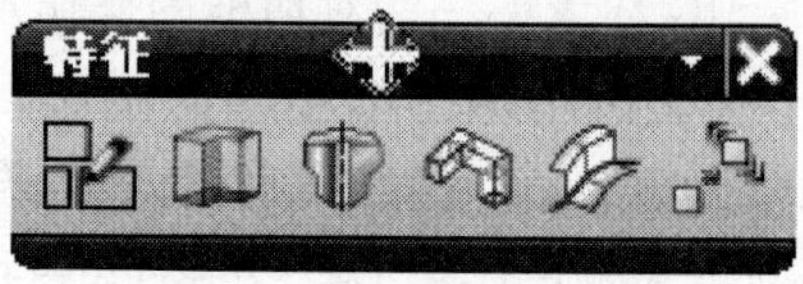


图 1-2　通过按住标题栏来拖动工具条

**3. 增加或移除命令按钮**

若需要增加工具条中的命令按钮可以单击工具条标题栏右侧的增加命令按钮。单击时，会弹出【添加或移除】按钮，单击它，再单击【特征】，将弹出快捷菜单，单击选中所需命令按钮，图 1-3 所示是增加了部分命令按钮后的【特征】工具条。如果不需显示某命令按钮，只需重复操作，去掉该命令按钮前面的对勾即可。

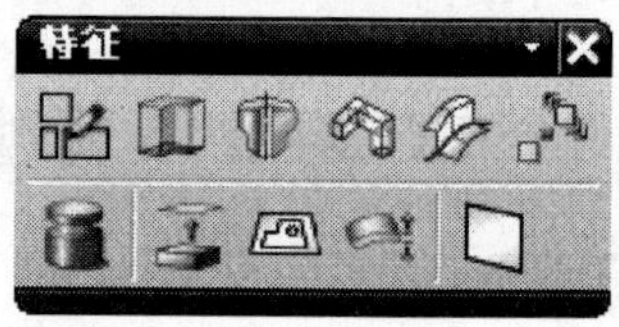


图 1-3　增加命令按钮后的【特征】工具条

**4. 调整背景颜色**

方法 1：单击【首选项】→【背景】，弹出【背景】对话框，可根据需要将【顶部】、【底部】等颜色进行适当的调整。

方法 2：通过【视图】工具条中的【背景】按钮来改变背景颜色。

在 UG 环境中，如果使用“真实着色”效果，则原来的背景色就不起作用了。单击【真实着色】工具条中的【真实着色】按钮来切换是否进行真实着色。在真实着色状态下，【真实着色】工具条中的各命令按钮有效，可通过这些按钮来修改材料反光效果、材料类型、背景、反射效果等项目。

**5. 改变着色模式**

当图形显示时，通过调整【视图】工具条中的命令按钮来调整图形的着色模式，在 UG 中，着色模式有【静态线框】、【艺术外观】、【面分析】、【带边着色】、【着色】、【局部着色】、【面的边缘】等 11 种模式。例如单击【带边着色】按钮时，图形的显示效果如图 1-4a 所示，单击【静态线框】按钮时，图形显示效果，如图 1-4b 所示。单击【适度窗口】按钮，可使图形在屏幕上满屏显示。

在 UG 中，工作截面的查看功能得到了加强。单击【视图】工具条中的【编辑工作截面】

⊖ “→”表示用鼠标单击下拉菜单命令的顺序。

按钮，会弹出【查看截面】对话框，同时显示截面预览，如图 1-5 所示。当拖动 X、Y、Z 三个方向的箭头时，可以使截面沿该方向移动；当拖动旋转柄时，可以使工作截面旋转一定角度，这种方法特别适合查看装配图或三维图的内部结构。

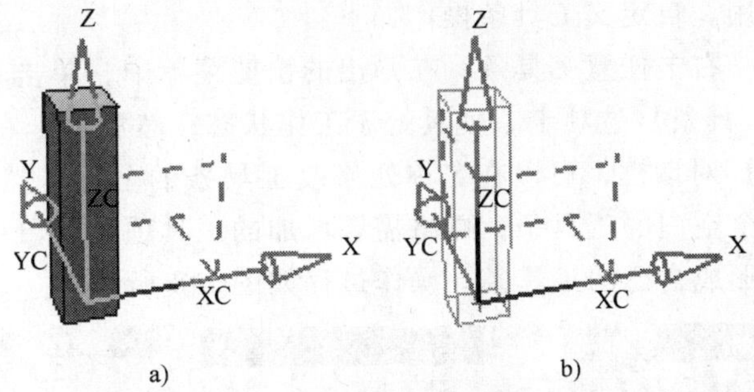

图 1-4　不同着色模式

a）带边着色　b）静态线框

**6. 调整“资源条”**

在 UG 的资源条中有【装配导航器】、【部件导航器】、【历史】、【系统材料】等项目，一般情况下，【资源条】显示在界面左侧，如果想将它移动到右侧，可以单击【首选项】→【用户界面】，将弹出【用户界面首选项】对话框，单击【排样】面板，将【显示资源条】右侧的下拉框中的内容修改为“在右侧”即可，同理，也可以修改到左侧。

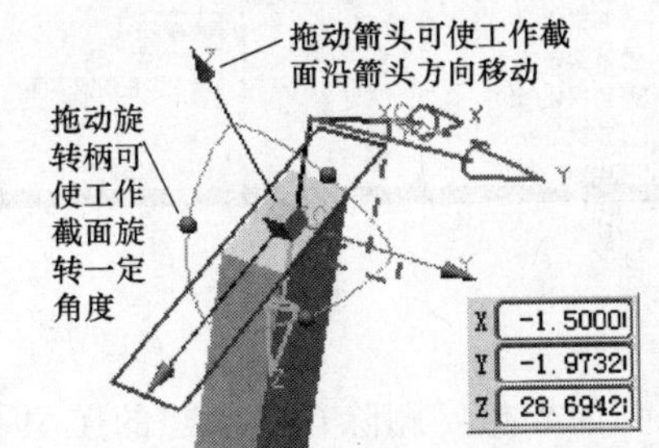

图 1-5　工作截面效果

另外，在 UG 中，可以根据需要确定是否需要显示资源条，单击【视图】→【显示资源条】，让其前面的勾去掉，就可以隐藏资源条，相反则显示资源条。

单击【首先项】→【资源板】，将弹出【资源板】对话框，“资源板”是资源条的面板。单击【打开资源板文件】按钮，可以打开资源文件，从而增加资源条，如图 1-6 所示即是新增的【GB】资源条。同样，可以将一个目录作为资源条打开，也可以删除资源条。

**7. 应用“角色”**

“角色”是指在 UG 环境中，系统提供了一些固定的界面设置方式【角色】，可以方便地提供给不同任务的用户，使之具有符合自己工作要求特色的界面布局及相关工具条等。

单击导航栏中的【角色】图标，可以展开【角色】导航器，如图 1-7 所示。其中有系统默认的角色，也有为专业特色服务的行业角色，用户可以根据自己的需要来选择；操作时只要单击相应的角色图标即可进行角色设置。

**8. 自定义工具条**

用户为了符合自己的工作习惯，可以将一个命令系列增加到自己定义的工具条中，便于

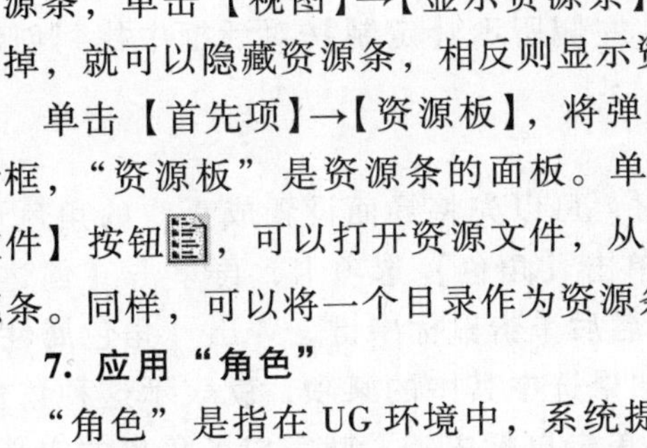

图 1-6　增加的【GB】资源条

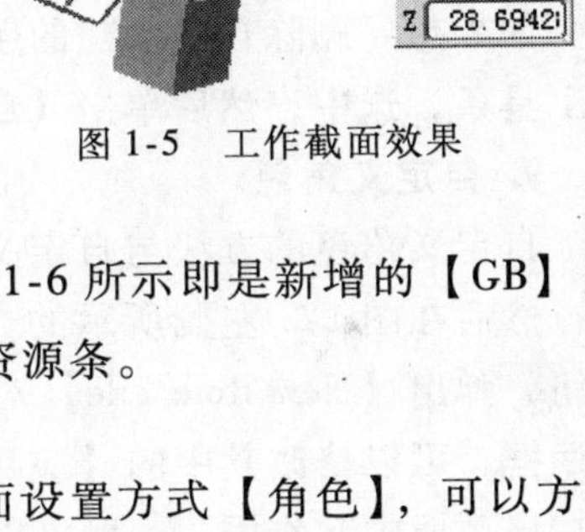

图 1-7　【角色】导航器

使用。自定义工具条操作如下：

右击任意工具条，在弹出的快捷菜单中，单击【定制…】，弹出【定制】对话框；单击【工具条】选项卡，使其处于工作状态；然后单击右侧的【新建…】按钮，弹出【工具条属性】对话框，可以在名称处修改工具条的名称；然后单击鼠标中键，就可以在屏幕上新建一个空白的工具条；再将需要增加的工具项按住鼠标左键拖动到刚才的空白工具条上，就可以形成自己的工具条。操作过程如图 1-8 所示。

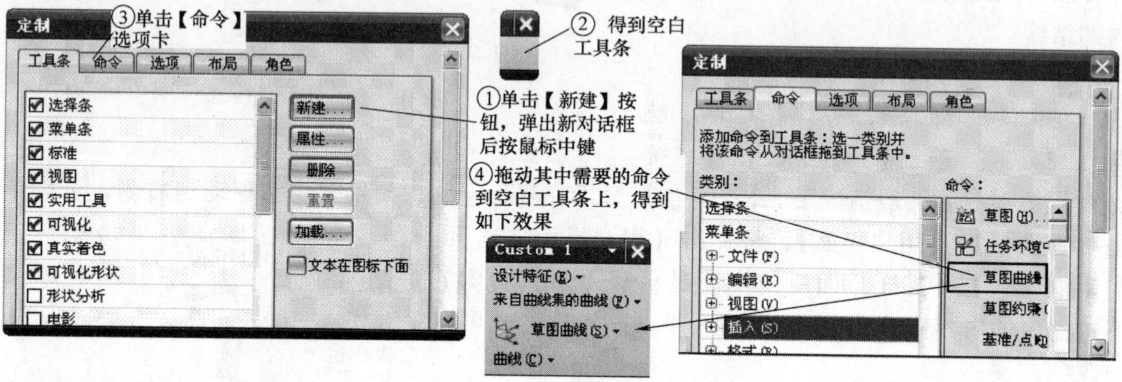


图 1-8　自定义工具条的操作过程

如果想要删除自己创建的工具条，只要在图 1-8 左侧所示【定制】对话框中找到创建的工具条，选中，然后单击【删除】按钮即可。

**9. 自定义角色**

自定义角色的方法与自定义工具条类似。操作时，可以先将界面设置成喜欢的角色形式；然后在图 1-8 左侧所示的【定制】对话框中，单击【角色】选项卡，再单击【创建】按钮，弹出【New Role File】对话框；输入角色文件名后单击鼠标中键，弹出【角色属性】对话框，可以修改其中的【应用模块】中的选项；如果选中其中的某项，就表示这种角色会在该环境中起作用，一般可以设置为默认的；直接单击鼠标中键，就完成了角色的定义，系统将目前的界面保存到角色文件中。之后可通过单击【定制】对话框中【角色】选项卡中的【加载】按钮来加载该角色。

自定义角色，也可以在导航栏的角色栏目中直接建立。操作时，在角色栏目中空白处右击，单击弹出菜单中的新建用户角色，然后给出角色【名称】，给出相应的位图，修改【应用模块】中的选项，然后单击【确定】按钮，就可完成角色的建立。

另外，新建角色文件可以复制到其他计算机中，并通过加载角色文件，让其他计算机具有相同的角色。

**10. 修改零件的颜色及其他属性**

在 UG 安装目录的 UGII\templates 文件夹中，model-plain-1-mm-template. prt 文件是新建模型的模板文件，包括模型的颜色设置、背景设置等内容。将该文件复制到 UG 安装目录 NX 7.5\LOCALIZATION\prc\simpl_chinese\startup 下覆盖原来的同名文件，再重新启动 UG，就可以得到新的效果，这种效果是 UG7 及以前版本的默认效果。

若需要再次修改零件的颜色或草图背景颜色，可以通过如下操作：启动 UG 后，打开 NX 7.5\LOCALIZATION\prc\simpl_chinese\startup\model-plain-1-mm-template. prt 文件；然后单击【首选项】→【对象】，弹出【对象首选项】对话框。将【类型】修改为诸如【实体】、【片体】、【直线】等需要修改的项目；然后修改下面的属性，如颜色、线型、透明度等，还可以修改建模时的背景颜色及其他首选项项目；然后保存文件，再次启动 UG，这种效果将被保留。

## 1.1.3　UG 背景修改

UG 启动后，背景画面单调，可以通过以下方式进行修改。

**1. 修改 UG NX7.5 中背景画面**

将 UG 安装目录中 UGS\NX 7.5\UGII 文件夹中的 ugii_env. dat 文件中的如下内容：UGII_BACKGROUND_URL = ${UGII_BASE_DIR}\UGTIPS\${UGII_LANG}\background. html 修改为所需图片即可，如修改为 UGII_BACKGROUND_URL = C：\1. JPG

其中，“1. JPG”就是作为背景的图片，“C：\”为图片的存储路径。重新启动 UG 后，得到如图 1-9 所示效果。

图 1-9　更换启动时的背景画面

**2. 修改 UG NX7.5 中场景修改**

进入建模环境后，单击【视图】→【可视化】→【基本场景编辑器】，弹出【基本场景编辑器】对话框，单击【背景】选项卡中的【背景】选项修改为“图像文件”，然后单击【选择图像文件】按钮，选择所需图像，单击【确定】按钮完成设置。在屏幕的绘图区的空白处长按鼠标右键一秒左右，选择图标菜单中的【艺术外观】按钮，可以看到场景效果。更换场景后的效果如图 1-10 所示。

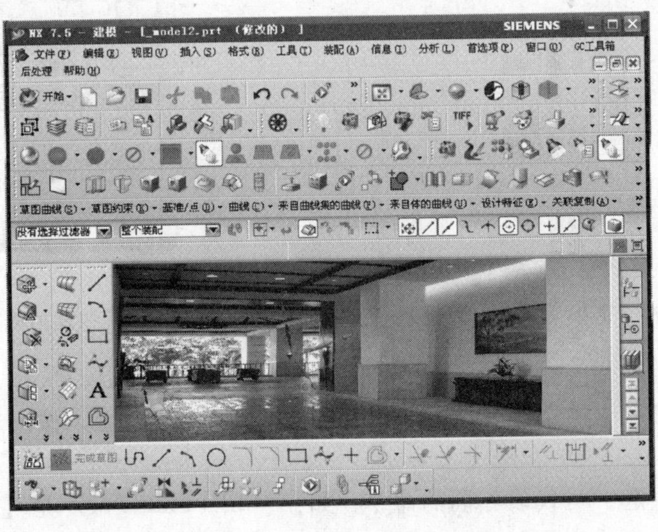

图 1-10　更换绘图区的场景

## 1.2　常用操作

### 1.2.1　鼠标与键盘操作

**1. 鼠标操作**

单击：具有选择图素的作用，单击可以选择对象；按住〈Shift〉键不放再单击，则可取消选择。

按住鼠标左键拖动：可以移动对话框或工具条等对象。

按住鼠标中键拖动：可以旋转视图。

按住鼠标中键稍作停留：在鼠标位置会出现十字符号，再拖动鼠标，可以使屏幕绕该点位置旋转。

滚动鼠标中键：可以放大或缩小视图。

单击鼠标右键：在屏幕空白处右击，可以弹出快捷菜单，快捷菜单中有常用的【定向视图】、【渲染样式】、【平移】、【缩放】等命令和【选择过滤器】；在图形或不同对象上右击则会弹出相应的快捷菜单。

长按右键：长按右键约2秒钟以上，就会显示浮动图标工具条，如图1-11所示。将鼠标光标移动到某个图标按钮上松开鼠标，就可以执行该命令。

同时按鼠标左键与中键：可以放大或缩小视图，相当于滚动鼠标中键。

同时按鼠标右键与中键：可以平移视图。

将鼠标放在图形上2秒以上，鼠标光标的右下角出现省略号，再单击，可以弹出【快速拾取】对话框，如图1-12所示。当将鼠标移动到某对象上时，屏幕上相应对象会高亮显示，此时单击，就可以选择该对象并关闭【快速拾取】对话框。

图1-11　图标工具条

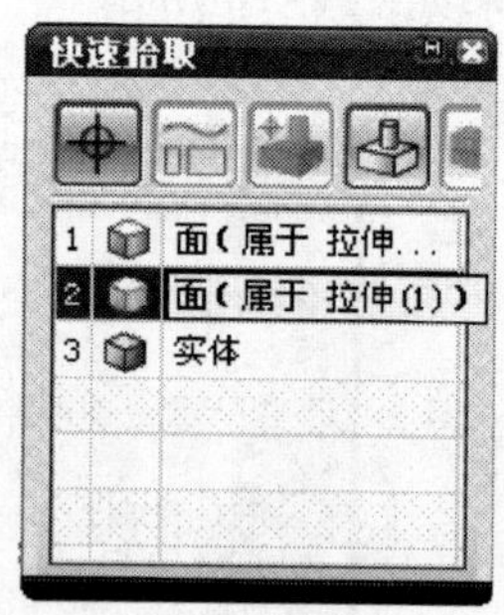


图1-12　【快速拾取】对话框

**2. 键盘操作**

按〈ESC〉键可以取消选择，按〈Tab〉键可以切换光标位置，按〈Enter〉键表示数据输入完成。

有些键组合在一起，可代表不同的命令，如：〈Ctrl + Shift + M〉是【移动对象】命令的快捷键、〈Ctrl + T〉是【变换】命令的快捷键、〈Ctrl + B〉是【隐藏】对象的快捷键，而〈Ctrl + Shift + U〉则是【取消隐藏】的快捷键，等等，这里不再一一列举。

### 1.2.2　选择与过滤

若需要从一个复杂的图形中选择合适的对象，则可以使用 UG 提供的选择与过滤功能加以实现。

单击某个对象，可以进行单一对象的选择，逐一单击多个对象，可以将各个被单击的对象选中；如果要选择一个区域内的对象，就可以框选，即按住鼠标左键拖动一段距离，屏幕上会出现一个以拖动路径起点和终点为对角线的矩形框，鼠标松开时就可选中该矩形框包围的对象；要在一个区域内选择具有某种性质的对象，此时可以使用过滤器。

在屏幕空白处右击，会弹出快捷菜单，同时也弹出了【过滤器】面板，如图 1-13 所示。

下面介绍 UG 的过滤功能：

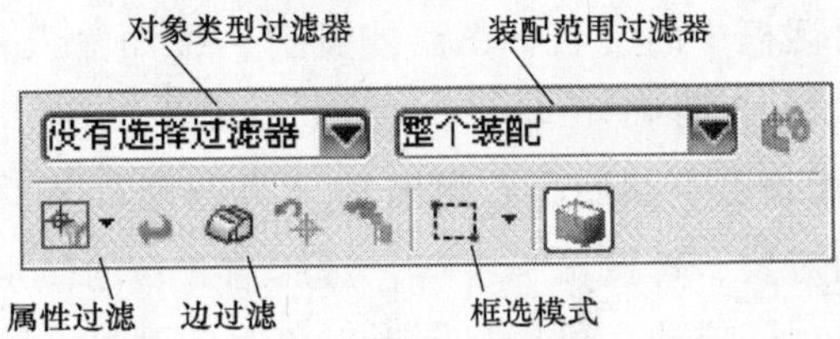

图 1-13　过滤器

对象类型过滤器用于方便快捷地筛选对象类型，对象类型包括曲线、基准、实体、边等。当这些对象类型还不能满足要求时，可单击【属性过滤器】，在弹出的下拉菜单中，有两个选项：【细节过滤】和【颜色过滤器】。单击【细节过滤】会弹出如图 1-14 所示的【细节过滤】对话框，它可以根据对象的类型、显示属性、图层等进行过滤；单击【颜色过滤器】也会弹出【颜色】对话框，它通过颜色对对象进行过滤。

装配范围过滤器可以改变选择范围是在“整个装配”内还是在“部件”内或是在“工作部件和组件”内。

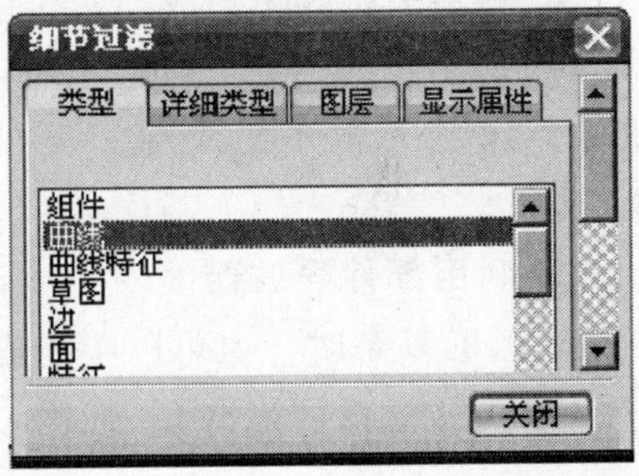

图 1-14　【细节过滤】对话框

【边过滤】则可以选择隐藏的边和曲线等；【框选模式】则可以修改在屏幕上框选时是使用【矩形】方式还是使用【套索】方式，这与 Windows 中的画图的选择模式有些类似。

除了以上过滤功能外，UG 还提供了快速拾取功能，方便对重叠的对象进行选择。操作时，将鼠标光标移到具有多个重叠对象的位置处，约 2 秒，会在鼠标光标右下角出现一个省略号【…】；此时单击，会弹出图 1-12 所示的【快速拾取】对话框；可通过单击的方式，对列表中的对象进行精确选取。

### 1.2.3　图层

图层是作图软件中常用的一个概念，它就像是含有文字或图形等元素的透明胶片，一张张按顺序叠放在一起，组合起来形成一幅图像的最终效果。UG 的图层最多可以有 256 层，图形元素可以存放在任何图层中，每个图层中的图形元素具有“可选”、“仅可见”、“不可见”及“工作图层”几种属性。

通过图层操作，可以使图形对象得到更好的管理。可以将不同性质的图形对象进行分组或分类后放置在不同的层中；也可将不同的图层设置不同的属性。

单击【格式】→【图层设置】或单击【实用工具】工具条中的【图层设置】按钮，都可以弹出【图层设置】对话框，如图 1-15 所示。

选定图层后，单击对话框中的【图层控制】，展开【图层控制栏】，然后设置图层的属性。如设为【仅可见】的含义是将此层设置为只可见，但不能修改的状态。同样，可设置为其他三种状态。四种状态是互斥的，只能设置为其中之一。如果要将某图层修改为不可见，也可以将图 1-15 所示对话框中复选框中的勾号去掉即可。

UG 中允许将对象移动到某一图层。操作时，可以先选中要移动的对象，然后单击【格式】→【移动至图层】或单击【实用工具】工具条中的【移动至图层】按钮，在弹出的对话框中的【目标图层或类别】下面输入目的图层号并单击鼠标中键确定即可；当然，也可先单击【移动至图层】命令，然后，在弹出的【类选择】对话框中选择要移动的对象，再按鼠标中键，然后输入目的图层来完成操作。

同样地，可以将图形对象复制到另一图层，以方便作图。

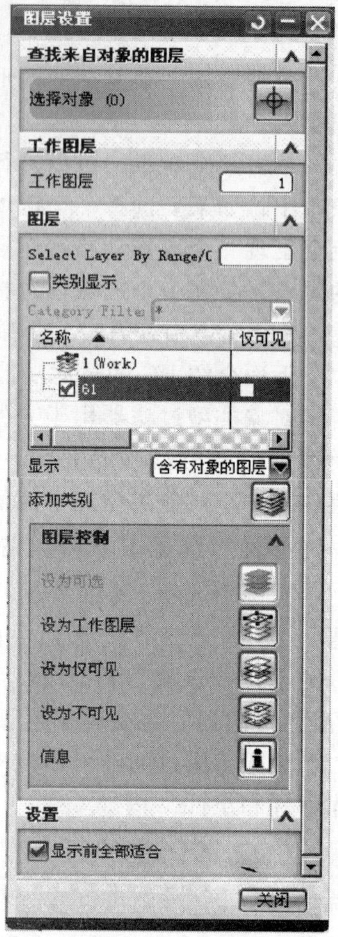


图 1-15 【图层设置】对话框

### 1.2.4 显示与隐藏

在使用软件过程中，为了操作的方便，常常要显示或隐藏部分对象。在 UG 中，有多种方法可以实现该功能。

**1. 利用下拉菜单命令**

一般情况下，可以单击【编辑】→【显示和隐藏】，弹出如图 1-16 所示的下拉菜单。再在其中选择相应命令，完成操作。

**2. 利用部件导航器**

当图形复杂时，也可以单击右侧的【部件导航器】图标，展开【部件导航器】，如图 1-17 所示。用鼠标单击去掉某对象前面的勾号，就可以隐藏相应的对象。

图 1-16 【显示和隐藏】菜单项

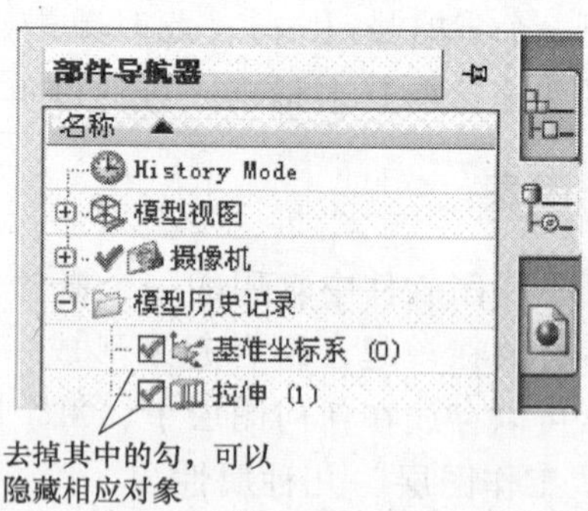


图 1-17 部件导航器

**3. 利用右键快捷菜单**

在要隐藏的对象上右击，在弹出的快捷菜单中单击【隐藏】，也可以隐藏该对象。

**4. 利用组合键**

选中要隐藏的对象后，按快捷键〈Ctrl + B〉来实现隐藏；如果要显示，可以按快捷键〈Ctrl + Shift + U〉。

**5. 利用工具条按钮**

在【实用工具】工具条中，有多个命令按钮，如：【显示和隐藏】、【隐藏】、【立即隐藏】及【显示】等。也可以方便地显示与隐藏图形对象。

当然，前面讲的使用图层，也可以让对象进行显示与隐藏。

在实际操作时，可以根据操作需要来选用适当的方法显示与隐藏对象。一般建议需要长期隐藏的对象可以通过移动图层的方法隐藏，临时隐藏的对象则可以用上面讲的其他方法来进行隐藏。

## 1.2.5　设置对象显示颜色与着色模式

UG 中对象的显示与着色方式丰富多彩。单击【编辑】→【对象显示】或按快捷键〈Ctrl + J〉，将弹出【类选择】对话框；选中要进行显示设置的对象后，单击鼠标中键，就弹出【编辑对象显示】对话框；可以在此对话框中对对象的图层、颜色、线型线宽及透明度等进行设置与修改，然后单击鼠标中键，完成相应的设置。

单击【首选项】→【可视化】，将弹出【可视化首选项】对话框，如图 1-18 所示。在此对话框中，可以对可视化项目进行设置，选中【随机颜色显示】复选框，可以将图形对象设置为随机颜色，这在装配图中常用来对不同零件进行区分。

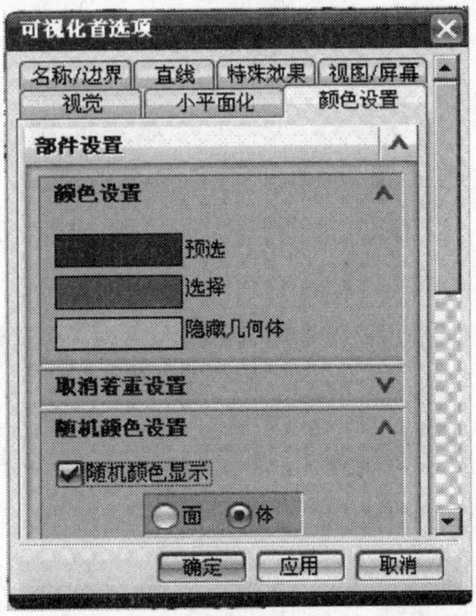

图 1-18　【可视化首选项】对话框

在 UG 中，新增了【真实着色】工具条，如图 1-19 所示。该功能可模拟真实环境对图形进行显示，单击【真实着色】切换按钮，可以进入或离开真实着色环境。在真实着色状态下，可以通过工具条中不同命令按钮来改变不同的着色效果，从而使显示的图形具有真实环境的显示效果。

如果需要得到更好的显示结果，还可以使用【视图】→【可视化】菜单栏中的各种显示命令，特别是【高质量图像】命令，进行高级设置。

由于 UG 有更加丰富的着色模式，使得利用 UG 从事工业外观设计与艺术造型成为可能。这在后面的章节中会详细进行说明。

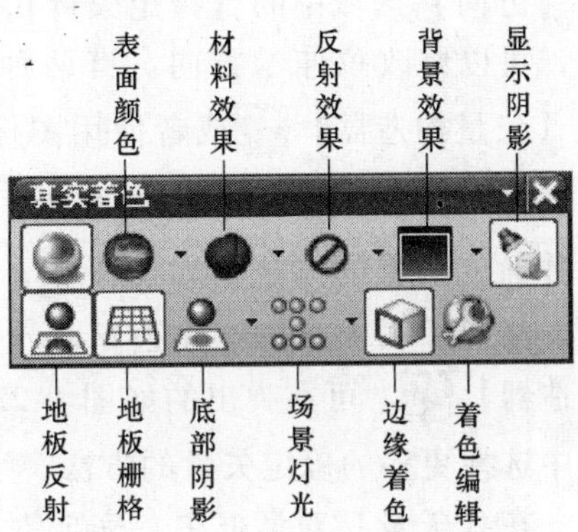

图 1-19　【真实着色】工具条

除了使用上面的着色方法外，设计中常使用【视图】工具条中的一般着色模式，如图 1-20 所示。其中，【艺术外观】着色模式可以显示材料的真实效果。将对象赋予不同的材料后，再使用【艺术外观】进行着色，将反映材料的真实效果，如图 1-21 所示。

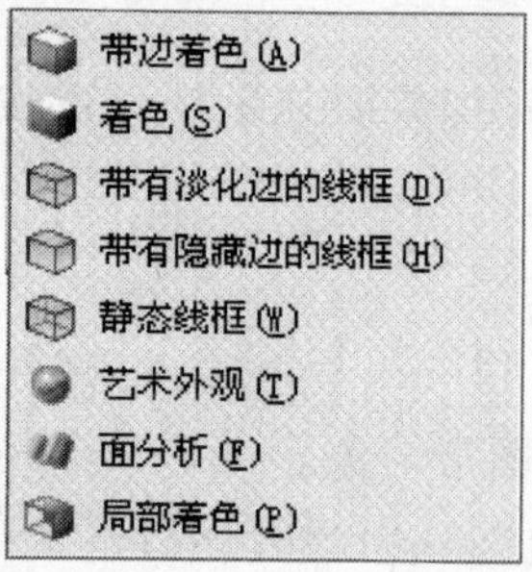


图 1-20 【视图】工具条中的着色模式

图 1-21 使用不同材料进行艺术外观着色

前面已经介绍过，为了方便操作，可以在作图区长按鼠标右键（按住鼠标右键 2 秒以上），弹出浮动图标工具条（参见图 1-11），其中有多种着色命令方便操作者使用。

## 1.3 UG 的操作特征

### 1.3.1 对话框特征

UG 操作的一个特点是使用了大量的对话框，即在操作时的不同阶段出现不同作用的对话框，帮助用户完成作图过程。

UG 的对话框从形式上进行了规范，所有对话框的结构都类似。下面介绍一些常用的对话框，以便读者在学习过程中能很好地使用对话框进行操作。

以图 1-22 所示的【拉伸】对话框为例。对话框中，首先是【截面】区域，其中有【绘制截面】及【曲线】两个按钮。当这一区域有效，即显示为粉红色时，用户可以到绘图区选择曲线，如果没有曲线，单击鼠标中键，就会自动执行“绘制截面”操作，此时，系统将弹出【创建草绘】对话框，让用户进入草绘模式作【拉伸】用的截面图。

当完成这一项操作后，单击鼠标中键或直接单击下一项【方向】区域中的【指定矢量】，就会激活这一区域，此时，可以修改拉伸的方向。有两种修改方向的办法，即使用【矢量构造器】或者使用图标中提供的功能进行设定方向。单击右侧按钮，弹出下拉菜单，其中有多种确定矢量的方法，如图 1-23a 所示。如果在操作过程中，这些确定矢量的常用方法还不够用，可以单击【矢量构造器】，可在弹出的如图 1-23b 所示的【矢量】对话框中选择更多的确定矢量的方法。

在【矢量】对话框中，完成对矢量类型和方向的选择后，又会重新回到【拉伸】对话框中。

图 1-22 展开后的【拉伸】对话框

【拉伸】对话框中的【限制】区域用来确定拉伸的伸长量及伸长方式；【布尔】区域用来确定本次拉伸是单独成为一个实体还是与其他对象进行布尔运算，如“差”、“并”、“交”等；【拔模】区域确定拉伸是否有倾斜角度出现；【偏置】区域确定在拉伸时是否沿拉伸曲线内外侧偏移一个距离，从而拉伸出有一定厚度的拉伸效果；【设置】区域则用来确定拉伸的结果是“实体”还是“片体”，同时也可设置公差值的大小；【预览】则可以预览拉伸的效果。

值得注意的是，【矢量构造器】按钮在许多对话框中都会出现。它是用来确定图形某些要素的方向的，如拉伸方向、轴的方向等。另外，在其他的对话框中，可能会出现另一个常用的按钮，就是【点构造器】，这也是一个重要的工具，它是用来创建或选择点的。在绘制图形或进行某些操作时，经常要使用点。以作直线为例，图 1-24a 所示为【直线】对话框，单击其中的【点构造器】按钮后，会弹出【点】对话框如图 1-24b 所示。

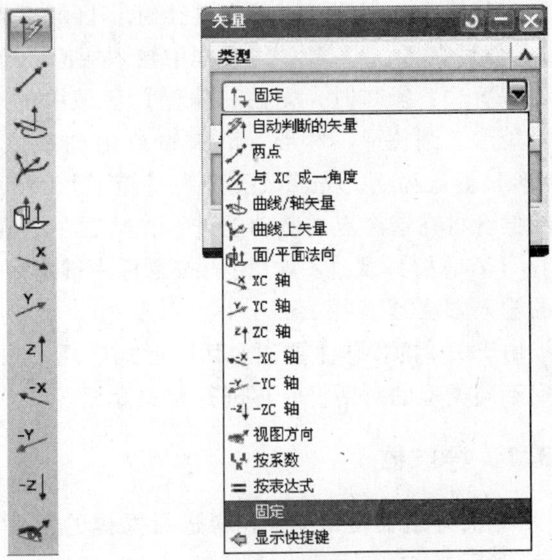


a)　　　　　　　　　　b)

图 1-23　确定矢量的不同方法

a）下拉菜单　b）矢量构造器

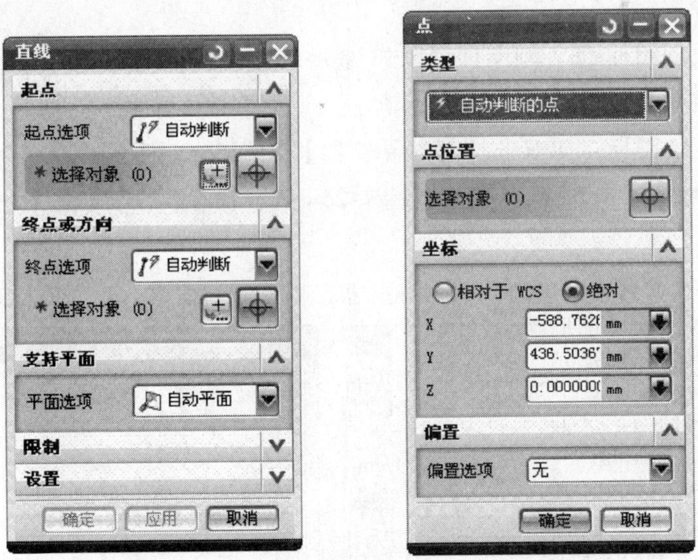


a)　　　　　　　　　　b)

图 1-24　【直线】对话框与【点】构造器对话框

【点】对话框提供了三种创建点的方法：一是捕捉点，二是直接输入坐标，三是偏置。这三种方法可根据需要任意选择。

捕捉点法：操作时，先将【类型】修改为某种捕捉方式，然后在绘图区选择要捕捉的点即可。

直接输入坐标法：直接在【坐标】区域下修改使用的坐标种类【相对于 WCS】或【绝对】，然后在 X、Y、Z 处编辑框中输入相应的坐标值即可。

偏置法：操作时，先在【偏置】区域中的【偏置选项】下拉列表框中选择五种偏置类型：矩形、圆柱形、球形、沿矢量或沿曲线之一，然后根据提示给出其他参数即可。以【矩形】偏置为例，先修改类型为【矩形】，然后在作图区指定一个相对点，即参考点，后面的偏置将在这个点的基础上进行；然后在【点】对话框中的【偏置】区域中输入【X 增量】、【Y 增量】及【Z 增量】，按鼠标中键即可完成点的输入。系统能自动判断用户使用的点的输入方法。

由于 UG 的操作主要以对话框形式出现，在这里就不一一介绍了。在后面的操作中，若出现不同类型的对话框时再进行相关介绍。

### 1.3.2 导航器

UG 的导航器是帮助操作者进行操作的重要工具，也是 UG 操作的一个重要特征。如图 1-25a 所示。

在导航器中，单击不同对象前面的复选框，去掉其勾“√”，则可隐藏相应对象，再次单击可让勾“√”重现，可恢复显示。单击某对象可选择该对象，双击对象则使该对象进入编辑状态。

在多数导航器中，在某个对象图标上右击可以弹出快捷菜单，利用该菜单可对相应内容进行多种操作。如在部件导航器中，可编辑对象、重新排序、组成组等；在导航器的空白处右击，也会弹出快捷菜单，可对导航器的相关选项进行修改，如对导航器的“列”进行设置、应用过滤器等操作。

单击导航器上的图标，则图标修改为形式，此时导航器处于展开锁定状态，再次单击，则可使导航器恢复自动隐藏状态。

双击导航器上的图标，如双击【部件导航器】图标，则可让【部件导航器】以对话框的形式显示，如图 1-25b 所示。要恢复图 1-25a 所示状态，只要单击右上角的【关闭】按钮即可。

常用的导航器还有装配导航器，仿真导航器，操作导航器等，不同操作环境下，导航器种

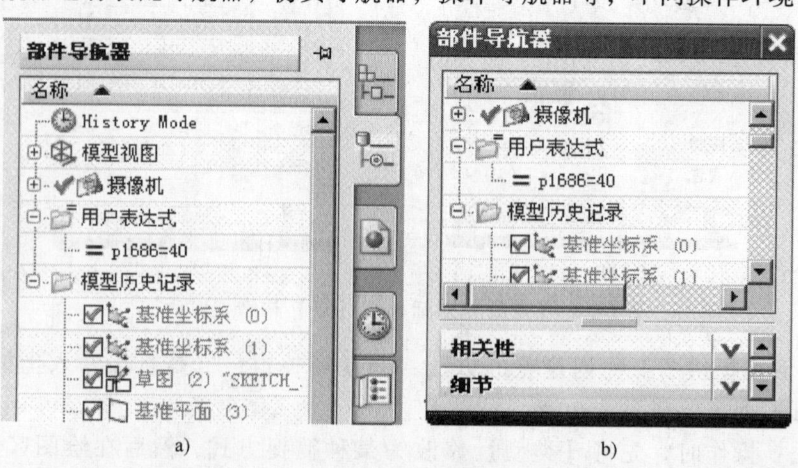


a) b)

图 1-25 部件导航器

类是不同的，其操作也可能有所不同。在后面的章节中，会对不同的导航器进行逐一介绍。

## 1.3.3　基准

在 UG 环境下建模，加工或进行其他操作时，都离不开基准。基准就是用来确定各种操作时的参照对象，是几何关系所依据的点、线或面等。如在进行三维造型时，各图素需要一个参考对象，以便来确定该图素的位置，这个参考对象就是基准。

UG 的基准有基准轴、基准面、基准点、基准坐标等。这些都可以通过【插入】→【基准/点】或通过单击【特征操作】工具条中的【基准面】右侧的来得到相应命令进行建立。

**1. 基准面**

单击【特征操作】工具条中的【基准面】按钮，弹出【基准平面】对话框，如图 1-26所示。

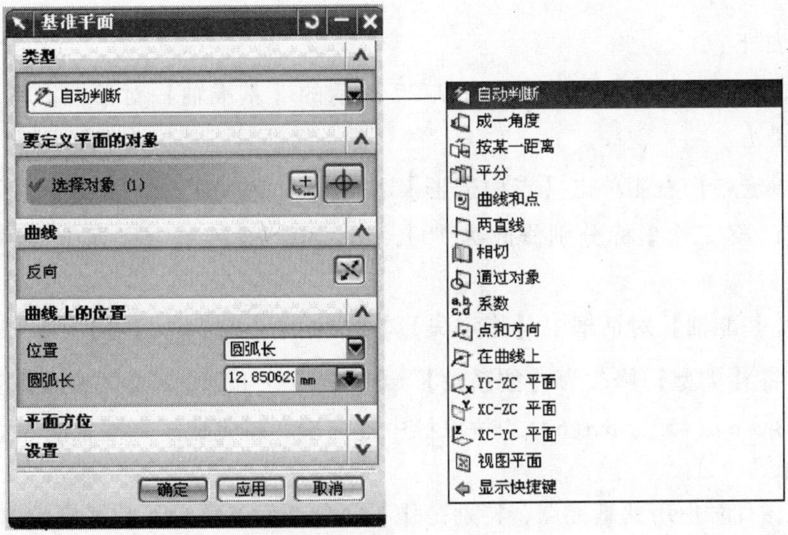


图 1-26　【基准平面】对话框

通过修改对话框中的类型（见图 1-26 右侧），可以得到一种建立基准面的方法。从图 1-26 可以看到，UG 提供了 15 种建立基准平面的方法。使用哪种方法来建立基准平面是没有限制的，只要有利于作图即可。大多数情况下，使用【自动判断】法，读者可以在作图区中任意选择合适的图元，系统根据你选择的图元的不同，自动提供一种作基准面的方法。其余方法在后面的作图中会用到，读者注意其操作过程即可。

**2. 基准轴**

与基准面类似，基准轴也是作图时常用的一种参考对象，单击【基准面】右侧的后，再单击弹出的下拉菜单中的【基准轴】按钮，就可弹出【基准轴】对话框，如图 1-27 所示。

系统提供了 9 种基准轴的类型，根据需要选择合适的类型进行操作，可以加快作图速度。

**实例 1-1　建立基准轴**

建立一个基点坐标为（100，50，30），与 XY 面、YX 面、XZ 面分别成 30°、45°和 60°

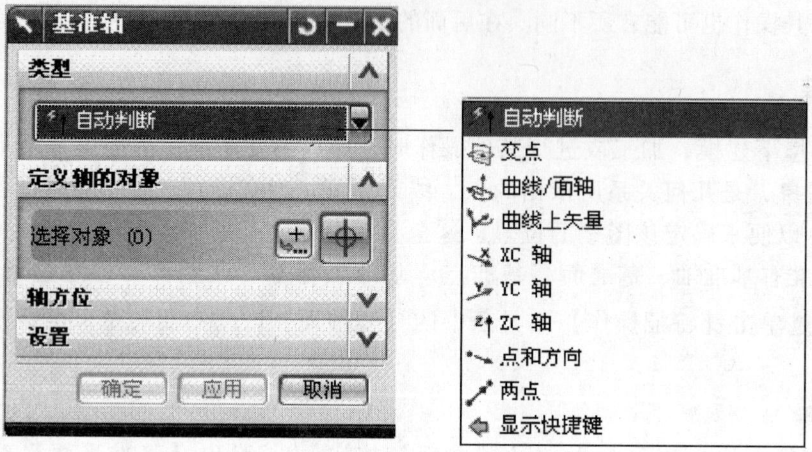


图 1-27 【基准轴】对话框

夹角的基准轴。

操作过程如下：

1）单击【基准轴】按钮，弹出图 1-27 所示的【基准轴】对话框，将【类型】修改为“点和方向”

2）在【指定点】右侧单击【点构造器】按钮，将弹出的【点】对话框中【坐标】区域中的 X、Y、Z 三个坐标分别修改为 100，50，30，然后单击鼠标中键回到【基准轴】对话框。

3）单击【基准轴】对话框中【指定矢量】右侧的【矢量构造器】按钮，弹出【矢量】对话框，将【类型】修改为【按系数】，然后在 I、J、K 处右侧编辑框中分别输入数据为 tan(30)、tan(45)、tan(60)。按鼠标中键两次，就完成了基准轴的建立。

**3. 基准点**

在作图时，有时也用到基准点，特别是作一些复杂而又要求尺寸精确的曲面时，基准点是很有用的。其操作过程与上面基准轴操作类似，而作点的方法就和【点构造器】的用法类似，在此不再赘述。

**4. 基准坐标系**

在不同的工作环境下，基准坐标系不同，如在三维造型时，UG 中使用了绝对坐标系（标记为 X、Y、Z）、工作坐标系 WCS（标记为 XC、YC、ZC）及基准坐标系 CSYS（标记为 X、Y、Z）等；在加工时使用绝对坐标系与加工坐标系（标记为 XM、YM、ZM）等。

其中，绝对坐标系是一切坐标的参照，是不可以修改的。在 UG 中，在屏幕左下角位置出现的坐标系表示了绝对坐标系。单击它的一个坐标轴，会出现浮动编辑框，可以在其中输入角度值，将使整个视角绕该轴旋转一个对应的角度。WCS 是工作坐标系，它的位置可以相对于绝对坐标系进行移动和旋转，通过单击【格式】→【WCS】来进行操作，或者选中 WCS 坐标系后，双击来进行操作，操作完成后，按鼠标中键即可。而 CSYS 在三维造型时，可以作为作图的基准，它的位置可以相对于 WCS 进行移动、旋转等。通过修改它的位置与方向，可以在不同位置与方向上作出图形来。通过【插入】→【基准/点】→【基准 CSYS】或单击【基准面】右侧的后，再单击弹出的下拉菜单中的【基准 CSYS】按钮来建立。一个图形中，基准 CSYS 坐标系可以有多个；而绝对坐标系与工作坐标系只有一个。如图 1-28 所示是不同情况下的三种坐标。

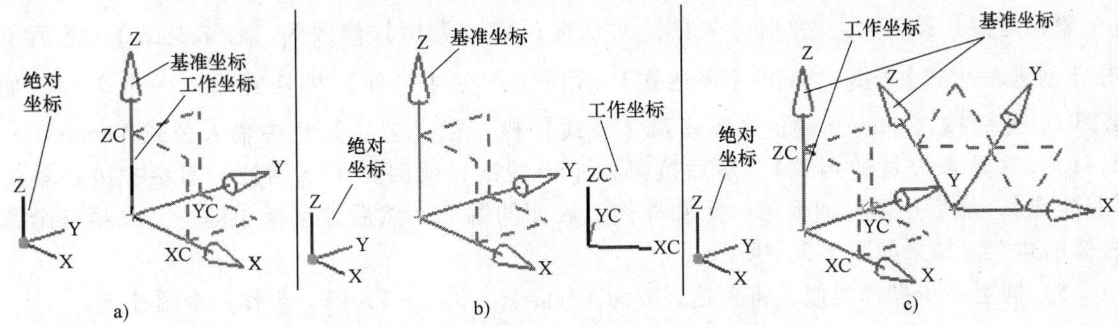


图 1-28　坐标系

a）初始状态时的坐标系　b）移动 WCS 坐标系后的效果　c）新建立了基准坐标系

在刚进入作图环境时，绝对坐标系、工作坐标系及基准坐标系的原点是重合的，如图 1-28a 所示，在图中，虽然看上去绝对坐标系与基准坐标系和工作坐标系有距离，但那只是一个坐标系标记，真正的坐标原点是重合的。如果作图需要，可以修改成后面的两种坐标，如图 1-28b、c 所示。

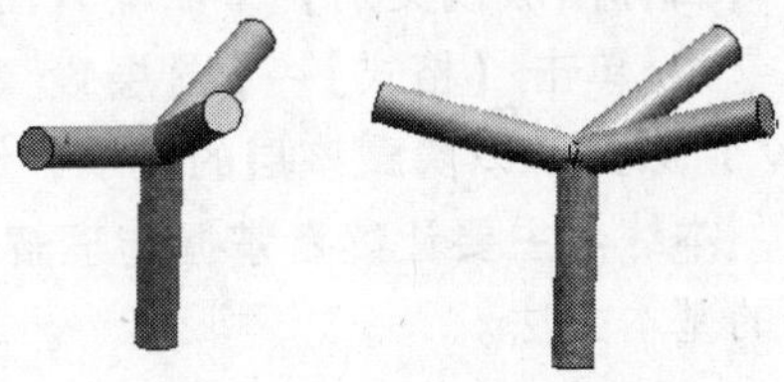

图 1-29　实例 1-2 用图（从不同角度观察）

**实例 1-2　建立简单三维图**

作如图 1-29 所示零件。

操作过程如下：

1）单击【特征】工具条中的【圆柱】按钮，弹出【圆柱】对话框，将尺寸区域中的【直径】修改为 20，其余使用默认值，按鼠标中键，就制作了一个沿 Z 向，底部中心在坐标原点的圆柱体。

2）单击【特征操作】工具条中的【基准 CSYS】按钮，弹出【基准 CSYS】对话框，直接捕捉刚才作的圆柱体的上表面的圆心，结果出现预览的 CSYS 坐标系。按图 1-30a 所示步骤操作，可得到绕 X 轴旋转 30°的基准坐标系。

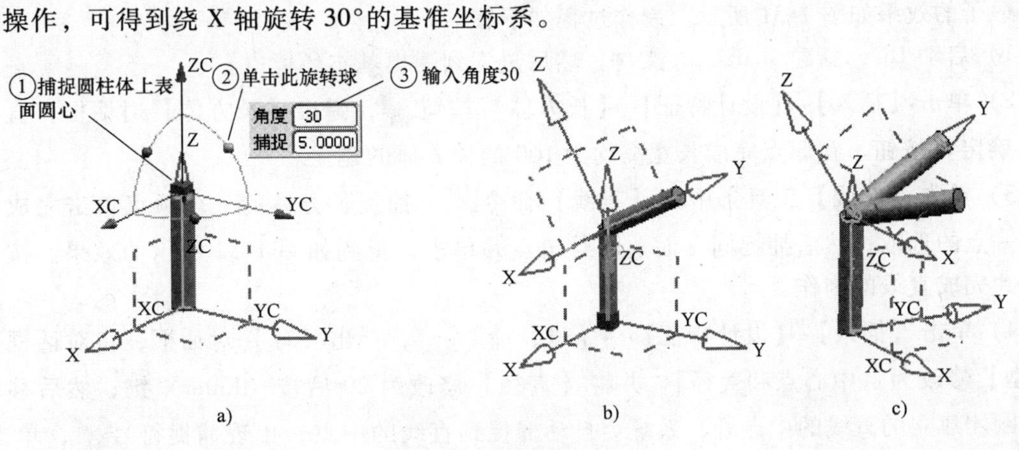


图 1-30　制作过程

3）再次单击【特征】工具条中的【圆柱】按钮，弹出【圆柱】对话框后，单击【指定矢量】，选择上一步制作的 CSYS 坐标系的 Y 轴，最后单击鼠标中键，就完成了另一个圆柱体的建立，如图 1-30b 所示。

4）再次单击【特征】工具条中的【圆柱】按钮，弹出【圆柱】对话框后，单击【矢量构造器】按钮，弹出【矢量】对话框；将【类型】修改为【按表达式】，然后单击【创建表达式】，弹出【表达式】对话框；在【名称】处任意输入一个名称，如 MYV1，然后按〈Enter〉键；光标移到【公式】栏，在【公式】栏中输入公式 Vector（3，2，1）（这是求矢量的函数），然后按鼠标中键两次，就回到了【圆柱】对话框处；单击【指定点】，然后用鼠标捕捉第一个圆柱体上表面的圆心，然后按鼠标中键，完成第三个圆柱体的建立。结果如图 1-30c 所示。

5）同上一步操作类似，将表达式改为 Vector（-3，-3，1），再作一个圆柱体。

6）单击【特征操作】工具条中的【求和】按钮，将弹出【求和】对话框，先单击其中的一个圆柱体，然后单击其余的圆柱体，按鼠标中键，完成求和操作。

7）单击【格式】→【移动到图层】，弹出【类选择】对话框，将【类型过滤器】修改为“基准”，框选整个图形，将选中所有基准；然后按鼠标中键，弹出【图层移动】对话框；在【目标图层或类别】下面输入图层 61 并按〈Enter〉键，按鼠标中键完成图层的移动。

8）单击【格式】→【图层设置】，在弹出的【图层设置】对话框中，将 61 前面的勾（√）去掉，以隐藏该层的显示，结果如图 1-29 所示。㊀

本练习主要让读者掌握与理解基准坐标、矢量构造器、点构造器等工具的使用及 UG 作图的基本方法。

## 1.4 操作实例

为了让读者能够巩固本章所学知识，下面使用 UG 的实例功能，来制作一个简单造型，以便让读者掌握 UG“点构造器”及“矢量构造器”的使用；同时掌握 UG 中其他相关知识。

**实例 1-3　骰子的制作**

骰子的效果如图 1-31 所示。制作过程如下：

1）启动 UG，新建 shaizi. prt 文件，然后进入到建模基本环境中。

2）单击【插入】→【设计特征】→【长方体】按钮，弹出【长方体】对话框，直接单击【确定】按钮，在原点完成长宽高均为 100 的长方体的建立。

3）单击【曲线】工具条中的【直线】命令，捕捉长方体的一个顶点单击完成直线的第一点的选取；然后捕捉同一面上的对角点并单击，得到如图 1-32 所示的效果。按鼠标中键，完成直线的制作。

4）单击【插入】→【设计特征】→【球】命令，弹出【球】对话框，将对话框中的【类型】修改为【中心点和直径】，并将【直径】修改为 20 后按〈Enter〉键；然后移动鼠标到刚才建立的直线的中点处，系统会自动捕捉到直线的中点，出现捕捉符号，单击确

---

㊀ UG 中，不能删除“基准”等内容，为了使显示效果清晰美观，故将这些辅助性内容移至某一层，并设置为不可见。本书将目标层称为“标准层”，一般标准层为层号大于 20 小于 256 的任一层。

图 1-31　骰子效果图

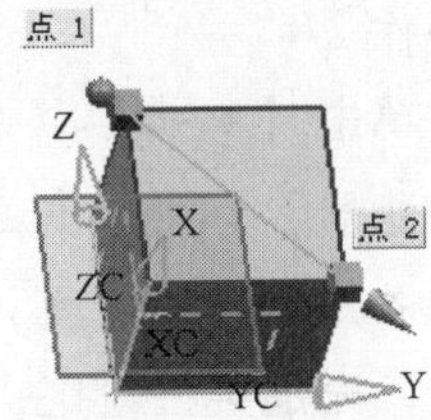


图 1-32　制作对角直线

定球的中心位置点；将对话框中的【布尔】修改为【求差】，然后按鼠标中键，就完成了一个孔眼的制作，如图 1-33a 所示。

5）同样在另一面作一条直线，并单击【编辑】→【曲线】→【分割】命令，弹出【分割曲线】对话框；修改【类型】为【等分段】、修改【分段长度】为【等参数】、修改【段数】为 3；然后选中刚才作的直线，系统会弹出如图 1-33b 所示的对话框。

a)　　b)

图 1-33　制作过程与【分割曲线】对话框

a）制作第一个孔眼　b）【分割曲线】对话框

6）单击【是】按钮，并按鼠标中键或单击【分割曲线】对话框中的【确定】按钮，完成曲线的分割操作。系统出现询问“创建参数将从曲线被移除。您想继续吗?”对话框的原因是，在 UG 中作图的每一步都是参数关联的，如果将线打断，则意味着原来的曲线的性质发生了改变，由一条线变成了多条线。这样，原来曲线的参数会被移除，且不能恢复，因此，系统必须得到设计者的确认才能进行后续操作。

7）再次单击【插入】→【设计特征】→【球】命令，在刚才等分的直线的中间段的首尾各建立一个球，并使用【求差】操作，则得到如图 1-34 所示效果。

8）用同样的方法作出其他面的孔眼，结果如图 1-35 所示。

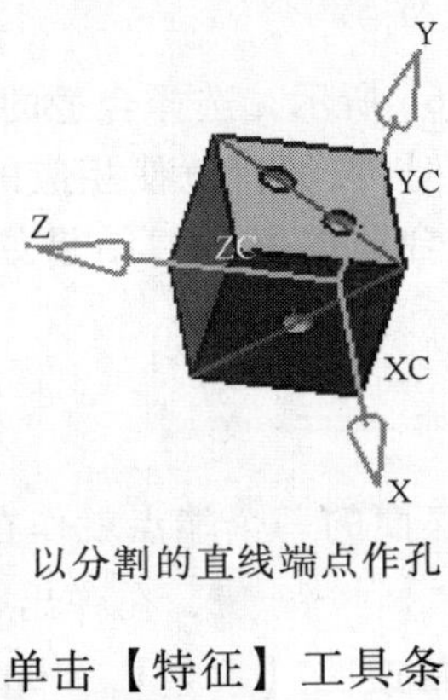


图 1-34　以分割的直线端点作孔中心位置

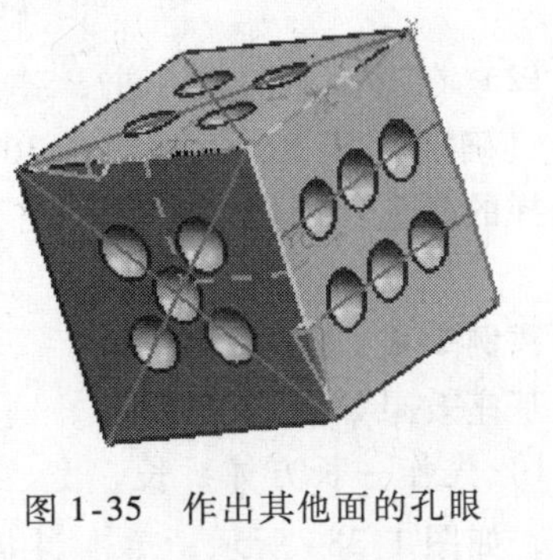

图 1-35　作出其他面的孔眼

9）单击【特征】工具条中的【边倒圆】按钮，弹出【边倒圆】对话框，将半径【Radius 1】的值修改为 10，然后用鼠标选中长方体的 12 条棱边，再按鼠标中键，完成【边倒圆】操作。

10）单击【格式】→【移动至图层】命令，弹出【类选择】对话框，单击【过滤器】，展开【过滤器】区域，再单击【类型过滤】按钮，弹出【根据类型选择】对话框；单击鼠标选中其中的【曲线】、【基准】（要按住〈Ctrl〉键再单击），按鼠标中键或单击【确定】按钮，完成类型设定；框选所有图形，看到只有【曲线】与【基准】被选中，再按鼠标中键，弹出【图层移动】对话框；在【目标图层或类别】下输入 40，并确定，则将骰子以外的图素移动到了第 40 层（标准层），此时，其他图素将不可见，只有骰子是可见的。

**注：如果操作时，其他图元还可见，则请单击【实用工具】工具条上的【设置图层】按钮，弹出【图层的设置】对话框，单击第 40 层前面的勾号使其去掉，则可以达到隐藏该层的效果。**

11）单击【编辑】→【对象显示】命令，将弹出【类选择】对话框，同上面操作一样，将类型选择为“面”，然后单击选中所有半球面。按鼠标中键，出现【编辑对象显示】对话框，如图 1-36a 所示。

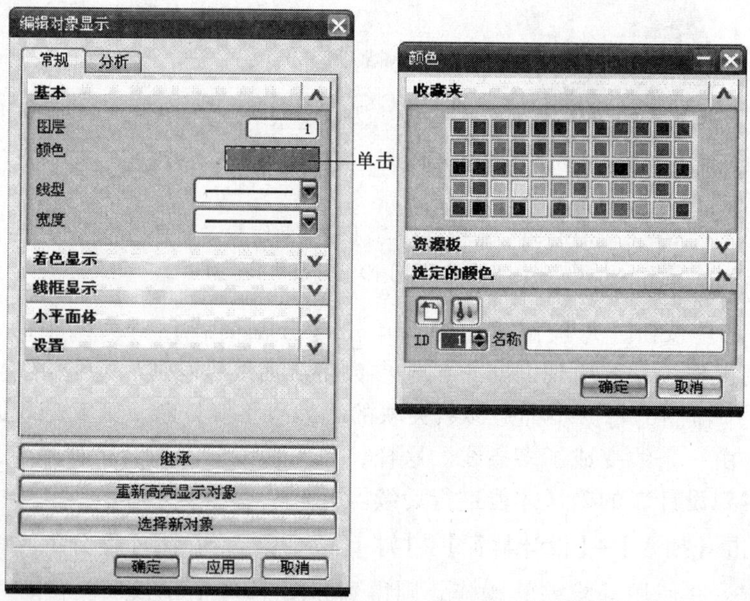


a)　　　　b)

图 1-36 【编辑对象显示】对话框与【颜色】对话框

12）在【颜色】处单击，弹出【颜色】对话框，如图 1-36b 所示，选择合适的颜色后，单击【确定】按钮，回到图 1-36a 所示的对话框，单击【确定】按钮，就使相应的面具有所选择的颜色。同样的方法，可以将骰子的其他部位设置为合适的颜色，结果如图 1-31 所示。

**实例 1-4　基座制作**

基座效果如图 1-37 所示。操作过程如下：

1）先作一长方体，长、宽、高分别为 100、50 和 10，其底面的一个端点就作在坐标原点上，如图 1-38a 所示；单击【插入】→【设计特征】→【圆柱】按钮，在弹出【圆柱】对话框后，将【直径】改为 10，【高度】修改为 20，【布尔】修改为【求差】；单击【指定点】处的【点构造器】按钮，当弹出【点】对话框时，输入坐标值为（10，10，0），

图 1-37 基座效果图

然后按鼠标中键两次，完成圆柱体制作。同理，取坐标值为（90，10，0）再作一个圆柱体，结果如图 1-38b 图所示。

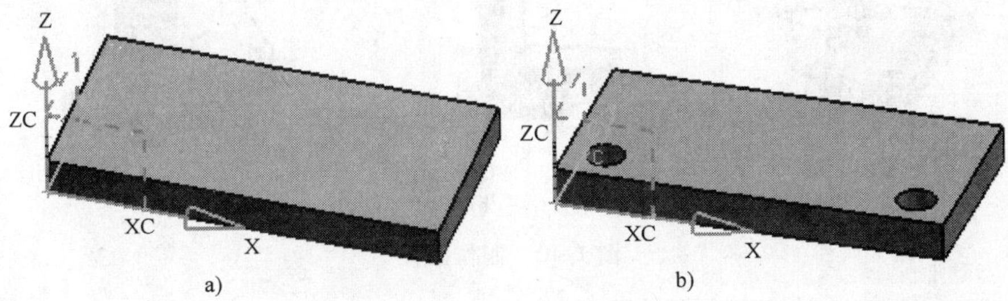


图 1-38 制作长方体与圆柱体

2）作另一个长方体。单击【插入】→【设计特征】→【长方体】按钮，在弹出【长方体】对话框后，将长、宽、高分别设置为 30、10 和 50，【指定点】设置为（35，40，10)，【布尔】设置为【求和】，完成后结果如图 1-39a 所示。

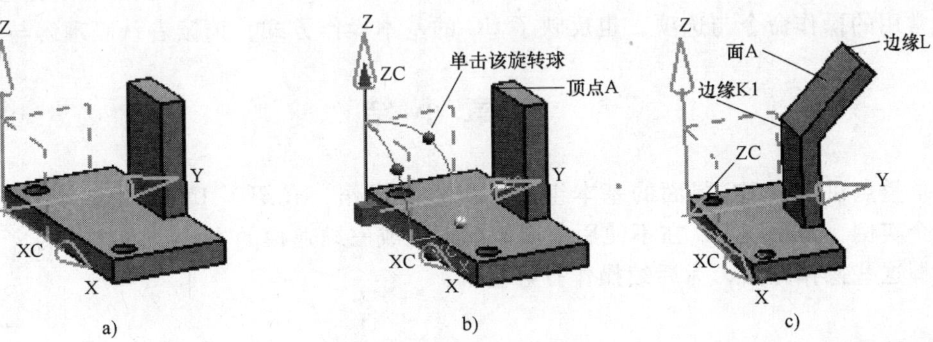


图 1-39 制作长方体并倾斜顶部

3）单击【格式】→【WCS】→【动态】或将鼠标放在 WCS 坐标处，选中 WCS 坐标后双击 WCS 坐标，就得到图 1-39b 所示效果；单击图 1-39b 中给出的旋转球，并按住该球拖动或在出现的浮动文本框中的【角度】处输入 -45°，然后按鼠标中键，完成使 WCS 绕 X 轴旋转 45°的操作；然后单击【长方体】按钮，在弹出【长方体】对话框后，先捕捉图1-39b 中的顶点 A，然后再将长方体的长、宽、高分别设置为 30、10 和 50，【布尔】设置为【求和】，完成后结果如图 1-39c 所示。

4）单击【圆柱】按钮，弹出【圆柱】对话框，单击【指定矢量】后单击图 1-39c 中的面 A，将该面的法向作为圆柱体的方向，再单击【指定点】后，捕捉图 1-39c 中的边缘 L 的中点作为圆柱体的底部的圆心点，再修改圆柱【直径】为 50，【高度】为 20，【布尔】为【求和】，再按鼠标中键，完成操作，得到图 1-40a 所示效果。类似地，制作另一个反向的圆柱体，尺寸同前，结果如图 1-40b 所示。同样，以图 1-40a 中面 A 的反向作为矢量方向，以面 A 的圆心点作为圆柱的中心点，作一高为 50，直径为 30 的圆柱，【布尔】设置为【求差】，结果如图 1-40c 所示。

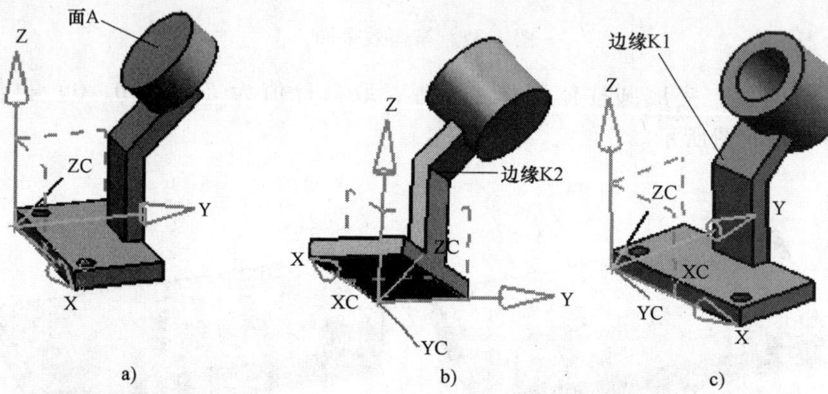


图 1-40　制作圆柱

5）最后，单击【特征】工具条中的【边倒圆】命令按钮，先将【Radius 1】设置为 10，然后单击图 1-40b 中的边缘 K2，按鼠标中键，完成倒圆；再对图 1-39c 中的边缘 K1 倒半径为 20 的圆弧，并按前面实例 1-3 中步骤 10 完成后处理，结果如图 1-37 所示。

在本章实例中，我们看到了在 UG 中"长方体"、"球"、"直线"及"分割曲线"命令的使用方法；使用了图层移动来完成曲线和基准的隐藏；使用"对象显示"命令来完成骰子不同部位的颜色设置；在多个命令中用到"类选择"、"点构造器"的操作。这些都是 UG 操作中常用的操作命令与选项，也反映了 UG 的基本操作方式，请读者认真理解与掌握。

## 本章小结

本章重点讲解了 UG 界面的基本组成及调整等操作，介绍了 UG 常用知识及常用操作，通过两个实例，演示了 UG 在不使用草图情况下完成三维建模的方法与操作技巧，希望读者认真掌握这些操作方法，为后续操作打好基础。

## 练习题

1-1　掌握 UG 界面调整的基本方法。

1-2　如何改变显示模式？如何改变对象的颜色？如何显示或隐藏对象？

1-3　捕捉对象的方法有哪些？点构造器有几种建立点的方法？矢量构造器有哪些设置矢量的方法？

1-4　重作本章实例 1-1 ~1-4。

1-5　制作图 1-41 所示的零件的三维造型（请使用圆柱与圆锥命令完成此操作）。

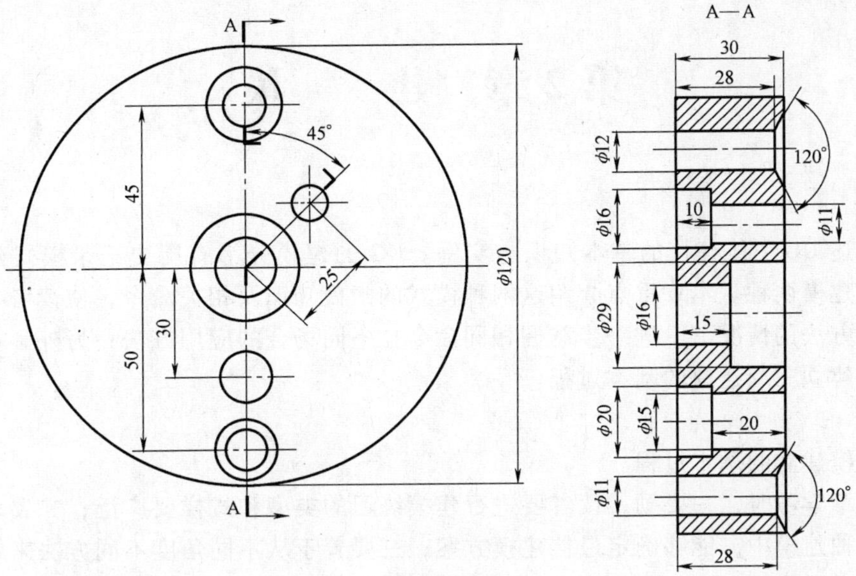
A
A
45°
45
25
30
50
φ120
A—A
30
28
120°
φ12
φ16
10
φ11
φ29
φ16
15
φ20
φ15
20
φ11
120°
28

图 1-41　练习题 1-5 图

# 第2章　建　　模

**本章重点：**

本章讲述UG三维建模的基本知识与实例。UG的建模分为有历史记录模式建模与无历史记录模式建模两种。本章重点介绍这两种模式的建模知识及相关命令，使读者在掌握各命令基本操作方法的情况下，进一步掌握相同命令在不同场合的应用方法；另外，本章通过实例，让读者建立三维建模的基本过程。

**本章难点：**

三维建模建立的基本过程。

建议本章学习时，一要勤，读者要进行建模练习的类型和式样要广泛；二要多思考，会总结，在多种建模中，能够确定最佳建模方案；三要善于从不同角度不同方法来解决同一问题，从而具有灵活运用和驾驭建模命令的能力。

建模也称为造型或实体建模（Solid modeling），是用计算机以数学方法来描述物体或物体与物体之间的空间关系。建模和造型都是建造二维或三维模型的意思。例如，使用方程式在屏幕上生成直线、圆或其他形状，并依据它们相互之间所在的二维或三维空间的关系精确定位与放置。UG建模的目的是为了后续应用，主要包括工程图、三维装配及装配工程图、加工编程、塑料模具、冲压模具、运动仿真、有限元分析等。其中，三维装配又可以用来进行运动仿真、出装配工程图及爆炸效果图等。因此，三维建模是其他应用的基础。

实体建模有不同的分类方法，如果根据建模中使用的元素对象的不同，可分为云点建模（由云点组合成片体再变为体，逆向建模常用此法）、线架建模、片体建模、实心体建模；如果按建模时模型与产品出现顺序的不同，可分为正向建模与逆向建模（即反求工程，Reverse Engineering）；根据建模时是否保留历史记录，可以将建模分为无历史记录建模和有历史记录建模（传统建模）两类；按设计的零件是单个零件还是一个完整机器，分为零件建模与产品设计。

无历史记录建模是在UG NX7.5中新出现的快速建模方式，其主要特点是不保留历史记录。除UG中原来的建模命令均可用于无历史记录建模外，还新添了同步建模专门命令用于无历史记录建模；无历史记录建模对系统要求下降，编辑更加方便，建模效率更高，适合于快速产品开发、非UG模型的任意编辑等，在本书配套电子资源中，有专门针对无历史记录方式的建模的录像。

建模方式还有其他分类方法，在本书中，为操作方便，根据建模时是否使用【曲面】、【编辑曲面】及【剖切曲面】三个工具条中的命令，将建模分为曲面实体建模与非曲面实体建模两大类。

所谓非曲面实体建模，就是指仅用实体建模命令进行的建模方式，机械类零件多用这种方法建模。但对于复杂的形体，必须采用曲面命令和实体建模命令相结合的方式进行建模，因此，称这种建模为曲面实体建模。因此，曲面建模的复杂程度大于非曲面实体建模。

根据建模过程创建实体的方法，可以将建模分为：叠加法，缝合法及综合法。

叠加法：在作出一个基本体的基础上，像“砌墙”时不断加砖那样不断增加或去除图素，从而使一个简单的模型变成一个复杂的三维模型。如制作一个螺栓，可以先制作螺栓的六角头部（基本体），然后制作圆柱形的螺杆（加材料），对螺杆进行倒角（减材料），再在螺杆上制作螺纹（减材料）。制作过程如图 2-1 所示。

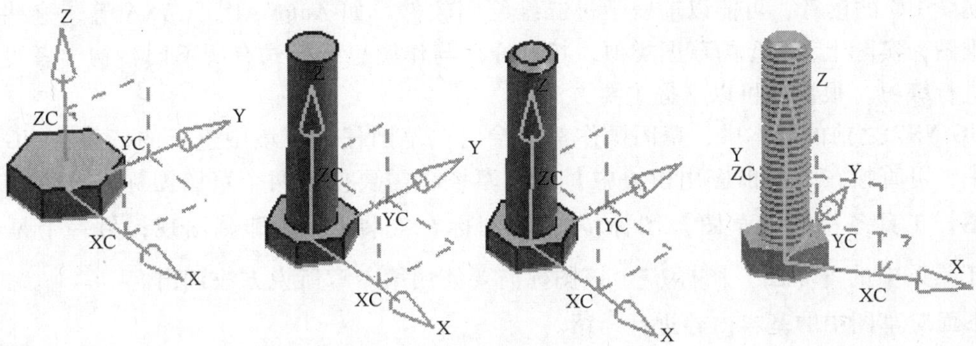


图 2-1　叠加法建模过程

缝合法：先制作片体，让片体加厚成为实体；或者先制作完全封闭的片体群，再让这些片体通过缝合得到实体，这种构造模型的方法称为缝合法。缝合法是在对称其复杂的形状建模时常用的方式。如制作显示器外壳，可以先用曲面作出显示器外壳前后左右上下六个方向各曲面，然后通过缝合得到实体，再经多次叠加后，得到最后效果。

综合法：将叠加法和缝合法联合使用。图 2-2 所示为显示器外壳的建模过程，其中前面五步是缝合法，后面还需要不断使用叠加法才能得到最后效果，因此，显示器外壳制作采用的是综合法建模。

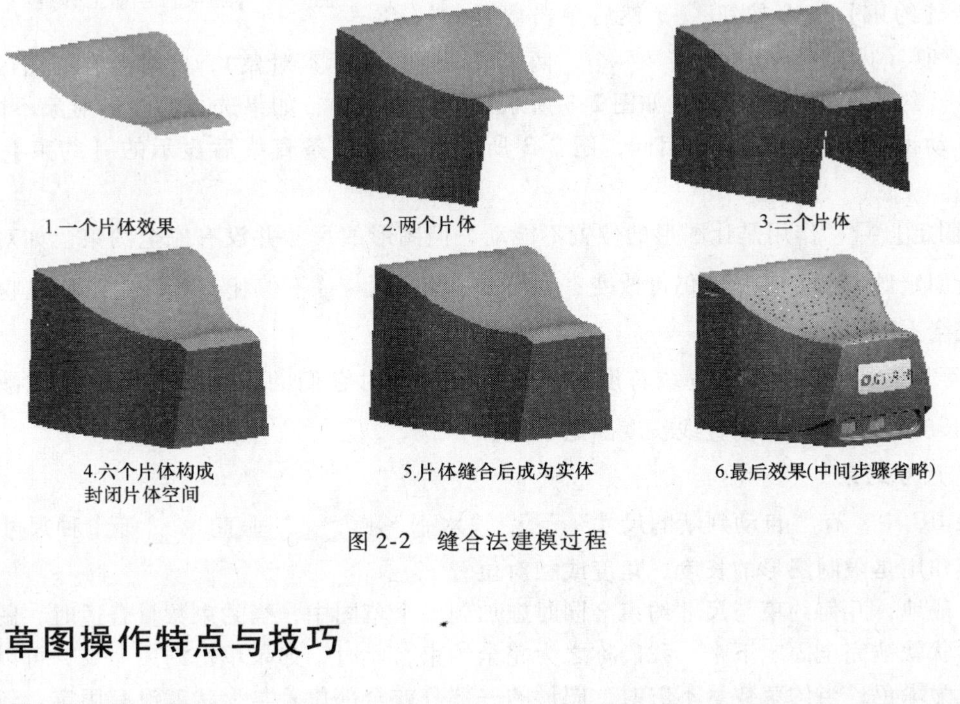


图 2-2　缝合法建模过程

## 2.1　草图操作特点与技巧

建模时，是否需要草图，要根据模型的形状的复杂程度及操作的方法来决定，复杂模型一般需要草图。

所谓草图，实际上就是为进行三维建模时创建的二维平面图，它可以放置在不同的图层上，再通过诸如“拉伸”、“回转”等不同方式，让其形成三维图。因此，草图是三维建模的基础。

初学 UG 的读者，可能以前曾学过二维绘图软件，如 AutoCAD，CAXA 等，这些软件制作二维图，实际上和 UG 的草图类似，控制原理与作图思维模式有所不同，初学者可按本书方法进行练习，很快就可以掌握主要方法。

UG NX7 之前的版本中，草图操作都是专门在草图任务环境中进行的，而在 UG NX7.5 版本中，可直接在【当前应用模块中】创建草图，需要使用两个草图图标，一个是在【直接草图】工具条中的【草图】图标，该图标在安装 UG 后即刻出现；另一个是在【特征】工具条中的【草图】图标，该图标需要使用第 1 章所说方法调出。

下面对草图中的基本内容进行介绍。

### 2.1.1　约束

在 UG 中，约束分为几何约束与尺寸约束两种。

**1. 几何约束**

通过对图素间相互位置与关系进行限制，使图形的位置与形状具有唯一性的操作。如，让几条直线等长、平行或垂直，让圆弧同心、等半径，让图素固定位置，让点在某曲线上等。UG 中，几何约束的命令需要通过【草图工具】工具条中的【约束】按钮进行激活。先单击【约束】命令按钮，然后单击要进行几何约束的相关图素（可以是一个、两个或两个以上图素对象），此时会在绘图区的左上角显示【约束】浮动工具条，如图 2-3 所示。要注意的是，如果选择的图形对象不同，【约束】浮动工具条的内容也不相同，图 2-3 所示为选择两条直线后显示的【约束】浮动工具条。

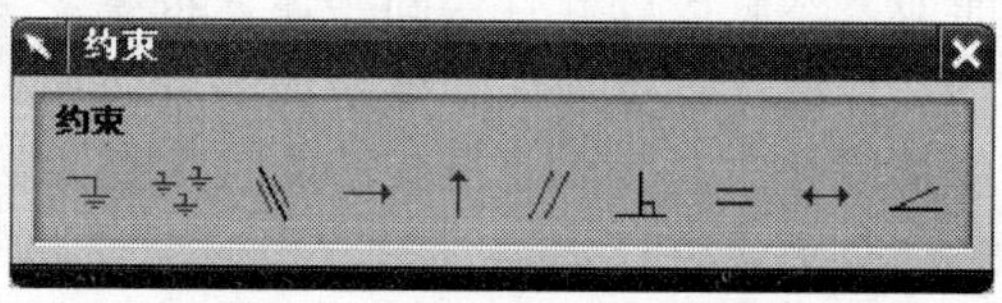


图 2-3　【约束】浮动工具条

【固定】，作用是让图形的位置不能动，但图形的尺寸并没有完全约束，如对一条直线进行固定约束后，其长度仍可改变；而【完全约束】不但让位置固定，而且也让图形尺寸完全不能更改。

【等长】是使若干直线长度相等，执行命令时它们的长度可同时增长或减短，而【恒定长度】则是使直线长度固定不变。

**2. 尺寸约束**

在 UG 中，有“自动判断的尺寸”，“水平”，“垂直”等十种尺寸约束命令，其作用是限制图形的长度、角度或相对位置。

一般地，几何约束与尺寸约束会同时施加到一个草图中，当约束数量合适时，图形的位置与形状就被完全固定下来，我们称之为完全约束，此时，如果单击约束命令，可以看到图形颜色为绿色；当约束数量不够时，图形的一部分或全部位置与形状就没有固定，还可以任意改变，这种情况称为欠约束，此时，单击约束命令后，会看到欠约束的图形颜色为棕色；

当约束数量过多时，会造成约束之间出现矛盾，从而使实际图形尺寸与形状没有得到真正的确定，这种情况称为过约束，此时，单击约束命令后，会看到过约束的图形颜色为褚红色。从 UG 的提示行也可以看出约束数量是否合适，单击约束命令后，提示栏会告诉还需要多少约束，或者是否是完全约束或过约束。

在作 UG 草图时，将图形作成完全约束是最理想的，有时根据图形的重要性不同也允许使用欠约束的草图，从而加快作图效率；但作图时过约束是被禁止使用的。因此，根据上面的介绍，如果发现图形变褚红色了，就必须停止操作，找出过约束的原因，只有排除了过约束后，才能继续进行后续操作。

删除尺寸约束的方法很简单，只要选中要删除的尺寸，然后右击，在弹出的快捷菜单中单击【删除】按钮或直接按〈DELETE〉键；如果要删除几何约束，则要单击【草图操作】工具条中的【显示/移除约束】按钮，此时，会弹出【显示/移除约束】对话框，如图2-4所示。

选中【显示/移除约束】对话框中【活动草图中的所有对象】单选按钮，就会在【显示约束】栏里显示所有草图中的几何约束，当选中一个项目时，如图 2-4 中选中“Line1 恒定长度”时，相应的对象就会显示成橘黄色。如果单击【移除高亮显示的】按钮，就可以将该项几何约束删除。

单击【显示约束】按钮，可以显示几何约束的符号，如图 2-5 所示。不论是否单击了【显示约束】按钮，尺寸约束总是会显示出来。单击【首选项】→【草图…】，会弹出【草图首选项】对话框，在【草图样式】区域中，可以将【尺寸标签】修改为“值”、“名称”或“表达式”三种式样之一，图 2-5 中显示的尺寸就是表达式式样的尺寸。

图 2-4 【显示/移除约束】对话框

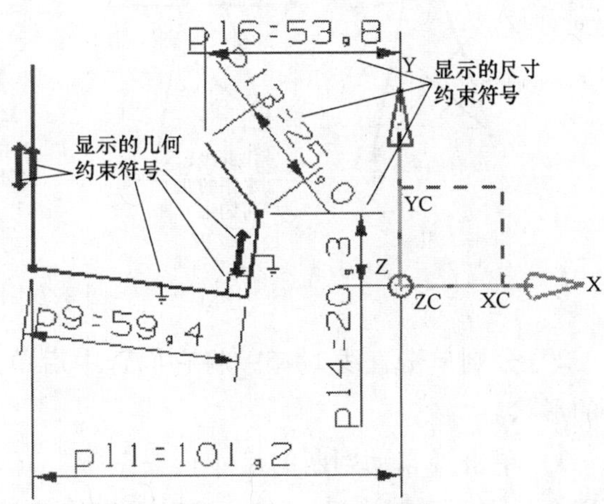


图 2-5 显示约束符号

下面，以建立一个五角星为例，来说明 UG 中建立草图的过程。

1）启动 UG，单击【新建】按钮，在弹出的【新建】对话框中输入适当的文件名后，单击【确定】按钮，进入建模环境中，单击【特征】工具条中的【草图】按钮，弹出【创建草图】对话框，如图 2-6 所示。

多数情况下，通过“在平面上”这种类型来创建草图。之后，需要在图 2-6 中的【平面选项】处选择一种方式来得到绘图平面。有三种获得平面的方法："现有平面"是让使用者在作图区中选择现有平面进行作图；【创建平面】则是要使用【完整平面工具】或【自动判断】的方法来获得基准平面；【创建基准坐标系】则让使用者通过【创建基准坐标系】按钮来创建一个基准坐标系，并以该坐标系的一个基准面作为草图绘制平面。为了作图方便，有时也使用【在轨迹上】方式作图这种类型。读者可以先选择一条曲线并单击，然后在【创建草图】对话框中修改【平面位置】与【平面方位】两个主要选项。

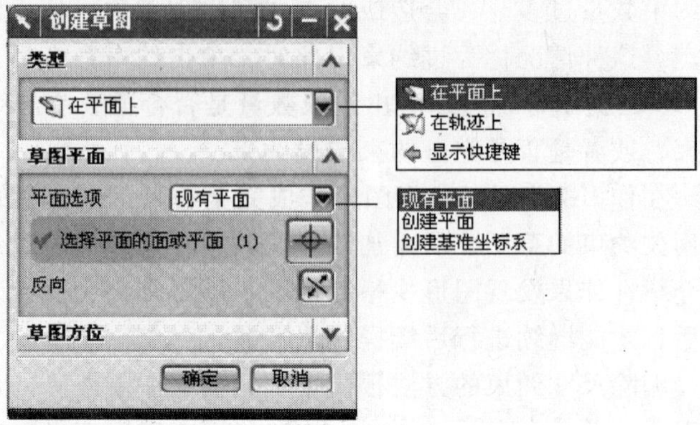


图 2-6 【创建草图】对话框

如果直接按鼠标中键，就以默认的 XY 平面作为草图面进入到了草图环境中，然后任作一个五角星图形，如图 2-7a 所示。然后单击【约束】按钮，再单击图 2-7a 中的直线 1，此时会弹出【约束】浮动工具条，单击【水平】按钮，可以看到直线 1 变成水平的。如图 2-7b 所示。

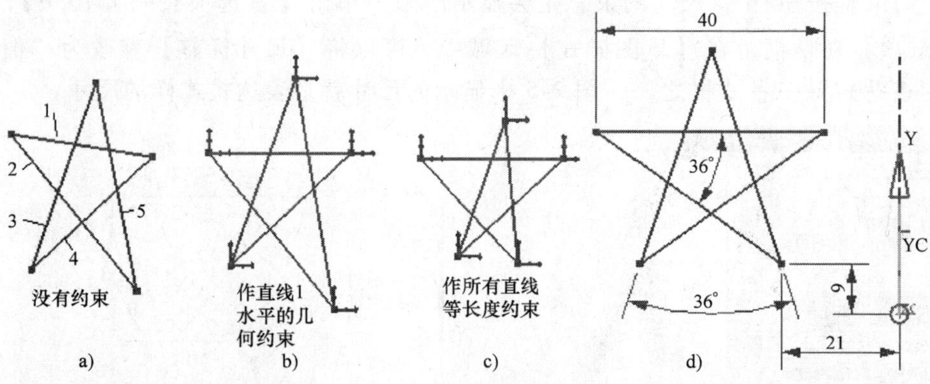


图 2-7 作图过程

2）分别单击直线 1 ~5，将它们选中后单击【等长】按钮，则图形变成图 2-7c 所示的形状。

3）单击【自动判断的尺寸】按钮，作图 2-7d 所示的尺寸约束，则正五角星形状就被完全约束了。双击尺寸 40，可以重新修改尺寸，而其他各直线段的尺寸由于关联，会自动做相应修改。

从上面的操作过程可以看出，在 UG 中作图是以约束来完成图形形状与位置的确定，而不是靠输入确定的坐标数据来完成图形的定位与定形。当然，UG 也支持类似 AutoCAD 方式的作图模式，建议读者重点掌握 UG 特有的作图模式。

## 2.1.2 自动约束

在使用 UG 绘制草图时，系统会自动产生多种约束，若约束使用得当，则可以提高作图效率，反之则可能妨碍作图。

进入草图后，系统自动使用的绘图工具是“轮廓”命令，该命令也可通过单击【草图工具】工具条中【轮廓】按钮激活，该命令可制作直线与圆弧。现在就以其操作为例，来说明自动约束及其注意事项。

先在屏幕上任意点处单击，绘制图形的第一点，然后垂直向上移动鼠标，可以看到出现了向上的箭头符号，同时直线尾部产生虚线，如图 2-8a 所示。此时，你可以先在图 2-8a 中的浮动编辑框中输入长度值，然后再单击鼠标，完成垂直直线 A。这里的箭头及虚线就是自动约束标志，出现这类标志时创建的曲线就具有自动约束的功能。之后，向右移动鼠标，发现有向右的箭头及虚线出现，说明此时具有水平约束。在适当位置单击鼠标，完成水平线 B 的绘制，如图 2-8b 所示。按住鼠标左键拖动一下，进入画圆弧状态，然后移动鼠标到适当位置，会出现不同的约束状况，如图 2-8c 所示是出现三种自动约束的情况，此时单击，完成圆弧 C 的制作，该圆弧具有三种约束：与直线 B 相切、与直线 A 相切、端点与直线 A 的中点水平对齐。再沿右上方移动鼠标到适当位置，可以得到图 2-8d 所示图形，直线 D 有两种约束。以上步骤中出现的约束均是系统自动产生的约束。

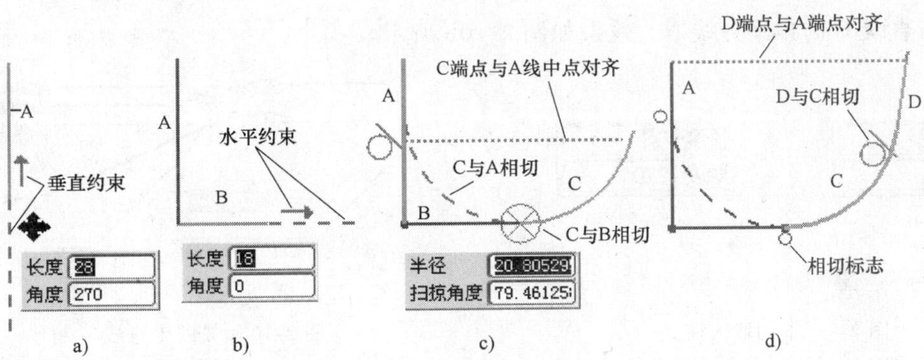


图 2-8　自动约束

书中不能对每一种约束都给予说明，但读者从中可以体验到自动约束的存在。大多数情况下，自动约束会帮助我们提高作图效率，但有时也会妨碍作图。为了避免不需要的自动约束，在作图时可以适当移动鼠标，或放大视图后再适当移动鼠标。一般情况下，作复杂草图时，尽可能不要产生多余的约束，否则会增加作图的难度并减慢作图速度，如果出现多余约束，一定要用“显示/移除约束”命令去除这些约束后再往下操作。

如果在作图时，想要按自己的要求进行自动约束，可以单击【草图工具】工具条上的【自动判断的约束】按钮，弹出【自动判断的约束】对话框。将不需要的约束前面的勾号去掉，然后再作图时，这些约束将不自动出现。

如果不想使用自动约束功能，单击【创建自动判断的约束】按钮，使其弹起，则在作图时不产生自动约束。再次单击，又恢复自动约束。

自动约束是一把双刃剑，利用得好可以事半功倍，反之，则可能阻碍作图，要达到很好地利用自动判断的约束进行作图，须经过反复练习。因此，读者应当认真完成本章练习中的题目。

## 2.1.3　常用草图命令的使用

常用的草图命令在【草图工具】工具条中，可分为作图命令、约束命令及编辑命令几类。

**1. “轮廓”命令**

“轮廓”命令是 UG 中绘制草图的重要命令，进入草图环境中，系统自动激活该命令。该命令可以制作曲线与直线，输入模式有坐标模式与参数模式两种，在没有输入第一个点时使用坐标模式，此时，有一个文本输入框跟随鼠标移动，可在其中输入 XC、YC 两个坐标数值，如图 2-9a 所示。当完成第一个坐标点后，系统进入参数模式，移动的文本框如图 2-9b 所示。

该命令的具体操作方法可参考 2.1.2 节相关内容。

**2. “派生直线”命令**

“派生直线”命令可以制作中位线或角平分线，如图 2-10 所示。先作三条任意直线 A、直线 B 及直线 C，如图 2-10a 所示。然后单击【派生直线】按钮，再单击直线 A 与直线 B，拖动鼠标左右移动，就会出现直线 A 与直线 B 的中位线 M，到适当位置单击完成直线 M 的创建。同样，单击【派生直线】按钮后，再单击直线 B 与直线 C，拖动鼠标可以制作直线 B 与直线 C 的角平分线 N。效果如图 2-10b 所示。

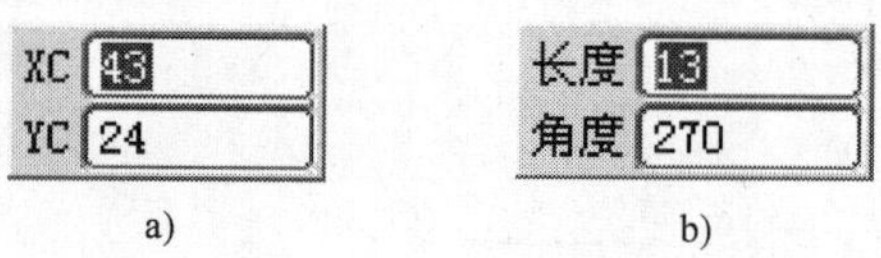


图 2-9　不同输入模式

a）坐标模式文本框　b）参数模式文本框

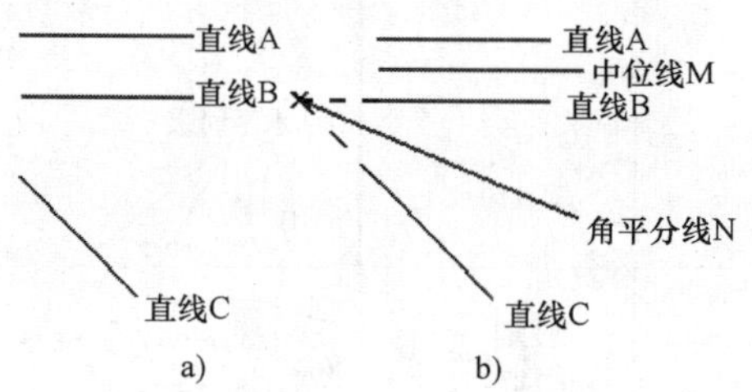


图 2-10　“派生直线”制作

**3. “转换至/自参考对象”命令**

“转换至/自参考对象”命令可以将曲线转换成参考线，或将参考线转换成活动曲线。在 UG 中，参考线可作为中心线、对照线等，不参与成形操作，即不能用参考线作出可以拉伸、旋转等用的图形，而活动线则可以通过拉伸、旋转等命令使其转换成实体图形。单击该命令后，然后单击选中要转换成参考线的曲线，再按鼠标中键，就完成了转换过程。

**4. “偏置曲线”命令**

“偏置曲线”命令将曲线偏移一定距离，在 UG NX7.5 中，偏置曲线具有关联性，而在此之前的版本中则不具有关联特性。

操作方法是：单击【偏置曲线】按钮，弹出【偏置曲线】对话框，在【距离】处输入偏移的距离值，然后单击选中要偏置的曲线，再按鼠标中键就可完成操作。

**5. “镜像曲线”命令**

“镜像曲线”命令可以将草图曲线以某直线为对称中心线进行镜像。操作时，先单击【镜像曲线】按钮，弹出【镜像曲线】对话框，再单击对称中心线，然后选中要进行镜像的曲线，最后按鼠标中键即可完成操作。

草图中的命令有几十条，除了【草图工具】工具条上的命令外，【编辑】菜单中的命令也是可用的。

在UG中绘制草图曲线时，系统会自动进行尺寸约束，即每作一段线，系统自动标出尺寸。若要取消尺寸标出，则可以单击草图环境中的【任务】→【草图样式】，在弹出的对话框中将【连续自动标注草图尺寸】复选框前面的勾去掉即可。

## 2.1.4 草图操作实例

**实例2-1 铁钩的草图**

制作如图2-11所示铁钩的草图。

操作步骤如下：

1）新建文件后，单击【特征】工具条上的【草图】按钮，弹出【创建草图】对话框，使用默认设置，直接按鼠标中键，进入草图环境中。

2）使用“轮廓”命令，在图2-12a中所示位置处单击，并垂直向下移动鼠标到一定长度，再单击，得到直线A；然后按住鼠标左键拖动一下再松开，将“轮廓”命令作图方式由直线方式改变成圆弧方式，作弧B如图2-12b所示。同样，作弧C、D、E、F、G、H，接着再拖鼠标，改变成直线方式，作直线I，J，得到效果如图2-12c所示。

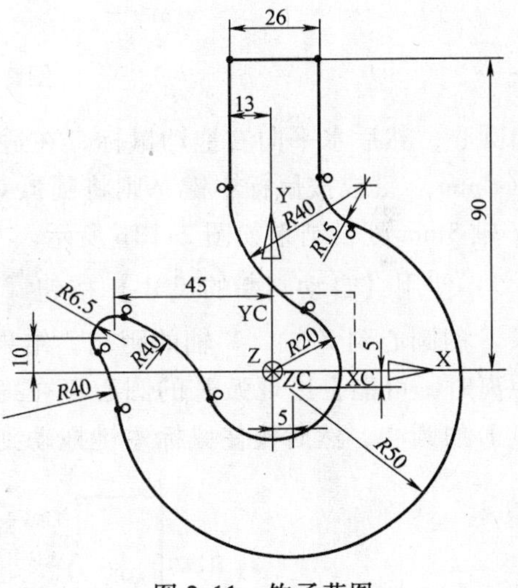


图2-11 钩子草图

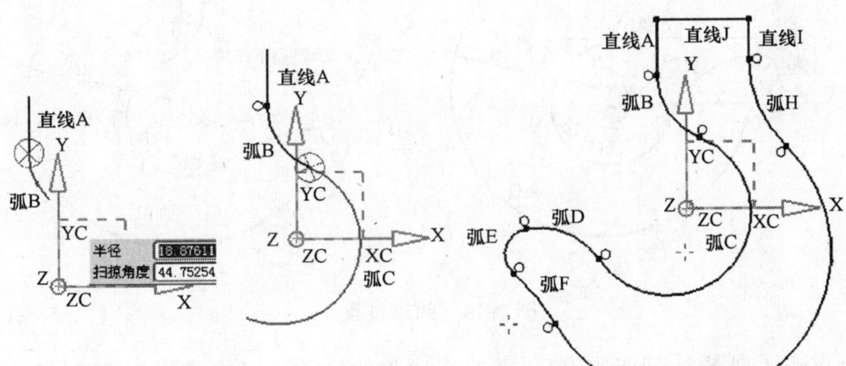


图2-12 作图过程

3）进行约束：单击【草图工具】工具条中的【约束】按钮，此时图形会有变化，效果如图2-13a所示。单击弧C的圆心，然后再单击坐标轴Y轴，则在左上角出现【约束】浮动工具条中有【点在曲线上】按钮，单击该按钮，则将弧C的中心定在Y轴上；同理，将弧C的圆心同时定在X轴上，则弧C的圆心定在XY坐标的原点位置。

4）单击【草图工具】工具条中的【自动判断的尺寸】按钮，然后单击X轴及弧

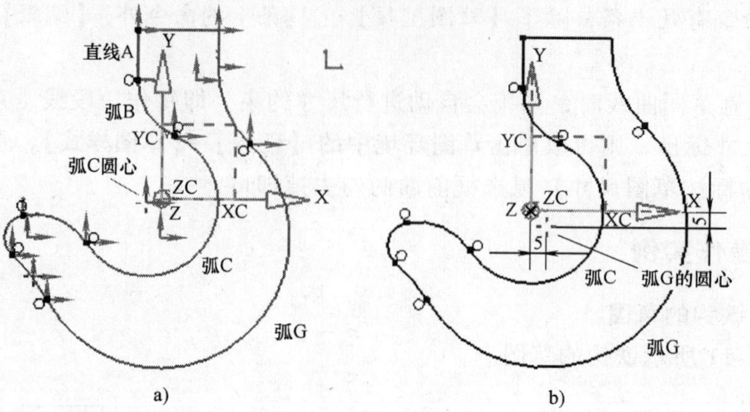


图 2-13　约束过程 1

G 的圆心，然后水平向右拖动鼠标，在适当位置单击，在出现的浮动文本框中输入数据 5 并按〈Enter〉键或按鼠标中键，则将圆弧 G 的圆心定在距 X 轴 5mm 处；同理，让该圆心定在距 Y 轴 5mm 处，结果如图 2-13b 所示。

5）使用【自动判断的尺寸】按钮标注弧 C、弧 G 的半径，然后标注弧 E 的半径及弧 E 的圆心到 X 轴、Y 轴的距离。结果如图 2-14a 所示。注意在标注弧 E 的圆心到 X、Y 轴距离时，可能会出现弧 E 的圆心不在第二象限的情况，如图 2-14b 图所示，此时，要先选中弧 E 的圆心，然后按住鼠标左键拖动到第二象限，然后再进行标注。

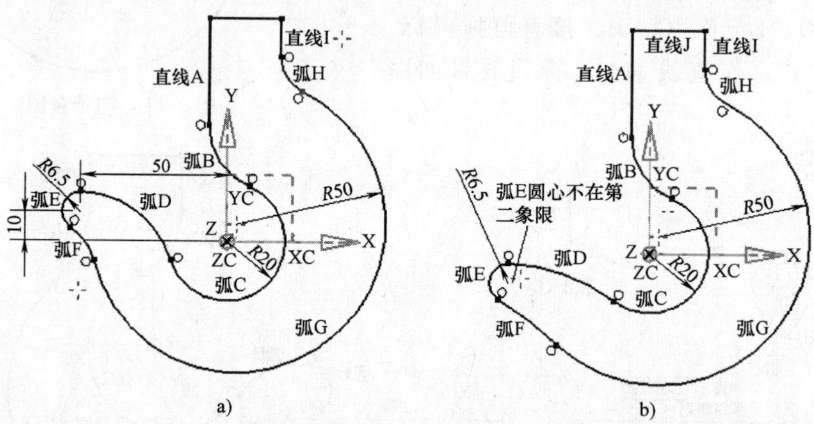


图 2-14　约束过程 2

6）标注直线 J 到 X 轴的距离 90，最后标注其他尺寸，最终结果如图 2-11 所示。

**注意：在进行 UG 的约束时，一般根据具体情况，先对关键的图素作几何与尺寸约束，如圆心约束在坐标中心或某给定位置，然后再约束其他相关部位。约束时，图形可能会产生大的变形，可以通过对曲线进行拖动、对圆心拖动等操作来进行调整，直到形状基本满意为止，只要进行了全约束，最终形状将是一致的。**

7）完成草图后，对草图进行保存。

**实例 2-2　机架草图**

操作步骤如下：

1）新建文件后，单击【特征】工具条上的【草图】按钮，弹出【创建草图】对话框，使用默认设置，直接单击鼠标中键，进入草图环境中。

2）使用“轮廓”命令，一次性按 A ~ G 的作图顺序作出如图 2-16a 所示的草图。注意：作图时不要断开，通过按住鼠标左键拖动来切换直线与圆弧类型，作图时让相邻曲线相切。

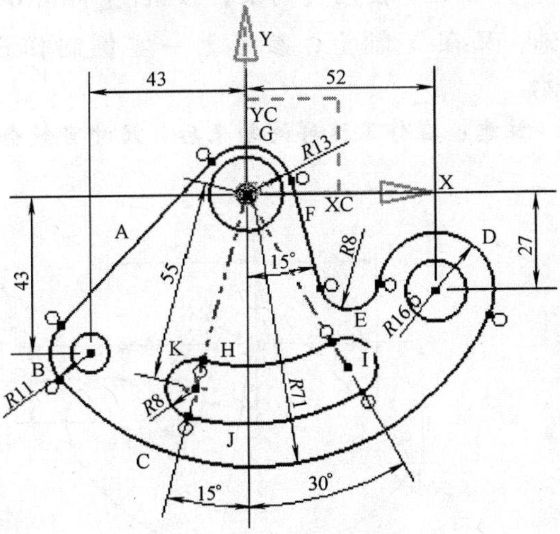


图 2-15　机架草图

3）使用【约束】按钮让曲线 A 与 G 相切。然后使用【自动判断的尺寸】按钮标注弧 B、弧 D 及弧 G 的半径分别如图 2-16b 所示。此时会看到图形形状有变化。

4）标注弧 B、弧 D 及弧 G 各圆心间的距离，结果如图 2-17a 所示。不过，在作尺寸约束时，也可能会出现图形极大地变形，导致形状如图 2-17b 所示。此时弧 E 变成了一个点。按住弧 D 靠近 E 端处拖动就可以出现弧 E，再按住直线 F 及弧 E 拖动进行调整，就可以达到图 2-17a 所示的效果。注意在拖动时，选择曲线或直线的位置不同，拖动的效果也不同，读者可以摸索一下其中的规律；另外，为了在进行约束时不发生大的变形，读者在使用“轮廓”命令作图时，尽量让图形大小与实际图形大小相近，形状尽量相似，这样变形就会小。

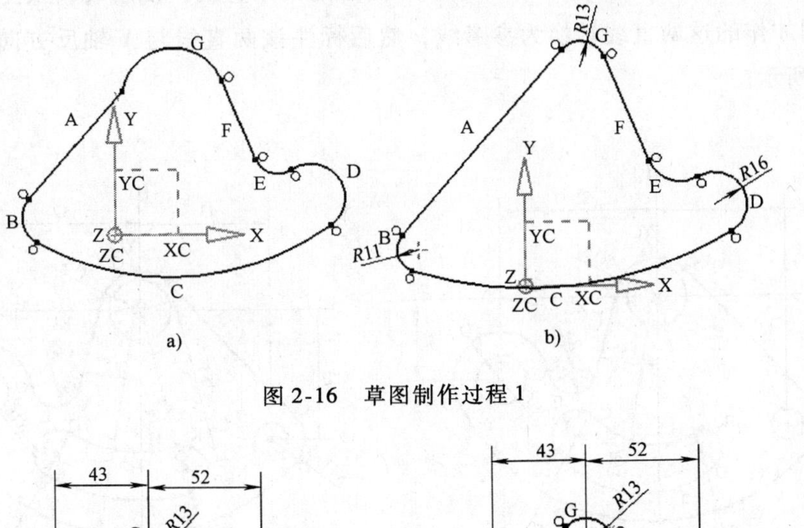


图 2-16　草图制作过程 1

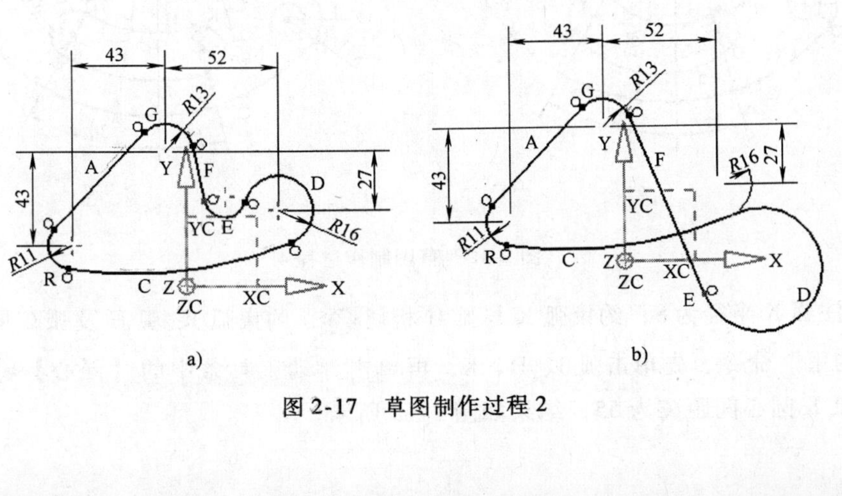


图 2-17　草图制作过程 2

5）现在，使用【约束】按钮将弧 G 的圆心固定在坐标圆点（可使弧 G 圆心既在 X 轴，又在 Y 轴上，参考上一实例制作过程），并作弧 C 的半径，结果如图 2-18a 所示。

**注意：在作了这样的约束后，尺寸可能会很乱，需要拖动尺寸摆正位置。**

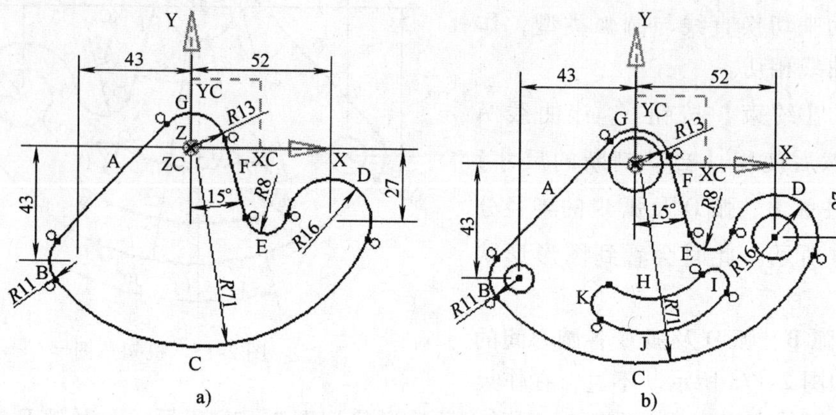


图 2-18　草图制作过程 3

6）使用【圆】按钮制作弧 B、弧 D 及弧 G 的同心圆，再使用“轮廓”命令作出内部半月形图形，结果如图 2-18b 所示。

7）自弧 G 圆心分别作过弧 K 圆心和弧 I 圆心的两条直线，使用【转换至/自参考对象】按钮将刚才作的这两直线转换为参考线，然后标注该两直线与 Y 轴反方向的夹角，结果如图 2-19a 所示。

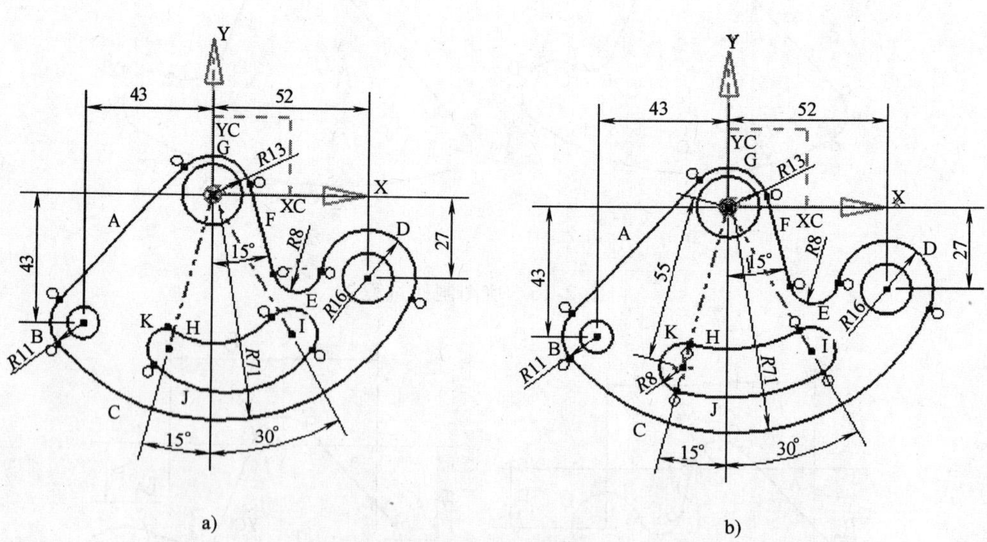


图 2-19　草图制作过程 4

8）标注弧 K 半径为 8，约束弧 K 与弧 H 相切，约束弧 J、弧 H 及弧 G 同心（操作时使用“约束”命令，先单击弧 J、H、K，再单击浮动工具条中的【同心】）。最后标注弧 G 与弧 K 圆心间距离为 55，结果如图 2-15 所示。

## 2.2　非曲面建模

非曲面建模是指在建模时，没有使用【曲面】工具条及【自由曲面形状】工具条中的命令而进行的建模，这类建模常用于一般的机械零件建模，较复杂的主要有箱体类零件、壳体类零件等。而曲面建模则用到曲面命令，可制作难度较大的模型，可用于玩具、汽车及其他复杂外形零件的建模，如玩具中的动物建模、汽车飞机外形设计、化妆品及装饰品外形建模等。

下面，主要针对重要命令进行讲解，同时给出实例。

### 2.2.1　拉伸命令及实例

**1. 拉伸命令**

“拉伸”命令是 UG 建模的重要命令，它功能强大，可以制作沿任意方向增长的实体或片体。单击【插入】→【设计特征】→【拉伸】或单击【特征】工具条中的【拉伸】按钮，均可以弹出【拉伸】对话框，如图 2-20 所示。

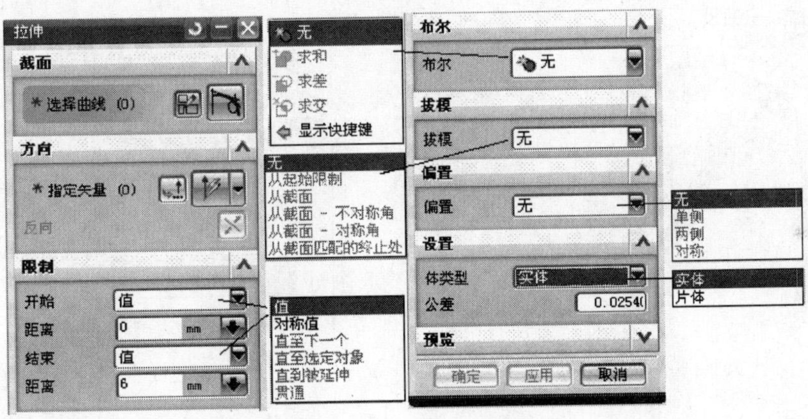


图 2-20　【拉伸】对话框

当出现该对话框时，可以直接对拉伸的对象（封闭的、不封闭的曲线或曲面，实体的边均可）进行拉伸；如果没有合适的曲线，可以单击【截面】区域中的【草图】按钮或直接按鼠标中键进入草图环境中，制作一个用来拉伸的截面或曲线来作为拉伸的对象。

然后，通过【指定矢量】来获得拉伸的方向，该方向可以通过【矢量构造器】来创建，也可直接在屏幕作图区中选择合适的方向作为拉伸方向。

接下来是确定拉伸的长度，选择【限制】区域中的【开始】或【结束】处的内容，在“值”、“对称值”等 6 个选项中选择一种方式。其中，“值”选项要求读者从键盘上输入；“直到下一个”表示系统自动拉伸到下一个碰到的对象为止；“直至选定对象”表示需要从屏幕上选择一个对象，让拉伸延伸到该对象为止；“直到被延伸”表示需要从屏幕上选择一个对象，让拉伸延伸到该对象为止；“贯通”表示贯穿所有对象。

如果现在屏幕绘图区中没有任务片体或实体对象，【布尔】区域只能选择“无”。一般情况下，布尔运算方法包括求和、求差或求交等。

确定完【布尔】运算规则后，要确定是否需要【拔模】，即是否需要使拉伸时有锥度出现。

最后，要确定是否需要【偏置】，偏置决定了拉伸的对象是否是空心体，偏置是以选定的曲线作为基准，朝内或朝外偏移一定距离，从而制作出空心体。

这些选项是否需要，是根据在操作时的具体情况来决定的，除确定草图、矢量和长度三项外，其他各项可根据需要来确定取舍。

**2. 实例操作**

**实例 2-3　吹风机外壳制作**

吹风机外壳如图 2-21 所示。

操作步骤如下：

1）启动 UG，新建 CFJ. PRT 文件；单击【特征】工具条中的【拉伸】按钮，弹出【拉伸】对话框，按鼠标中键两次，进入草图环境中；单击【草图工具】工具条中的【圆】按钮，然后以坐标原点为圆心，作直径为 100 的圆，然后单击【草图工具】工具条中的【完成草图】按钮，返回到建模环境中。此时，打开【拉伸】对话框，将【结束】下面的【距离】的值修改为 30，【拔模】修改为【从起始限制】，【角度】改为 5°，再按鼠标中键，完成圆锥台的拉伸，效果如图 2-22 所示。

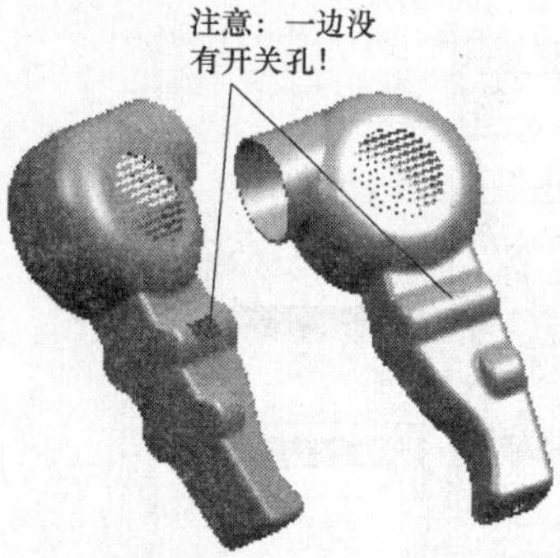


图 2-21　吹风机外壳

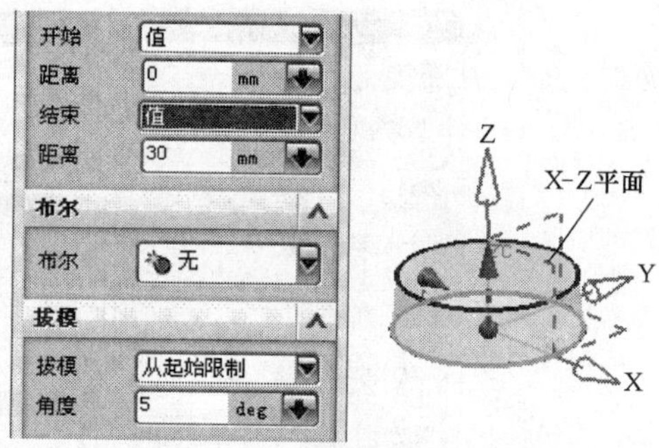


图 2-22　制作圆锥台

2）单击【特征】工具条中的【边倒圆】按钮，弹出【边倒圆】对话框，将对话框中的【Radius 1】的值设置为 20，并按〈Enter〉键确定；单击选中图 2-22 中的拉伸体的上边缘，然后单击鼠标中键，完成边倒圆操作。

3）再次使用“拉伸”命令，当出现【拉伸】对话框时，单击鼠标中键，则出现【创建草图】对话框；此时，单击图 2-22 中的 X-Z 平面，再按鼠标中键一次，进入草图环境中；单击【视图】工具条中的【带边着色】按钮右侧的向下箭头，在弹出的下拉菜单中单击【静态线框】按钮，然后作如图 2-23 所示的草图。

作该草图时，注意约束半圆形草图的直径边与 X 轴重合。完成草图后，将【拉伸】对话框中的【结束】下面的【距离】值修改为 60，【布尔】选项修改为“求和”，再按鼠标中键完成拉伸；按住右键 2 秒钟以上，当出现浮动工具条时，选中【带边着色】按钮，改变显示模式。

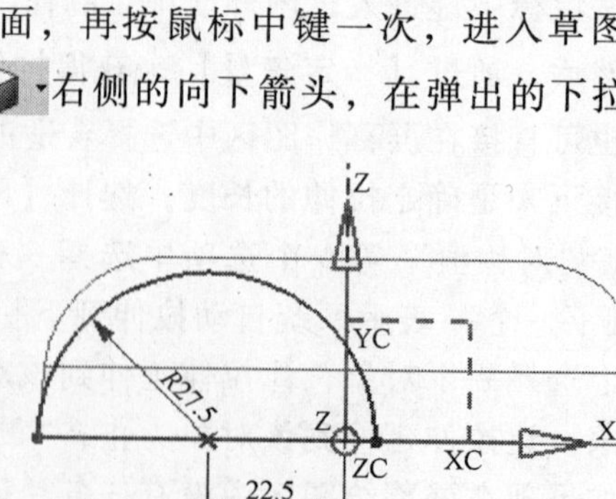


图 2-23　制作的草图

4）再次使用“拉伸”命令，直接以默认的草图平面进入草图环境后，作如图 2-24 所示的草图。注意草图中圆弧 R800 的圆心在左侧长度为 60 的竖直线的延长线上，各相邻圆弧都是两两相切的。

完成草图后，将【结束】下面的【距离】值修改为 18，【拔模】设置为【从起始限制】，【角度】值设置为 5°，【布尔】选项设置为“求和”，再按鼠标中键完成拉伸。

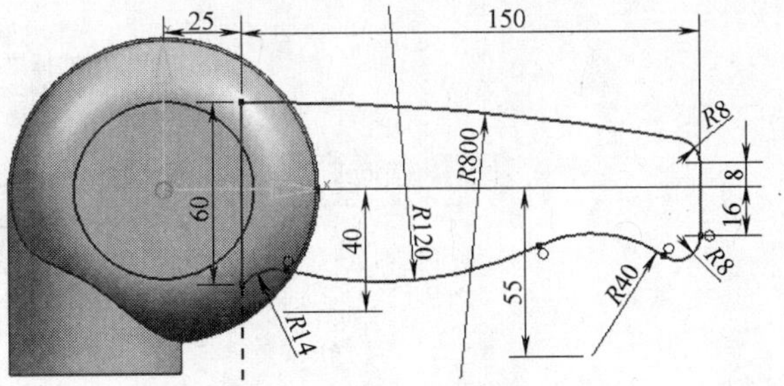

图 2-24　制作手柄草图

5）依照步骤 3，仍然使用【拉伸】命令，以 X-Z 为草图平面，制作如图 2-25 所示的草图。

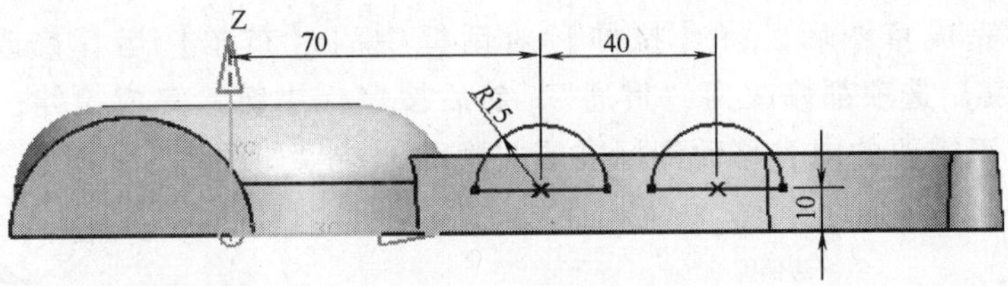

图 2-25　凸台草图

完成草图后，对【拉伸】对话框中【开始】选项设置为“直到被延伸”，如图 2-26a 所示。然后选中图 2-26b 所示的手柄背面，将【结束】选项处设置为“值”，对应的【距离】值设置为 0，【布尔】选项设置为“求和”，再按鼠标中键完成拉伸，结果如图 2-26b 所示。

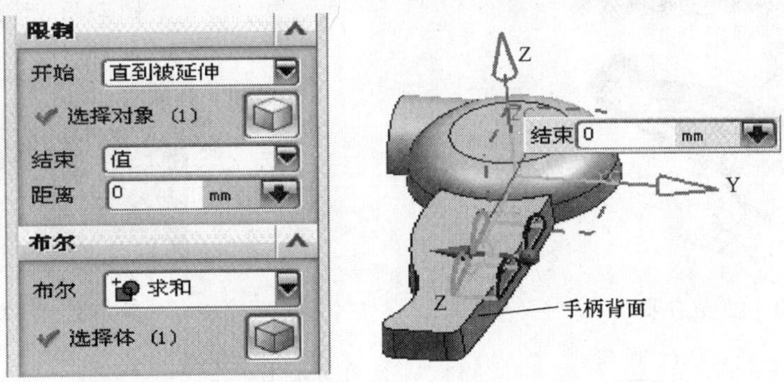

a）　　b）

图 2-26　拉伸选择过程
a）对话框　b）示意图

6）单击【拉伸】按钮，当出现【拉伸】对话框后，将【曲线规则】工具条中内容修改为“面的边缘”，如图 2-27a 所示。然后选中图 2-27b 所示截面，再修改【拉伸】对话框中【结束】处内容为“直到被延伸”，选中图 2-27b 所示的手柄前面作为延伸面；将【布尔】选项设置为“求和”，再按鼠标中键完成拉伸。

7）使用【特征】工具条中的【边倒圆】按钮，对图 2-28 所示各边倒圆。

8）单击【特征】工具条中的【抽壳】按钮，将弹出【壳】对话框；选择图 2-29 所

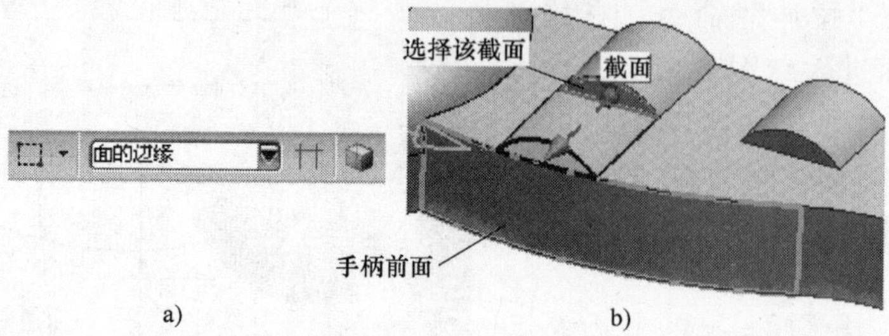


a)　　b)

图 2-27　制作凸台

a）在工具条中输入值　b）示意图

示的两个面，并将【壳】对话框中的【厚度】值修改为 1.5，最后按鼠标中键完成抽壳操作，结果如图 2-30 所示。

9）使用“拉伸”命令，以图 2-30 中面 A 的背面作为草图平面，作如图 2-31 所示进风孔的拉伸草图。完成草图后，将【拉伸】对话框中的【布尔】运算修改为“求差”，将【开始】与【结束】选项都修改为“贯通”，然后按鼠标中键，完成拉伸；修改着色模式为“着色”，然后将不需要的内容移动到标准层并隐藏，结果如图 2-32a 所示。

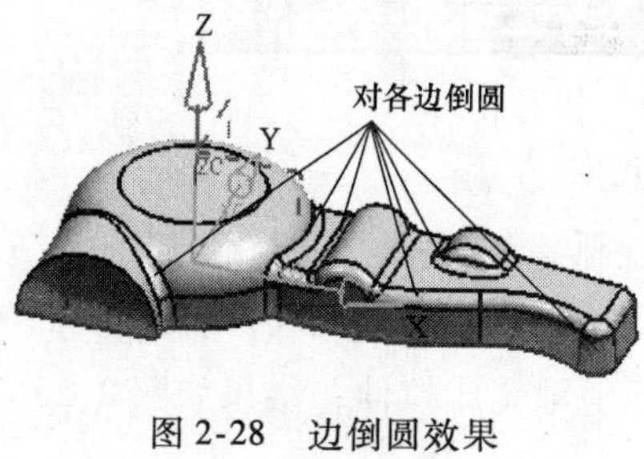


图 2-28　边倒圆效果

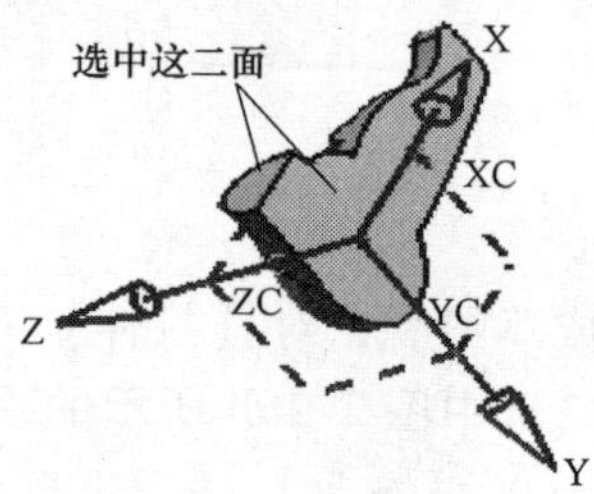


图 2-29　选择抽壳面

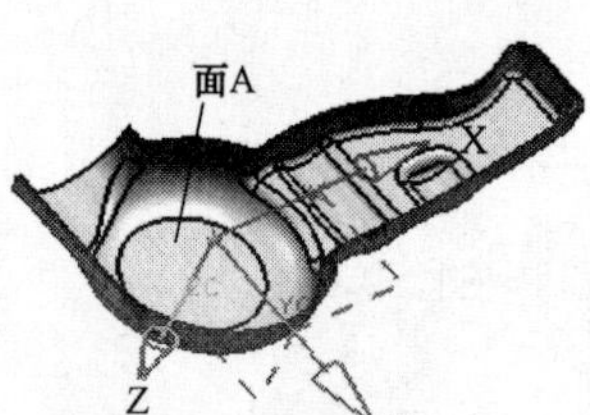


图 2-30　抽壳结果

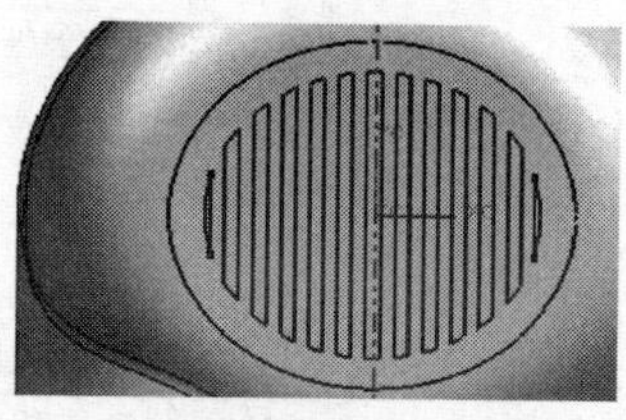

图 2-31　进风孔草图

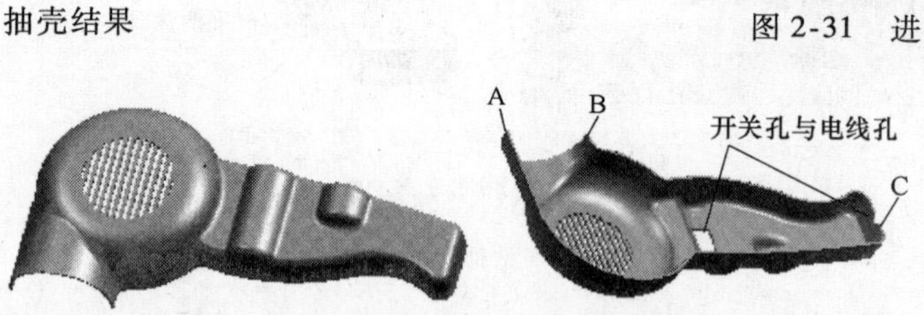


a)　　b)

图 2-32　在壳体上开孔

a）完成进风孔　b）完成开关孔与电线孔

10）类似地，做出开关孔和拉线孔，结果如图 2-32b 所示。

11）单击【编辑】→【变换】，弹出【变换】对话框，选中图 2-32b 所示的外壳体，然后单击鼠标中键，将弹出【变换】的另一个对话框，单击其中的【通过一平面镜像】按钮，弹出【平面】对话框，分别单击图 2-32b 中的 A、B、C 三个端点，得到一个参考平面，单击【确定】按钮或按鼠标中键，完成了镜像平面的选择；之后回到【变换】的另一个对话框，单击其中的【复制】按钮，再单击【取消】按钮，完成实体镜像过程，得到左右侧的手柄；其中右侧手柄是镜像的结果，左侧则是镜像源手柄，结果如图 2-33 所示。

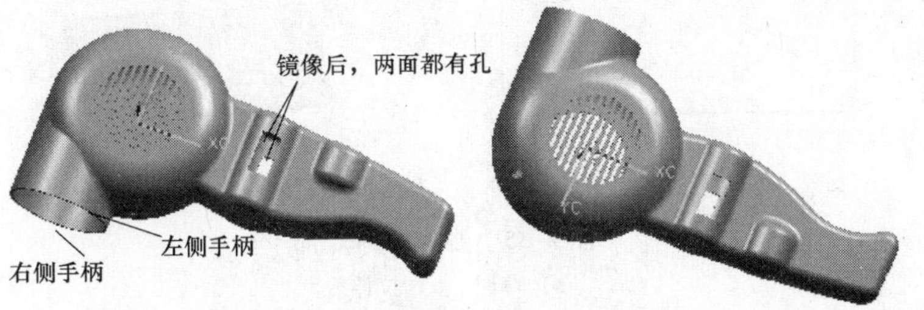


图 2-33　镜像结果及修改

镜像后，由于左右手柄均有开关孔，这是不对的，因此需要删除左手柄的开关孔。单击选中左手柄（源手柄）的开关孔，然后按键盘上的〈Delete〉键将其删除，则效果如图2-21所示。

**注意：在 UG 中有多个命令可以进行镜像操作，如“实例几何体”、“变换”、“镜像体”等，实例 2-3 中，一侧有开关孔，另一侧没有开关孔，使用不同命令，其操作过程有所不同：**

• 用实例几何体命令来制作时，需要将【实例几何体】对话框中的【设置】区域中【关联】复选框前面的勾去掉，使镜像后的对象与源对象不关联，才能实现相同效果。

• 用镜像体命令制作时，镜像前不能做出如图 2-32b 所示的方形开关孔，只制作电线圆孔，然后进行镜像；镜像时，要将【镜像体】对话框中的【设置】区域中的【固定于当前时间戳记】复选框勾选上，表示在此操作以前的所有操作都会被关联镜像，而此操作以后的操作就不关联了。镜像完成后，再拉伸出一个方形的开关孔。从上面的分析可以看出，其实最好使用镜像体命令来制作，这样，当手柄上的操作修改时，镜像的对象也会修改，但开关孔由于是时间戳记之后所作，则不会发生修改。

12）保存文件。

**实例 2-4　箱体制作**

箱体制作是机械产品制作中较复杂的零件，但在 UG 环境下制作箱体类零件，主要使用“拉伸”命令，下面详细说明制作过程。箱体的效果如图 2-34 所示。

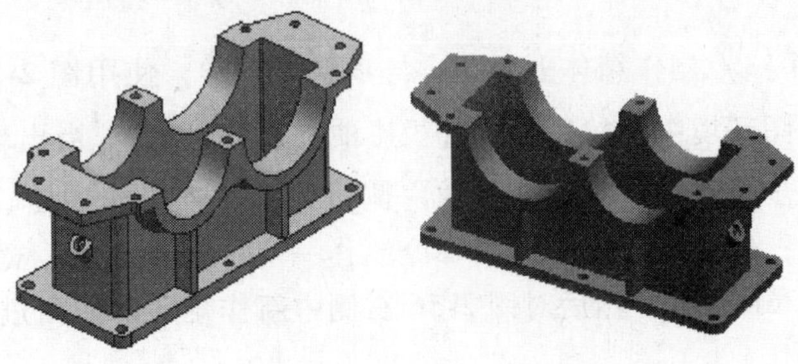

a)　　b)

图 2-34　箱体效果
a）着色前　b）着色后

操作步骤如下：

1）制作箱体底部。单击【拉伸】按钮，弹出【拉伸】对话框，按鼠标中键，以默认的 XY 平面作为草绘平面进入草图环境中；单击【矩形】按钮，弹出【矩形】浮动工具条，单击其中的【从中心】按钮，然后捕捉坐标原点并单击，出现随鼠标移动而改变长度与方向的直线段，在浮动文本框中输入【宽度】为 300，【高度】为 120，【角度】为 0°，输入完成后按〈Enter〉键确定，则完成了一个矩形的制作。然后单击【圆角】按钮，在浮动文本框中输入【半径】值改为 10 并按〈Enter〉键确定，完成对矩形的四角倒圆角，结果如图 2-35a 所示。

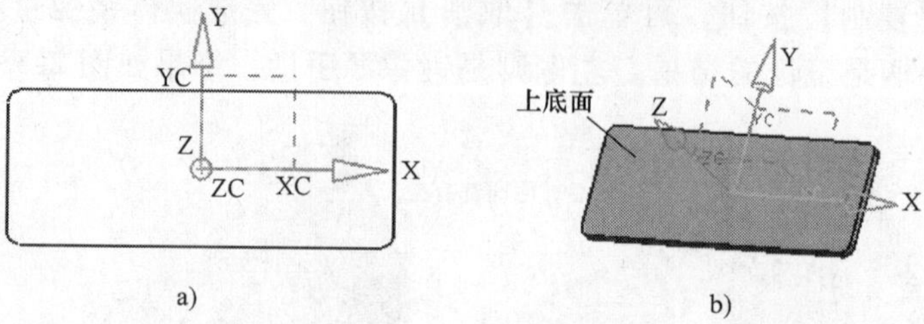


图 2-35　制作箱体底部

a）草图　b）拉伸后

完成草图后，拉伸 10mm，结果如图 2-35b 所示。

2）制作箱体主体。单击【拉伸】命令，以图 2-35b 的上底面作为草图平面，进入草图环境中；先以步骤 1 中方法制作一个宽 260，高 80，四周圆角为 10 的草图，然后单击【偏置】按钮，将弹出的【偏置曲线】对话框中的【距离】值修改为 8，然后选中刚才作的矩形，朝内偏置 8mm；完成草图后，拉伸高度为 100，【布尔】值修改为“求和”，单击鼠标中键，完成拉伸，结果如图 2-36a 所示。

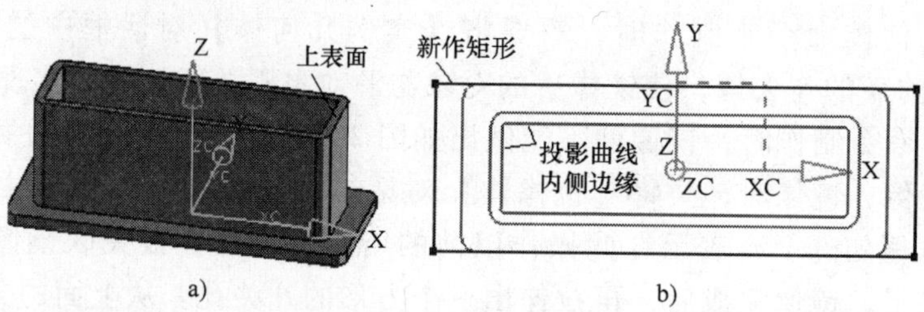


图 2-36　制作箱体主体

a）箱体主体拉伸结果　b）拉伸草图

3）制作箱体上表面。与步骤 2 一样，使用图 2-36a 所示的上表面作为草图平面，进入草图环境中，然后单击【投影曲线】按钮，当出现【投影曲线】对话框时，单击选中上一步操作得到的拉伸体的内侧边缘，单击鼠标中键，完成曲线投影操作，得到一条草图曲线；然后使用“矩形”命令制作一个中心在原点，宽度 340，高度 120 的长方形，结果如图 2-36b 所示。然后对图 2-36 右侧中新作矩形的四角进行修剪，结果如图 2-37a 所示。

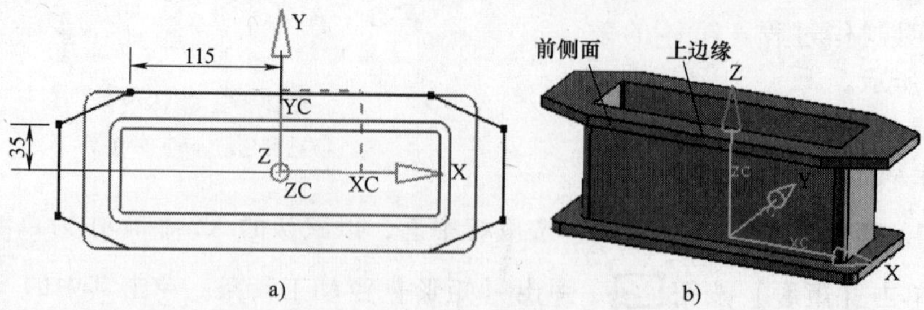


图 2-37　制作箱体上表面

a）上表面拉伸草图　b）拉伸结果

完成草图后，修改拉伸高度为 10，【布尔】值为“求和”，结果如图 2-37b 所示。

4）制作半圆拉伸。以图 2-37b 所示的前侧面作为草图平面，进入草图环境中，然后作如图 2-38a 所示的两个圆作为草图；完成草图后，将【拉伸】对话框中的【结束】选项设置为“贯通”，【布尔】值设置为“求差”，最后按鼠标中键，完成拉伸，结果如图 2-38b 所示。

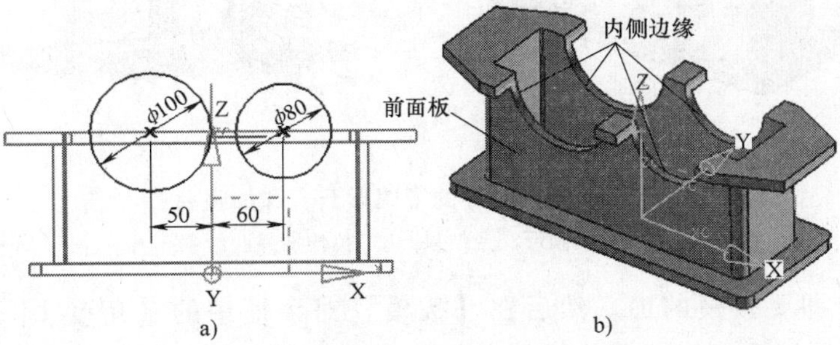


图 2-38 制作半圆拉伸

a）拉伸草图 b）拉伸结果

5）制作半圆形凸台。以图 2-38b 所示前面板为草图平面，进入草图环境中。单击【投影曲线】按钮，弹出【投影曲线】对话框，单击图 2-38b 所示的箱体的内侧半圆形边缘（只需选择大小半圆各一个即可），然后按鼠标中键，完成投影曲线的制作，如图 2-39a 所示。以此为偏置曲线进行偏置 12mm，然后进行修剪，并用直线将刚才的修剪结果封闭，得到如图 2-39a 所示的草图曲线。完成草图后，将【拉伸】对话框中的【布尔】值修改为“求和”，将【结束】选项设置为“直到被延伸”，并单击图 2-37b 所示的前侧面，最后按鼠标中键，完成拉伸，结果如图 2-39b 所示。

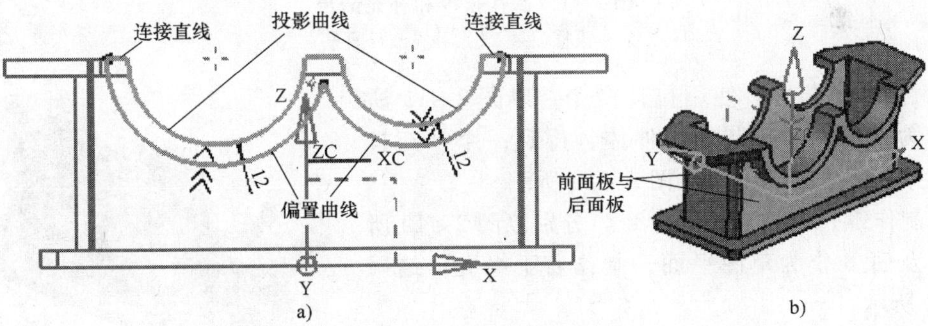


图 2-39 制作半圆形凸台

a）凸台草图 b）拉伸结果

6）制作对称的半圆形凸台。单击【插入】→【关联复制】→【镜像特征】，弹出【镜像特征】对话框，单击刚才制作的半圆形凸台，然后将【镜像特征】对话框中的【平面】处的【现有平面】选项修改为“新平面”；分别单击图 2-39 中前面板与后面板，可以看到产生了一个新的中间平面，最后按鼠标中键，完成镜像过程。结果如图 2-40a 所示。

7）以图 2-38b 所示的前面板为拉伸平面，拉伸出加强肋，并使用【镜像特征】进行镜像，结果如图 2-40b 所示。

8）制作拔模效果。单击【特征】工具条中的【拔模】按钮，弹出【拔模】对话框；先单击图 2-40b 所示的面 B，出现一个朝外的矢量，再次单击面 B，则使用该面作为固

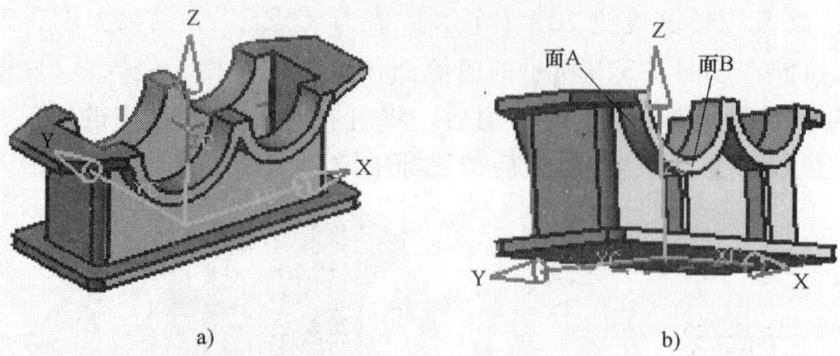


图 2-40　制作对称的半圆形凸台和加强肋
a）镜像半圆形凸台结果　b）拉伸加强肋结果

定面；单击面 A，即要拔模的面，然后在【拔模】对话框中的【角度 1】处输入 15°并按〈Enter〉键确定，可以看到出现了拔模效果，按鼠标中键，完成拔模。同样，对其他三处作同样操作。结果如图 2-41a 所示。

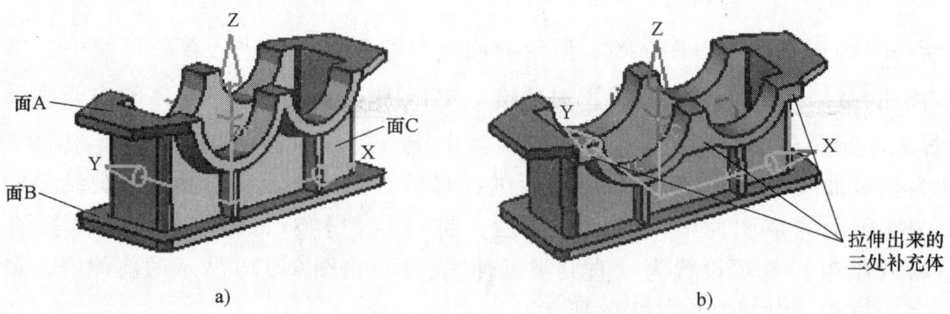


图 2-41　制作拔模和补充凸台
a）拔模效果　b）补充凸台效果

9）制作补充凸台。使用拉伸命令，以图 2-41a 所示的面 C 为草图平面，制作拉伸体，得到一个补充拉伸凸台，并进行镜像。结果如图 2-41b 所示。

10）制作螺孔。使用拉伸命令，分别以图 2-41a 所示的面 A 及面 B 作为草图平面，制作若干螺孔，结果如图 2-42 所示。

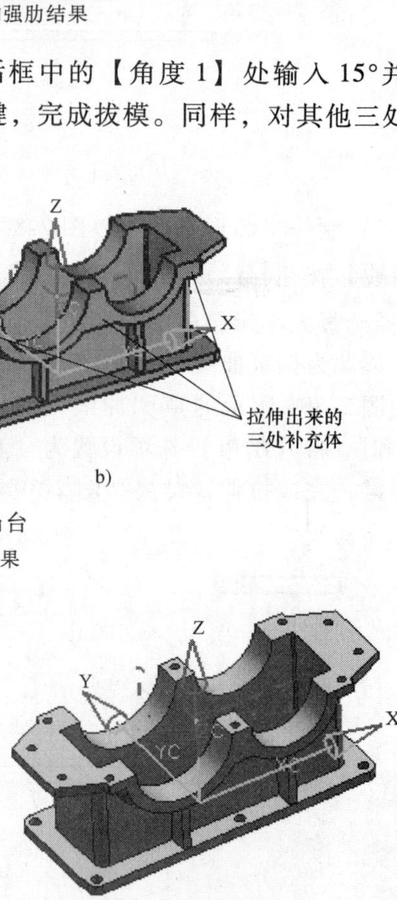


图 2-42　制作螺纹孔

11）制作油标凸台。单击【特征】工具条中的【基准平面】按钮，弹出【基准平面】对话框，将【类型】修改为【成一角度】，然后单击图 2-43a 所示的面 A，再单击 Y 轴，在【角度】处输入 45°，单击鼠标中键，完成基准面建立。如图 2-43a所示。

然后以该新建的基准面作为拉伸的草图平面，作如图 2-43b 所示草图。完成草图后，按图 2-43c 所示设置【拉伸】对话框的内容，然后完成拉伸，得到油标凸台。

12）制作油标凸台孔。单击【特征】工具条中的【孔】按钮，弹出【孔】对话框，将【类型】选项改为“常规”，【成形】选项改为“沉头孔”，然后将【沉头孔直径】值改为 10，【沉头孔深度】值改为 5，【直径】值改为 6，其余使用默认值；然后将鼠标移动到图

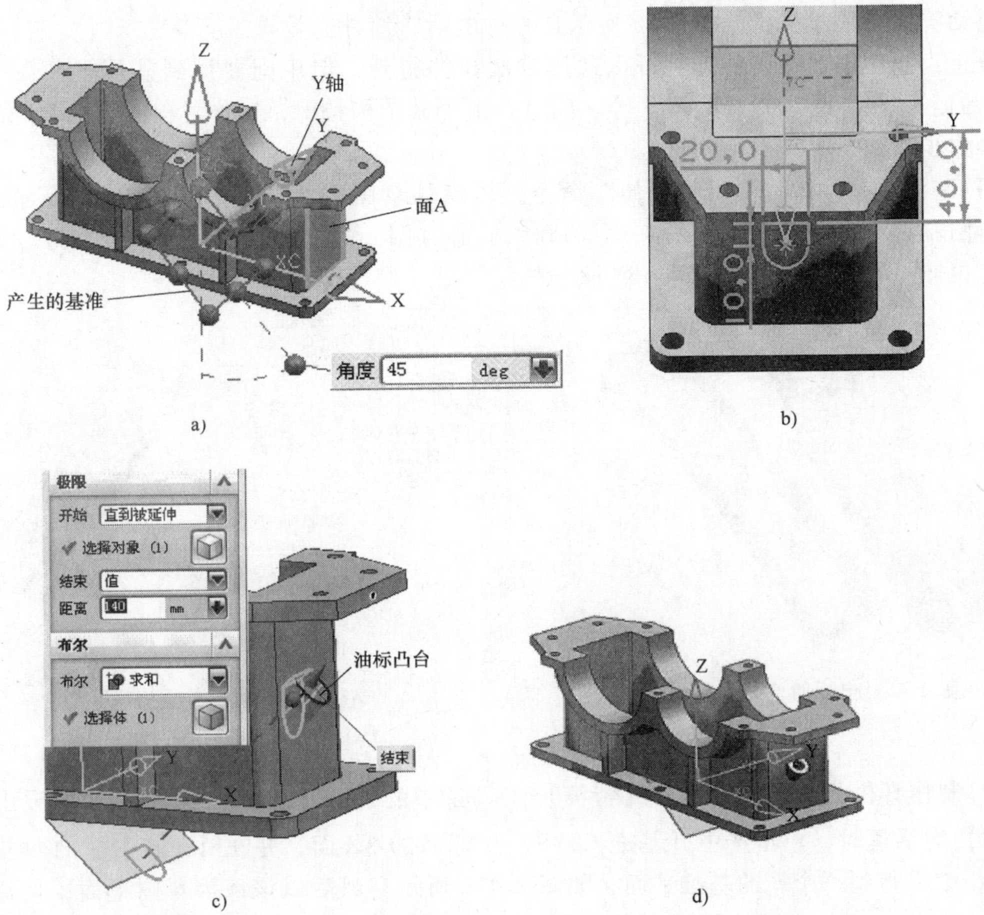


图 2-43　制作油标凸台及凸台孔

a）确定油标凸台草图基准　b）完成草图绘制　c）完成凸台拉伸　d）完成凸台孔

2-43c 所示油标凸台的边缘上，当出现图标时，表示选中了油标凸台的上边缘的圆心，此时按鼠标中键，完成孔的制作。结果如图 2-43d 所示。

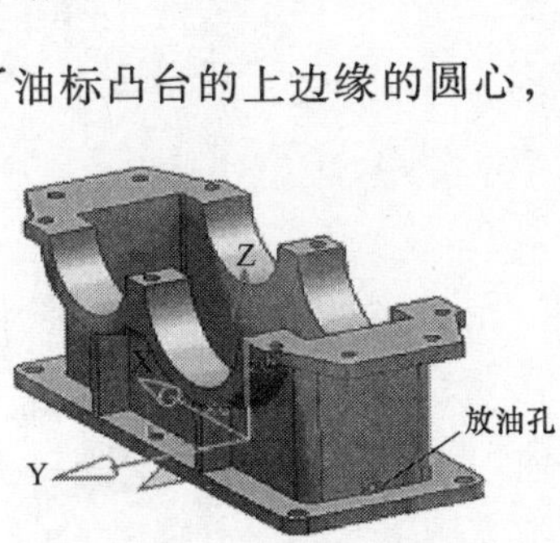


图 2-44　制作放油孔

13）制作放油孔。类似地，使用“拉伸”命令完成放油孔，如图 2-44 所示。

14）将不必要的内容隐藏起来。单击【格式】→【移动至图层】，弹出【类选择】对话框，单击【过滤器】区域中的【过滤器】按钮，弹出【根据类型选择】对话框，先单击【基准】按钮，然后按住〈Ctrl〉键不放，再单击【草图】按钮，单击鼠标中键后，框选整个图形；再次按鼠标中键，弹出【图层移动】对话框，在【目标图层或类别】下面输入 61，并按〈Enter〉键确定，就将这些选择的内容移动到了 61 层（标准层）；单击【格式】→【图层设置】，弹出【图层设置】对话框，去掉【61】前面的勾号，再按鼠标中键，完成隐藏操作。结果如图 2-34a所示。使用【艺术外观】着色模式，结果如图 2-34b 所示。

**实例 2-5　电话听筒外壳制作**

电话听筒的形式多样，图 2-45 所示是一种电话听筒外壳效果。

分析：制作电话听筒外壳，可以通过多次拉伸得到，但中间要用到其他多种命令，如“偏置曲面”、“抽壳”、“修剪体”等。同时，由于其结构特殊，操作过程也是很重要的。

操作步骤如下：

1）制作主拉伸体。使用“拉伸”命令，以默认草图平面建立如图 2-46a 所示的草图。注意草图左右对称（使用尺寸约束），两圆弧同心且圆心过 Y 轴（使用几何约束）。完成草图后，拉伸 40mm，结果如图 2-46b 所示。

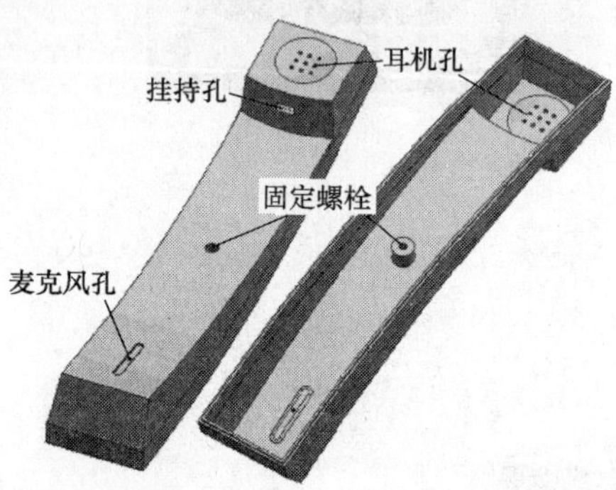


图 2-45　电话听筒外壳效果

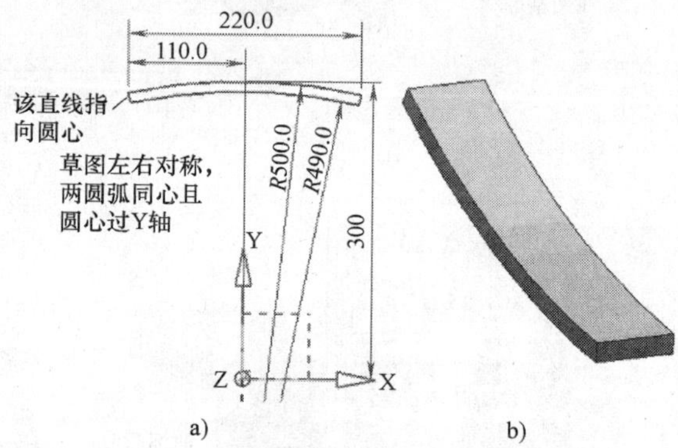


图 2-46　制作主拉伸体

a）绘制草图　b）拉伸结果

2）制作耳机凸台体。先单击【特征】工具条中的【基准平面】按钮，当弹出【基准平面】对话框时，单击选中【基准 CSYS】坐标系的 XZ 面，并在【距离】文件框中输入值 255，结果得到一个新的基准平面，如图 2-47a 所示。然后以该面为草图平面，使用拉伸命令制作如图 2-47b 所示的草图。完成草图后，设置【拉伸】对话框中的【结束】选项为“直到被延伸”，然后选中图 2-47a 中的“内侧面”，设置【布尔】选项为【求和】，按鼠标中键，完成拉伸，得到图 2-47c 所示效果。

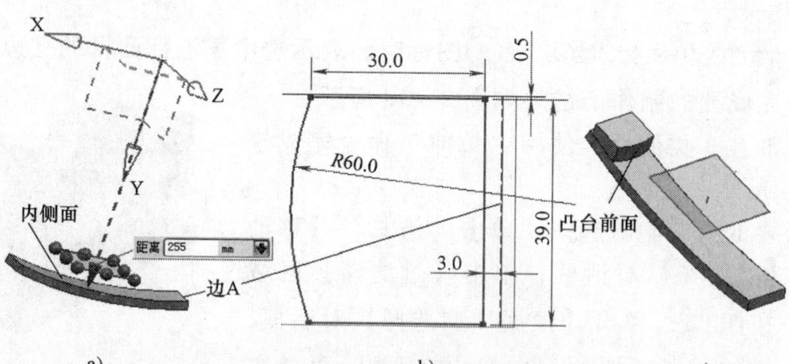


图 2-47　制作耳机凸台体

a）选择草图基准平面　b）绘制草图　c）完成拉伸

3）制作拔模效果。在图 2-47c 所示的耳机凸台添加拔模特征，其拔模角为 15°，操作如图 2-48 所示。操作时，单击【特征】工具条中的【拔模】按钮，弹出【拔模】对话框，单击图 2-48a 所示的面 A 两次，再单击要拔模的凸台的前后两个面，就可以看到预览效果；修改【角度1】的值为15°，并观察拔模方向正确与否，如果不正确，可以单击【反向】按钮，最后按鼠标中键，完成操作。

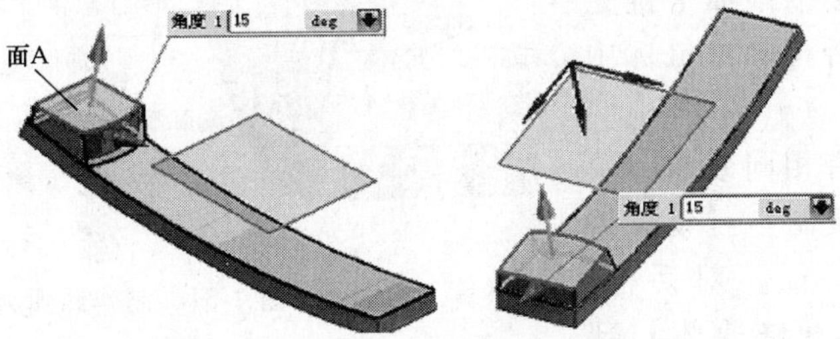


a) b)

图2-48 制作拔模效果

4）制作凹球面。使用【曲线】工具条中的【直线】按钮，以图2-48a所示的面A的四个顶点为直线端点，绘制两条直线A、B；以此二直线的交点为起点，制作一条长度为40的与Y轴平行的直线C，如图2-49a所示。单击【特征】工具条中的【球】按钮，弹出【球】对话框，先单击直线C的端点K，并将【球】对话框中的【直径】改为83，【布尔】选项改为【求差】，然后按鼠标中键完成操作，结果如图2-49b所示。

5）制作凸弧部分。再次使用“拉伸”命令，以默认的草图平面绘制如图2-50a所示的草图。完成草图后，将【拉伸】对话框中的开始【距离】值设置为0.5，结束【距离】值设置为39.5，【布尔】选项设置为【求和】，按鼠标中键完成操作，结果如图2-50b所示。

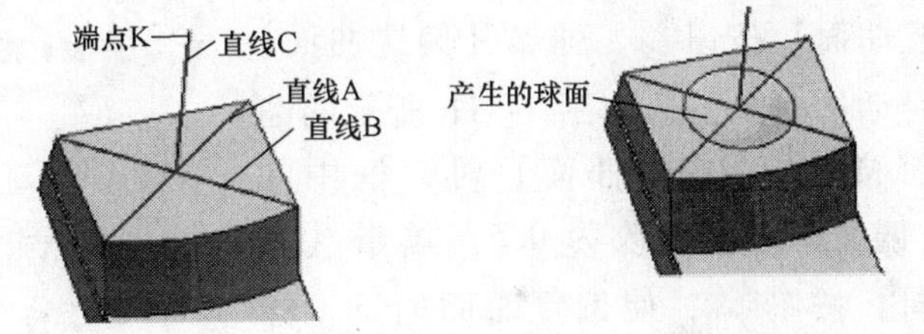


a) b)

图2-49 制作凹球面

6）制作凸弧斜面。在图2-50b所示的左右侧面是平行的两个面，实际情况是有一个斜坡面，倾斜角度为10°，但由于两侧面底部是弧线，使用“拔模”命令不能达到理想效果，因此采用“修剪体”来完成。操作过程是先以YZ面为草图平面，作一条任意位置任意长度的与Y轴成10°夹角的方向直线A；单击【拉伸】按钮，弹出【拉伸】对话框，单击选中图2-51a所示的侧面弧线，然后单击【拉伸】对话框中【自动判断的矢量】按钮，再单击刚才制作的方向直线A，设定拉伸方向沿直线方向；然后设置【拉伸】对话框中的起始【距离】值为0，结束【距离】值为50，【布尔】选项为“无”，按鼠标中键完成操作。结果产生了一个曲面，如图2-51a所示。

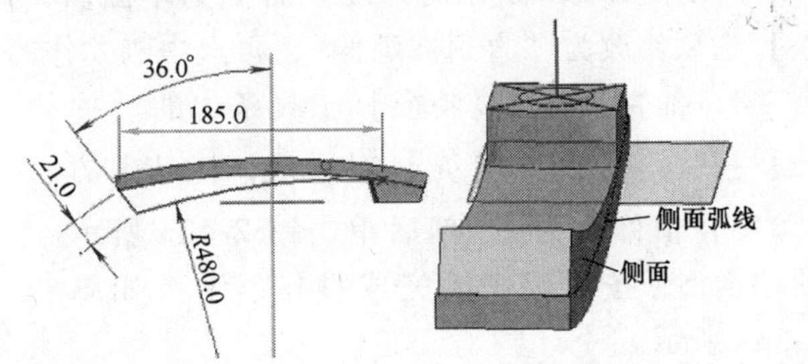


a) b)

图2-50 制作凸弧部分

a）凸弧草图 b）拉伸结果

之后，单击【特征】工具条中的【修剪体】按钮，先单击话筒体，单击鼠标中键后再单击刚才制作的拉伸曲面，此时可以看到修剪的预览效果；如果修剪方向正确，直接按鼠标中键完成操作，否则反向后再单击鼠标中键完成操作。

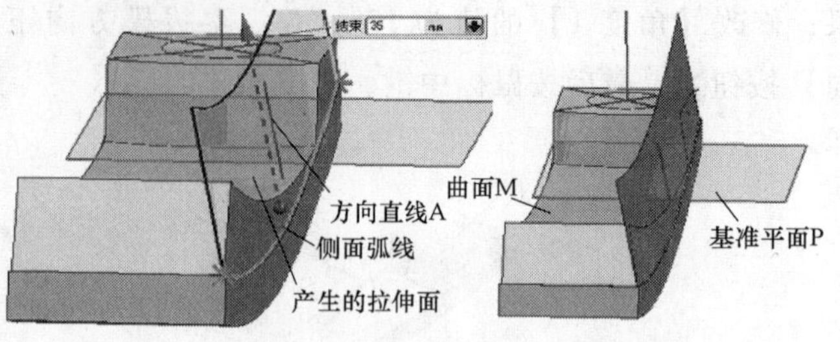


a) b)

图 2-51 制作凸弧斜面

为得到另一侧有相同效果，单击【插入】→【关联复制】→【镜像特征】，弹出【镜像特征】对话框，先单击选中刚才的【修剪体】部分，然后将【镜像特征】对话框中【平面】处的【现有平面】选项修改为“新平面”，再单击图 2-51b 所示的主体侧面的左右两侧平面，将在左中两侧面中间产生一个新平面。此时按鼠标中键完成操作，得到镜像特征的效果。

完成效果参见图 2-52a 所示。

7）制作螺钉孔与麦克风槽。使用图 2-51b 所示的基准平面 P 作为草图平面，制作一个孔径为 5，位置在话筒正中央的深为 20 的孔。结果如图 2-52a 所示。

单击【曲面】工具条中的【偏置曲面】按钮，弹出【偏置曲面】对话框，单击选中图 2-51b 所示的曲面 M；将【偏置曲面】对话框中的【偏置 1】值修改为 0.5，单击【反向】按钮，使偏置曲面向下，然后按鼠标中键完成偏置曲面操作，结果得到一个新的曲面 N。由于该曲面在话筒体内，因此不易看清，请读者引起注意！

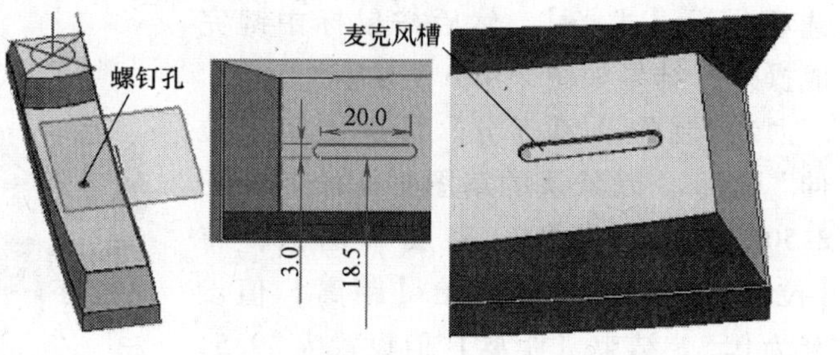


a) b) c)

图 2-52 螺钉孔与麦克风槽

a）螺钉孔效果 b）麦克风槽草图 c）麦克风槽效果

再以图 2-51b 所示的基准平面 P 为草图面，作如图 2-52b 所示的草图。拉伸时将【结束】选项修改为“直到被延伸”，再选中刚才作的偏置曲面 N，结果如图 2-52c 所示。

8）抽壳。单击【特征】工具条中的【抽壳】按钮，弹出【壳】对话框，将其中的【厚度】值修改为 2，然后单击图 2-53a 所示的曲面 S，按鼠标中键完成操作，结果如图 2-53b 所示。

9）制作其他孔。使用【拉伸】命令制作其他孔，结果如图 2-54 所示。

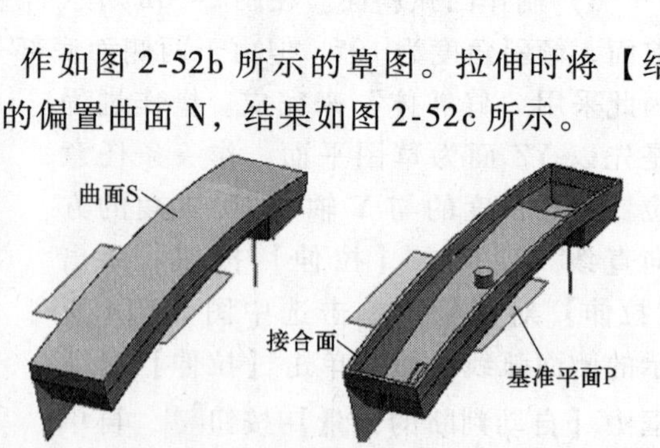


a) b)

图 2-53 抽壳

a）选择抽壳面 b）抽壳效果

10）作结合边。结合边是电话听筒上下两个外壳配合的边缘，在图 2-53b 所示的接合面处，制作时，先使用【曲面】工具条中的【偏置曲面】按钮将图 2-53b 所示的接合面偏置 1mm，得到一个偏置曲面 S′，然后以图 2-53b 所示的基准平面 P 作为【拉伸】的草图平面，通过【草图操作】工具条中的【投影曲线】按钮，以图 2-54 中的话筒四周的外边

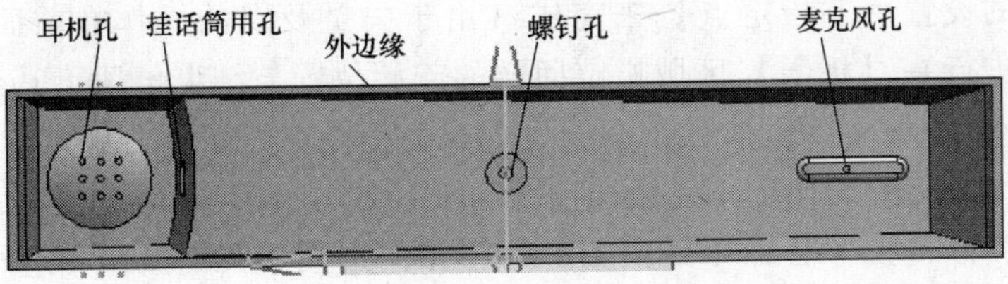


图 2-54　制作透孔

缘进行投影，得到一长方形图形，再对该长方形向内【偏置】1mm（使用【草图操作】工具条中的【偏置曲线】按钮），结果得到两个同心的长方形，完成草图后，设置【拉伸】对话框中的【结束】选项为“直到被延伸”，并选定刚才制作的偏置曲面 S 作为延伸目标，设置【布尔】选项为“求差”，按鼠标中键完成拉伸操作，就得到结合边缘，如图 2-55 所示。

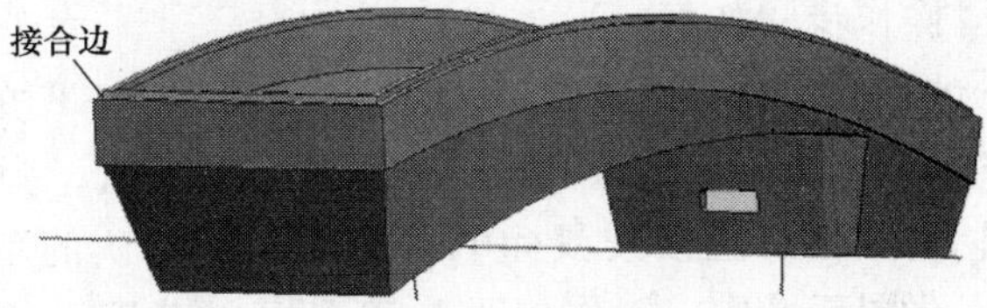


图 2-55　产生结合边

11）按前面的方法将不必要的内容移动至标准层，并隐藏起来，得到最终结果，如图 2-45 所示。

拉伸命令小结：

拉伸命令能完成不同的拉伸效果，是一个功能十分强大的建模命令，配合适当的其他命令，可拉伸出各种形状的实体。操作拉伸命令时，注意灵活设置拉伸参数，如：改变“截面”参数，使截面封闭或开放时，可分别得到实体或片体；修改“矢量”参数，可得到不同方向的拉伸效果；修改“限制”参数，可得到不同拉伸长度与拉伸终止面效果；修改“布尔”可得到不同的布尔结果；修改“拔模”则可得到锥形拉伸效果；修改“偏置”参数，则可得到实心实体或空心实体。在实际作图时，注意根据三维图形的不同，适当修改以上各参数，是建模成功的关键之一；会进行图形分解与组合，是获得成功的另一关键因素。读者可通过反复练习逐步掌握拉伸命令的各种操作技能。

在上面的实例中，除了进行拉伸加材料、拉伸减材料等常用操作外，还有两种斜拉伸的方法，灵活地绘制草图和设置基准平面等多种知识，请读者仔细研究并予以掌握。

## 2.2.2　回转命令及实例

### 1. 回转命令

“回转”命令是建模中常用的另一个重要命令，用来制作中心对称的回转体。回转命令启动后的对话框如图 2-56 所示。

从图中可以看出，【回转】对话框与【拉伸】对话框类似，【截面】区域用来获得回转曲线，可以是封闭的曲线，也可以是开放的曲线；【轴】区域用来指定回转的轴的方向及轴

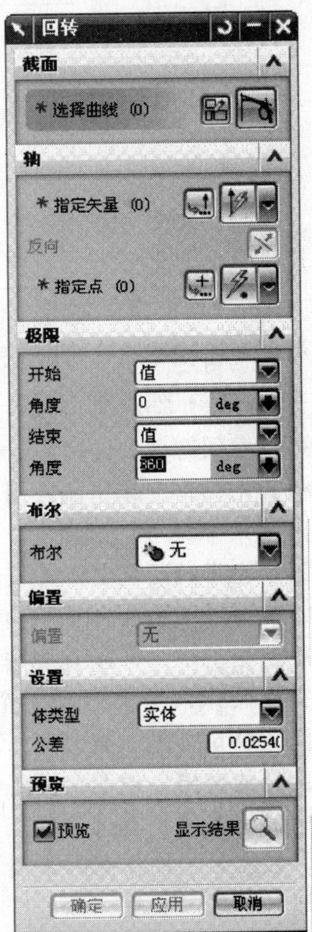


图 2-56　【回转】对话框

的位置，其位置的设置用【指定点】来完成（由于矢量及点的操作在前面有介绍，读者可以按前面的方法进行）；【极限】区域指定回转的起始位置与结束位置，其余设置与【拉伸】命令一样，在此不再一一介绍。

进行回转操作，首先选择或草绘截面曲线，然后选择回转轴，再设置回转的起始与结束位置，其他设置类似【拉伸】命令的设置。具体操作过程在实例操作中进行详细介绍。

**2. 实例操作**

**实例 2-6　轴制作**

轴类零件是机械中常用的零件，使用“回转”命令可方便快捷地制作轴类零件。本例制作如图 2-57 所示的轴。

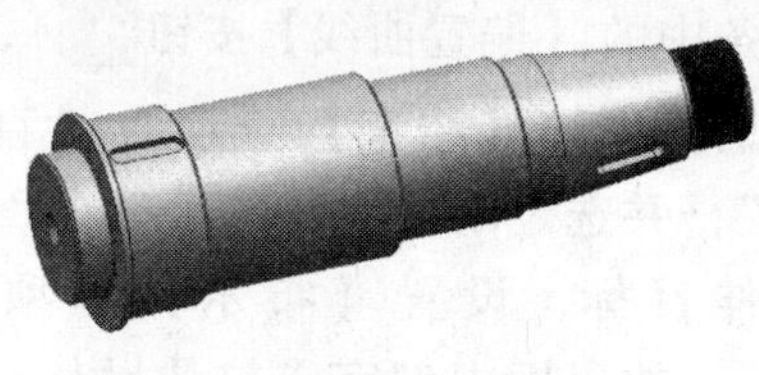

图 2-57　轴效果

操作步骤如下：

1）制作回转主体。新建文件 ZHOU. PRT 文件，然后单击【特征】工具条中的【回转】按钮，弹出【回转】对话框，直接按鼠标中键两次，以默认的草图平面进入草图环境中，制作如图 2-58 所示的草图。

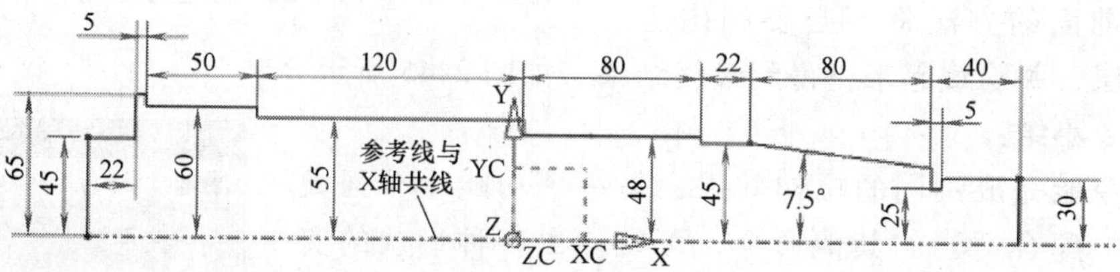


图 2-58　轴的草图

完成草图后，单击参考曲线或 X 轴，此时出现预览效果。由于轴需要 360°旋转，因此使用默认的其他设置，直接按鼠标中键，完成回转操作，结果如图 2-59a 所示。

2）制作键槽。单击【特征】工具条中的【基准平面】按钮，弹出【基准平面】对话框，单击图 2-59a 所示的 A 段曲面表面，此时将产生一个基准平面，单击鼠标中键完成基准平面创建；然后单击【特征】工具条中的【键槽】按钮，弹出【键槽】对话框，在其中可以看到有多种键槽形式，我们使用默认的“矩形”；单击【确定】按钮后，弹出【矩形键槽】对话框，单击刚才制作的基准平面，按鼠标中键，弹出无名对话框，单击鼠标中键，弹出【水平参考】对话框，单击 X 轴作为水平方向，也就是键槽的长度方向；再单击鼠标中键，在新对话框中将【长度】、【宽度】和【深度】的值分别设为 45、12、55；按鼠标中键，弹出【定位】对话框，由于键槽放置在正中，可以直接按鼠标中键完成操作，结果得到一个键槽，如图 2-59b 所示。类似地，可制作锥面处的键槽。说明：键是机械零件中的标准件，其尺寸都有国家标准，在实际工作作图时需要查相关手册获得准确数据，此处所作尺寸是任给的，仅指导作图过程，请读者特别注意。后面操作可能也有类

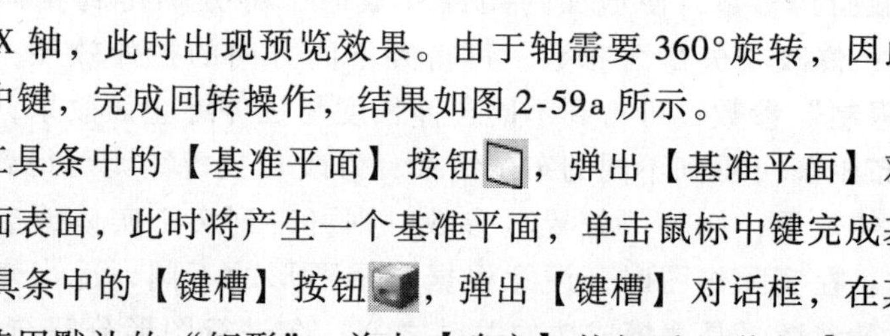


a)　　　　b)

图 2-59　制作键槽
a）选定键槽所在轴段　b）键槽制作效果

似情况，将不再说明。

3）制作倒角。单击【特征】工具条中的【倒斜角】按钮，弹出【倒斜角】对话框，在【距离】处给出合适的斜角尺寸后，单击选中要倒斜角的各边边缘，按鼠标中键，完成倒斜角操作。

4）制作螺纹。单击【特征】工具条中的【螺纹】按钮，弹出【螺纹】对话框，在UG中，螺纹提供“符号”和“详细”两种制作模式，其中，“符号”螺纹便于在工程图中显示符合制图模式的螺纹，而“详细”则显示螺纹的真实效果。单击【详细】，然后单击图2-59a所示的B段曲面，表示将在此段添加螺纹特征，使用默认参数，按鼠标中键，完成螺纹创建。

5）制作两端的中心孔。轴类零件往往需要进行磨削，因此两端需要加工中心孔，单击【特征】工具条中的【孔】按钮，弹出【孔】对话框，修改对话框中的参数如图2-60a所示。然后对轴两端面中心作孔操作，结果如图2-60b所示。

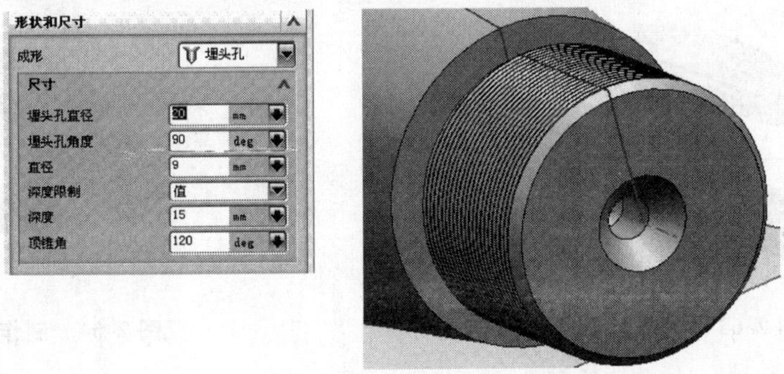


a)　　　　　　　　　　　　　　b)

图2-60　制作螺纹和中心孔

a）对话框设置　b）螺纹和中心孔操作效果

6）进行后处理。隐藏不用的其他内容。最终结果如图2-57所示。

**实例2-7　通气塞制作**

通气塞的效果如图2-61所示。

操作过程如下：

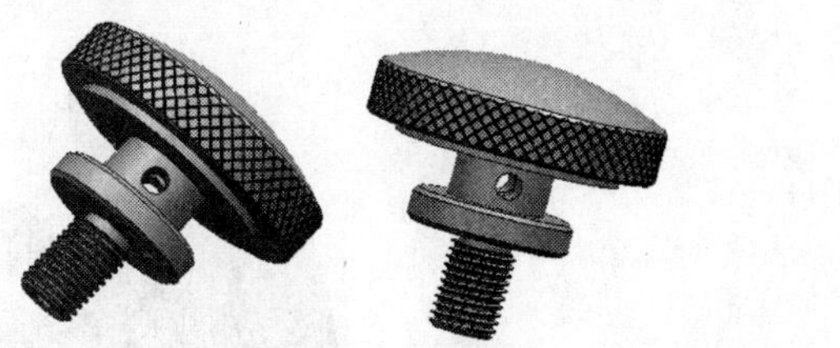

图2-61　通气塞效果

1）建立回转主体。建立新文件TQS.PRT，然后单击【特征】工具条中的【回转】按钮，弹出【回转】对话框，按鼠标中键两次，以默认的草图平面进入草图环境中；作如图2-62a所示的草图。完成草图后，单击Y轴，作为回转中心轴，然后按鼠标中键，完成回转操作，结果如图2-62b所示。

2）制作退刀槽。单击【插入】→【设计特征】→【槽】按钮，弹出【槽】对话框，单击【矩形】按钮，然后单击图2-62b所示的圆柱面A，弹出【矩形槽】对话框，在其中修改【槽直径】的值为16，【槽宽】的值为3.5，单击【确定】按钮后，结果如图2-63a所示。此时，先单击定位边缘A，然后单击定位边缘B，弹出【创建表达式】对话框，在其中输入0，并按鼠标中键，完成操作。结果如图2-64所示。

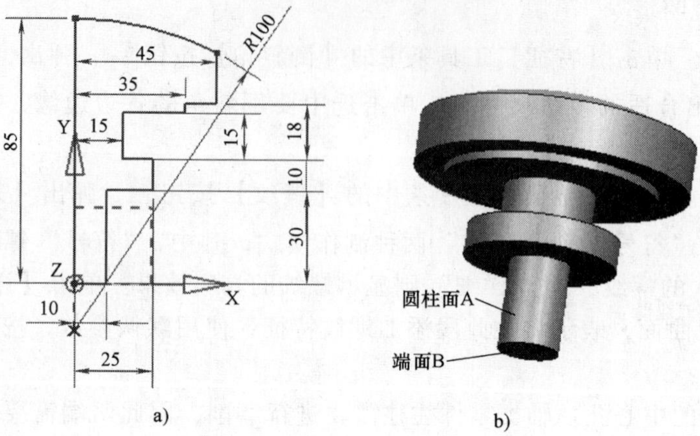


图 2-62　制作回转主体

a）回转主体草图　b）回转操作效果

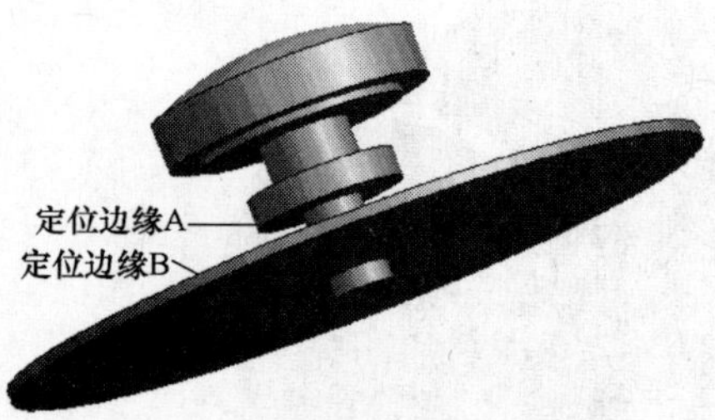


图 2-63　制作退刀槽

图 2-64　制作退刀槽效果

3）制作孔。单击【特征】工具条中的【孔】按钮，弹出【孔】对话框，将【类型】改为【钻形孔】，直径【size】值修改为 8，【深度】值改为 65，【顶锥角】值改为 120°，然后单击选中图 2-62b 所示的端面 B 的中心点，按鼠标中键完成操作，产生钻形孔。结果如图 2-65a 所示。

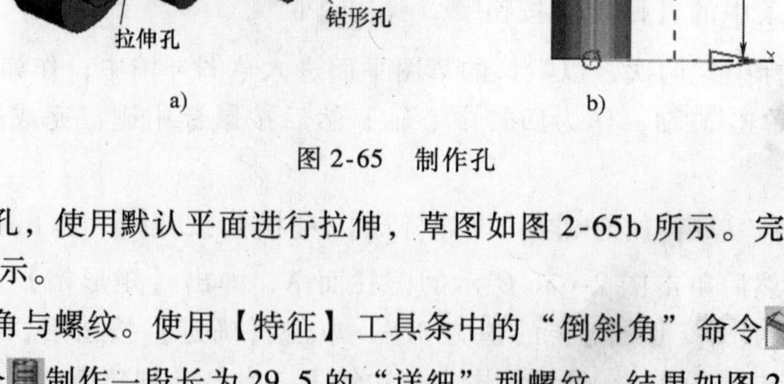


图 2-65　制作孔

4）制作拉伸孔，使用默认平面进行拉伸，草图如图 2-65b 所示。完成拉伸后，产生拉伸孔如图 2-65a 所示。

5）制作倒斜角与螺纹。使用【特征】工具条中的“倒斜角”命令制作适当的斜角，并用“螺纹”命令制作一段长为 29.5 的“详细”型螺纹，结果如图 2-66 所示。

6）制作螺纹线。单击【曲线】工具条中的【螺旋线】按钮，弹出【螺旋线】对话框，将【圈数】值设置为 0.5，即半圈，【螺距】值设置为 2 * 45 * pi ()，其中，pi () 是 UG 中的 π 函数，45 是图 2-66 的曲面 P 的半径，也就是将螺距设置为与曲面 P 的周长等长，这样，产生的螺旋升角将为 45°，将【半径】值设置为 45，【旋转方向】选项设置为“右手”，表示是右旋螺纹，然后单击【点构造器】按钮，出现【点】对话框，单击选中图 2-66 中的边缘 L 的中心点，单击【应用】按钮，完成一条螺纹线制作；同样地，只将【旋转方向】设置为【左手】，其余参数不变，再制作一条螺旋线，结果如 2-67a 所示。

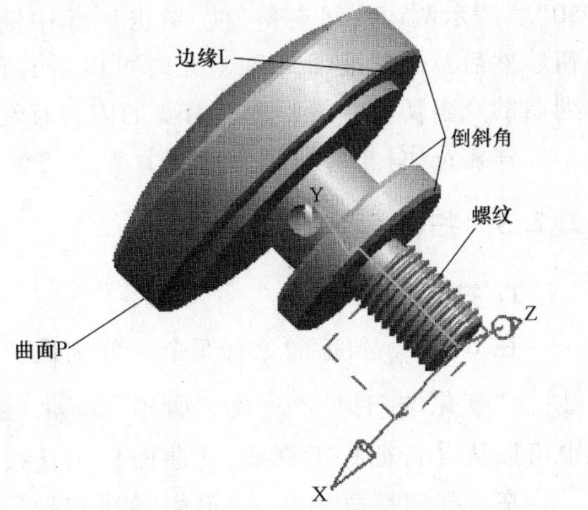


图 2-66 制作倒斜角与螺纹

7）制作草图。现在单击【特征】工具条中的【草图】按钮，弹出【创建草图】对话框，将【类型】选项修改为“基于路径”，然后单击如图 2-67a 所示的其中一条螺旋线的起始端，此时在作图区会出现一个基准平面；同时，将【创建草图】对话框中的【% 圆弧长】修改为 0，按鼠标中键进入草图环境中，请在草图环境中坐标原点处作一个小正三角形，三角形高度为 1 即可，如图 2-67b 所示。注意，由于该三角形草图太小，看起来会较困难。

同理，制作另一条螺旋线的三角形草图。

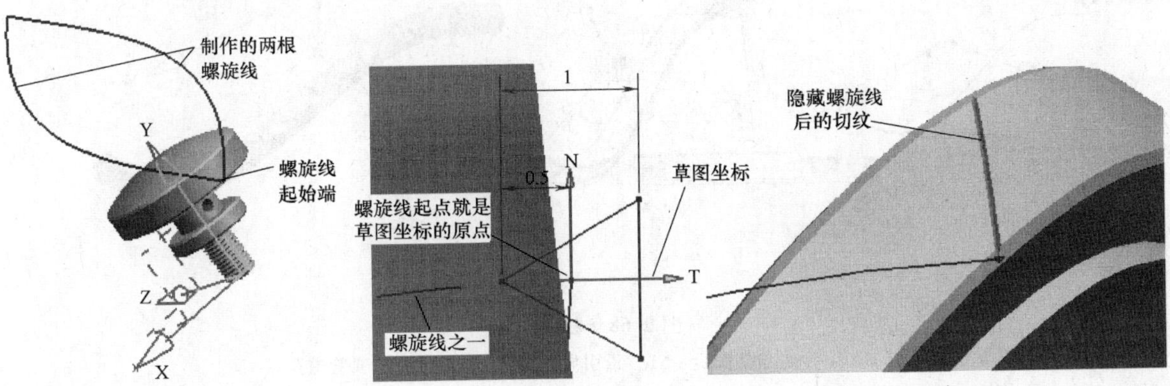


图 2-67 制作切纹

a）制作螺旋线 b）制作切纹草图 c）制作第一条切纹

8）制作切纹。单击【特征】工具条中的【沿导引线扫掠】按钮，弹出【沿导引线扫掠】对话框，单击选中第一个三角形草图，然后按鼠标中键，再单击第一条螺旋线，将【沿导引线扫掠】对话框中的【布尔】选项修改为“求差”，再按鼠标中键，完成扫掠操作，结果如图 2-67c 所示。

同理，以另一条螺旋线为扫掠线制作另一方向的切纹。

9）阵列切纹。单击【插入】→【关联复制】→【实例特征】，弹出【实例】对话框，单击【圆形阵列】按钮，然后单击选中刚才作的两条螺旋状切纹，单击鼠标中键后，在【实例】对话框中的【数字】处输入 50，表示要阵列 50 个切纹，同时，将【角度】修改为“360/

50”，表示两切纹间夹角值。单击鼠标中键后，再单击【实例】对话框中的【基准轴】按钮，然后单击基准轴 Y 轴，此时可以看到预览效果，单击【是】按钮，完成操作，得到阵列后的众多切纹。最后对不需要的内容移动至标准层，并进行隐藏，结果如图 2-61 所示。

**注意：UG 中的【实例特征】命令可做环形阵列、矩形阵列及图样面几种操作。**

## 2.2.3　扫掠命令及实例

### 1. 扫掠命令

在 UG 中，扫掠命令有 5 个，分别是“扫掠”、“沿引导线扫掠”、“样式扫掠”、“变化的扫掠”及“管道”，这些命令可以从【插入】→【扫掠】菜单中获得，也可以从【特征】工具条、【曲面】工具条及【自由曲面形状】工具条中获得。

在这些扫掠命令中，“沿引导线扫掠”与“管道”命令操作不难，因此，只作简单介绍，而其余的几个扫掠命令则功能强大，操作也较复杂，其中，“变化的扫掠”命令在后面将举例说明，而“扫掠”及“样式扫掠”则要在下一章中讲解曲面时给予介绍。

“沿引导线扫掠”的操作步骤：

1）先制作扫掠用的引导线，可以是一条线，也可以是由多段线组成的复合曲线（多条线合一），如图 2-68a 所示。

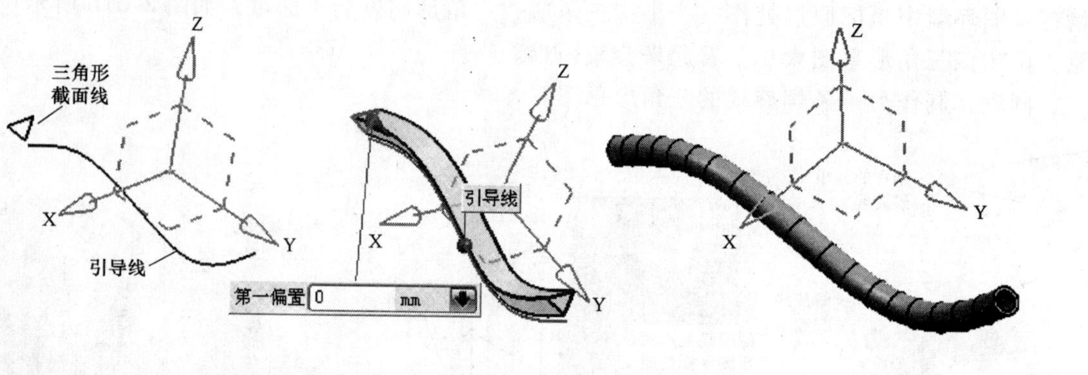


a)　　b)　　c)

图 2-68　扫掠命令

a）引导线和截面线　b）“沿引导线扫掠”　c）多段“管道”

2）再制作与引导线垂直或成一定角度的封闭式曲线（一段或多段均可，此时产生实体）或开放曲线（此时将产生曲面），作为截面曲线。

3）使用【沿引导线扫掠】进行扫掠操作。先激活该命令，然后单击选中截面曲线，可以选择多段，但这些曲线段须连接成封闭或开放的曲线；按鼠标中键后，再选中引导曲线。再次按鼠标中键就可完成操作。具体做法请参见实例 2-7（通气塞制作）的步骤 8。

“管道”命令的操作步骤如下：

1）先制作一条引导曲线。

2）单击【特征】工具条中的【管道】按钮，弹出【管道】对话框，单击选中引导曲线，然后在【管道】对话框中的【横截面】区域输入管道的【外径】及【内径】尺寸。

3）必要时，可修改【设置】处的【输出】选项为“单段”或“多段”，并修改【布尔】运算规则，再按鼠标中键，就可完成操作。操作结果如图 2-68c 所示。

**2. 变化的扫掠概述**

“变化的扫掠”命令是从 UG NX5 开始新增的命令，它是一个功能强大的命令，其操作思维是通过一条或多条引导线，引导一个截面进行扫描，最终得到一个扫掠体。

作变化的扫掠时，一般先作扫掠用的引导轨迹线，可以作一条或多条，然后使用变化的扫掠命令，再作扫掠用的截面。下面介绍三个实例，让读者了解变化的扫掠命令的操作方法。

**3. 实例操作**

**实例 2-8　螺母毛坯的制作**

六角螺母毛坯效果如图 2-69 所示。

1）先作一个轨迹线的草图，如图 2-70 所示。作这个草图的特点是：六边形的每一个尖角处要倒圆，图中倒圆大小为 $R1$，这样引导轨迹线才是光滑过渡的，系统在作图时认为此线是封闭的，否则，就认为此轨迹是开放的，从而使作图不能成功。

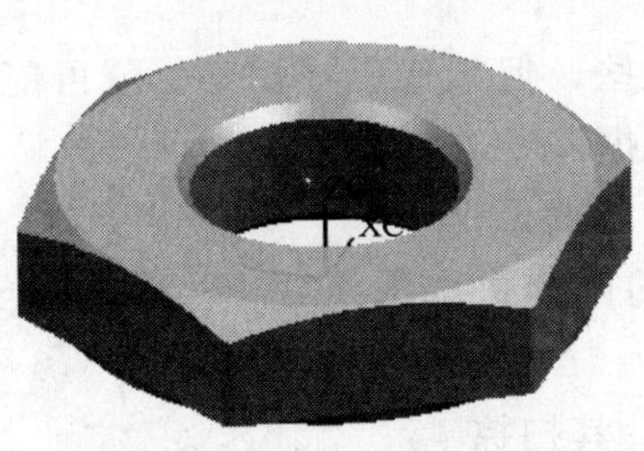

图 2-69　螺母毛坯效果

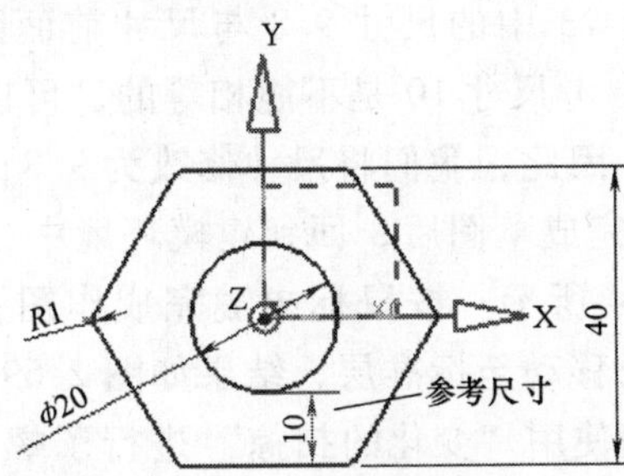


图 2-70　轨迹线草图

2）单击【插入】→【扫掠】→【变化的扫掠】或者单击【曲面】工具条中的【变化的扫掠】按钮，弹出【变化的扫掠】对话框，按鼠标中键，出现【创建草图】对话框，单击图 2-70 中的六边形的一条直线边的任意处，将在单击的位置产生一个点，单击【创建草图】对话框【方位】右侧的向下箭头，在弹出的菜单中选中“通过轴”，然后单击 Z 轴，如图 2-71 所示。完成选择后，按鼠标中键，进入草图环境。

3）适当旋转草图如图 2-72 所示。单击【草图工具】工具条中的【交点】按钮，然后单击选中图 2-70 中的圆形轨迹线，再按鼠标中键，将在圆形轨迹线与草图平面相交处产生一个交点，如图 2-72 所示。之所以要产生这个交点，主要原因是在后面作截面图时，截

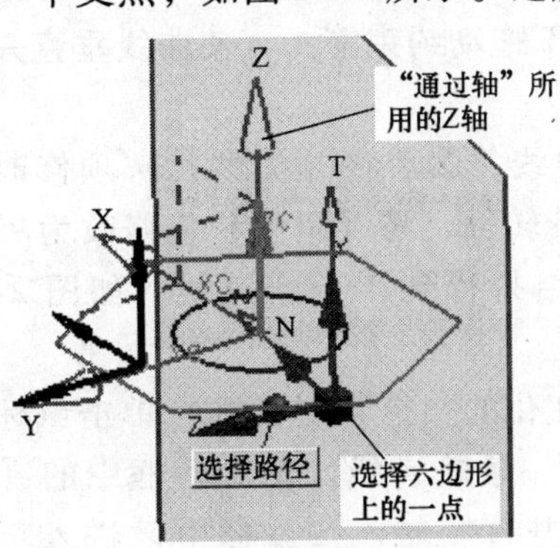


图 2-71　选择过程

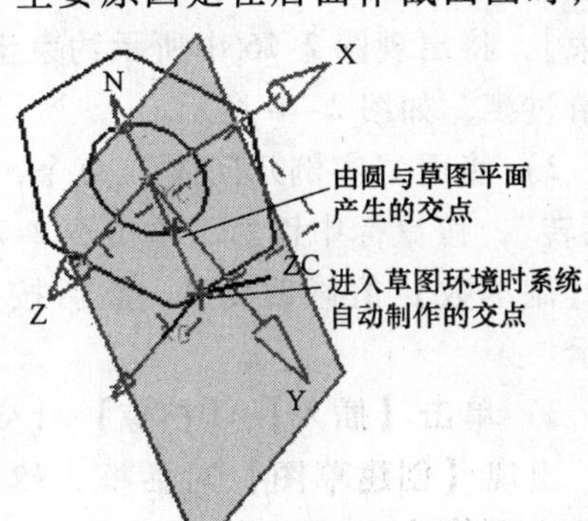


图 2-72　草图环境操作

面必须既要在草图平面上，同时又要在各轨迹线上。因此，在用 UG 作“变化的扫掠”时，有多少轨迹，就要作出多少个交点，但有一个例外，就是最先选中的六边形与草图面之间的交点在进入草图环境时，系统已经自动完成了交点的制作，因此不用重新作交点，如图 2-72 所示。

4）作如图 2-73 所示的截面草图，此草图的特点是一定要通过图 2-72 中所示的各交点。也可以使用“约束”命令约束各曲线在交点上。如图 2-73 所示，草图经过这两个交点。同时注意：线性尺寸 9.8 这个尺寸，我们回顾一下图 2-72 中的参考尺寸 10，这是圆与多边形间的最短距离，扫掠时，图 2-73 中的尺寸 9.8 与尺寸前面图 2-70 中的参考尺寸 10 是不能相等的，可以大些也可以小些，但如果正好相等，就可能不能进行扫掠，因此，我们将尺寸修改为 9.8，当然，可以根据需要进行修改。

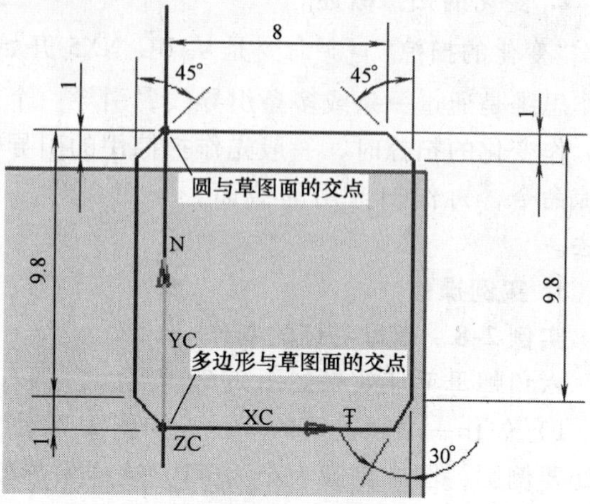

图 2-73　截面草图

5）完成草图后，回到建模环境中，可以看到预览的效果，如图 2-74 所示。按鼠标中键完成作图，并对不必要的内容进行隐藏或移动至标准层，结果如图 2-69 所示。

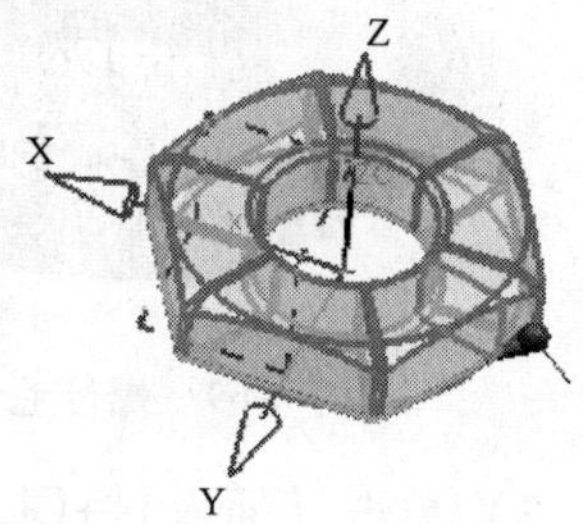

图 2-74　预览效果

上面使用“变化的扫掠”进行了螺母毛坯的制作，其扫掠用的轨迹线是封闭的曲线（圆与倒圆角的多边形），选择轨迹线时要先选择多边形而不能先选择圆；作截面时一定要通过轨迹线与截面草图平面的交点。这些都是作“变化的扫掠”时要注意的关键点。下面介绍开放轨迹线的“变化的扫掠”的操作。

**实例 2-9　方形瓶子制作**

方形瓶子的效果如图 2-75 所示。

操作步骤如下：

1）先作如图 2-76 所示草图。注意，草图是用草图环境中的“艺术样条”命令制作的，制作时各点坐标分别是：（10，0），（10，20），（15，30），（25，50），（25，150）。作完点后，双击样条线，分别在第 1、2、4、5 共四个点上右击，在弹出的菜单中单击【指定约束】，将出现图 2-76 中所示约束坐标，请旋转约束或上下拖动约束箭头，使曲线垂直并能圆滑过渡，如图 2-76 所示。

2）使用“实例几何体”命令，先选中图 2-76 中的曲线，然后将【类型】选项修改为“旋转”，按鼠标中键后，单击图 2-76 中的坐标轴 Y 作为旋转轴，将【角度】值修改为 90°，将【副本数】值修改为 3，然后按鼠标中键完成操作，结果得到 4 条轨迹线，如图 2-77 所示。

3）单击【插入】→【扫掠】→【变化的扫掠】，弹出【变化的扫掠】对话框，单击鼠标中键，出现【创建草图】对话框，然后单击图 2-77 中任意一条轨迹线，将对话框中的【方位】选项修改为“垂直于矢量”，然后单击选中图 2-77 中的 Y 轴。按鼠标中键进入草图环境。

图 2-75　瓶子效果

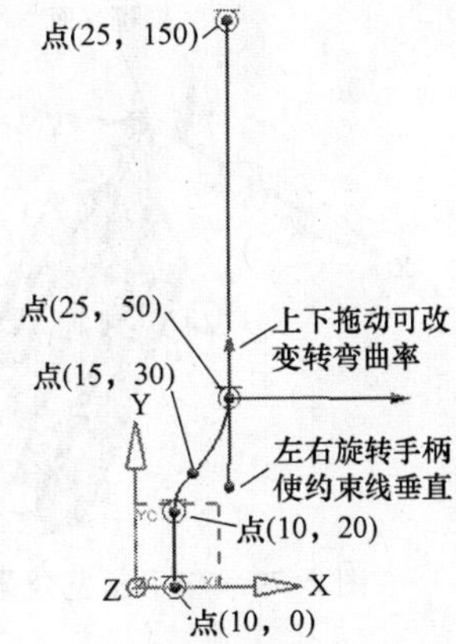


图 2-76　作出的第一条轨迹线

4）适当旋转草图，并使用【草图工具】工具条中的“交点”命令 作出其余三条轨迹线与草图平面的交点。然后作如图 2-78 所示的草图。此草图中，矩形的各倒圆均为 R9.5，使用约束保证矩形各边与各交点相交（作【点在曲线上】约束）。完成草图后，回到建模环境中，能看到预览的效果，如图 2-79 所示。单击鼠标中键完成操作。

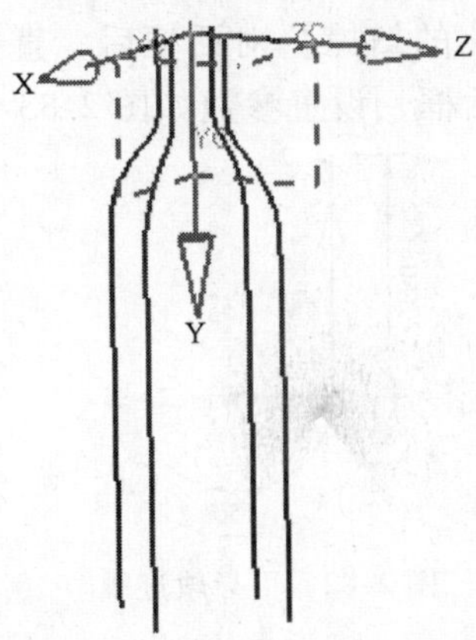


图 2-77　制作出 4 根轨迹线

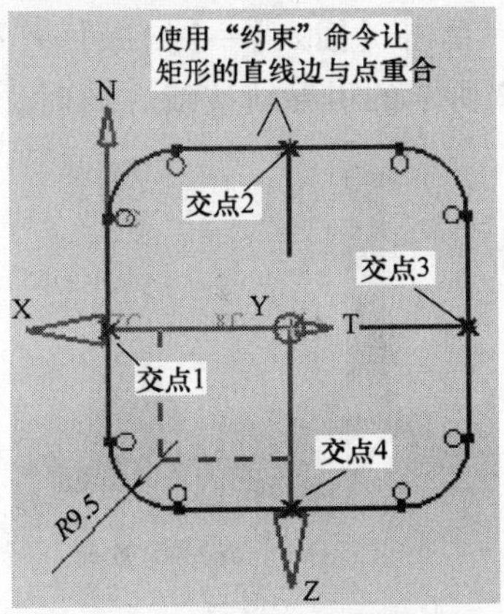


图 2-78　作出的截面草图

5）单击【插入】→【设计特征】→【球】命令，弹出【球】对话框，在【直径】处输入直径值 100，并单击【指定点】右侧的【点构造器】 按钮，在弹出的【点构造器】对话框中，将 X、Y、Z 坐标分别设为 0、188、0，将【布尔】选项修改为“求差” 求差，按鼠标中键，完成求差，得到一个凹底，如图 2-80a 所示。再对底部边缘进行“边倒圆”，倒圆半径为 8，结果如图 2-80b 所示。

6）使用【特征】工具条中的【抽壳】命令，在弹出【壳单元】对话框后，单击图 2-79中的嘴平面，将【厚度】值设置为 1，按鼠标中键，完成抽壳操作。并将不需要的内容移动到标准层，并隐藏这些内容的显示，结果如图 2-75 所示。

在绘制本例草图时，使用了“艺术样条”曲线，而没有使用 UG 草图中应用广泛的“轮廓”命令，原因是在多轨迹线的情况下，UG 对由多段线组成的轨迹线尚不支持。期待新版中能改变这种面貌，使“变化的扫掠”命令更加强大。

另外，读者要注意的是，实例 2-9 中的方形瓶子，可以使用“扫掠” 命令或曲面

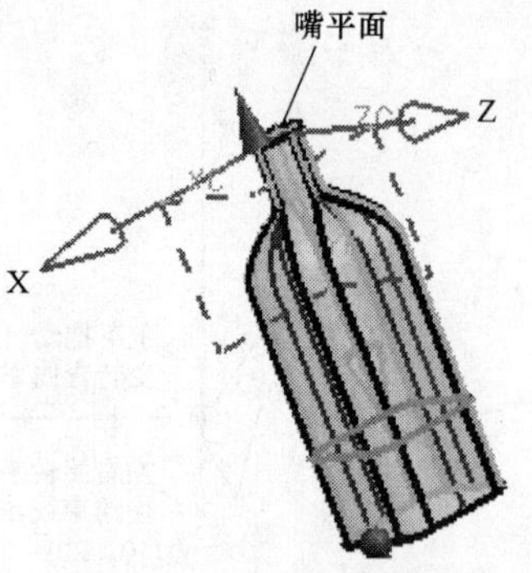


图 2-79 瓶子预览效果

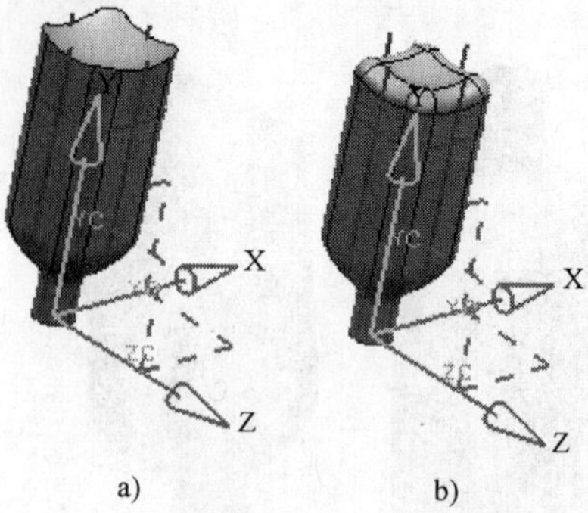


图 2-80 底部操作

a) 制作凹底 b) 棱边倒圆

命令来绘制，其效果会更好，这里仅作为演示【变化的扫掠】命令的一个实例而已。

**实例 2-10 变截面钩制作**

如图 2-81 所示是一个变截面异形钩，可以通过【变化的扫掠】来制作。

具体做法如下：

1）以 XY 面为草图面制作如图 2-82 所示的草图，该草图将作为引导轨迹线。

2）单击【插入】→【扫掠】→【变化的扫掠】，弹出【变化的扫掠】对话框后，直接单击图 2-82 所示的引导轨迹线，此时，将弹出【创建草图】对话框，设置参数如图 2-83 所示。

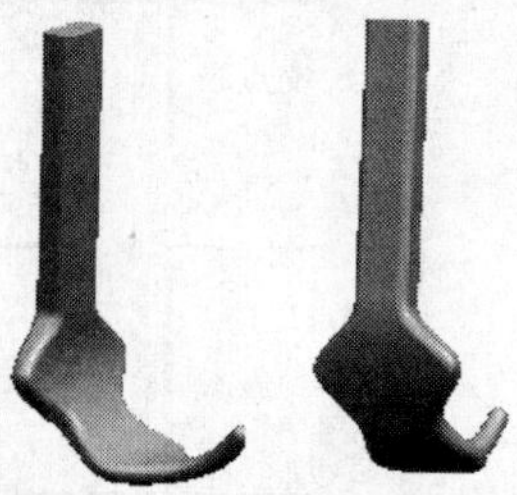

图 2-81 异形钩效果

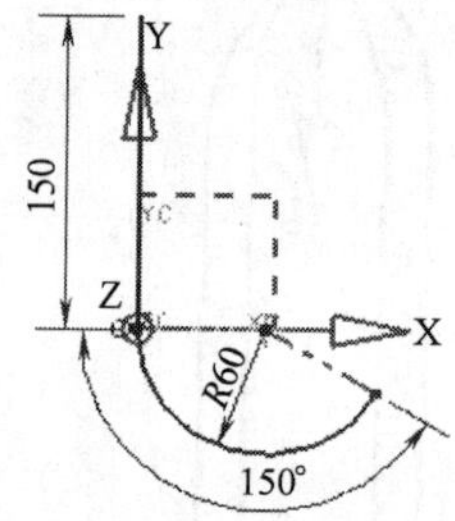


图 2-82 引导轨迹线

3）将【创建草图】对话框中的【% 圆弧】值修改为 0 并按〈Enter〉键，以便让草图作在引导轨迹线的起点处，然后按鼠标中键，进入草图环境，作如图 2-84 所示的草图。

图 2-83 设置【创建草图】对话框

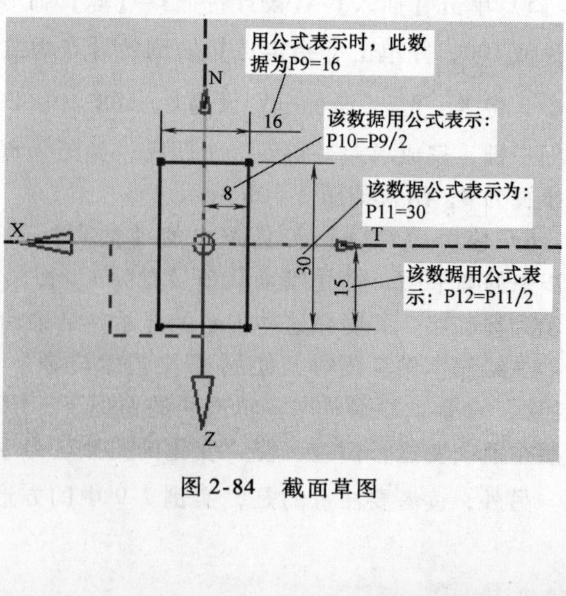


图 2-84 截面草图

在作该草图时，长与宽用数据 16 与 30 给出，而两个定位尺寸 8 和 15 是用公式表示的，参见图 2-84 中说明，但读者要注意，在你的图中，可能变量代号不是 P9、P10 等，而是其他序号，要根据实际情况进行修改。

4）完成草图后，可以看到预览的效果，同时，对话框也回到了【变化的扫掠】对话框处。先单击【设置】区域中的【显示草图尺寸】复选框，让它前面打上勾。然后单击【辅助截面】右侧的按钮，展开【辅助截面】区域，单击【添加新集】按钮，可以在列表框中看到有三个截面：Start Section（起始截面）、End Section（终止截面）及 Section1（截面 1），如图 2-85a 所示。其中，其中截面 1 是我们新加的截面，将【辅助截面】区域内的【% 圆弧】值由 0 修改成 45 并按〈Enter〉键，可以在预览中看到，在 45% 的引导轨迹线处出现了一个新的截面，同时显示了尺寸，如图 2-85b 所示。

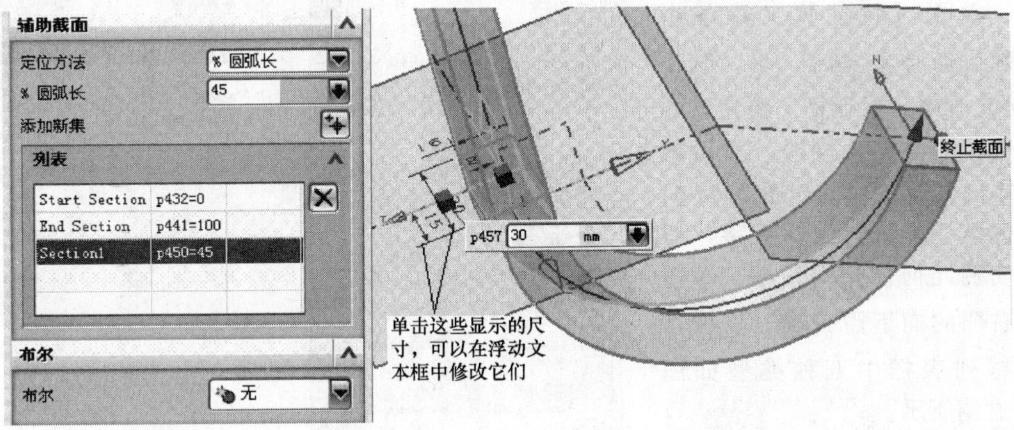


a)　　　　　　　　　　　　b)

图 2-85　修改尺寸过程

a）对话框截图　b）显示效果

单击这些尺寸，有浮动文本框出现，如图 2-85b 所示，若修改这些尺寸后按〈Enter〉键，预览效果将得到更新。此时不修改这个尺寸，再次单击【添加新集】，并将【% 圆弧】值由 0 修改成 55 并按〈Enter〉键确定，然后将长度尺寸 30 修改 80，宽度尺寸 16 修改为 12。同理，在 65% 圆弧长度处修改长度尺寸为 45，宽度尺寸为 10；75% 圆弧长度处修改长度尺寸为 60，宽度尺寸为 10；85% 圆弧长度处修改长度尺寸为 20，宽度尺寸为 10；最后将鼠标单击如图 2-85a 所示中的 End Section 处，再将此处长度与宽度均修改为 10。最后按鼠标中键，完成操作。结果如图 2-86 所示。

5）进行边倒圆，倒圆半径为 4.9，结果如图 2-87 所示。最后进行后处理，隐藏不必要的内容，结果如图 2-81 所示。

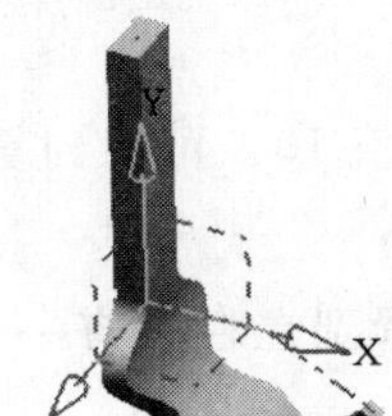


图 2-86　完成尺寸修改后效果

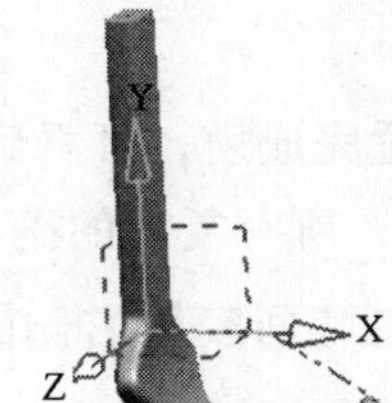


图 2-87　倒圆效果

通过以上三个实例，从不同角度讲解了在 UG NX7.5 中“变化的扫掠”命令的不同使用方法，该命令还可用在曲面的制作过程中，在后续实例中会用到。希望通过这几个实例，能让读者掌握该命令的使用。

## 2.2.4 实例几何体及实例

### 1. 实例几何体

“实例几何体”命令在 UG NX6 中翻译为“引用几何体”，是 UG 中的一个重要命令，主要用来进行特征的阵列、移动、旋转等多种功能，下面介绍这个命令的使用方法。

先在坐标原点处建立一个直径为 20，高度为 100 的圆柱体，然后，单击【特征】工具条中【实例几何体】按钮，弹出【实例几何体】对话框。要注意的是，选择的类型不同时，对话框的形式也有所改变，如图 2-88 所示是选择【类型】为“平移”时的【实例几何体】对话框；单击类型右侧的向下箭头，可弹出下拉框列表框中五种类型如图 2-88 右侧所示。

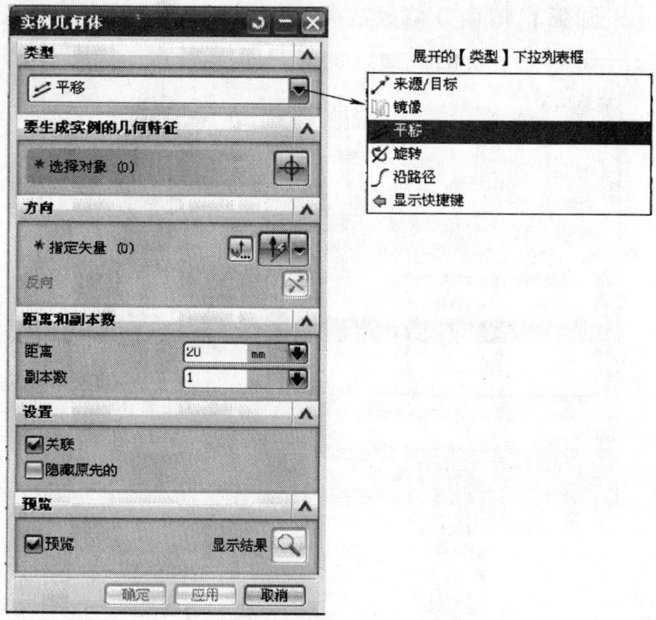


图 2-88 【实例几何体】对话框

下面我们分别介绍这五种类型的操作及功能：

(1) 来源/目标　此选项是将特征从给定位置复制到另一个指定位置，其特点是在平面上进行复制，可以沿某一方向复制多个副本，也可以根据点位置复制单个副本。操作过程如下：

1）单击【引用的几何体】区域中的【选择对象】按钮，然后到屏幕上选择要复制的对象。

2）单击中键，将光标移到【来源位置】区域中的【指定点】处，在屏幕上捕捉选择合适的点，或者使用右侧的【点构造器】按钮来设置坐标点。这一点是作为参考起始点。

3）设置完第一点后，光标会自动移到【目标位置】区域中的【指定点】处，再用上述类似方法设置一个点来作为目标点，这个目标点与前面作的起始点决定了复制特征对象的距离及方向。

4）设置完成后，可看到屏幕上的预览效果，改变【份数】值 10，可看到复制 10 个的效果，这时，所有复制的副本在同一方向上，成一单行。

5）单击【列表】右侧的按钮，展开【列表】栏，可以看到在栏中有一个复制的点【To Location 1】，单击【添加新集】按钮来增加更多的目标点（起始点不用设置，自动使用前面的起始点作本次的起始点），你还可以增加若干个目标点（图 2-89b 所示加了 5 个目标点)，不过，前面在单行中看到的多个复制的副本就没有了，可见在设置多目标点时，不能有多个副本。设置目标点时为了数据准确，可使用捕捉功能或点构造器来进行。

如图 2-89a 所示是进行单目标点制作的 5 个副本，图 2-89b 所示为使用了 5 个目标点制作的 5 个不同位置的副本。

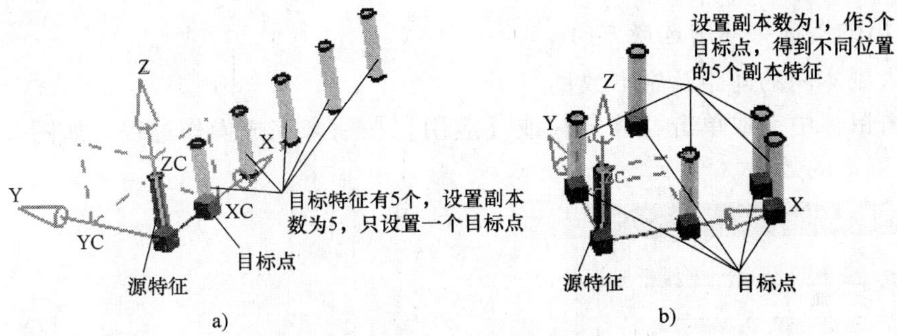


图 2-89 制作不同副本效果
a）单目标点 b）多目标点

从上面我们可以看出，在多目标点状态下，复制的副本可以是根据自己的需要任意确定位置。从而使复制变得更加灵活多样。

（2）镜像 “镜像”就是对源特征进行镜像，此时【引用几何体】对话框最为简单，如图 2-90a 所示，主要有【引用的几何体】及【镜像平面】两个区域。启动“镜像”功能后，光标自动停留在【引用的几何体】区域的【选择对象】按钮处，在屏幕上选择要镜像的特征对象，单击鼠标中键，让光标停留在【镜像平面】区域的【指定平面】按钮处。此时，可以使用自动捕捉平面的方法指定镜像平面，也可以单击右侧的【完整平面工具】图标来打开【平面】对话框，在其中获得指定平面，还可以在单击右侧的图标，将弹出图标菜单，在其中确定镜像平面。

当选中 Y-Z 面后，在浮动对话框中输入偏置的距离 80，就得到一个偏置的平面作为镜像平面，按中键确定后，就得到镜像的效果，如图 2-90b 所示。

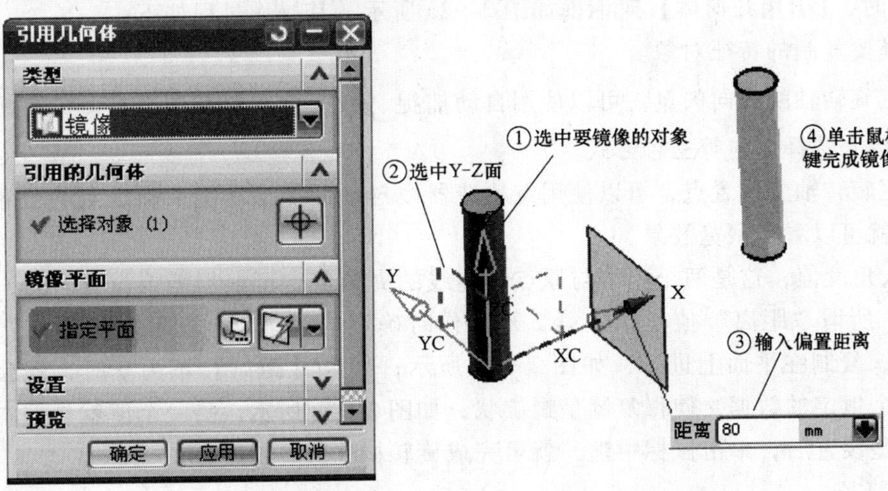


图 2-90 “镜像”操作
a）对话框设置 b）“镜像”操作示意图

(3) 平移　“平移”就是将特征对象沿某一方向线性复制成多个副本。选择此类型时，对话框如图 2-91a 所示。其操作步骤如下：

1）选中要复制的对象，可以是多个对象。

2）使用捕捉的方式捕捉方向或使用“矢量构造器”来指定方向或者单击右侧的图标在弹出的图标菜单中选择方向。

3）输入副本间的间距及副本数量。

4）单击鼠标中键或单击【确定】或【应用】按钮来完成操作过程。如图 2-91b 所示就是复制 3 个副本的效果。

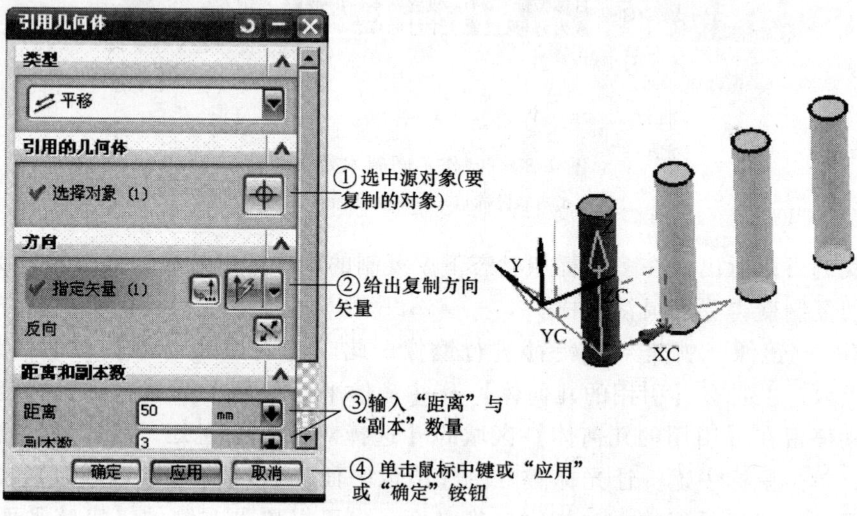


a)　　b)

图 2-91　【平移】操作

a）对话框设置　b）“平移”操作示意图

(4) 旋转　“旋转”是指将特征对象沿指定的轴进行旋转复制，从而得到多个副本。选择“旋转”时，【引用几何体】对话框如图 2-92a 所示。其操作过程如下：

1）选择要复制的特征对象。

2）指定旋转轴的方向矢量。可以使用自动捕捉、矢量构造器及单击右侧的按钮在弹出的图标菜单来选择方向等三种方式。

3）指定旋转轴的位置点，可以使用点构造器或自动捕捉点功能来确定点的位置。完成这两项后，就可以看到预览效果。

4）输入角度值，这是两个副本与原点的连线的夹角值，可根据需要设置。另一个值是“距离”值，所谓“距离”值是指按第 2 步操作时确定的矢量方向上移动的距离。当【距离】为 0 时，复制在平面上进行，如图 2-92b 所示；如果【距离】不为 0 时，就会沿矢量方向移动一个恒定的数据，使得复制呈螺旋状，如图 2-92c 所示。另一个值就是副本数量。

完成这些设置后，单击鼠标中键，就可完成旋转操作。

(5) 沿路径

前面的操作都不需要参考图形，而“沿路径”操作则需要参考路径。因此，我们分别在 Y-Z 面和 X-Z 面内作如图 2-93 所示两个草图来作为操作的路径，这两个草图都是使用

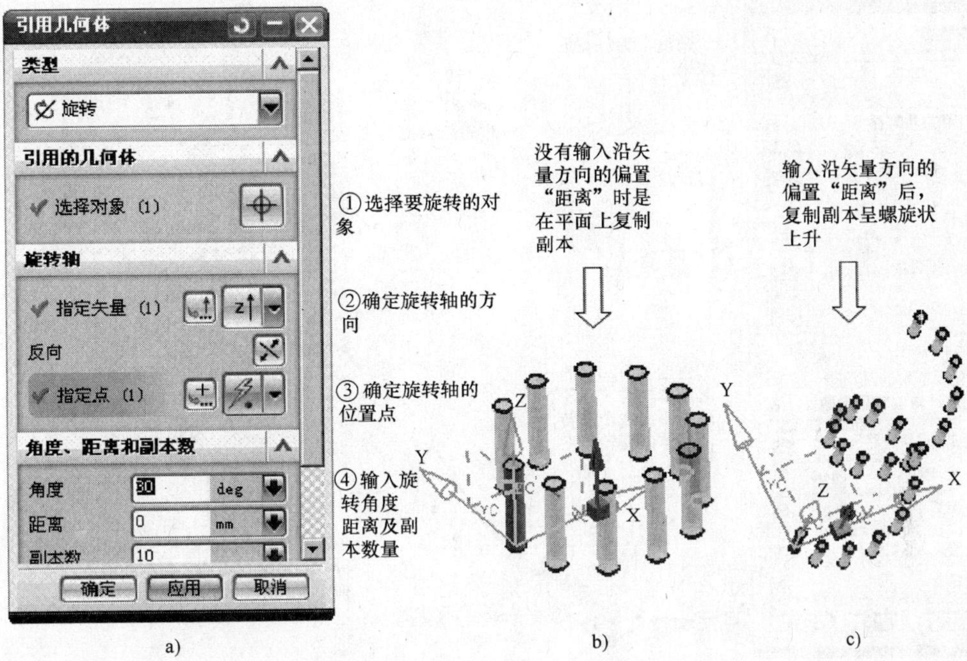


图 2-92 【旋转】操作

a）对话框设置 b）平面内复制 c）螺旋状设置

【艺术样条】命令制作的任意路径，读者也可以使用其他作图命令来作出准确的路径。

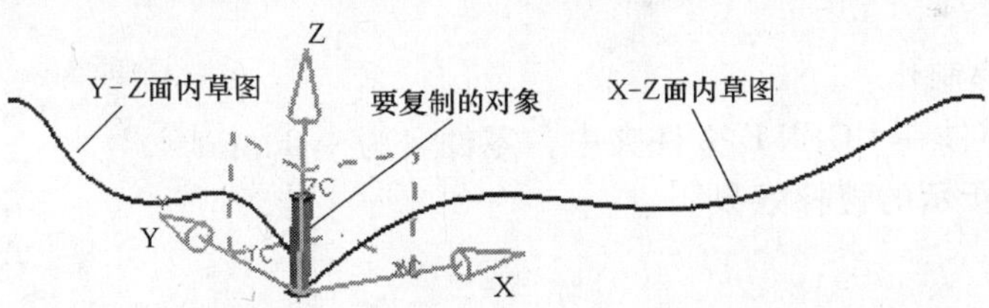


图 2-93 制作的两个“路径”草图

将【类型】选项修改为“沿路径”，得到如图 2-94a 所示的对话框效果。该选项可让复制的副本沿路径分布，从而得到沿曲线进行复制的效果。

操作过程如下：

1）选中要复制的特征对象。

2）在屏幕上选择一条路径。注意，在 UG 中，不允许选择多路径。

3）可以在【距离选项】处选择“填充路径长度”或“圆弧长”。

4）输入【角度】值，此【角度】是指副本复制时，前后相邻两个副本间的旋转角度。如图 2-94b 所示是角度为 0 时的效果，而图 2-94c 则是设置【角度】为 20°时的效果。

5）如果你想得到曲面阵列效果，可以使用另一路径来进行再次操作，如图 2-94d 所示，是对 2-94b 所示图形操作结果再沿 Y-Z 面内的草图进行【沿路径】操作的结果，从而完成沿曲面阵列的操作效果。

以上对“实例几何体”命令进行了详细解释，下面来看一个使用实例几何体进行操作的实例。

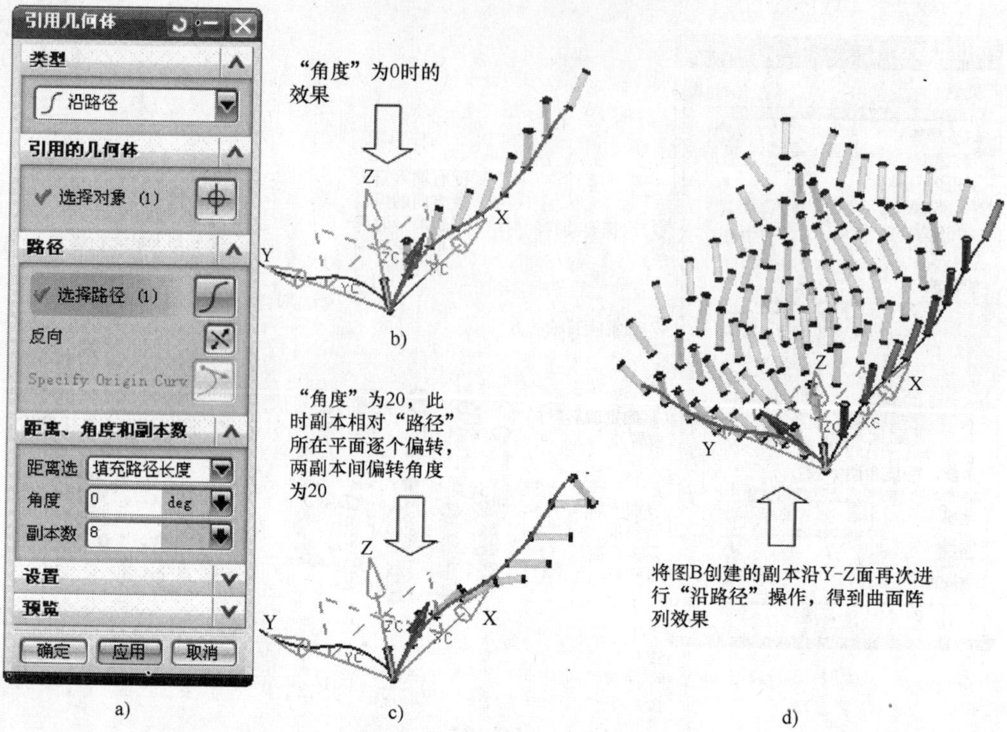


图 2-94 “沿路径” 操作

a）对话框设置　b）角度为 0 时的效果　c）角度为 20 时的效果　d）曲面阵列效果

**2. 实例操作**

**实例 2-11　楼梯制作**

本实例的范例零件在 UGFILE 文件夹中，零件名为 yyjht. prt

作出如图 2-95 所示的楼梯效果。

操作过程如下：

1）新建一个文件，在 X-Z 面内作如图 2-96 所示草图。然后使用拉伸命令对草图进行拉伸，拉伸长度为 50。结果如图 2-97a 所示。

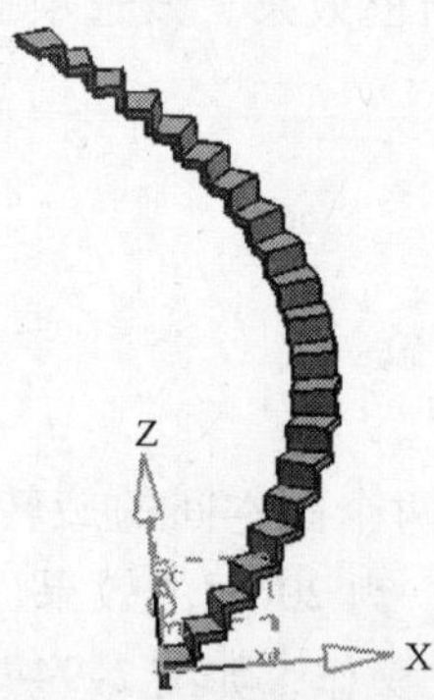

图 2-95　旋转楼梯效果

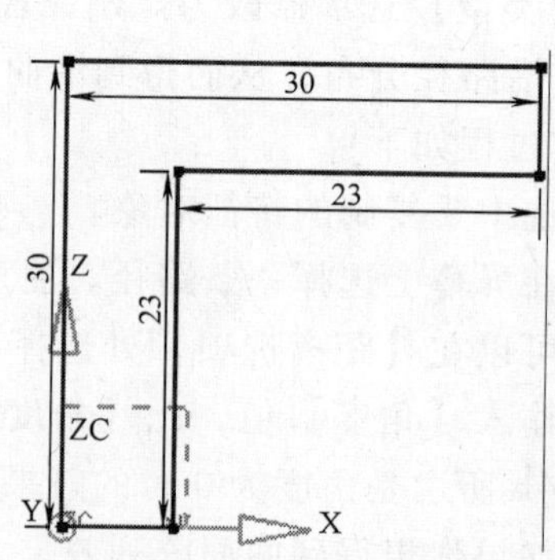


图 2-96　拉伸草图

2）使用拔模命令（draft），对图 2-97a 所示的面 A 进行拔模，结果如图 2-97b 所示。拔模时，拔模角度设置为 10°。

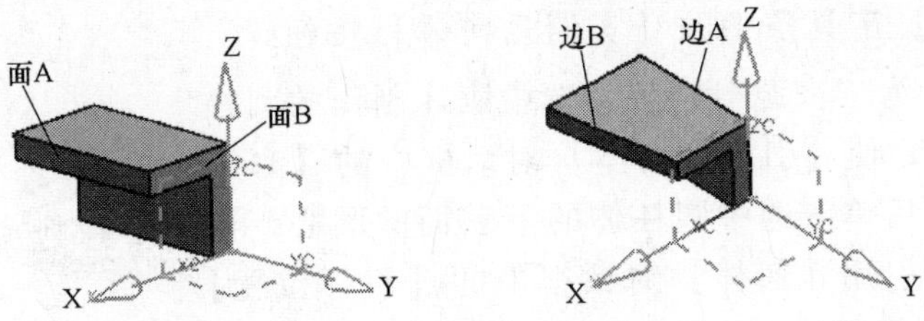


a)　　b)

图 2-97　操作过程

a）草图进行拉伸后　b）进行拔模后

3）单击【特征】工具条中的【实例几何体】按钮，将【类型】选项设置为“旋转”，选择图 2-97b 所示的特征作为旋转对象。单击【指定矢量】右侧的图标，在弹出的图标菜单中选择 Z 作为旋转矢量方向。然后，单击【指定点】右侧的【点构造器】按钮，将弹出【点】对话框，在【坐标】组中输入坐标：X、Z 坐标均为 0，而 Y 坐标输入公式 30/sin(10)，这里，sin(10) 中的 10°就是前面拔模角度值，而公式中的 30 则为图 2-96 中水平尺寸 30 值，输入这个公式的目的是算出图 2-97b 中边 A 与边 B 的交点，用这个点作为旋转轴的位置。从而保证旋转后各副本对象能整齐堆叠在一起。

4）输入【距离】值为 30，此值即图 2-96 中高度尺寸 30 这个值。

5）输入【副本数】值为 20，按鼠标中键完成操作，结果如图 2-95 所示。

**实例 2-12　曲面上的同向阵列**

阵列效果如图 2-98 所示。

操作过程如下：

1）先制作如图 2-99 所示的曲面。

2）作一个草图如图 2-100 所示。

3）将图 2-100 所示的草图投影到图 2-99 所示曲面上，并隐藏草图，得到如图 2-101 所示效果。

4）制作一个圆柱体，准备用此圆柱体进行阵列，效果如图 2-102 所示。

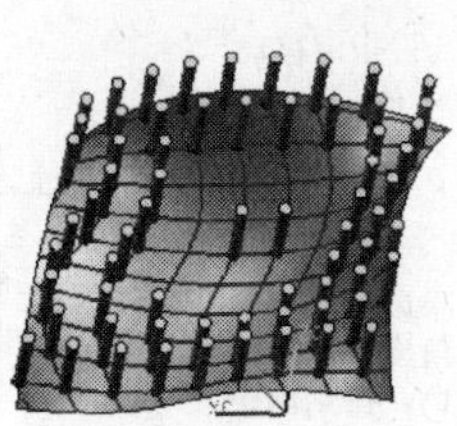

图 2-98　阵列效果

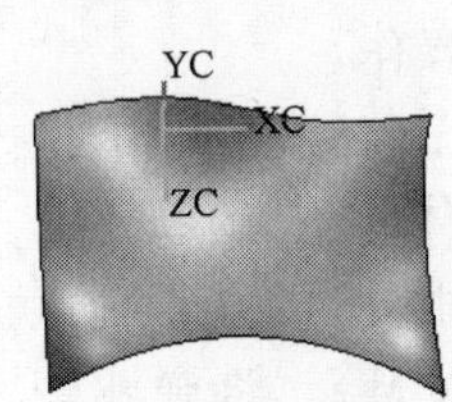


图 2-99　制作的任意曲面

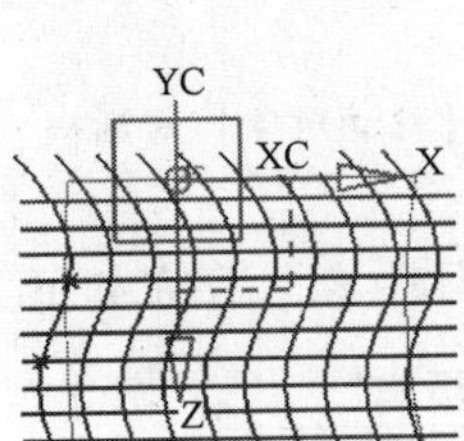


图 2-100　投影用的草图

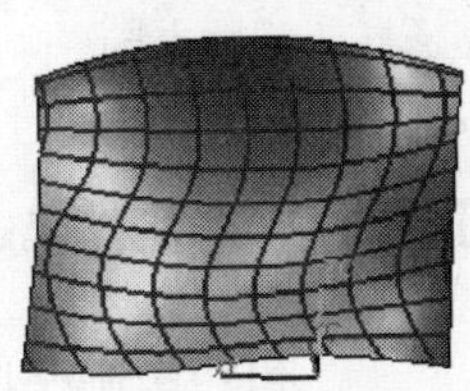

图 2-101　投影后的效果

5）单击【特征】工具条中的【实例几何体】按钮，将【类型】选项设置为“来源/目标”，选中刚才制作的圆柱体，然后按鼠标中键，使【引用几何体】对话框中的【来源位置】区域激活，然后单击选中圆柱体的下表面的圆心，再次按鼠标中键，使【引用几何体】对话框中的【目标位置】区域激活，将副本数设置为 1，并展开【添加新集】区域。然后单击【目标位置】区域中的【点构造器】按钮，打开【点】对话框，使用“交点”功能捕捉图 2-102 中两曲线的交点，这样就得到一个副本；单击【目标位置】区域中的【添加新集】按钮，再用同样的方法捕捉另一个交点，得到另一个副本；如此不断制作下去，可得到最后效果，如图 2-98 所示。

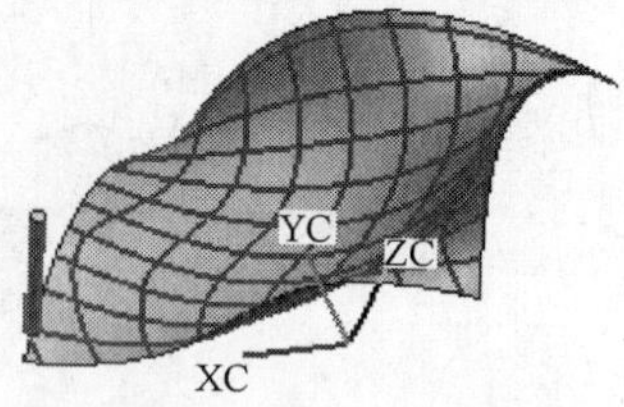

图 2-102　制作出一个圆柱体

## 2.2.5　移动对象及实例

### 1. 移动对象

UG NX7.5 中新增了“移动对象”命令，该命令功能强大，类似于 UG NX5 及以前版本中的“变换”命令，但在 UG NX7.5 中还是保留有“变换”命令，只是功能有所改变，两个命令均可用在草图绘制中。需要注意的是，在草图环境下，读者需要自己定制工具条才能出现这两个命令按钮。

移动对象命令可以方便地进行各种对象的移动与复制，但复制的副本与原对象之间不具有相关性，这和变换命令有相似性。如果要具有关联性，最好使用“关联复制”命令组及“实例几何体”命令来完成。移动对象命令的多种功能有与实例几何体命令类似的功能，但后者具有对象关联性，前者没有关联，在应用场合也有所不同。

下面介绍【移动对象】命令的主要功能与操作。

先制作一个长 100，宽 50，高 300 的长方体，然后单击【编辑】→【移动对象】或按快捷键〈Ctrl + Shift + M〉，将弹出【移动对象】对话框，如图 2-103 所示。

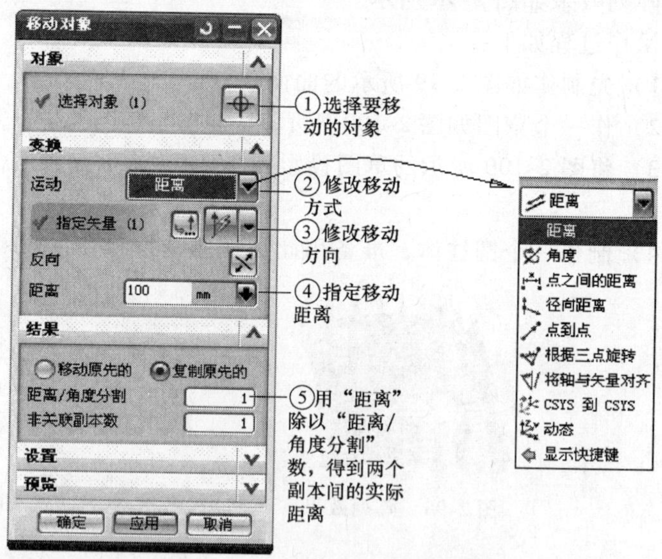

图 2-103　【移动对象】对话框

该对话框的操作需要特别注意的是，在对象复制时，对话框中的【距离】、【距离/角度分割】与两个副本的“实际距离”存在如下关系：

$$\text{相邻两副本间的实际距离} = \frac{\text{"距离"}}{\text{"距离/角度分割"}} \tag{2-1}$$

这里的“距离”与部分移动方式中的“指定测量点”及“指定原点”有关，如将移动方式修改为“点之间的距离”及“径向距离”移动方式时，【移动对象】对话框中会有【指定测量点】及【指定原点】这两项，此时的真实距离值与【距离】栏中的距离及【指定测量点】存在如下关系：

$$真实的距离=【距离】+【指定原点】-【指定测量点】\tag{2-2}$$

式（2-2）中的加号和减号，均指坐标在移动方向上的投影分量值。

另外，副本数不包括源对象在内。因此，读者在操作时要特别注意。下面分别进行介绍：

（1）“距离”方式　该方式可将对象按一定距离进行移动或复制。

在这种操作方式下，先选中要移动的对象，之后选定移动的方向（可以用矢量构造器指定任意方向），然后给出【距离】值，再给出【距离/角度分割】值，一般取1；给出【非关联副本数】值，这些都根据实际需要来确定。完成后单击【确定】按钮，就可完成对象的移动与复制。图2-104是设置【距离】值为200，【非关联副本数】值为4时，取不同的【距离/角度分割】值时得到的结果。

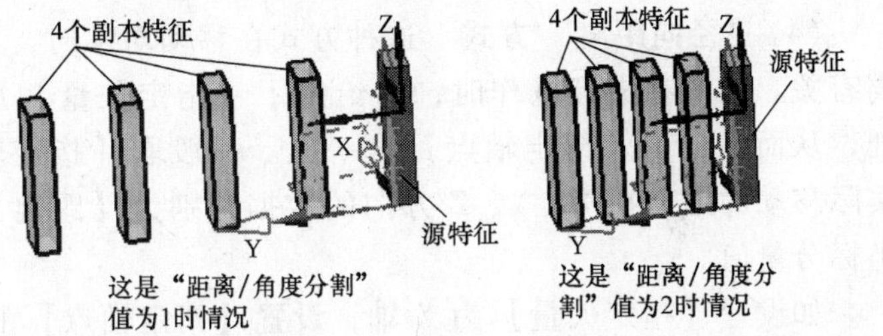


a)　b)

图2-104　取不同【距离/角度分割】值时得到的结果

（2）“角度”方式　该方式可以将对象进行移动或旋转复制。

操作时，先选中要旋转的对象，然后指定旋转轴的矢量方向（方向可以用矢量构造器任意设定），之后指出旋转的中心点。如图2-105所示是设置旋转【角度】值为60°、副本数为3时的效果。

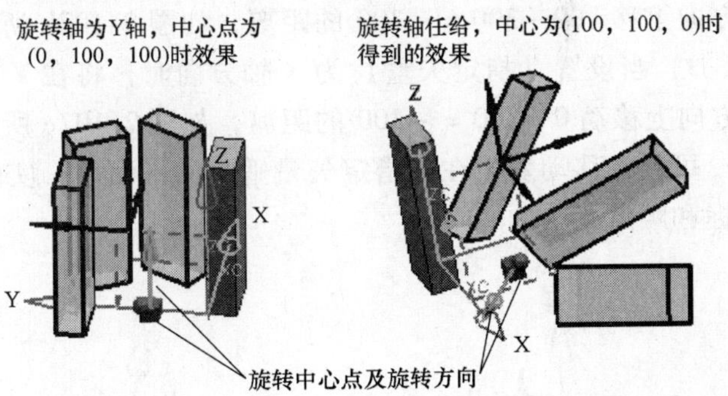


a)　b)

图2-105　不同旋转轴方向时的效果

（3）“点之间距离”方式　这种方式和“距离”方式不同的是，它需要指出原点与测量点的坐标，当操作时，输入完【指定原点】、【指定测量点】及【指定矢量】后，在【距离】处有一个数据，是【指定测量点】与【指定原点】之差（两点间直线距离）在【指定矢量】方向上的投影分量值。此时，不论你设置副本数为多少，总是只有一个对象显示，但单击【反向】按钮后，就可以看到多个对象（设置的副本数）。可见，【反向】会改变【距离】值。

当为“正向”时，如果你再修改【距离】中的数据，则当【距离/角度分割】值为1时，两个相邻副本间的距离等于【距离】+【指定原点】-【指定测量点】。

当为“反向”时，则相当于把当前【距离】中的数据前加上一个负号，再按上面的公式来计算，或者按公式：【指定原点】-【指定测量点】-【距离】来进行计算即可得到两相邻副本间的实际距离。

图2-106所示是设置【指定原点】为（0，200，0），【指定测量点】为（0，150，0），

【指定矢量】为 Y 轴正向，此时，在 Y 轴方向上分量之差为 -50，故设置完成后，【距离】中的数据为 -50，此时所有副本重叠。单击【反向】按钮时，则相当于将此时的 -50 前加负号得 +50，然后加【指定原点】再减【指定测量点】得到 100。如果此时修改距离为 180，再按上面算法得到正反向距离分别是：230 与 -130。

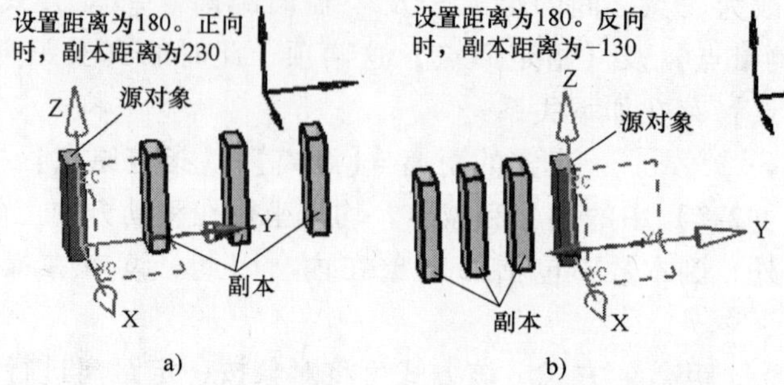


图 2-106　正反向时，【距离】改变的效果不同

(4)“径向距离”方式　这种方式在移动对象时，与方向、轴点坐标、测量点坐标和距离有关。系统在进行操作时，当给定了【指定矢量】后，系统就自动跳到【指定测量点】处，从而跳过了【指定轴点】这一栏。一般取【指定轴点】的坐标为（0，0，0），这时，实际移动的距离在 X、Y、Z 方向的数据分别为【距离】投影分量 -【指定测量点】的相应坐标分量值。

如设置【指定矢量】为 X 轴，设置【指定轴点】的坐标为（0，0，0）；设置【指定测量点】的坐标为（100，200，300）；则【距离】栏中会有数据 316.2277，它是【指定测量点】与【指定轴点】在 YZ 平面内的距离值。将【距离】改为 0，则有：

1）当设置【指定矢量】为 Z 轴方向时，将在 X 方向上移动 0 - 100 = -100 的距离，在 Y 方向上移动 0 - 200 = -200 的距离，如图 2-107a 所示。

2）当设置【指定矢量】为 Y 轴方向时，将在 X 方向上移动 0 - 100 = -100 的距离，在 Z 方向上移动 0 - 300 = -300 的距离，如图 2-107b 所示。

3）当设置【指定矢量】为 X 轴方向时，将在 Y 方向上移动 0 - 200 = -200 的距离，在 Z 方向上移动 0 - 300 = -300 的距离，如图 2-107c 所示。

可见，移动发生在与指定矢量垂直的平面内。实际移动距离与方向、轴点坐标、测量点坐标和距离有关。

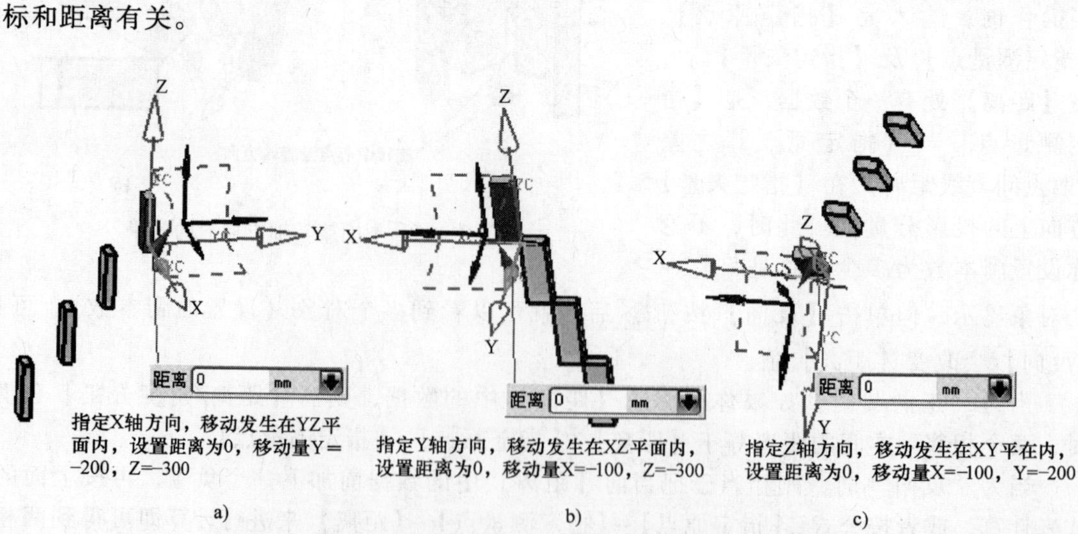


图 2-107　不同矢量方向时的移动效果

(5) “点到点” 方向　这种方式是将对象从一个点移动到另一个点，可以同时复制多个对象。操作时，先选定要移动复制的对象，然后给出【指定出发点】坐标，再给出【指定终止点】坐标，则移动方向为由【指定出发点】指向【指定终止点】的矢量方向，移动量为【指定出发点】与【指定终止点】两点间距离。图 2-108 所示为【指定出发点】(500，0，0)，【指定终止点】为 (300，100，100) 时的效果。

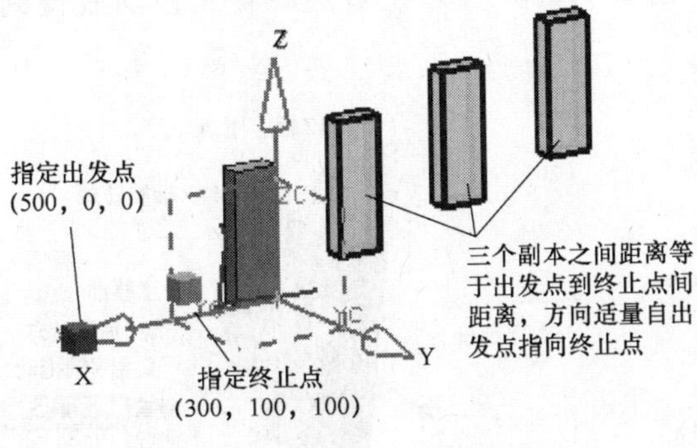


图 2-108 “点到点” 移动效果

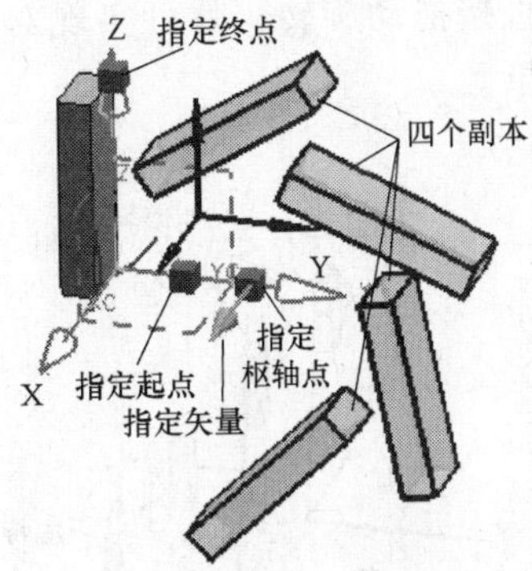


图 2-109 根据三点旋转效果

(6) “根据三点旋转” 方式　这种方式可以让对象围绕一轴旋转，其中，由【指定矢量】与【指定枢轴点】来确定轴的方向和旋转中心点，而【指定起点】与【指定终点】则必须在轴的垂直平面内有分量。旋转的角度由【指定起点】与【指定终点】等确定。图 2-109 是设置【指定矢量】为 X 轴，【指定枢轴点】为 (200，0，0)，【指定起点】为 (0，100，0)，【指定终点】为 (0，0，300) 时得到的效果。

如果让矢量不与 X、Y、Z 中任何一轴平行，将产生特殊的旋转效果。可以说，旋转发生在与轴垂直的平面内，旋转的中心点就是【指定枢轴点】。

(7) “将轴与矢量对齐” 方式　在这种方式中，先【指定起始矢量】，然后【指定枢轴点】，再给出【指定终止矢量】，则可以将原对象进行旋转。旋转的角度为两矢量的夹角，旋转发生在起始矢量与终止矢量垂直的平面内。图 2-110 所示为给出不同的适量时产生的效果。

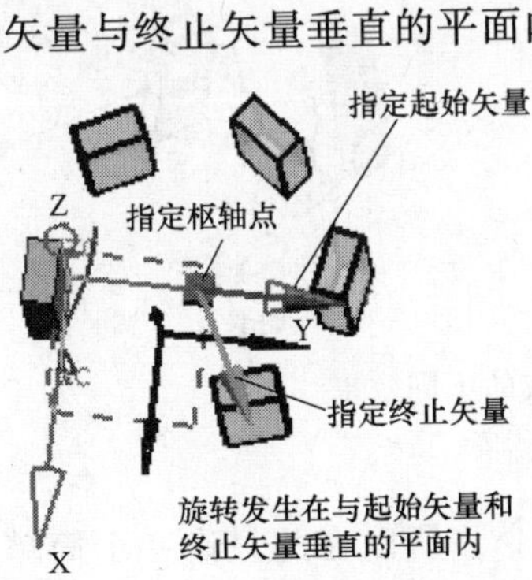


a)

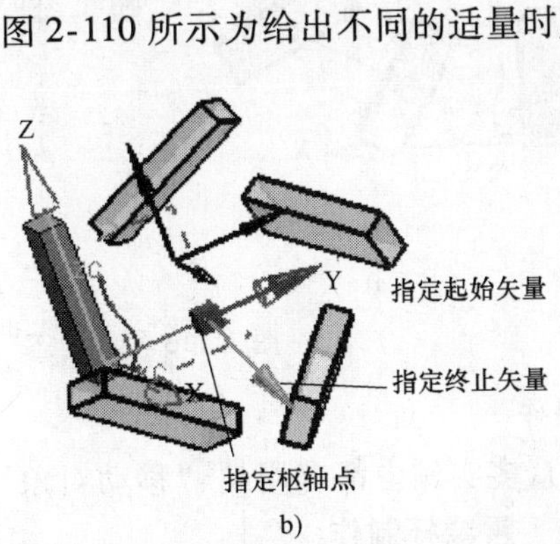


b)

图 2-110 矢量不同，效果不同

(8) “CSYS 到 CSYS” 方式　首先理解：CSYS 一般是指坐标系统，而这里的 CSYS 则有坐标系构造器的意思。这种方式和 “点到点” 方式差不多，不同的是 “点到点” 方式中指定起始点与终止点，而 “CSYS 到 CSYS” 方式指定起始 CSYS 坐标与终止 CSYS 坐标，移动方向是从起始 CSYS 坐标原点指向终止 CSYS 坐标原点，移动距离是两坐标原点间的距离。图 2-111 所示为用这种方法制作的对象移动复制的效果。

（9）“动态”方式　这是 UG 中移动方式最自由的一种方式了，可以对移动的对象进行任意移动与旋转。进入这种方式时，会出现动态坐标系统，如图 2-112 所示。在这个坐标系中，有沿 X、Y、Z 三个方向拖动的箭头，有绕 X、Y、Z 三个轴旋转的旋转球，以及一个任意移动的正方体。用鼠标单击某个箭头，并拖动该箭头或在出现的浮动文本框中输入移动数据并按 <Enter> 键，就可实现移动复制；同样，单击某个旋转球，输入角度按 <Enter> 键或直接拖动旋转，就可实现对象的旋转复制。图 2-113 所示为经多次旋转、移动后得到的效果。

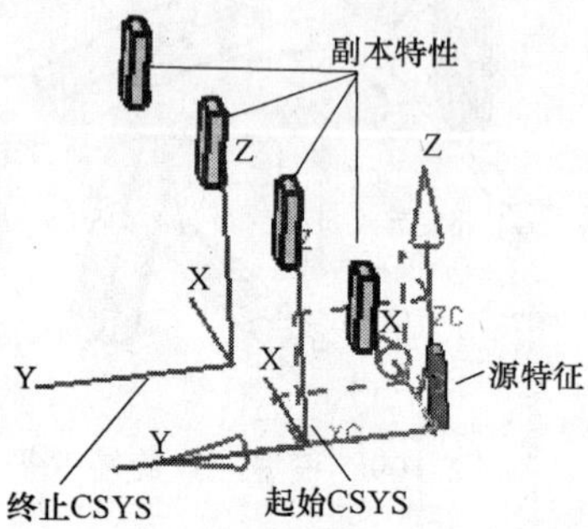


图 2-111　“CSYS 到 CSYS”方式进行对象移动

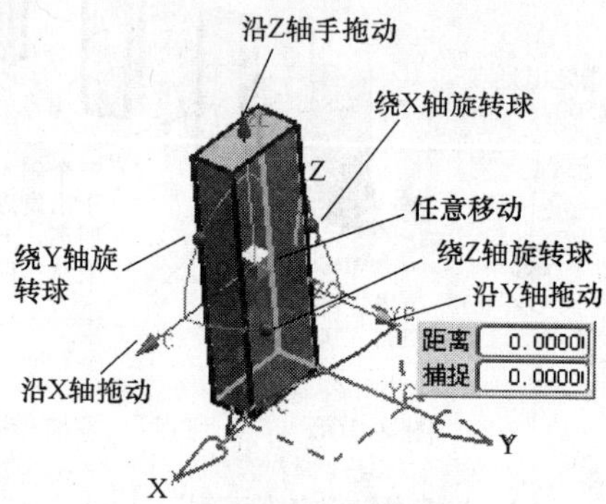


图 2-112　【动态】方式中的动态坐标系统

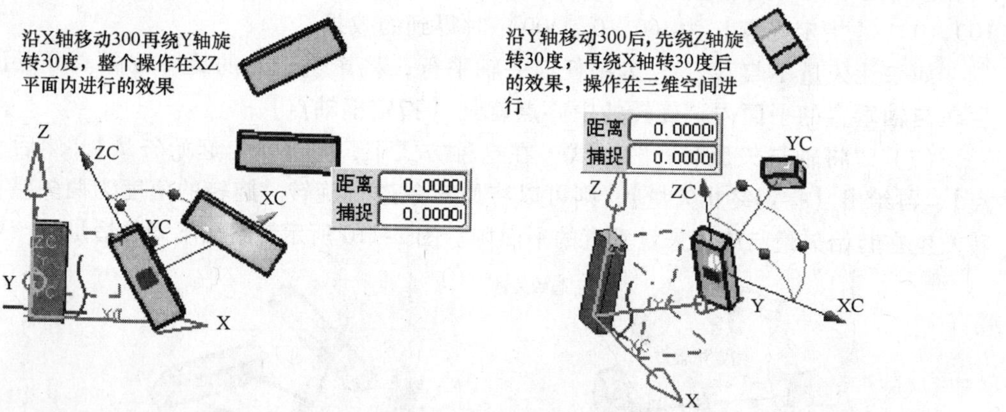


a)　　b)

图 2-113　“动态”方式的不同效果

**2. 实例操作**

由于前面众多实例中都有用到“移动对象”命令，所以在此只讲一个简单实例。

**实例 2-13　雪糕杯制作**

制作完成的雪糕杯如图 2-114 所示。

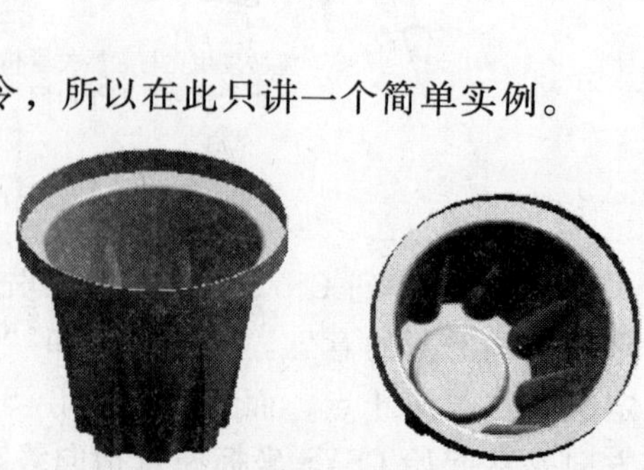

图 2-114　雪糕杯效果

操作步骤过程：

1）使用旋转命令制作杯身，如图 2-115a 所示，其草图如图 2-115b 所示。

2）制作圆柱体草图如图 2-116a 所示。然后在此草图直线的 A 端点处作一个直径为 $\phi 20$ 的圆柱体，使圆柱体底部中心点与A点重合，圆柱体方向与直线相同，结果如图2-116b所示。

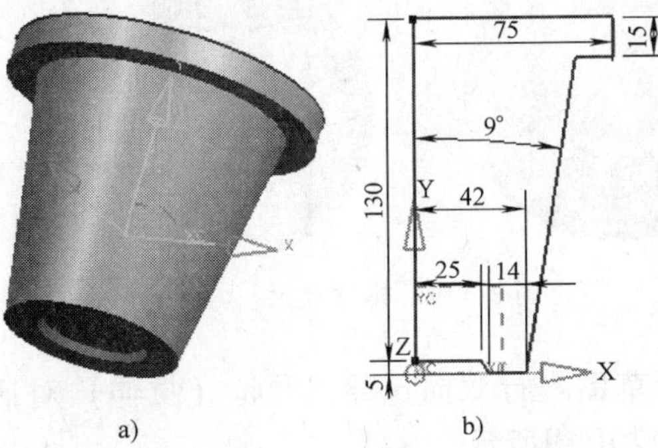


图2-115　制作过程之一

a）旋转效果　b）草图

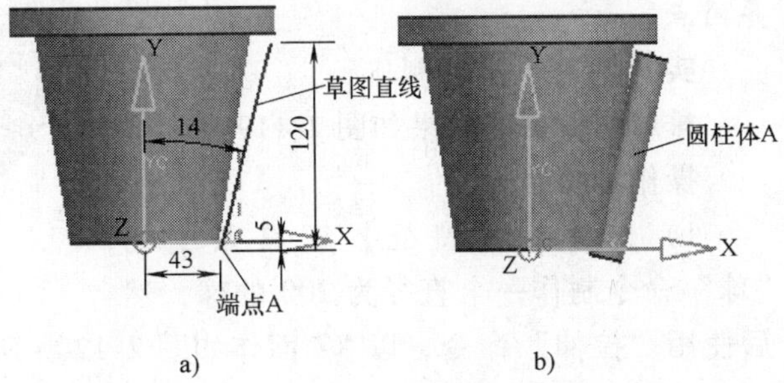


图2-116　制作过程之二

a）圆柱草图　b）圆柱拉伸效果

3）按〈Ctrl + Shift + M〉键，或单击【编辑】→【移动对象】，弹出【移动对象】对话框，单击选中图2-116b所示的圆柱体A，然后将【变换】区域中的【类型】修改为"角度"，单击【指定矢量】按钮后，再单击图2-117a所示的Z坐标轴作为旋转轴的方向矢量，然后单击【指定轴点】按钮后，再单击其右侧的【点构造器】按钮，将轴点指定为坐标原点。在【角度】处输入角度360°，表示要在整个圆周上均布复制的对象，然后将【结果】区域中的【复制原先的】单选按钮选中，将【距离/角度分割】值设置为8，表示要在360°范围内布置8个对象（总数，包括图2-116b的圆柱体A本身），将【非关联副本数】值修改为7，表示还要复制7个圆柱体（不包括圆柱体A本身），按鼠标中键完成操作，结果如图2-117b所示。

4）使用【特征】工具条中的"求差"命令，对杯身进行求差，结果如图2-118a所示。

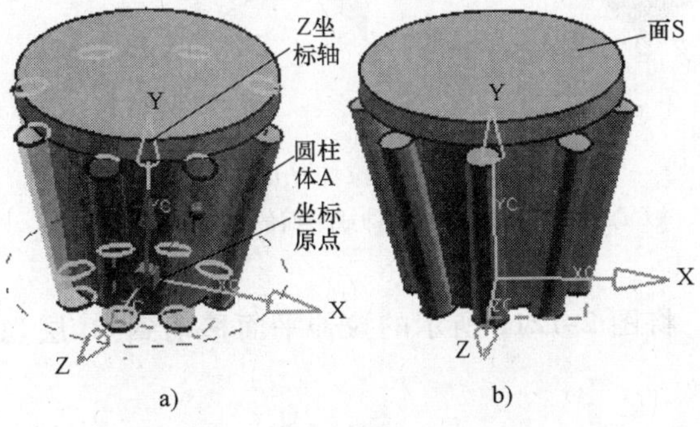


图2-117　制作圆柱体阵列

a）复制效果预览　b）复制完成效果

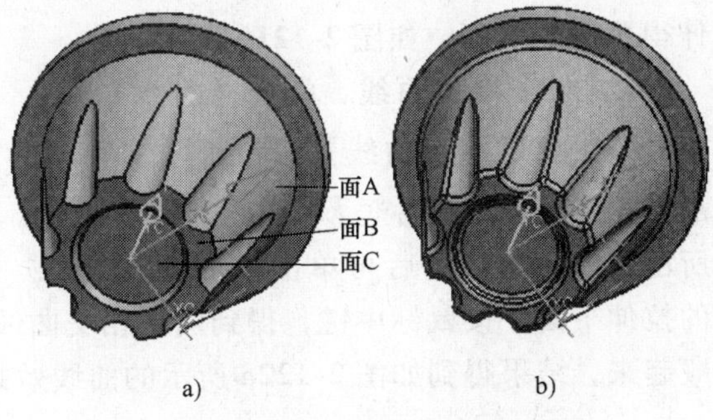


图2-118　求差及边倒圆后效果

a）求差效果　b）边倒圆效果

5）单击【特征】工具条中的【边倒圆】按钮，在弹出【边倒圆】对话框后，将【选择条】修改为"面的边"，并单击选中图2-118a所示的面A、面B与面C，将倒圆半径修改为3，单击【确定】按钮后，结果如图2-118右侧所示。

6）单击【特征】工具条中的【抽壳】按钮，然后单击图2-117b所示的面S，并将【厚度】值修改为1，按鼠标中键，完成操作，并进行后处理，结果如图2-114所示。

**注意：本实例使用了"移动对象"命令来制作圆形阵列，得到8个圆柱体，其实，也**

**可以使用前面学的“实例几何体”来完成，请读者思考两种不同的作法之间的异同点。**

**实例 2-14　排球制作**

排球制作后的效果如图 2-119 所示。

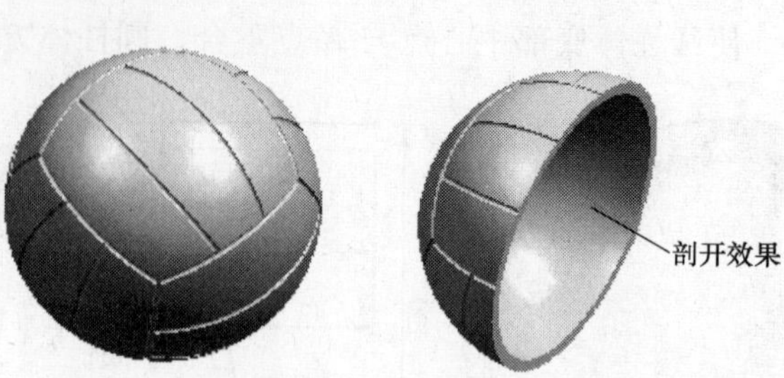


图 2-119　排球效果

操作步骤：

1）先使用【特征】工具条中的“球”命令制作一个直径为 200 的球，然后使用“拉伸”命令，以 XZ 面作如图 2-120a 所示草图进行双向拉伸，并将【拉伸】对话框中的【布尔】选项设置为“求差”，结果如图 2-120b 图所示。

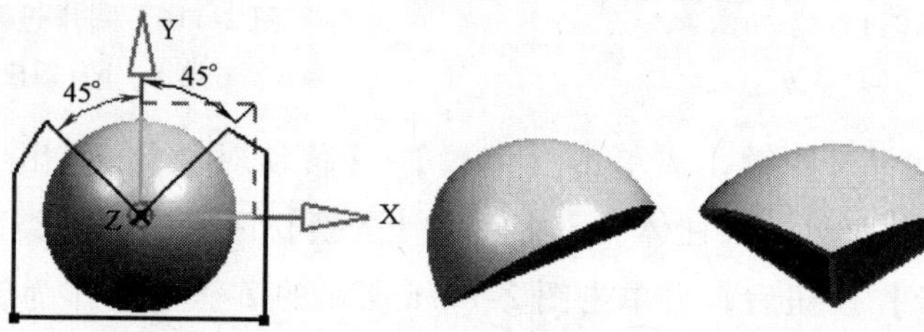


a)　b)　c)

图 2-120　修剪球体

a）修剪草图　b）第一次修剪效果　c）第二次修剪效果

2）同样地，对使用“拉伸”命令对 YZ 面进行类似的拉伸，草图可参考图 2-120a，结果如图 2-120c 所示效果。

3）作如图 2-121a 所示草图，拉伸得到两个平面，如图 2-121b 所示。

4）制作相交曲线。单击【曲线】工具条中的【相交曲线】按钮，弹出【相交曲线】对话框，单击图 2-121b 所示的球表面，然后再单击上面制作的拉伸平面，按鼠标中键，得到两根相交曲线。将图 2-121b 所示的拉伸平面移动到 60 层隐藏起来，结果得到如图 2-122a 所示的曲线效果。

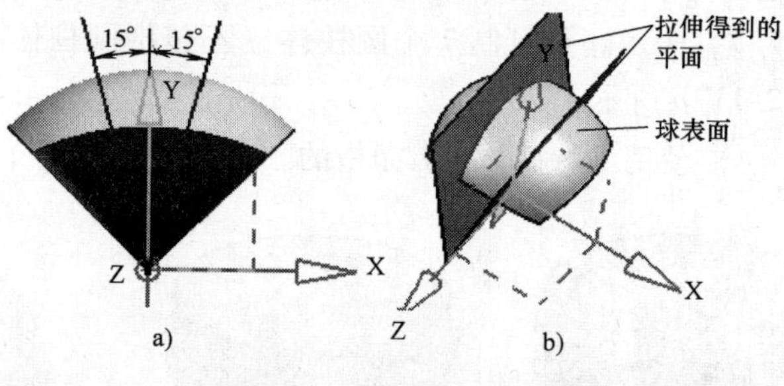


a)　b)

图 2-121　制作拉伸平面

a）拉伸草图　b）拉伸成平面的效果

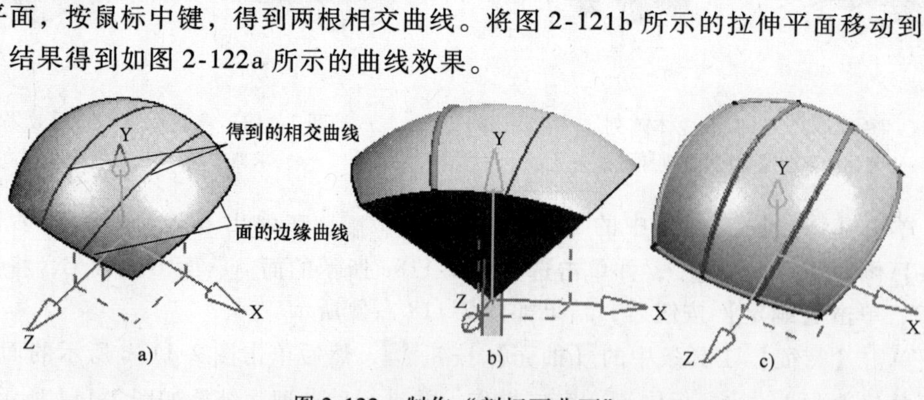


a)　b)　c)

图 2-122　制作“剖切面曲面”

a）得到相交曲线　b）剖切面曲面绘制　c）剖切面曲面完成效果

5）单击【曲面】工具条中的【剖切面曲面】按钮，弹出【剖切面曲面】对话框，将【类型】选项修改为“圆”，然后单击图2-122a所示的其中一条相交曲线，单击鼠标中键后，再单击该相交曲线一次，最后按鼠标中键完成操作，得到一个剖切曲面，如图2-122b所示。同理，对图2-122a所示的其他曲线及面的边缘作同样操作，得到图2-122c所示的效果（6个剖切曲面）。

6）使用【特征】工具条中的“求差”命令对图2-122右侧图的四分之一球体与各剖切曲面进行求差，结果如图2-123a所示。

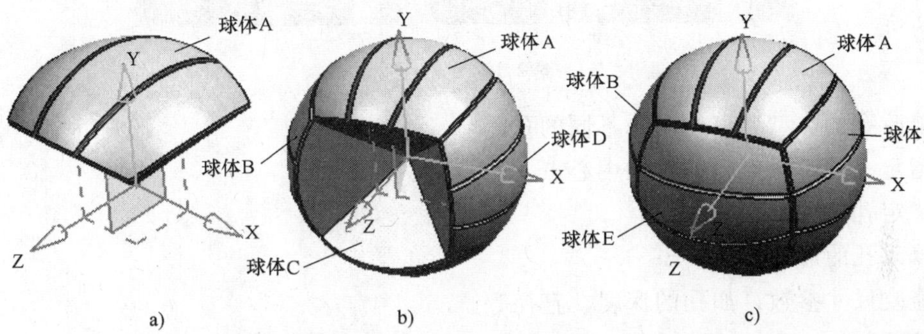


图2-123 求差并初次旋转复制

7）现在，按〈Ctrl + Shift + M〉键调出“移动对象”命令对话框，单击选中图2-123a所示的四分之一球体，按鼠标中键，将【类型】选项修改为“角度”，然后用鼠标单击图2-123a所示的Z轴，【角度】值修改为360°，单击【复制原先的】单选按钮，然后将【距离/角度分割】值修改为4，【非关联副本数】值修改为3，然后按鼠标中键，完成操作，结果如图2-123b图所示。同理，选中图2-123b图中的B、D二球体，按鼠标中键后，选中Y轴，将【非关联副本数】修改为1，再按鼠标中键完成操作后，得到如图2-123c图所示的效果。

8）再次使用“移动对象”命令，选中图2-123b所示的B、D二球体，类型仍为“角度”，旋转轴使用X轴，【角度】值设为90°，单击【移动原先的】单选按钮，并将【距离/角度分割】的值修改为1，最后按鼠标中键完成操作。

9）使用【特征】工具条中的“求和”命令将以上各个球体求和，再作一个直径为190的球，与原有球体求差，并作后处理，结果如图2-119所示。

### 2.2.6 其他命令

#### 1. 孔命令

单击【插入】→【设计特征】→【孔】按钮，就可以对孔进行操作了。

在UGNX6及UGNX7中，“孔”命令较以前的版本有很大的改进，类型有所扩充，有“常规孔”、“钻形孔”、“螺钉间隙孔”、“螺纹孔”及“孔系列”几种；孔的方向可以修改，包括“垂直于面”与“沿矢量”两种确定孔的方向的方法，一般情况下使用“垂直于面”，当使用“沿矢量”方法时，就可以使用矢量构造器等工具来确定任意方向；根据孔的类型的不同，孔的形状又包括“简单”、“沉头孔”、“埋头孔”及“锥孔”等几种。如图2-124所示是几种常见的孔。

孔命令操作过程比较简单，其操作过程是：

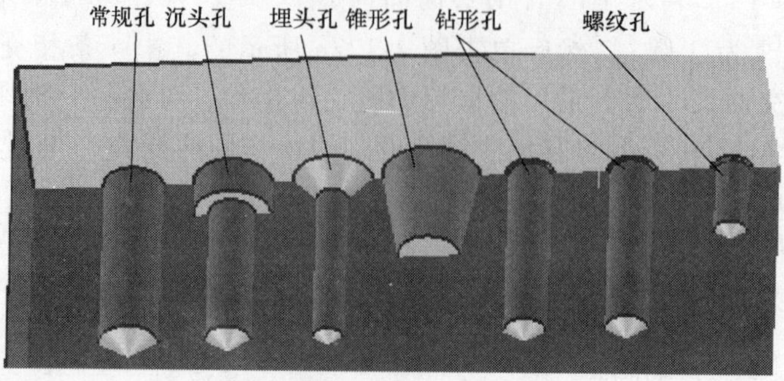


图 2-124　常用孔

1）修改孔的类型，以便制作不同的孔。

2）指定孔的位置点，即孔的中心点。

3）确定孔的中心轴的方向。

4）修改孔的形状。

5）修改尺寸参数，如孔的深度、直径等。

**2. 倒圆命令**

UG 中有三种倒圆命令，分别是"边倒圆"、"面倒圆" 和 "软倒圆"。

（1）边倒圆　"边倒圆" 最常用，其操作也较简单。单击要倒圆的边后输入半径值，单击鼠标中键就可以完成倒圆效果，如图 2-125a 所示。但如果在输入半径并选中要倒圆的边后，展开【边倒圆】对话框中的【可变半径点】区域，单击该区域中的【指定新的位置】按钮，再到刚才选择的边的适当位置单击选择一个点，在浮动文本框【V Radius 1】中输入相应的半径值，然后再在要倒圆的边上选择另一点，输入另一个半径值，如图 2-125b 所示，如此做下去，就可以在不同位置倒出半径不同的圆来，结果如图 2-125c 所示。如果有需要，可以使用另外两个命令倒出更复杂的圆来。

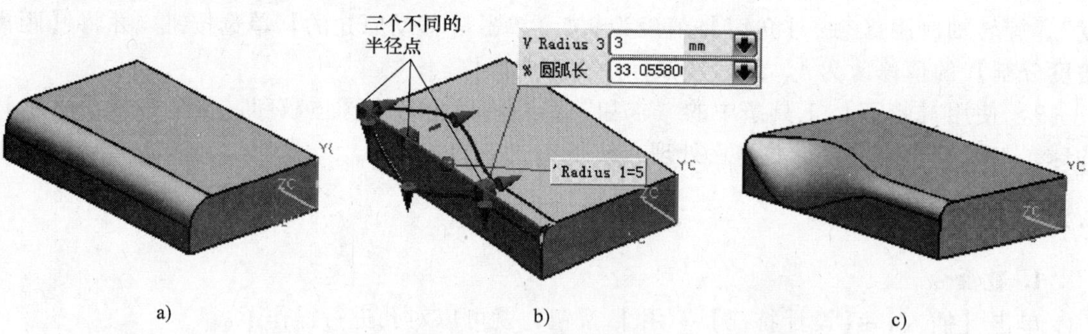


图 2-125　边倒圆

a）固定半径倒圆效果　b）指定不同半径点　c）变半径倒圆效果

（2）面倒圆　单击【特征】工具条中的【面倒圆】按钮，会弹出【面倒圆】对话框，如图 2-126 所示。图中是将【倒圆横截面】区域中的【形状】选项修改为"二次曲线"时的效果。

操作过程是：

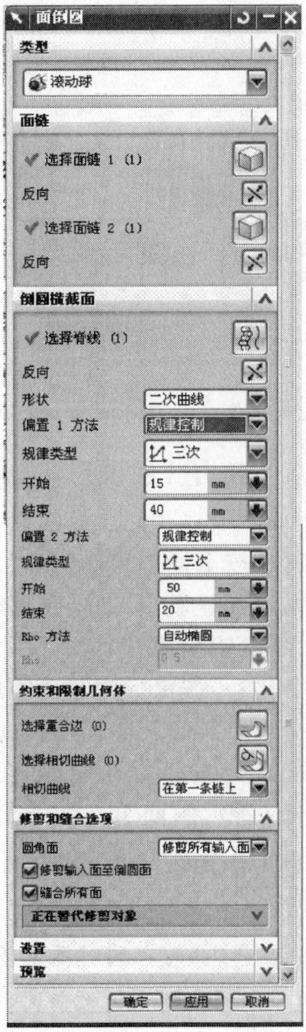


图 2-126 【面倒圆】对话框

单击【面倒圆】按钮，出现【面倒圆】对话框；单击第一组要倒圆的面，可以是多个面，如图 2-127a 所示的第一组面，然后按鼠标中键，再单击第二组面；第二组面选择完成后，修改【倒圆横截面】下面的【形状】选项，如果你选择“圆形”，则接着修改【半径方法】为“恒定”、“规律控制”或“相切约束”中某一种，再给出相应的参数即可，如果你选择的是“二次曲线”，则出现众多选项，如图 2-126 所示。此时，首先单击一条曲线作为脊线，例如图 2-127a 所示的边缘线 A，再对【偏置 1 方法】、【偏置 2 方法】选项及相关参数进行修改，就可以得到相应的倒圆效果，如图 2-127b 所示是按图 2-126 设置的倒圆效果。

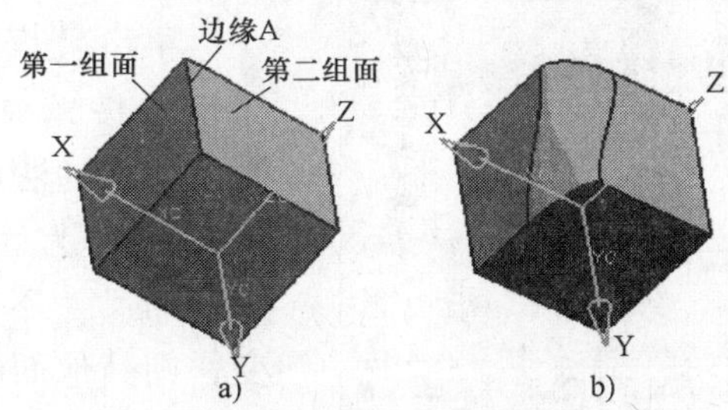


图 2-127 面倒圆

a）选择面倒圆对象 b）面倒圆效果

（3）软倒圆 单击【特征】工具条中的【软倒圆】按钮，弹出【软倒圆】对话框；单击第一组面，如图 2-128a 所示，并按鼠标中键确定；单击第二组面，并单击鼠标中键确定；单击第一组相切曲线，并按鼠标中键确定，单击第二组相切曲线；然后单击【定义脊线】按钮，再单击如图 2-128a 所示的“边缘曲线 A”，最后单击【应用】或【确定】按钮，即可得到如图 2-128b 所示的效果。

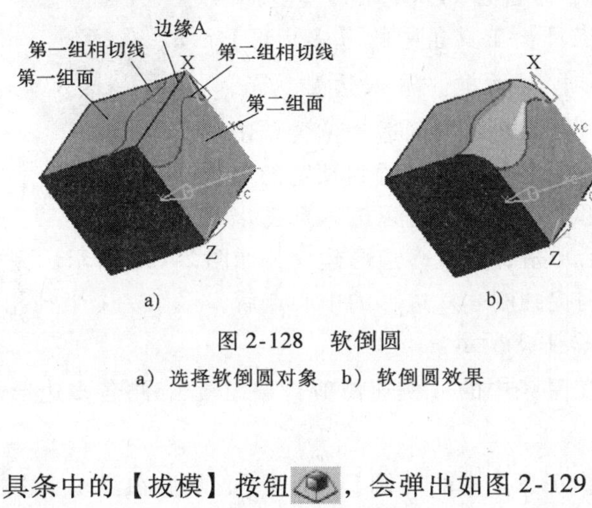


图 2-128 软倒圆

a）选择软倒圆对象 b）软倒圆效果

**3. 拔模**

单击【特征】工具条中的【拔模】按钮，会弹出如图 2-129 所示【拔模】对话框。

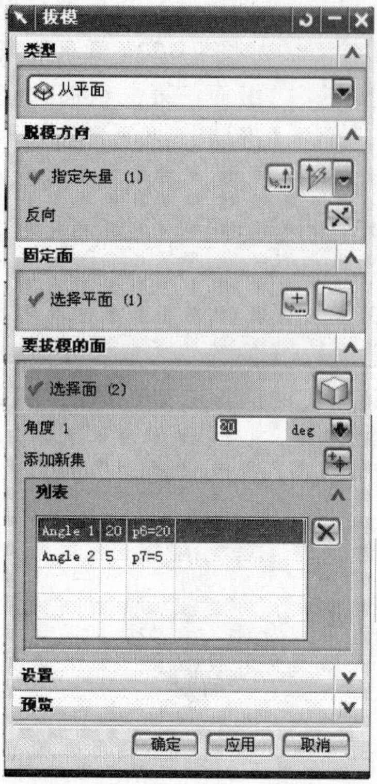


图 2-129 【拔模】对话框

“拔模”命令的作用是将某些面做出拔模斜度，操作过程如下：

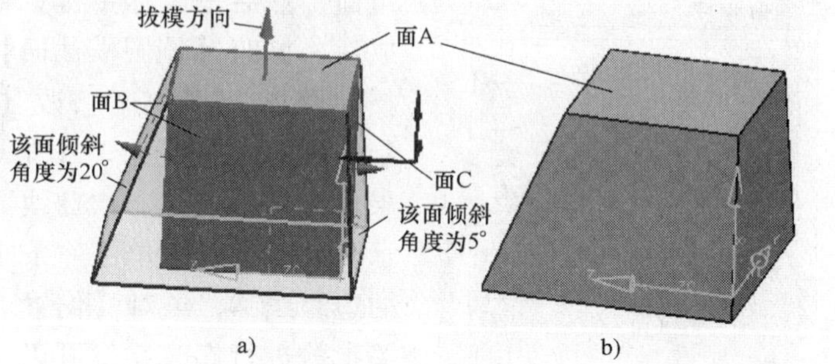


图 2-130 拔模操作

单击【拔模】按钮后，弹出【拔模】对话框；先指定拔模矢量方向，如单击图 2-130a 所示的面 A，则以此面的法向作为拔模方向；按鼠标中键确定后，选择面 A 作为固定面（所谓固定面，就是在作拔模时，该面的尺寸不变化，因为要做出倾斜度，面 A 尺寸不变，则其他面的尺寸会发生变化）；按鼠标中键确定后，选中要倾斜的面；一般每选择一个要倾斜的面后，就给出倾斜的角度值，如图 2-129 所示对话框中【角度 1】所示。然后，先单击图 2-130a 所示的面 B，将【角度 1】的值修改为 20°，再单击【添加新集】按钮，之后再选中面 C，并将【角度 1】的值修改为 5°，最后单击【确定】按钮完成操作。结果如图 2-130b 所示。

**注意：UG 中在多种命令中都添加了【添加新集】按钮，这使得 UG 可以同时做出多个不同的参数特征，如使用上面的“添加新集”功能，就可以同时制作不同拔模角的倾斜面。**

**实例 2-15　套筒扳手中的套筒头制作**

套筒扳手的套筒头效果如图 2-131 所示。

图 2-131 套筒头效果

启动 UG，新建文件，命名为 TTBST. prt，进入草图环境中。单击【草图工具】工具条中的【多边形】按钮，弹出【多边形】对话框。输入边数为 6，半径 20，旋转角度为 0；然后在绘图区适当位置单击或捕捉某点作为多边形的中心点，可以看到预览的多边形。拖动鼠标，多边形大小变化，可以输入数据以确定多边形大小，合适后单击，完成多边形建立，如图 2-132 所示。完成第一个六边形创建后，对话框没有消失，捕捉到刚才六边形的中心点后，再作一个半径相同，【旋转角】值为 30°的六边形，结果如图 2-133 所示。

单击【草图工具】工具条中的【快速修剪】按钮，将各多边形的边进行修剪，得到如图 2-134 所示的草图。

再单击【草图工具】工具条中的【圆】按钮，然后在浮动文本框中输入 XC、YC 均

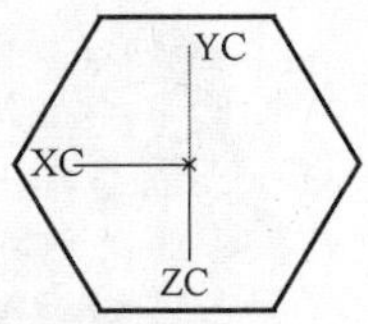


图2-132　作出正六边形

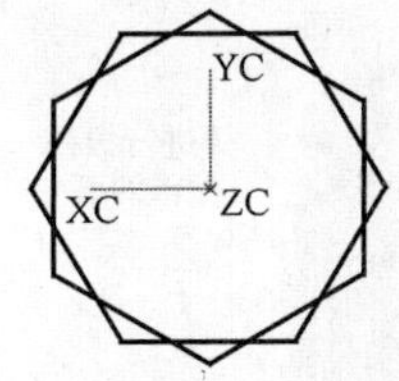


图2-133　旋转复制六边形后的效果

为0，每输入一次按一次〈Enter〉键。之后输入直径为60，按鼠标中键，得到如图2-135所示的草图（最好是将圆心约束在坐标原点）。单击【完成草图】按钮退出草图环境。

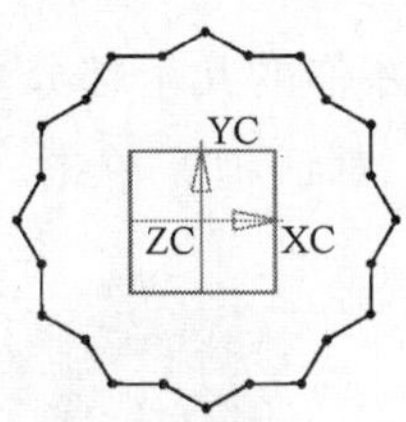


图2-134　修剪后的效果

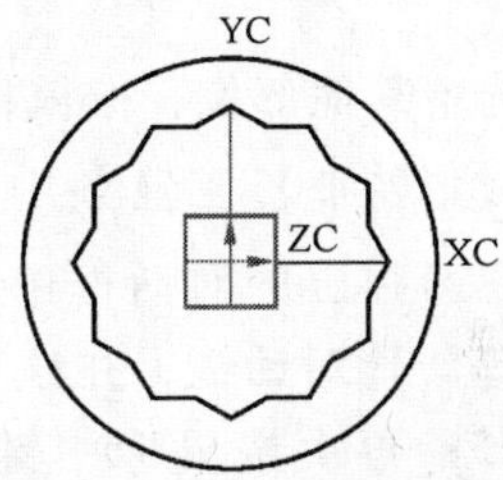


图2-135　完成的草图

单击【特征】工具条中的【拉伸】命令，弹出【拉伸】对话框，用鼠标框选图2-135所示的草图。然后在【拉伸】对话框中设置拉伸长度为30，单击【确定】按钮，完成拉伸，得到如图2-136所示的效果。

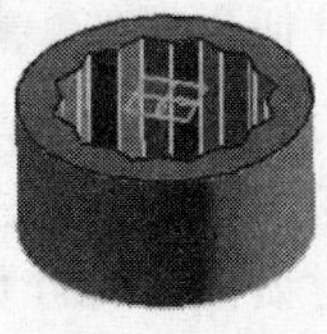

图2-136　拉伸效果

再单击【拉伸】命令，弹出【拉伸】对话框，用鼠标单击如图2-136所示的基准面，系统自动进入到草图环境中；单击【草图曲线】中的【矩形】按钮，然后在浮动文本框中输入XC为-10，并按〈Enter〉键；YC为10，并按〈Enter〉键，然后在【宽度】文本框中输入20后按〈Enter〉键，在【高度】文本框中也输入20并按〈Enter〉键，单击完成一个矩形的制作。

再单击【草图工具】工具条中的【圆】按钮，在浮动文本框中输入XC、YC均为0，每输入一次按一次〈Enter〉键；然后输入直径为60，按〈Enter〉键后，得到一个圆，这样就完成了草图的建立。退出草图，又回到了【拉伸】对话框中，将【结束】值设为20，单击【确定】按钮，完成拉伸，得到如图2-137a所示的效果。

单击【特征】工具条中的【拔模角】按钮，弹出【拔模】对话框，先单击图2-137a所示圆柱体的顶面，出现朝上的箭头以确定拔模方向，然后单击图2-137a所示的新拉伸体底部，再单击图中要拔模的面，也就是刚才作的拉伸体的侧面。然后在【拔模】对话框中的【角度1】的右侧输入拔模角度为20°，再单击对话框中的【确定】按钮，完成拔模操作，结果如图2-137b所示的效果。

再单击【拉伸】按钮，弹出【拉伸】对话框，将【曲线规则】选项修改为“面的边”，然后选中图2-137a中的顶面。将拉伸长度设置为15mm，然后按鼠标中键，完成拉伸，如图2-138所示。

现在，单击【特征】工具条中的【求和】按钮，先单击图2-138所示物体中的一个

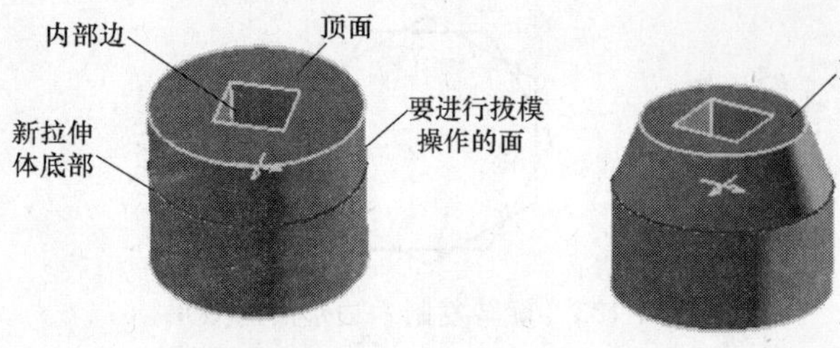


a) b)

图 2-137 拉伸与拔模后的效果

a）未拔模前的角度 b）进行拔模操作后的效果

图 2-138 再次拉伸的效果

部位，然后选中其他部位，按鼠标中键后，完成求和操作，使刚才作的几个部分变成整体。

单击【成形特征】工具条中的【球】按钮，弹出【球】对话框，单击【直径、圆心】按钮，在新弹出的对话框中输入直径为5；按鼠标中键后，弹出【点构造器】对话框，在该对话框中输入 XC 为 10，YC 为 0，ZC 为 -25；再次按鼠标中键，弹出【布尔操作】对话框，单击【求差】按钮，完成一个半球孔的制作，结果如图 2-139 所示。

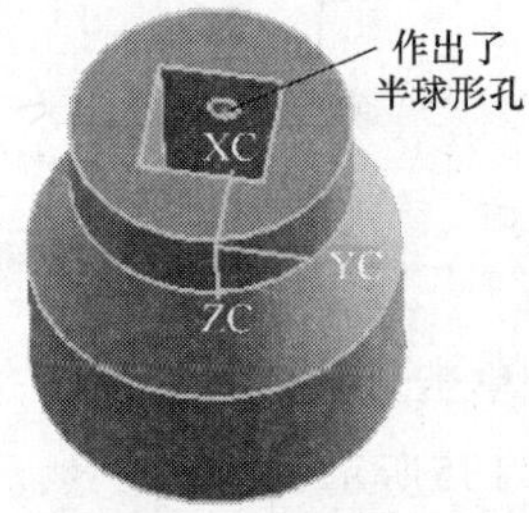


图 2-139 作出半球形孔

然后单击【插入】→【关联复制】→【实例】命令或单击【实例特征】按钮，弹出【实例】对话框，单击其中的【圆周阵列】按钮，弹出下一个【实例】对话框，单击其中的【Sphere】按钮，或直接单击刚才作的半球形孔，再单击【确定】按钮后，又弹出一个新对话框，将该对话框中的【数字】值设置为4，表示要阵列4个孔，将【角度】值设置为90°，然后按鼠标中键，又弹出一个对话框，单击其中的【点和方向】按钮，弹出【矢量构造器】对话框，单击其中的 ZC 确定阵列的轴的方向后，又弹出【点构造器】对话框，将 XC、YC、ZC 均设置为0，来确定阵列轴的位置，按鼠标中键，弹出【引用创建】对话框，单击【是】按钮，完成阵列操作，得到4个半球孔。

再单击【特征】工具条中的【倒角】按钮，弹出【倒斜角】对话框，将【偏置】值设置为2，单击图 2-139 中的最上与最下两条圆边，按鼠标中键，完成倒角操作。

然后单击【实用工具】工具条中的【移动至图层】按钮，在弹出浮动工具条后，单击浮动工具条中的【类选择】按钮，弹出【类选择】对话框，单击【类型】按钮，弹出【根据类型选择】对话框，按住〈Ctrl〉键不放单击【实体】选项；松开〈Ctrl〉键，然后按鼠标中键，又回到【类选择】对话框中，框选所有工作区中内容，然后按鼠标中键，弹出【图层移动】对话框，在【目标图层或类别】处输入要移动到的标准层号，表示要将刚才选中的内容移动到标准层，按鼠标中键，完成移动操作。隐藏标准层相关对象后结果如图 2-131 所示。

**4. 文字功能**

UG 的文字功能十分强大，单击【曲线】工具条中的【文本】按钮，会弹出【文本】对话框，如图 2-140 所示。

在该对话框中，【类型】区域用于定义 UG 文本的类型，有“平面的”、“在曲线上”，“在曲面上”三种，但不管用哪种类型，其操作方法类似。现在以“平面的”文字类型进行

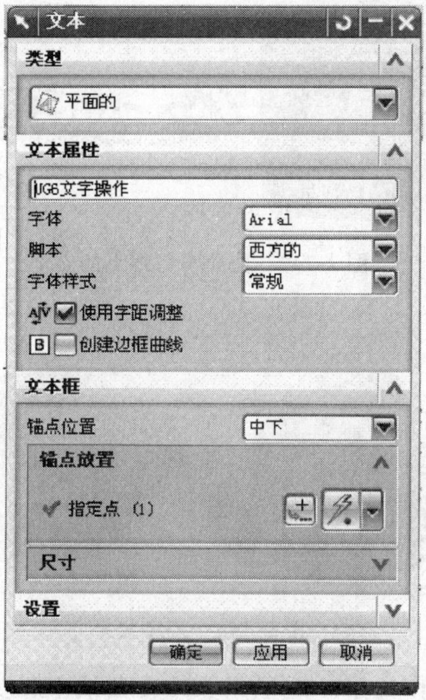


图 2-140　【文本】对话框

解释。

在【文本属性】文本框中输入要显示的文字，如图 2-140 中输入的是“UG 文字操作”，然后可以根据需要修改字体、脚本、字体样式等。修改完成后，移动鼠标到适当位置单击，就可以在该点处显示文字，如图 2-141 所示。

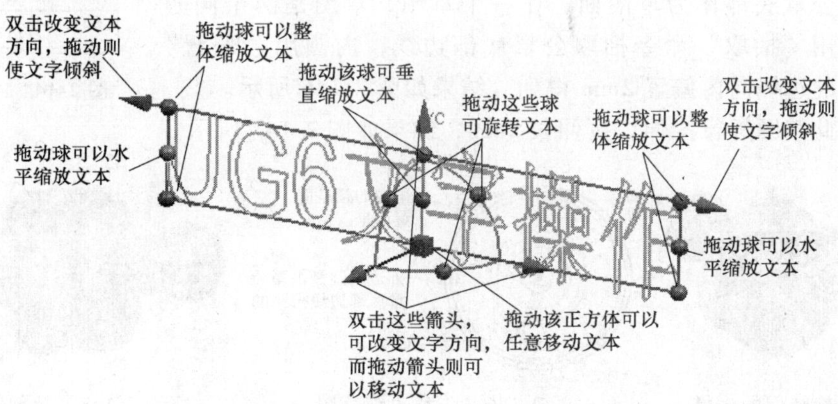


图 2-141　文字操作

类似地，可以将文字作在曲面上或曲线上，如图 2-142 所示就是在曲面上的文字与在曲线上的文字。

为了熟悉文本功能的实际应用，下面结合实例予以说明。

**实例 2-16　公章制作**

公章制作后的效果如图 2-143 所示。

分析：公章的制作主要是对文字功能的操作。在 UGNX7.5 中，不但可以在平面上作文

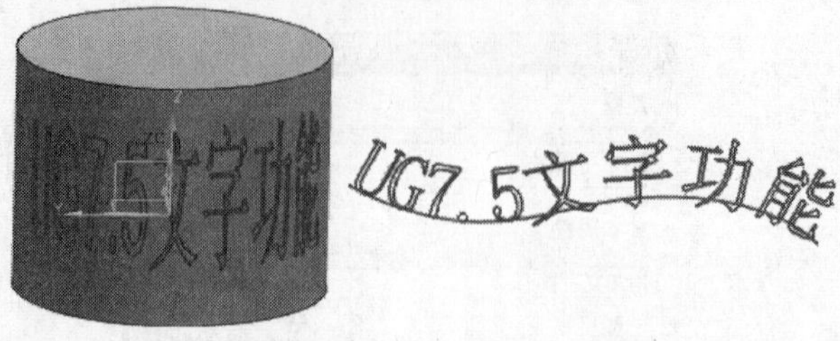


图 2-142　曲面与曲线上的文本

图 2-143　公章效果

字，也可以在曲线或曲面上作文字。这里只介绍在曲线上作文字，在平面上作比较简单，在下一章中会遇到在平面上作文字的实例。

（1）制作公章主体　新建一个名为 gz. prt 的文件，然后进入到草图环境中，作如图 2-144 所示的草图。

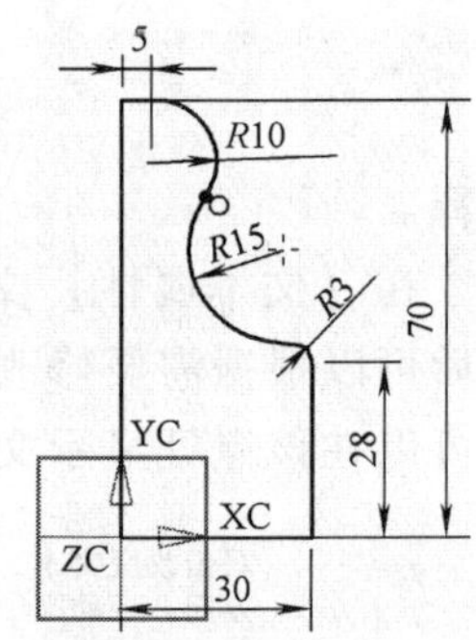


图 2-144　公章草图

将上面的草图使用【特征】工具条中的“旋转”命令绕 YC 轴旋转 360°，即可得到公章的主体形状，如图 2-145 所示。

现在以公章底部作为草图面，作一个草图，草图是两个同心圆。外圆使用“抽取”命令抽取公章底部边线，内圆用“偏置”命令将抽取的边线向内偏置 2mm 得到，结果如图 2-146 所示。

然后以此草图进行拉伸，拉伸长 2mm，结果如图 2-147 所示。

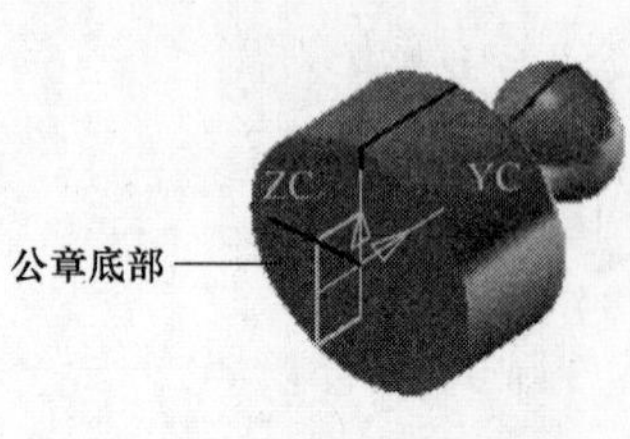


图 2-145　旋转后的效果

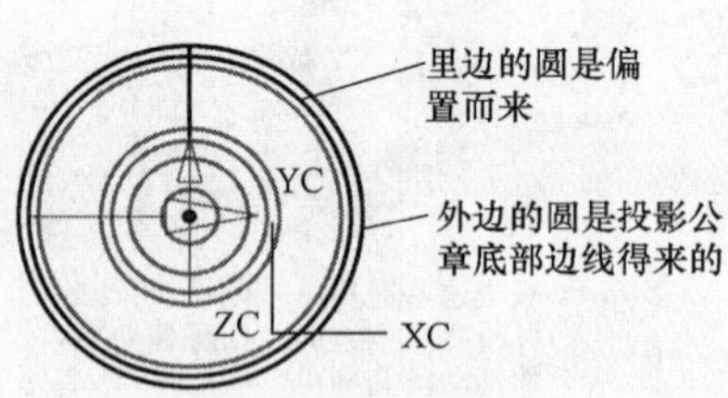


图 2-146　公章边缘草图

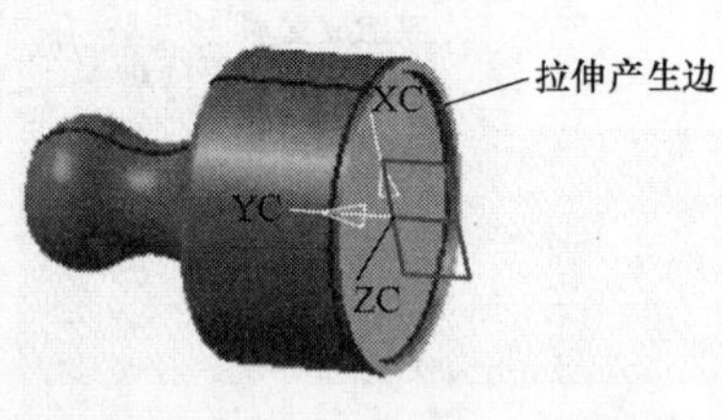


图 2-147　拉伸产生边缘

（2）制作公章中间的五角星图案　现在以公章底部为草图平面，作如图 2-148 所示的草图。将此草图拉伸后得到公章中的五角星图案。

（3）制作公章中的文字　为了作出公章用的文字，可以先作一条圆弧，然后以此曲线为参考作曲线上的文字，再进行文字调整，得到合适大小的文字。具体操作过程如下：

以公章底部为草图平面作一个半圆弧草图，完成草图后将参考平面移动到标准层，并设置为不可见，结果如图 2-149 所示。

然后在工作区中右击，单击弹出的快捷菜单中的【定向视图】→【前视图】命令，结果

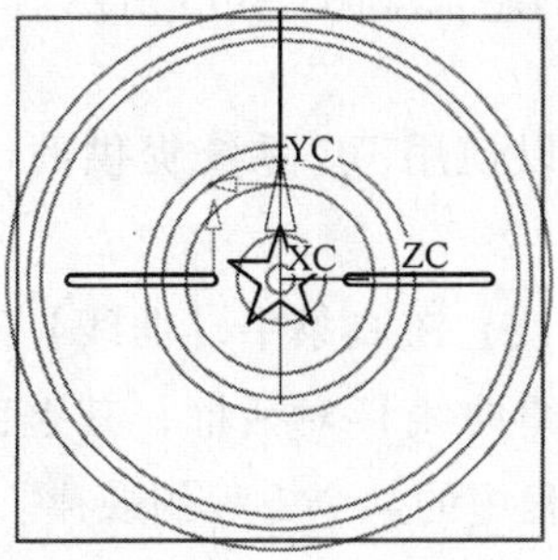


图 2-148 作出公章图案草图

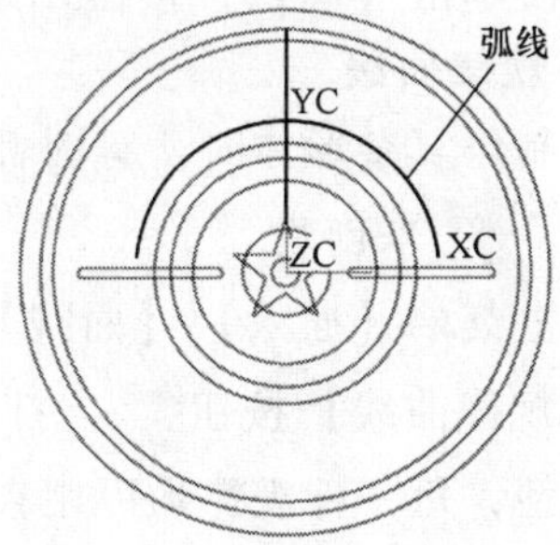


图 2-149 作出半圆形参考线

显示内容如图 2-149 所示。

单击【曲线】工具条中的【文本】按钮，弹出【文本】对话框，如图 2-140 所示。

将【文本】对话框中的【类型】选项设为“在曲线上”，并在下面的文本框中输入公章中的文字“天河学院机电工程系”，字体使用楷体，然后单击图 2-149 中的半圆弧曲线的左端（注：单击左端的文字起始位置将不同），再按鼠标中键，文字的编辑效果如图 2-150 所示。通过双击图 2-150 中的箭头，来改变文字的方向，最终结果可参考图 2-151 中的反向文字。

将文字大小、方位等调整好后，就可以按鼠标中键，完成文字的建立。然后使用【特征】工具条中的【拉伸】命令对文字进行拉伸，拉伸长为 2mm，结果如图 2-151 所示。

以同样方法作出公章下方的“机械设计专业”文字，并进行拉伸，然后将不要的内容移到某标准层，结果如图 2-152 所示。

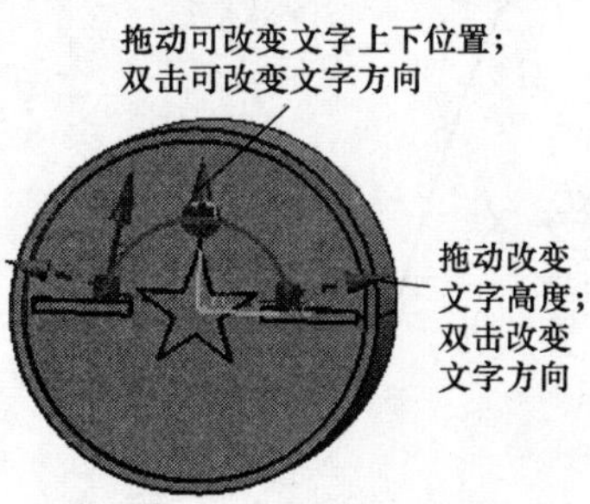


图 2-150 文字编辑效果

图 2-151 完成拉伸的文字

图 2-152 完成文字操作

（4）作出盖章的效果 单击【曲面】工具条中的【偏置曲面】按钮，将弹出【偏置曲面】对话框，将【距离】值设置为 50，然后选中所有公章最右端表面上的面，包括文字与图案等的表面，然后按鼠标中键，完成面的抽取（即表面复制）。结果如图 2-153 所示。

使用【格式】→【移动至层】命令，将公章表面上抽取的面移动至标准层，然后单击【编辑】→【对象显示】命令，将弹出对象显示浮动工具条，将类型选择为“面”，然后选中如图 2-153 所示公章最外侧表面及刚才复制的面，按鼠标中键后，将弹出【编辑对象显示】对话框，单击该对话框中的【颜色】右侧的按钮，将弹出【颜色】对话框，选中红

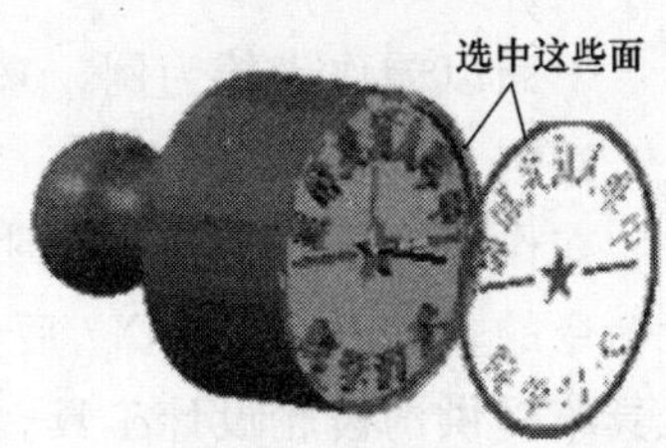


图 2-153 复制后的表面

色，然后单击【确定】按钮，完成文字颜色的修改。最后的结果如图 2-143 所示。

**5. 规律曲线**

在制作复杂形体时，有时需要精确的曲线，此时，可以使用 UG 系统提供的“规律曲线”命令来创建。

单击菜单【插入】→【曲线】→【规律曲线】或单击【曲线】工具条中【曲线】下拉菜单中的【规律曲线】按钮，打开如图 2-154a 所示的【规律曲线】对话框，其上面有 7 种规律类型，每一种规律均可用来定义 X、Y、Z 三个参数方程中的某个方程的规律。

如图 2-154 所示，【X 规律】、【Y 规律】及【Z 规律】三个区中的参数及定义方法是相同的。例如，要建立一条正弦函数曲线，因为正弦函数的 X 方程是直线增长的，因此，“X 规律”的【规律类型】选项设为“线性”，输入起点值 0，终点值 100，也就是将来的正弦函数在 X 轴上将从 0～100 均布；【Y 规律】的【规律类型】选项设为“根据方程”（系统自动使用表达式作为方程）；【Z 规律】的【规律类型】选项设为“恒定”，输入值 0，表示该函数在 Z 方向的值是不变的，最后直接按鼠标中键（表示函数曲线将从坐标原点起始），即可输出正弦函数曲线，如图 2-154b 所示。

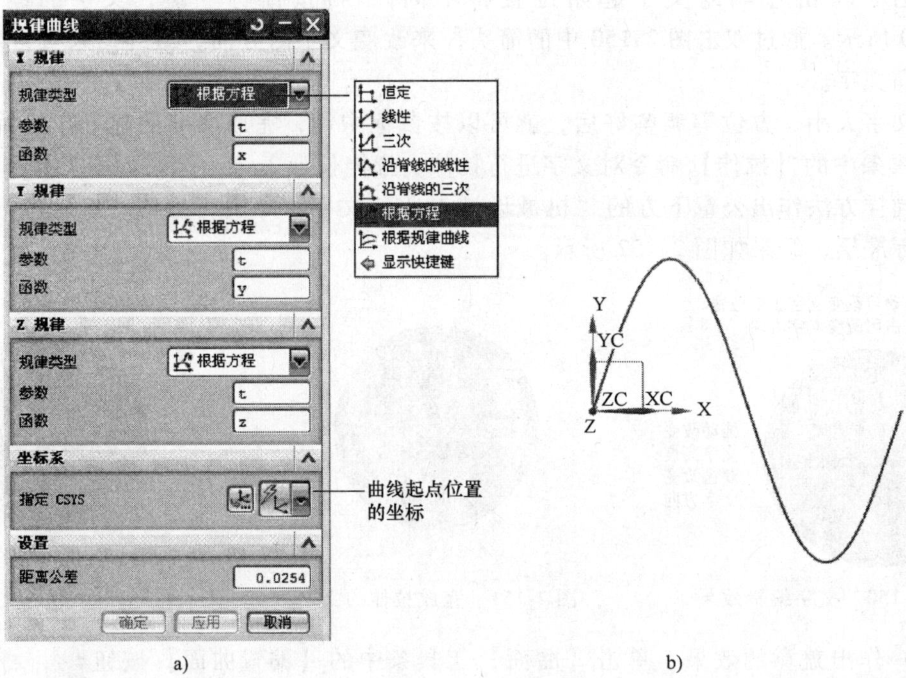


图 2-154　规律曲线

a）【规律曲线】对话框　b）正弦曲线

下面以制作齿轮为例，来说明规律曲线的使用。

**实例 2-17　齿轮制作**

在作此实例时，先要说明一个问题，在 UGNX6 及以前版本中，UG 是没有齿轮专用设计命令的，但到了 UGNX7 后，系统增加了【GC 工具箱】菜单，如图 2-155a 所示。利用该工具箱提供的齿轮设计工具，可以制作出各种齿轮，操作很方便：单击【GC 工具箱】→【齿轮建模】→【柱齿轮】，弹出【渐开线圆柱齿轮建模】对话框，选择要操作的项，单击【确定】按钮后，选择齿轮类型及加工方法，按鼠标中键后进入【渐开线圆柱齿轮参数】对话框中设置参数，完成后，弹出【矢量】对话框来确定齿轮轴的方向，选择方向后，单击确定，出现【点】对话框，用来确定齿轮轴心位置，最后按鼠标中键完成操作，就可以得到所建齿轮，如图 2-155b 所示是建立好的几种不同类型齿轮效果。

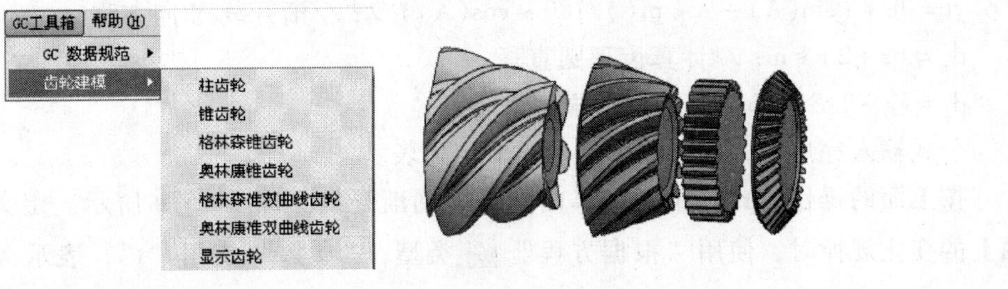


a)　　　　b)

图 2-155 “GC 工具箱”建立齿轮

a）菜单命令　b）建立齿轮的效果

但在本实例中，则使用“规律曲线”的方法，通过传统模式来建立齿轮模型，目的是让读者能掌握复杂的建模技术，掌握 UG 参数化建模操作。操作步骤如下：

首先，新建一个文件。进入建模环境后，单击【工具】→【表达式】，弹出【表达式】对话框如图 2-156 所示。

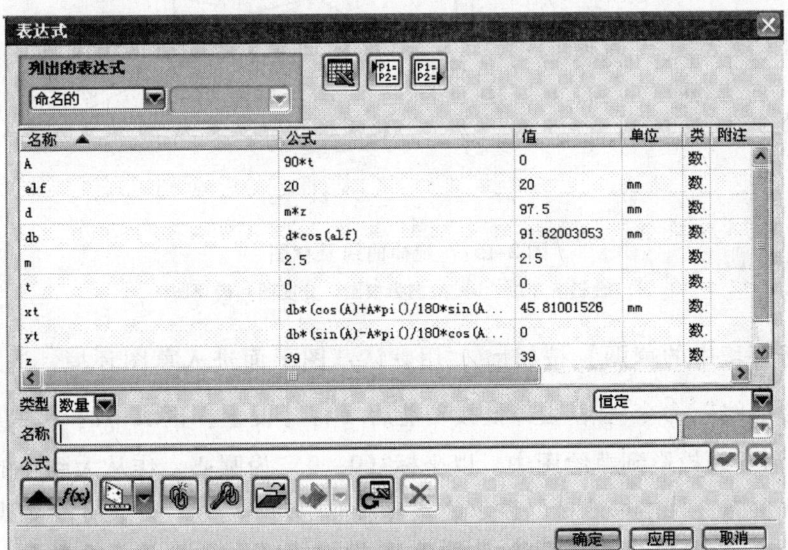


图 2-156 【表达式】对话框

在对话框的【名称】文本框中输入变量名称，然后在【公式】文本框中输入相关公式。

t = 0;//参数方程的自变量，在 UG 中系统自动将该参数的值由 0 增长变化到 1。也可用其他变量名替代。

A = 90 * t;　//由于前面定义的 t 是在 0 ~ 1 之间变化，因此，A 将在 0 ~ 90 之间变化。

m = 2.5;//准备作一个模数为 2.5 的齿轮

z = 39;//齿轮齿数 39

alf = 20；//压力角为 20°

d = m * z;//分度圆直径

db = d * cos(alf);//基圆直径，作渐开线用

xt = db * (cos(A) + A * pi()/180 * sin(A))/2；//渐开线 X 向方程

yt = db * (sin(A) − A * pi()/180 * cos(A))/2；//渐开线 Y 向方程

$d_a = (z+2) * m$；//计算齿顶圆直径

$d_f = (z-2.5) * m$；//计算齿根圆直径

公式输入完成后，效果如图 2-156 所示列表。

按上面的操作方式，作出规律曲线，得到渐开线如图 2-157a 所示。定义规律曲线在 $x$ 轴上的变化规律时，使用“根据方程”类型，“参数”使用“t”，表示 X 规律用 t 作自变量，而“函数”使用“xt”，这是定义因变量的名称，也就是在刚才输入的公式中的 xt 变量；同样地定义 Y 轴上的变化规律；Z 轴上的变化规律用“恒定”，其值为 0。单击鼠标中键完成操作，结果如图 2-157a 所示。

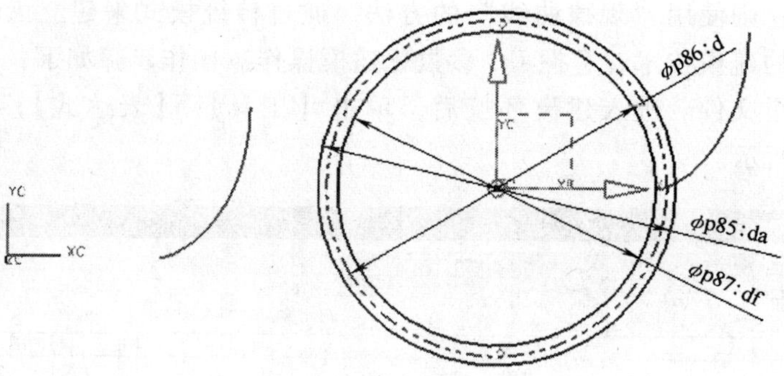


a)　　b)

图 2-157　规律曲线及草图

a）绘制渐开线　b）绘制齿根圆、分度圆和齿顶圆

单击【任务环境中的草图】按钮，用默认草图平面进入草图环境，进入草绘模式，然后使用“投影曲线”命令，去掉链接功能后（将【设置】区域中的【关联】复选框的勾选去掉），将渐开线投影到草绘图中。以坐标（0，0）为圆心，作从大到小的齿顶圆、分度圆及齿根圆 3 个圆，具体尺寸可以抄录公式对话框中的 da、d、df 这 3 个数据，方法是给三个圆作尺寸约束，在尺寸栏中分别输入前面公式中的 da、d、df 这 3 个数据。然后将分度圆转换成参考曲线（用草图操作工具栏中的按钮），结果如图 2-157b 所示。

将原来的渐开线进行修剪，并作一条通过坐标原点与渐开线和分度圆的交点的直线，并以此直线为镜像线，作修剪后的渐开线的镜像，得到如图 2-158 所示的效果。

镜像后得到两段线是作为齿轮轮廓的曲线。使用“阵列曲线”命令，在弹出【阵列曲线】对话框后，将【布局】选项设置为“圆形”，【数量】值设置为 2，【节面角】值设置为 180/$z$，将图 2-158 所示的曲线 B，以分度圆圆心作为旋转中心进行旋转阵列，得到如图 2-159 所示的效果。

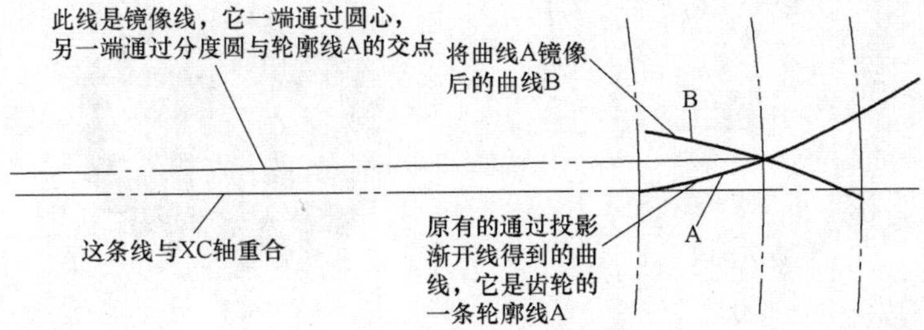


图 2-158　镜像后有两段线

**注意：这里用到了 UG 以前版本中的一个重要命令“变换”命令，在 UG 中，这个命令被“移动对象”及“实例几何体”所替代，但该命令功能强大，在作草图时常用，如上面的“绕点旋转”就是其他命令无法替代的，期待 UG 的后续版本对此功能有更好的改进！**

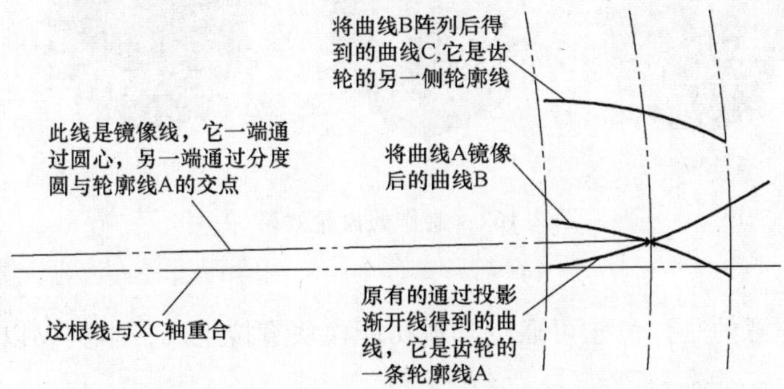


图 2-159　旋转复制后得到了新的曲线

使用草图曲线中的“圆弧”命令，在作为齿轮轮廓的两条曲线的左端点处作一段圆弧过渡，并通过图 2-160 所示的形式进行镜像得到另一段圆弧，并用修剪命令修剪曲线，同时将不用的曲线转换为参考线，结果如图 2-160 所示。

经过上述操作后，先使用草图操作工具栏中的按钮将齿根圆修改为“当前的”曲线，并使用“阵列曲线”命令，以修剪过的齿轮轮廓作为旋转对象（即图 2-160 中的所有实线），以渐开线圆心作为旋转中心，旋转角度为 $\beta=360/z$（这里 $z=39$），进行旋转阵列。然后对多余的线进行修剪，得到如图 2-161a 所示的效果，这是完成的草图效果。（变换命令的操作参见前面的介绍）

然后使用【特征】工具条中的“拉伸”命令，对草图进行拉伸，拉伸长度为 15，即得到齿轮。其效果如图 2-161b 所示。

最后，给齿轮增加凸台、打孔、倒圆角、印字等特征，即可得到完整的齿轮效果，如图 2-162a 所示。

经过以上操作，完成了齿轮的制作。与此类似，读者可以制作斜齿轮、锥齿轮等，如图 2-162b、c 所示。按这种方法作出的齿轮

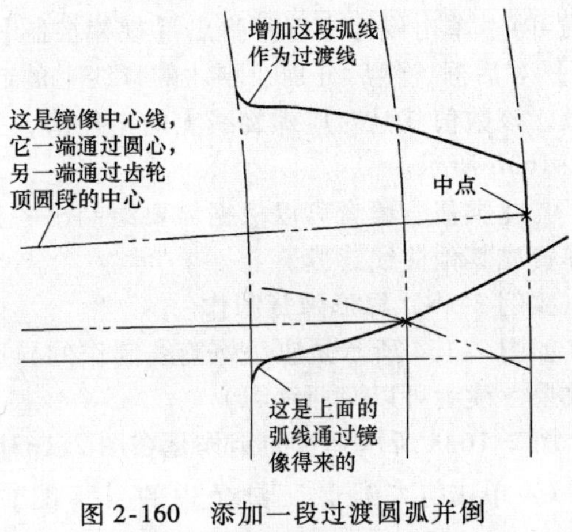


图 2-160　添加一段过渡圆弧并倒圆角后，形成齿轮轮廓的效果

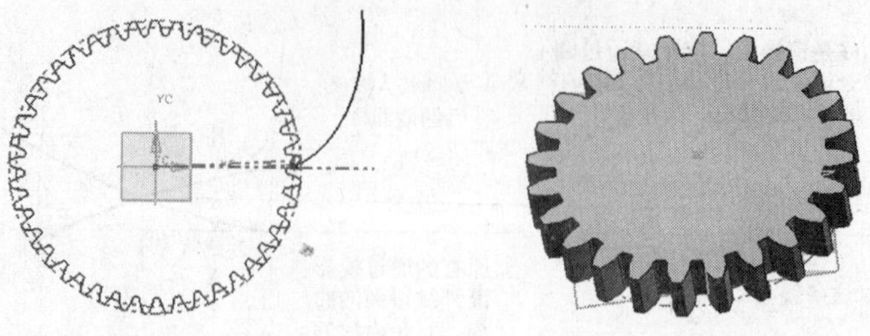

a)　　b)

图 2-161　草图效果及拉伸作出的齿轮效果

a）齿轮草图　b）齿轮拉伸效果

a)　　b)　　c)

图 2-162　制作的齿轮效果

是真正的渐开线齿轮。

需要引起读者注意的是，齿轮可通过其他功能模块直接生成，本例仅以此来介绍规律曲线的实际应用。

**6. 螺旋线**

在实例 2-17 通气塞的制作过程中，我们介绍了恒定半径的螺旋线的操作，下面介绍变半径螺旋线的绘制过程。

单击【特征】工具条中的【螺旋线】按钮，弹出【螺旋线】对话框，如图 2-163a 所示，在【圈数】文本框中输入螺旋线的圈数为 10，在【螺距】文本框中输入螺距为 15，然后单击【半径方法】区中的【使用规则曲线】单选按钮，就会弹出图 2-154a 所示的【规律函数】对话框，此时，可以参照规律曲线的操作方法，来输入螺旋线的变化的半径值，如单击【沿着脊线的值-线性】图标，会弹出新对话框，单击预先画好的脊线（任意曲线均可），单击鼠标中键，弹出【规律控制】对话框，单击其中的【点构造器】按钮，弹出【点】对话框，然后分别在刚才的脊线上的起点、中间点及末端点三处单击，并给出对应的数值，该数值就是对应螺旋线上的半径值，完成后，按鼠标中键，得到变半径的螺旋线。如图 2-163b 所示。

与此类似，读者可以根据需要绘制出各种不同形式的螺旋线，并可以使用螺旋线制作异形弹簧或其他曲线建模。

**实例 2-18　异形弹簧制作**

如图 2-164 所示是应用螺旋线制作的异形弹簧的效果。（本章练习中还有关于弹簧的特殊效果，读者可以对照练习）

图 2-164a 所示弹簧的制作是在图 2-163b 所示螺旋线的基础上制作的，操作过程如下：

1）单击【特征】工具条中的【草图】按钮，当弹出【创建草图】对话框时，将【类型】选项修改为“在轨迹上”，然后单击图 2-163b 所示螺旋线，将【创建草图】对话框

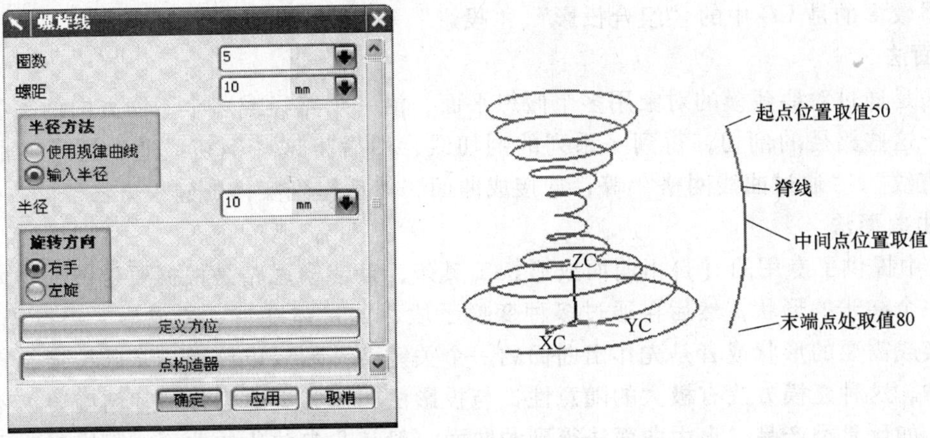


a)　　　　　　b)

图 2-163　螺旋线操作

a)【螺旋线】对话框　b) 变半径螺旋线实例

中的【%圆弧长】值修改为0，按鼠标中键进入草图中，在坐标原点作一个直径为 15 的圆，然后完成草图。

2) 单击【特征】工具条中的【沿导引线扫掠】按钮，先单击选中刚才作的草图圆，然后按鼠标中键，再选中图 2-163b 所示的螺旋线，再按鼠标中键完成操作，即可得到图 2-164a 所示弹簧效果。

a)　　　　b)　　　　c)

图 2-164　螺旋线应用

图 2-164b 所示效果可以使用【曲面】工具条中的“扫掠”命令来完成，而图 2-164c 所示效果则可以使用同轴的两条螺纹线，再使用曲面命令来完成，具体操作请读者思考。

## 2.3　曲面建模

### 2.3.1　曲面建模的特点

曲面建模是建模过程中难度最大的，有的曲面形状要求准确，精度要求高；有的曲面形状要求不特别精确，但可能形状复杂，则需要使用较好的方法对其建模。一般地，日常生活中的用品，大多精度要求不高，但形状可能是千差万别的，如玩具、生活器皿等；工业中的产品可能有较高的精度要求，其形体可能也是复杂的，这样就要求进行精确建模。曲面建模可以有多种方法，目前在 UG 中应用较多的有以下几种。

**1. 投影法**

投影法基本思想是找出曲面的两向或三向最大外轮廓的投影或曲面特征曲线，然后用这些投影合成曲线，再由线连接成面，由面组合成体。投影法需要多个视图方向的投影曲线，而这些投影曲线可以通过视图操作的方法得到，也可以使用规律曲线等方法获得，在实际操作中，用得较多的是 UG 中的“组合投影”、“投影”等命令。

**2. 截面法**

截面法是通过对要建模的对象用多个假想平面，沿一个路径或多个不同方向的路径作一系列垂直于这些路径的剖切，得到一系列的剖切线，然后将这些剖切线通过适当的曲面命令，如“直纹”、“通过曲线网格”等，连接成曲面，然后得到实体的建模方法。

**3. 自由曲面法**

在 UG 中提供了专用的【自由曲面成形】工具条，其建模思路是根据要建模的物体的特征，作出一个初步的形状，然后再通过多种变换手段，如片体变形、X 成形、极点光顺等，将曲面变换成需要的形状或者是先作出曲面的一个关键面，然后以该面为基础扩展，直到完成所有形体。这种建模方法有极大的随意性，与投影法相比，更适合作尺寸精度要求不高的艺术形体，如玩具类产品。自由曲面法得到的曲面一般是非参数化的曲面，而投影法得到的可以是参数化的曲面，因此，自由曲面法类似用橡皮泥制作产品的过程，将橡皮泥不断捏捻（相当对片体变换），逐渐形成最终形体。

除了自由曲面法，要作出曲面形体首先要作出线框模型，也就是线架，只有作出了线架，才能作出相应的形体。本节中列举了多个实例，将对截面法与投影法作重点介绍，逆向建模法及自由曲面建模法则只作少量讲解。另外，曲面命令中的编辑命令，会在各实例中用到，就不专门进行讲解了，请读者注意用到的曲面编辑命令及其使用方法。

**4. 逆向建模法**

所谓逆向建模，又称反求工程（Inverse Engineering）或反求设计（Inverse Design），它是以设计方法学为指导，以现代设计理论、方法、技术为基础，运用各种专业人员的工程设计经验、知识和创新思维，对已有新产品进行解剖、深化和再创造，是对已有设计的设计，这就是反求工程的含义，特别强调再创造是反求的灵魂。简单地说，体现在 UG 产品设计中就是从实物样件获取产品数学模型的技术。在 UG 中，使用云点进行逆向建模或使用模板进行逆向建模是两种常用的逆向建模方法。第一种方法：先用某种方法，如三坐标测量机读出已知物体的不同位置的点的三维坐标，然后将这些点输入到计算机中，再将这些点连成线、由线连成面或者使用 UG 中提供的云点命令直接由点变换成面，最终获得反映实物形状的建模。第二种方法：UG 软件本身有配套的逆向工程软件，单击【工具】→【Imageware 集成】，弹出【Imageware 集成】对话框，然后单击对话框中的【启动 Imageware】按钮就可以启动 Imageware 软件进行逆向建模，但 Imageware 软件需要事先安装，并在 UG 环境变量中设置 UGII_ IMAGEWARE_ EXEC 为安装 Imageware 软件路径才能启动，由于本书介绍的侧重点与此不同，因此不对这些内容作详细介绍，如果读者有兴趣可以参看相关教程。

## 2.3.2 “直纹”和“通过曲线组”命令及实例

**1.“直纹”和“通过曲线组”命令**

在 UG 中，“直纹”命令与“通过曲线组”命令的操作过程类似，因此，将这两个命令放在一起讨论。

“直纹”命令只需要使用两条曲线来制作曲面，操作过程非常简单：单击【直纹】按钮后，弹出【直纹】对话框，先单击其中的一组曲线，按鼠标中键后再选中另一条曲线，此时，如果有必要，可以对【直纹】对话框中的【对齐】方式进行修改，否则，直接按鼠标中键就可完成曲面的制作。

“通过曲线组”命令操作与此类似，不同的是它可以选择多条曲线来组成曲面，且每选中一条曲线需要按鼠标中键一次，当所有曲线选择完成后，也可修改各项参数：如“连续性”、“对齐”、“输出曲面选项”及“设置”等项目，修改完成后就可以得到相应的曲面了。【通过曲线组】对话框如图2-165所示。

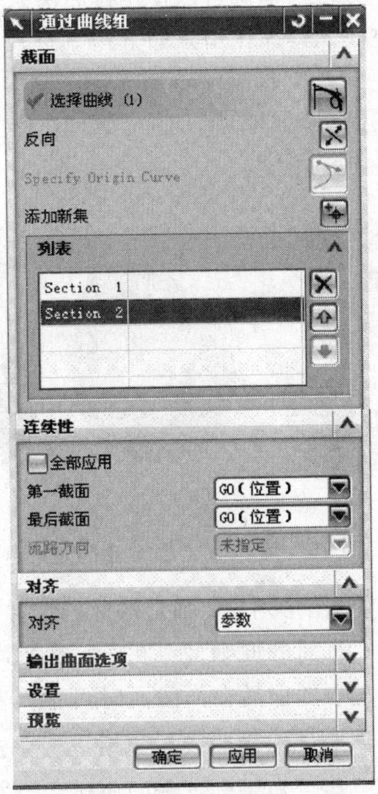


图2-165 【通过曲线组】对话框

其中，在该对话框中的【连续性】区域有G0、G1、G2几个连续性符号，表示曲面或曲线实际连续的程度，其数值越大，说明连续性越好。G0表示两个面相连，面与面间没有缝隙，但两个面不相切，即所谓的点连续或交连续；G1表示两个面相连且相切，连接的曲面光滑过渡，但曲率半径不同，称为相切连续；G2表示连接的两个面不但相切，且其曲率相同，称为曲率连续。还有G3、G4、G5等，不过曲面做到G2连续就不容易。实际产品中可能要求G2或更高的连续，但设计时有难度，要根据具体情况进行具体操作。

【对齐】区域则是用于定义各截面线上各对应点之间的对齐方式，可分为“参数”、“圆弧长”、“根据点”、“距离”、“角度”、“脊线”及“根据分段”几种情况，如图2-166a、b、c所示分别是“根据点”、“参数”和“角度”对齐方式，注意图中A处的不同。

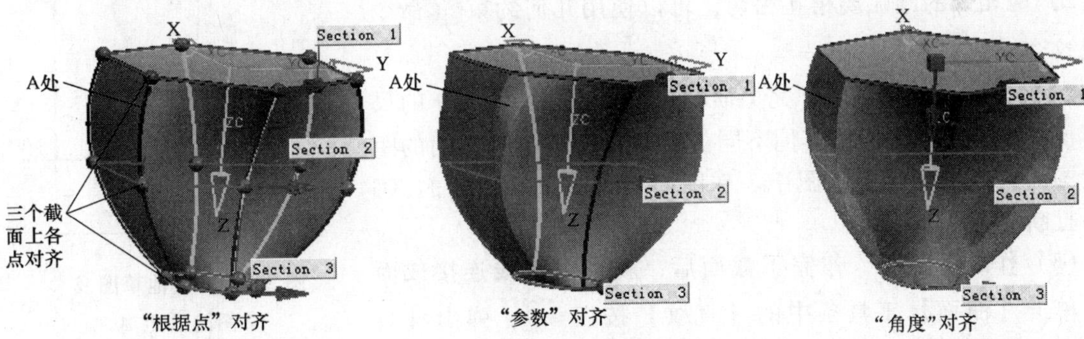


a) b) c)

图2-166 不同对齐方式的比较

需要注意的是，要修改对齐方式，需要先将【设置】区域中的【保留形状】复选框前面的勾号（√）去掉，否则，部分对齐方式将无法使用。另外，UG对“通过曲线组”命令进行了改进，允许第一截面线串与最后一个截面线串用点来代替，但这受到对齐方式的影响，如在使用“根据点”对齐方式时，就不能使用点作截面线串。

为了掌握该命令的灵活运用，下面以实例操作进行详细介绍。

**2. 实例操作**

**实例2-19 饮料罐制作**（截面法作图）

饮料罐的效果图如图2-167所示。

分析：本例可以使用截面法来制作，将饮料罐剖切成若干个截面，然后利用曲面命令完成建模。其操作步骤如下：

（1）制作罐嘴草图　首先制作罐嘴的草图，这是第一个截面形状，以 XC-YC 草图平面绘制如图 2-168 所示的草图。在作上面的草图时要注意：

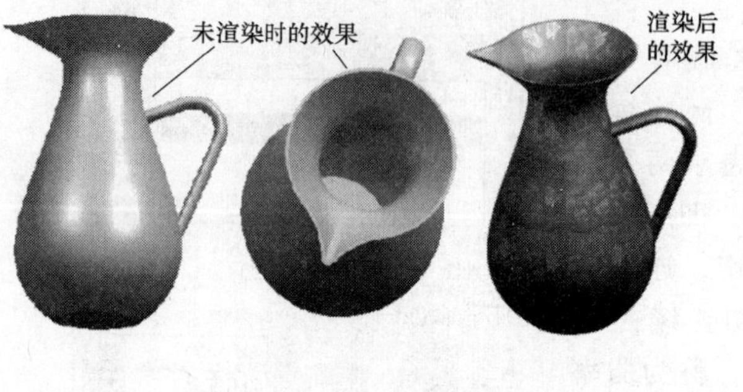


图 2-167　饮料罐的效果图

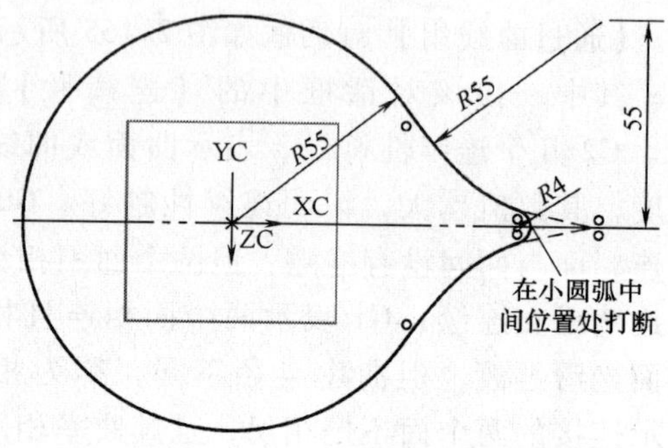


图 2-168　罐嘴的草图

1）图形对 XC 轴是对称的，并且要将 $R4$ 处的小圆弧从中间打断，这是为后面的作图准备的。打断的原则是：在 XC 或 YC 方向打断，且后面所有草图都要打断，且打断的方向应一致，否则以后在作曲面时可能产生扭曲。在 UG 草图环境中打断曲线时，可以双击该曲线，弹出【编辑曲线】对话框，单击【分割曲线】按钮，将【类型】选项修改为“等分段”后，单击要打断的曲线，会弹出【分割受约束的曲线】对话框，单击【确定】按钮后，再按鼠标中键完成打断操作。

2）两相邻的圆弧要相互相切，可以使用几何约束命令完成这个操作。

（2）制作其他草图　作完上面的草图后，按图 2-169 的尺寸作出其余 5 个草图，即其他不同位置的截面，各草图间的距离及圆的直径已经注明在图中。作图时注意按图 2-168 的 XC 方向打断草图。

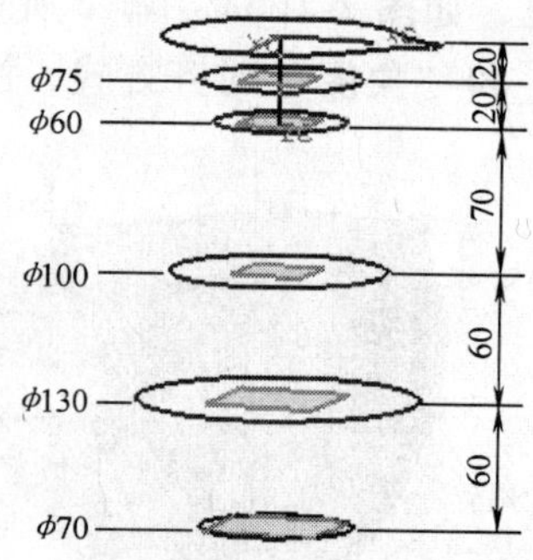


图 2-169　其他草图及草图间的距离

（3）作罐嘴曲面　作完了截面后，就可以将线连接成面了。单击【曲面】工具条中的【直纹】按钮，弹出【直纹】对话框，同时在【选择条】工具条中会增加【曲线规则】相切曲线栏，将该栏内容改为“相切曲线”，然后选择图 2-168 所示小圆弧 $R4$ 的打断处单击，按鼠标中键，然后在图 2-169 中的 $\phi75$ 的草图处单击，此时这两个草图都被选中，并有方向箭头出现，注意方向应相同，如图2-170 所示。选择曲线时要注意靠近打断点处选择，否则，可能效果不同。如果不能达到上述效果，可能是打断的方向不一致，应重新按正确的方向打断。

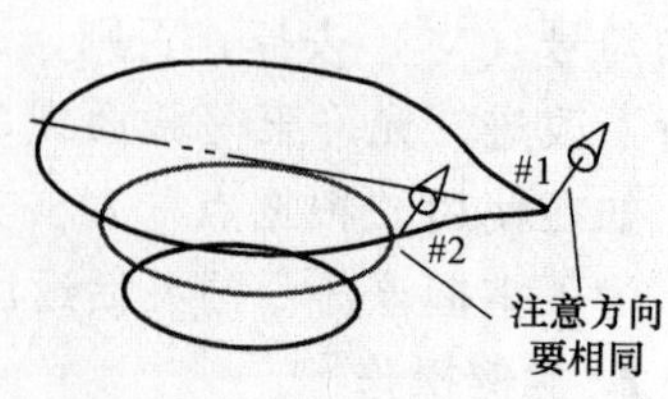


图 2-170　建立直纹曲面时选择曲线情况

当得到上面的效果后，将【直纹】对话框中【设置】区域的【保留形状】复选按钮前的勾去掉，单击【确定】按钮，完成罐嘴的制作。

**注意：读者可以将对齐方式改为其他方式，如【参数】、【根据点】、【距离】等情况进行实验，以理解其效果与作用。**

（4）制作罐身曲面

1）按上述类似的方法，使用【曲面】工具条中的“通过曲线组”命令来选择图 2-169中除罐嘴以外的其余 5 个圆，每选中一个就按鼠标中键确定一次，此时会在对话框中的列表框中增加一行显示，如图 2-171 所示。

全部选择完成后，将【设置】区域的【保留形状】复选框前的勾去掉，如图 2-171 中的第 1 步；将【对齐】选项修改为“圆弧长”，见图 2-171 中第 2 步；然后将对话框中【第一截面】处的连续性选项改变为 G1（不要选择 G2，否则会出现罐下部凸起），这样形成的曲面将与原曲面相切，过渡会很圆滑，如图 2-171 中的第 3 步；然后单击连续性下面的【选择面】图标，即图中的第 4 步，选中上面作出的直纹曲面的表面，如图 2-171 中的第 5 步，操作完成后，单击对话框中的【确定】按钮，完成曲面的建立。

**注意：如果在操作过程中不小心使选择的曲线的方向与上次选择的曲线方向不同，可以在上面的对话框中的【列表】内选中对应的剖面线，然后单击右侧的【删除】按钮删除后重新选择，并修改曲线间的先后位置关系（用和），或添加新的曲线对象（选中新曲线并按鼠标中键，会在对话框中增加一行，然后改变其位置关系即可）。**

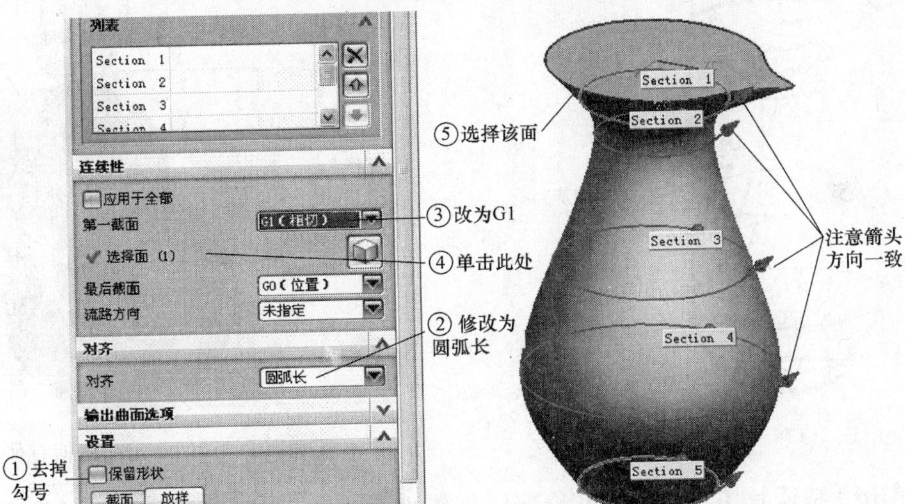


图 2-171　制作罐身曲面步骤

2）完成上面的曲面的制作后，使用【特征】工具条中的“求和”命令将上面的两个部分合并为一个整体。

3）单击【特征】工具条中的【抽壳】按钮，当弹出【抽壳】对话框后，单击选中图 2-171 所示罐嘴的上表面，然后将【厚度】值改为 2，单击【确定】按钮，完成抽壳操作，结果如图 2-172 所示。

（5）作罐柄

1）在完成上面操作后，选择 YC-ZC 面作为草图面，作如图 2-173 所示的草图（注意和图 2-172 中坐标系的比较）。

2）单击【草图】命令，当在工作区中出现【创建草图】对话框时，修改对话框中的

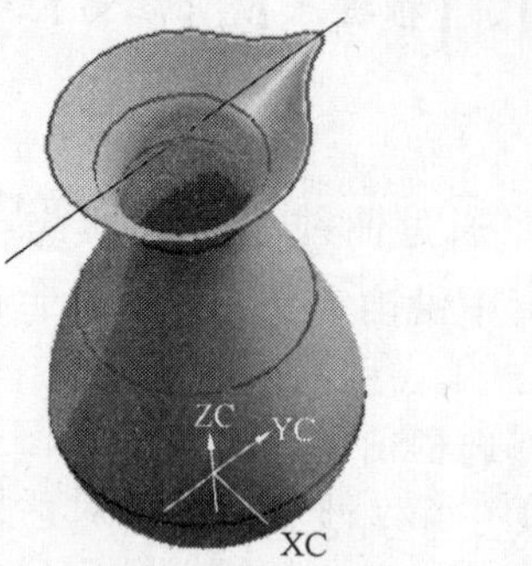


图 2-172　抽壳后的罐体

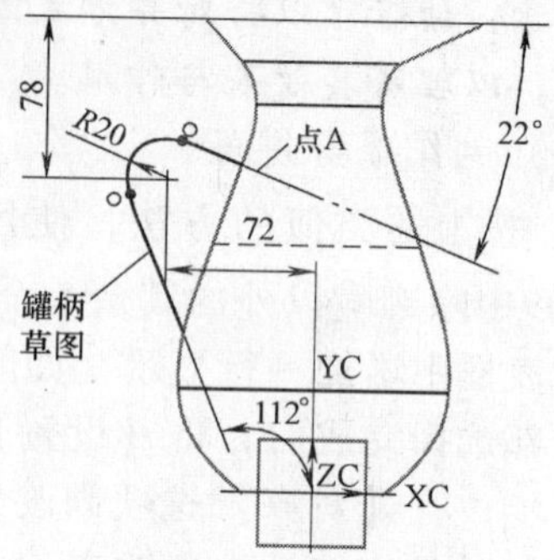


图 2-173　罐柄的草图

【类型】选项修改为“在曲线上”，然后选中图中的点 A，即罐柄的一个端点。按鼠标中键两次，进入到草图模式，然后通过捕捉端点命令捕捉到图 2-173 所示的点 A 作为椭圆的中心点作一个长半轴为 5、短半轴为 8 的椭圆作为草图，然后退出草图，结果如图 2-174 所示。

3）单击【特征】工具条中的【沿引导线扫描】按钮，然后单击图 2-174 中的椭圆，再单击图 2-173 中的罐柄草图，按鼠标中键两次，则完成罐柄的制作。但此时看到罐柄往罐内伸出一部分，如图 2-175 所示，这个多出的部分需删除。

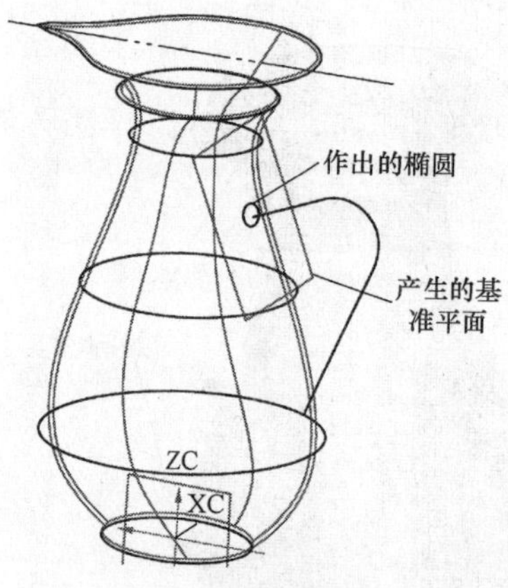


图 2-174　作椭圆草图

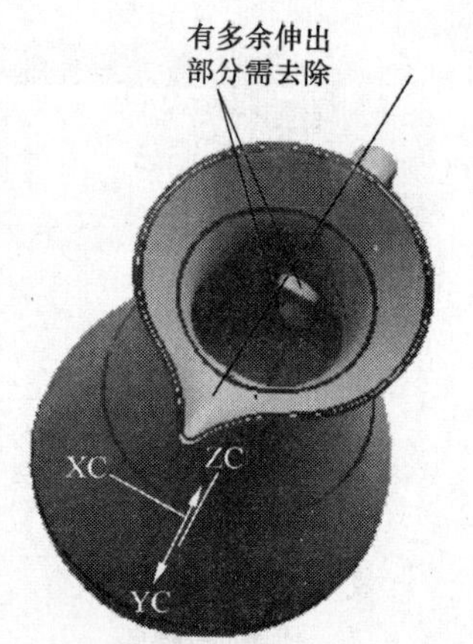


图 2-175　作出的罐柄有伸出部分

4）单击【特征】工具条中的【修剪体】按钮，弹出【修剪体】对话框后，单击罐柄，并按鼠标中键以便确定，此时弹出【选择条】工具条，将【选择条】工具条中【曲线规则】选项改为“相切面”，然后单击罐体的外表面，此时，可能会弹出如图 2-176 所示的警报框。

图 2-176　警报框

若弹出警报框，说明修剪体的方向错了，单击【确定】按钮，然后单击【修剪体】对话框中的【反向】按钮，再单击【确定】按钮，即可修剪多余的部分。

5）最后单击【特征】工具条中的【求和】按钮，将罐体与罐柄合并就可以了。

（6）后继处理　隐藏不必要的内容，然后进行赋材料处理。

单击【视图】→【可视化】→【高质量图片】，弹出【高质量图片】对话框及【形象化渲染】工具条，将【高质量图片】对话框中的方法选定为“真实照片”，然后单击【确定】

按钮，则高质量图片对话框消失。然后，单击右侧导航栏中的【系统材料】图标，弹出系统材料资源条，如图2-177所示。

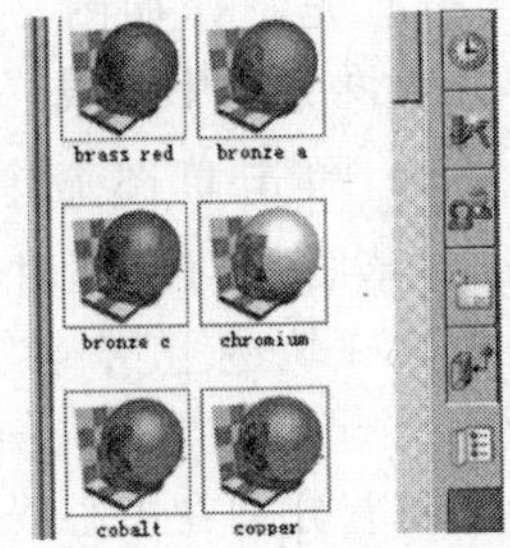


图2-177 系统材料资源条

选中brass cartridge（黄铜材质）球并将其拖至饮料罐上，这样就给其赋予了这种材料，如果做完这个操作后没有反应，则需要单击【形象化渲染】工具条中的【材料/纹理】按钮，此时在资源条中增加了一个【部件材料】图标，单击这个图标，看到其中有两个项目：none和brass cartridge，单击brass cartridge图标，此时在工作区中弹出【材料/纹理】浮动工具条，如图2-178所示。

单击【启动材料编辑器】图标，弹出【材料编辑器】对话框，如图2-179所示。

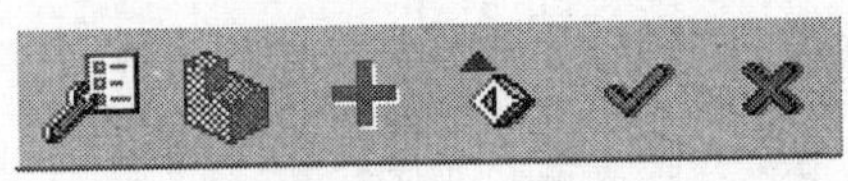

图2-178 【材料/纹理】浮动工具条

这个对话框中的内容较多，有【一般】、【凹凸】、【图样】、【透明度】及【纹理空间】共5个选项卡，每个选项卡中有多个项目，均是用来对材料实现不同效果的渲染方式，读者可以逐一修改，然后渲染自己的作品。

在【一般】选项卡中，将【类型】选项设为“环境”，这一项目是用来衬托材料反光效果的。

将【Diffuse】值设置为0.8~0.95，这样可以使加载的图片较清晰，其他为默认值。

在【图样】选项卡中，将【类型】选项设为“简单贴花”，然后单击【图像】按钮，在本地计算机中选择一幅合适的画，如在图2-179所示界面中预览到的图形。

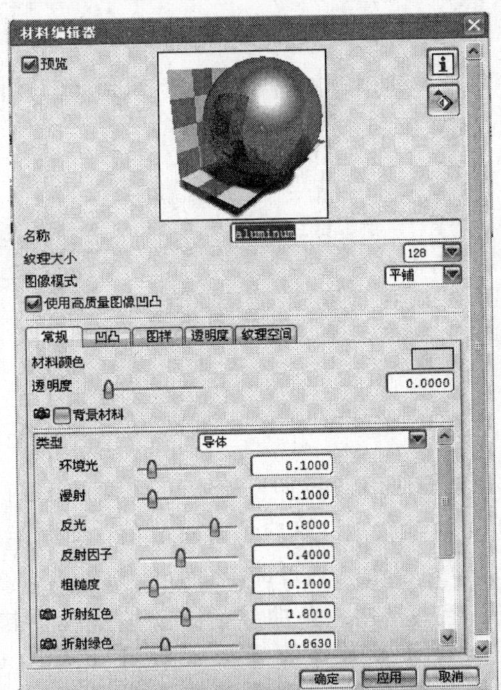


图2-179 【材料编辑器】对话框

在【纹理空间】选项卡中，【类型】选项设为“自动定义WCS轴”，并将【比例】值设置为50。

其余选项均使用默认值，确定后，单击【形象化渲染】工具条中的【开始渲染】按钮两次，系统开始渲染，保存图片后，渲染后的效果如图2-167右侧所示。注意，如果显卡不好，可能在渲染后效果很快就没有了，但这不要紧，可以单击【高质量图片】对话框中的【保存】命令，将渲染结果以图片格式保存在硬盘上，然后打开图片，就可以看到如图2-167所示的效果。

**实例2-20 简易喷淋头制作**（截面法作图）

如图2-180所示是一种常见的简易喷淋头。

分析：该实例形状较特殊，从不同位置进行剖切，可以得到该建模的截面图。可以看出其截面形状是由圆与椭圆组成的，且垂直于该建模的中心线，因此，可以使用截面法来完成喷淋头的建模。

操作步骤如下：

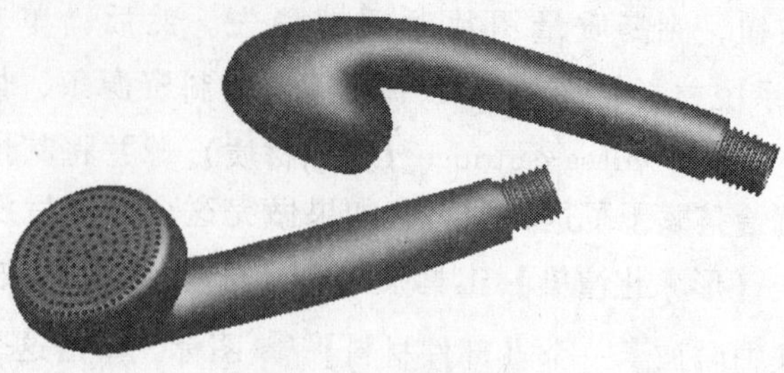

图 2-180　简易喷淋头

1）先制作如图 2-181a 所示的草图，作为喷淋头的中心线。

2）单击草图命令按钮，当弹出【创建草图】对话框时将【类型】选项修改为“在轨迹上”，然后分别从图 2-181b 所示的起点位置即【中心线 0% 处】开始，向右分别在中心线的40%处、85%与100%共作四个草图，分别是 $\phi24$ 的圆，长半轴、短半轴为 12 和 15 的椭圆，长半轴、短半轴为 13 和 18 的椭圆及直径为 $\phi60$ 的圆。注意，完成后将所有圆和椭圆都打断成 4 段，这样便于后面在作图时曲线起点相同。

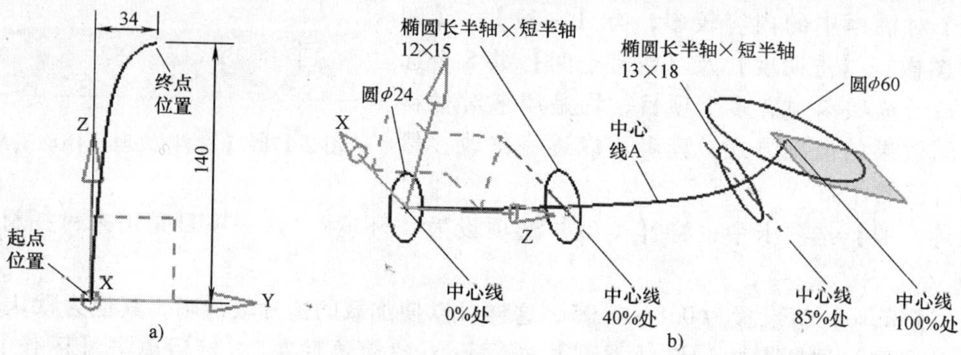


图 2-181　草图制作

a）中心线草图　b）截面草图

3）使用草图命令制作一个与图 2-181b 中 $\phi60$ 的圆半径相等但相距 20 的圆，结果如图 2-182a 所示。

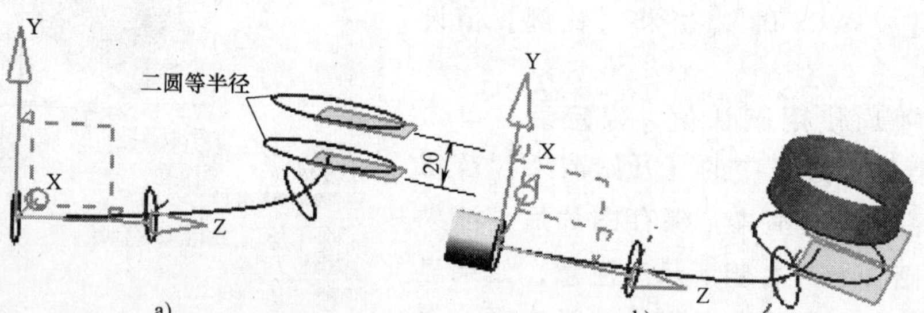


图 2-182　草图与曲面制作

4）使用“拉伸”命令，将两端的两个圆进行拉伸，长度不限，拉伸成曲面，结果如图 2-182b所示。这两个曲面是在后面制作曲面的连续性 G1 时使用的。

5）单击【通过曲线组】按钮命令，分别对图 2-182a 所示的曲线自左至右单击选中，且每选中一条曲线后，就按鼠标中键一次，完成后，将【通过曲线组】对话框中的【连续性】区域中的【第一截面】选项由 G0 修改为 G1，再单击图 2-182b 所示的拉伸曲面，然后再将【最后截面】选项由 G0 修改为 G1，再单击图 2-182b 所示的较大的拉伸曲面，最后按鼠标中键完成操作，结果如图 2-183a 所示。

6）将图 2-182b 所示的拉伸面移动到某标准层中，然后使用“抽壳”命令，选择图 2-183a 所示的【端平面】，抽壳厚度设置为 3，结果如图 2-183b 所示。

7）使用“拉伸”命令制作出手柄的尾部，如图 2-184a 所示。

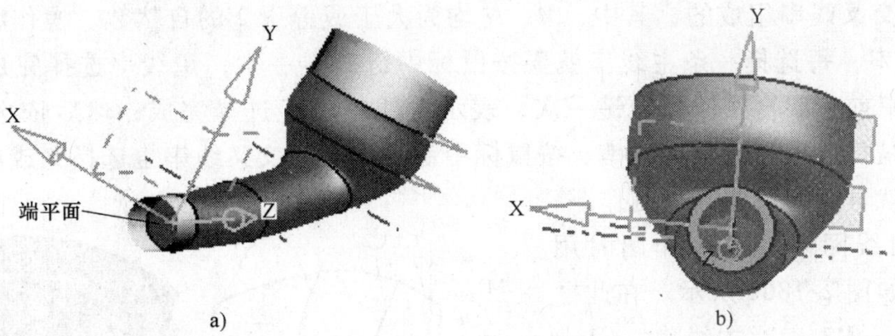


图 2-183　实体及抽壳
a）形成喷淋头实体　b）抽壳后效果

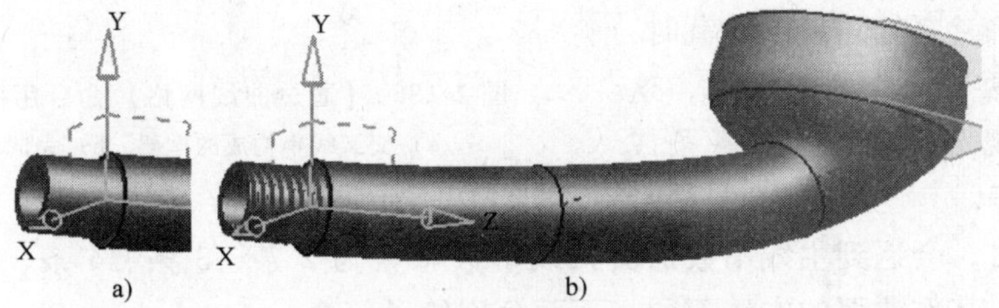


图 2-184　制作尾部结构
a）拉伸尾部　b）制作螺纹

8）使用【特征】工具条中的“螺纹”命令，设置螺纹类型为“详细”，制作结果如图 2-184b 所示。

9）使用“边倒圆”命令对图 2-184b 所示的喷淋头进行边倒圆操作，半径为 5mm，并使用拉伸命令对喷淋头拉伸出小孔，将不必要的内容移到某标准层，最终结果如图 2-180 所示。

## 2.3.3　“通过曲线网格”命令及实例

### 1. “通过曲线网格”命令

只要仔细研究一下建模过程就会发现，不论多么复杂的模型，首先都要建立框架，然后再建立实体或片体。而在所有曲面命令中，“通过曲线网格”命令是应用最多的命令之一。为了完成复杂曲面的建立，要掌握好此命令的用法。

单击【通过曲线网格】按钮，会弹出【通过曲线网格】对话框，如图 2-185 所示。

在此对话框中，第一组曲线是主线串，单击该区域中的【列表】可以展开主线串的列表；第二组是交叉线串，同样可以展开【列表】来观察或修改选取的曲线串。

图 2-185　【通过曲线网格】对话框

在正常情况下，通过曲线网格命令是由 $M$ 条主

线串和 $N$ 条交叉线串组成的，其中，$M$、$N$ 均为大于或等于 2 的自然数。操作时，先依次选择 $M$ 条主线串，每选择一条主线串就要按鼠标中键确定一次，主线串选择完成后，在开始选择交叉线串前，要再按鼠标中键一次，表示主线串已经选择完成；然后依次选择 $N$ 条交叉线串，也是每选择一条交叉线串，按鼠标中键一次，当交叉线串也选择完成后，再按鼠标中键一次，就可以完成曲面的制作。

"通过曲线网络"命令作图时用的曲线框架如图 2-186a 所示。在此框架中，用 M1 ~ M3 表示主线串，C1 ~ C4 表示交叉线串。作出的曲面如图 2-186b所示。

但是，此命令在选择主线串时，允许最多选择两个点作为主线串，这两个点的选择规定只能作为第一条或最后一条主线串。

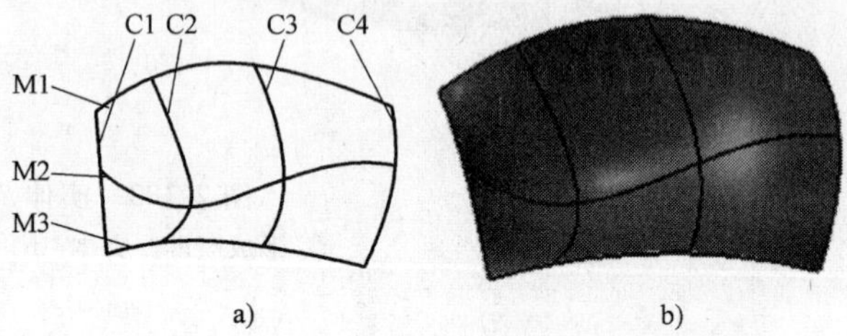


图 2-186 【通过曲线网格】命令用框架及曲面

a）交叉线串构成的框架 b）完成的曲面

实际作图时，会遇到主线串数加交叉线串数总数为 2 条、3 条、4 条、5 条或更多的情况，不同情况，其作曲面的方法不同，下面分别给予简介。

如果框架只有 3 条曲线，则可以按图 2-187 所示制作。

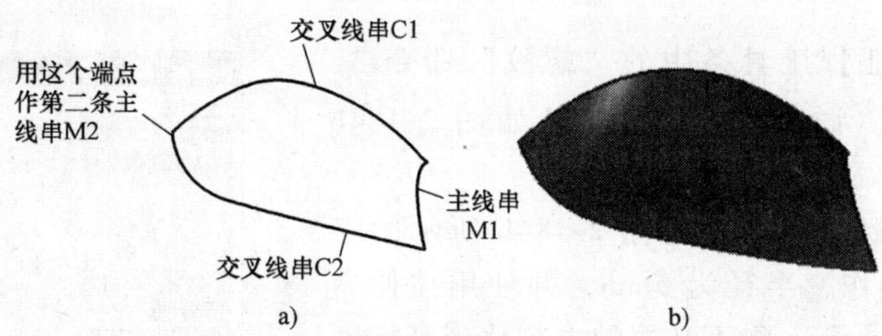


图 2-187 3 条曲线作曲面

a）3 条曲线构成框架 b）完成的曲面

如果是两条曲线，则可以按图 2-188 所示来制作。

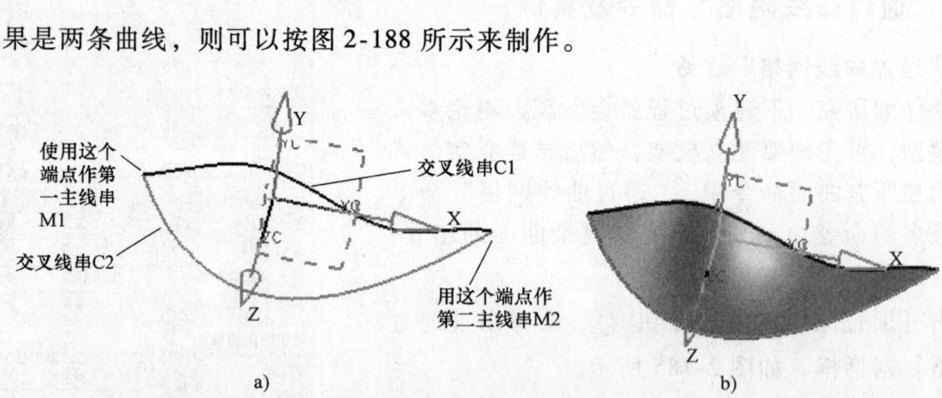


图 2-188 两条曲线作曲面

a）两条曲线构成的框架 b）完成的曲面

另外，还可能有 5 条曲线的情况，这时作成曲面需要进行特殊处理，读者可以参照本章 2.3.7 中的实例 2-27 电熨斗外壳的制作来进行操作。

**2. 实例操作**

**实例 2-21 汤匙制作**（投影法作图）

汤匙的效果如图 2-189 所示。

分析：汤匙形状复杂，可以使用投影法来作图，其基本思想是：先作出在俯视图方向的轮廓投影，再作出主视图方向的轮廓投影，然后用这两个方向的投影进行合成，生成汤匙的实体轮廓，再用适当的曲面命令合成曲面，最后转换成体。

汤匙的制作过程如下：

（1）建立匙俯视图草图　建立汤匙的半边俯视图的草图。先启动 UG，并新建一个名为 ts. prt 的文件，然后以 XC-YC 为草图面。进入草图环境中。先建一个长半轴为 30mm、短半轴为 20mm 的椭圆，然后建立一条直线与椭圆相交，将交点处倒圆角 *R*6，如图 2-190 所示。

图 2-189　汤匙的效果

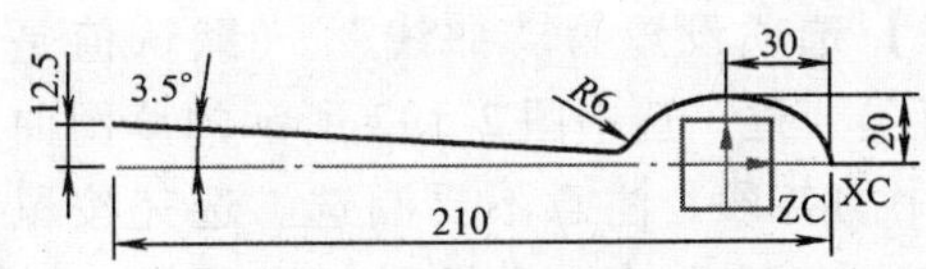


图 2-190　俯视图草图

（2）建立主视图草图　建立完上述草图后，再以 XC-ZC 为草图面建立主视图草图，如图 2-191 所示，图中用方框框住的部分实际上就是图 2-190 中的草图，下面未被框住的部分才是新作的草图，之所以将二者合在一起显示，是为了说明下部分的草图与前面的草图间的几个对应点的对应关系，读者在作图时是不能将这两个图这样平放的，它们之间其实是垂直关系。参见所有草图作完后的效果图（图 2-193）。

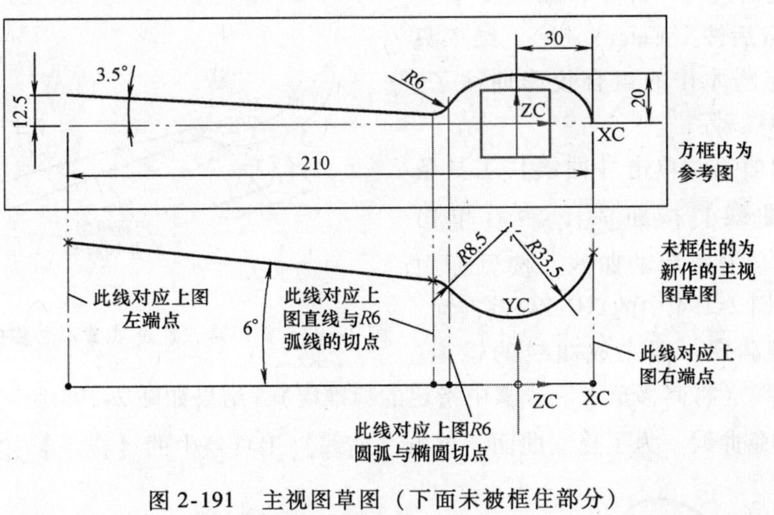


图 2-191　主视图草图（下面未被框住部分）

在作完上面的主视图草图后，还要以 XC-ZC 为草图面，作一个用来描绘汤匙侧面外形的草图，它与主视图右端点是共点的，结果与尺寸如图 2-192 所示。

***注意：上面的新草图从左到右分别是由与水平线夹角 4°的直线、R12 的圆弧、R6 的圆弧及与右端点共点的 4 段线组成。每相邻的直线与圆弧以及圆弧与圆弧间均要相切连接。***

图 2-193 所示是所有草图作完后的效果，注意图中的说明，并与前面作的图进行比较。

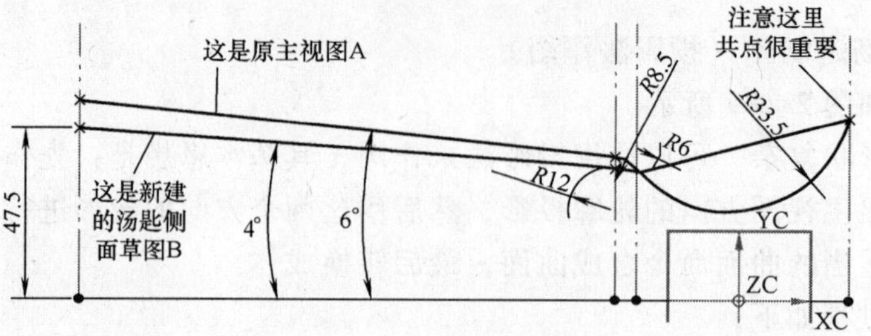


图 2-192　新建的草图

（3）组合投影　单击【曲线】工具条中的【组合投影】按钮，弹出【组合投影】对话框，将【组合投影】对话框中的【过滤】选项设置为“曲线”（默认值是“任何”），逐一选中图 2-193 所示的草图曲线 C 中的各段，注意不要漏选。选完按鼠标中键，然后将【组合投影】对话框中的【过滤】选项设置为“曲线”，再选中图 2-193 所示的曲线 B 的各段（共 4 段），然后按鼠标器中键两次，就生成了一条组合投影的曲线，此时，将图 2-193 所示的曲线 C、曲线 B 移动至某标准层，（操作是：单击【格式】→【移动至图层】命令，选中曲线 C 及曲线 B，确定，输入 1 个大于 20 的自然数后按〈Enter〉键）。结果只剩下曲线 A 与刚才作的组合投影曲线了，效果如图 2-194 所示。

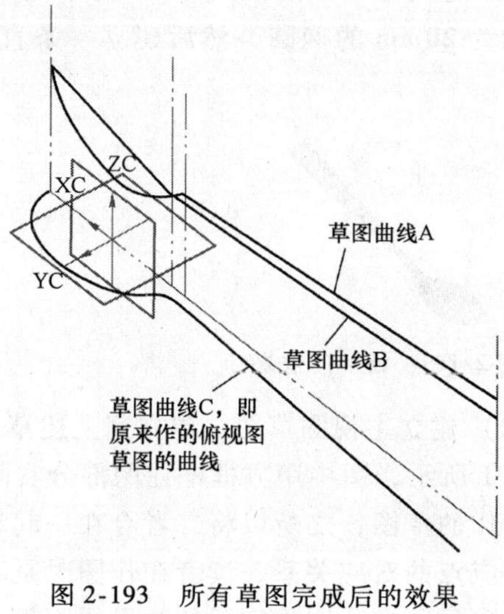


图 2-193　所有草图完成后的效果

（4）镜像曲线　单击【曲线】工具条中的【镜像曲线】按钮，然后单击图 2-194 中组合投影后的曲线，按鼠标中键，然后选中图 2-194 中的 XC-ZC 基准面，再按鼠标中键确定，则完成曲线的镜像。隐藏多余的曲线（将其移至上一步骤中指定的标准层），结果如图 2-195 所示。

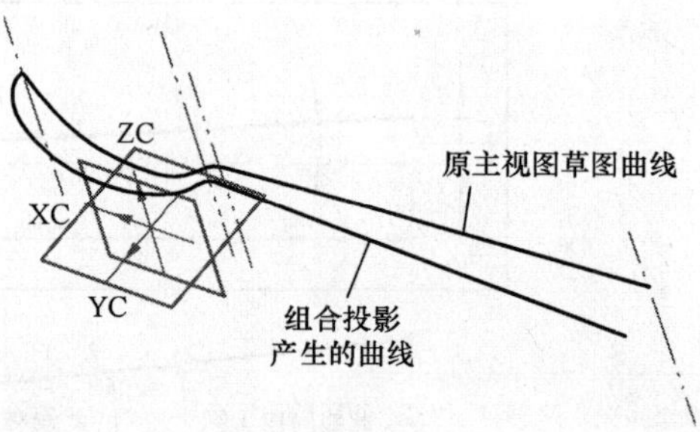


图 2-194　作组合投影并隐藏不必要的曲线后的结果

（5）作样条曲线　为了建立曲面，单击【曲线】工具条中的【样条】按钮，然后分

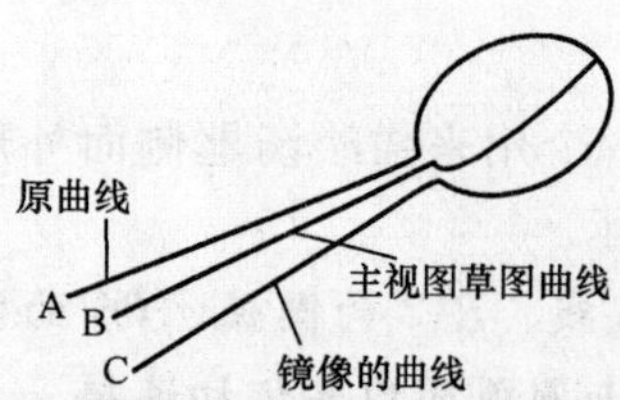


图 2-195　镜像出曲线

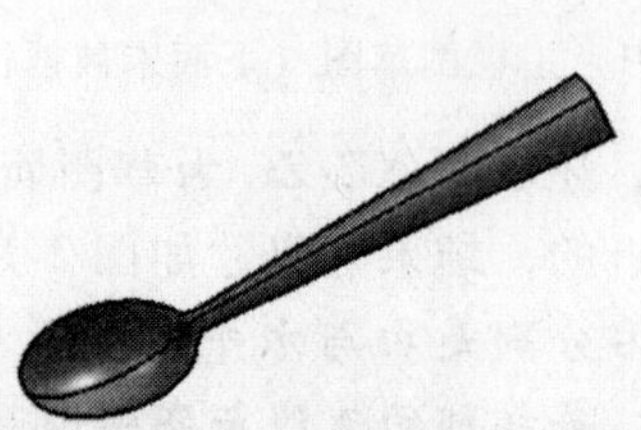

图 2-196　作出曲面

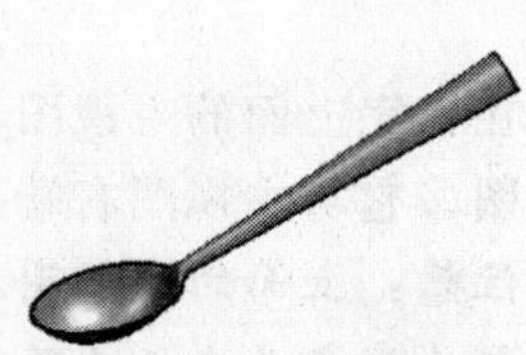

图 2-197　汤匙实体

别单击图 2-195 中的 3 条曲线的端点 A、B、C，然后按鼠标中键，完成样条曲线的制作。

（6）作曲面　单击【曲面】工具条中的【已扫掠】按钮，弹出【已扫掠】对话框，分别选中图 2-195 所示的曲线 A、B、C，每次选中后都按鼠标中键确定；再次按鼠标中键，并单击上一步所作的样条线，然后单击中键 4 次，就完成了曲面的制作，结果如图 2-196 所示。

（7）加厚片体　单击【特征】工具条中的【片体加厚】按钮，弹出【片体加厚】对话框，在对话框中【第一偏置】处输入“0.5”，【第二偏置】处输入“0”，然后单击【确定】按钮，完成片体加厚操作，形成实体的汤匙。

将实体以外的内容全部隐藏起来，结果只剩下汤匙实体，结果如图 2-197 所示。

（8）渲染处理　完成了上面的内容后，可以将汤匙赋予材料“铬”，然后进行渲染，得到如图 2-189 所示的效果。渲染操作可参照前面的实例进行。

**实例 2-22　自行车坐垫制作**（投影法作图）

自行车坐垫的效果如图 2-198 所示。

图 2-198　自行车坐垫的效果

自行车坐垫是一个典型的曲面建模实例，用 UG 对其进行建模有其独特的优势。

分析：本例可以用投影法。作曲面的要点是要作出模型的线框，而线框则要从主、俯、前等视图分别加以描述，有时还要对产品的特征曲线进行描述，往往难度就集中在作这些视图上。初学者看到形状复杂的曲面时，常常无从下手，这与操作思维不成熟、曲面作图经验较少及没有合适的作图方法有关。因此，对于复杂的建模，可以先分别作出不同视图的最外轮廓，并注意处理好各轮廓间的有机关联与交接点，并在适当时候对曲面进行适当的扩大与延伸，然后进行合理剪裁，最终产生所需要的结果。

下面详细说明其操作过程：

（1）作俯视图草图　启动 UG，并新建 dcd. prt 文件，以 XC-YC 为草图平面，并将草图命名为 FS，然后作如图 2-199 所示的草图。

在作图过程中，应注意：

1）弧 *R*28 与 *R*120 的圆心要用几何约束限定在参考线上，这是很重要的，因为如果不这样，今后作出的图可能出现凹陷或凸出的情况，影响美观。

2）圆弧间要两两相切，否则今后在作曲面时会碰到麻烦。

3）参考线要约束成与 XC 轴共线，为后面作图提供方便。

这些注意事项在曲面草图操作中类似，读者可类推广到其他曲面的制作中。

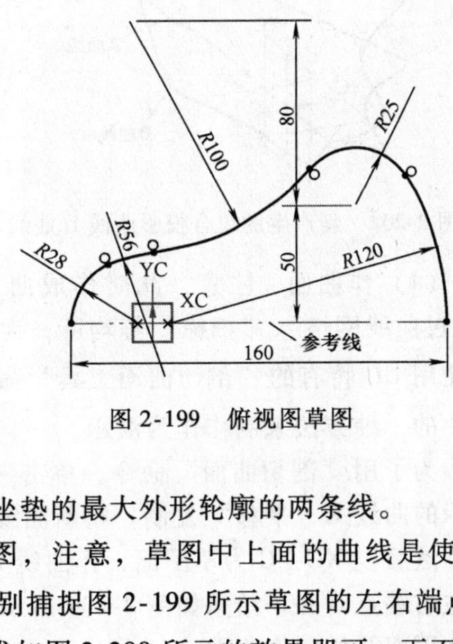


图 2-199　俯视图草图

（2）作主视图的草图　主视图草图主要是自行车坐垫的最大外形轮廓的两条线。

以 XC-YC 为草图平面，作如图 2-200 所示的草图，注意，草图中上面的曲线是使用“艺术样条”绘制出来的，绘制时注意左右端点分别捕捉图 2-199 所示草图的左右端点，这条线是坐垫最高轮廓线，它的尺寸不要求准确，作成如图 2-200 所示的效果即可；下面的曲线是坐垫的最外轮廓在主视图中的投影，制作过程也要求左右的两条直线必须分别通过图 2-199所示草图的左右端点，因为只有这样，投影的结果才会是弧形过渡，结果如图 2-200 所示。

将草图作完后，与原来的图 2-199 所示的草图合在一起，效果如图 2-201 所示。

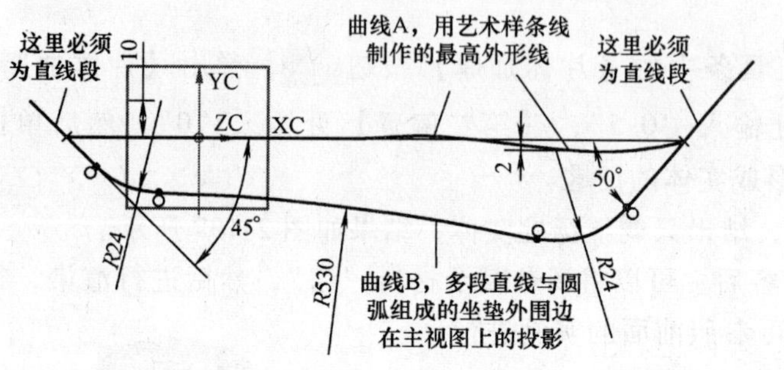


图 2-200　主视图投影

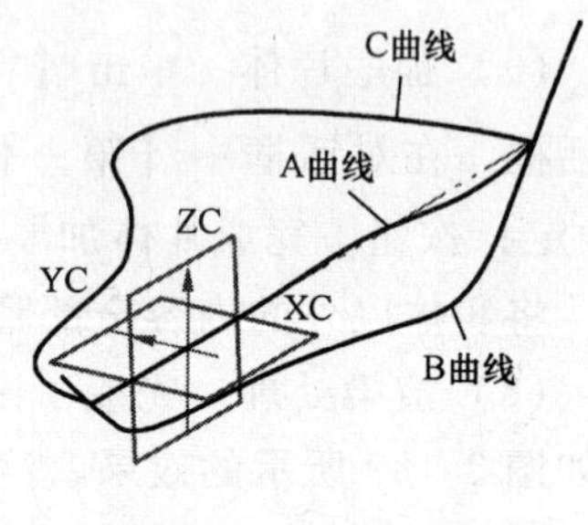


图 2-201　组合后的草图曲线

（3）作坐垫外缘线　在作完上面的曲线后，单击【曲线】工具条中的【组合投影】按钮，弹出【组合投影】对话框，先单击图 2-201 中的 C 曲线，然后按鼠标中键，再将【组合投影】对话框中的【过滤器】选项修改为“曲线”，然后单击图 2-201 中的 B 曲线，然后确定，就会生成新的曲线 D，此时结果如图 2-202 所示。

现在单击【曲线】工具条中的【镜像曲线】按钮，然后单击刚才产生的 D 曲线，按鼠标中键后选中图 2-202 中的 XC-ZC 平面，再按鼠标中键，就生成了镜像曲线。完成镜像后，将图 2-202 中的曲线 C、曲线 B 及基准平面隐藏起来，以便于后面的操作，结果如图 2-203所示。

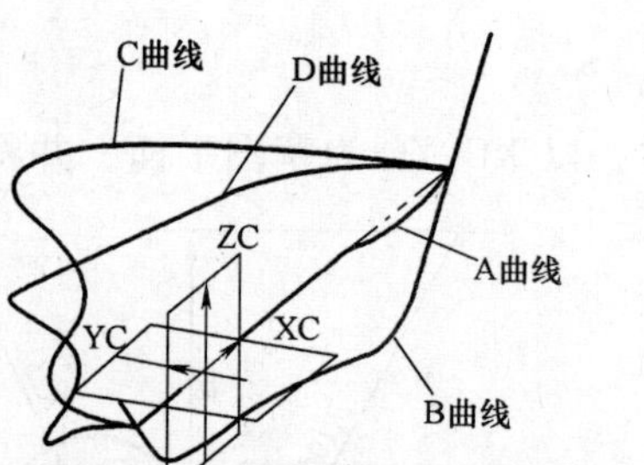


图 2-202　新产生的组合投影曲线 D 曲线

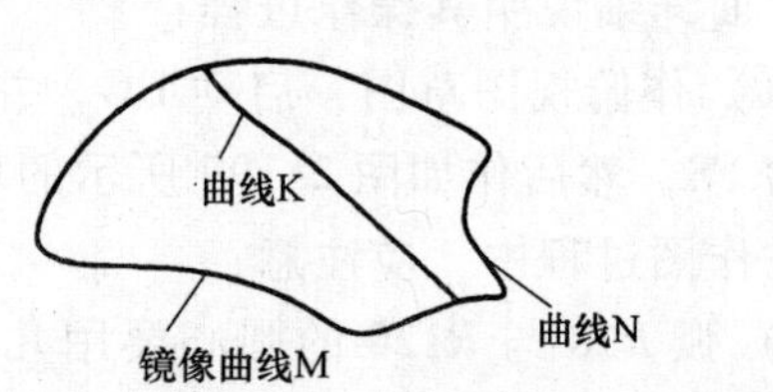


图 2-203　镜像并隐藏不必要的线与面后的结果

（4）作曲面　注意，此时作成曲面的条件已经成熟了，制作曲面的方法很多，如用“通过曲线网格”、“扫掠”等均可，为了让读者尽可能多地掌握不同的操作方法与技巧，此处使用 UG 特有的“剖切曲面工具”命令来完成，不过剖切曲面有 20 种方法，这里仅用其中的一种方法来制作作为演示。

为了用“剖切曲面”命令，单击【编辑】→【变换】，以启动【变换】命令，将图 2-203 所示的曲线 K“平移”复制，得新曲线 A 及新的曲线 B，结果如图 2-204 所示。

然后以 XC-ZC 为草图面，作曲线 F，注意使曲线 F 的左右端点与图 2-204 所示的曲线 E 的左右端点对齐，结果如图 2-204 所示。

下面开始制作曲面。

单击【曲面】工具条中的【剖切曲面】按钮命令，弹出【剖切曲面】工具条，如图2-205所示。

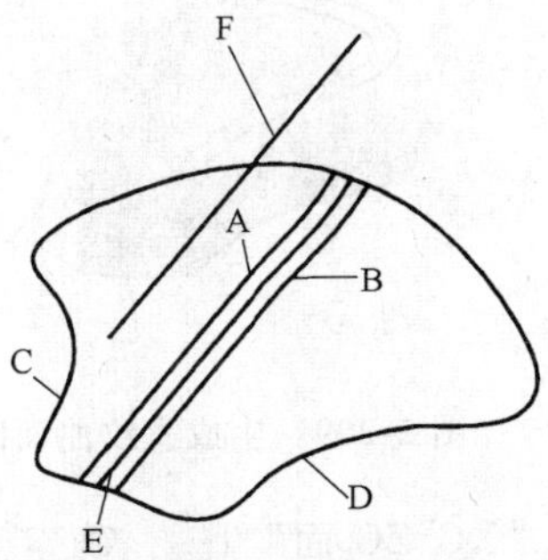

图2-204 平移产生的新曲线A、B

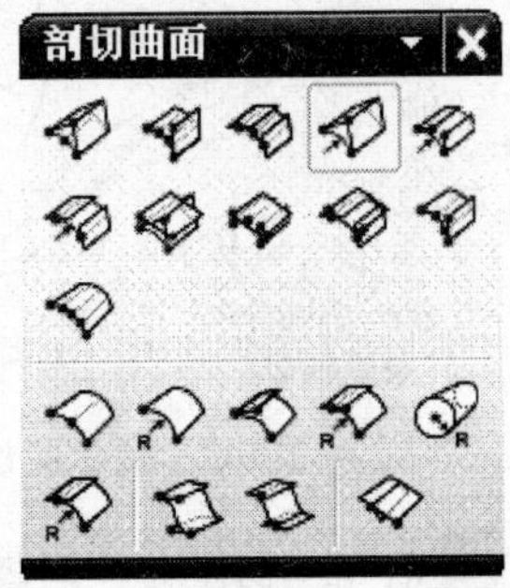

图2-205 【剖切曲面】工具条

单击对话框中的【端点-斜率-Rho】按钮，弹出【剖切曲面】对话框，此时，分别单击图2-204所示的曲线C（起始边）、曲线B（起始边斜率控制线）、曲线D（结束边）、曲线A（结束边的斜率控制线），每次单击曲线后都要按鼠标中键，之后单击图2-204中的曲线F，作为曲线样条，再将对话框中【Rho规律】区域的【值】修改为“0.80”，确定后，曲面生成，单击【取消】按钮，完成曲面的制作，结果如图2-206所示。

（5）生成裙边与实体 将图2-206中不必要的曲线隐藏起来，再将图2-201所示的B曲线与C曲线显示出来，并单击【视图】工具条中的【静态线框】按钮，以便将曲面显示成线框形式，结果如图2-207所示。

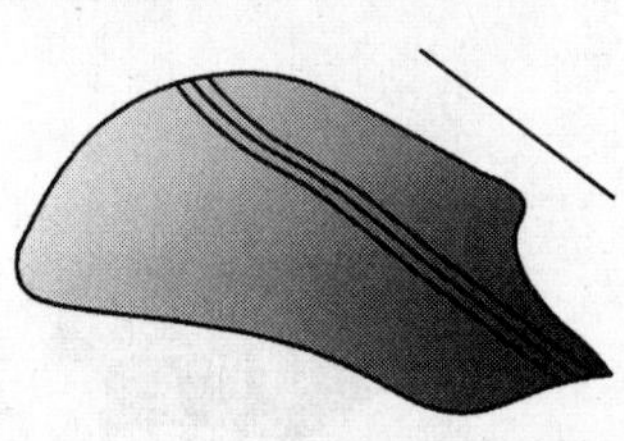
图2-206 生成端点-斜率-Rho曲面

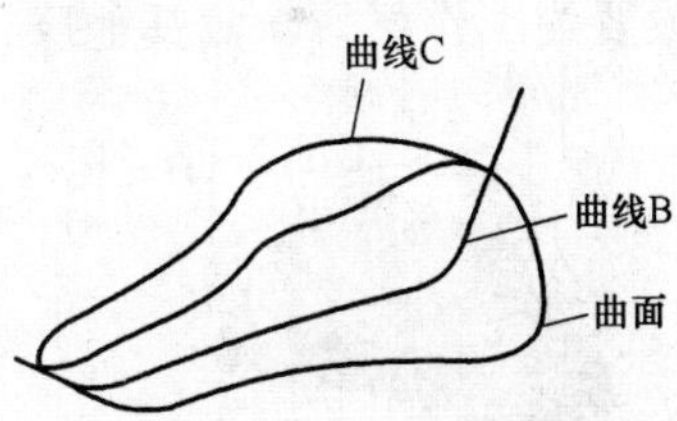

图2-207 更新显示的结果

双击图2-207所示的曲线C，进入到草图环境中，将曲线C选中后，使用草图环境中的“偏置曲线”命令将曲线C向外偏置10mm，同理，将曲线B向下偏置25mm，结果如图2-208所示。

单击【曲线】工具条中的【组合投影】按钮，对曲线G与曲线H进行组合投影，投影时，先选中曲线G，然后选中曲线H，将产生一个新的曲线L，如图2-208所示。

完成上面的操作后，单击【曲面】工具条中的【直纹】按钮，将弹出【直纹】对话框，将【选择条】工具条中的【内容】选项修改为“已连接的曲线”，然后单击图2-208所示的曲面的边，按鼠标中键，注意曲线箭头方向要相同，然后单击图2-208所示的曲线L，将【保留形状】复选框前的勾去掉，将对齐方式由参数修改为“圆弧长”，然后单击【确定】按钮，生成直纹曲面，如图2-209所示。

单击【特征】→【实例几何体】，弹出【实例几何体】对话框，将【类型】选项修改为“反射”，选中图2-209中新生成的直纹曲面，按鼠标中键后，再单击【完整平面工

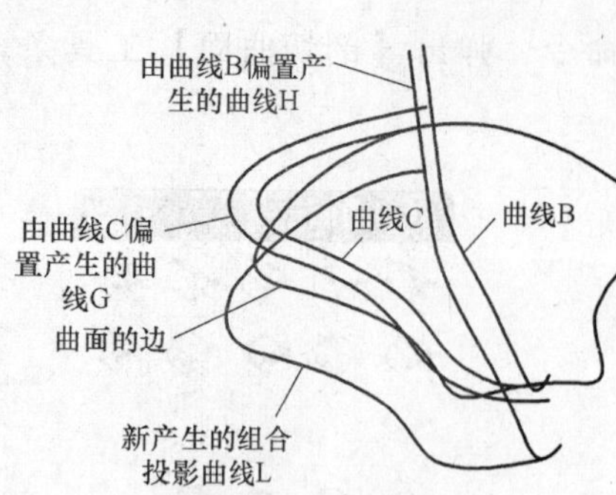

图 2-208　偏置曲线

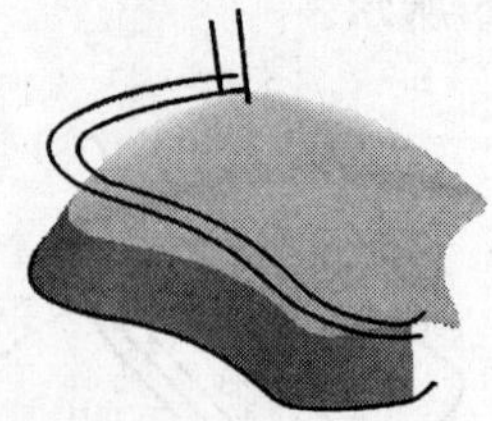
图 2-209　生成直纹曲面图

具】按钮，在弹出新对话框后，将【类型】选项修改为“XC-ZC 面”，确定后，将生成镜像的曲面。结果如图 2-210 所示。

单击【特征】工具条中的【缝合】按钮，将刚才镜像的曲面及前面一步生成的直纹曲面缝合成一个面，然后单击【特征】工具条中的【面倒圆】按钮，先选中刚才缝合的曲面，注意箭头要朝内，如果不朝内，双击箭头即可改变方向；然后选中前面作的自行车坐垫主面，注意箭头要朝下，然后单击【确定】按钮，完成面倒圆操作，结果如图 2-210 所示。

单击【特征】工具条中的【片体加厚】按钮，然后单击刚才完成面倒圆的曲面，将【片体加厚】对话框中的【第一偏置】值修改为 1mm，然后单击【确定】按钮，则完成了将面转换为实体的工作。现将除实体以外包括曲面在内的其他内容移动至某标准层，然后将第一层设置为工作层，隐藏其他层，结果如图 2-211 所示。

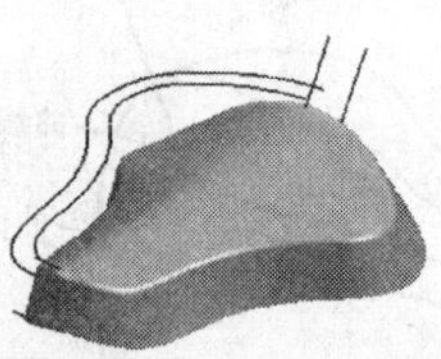
图 2-210　完成了面倒圆的曲面

图 2-211　得到的实体模型

单击右侧导航栏中的【系统材料】图标，将系统材料资源条展开，单击【内部】选项，选中其中的 leather tan（皮革）材料，并将其拖至坐垫实体上；然后单击【视图】→【可视化】→【材料/纹理】，弹出【材料/纹理】对话框，单击导航栏中【系统材料】按钮，将一种合适的材料拖动到刚才做的实体模型上；然后在导航栏中单击图标将展开资源板，选中其中的材料球图标，则在工作区中的【材料/纹理】对话框中的【启动材料编辑器】图标变为可用，单击它，弹出【材料编辑器】对话框，将对话框中的【凹凸】选项卡中的【类型】选项修改为“皮革”，并将【刻度尺】扩大到 6 ~ 13 之间，然后单击【确定】按钮；单击【视图】→【可视化】→【高质量图像】，弹出【高质量图像】对话框，单击【开始渲染】按钮，结果如图 2-198 所示。完成渲染后，单击【保存】按钮对图像进行保存。

**实例 2-23　风扇叶片制作（投影法作图）**

风扇叶片的效果如图 2-212 所示。

分析：本例也使用投影法，因风扇形状特殊，其外形投影不是通过投影命令来完成的，而是通过曲线的制作来得到外形的投影。因此，本例是一种特殊的外形投影。

操作步骤：

1）启动 UG 并新建 fsy. prt 文件，以默认的草图平面作如图 2-213 所示的草图。

图 2-212 风扇叶片效果

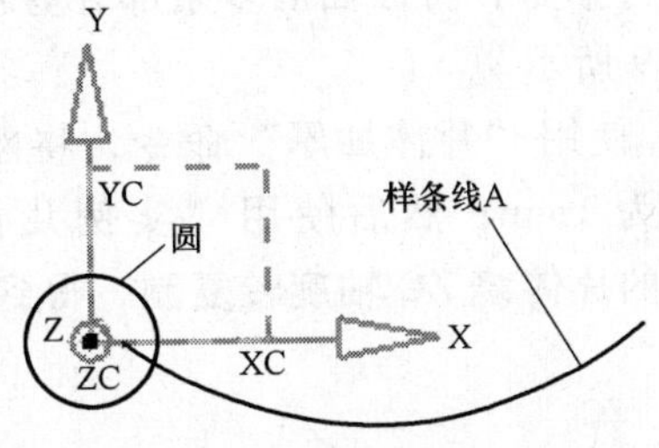


图 2-213 叶片草图之一

2）将图 2-213 所示的“样条线”A 用“实例几何体”命令，将其在 Z 方向上平移 15mm，进行复制，结果如图 2-214 所示。操作时注意将【实例几何体】对话框中的【关联】复选按钮中的勾去掉，使曲线不具有关联性。

3）然后使用“移动对象”〈Ctrl + Shift + M〉命令使该曲线绕 ZC 轴旋转 90°，旋转时使用“移动”选项；再作如图 2-215 所示的平行于 XY 面的草图参考线 K（即 K 线是曲线 B 在端点处平行于 XY 面的法线），该线端点与旋转后的曲线共端点，然后使用“移动对象”命令将图 2-214 中平移复制的曲线绕该参考线 K 旋转 8°，结果如图 2-215 所示。

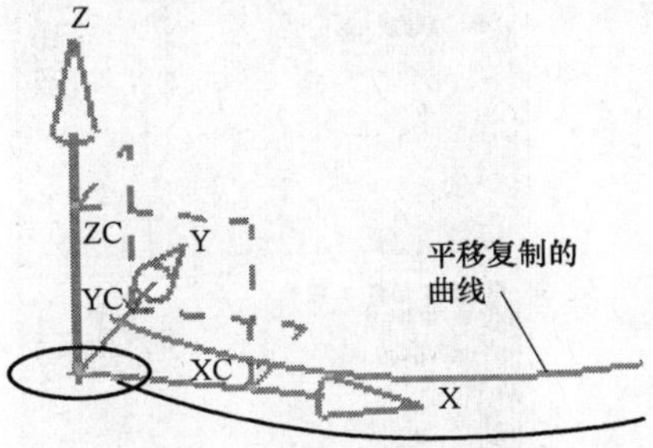


图 2-214 叶片草图之二

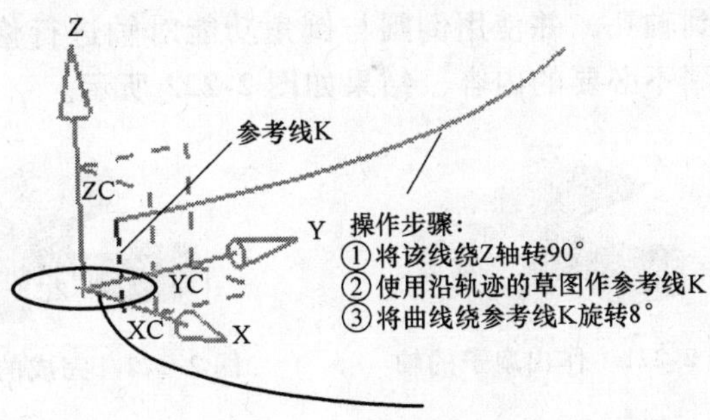


图 2-215 叶片草图之三

4）使用“样条”命令制作两条样条线，分别将图 2-216 所示的两条线的左侧端点与右侧端点连接，从而生成一个线框。

5）先将 WCS 坐标旋转到 ZC 轴朝上的状态，再使用【曲面】工具条中的“通过曲线网格”命令对上面的 4 条曲线作曲面，结果如图 2-217 所示。

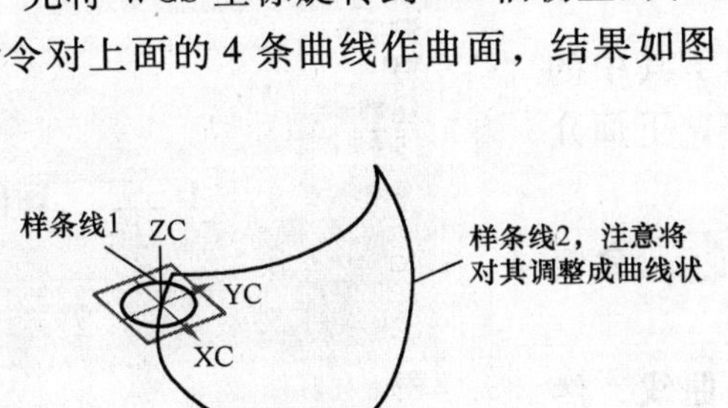


图 2-216 叶片草图之四

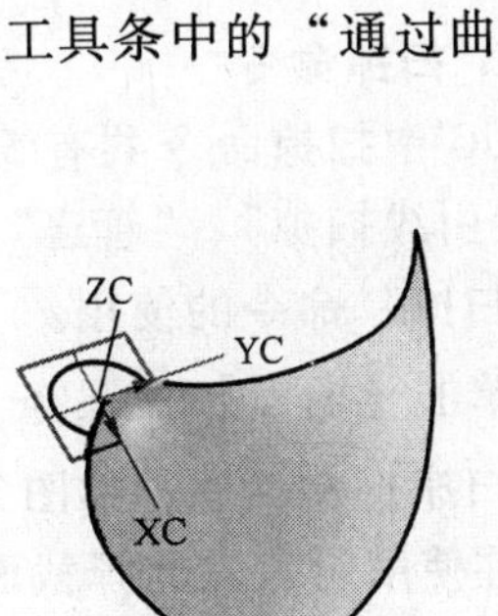


图 2-217 作成曲面的结果

6）对曲面进行修剪：先以 XC-YC 面为草图面进入草图状态，然后作如图 2-218 所示的草图。作图时使用“静态线框”模式显示。

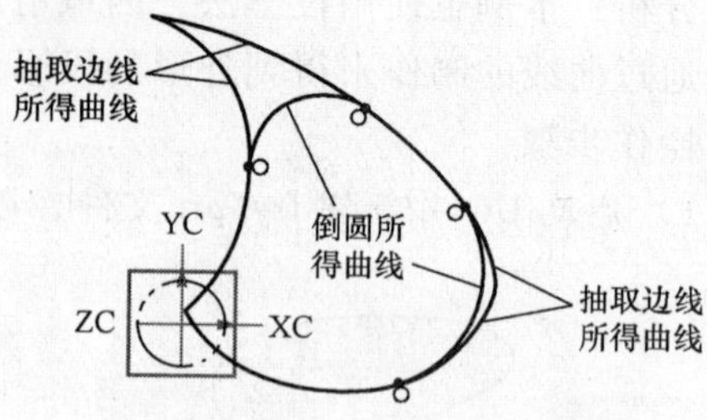

图 2-218　修剪曲面用草图

7）使用“修剪的片体”命令以上面的草图对曲面进行修剪，将曲面的多余部分剪裁掉，结果如图 2-219 所示。

8）使用“片体加厚”命令，将刚才的曲面的厚度变为 1mm；然后使用“实例几何体”命令，对加厚的片体绕 ZC 轴旋转复制，得到如图 2-220 所示的结果。

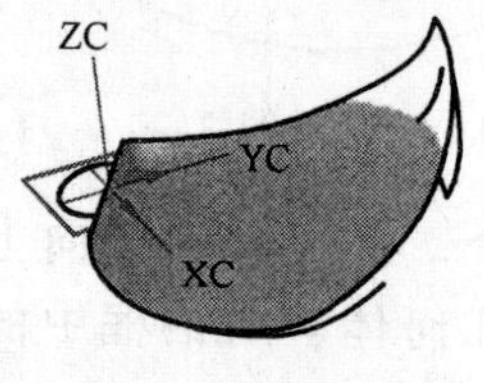

图 2-219　剪裁曲面后的结果

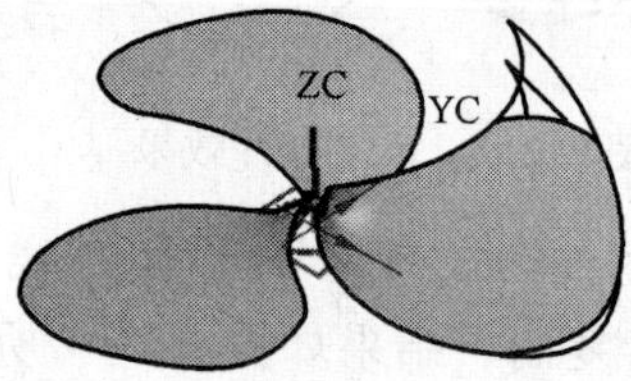

图 2-220　旋转并使用“复制”命令后得到的结果

9）以 XC-YC 为草图平面，作一个圆，其直径为 20mm，然后拉伸此圆，得到风扇叶片的轴部分，结果如图 2-221 所示。

10）将上面的实体使用“求和”命令求和，使它们成为一个整体；然后使用“拉伸”命令对轴进行拉伸，得到轴孔，并使用倒圆与倒角功能对轴进行修整；最后隐藏不必要的内容，结果如图 2-222 所示。

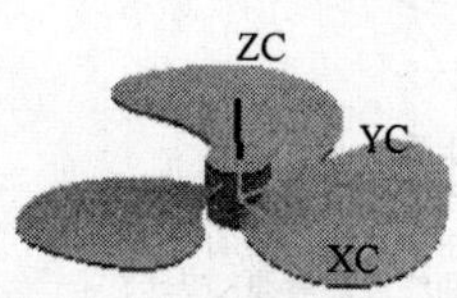

图 2-221　作出扇子的轴

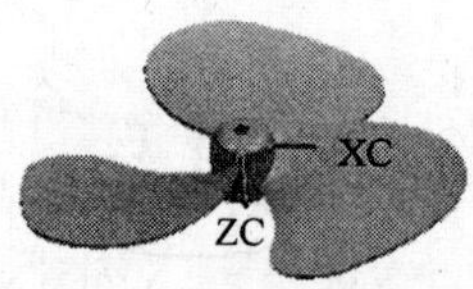

图 2-222　完成的扇子叶片

11）进行后处理，使用塑料材料进行渲染，得到如图 2-212 所示的最后效果。

## 2.3.4 “扫掠”命令及实例

### 1. 扫掠命令

UG 中扫掠命令共有 5 个，前面我们使用了其中的“沿导引线扫掠”、“管道”、“变化的扫掠”等，下面介绍“扫掠”命令的使用。

单击【曲面】工具条中的【扫掠】按钮，会弹出【扫掠】对话框，如图 2-223 所示。

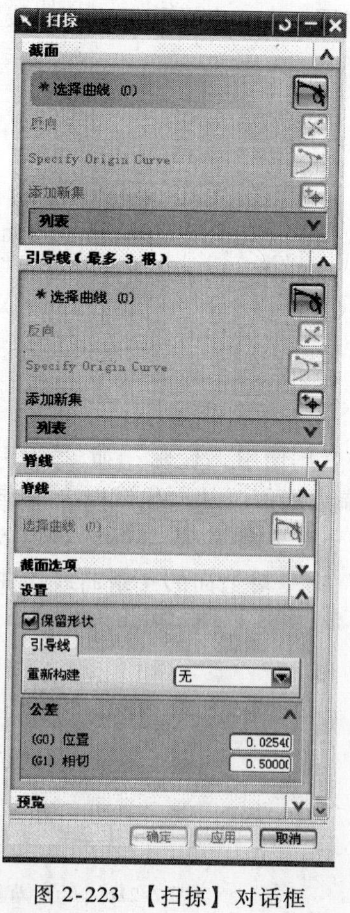

图 2-223　【扫掠】对话框

在使用时，先选择截面线，可以选择多条曲线，然后再选择引导线，但最多只能选 3 条，有必要时可以使用脊线，根据需要，也可以修改【截面选项】区域中的

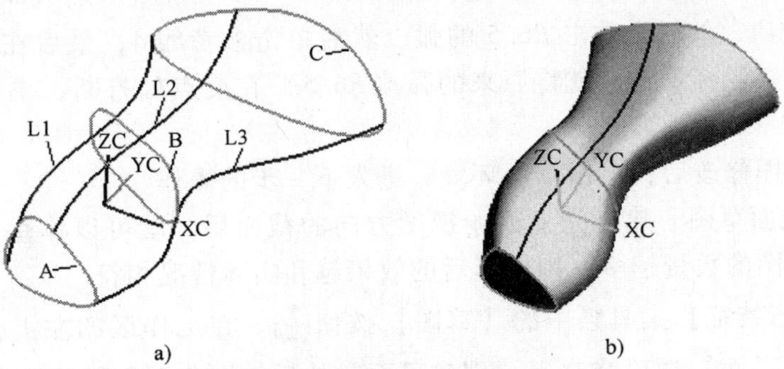


图 2-224　扫掠操作

a）截面线和引导线　b）完成扫掠的效果

内容。如图 2-224a 所示是一个线框，其中有曲线 A、B、C 作为截面线，截面线可以有多条，同时也有三条引导线 L1、L2、L3，引导线最多只能有 3 条。操作时，先分别单击三条截面线 A、B、C，每单击一次则按鼠标中键一次，截面线选择完成后再次按鼠标中键；分别单击三条引导线 L1、L2、L3，也是每单击后再按鼠标中键一次，最后单击【确定】按钮就可以完成操作，结果如图 2-224b 所示。

**2. 实例操作**

**实例 2-24　铁钩制作**（截面法作图）

铁钩的最终效果如图 2-225 所示。

图 2-225　铁钩的效果

在 2.1.4“草图操作实例”的实例 2-1 中制作了一个钩的草图，现在利用此草图来完成一个完整铁钩的制作过程。

分析：本例还是利用截面法建模，先作出钩的不同位置处的截面形状，然后用适当的曲面命令来完成作图。值得注意的是，本例当作出截面框架后，可以用“已扫掠”、“通过曲线网格”等命令来完成作图，因此，作曲面的方法并不唯一。

（1）建立主轮廓草图　在实例 2-1 中，我们建立了钩的草图，如图 2-11 所示。打开该草图，将其另存为 gou. prt 文件，然后进入建模环境中，双击草图，进入草图环境中，对原草图进行修改，修改的效果如图 2-226 说明部分所示。这是作出了俯视图方向的截面。

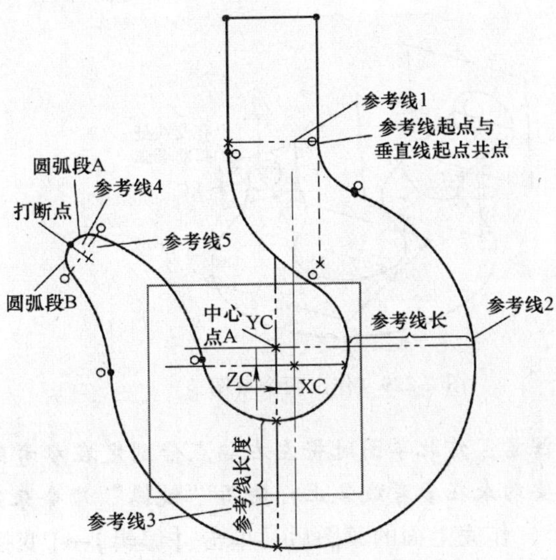


图 2-226　对原草图修改后的效果

在上面的修改中，参考线 1、2 均为水平线，参考线 3 与原来的中心线重合，参考线 5 的两个端点分别是弧（*R*6. 5 的小圆弧）的两个端点，而参考线 4 则是参考线 5 在草图平面内的中垂线，与原来的 *R*6. 5 的弧相交，单击【编辑】→【编辑曲线】或单击【草图操作】工具条中的【编辑曲线】按钮，在弹出的【编辑

曲线】对话框中单击【分割曲线】按钮，在新弹出的【编辑曲线】对话框中单击【根据边界对象分段】按钮，然后先单击 *R*6.5 的弧，然后单击参考线 4，最后在弧与参考线 4 的交点附近单击，并按鼠标中键，就将原来的弧（*R*6.5）在交点处打断，单击【取消】按钮完成打断操作。

完成上面的草图修改后，退出草图环境，进入下一步的操作。

（2）建立各截面草图　建立完上面俯视图方向的截面后，就可以作垂直于俯视图方向的截面了。截面草图的数量越多，则成形后的效果越和实际情况相符。

1）单击【成形特征】工具条中的【草图】按钮，在工作区的左上角弹出【创建草图】对话框，将【平面】选项修改为“创建平面”然后按图 2-227 所示的步骤进行操作。

完成以上操作，就进入到了草图环境中。

2）以图 2-227 中的第一步选中的直线 A 的中点为圆心，以直线 A 为直径作一圆，然后退出草图，结果如图 2-228 所示。

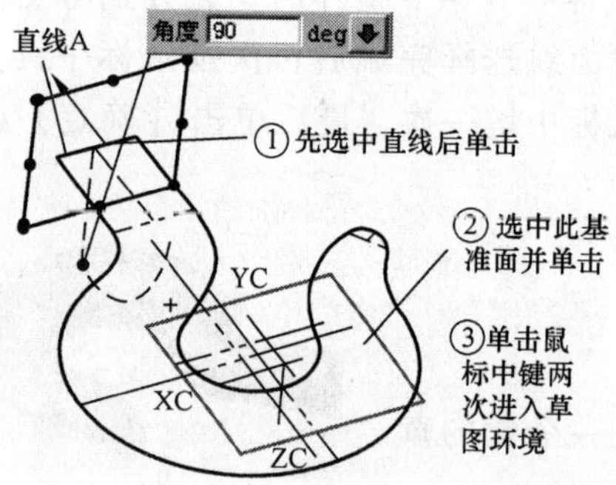


图 2-227　选择草图基准面的操作过程

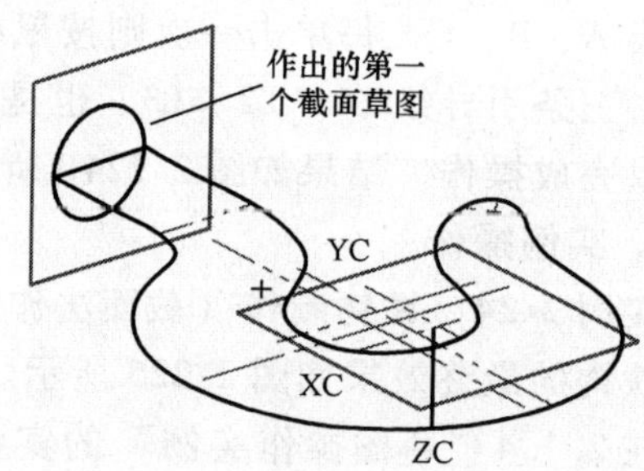


图 2-228　作出的第一个截面草图

3）依照上面的操作过程，完成在图 2-226 中参考线 1 和参考线 5 处的两个圆形草图，并将参考线 5 处的草图圆打断，结果如图 2-229 所示。

4）在图 2-226 中的参考线 2 处，按照前面的步骤，作如图 2-230 所示的草图。

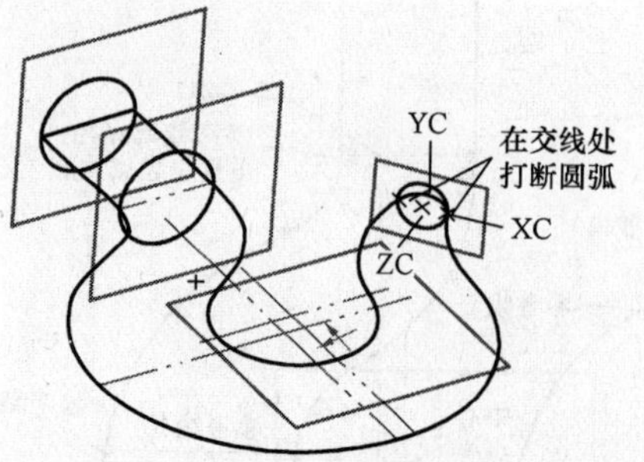


图 2-229　作出两个草图

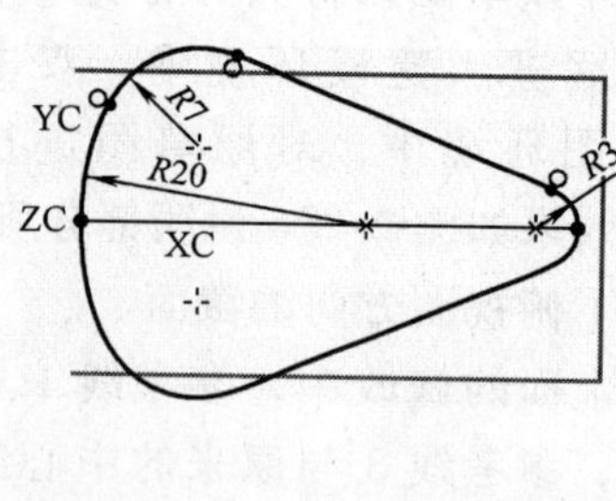


图 2-230　第 4 个截面草图

***注意：作此草图时将左右端点分别定在参考线 2 的两个端点上；R20 与 R3 的两段弧的圆心要约束在参考线 2 上；使用“镜像”命令来完成上下对称操作。***

5）作完上面的草图后，单击【编辑】→【变换】，将在工作区的左上角弹出【变换】浮动工具条，单击【类选择】按钮，弹出【变换】对话框，单击【类型】按钮，在新出现的对话框中单击【曲线】按钮，并单击【确定】按钮，此时就可以用鼠标单击选择图 2-230 中所作的草图曲线（不要选择参考线），选完后单击【确定】按钮，弹出下一个【变换】对话框，单击【绕直线旋转】按钮，弹出另一个【变换】对话框，单击【点和矢量】按钮，出现【点构造器】对话框，选择图 2-226 所示的中心点 A（如果不方便选择，可单击【点构造器】对话框中的【交点】按钮，然后再先后选择相交的两直线即可），此时弹出【矢量构造器】对话框，单击对话框中的按钮，然后在新弹出的对话框中输入角度 −90°（如果方向不对可用 +90°或在选择矢量时选择-ZC），弹出另一个【变换】对话框，单击其中的【复制】按钮，得到旋转 90°后的一个新草图，如图 2-231 所示。

（3）作曲面　为了操作的方便，下面将前面作的基准面隐藏起来，操作过程如下：

单击【格式】→【移动至图层】，单击浮动工具条中的【类选择】按钮，弹出【类选择】对话框，单击【类型】按钮，然后在新出现的对话框中选择【基准】；确定后，框选工作区中的所有内容，确定后，在弹出的【图层移动】对话框中的【目标图层或类别】文本框中输入大于 20 小于 256 的正整数并按〈Enter〉键，就可以将基准面移到某标准层并隐藏起来。

在进行曲面操作时，可参考图 2-232 中的提示。

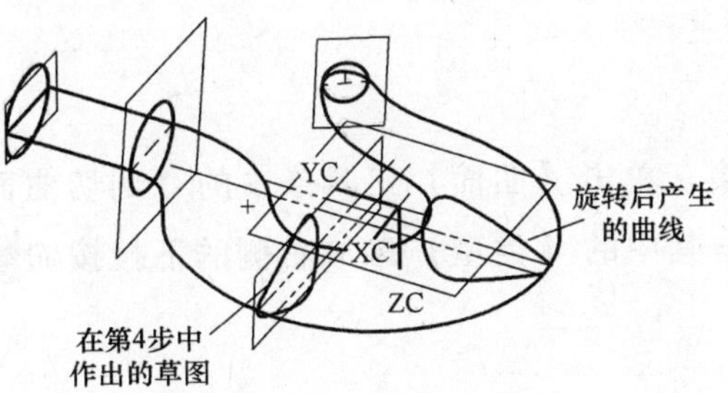


图 2-231　旋转后得到的曲线

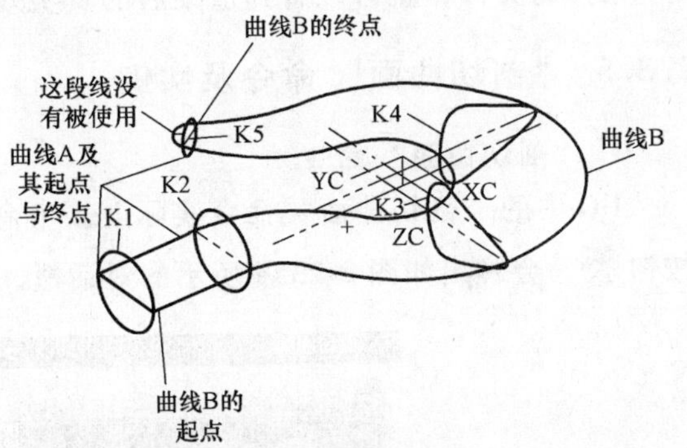


图 2-232　选择参考

1）作钩身主体部分曲面。单击【曲面】工具条中的【已扫掠】按钮，弹出【已扫掠】对话框，将【选择条】工具条内容修改为“相切曲线”，进行截面选择；单击图 2-231 中 K1 处后确定，会出现一个方向箭头，注意后面选择的箭头方向要与此箭头方向相同，且在同一侧；同理，单击 K2 处后确定，也有方向箭头出现，判断其方向是否与前面的箭头方向相同，如果方向不同，允许再单击以改变方向，直到方向相同为止；同理，完成截面线 K3、K4、K5 的选择，方向效果如图 2-233 所示。注意各箭头的方向与位置，另外注意其中有两段线未使用，其颜色不同。

再单击中键一次，进入引导线选择，可以先将【选择条】工具条内容修改为“单条曲线”，再选择曲线 A 的各段，注意只选择从起点到终点之间的各段，其余段不要选择，选择完成后，按鼠标中键，完成第一条曲线的选择；此时进入第二条曲线的选择阶段，选择曲线 B 的起点与终点间各段，完成后按鼠标中键 2 次，得到曲面效果如图 2-234 所示。

2）作钩尖处曲面。完成上面操作后，单击【特征】工具条中的【回转】按钮，弹出

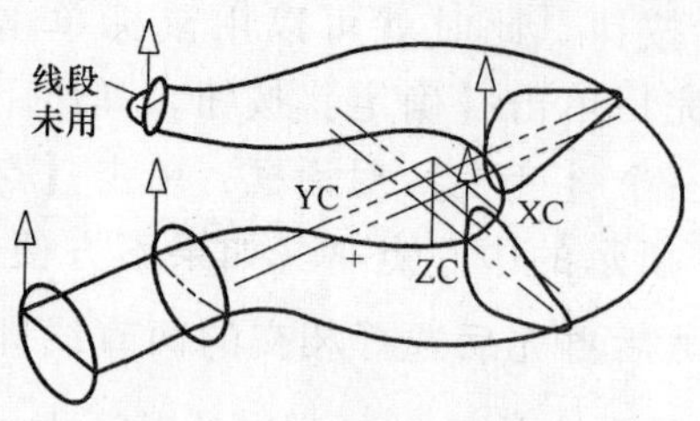


图 2-233　选择完成后的效果

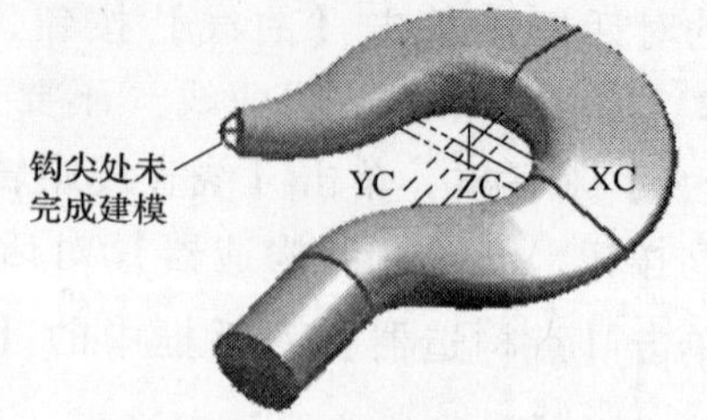


图 2-234　完成的部分曲面

【回转】对话框，将【选择条】工具条中的内容修改为“单个曲线”，然后单击图 2-226 中的圆弧段 A 或 B 均可，只要选择一段，然后单击【确定】按钮，并单击图 2-226 中的参考线 4，然后在【回转】对话框中修改布尔运算为“并”，单击【确定】按钮，完成钩尖处的建模。隐藏不必要的内容后进行赋材料操作。

单击 UG 右侧导航栏中的【系统材料】按钮，选择其中的材料 steel 球，按住鼠标左键不放将此球拖至钩上以后松手，就将 steel（钢）这种材料赋给了铁钩；然后单击【视图】→【可视化】→【高质量图片】，弹出【高质量图片】对话框，单击【开始渲染】按钮，渲染完成后，单击【保存】按钮，将刚才渲染的效果保存成 TIF 格式的图片文件，打开此 TIF 格式的文件，就可以看到渲染后的真实效果，如图 2-225 所示。

## 2.3.5 “剖切曲面”命令及实例

### 1. “剖切曲面”命令

UG 中的“剖切曲面”命令实际上一个命令集，单击【曲面】工具条中的【剖切曲面】按钮，会弹出如图 2-235a 所示的对话框，单击其中的【类型】区域右侧的下拉按钮，

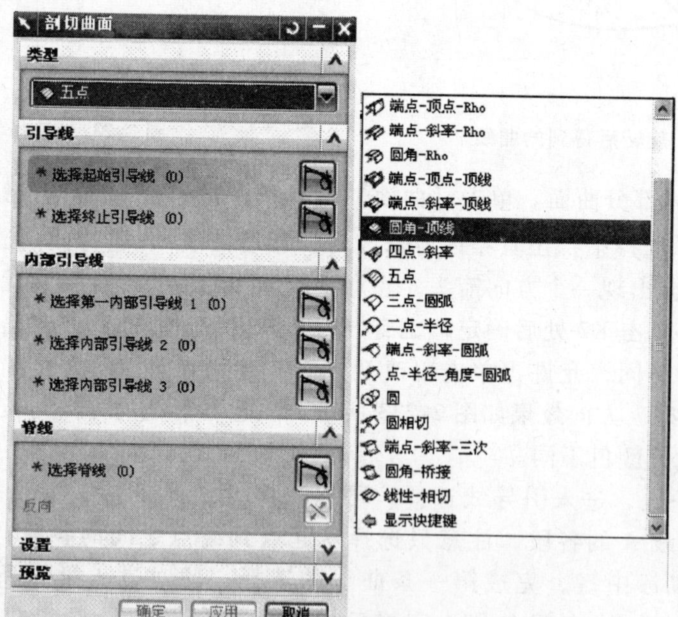


a)　　　　b)

图 2-235　【剖切曲面】对话框及其类型选项

会弹出如图 2-235b 所示命令列表，共有 20 个命令。

这些命令操作时有共同点，它们大多会使用多条曲线来制作曲面，而这些曲线可能是“起始引导线”、“终止引导线”、“肩曲线”、“脊线”等。解释如下：

1）起始引导线、终止引导线：曲面的起始边界线与终止边界线。可以是任何曲线，但二者夹角应在 90°以内。可以参见图 2-236 中的位置关系。

2）肩：曲线将通过的一根曲线，它的位置高于始边与终边，但比顶点（之后介绍）低。如图 2-236 中的肩曲线。

3）顶点：就是顶曲线，是曲面的最高点，曲面不会通过此曲线，它用来对曲面的曲率进行控制。可以参见图 2-236 中的位置关系。

4）RHO：是一个比例值，它控制二次曲面的“丰满度”，其值是图 2-236 中的 H2/H1，由于 H2≤H1，因此，RHO 的值总在 0～1 间，其值越大，曲面越接近顶点。

$$RHO=\frac{H2}{H1}$$

见图 2-236 中的 H1 与 H2。

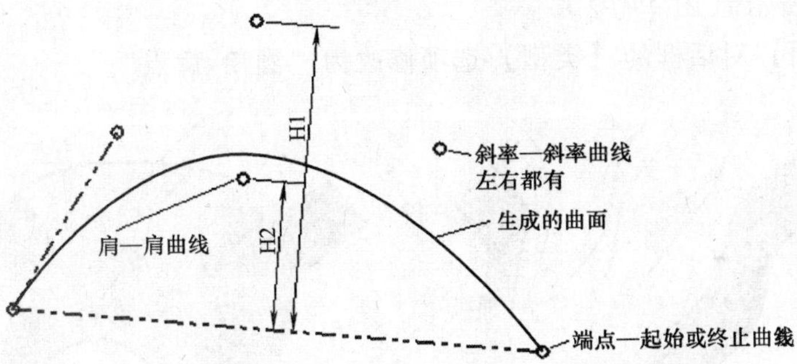


图 2-236 有关 RHO 的解释，图中小圆圈表示线条

5）高亮显示点：是肩点的另一种表示方法。一般情况下肩只有一个，在曲面靠近中间的位置，但有时有两个，则用高亮显示点来表示。

6）内点：是曲线的一种表示方法，是所谓的“内部引导线”。曲面将经过这些内点，即曲面将完全通过这些曲线。因此这些曲线过渡要平缓些。

下面介绍剖切曲面部分类型的操作方法为方便讲解，总是以图 2-237 所示的曲线作为操作对象。请注意操作时，曲线 A～F 的选择顺序与【剖切曲面】对话框中各相应的曲线之间的对应关系。

（1）端点-顶点-肩点　单击【剖切曲面】按钮 ，当弹出【剖切曲面】对话框的后，将【类型】选项修改为“端点-顶点-肩点”。

然后分别单击图 2-237 所示的曲线 A、B、E、F，注意每单击一条曲线后要按鼠标中键一次，以结束该曲线的选择，其中，在上面操作时，单击了两次 F 线，第一次单击 F 线是表示肩线，第二次单击则是所谓的脊线，其实脊线也可以使用其他曲线。最后效果如图 2-238 所示。

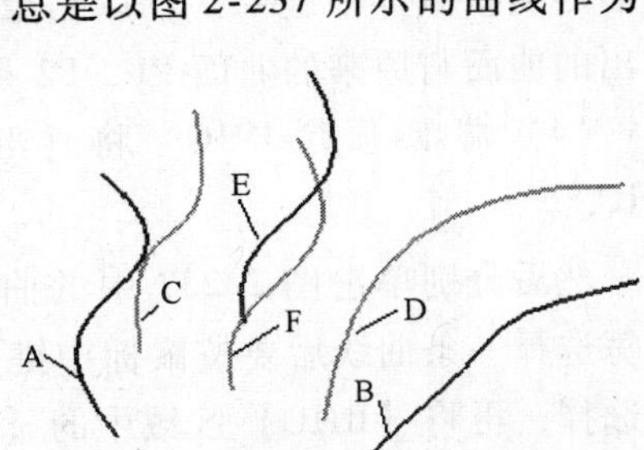


图 2-237 【剖切曲线】线架

（2）端点-斜率-肩点　将【剖切曲面】对话框的【类型】选项修改为“端点-斜率-肩点”。

然后分别单击图 2-237 所示的曲线 A、B、C、D、F、E，注意每单击一条曲线后要按鼠标中键一次，以结束该曲线的选择。在操作时，单击 F 线作为脊线，当然脊线也可以使用其他曲线。最后效果如图 2-239 所示。

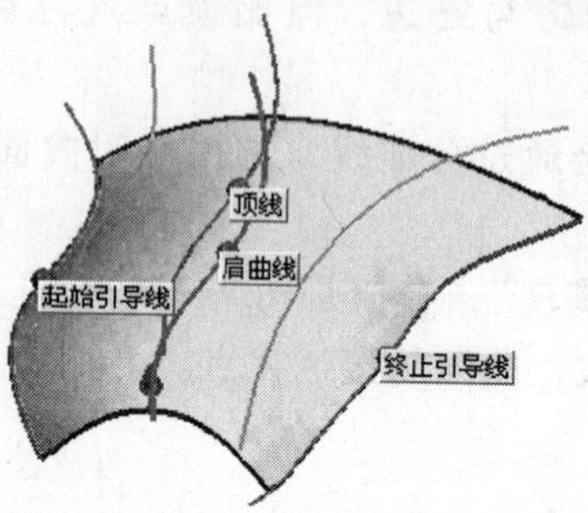


图 2-238 “端点-顶点-肩点”产生的剖切曲面

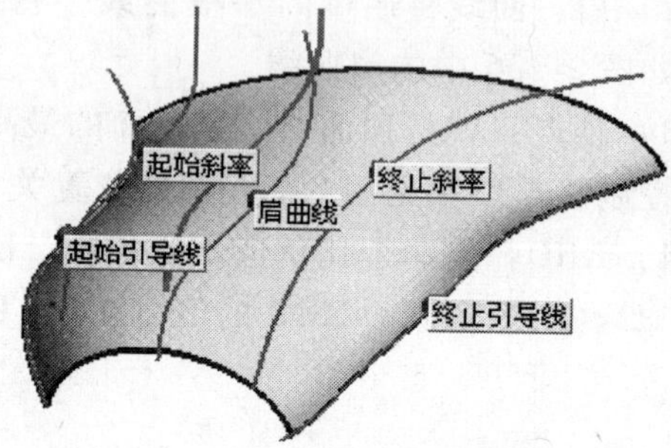


图 2-239 “端点-斜率-肩点”产生的剖切曲面

（3）圆角-肩点　在使用该命令进行操作时，需要在起始曲线与终止曲线处制作两个曲面，如图 2-240a 所示面 P1 与 P2。

将【剖切曲面】对话框的【类型】选项修改为“圆角-肩点”。

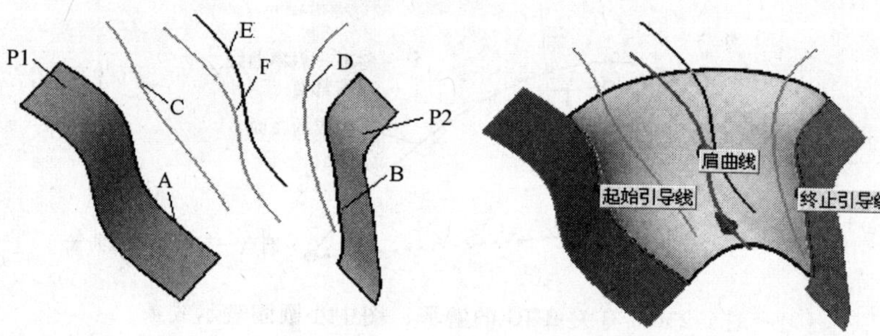


a)　　b)

图 2-240 “圆角-肩点”产生的剖切曲面

a）起始和终止处的两个曲面　b）曲面完成效果

然后分别单击图 2-240a 所示的曲线 A、B、面 P1、P2 及 E、F，注意每选择一条曲线或曲面后要按鼠标中键一次，以结束该次的选择。完成后效果如图 2-240b 所示。可以看到，作出的曲面与原来的曲面 P1、P2 是相切的。

（4）端点-顶点-RHO　将【剖切曲面】对话框的【类型】选项修改为“端点-顶点-RHO”。

然后分别单击图 2-237 中的曲线 A、B、E、F，注意每选择一条曲线后要按鼠标中键一次，以结束该曲线的选择，再将【RHO】区域中的【值】修改为 0.6，按鼠标中键完成操作。结果如图 2-241 所示。

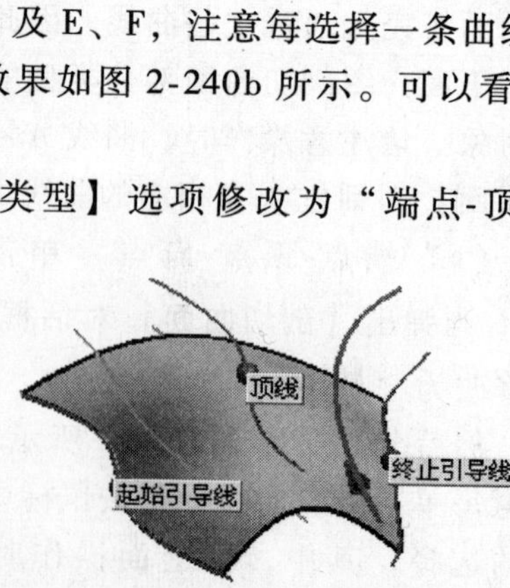


图 2-241 “端点-顶点-RHO”产生的剖切曲面

（5）端点-顶点-顶线　将【剖切曲面】对话框的【类型】选项修改为“端点-顶点-顶线”。

然后分别点击图 2-237 中的曲线 A、B、E、C、D，

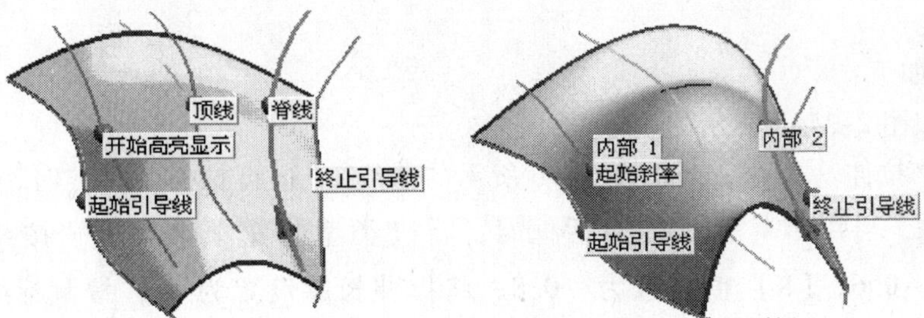


a)　　b)

图 2-242　两种剖切曲面效果

a)"端点-顶点-顶线"　b)"四点-斜率"

并按鼠标中键完成操作，结果如图 2-242a 所示。

(6) 四点-斜率　操作过程与上面类似，选择曲线顺序为 A、B、C、D、C、D，其中最后的 D 作为脊线，也可以换成其他线。结果如图 2-242b 所示。

(7) 点-半径-角度-圆弧　操作时要在起始边制作一个曲面，现在还是以图 2-240a 所示的 P1 面作为操作对象。

操作时，将【类型】选项修改为"点-半径-角度-圆弧"，选择曲线顺序为 A、P1、D，其中 P1 是曲面，D 是脊线，可以换成其他线，然后将【半径规律】的"值"修改为 80，【角度规律】的值修改为 90，单击鼠标中键，完成后结果如图 2-243a 所示。

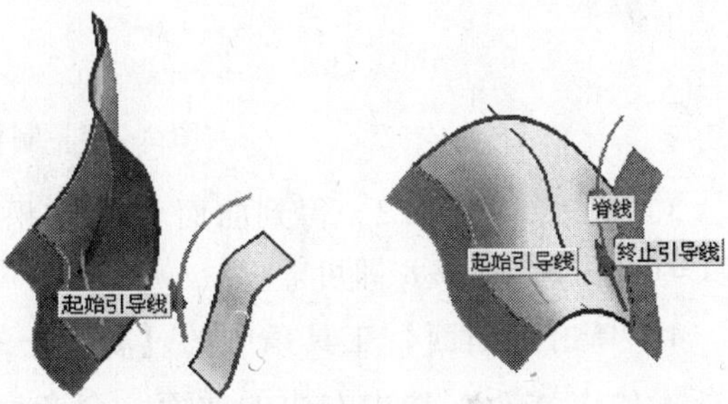


a)　　b)

图 2-243　另两种剖切曲面效果

a)"点-半径-角度-圆弧"　b)"圆角-桥接"

(8) 圆角-桥接　操作时要在起始边制作两个曲面，现在还是以图 2-240a 所示的 P1 面及 P2 面作为操作对象。

操作时，将【类型】选项修改为"圆角-桥接"，选择曲线顺序为 A、B、P1、P2，其中 P1、P2 是曲面，将【开始连续性】与【结束连续性】选项都修改为 G3，如果有必要，还可修改【深度】与【歪斜】两个微调按钮，完成后按鼠标中键，结果如图 2-243b 所示。

由于其他操作都类似，就不在此一一介绍了，请读者自己完成练习。

**2. 实例操作**

**实例 2-25　特形曲面制作**

如图 2-244a 所示是一个复杂曲面，由多个曲面组成，各面间连续性为 G1 或 G2，因此

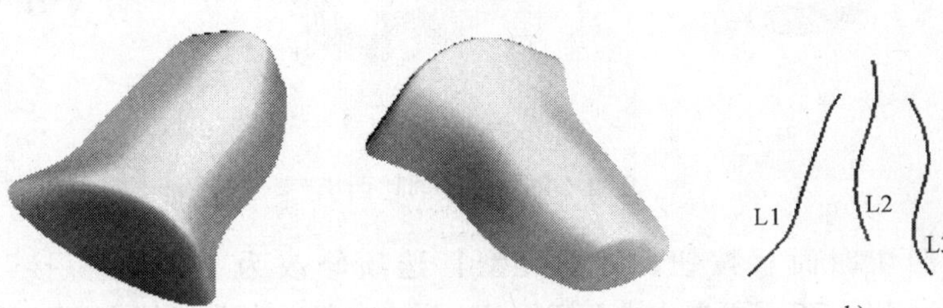


a)　　b)

图 2-244　复杂曲面及其草图

a) 曲面效果　b) 草图曲线

表面较为光滑。

操作过程如下：

1）制作如图 2-244b 所示的三条曲线。

2）使用“拉伸”命令，对图 2-244b 所示的曲线 L1 进行拉伸，拉伸时，单击【矢量构造器】按钮，当弹出【矢量】对话框时，将【类型】选项修改为“按系数”，然后将【I】值设置为 -0.6，【K】值设置为 -0.8；将拉伸长度设置为 15，按鼠标中键完成操作，产生拉伸曲面 P1，结果如图 2-245a 所示。

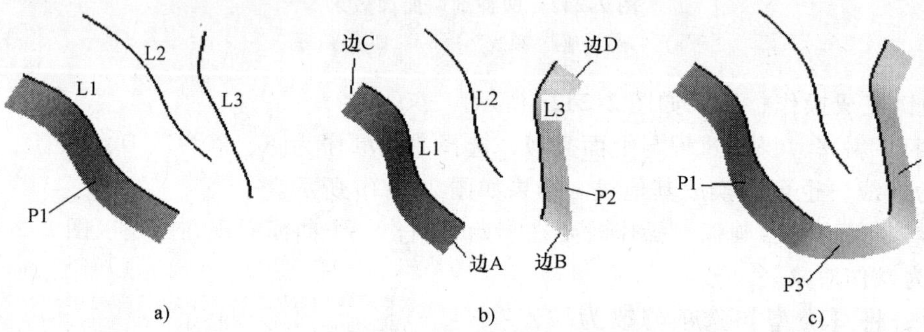


图 2-245　制作拉伸与桥接曲面

3）同理，拉伸 L3，得到曲面 P2，结果如图 2-245b 所示。拉伸时设置方向矢量的系数为 I=0.6，K= -0.8 即可。

4）单击【曲面】工具条中的【桥接】按钮，弹出【桥接】对话框，单击图 2-245a 图所示的边 A 处，选中左边的曲面，会产生一个沿边 A 向上的箭头，注意此时不要按鼠标中键；再单击右边曲面的边 B 处，也产生一个沿边 B 向上的箭头，然后将对话框中的【连续类型】选项修改为“相切”；按鼠标中键多次，就产生了新的曲面 P3，结果如图 2-245c 所示。

5）同上，以图 2-245b 所示的曲面 P1、P2 作桥接，桥接时用边 C 及边 D。结果如图 2-246a 所示。

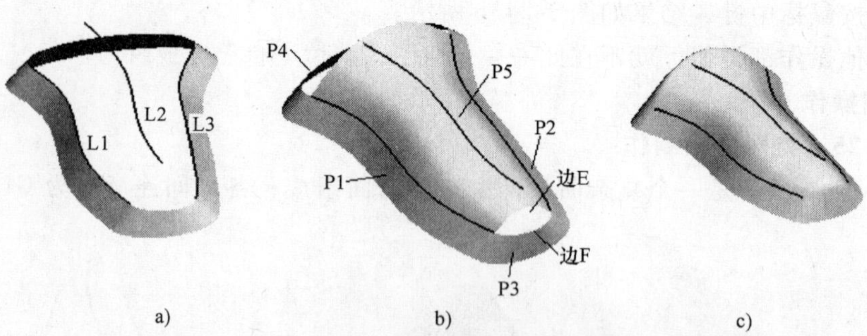


图 2-246　制作剖切曲面

6）单击【剖切曲面】按钮，将【类型】选项修改为“圆角-桥接”，然后先单击图 2-246 中的曲线 L1，L2，再单击曲面 P1、P2，每单击一次曲线或曲面，都要按鼠标中键一次；然后将连续性修改为 G2，再按鼠标中键，完成曲面 P5，结果如图 2-246b 所示。

7）再对面 P3 及 P5 进行桥接、对面 P4 及 P5 进行桥接，结果如图 2-246c 所示。

8）使用【特征】工具条中的“缝合”命令对所有曲面进行缝合，并进行后处理，得到图 2-244a 所示效果。

## 2.3.6　自由曲面成形及实例

### 1. 主要命令

图 2-247 所示是【自由曲面形状】工具条，其中提供了多种制作曲面的工具及曲面编辑工具，下面先介绍一下几个主要命令的使用。

图 2-247　【自由曲面形状】工具条

（1）四点曲面　【四点曲面】操作过程是依次在作图区中选择 4 个点或输入点坐标，按鼠标中键确定就可完成操作。如输入四个点：（0，0，0）、（100，0，0）、（100，100，0）、及（0，100，100）。结果如图 2-248a 所示。

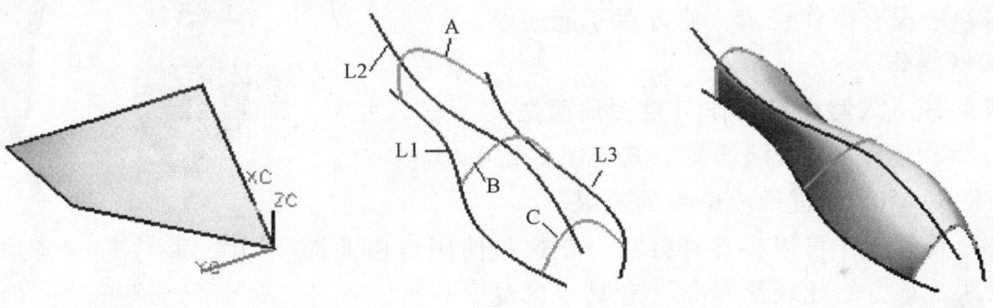


a)　　b)　　c)

图 2-248　曲面操作

（2）艺术曲面　先制作如图 2-248b 所示的一个框架，然后单击【艺术曲面】按钮，弹出【艺术曲面】对话框；与“通过曲线网格”类似，先选中 A、B、C 三线，每选中一曲线后，需要按鼠标中键一次，然后再依次选中 L1、L2、L3 三线，也是每选中一曲线需要按鼠标中键一次，单击【确定】按钮就可完成“艺术曲面”的创建，结果如图 2-248c所示。

（3）样式扫掠　以图 2-248b 所示的框架为例，单击【样式扫掠】按钮，弹出【样式扫掠】对话框，将【类型】选项修改为“一条引导线”，然后再依次单击图 2-248b 所示的 A、B、C 三线（可以有更多曲线），然后再单击曲线 L1，结果如图 2-249a 所示。

如果将【类型】选项修改为“1 条引导线，1 个触点”，然后单击曲线 C、L2 及 L1，也是每单击一次曲线后要按鼠标中键一次，结果如图 2-249b 所示。

如果将【类型】选项修改为“1 条引导线，1 个方位”，然后单击曲线 C、B、A、L2 及 L1，也是每单击一次后，再按鼠标中键一次。结果如图 2-249c 所示。需要注意的是在选择 L1 时，应单击靠近曲线下端的位置，以方便确定方位。

如果将【类型】选项修改为“2 条引导线”，然后单击曲线 C、B、A、L1 及 L3，也是每单击一次要按鼠标中键一次，结果如图 2-249d 所示。

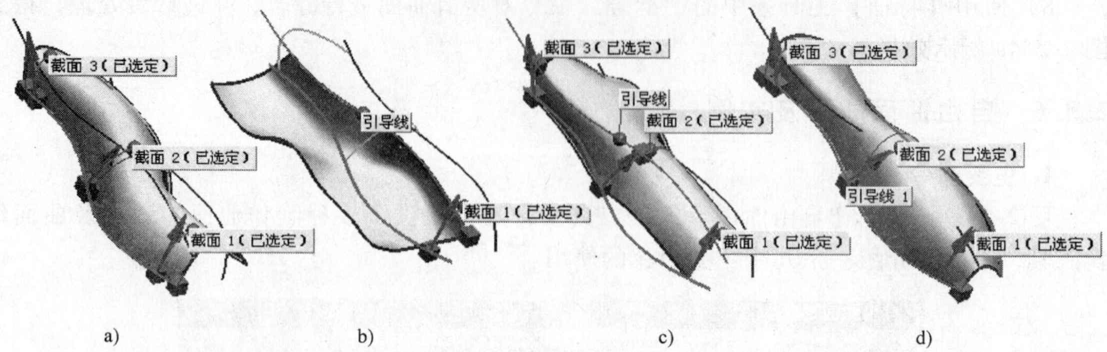


图 2-249　样式扫掠

请读者注意“样式扫掠”不同类型的操作过程的区别。

（4）X 成形　“X 成形”命令可以对曲面进行任意变形，是一个功能强大的编辑曲面命令，但与【自由曲面形状】工具条中的许多编辑命令一样，它对曲面的修改会破坏原曲面的参数，也就是说在【部件导航器】中没有操作记录，修改后不能还原。

**2. 实例操作**

**实例 2-26　人脸面具制作（自由曲面法）**

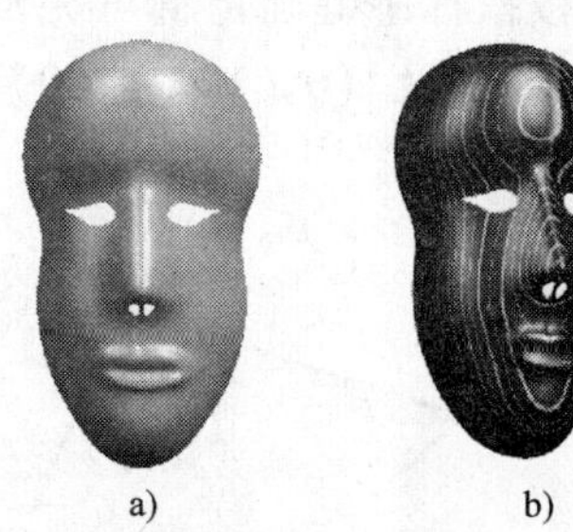


图 2-250　人脸面具
a）渲染前　b）渲染后

图 2-250 所示为一人脸面具。其中图 2-250a 为没有渲染的效果，图 2-250b 是进行渲染后的效果。

人脸面具的制作可以有多种方法，在这里使用自由曲面建模的方法，该方法比较简单，读者易于接受。另外，由于是面具，模型不一定要求很精确，所以建模以形似为主。如果要得到精确的建模，可以用其他方法来实现。

首先，按图 2-251 所示制作一个三维框架。

使用【曲面】工具条中的“通过曲线网格”命令对其作出曲面。制作时，以点 1、曲线 3、点 2 作为主线串，以曲线 1、曲线 4、曲线 2 作为交叉线串来完成，结果如图 2-252 所示。

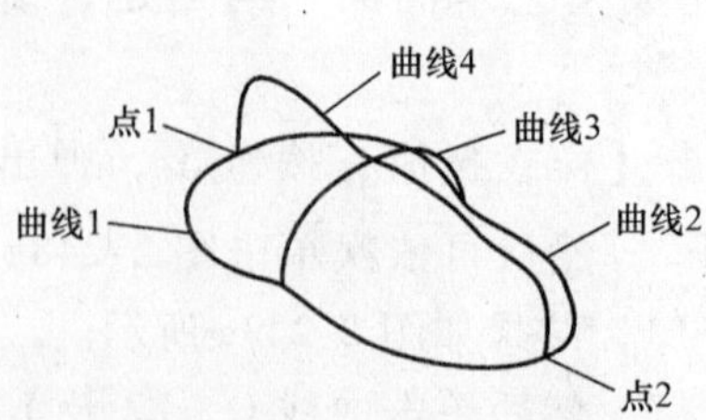


图 2-251　作出面具轮廓线

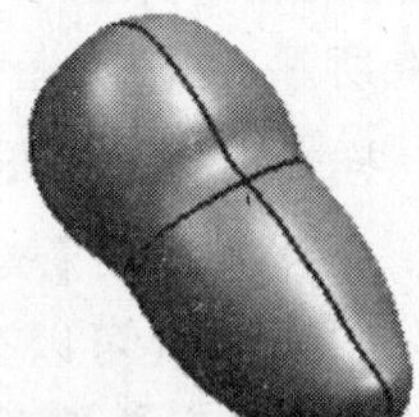

图 2-252　作出的曲面

单击【自由曲面形状】工具条中的【X-成形】按钮，弹出【X-成形】对话框，单击图 2-252 中的曲面，弹出【X-成形】警告对话框，此对话框说明如果进行 X-成形操作，则特征参数将被移除，单击【是】按钮，进入 X-成形环境，此时，可以看到原来的曲面上布满了不均匀的控制点，如图 2-253 所示。

将【X-成形】对话框中的【类型】选项修改为“平移”，将【平移方向】选项修改为“ZC”z↑ZC，表示平移是在ZC方向上进行的，然后将【步进】值修改为3.5。单击选中图2-253中的“鼻子第一点”，然后单击【X-成形】对话框中【步进】值右侧的+按钮一次，可以看到刚才选中的点上移了；再选中“鼻子第一点”往上的一个点，然后再单击+按钮一次；如此做下去，直到鼻子的根部为止，可以看到，鼻子的形状如图2-254所示。

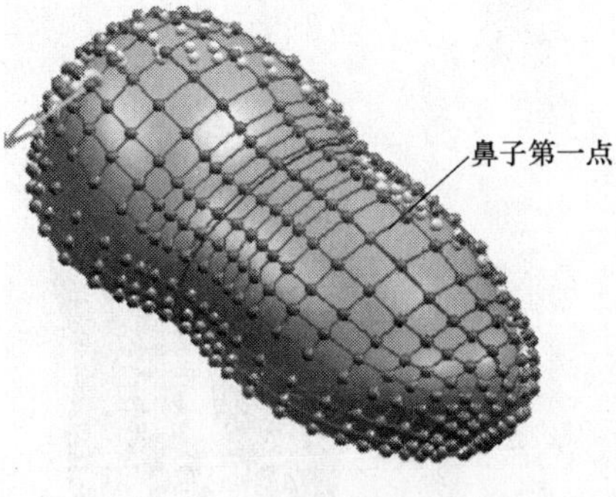


图2-253 进入到【X-成形】环境

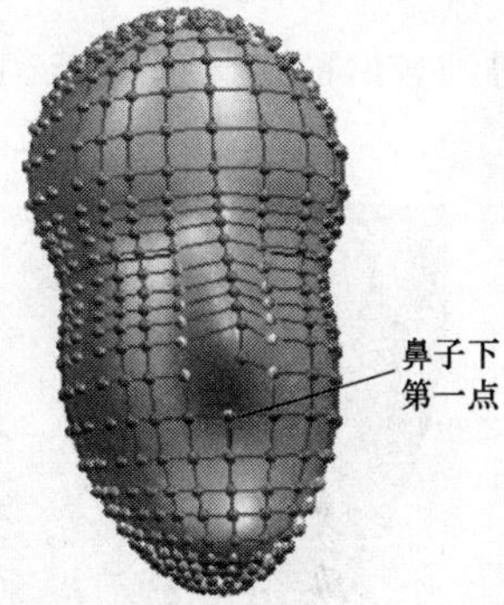


图2-254 比例移动后的效果

将【X-成形】对话框中的【平移方向】选项修改为“YC”，按住〈Shift〉键不放单击原来选中的各点，以便取消这些点的选择；然后选中图2-254中“鼻子下第一点”，单击【－】按钮4~6次，使鼻子往里面凹进去一些，结果如图2-255所示。

单击【应用】按钮后，将【高级方法】选项修改为“插入结点”，单击【插入结点】区域中的【U向】单选钮，将下面的移动按钮移动到70%左右。此时，可以看到在曲面上“插入结点”的位置线移动到了图2-255所示的位置。单击对话框中的【插入结点】按钮，完成一个节的插入。

解释：“节”就是一条节线，节线有U向与V向之分，系统会在U、V方向的交点处产生一个控制点，称为“节点”因此，节点越多，控制点越多，越能进行复杂细致的操作。由于翻译的原因、【插入结点】按钮实现“插入节”功能。

以同样的方法，在U向再插入适当数量的节；同理，V向也插入若干节，这样做可以在下面要作的嘴巴处产生更多控制点，便于作出嘴巴的形状。完成后，再将【高级方法】选项修改为“关闭高级选项”，结果如图2-256所示。与图2-254对比可以看出，“插入节”

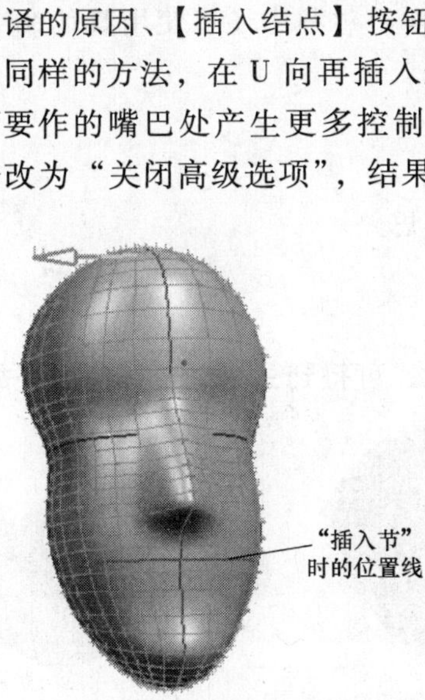


图2-255 “插入节”操作

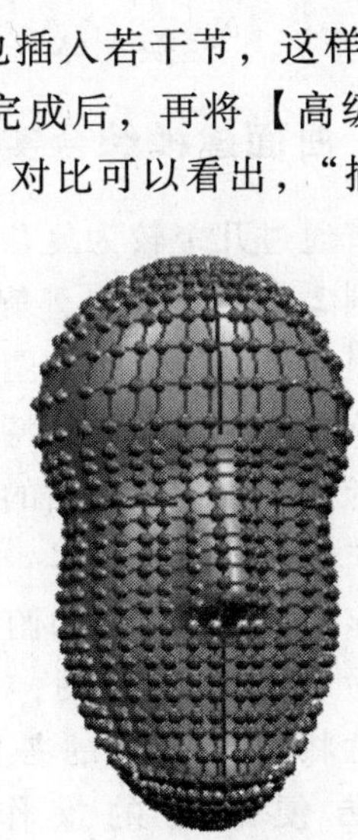

图2-256 完成“插入节”后的效果

操作后多了许多控制点。

现在，将【类型】选项修改为“沿控制多边形平移”。单击其中的一个控制点，其上会出现上下左右共 4 个箭头，单击其中一个箭头，然后按住鼠标朝箭头方向移动，结果可以看到控制点移动了；同样可以移动其他点。将嘴部的控制点仔细移动，最终形成嘴巴的形状，如图 2-257 所示。

完成后，再使用“成比例移动”以及“平移”等命令对嘴巴进行细微调节，以便得到较好的效果，最后调节效果如图 2-258 所示。

图 2-257　移动各点后得到嘴巴的大致形状

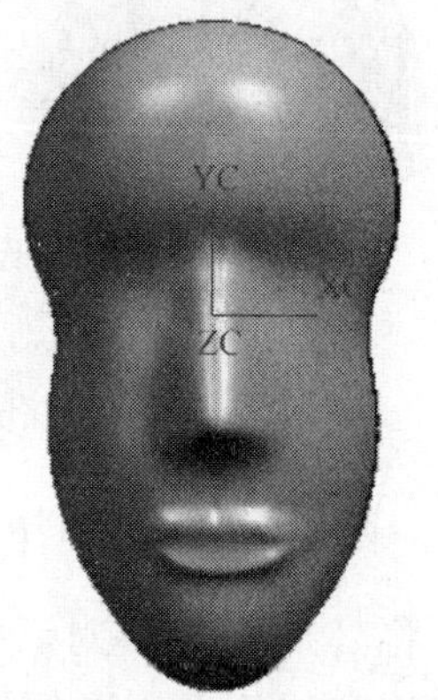

图 2-258　作出嘴巴的效果

最后，使用“拉伸”命令，绘制出眼睛孔与鼻子孔，结果如图 2-250a 所示。还可用前面讲到的渲染方法进行渲染，得到图 2-250b 所示的效果。

值得注意的是，这个面具做得还不够细致，如果有兴趣，可以在此基础上作出眉、耳等内容。

从这个实例可以看出，自由曲面成形的原则是：以某方法作出曲面，然后在此基础上使用【自由曲面形状】工具条中的命令进行变形、变换等，直到得到需要的模型为止。本例中仅使用了其中功能最强大的“X-成形”命令，读者在学习过程中还可使用其他命令，如“曲面变形”、“变换片体”、“光顺极点”等命令。

### 2.3.7　曲面建模综合实例

本节通过几个较为复杂的实例，介绍几种不同的建模思路。

**实例 2-27　电熨斗外壳制作**（自由曲面法）

电熨斗外壳的效果如图 2-259 所示。

分析：这种外壳形状特殊，按照前面的投影法来投影，可得到一个五边形曲面。故此例将向读者介绍五边形曲面的制作方法。

操作步骤如下：

先作图 2-260 所示的俯视图草图。

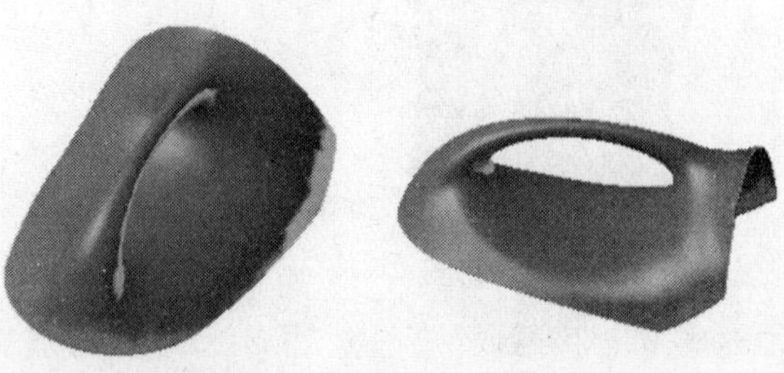
图 2-259　电熨斗外壳的效果

然后作主视图草图，如图 2-261 所示。注意将此草图中的各曲线打断为多段，以方便后面的操作。将上面的图 2-260与图 2-261 作完后的三维效果如

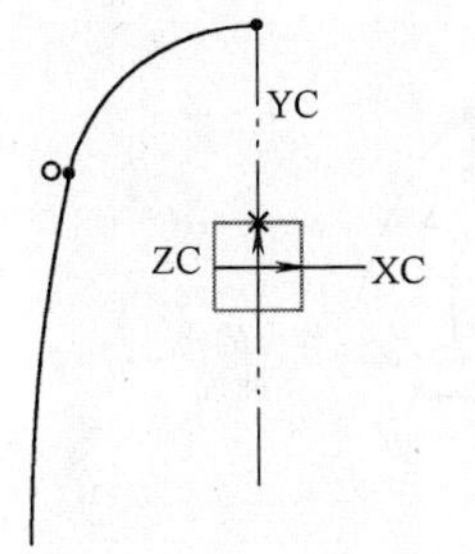


图 2-260 俯视图草图

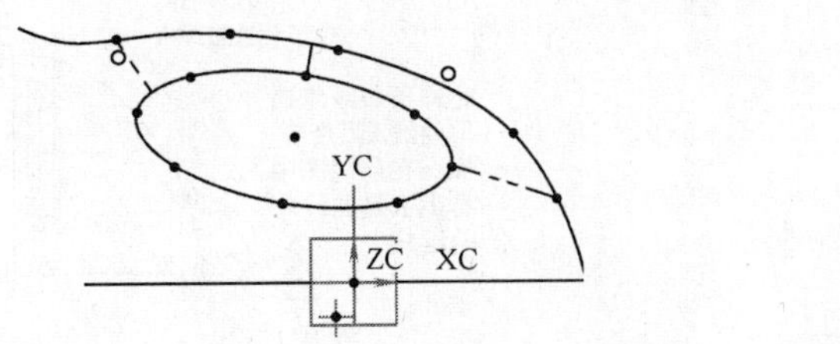


图 2-261 主视图草图

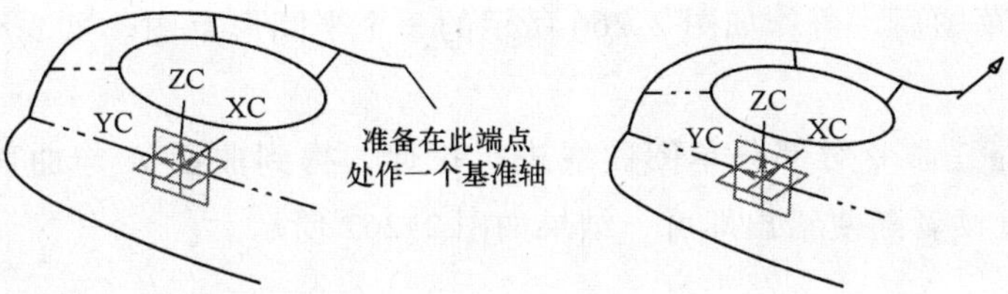


a) b)

图 2-262 作完两个草图后的效果

图 2-262a 所示。

单击【特征】工具条中的【基准轴】按钮，弹出【基准轴】对话框，先选中图 2-262a所示的曲线端点，然后单击 XC 方向的基准轴，创建一个新的基准轴，如图 2-262b 所示。

然后单击【特征】工具条中的【基准面】按钮，作一个通过刚才作的基准轴，同时又垂直于 YC-ZC 面的基准面；再作一个过上面的基准轴且与刚才作的基准面夹角为 10°的另一基准面，结果如图 2-263 所示。

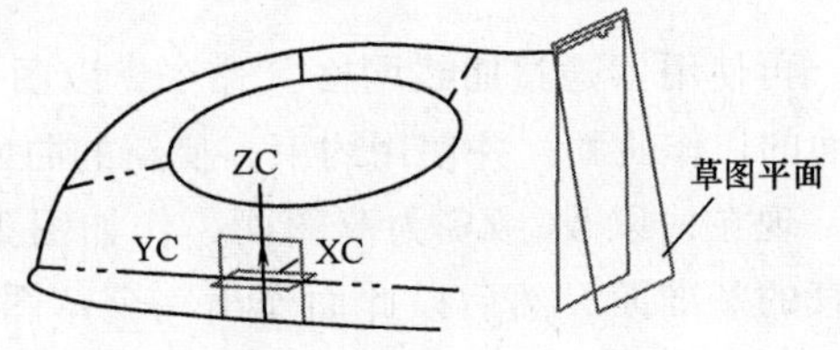


图 2-263 作出的两个基准面

将后作的基准面作为草图平面，作如图 2-264a所示的草图。图 2-264b 所示是退出草图后的三维效果。

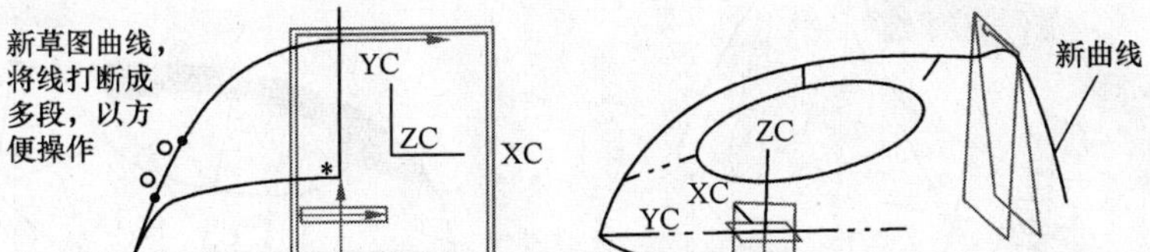


a) b)

图 2-264 作出的第 3 个草图

a）完成的草图 b）三维效果

作一条样条曲线，将图 2-264b 所示框架中未闭合的两个端点连接起来，以便使整个图形封闭，同时，新作的样条曲线要与图 2-264b 所示的新曲线有相似的弧度，当进入到前视图时，样条曲线与图 2-264b 所示的新曲线看上去是连续的，过渡是平缓的，效果如图 2-265a所示。图 2-265b 所示是三维效果。

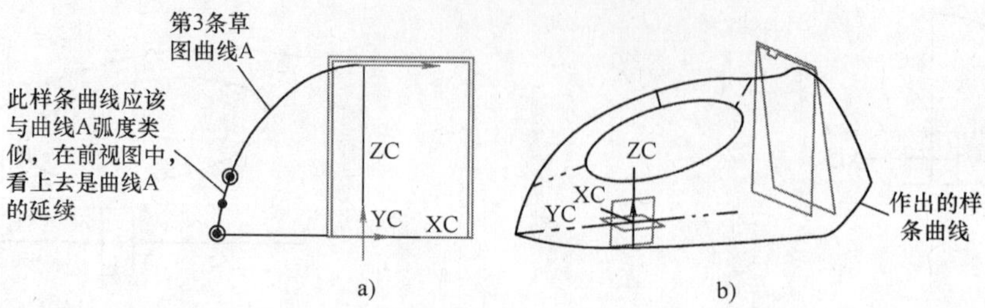


图 2-265　作出的样条曲线效果

a）前视图效果　b）三维效果

作完了上面的草图后，再作如图 2-266 所示的 3 个半圆形草图。这 3 个草图均要与 YC-ZC 面垂直。

使用“拉伸”命令对部分草图曲线进行拉伸，得到曲面 A 与曲面 B，拉伸方向为 XC 方向，拉伸长度读者随便给出即可，结果如图 2-267 所示。

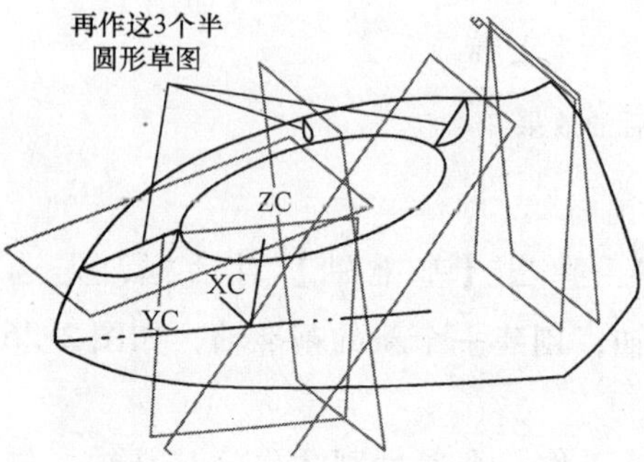


图 2-266　作出 3 个半圆形草图

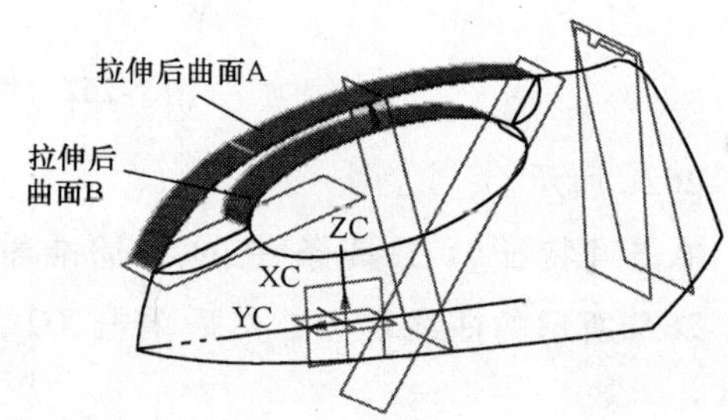


图 2-267　拉伸出两个曲面

再使用“通过曲线网格”命令，以图 2-266 所示的 3 个半圆形草图及图 2-267 所示的拉伸曲面的边作曲面，并使用约束，使新的曲面相切于曲面 A 与曲面 B，结果如图 2-268 所示。

现在，以 YC-ZC 为草图面，作如图 2-269 所示的草图。再作通过此曲线且与 YC-ZC 面垂直的基准面，然后以此面作出一个草图，效果如图 2-270 所示。该图中的草图曲线由两段圆弧组成，其中与中间椭圆相交的圆弧的中心要在 YC-ZC 平面内。

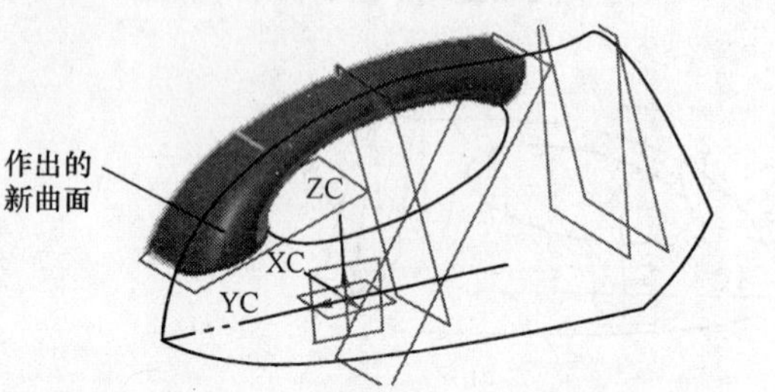


图 2-268　作出了“通过曲线网格”曲面

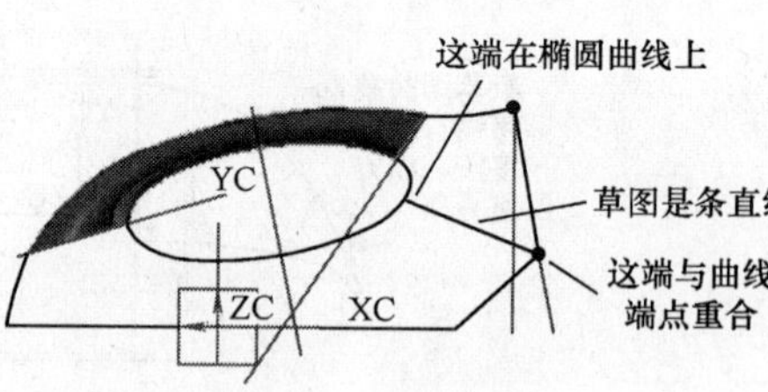


图 2-269　作出的新草图

完成这条曲线后，需绘制一条样条曲线。这条样条曲线左右两端都要进行 G2 约束，并通过指定约束，对样条曲线进行修改，最后结果如图 2-271 所示。

作两个基准面，分别通过如图 2-262 所示曲线的两个端点，再将与样条线两个端点相连的两条曲线拉伸成曲面，结果如图 2-272 所示。

单击【特征】工具条中的【分割面】按钮，用图 2-272 中刚才作的面分割拉伸面，

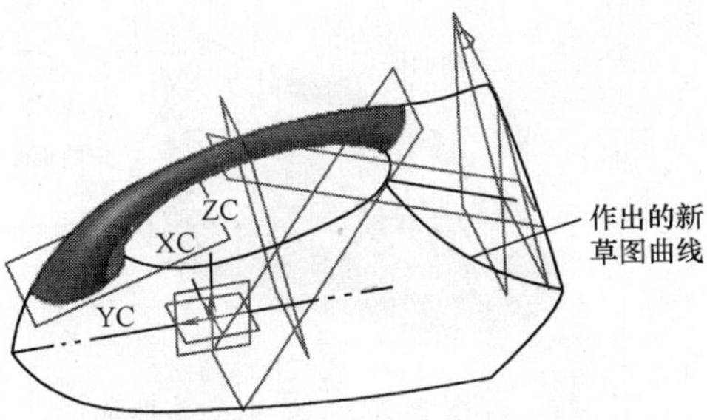


图2-270　作出新的草图曲线

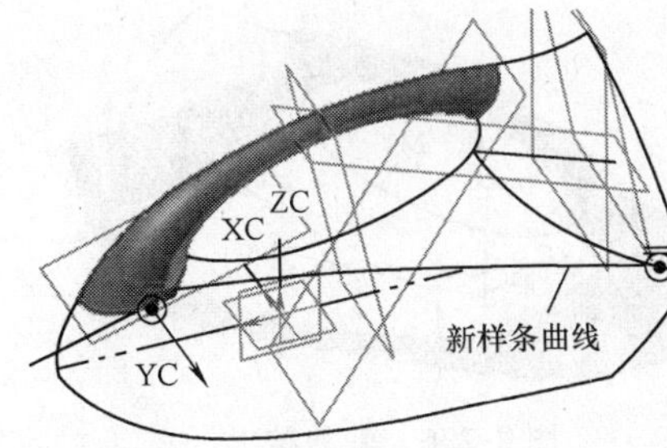


图2-271　作出连接样条曲线

将两个拉伸面分割成两部分。然后，以刚才分割面时的两条分割线作桥接曲线，将不需要的曲线与曲面隐藏，结果得到如图2-273所示的桥接曲线（用【曲线】工具条中的【桥接曲线】按钮，注意调整桥接曲线的曲度）。

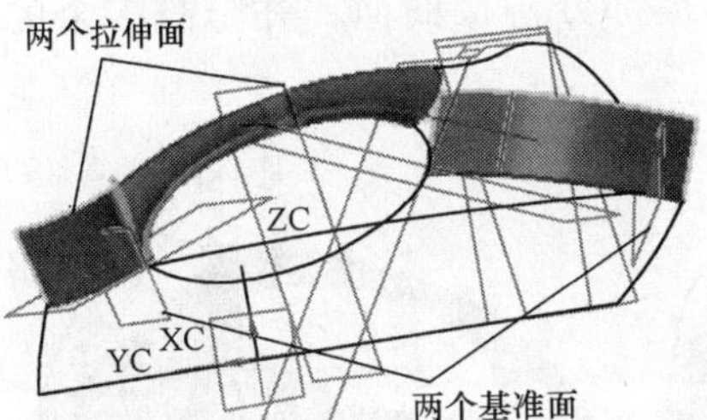


图2-272　作出两个拉伸面与两个基准面

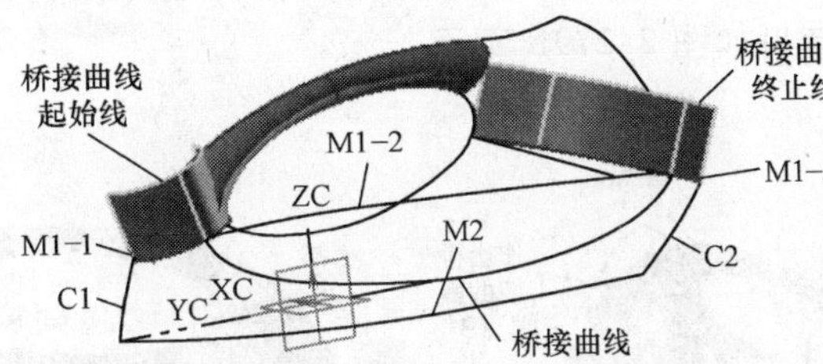


图2-273　作出的桥接曲线

然后使用“通过曲线网格”命令以M1-1、M1-2、M1-3三段线作第一条主线串，以M2作第二条主线串，以C1、C2分别作第一、二条交叉线串，创建一个曲面，结果如图2-274所示。

使用“拉伸”命令将图2-273所示的桥接曲线拉伸成曲面，拉伸方向为－XC方向，产生的面将与图2-274所示的曲面相交，结果如图2-275所示。

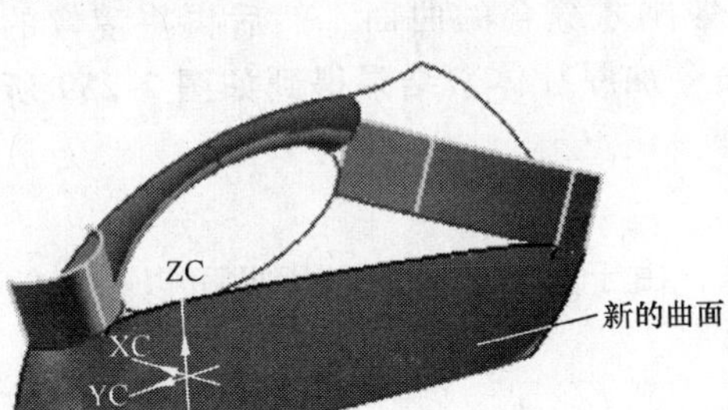


图2-274　作出的新曲面

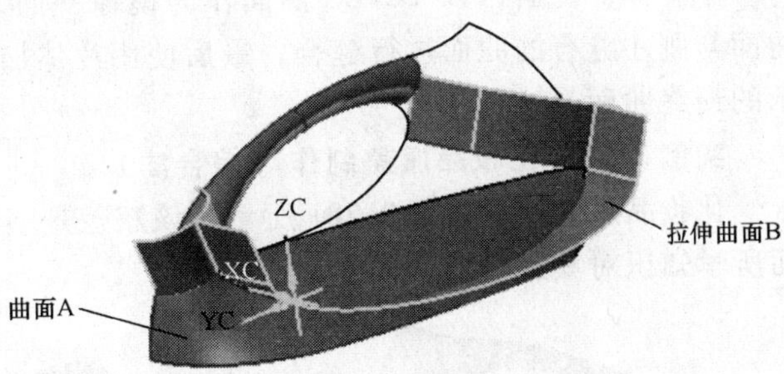


图2-275　拉伸曲面

使用【曲面】工具条中的“修剪的片体”命令，用拉伸曲面B修剪曲面A，并隐藏拉伸曲面B后，结果如图2-276所示。

以图2-276中的M1线作拉伸曲面，以M1、M2作主线串，以C1、C2作交叉线串，作“通过曲线网格”的曲面，使新的曲面相切于通过M1拉伸的曲面及图2-275所示的曲面A，结果如图2-277所示。

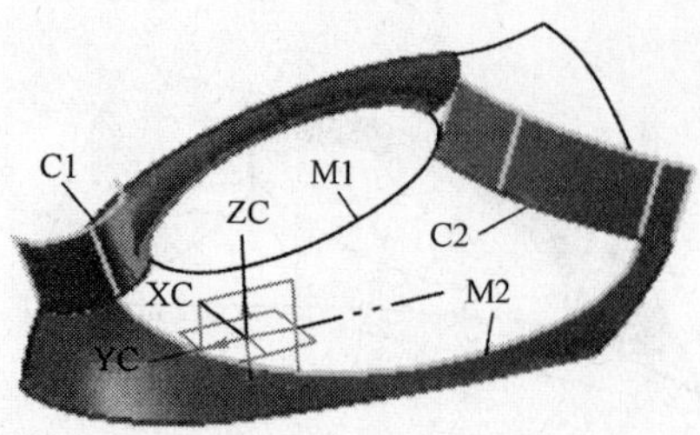


图 2-276　修剪结果

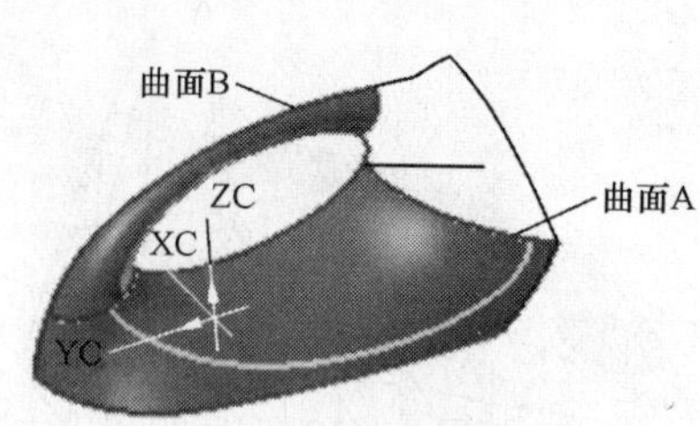


图 2-277　作出的新曲面

单击【曲面】工具条中的“桥接”命令，然后分别单击图 2-277 中的曲面 A 与曲面 B，并且保证两个箭头方向相同，起点相似，然后单击【应用】按钮完成桥接曲面的创建，结果如图 2-278 所示。

接下来，以图 2-278 中的端点 A 与端点 B 作样条曲线，然后以此曲线作拉伸曲面，结果如图 2-279a 所示。然后使用“修剪的片体”命令修剪掉部分桥接曲面，并隐藏多余的内容，结果如图 2-279b 所示。

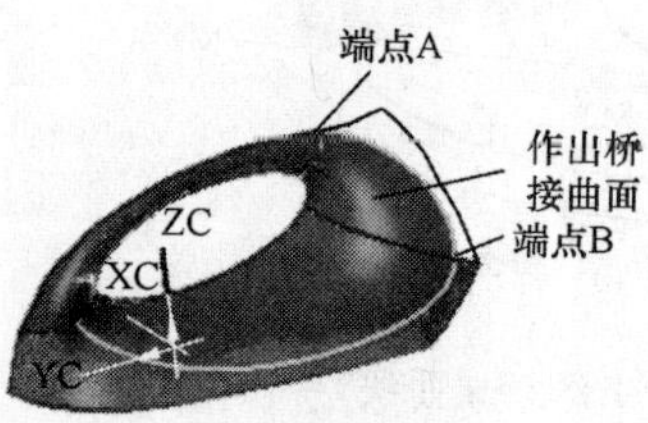


图 2-278　作出的桥接曲面

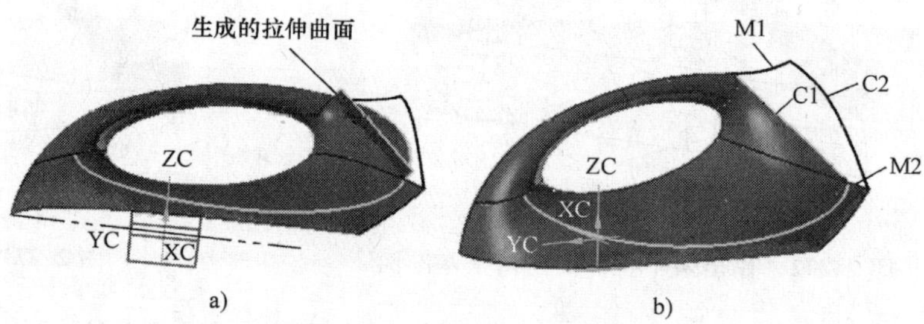


图 2-279　作出修剪效果

然后，以图 2-279 右侧图中的 M1、M2 作主线串，C1、C2 作交叉线串，作“通过曲线网格”的曲面，并使曲面与桥接曲面相切，结果如图 2-280 所示。

将多余的所有曲线、基准、曲面移到某标准层，然后将所有曲面缝合，使作出的曲面成为一个整体。之后，以 YC-ZC 曲面作为镜像平面，镜像刚才缝合的曲面，然后再将镜像的曲面与刚才缝合的曲面进行缝合，最后使用片体加厚命令加厚片体，结果得到如图 2-259 所示的最终曲面。

**实例 2-28　化妆品瓶盖制作**（综合法）

化妆品瓶盖效果如图 2-281 所示。该瓶盖是塑料件，由于其形状特殊，因此可以综合前面所学知识对其进行综合建模。

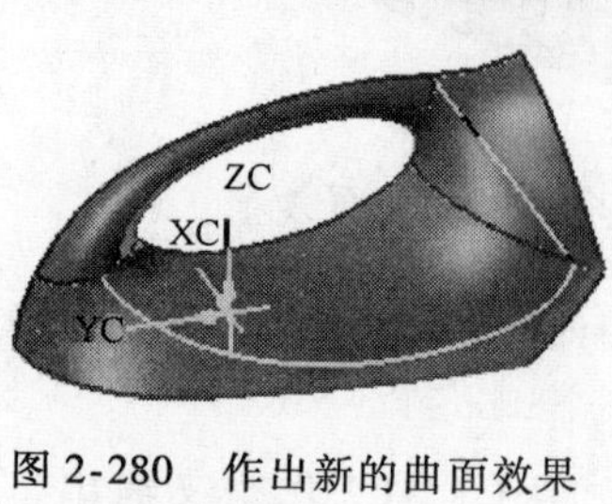


图 2-280　作出新的曲面效果

图 2-281　化妆品瓶盖效果

操作步骤如下：

1）制作如图 2-282a 所示的草图，之后进行旋转，旋转时使用片体，不旋转成实体。结果如图 2-282b 所示。

2）制作图 2-283a 所示的草图，拉伸成曲面，如图 2-283b 所示。然后使用“修剪与延伸”命令进行修剪，并隐藏刚才的拉伸曲面，结果得到如图 2-283c所示的效果。

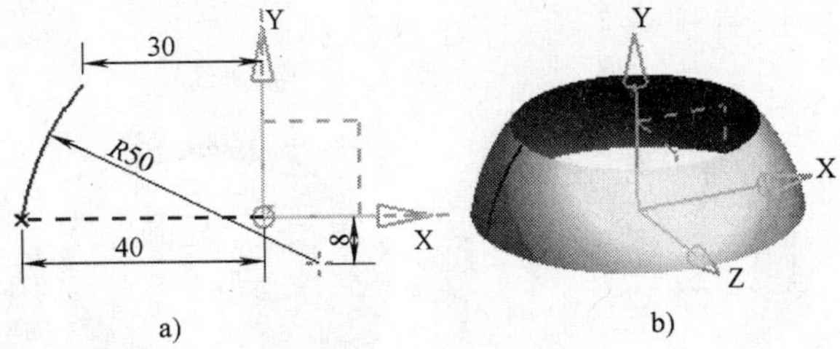


图 2-282　旋转及草图

a）草图　b）旋转后效果

3）对修剪后的片体加厚 2mm，并作一个与 XY 面相距 18 的基准面，然后在此基准面上制作草图。在作草图时，使用草图环境中的“交点”命令作出草图基准面与加厚片体的内侧边的交点，并以这两个交点作为圆弧的端点，作出半径为 32 的圆弧。如图 2-284a 所示。

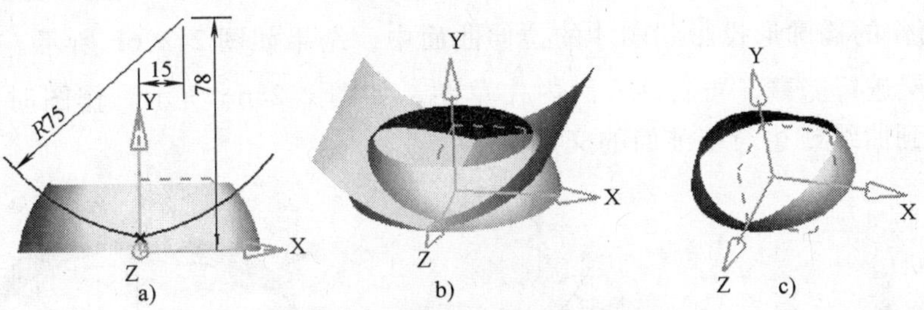


图 2-283　修剪片体

a）草图　b）拉伸曲面　c）修剪曲面

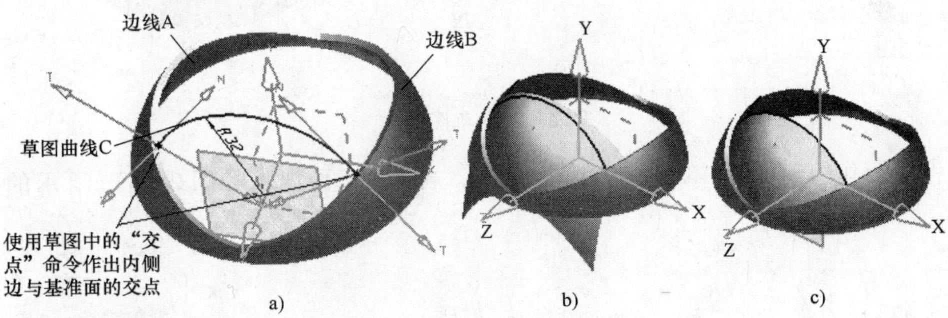


图 2-284　制作草图与曲面

a）草图　b）创建曲面　c）修剪曲面

4）以图 2-284a 所示的边线 A、B 及草图曲线 C 作“N 边曲面”，结果如图 2-284b 所示。再使用“修剪的片体”命令，以边 A、B、及草图作为修剪工具，对 N 边曲面进行修剪，结果如图 2-284c 所示。记该曲面为 P 曲面。

5）在 XZ 面内作一圆弧形草图，圆弧两端分别与图 2-284a 图所示草图（记该曲线为草图曲线 A）的端点共点，结果如图 2-285a 所示。记该曲线为草图曲线 B。

6）以草图曲线 B 及草图曲线 A 作“直纹”曲面，结果如图 2-285b 所示，记该曲面为 K 曲面。在 XZ 面内作椭圆草图，如图 2-285c 所示。在 XY 面内作圆弧形草图，如图 2-285d 所示。

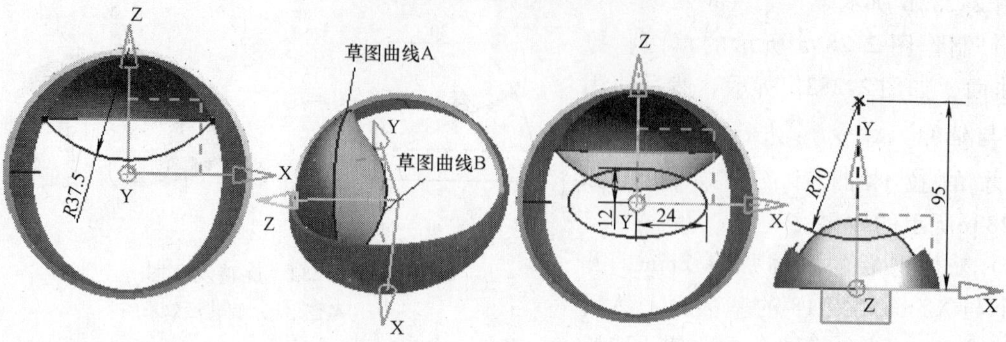


图 2-285　制作草图及直纹曲面

7）以刚才作的弧形草图拉伸，得到一曲面，如图 2-286a 所示。然后使用“投影曲线”命令将前面作的椭圆形投影到刚才的拉伸曲面中，结果如图 2-286b 所示。将不必要的内容移动适当图层进行隐藏，再在 XY 面内作草图，如图 2-286c 所示。作图时注意使用“交点”命令来得到曲线或边与基准面的交点。

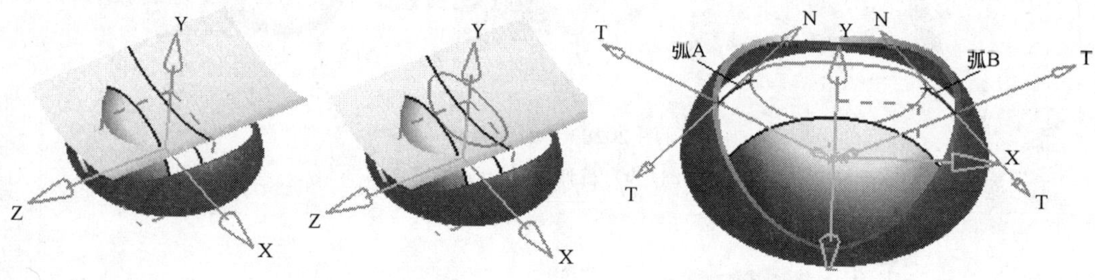


图 2-286　草图制作

8）将前面作的曲面 P、K 移动到某标准层，再在 YZ 面内作如图 2-287a 所示的草图曲线 F。

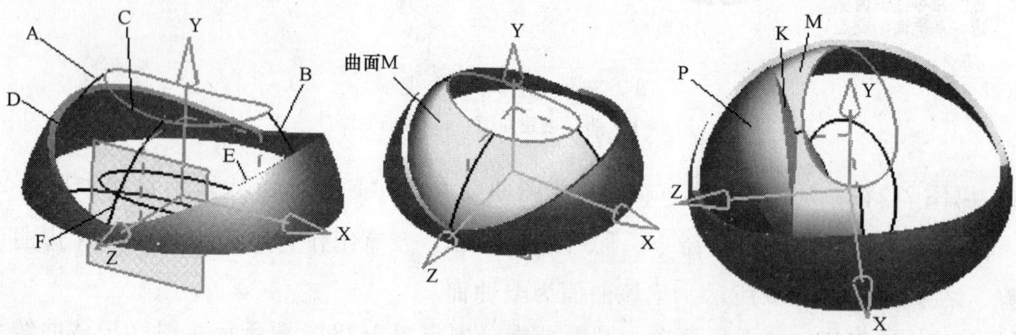


图 2-287　作【通过曲线网格】曲面

9）然后使用“通过曲线网格”命令制作曲面，制作时，使用前面的投影曲线的一半，即图 2-287a 所示的 C 段作为第一主曲线，以加厚体的内侧边缘 D、E 作为第二主曲线，以

A、F、B 作为交叉曲线，结果如图 2-287b 所示。记该曲面为 M，注意在作曲面时，选择内侧边缘线时可以将【选择条】工具条中【在相交处停止】按钮按下，以便在选择曲线时只选择其中的曲线的一部分。

10）将前面隐藏的 P、K 两个曲面显示出来，结果如图 2-287c 所示。使用“修剪和延伸”命令对曲面 M 与曲面 K 进行相互修剪，结果如图 2-288a 所示。

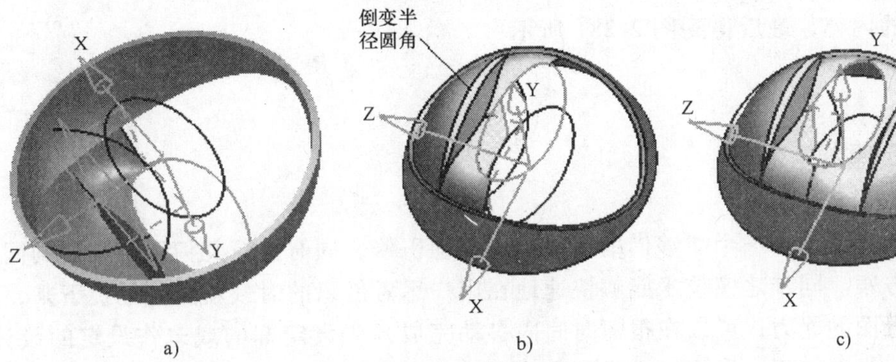


图 2-288　编辑曲面

11）使用【特征】工具条中的“缝合”命令将修剪后的曲面 P、K、M 缝合成为一个整体，再使用“边倒圆”命令对 P、K 二曲面进行倒圆，倒圆时倒变半径的圆角，在交线两端倒圆半径为 0，中间为 2，结果如图 2-288b 所示。

12）使用“实例几何体”命令将刚才倒圆后的曲面镜像到另一侧，结果得到图 2-288c的效果。同时，再使用“缝合”命令将镜像前后的两个面缝合。

13）作一个基准面平行于 XZ 面，同时离 XZ 面距离为 18，在该面上制作一个圆形草图，注意将该草图打断成 4 段。结果如图 2-289a 所示。

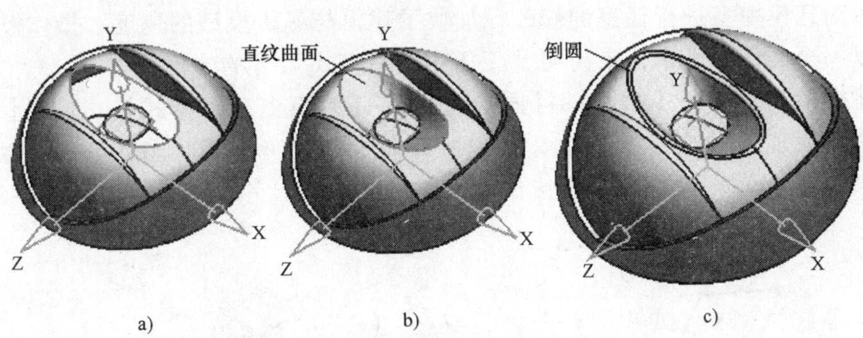


图 2-289　制作直纹面

14）以椭圆形投影曲线及刚才的圆形草图作“直纹”曲面，结果如图 2-289b 所示，再将直纹面与前面的曲面缝合。

15）对缝合后的曲面倒圆 1.5，结果如图 2-289c 所示。

16）使用【特征】工具条中的“加厚”命令，对刚才所作的曲面进行加厚，加厚的厚度为 0.85。需要注意的是，在前面制作过程中，如果曲面制作不理想，可能出现不能加厚的情况，同时加厚的厚度也很重要，如本例加厚的厚度以 0.9 左右为最佳。结果如图 2-290a 所示。

17）使用拉伸命令，拉伸出底板，结果如图 2-290b 所示。

18）进行后处理，包括赋予实体材料、隐藏不必要的内容，最后得到图 2-281 所示的效果。

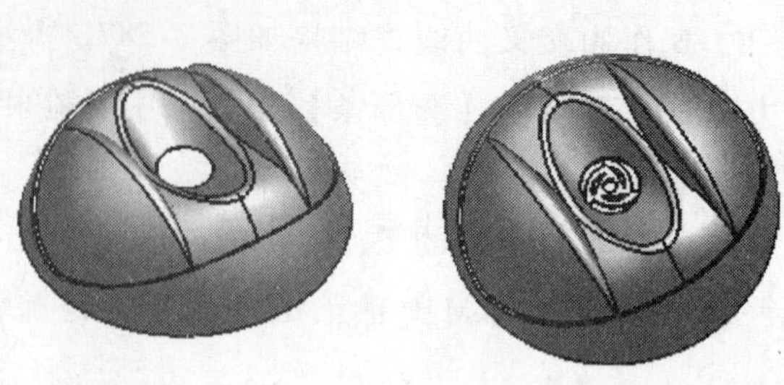

a)　　b)

图 2-290　加厚与拉伸

## 2.4　同步建模

同步建模技术是第一个能够借助新的决策推理引擎，同时进行几何图形与规则同步设计建模的解决方案。同步建模技术能够快速地在用户思考创意的时候就将其捕捉下来，具有快速捕捉用户意图的能力；可以在很短时间内自动完成预先设定好的或未作设定的设计变更，可以快速进行设计变更；允许用户重用来自其他 CAD 系统的数据，无需重新建模，可以提高多 CAD 环境下的数据重用率；它兼具了成熟三维建模器的稳定耐用性以及二维的易用性，使用户得到新的体验。

UG 提供同步建模功能中的一小部分命令只能在“无历史记录模式”下才能起作用，如“横截面编辑”命令；而大部分命令既可以在“无历史记录模式”下使用，也可以在“历史记录模式”使用。

历史记录模式是传统的建模模式，UGNX5 以前版本都是以此模式建模，系统会记录所有操作步骤，并可在【部件导航器】中对前面的任意步骤进行编辑修改；而无历史记录模式则不会保留历史记录，因此，不能对以前的操作进行编辑，但这种建模模式提供了更灵活的操作，可对建模模型进行任意的修改，加快了建模与编辑模型的速度，操作极富特色。

下面以一个实例的操作，来说明“无历史记录模式”下的建模过程。

进入建模模式，单击【插入】→【同步建模】→【无历史记录模式】，进入【无历史记录模式】状态，发现【同步建模】工具栏中所有命令都处于可用状态；单击【拉伸】按钮，以如图 2-291a 所示草图建立一个拉伸长为 100 的拉伸体。完成拉伸后得到图 2-291b 所示的实体。

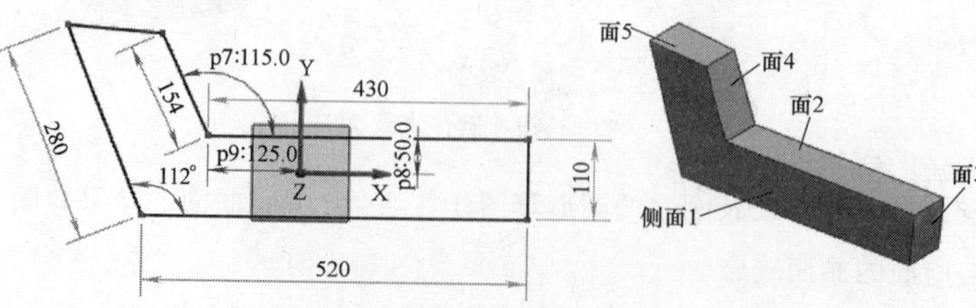


a)　　b)

图 2-291　建立拉伸体

a）草图　b）拉伸体

单击【移动面】按钮，并单击选中图 2-291b 所示侧面 1，此时，会出现【移动面】对话框，并看到在被选择的面上有移动箭头及旋转球出现，如图 2-292a 所示。

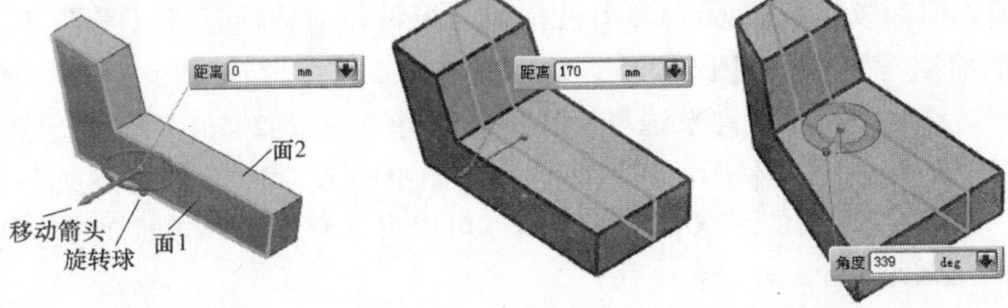


a)　　b)　　c)

图 2-292　“移动面”操作

用鼠标拖动箭头，会使“面 1”随着箭头的移动而移动，结果如图 2-292b 所示，单击并拖动“旋转球”，可以使“面 1”旋转一个角度，结果如图 2-292c 所示。

单击【拉出面】按钮，可以对任意面作如图 2-293 所示的上下拉动。

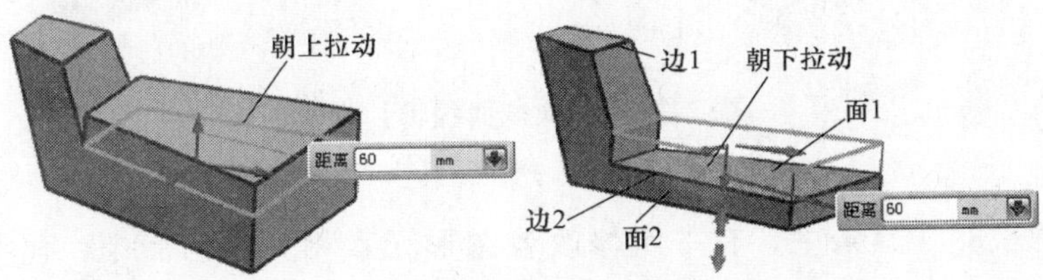


a)　　b)

图 2-293　“拉出面”效果

a）向上拉动　b）向下拉动

单击【偏置面】按钮，对图 2-293b 所示的“面 1”朝上进行偏置，可以得到如图 2-294a 所示效果。

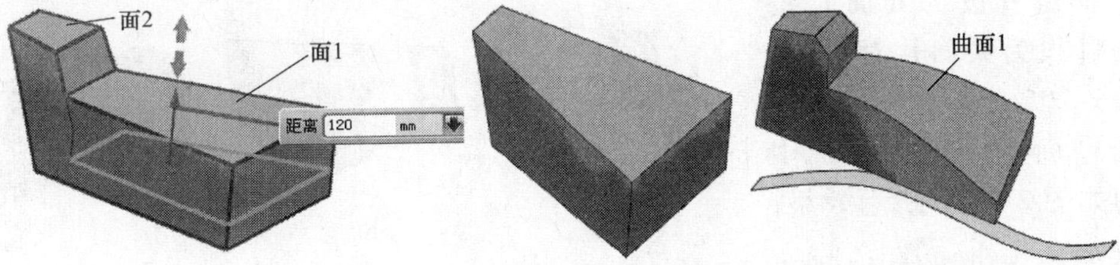


a)　　b)　　c)

图 2-294　“偏置面”与“替换面”

a）偏置面　b）用现有平面替换面　c）用任意曲面替换面

单击【替换面】按钮，弹出【替换面】对话框，先单击选中图 2-294a 所示的“面 1”，然后按鼠标中键，再单击“面 2”，按鼠标中键，则用“面 2”替换了原来的“面 1”得到图 2-294 中间所示效果。

为了方便进行操作，请单击两次【撤消】按钮（Ctrl + Z），则回到图 2-293b 所示效果。下面在此基础上再进行操作。

作一个任意的曲面，如图 2-294c 所示实体下面的曲面，然后使用“替换面”命令，可以将图 2-294a 所示的“面 1”替换成图 2-285c 所示的曲面 1。

单击【横截面编辑】按钮，弹出【横截面编辑】对话框，将【平面方法】选项，修改为“创建平面”，然后单击图 2-295a 所示的“面 2”及“面 3”，创建一个新平面，如图 2-295a所示。然后按鼠标中键来选择草图方向，单击图 2-295a 所示的边缘 1，再按鼠标中键，得到图 2-295b 所示的草图。用鼠标拖动草图中的 A、B、C 等各点或各线，如线 AB、线 BC 等，就可以改变草图的形状，从而使实体可以根据草图的修改而改变。修改后，得到如图 2-295c 所示效果。

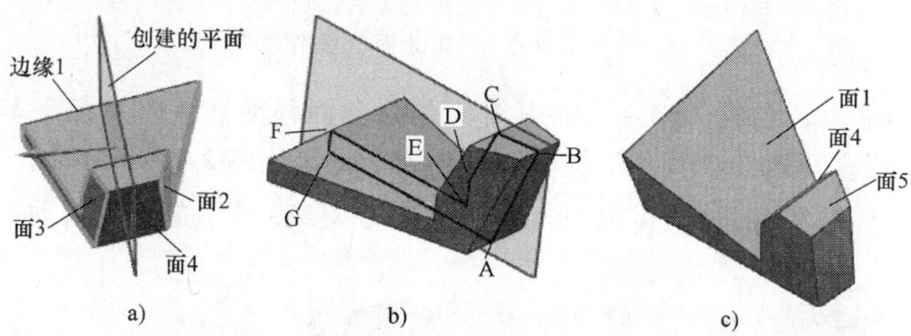


图 2-295　【横截面编辑】操作

a）创建横截面　b）编辑截面草图　c）结果

在【同步建模】工具条中，有一组修改各图形元素相关性的命令，包括设为共面、设为相切、设为共轴、设为对称、设为平行、设为垂直、设为固定、使偏置及显示相关性等，作用相当于草图中的几何约束。通过这组命令，同样可以改变对象的形状及约束关系。现以其中部分命令的操作为例说明。

单击【设为垂直】按钮，弹出【设为垂直】对话框，先单击图 2-295a 所示的“面 2”，表明以此面作为运动面，然后单击“面 4”，以此面作为“固定面”，结果如图 2-296a 所示。单击【撤消】按钮（Ctrl + Z）撤销刚才的操作，又回到图 2-295c 所示效果。

现在单击【设为共面】按钮，弹出【设为共面】对话框，先单击图 2-295c 所示的“面 1”，然后单击“面 5”，再按鼠标中键，得到如图 2-296b 所示效果，单击【撤消】按钮（Ctrl + Z）撤销刚才的操作，又回到图 2-295c 所示效果。

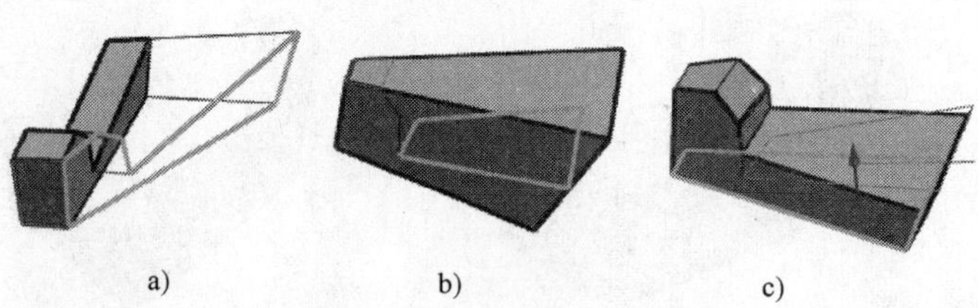


图 2-296　相关性操作

a）设为垂直　b）设为共面　c）使偏置

单击【使偏置】按钮，弹出【使偏置】对话框，先单击图 2-295c 所示的“面 1”，然后单击底平面作为固定面，结果得到图 2-296c 所示效果，单击【撤消】按钮（Ctrl + Z）撤销刚才的操作，又回到图 2-295c 所示效果。

同步建模工具条中另一组命令是线性尺寸、角度尺寸及径向尺寸，这一组命令的作用是通过控制对象的尺寸，来约束对象的尺寸，从而改变对象的形状大小。

单击“线性尺寸”按钮，弹出【线性尺寸】对话框，将【选择条】工具条中的【端点】选项设置为“开”，然后单击图 2-297a 所示的点 B 和点 C，拖动鼠标到一定位置单击，就出现了尺寸标注线及输入框，如图 2-297a 所示，可以在文本输入框中输入距离值，或直接拖动“尺寸箭头”来改变尺寸大小；也可以双击三个方向箭头之一来改变尺寸方向。现不改变其他数据，只在尺寸输入框中修改数据为 300，可以看到修改的效果如图 2-297b 所示。

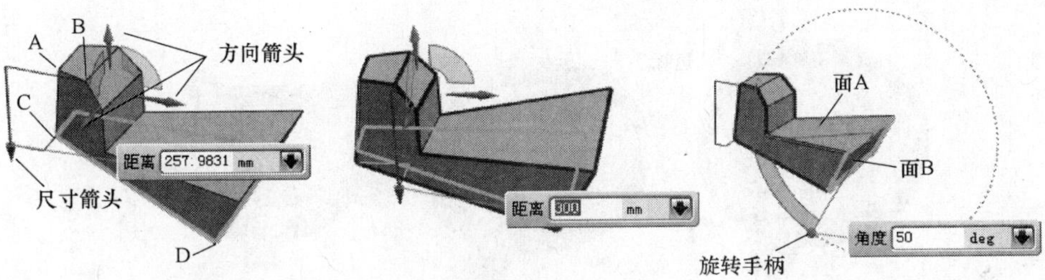


a) b) c)

图 2-297 尺寸操作

同样，使用“角度尺寸”命令，选择图 2-297c 所示的面 A 及面 B，然后修改【角度】值或拖动旋转手柄，都可以改变两个对象的夹角的大小，从而修改对象形状与尺寸约束。

其余还有复制面、剪切面、粘贴面、镜像面及阵列面等面命令、圆角命令及其他命令，请读者参考下面的实例。

**实例 2-29 制作五角盆**

五角盆建模操作步骤如下：

新建文件，使用“无历史记录模式”，使用“拉伸”命令制作一个圆柱体，如图 2-298a 所示（尺寸读者自定）。

单击【同步建模】工具条中的【壳体】按钮，单击圆柱体上表面，完成“壳体”制作，效果如图 2-298b 所示。

制作如图 2-298c 所示矩形草图，右击矩形草图，单击弹出菜单中的“拉伸”命令拉伸后，结果如图 2-299a 所示。

a) b) c)

图 2-298 五角盆制作过程之一

a）拉伸圆柱体 b）抽壳体 c）绘制矩形草图

a) b) c)

图 2-299 五角盆制作过程之二

a）拉伸 b）替换面 c）边倒圆

单击【替换面】按钮，先单击“面 A”，再按鼠标中键，然后单击“面 B”，结果将面 B 替换为面 A，如图 2-299b 所示。然后使用“边倒圆”命令将刚才建立的零件部分进行边倒圆，结果如图 2-299c 所示。

单击“壳单元面”命令，弹出【壳单元面】对话框，框选刚才制作的内容面，如图 2-300a所示。此时，系统会报警，单击【壳单元面】对话框中的【要穿透的面】组下面的【选择面】按钮，然后选择图 2-300a 所示的“面 A”，按鼠标中键完成操作。结果如图 2-300b 所示。

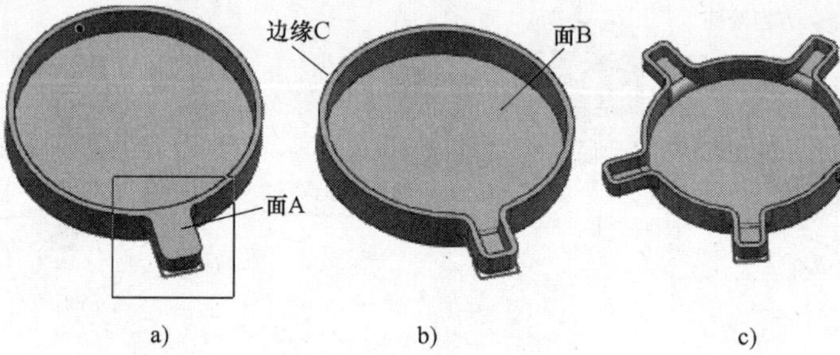


图 2-300　五角盆制作过程之三

a）选择几何图形　b）“壳单元面”操作　c）阵列效果

单击复制面组命令中的【阵列面】按钮，弹出【阵列面】对话框，然后如图 2-300a 所示框选图形，将【阵列面】对话框中的【类型】选项选择为“圆形阵列”，按鼠标中键后，单击“面 B”，作为矢量方向面，再次按鼠标中键，选择“边缘 C”，然后将【图样属性】组中的【角度】值修改为 360/5，【圆数量】值修改为 5，结果如图 2-300c 所示。

现在，以图 2-300b 所示的边缘 C 所在的面作为草图面，作一矩形拉伸，以便将盆的边缘修剪掉一部分，草图如图 2-301a 所示，修剪结果如图 2-301b 所示。

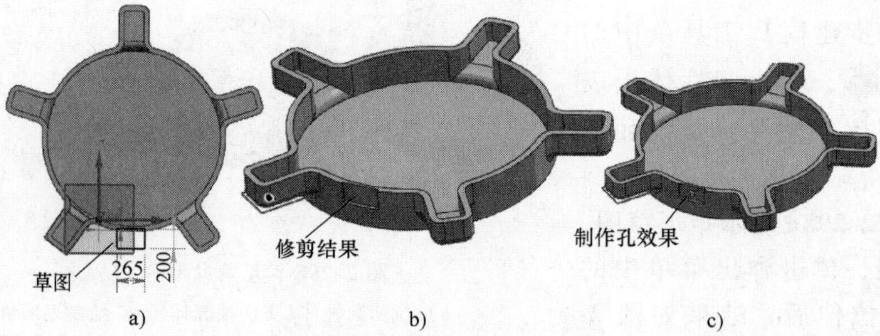


图 2-301　五角盆制作过程之四

a）修剪草图　b）修剪结果　c）制作孔效果

再在刚才修剪的部位使用“孔”命令制作一个孔，结果如图 2-301 右侧所示。

单击【复制面】按钮，并选择刚才制作的孔及修剪结果，然后将对话框中的【变换】命令组下面的【运动】选项修改为“角度”，以盆的底面的法向作为矢量方向，并指定盆的中心作为“指定轴点”，输入【角度】值为 20°，得到图 2-302a 所示效果；再单击【粘贴面】按钮，先单击选中盆体，再单击刚才复制的面，并将【粘贴选项】选项设为“求差”，按鼠标中键，得到如图 2-302b 所示效果。

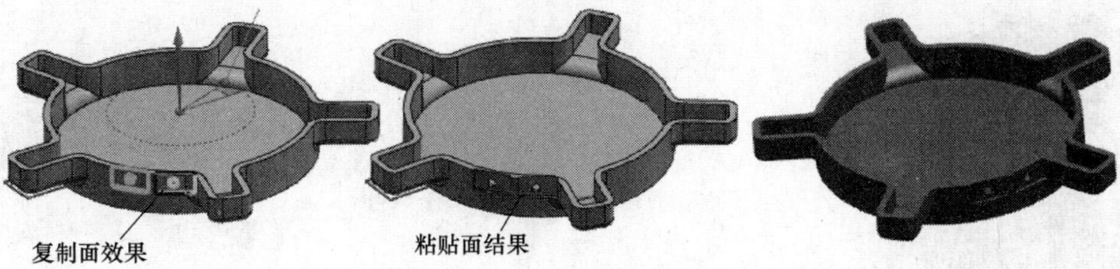


a)　　　　b)　　　　c)

图 2-302　五角盆制作过程之五

a）复制几何图形　b）粘贴几何图形　c）渲染

最后，对五角盆进行渲染，效果如图 2-302c 所示。

本实例演示了 UG 的同步建模功能，读者可以根据本节内容，掌握同步建模的基本技术，由此可以窥探出 UG 同步建模功能的强大。需要注意的是，同步建模技术中的大多数命令在“历史记录模式”下也是可用的，因此，读者可以在两种模式下使用这些命令，比较一下这两种建模模式的各自优势。

## 本 章 小 结

本章重点讨论了 UG 建模的操作，用大量的实例对各种建模模式进行了介绍，读者通过学习，重点掌握各种建模方法及相关建模命令；对于复杂曲面建模，则可以在今后工作过程中，边学习边深入。在实际机械零件建模工作中，太复杂的零件不多，机械零件中曲面类型比较简单，如果是机械专业的学生，掌握基本曲面建模技术就可以应对工作需求；但工业设计、玩具设计等专业的学生，则要求掌握较复杂的曲面建模技术。因此，读者可以根据自己的需要来确定曲面建模的难度。

另外，本章教材提供的各实例中仅提供一种建模的思路，读者可以根据自己的思路来完成同一模型的建立，特别是初学者，只有常要思考建模的步骤与过程，这样，才会有长足进步。

由于学习时间有限，建议本章学习 40 ~ 50 课时。并要求读者进行大量的建模练习。

## 练　习　题

下面练习中的内容，操作时，只要求形状相似，不要求尺寸相同。

2-1　制作如图 2-303 所示的外壳零件模型以及图 2-304 所示的曲轴。

图 2-303　外壳零件

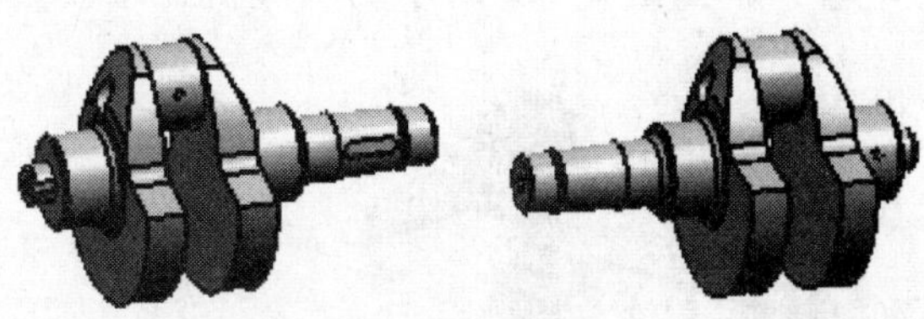

图 2-304　曲轴

2-2　制作如图 2-305 所示的箱体零件。

2-3　制作如图 2-306 所示的汽车座位。

2-4　自行寻找身边的复杂建模，并完成这种建模的制作，如图 2-307 所示的打印机支架。

图 2-305　变速器箱体

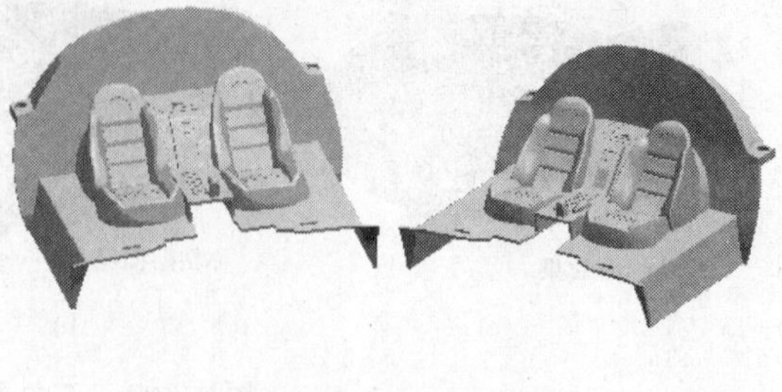

图 2-306　汽车座位

2-5　作如图 2-308 所示的收集器图。

图 2-307　打印机支架

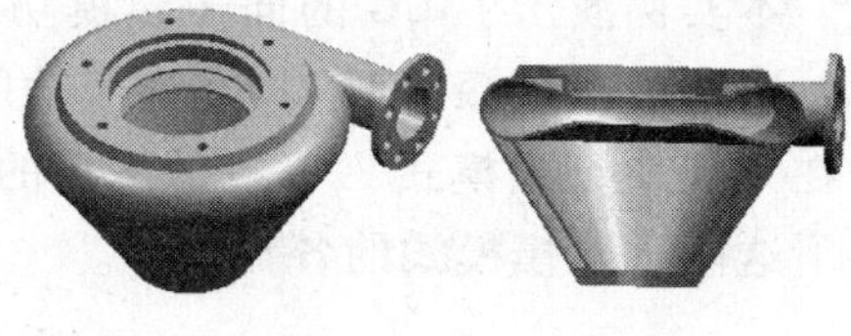

图 2-308　收集器

2-6　作垫片的参数化模型。

2-7　作普通螺栓的参数化模型。

2-8　制作如图 2-309 所示的足球。提示：先作一球，尺寸自定，然后作一六边形，并将此六边形在球上投影，然后多次旋转复制投影所得的六边形即可。其中六边形外接圆半径 $r$ 与球的半径 $R$ 的关系可以求出，$r \approx 0.44089687R$。旋转时角度为 41.7965°，旋转轴通过球心，轴的方向是投影六边形的两对角线的方向。

2-9　制作如图 2-310 所示的碗。

图 2-309　足球效果图

图 2-310　碗效果

2-10　仿作如图 2-311 所示的玩具飞机上半身。

2-11　作如图 2-312 所示的吹风机三维模型。

图 2-311　玩具飞机上半身

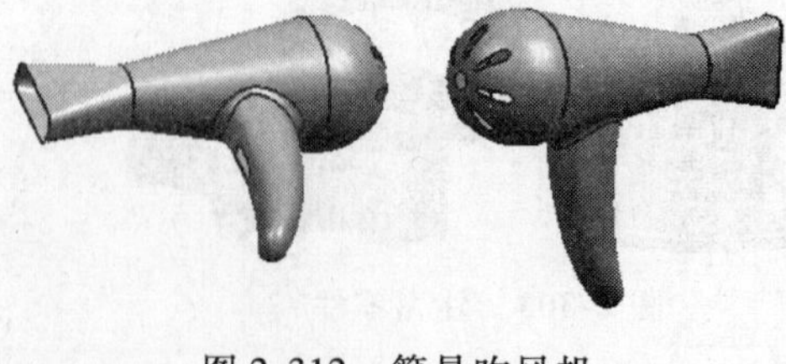

图 2-312　简易吹风机

2-12　作如图 2-313 中的复杂形体。这些卡通形象或物品在生活中常见，读者最好找一个实物卡通形象或物品来建模。

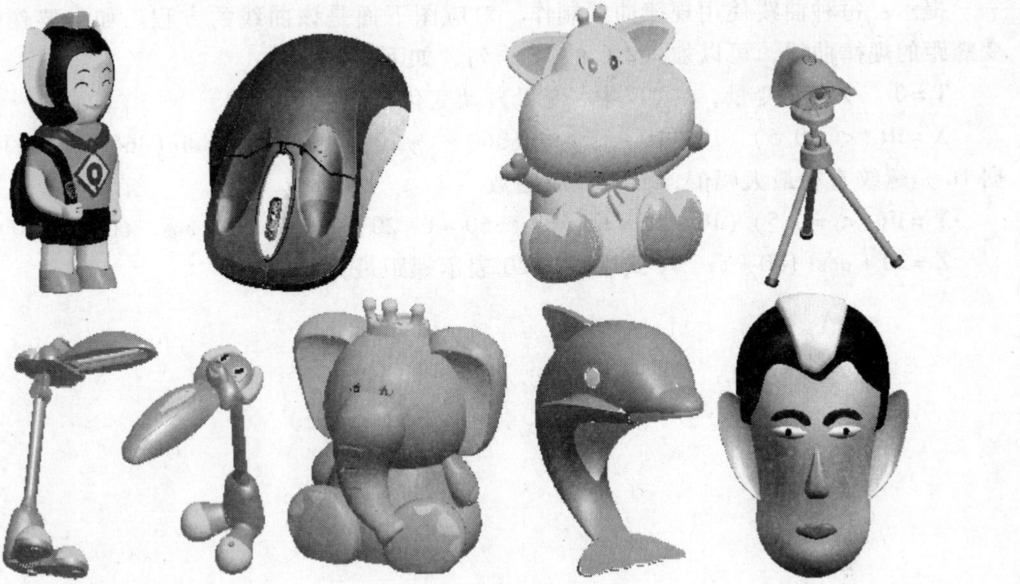

图 2-313　复杂形体练习

2-13　制作螺旋线，如图 2-314 所示。

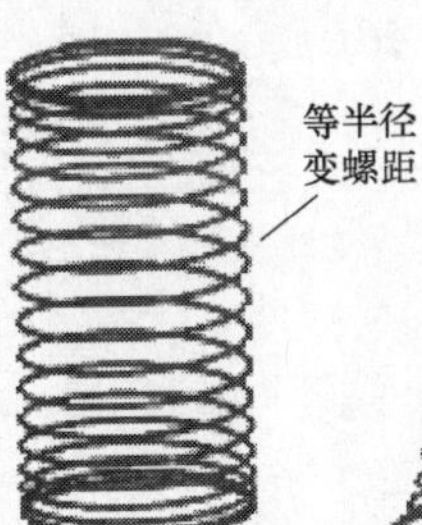


| t. | 0 |
|---|---|
| x. | 10*sin(360*t*20) |
| y. | 10*cos(360*t*20) |
| z. | 15*cos(180*t) |

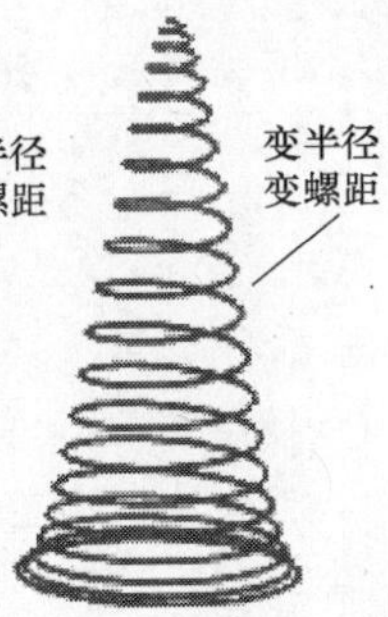


| t. | 0 |
|---|---|
| x. | 10*t*sin(360*t*20) |
| y. | 10*t*cos(360*t*20) |
| z. | 15*cos(180*t) |

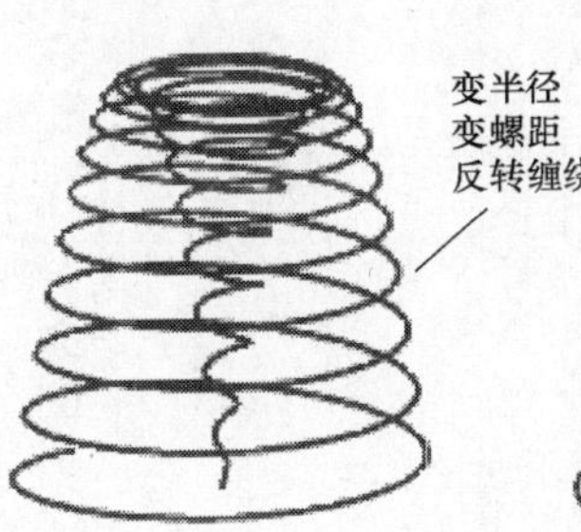


| t... | 0 |
|---|---|
| x... | 10*t*sin(360*t*20) |
| y... | 10*t*cos(360*t*20) |
| z... | 15*sin(180*t) |

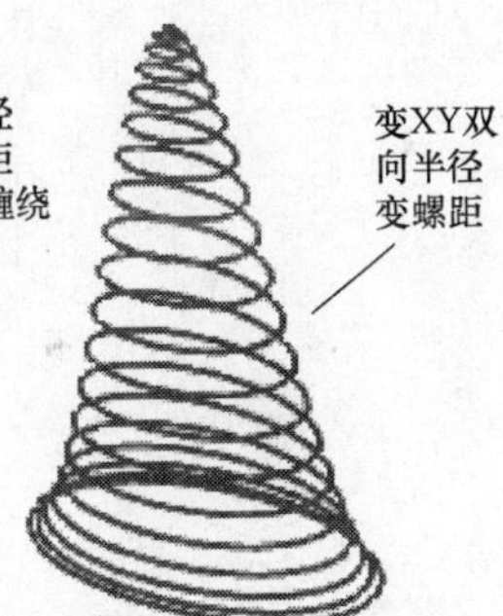


| t... | 0 |
|---|---|
| x... | 10*t*sin(360*t*20) |
| y... | 20*t*cos(360*t*20) |
| z... | 15*cos(180*t) |

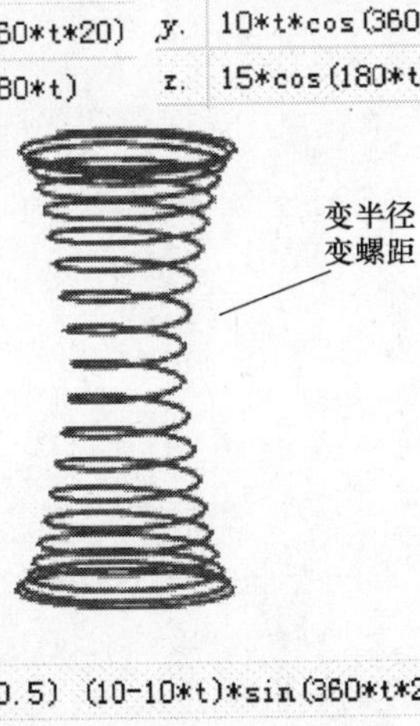


| t. | 0 |
|---|---|
| x. | if(t<=0.5) (10-10*t)*sin(360*t*20) else 10*t*sin(360*t*20) |
| y. | if(t<=0.5) (10-10*t)*cos(360*t*20) else 10*t*cos(360*t*20) |
| z. | 20*cos(180*t) |

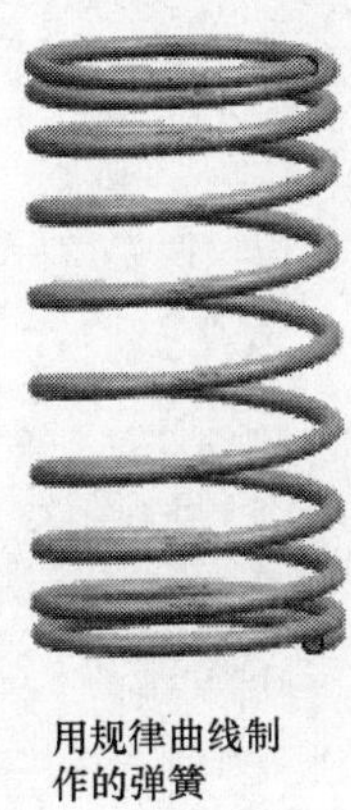

用规律曲线制作的弹簧

图 2-314　螺旋曲线

提示：每种曲线使用规律曲线制作，对应图下面是该曲线的方程。如果要作出变半径，变螺距的规律曲线，可以加入 UG 的 IF 语句，如下面方程组：

T = 0　//定义变量，在 UG 中，变量自动变化范围为 0 ~ 1

X = if( t < = 0.5 ) ( 10 - 10 * t ) * sin( 360 * t * 20 ) else 10 * t * sin( 360 * t * 20 ) //式中数据 10 是螺纹直径最大幅值；20 是螺纹圈数

Y = if( t < = 0.5 ) ( 10 - 10 * t ) * cos( 360 * t * 20 ) else 10 * t * cos( 360 * t * 20 )

Z = 20 * cos( 180 * t )　//式中数据 20 表示螺距最大幅值。

# 第 3 章　产品设计及其装配

**本章重点：**

掌握和理解 UG 环境下，产品的开发过程及不同设计阶段的任务和作用，并理解 UG 设计与传统设计相比的优劣性。

**本章难点：**

如何理解并行设计中各模块间的联系，这些联系通过什么方式在 UG 环境下体现出来等。

UG 环境下，进行产品开发的过程与传统模式下的产品开发有明显的不同，其工作效率、控制方式、文件管理都是大不相同的。传统设计模式的复杂性、效率的低下性、团队合作的困难性等难以满足现代环境下快速多变的设计需求，因此必须要用新的设计模式来代替原有的设计模式。

目前，有多种工程软件能满足这种需求，如 UG、PRO/E、Catia、SolidWorks 等。其中，UG 可以实现从产品概念设计到定型设计、产品加工、模具设计、仿真分析等一系列过程的完整管理与服务，即所谓的全生命周期管理软件。目前的相关教材多数停留在单个零件的造型、加工、工程图、模具设计等基本应用阶段，没有将 UG 的整个产品的完整开发作为重点来讲解，没有脱离传统的设计模式。本章将介绍如何通过一个团队，对一个复杂产品进行高效率开发、组织及管理等内容。

## 3.1　机械设计过程比较

机械产品传统设计过程如图 3-1 所示。

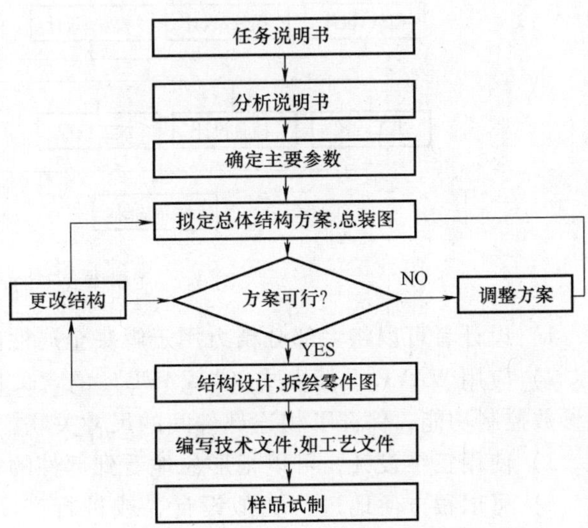


图 3-1　传统的机械设计过程

由此可以总结其特点是：

1）所有环节都是依靠设计者用手工方式来完成的，因此设计速度慢，可修改性差，不便检查。一般而言，传统设计是根据设计者直接的或间接的经验知识，通过类比分析法或经验公式来确定设计方案。方案选定后按机械零件的设计方法设计零件或按标准选用零件，最后绘出整机及部件的装配图和零件图，编写技术文件，从而完成整机设计。

2）传统的机械设计方法，设计者的大部分时间和精力都耗费在装配图和零部件图的绘制上（绘图工作约占设计时间的70%左右），因而对整机和全局的问题难于进行深入的研究。对于一些困难而费时的分析计算，常常只得用作图法或类比定值等粗糙的方法，因此方案的拟定在很大程度上取决于设计者的个人经验。在分析计算工作中，由于受人工计算条件的限制，只能采用静态的或近似方法而难以按动态的或精确的方法计算，计算结果未能完全反映零部件的真正工作状态，影响了设计质量。

3）设计工作周期长，效率低。由于每一幅工程图都要由设计者一笔一笔绘制出来，花费了大量时间。如果在实施过程中，出现了结构或原理方面的修改，则整个图样要大量返工或推倒重来；即使只有少量结构图要修改，如果该结构涉及其他相关部件较多，其修改工作量仍然是可观的。

4）图样的可利用率几乎为零。系列或同类产品重复绘制图样，大大影响了设计效率。

5）不能及时进行动力学与运动学分析，只有通过实验来完成这些工作。

利用现代虚拟环境下，使用各种工程软件来完成机械产品的设计与开发，就能圆满地克服这些问题。图3-2所示为在UG模式下的机械产品设计过程，由此可以看出，由于使用自顶向下的设计模式，综合运用系统工程理论，以及使用全关联参数化设计，使得产品的设计从概念模型到最后的产品完成，具有诸多好处：

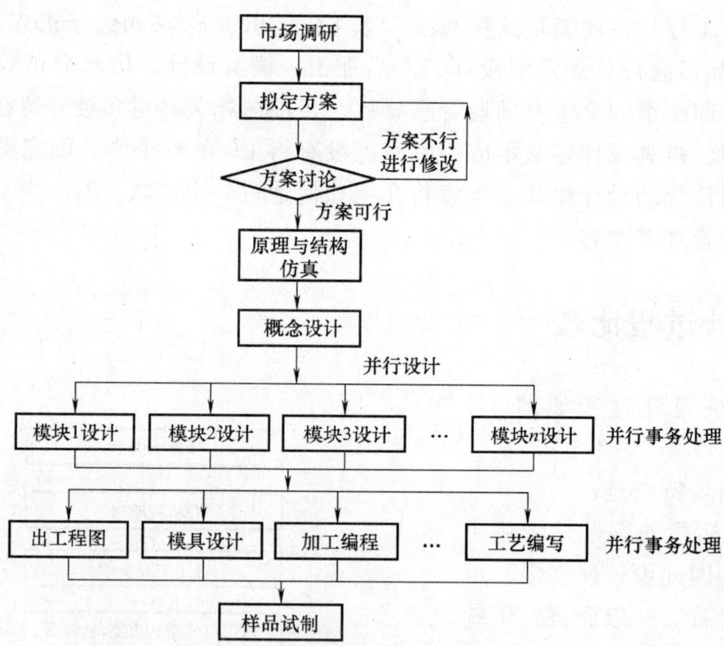


图3-2　UG模式下的产品设计过程

1）设计者可以将大部分精力用于解决全局性问题而不是画图工作。

2）应用WAVE设计模式（“WAVE”的含义将在本书3.3节中进行介绍），产品具有关键参数控制功能，保证了相连部件间的尺寸关联，达到尺寸的一致性。

3）使用三维设计，可以很形象地看到部件的每一个细节，从而判断其正确与否。

4）可以很方便地进行类似设计，或进行产品整体结构或局部结构的修改而不用从头来，从而节约大量的重复时间。

5）相关或类似零件可以再生，零件利用率高；能进行原理性、结构性的动力学或运动学仿真，减少实验成本与设计差错。

6）整个设计采用并行设计模式，具有高效、可重用、易修改维护等优点。

在图 3-2 中提到的概念设计，对不同领域而言，其含义是不同的。在 UG 设计环境下，概念设计可以理解为根据用户对产品的实用性、安全性、经济性等需求，提炼出产品的外观、结构、形状、性能等设计参数，并以模块的形式设计出对应的产品初步模型，然后在这个基础上进一步细化，最终得到产品的每一个细节结构的过程，概念设计的主要任务是：

1）根据用户需求，确定系统总体布局与关键控制参数。

2）划分并确定系统模块，设计模块间联系参数，多以草图、表达式、基准及曲线形式给出。

3）将设计方案中得到的系统参数分配到系统全局及各模块中。

4）体现各模块间的联系，并将这些联系复制到相关模块中。这种设计体现了系统工程的思想，将一个复杂系统分成若干个具有逻辑联系的模块，各模块相对独立或各模块间仅有少量联系，由参数进行传递，从而使各模块可以相互独立设计，细节设计完全由各模块的设计者自行决定。各模块可以由不同的设计团队同时进行设计，提高了工作效率。

5）使用自顶向下的设计模式，使大而复杂的系统变得简单化，降低了复杂程度；提高了通用性与互换性。当各模块设计好后，各工作部门可以同时进行出工程图（总装图、部装图、零件图），模具设计（五金模、塑料模），加工编程，三维装配与爆炸图，工艺文件编写与制定等工作。

在 UG 环境下，其设计结构的相关联性既减少了大量的重复工作量，又保证各相关零件间的尺寸一致性，从而保证了整个设计的高度可维护性。

## 3.2　工具及设置

UG 环境下有常见的七种设计工具，下面做简单介绍。

**1. 装配导航器**

“装配导航器”是进行产品设计时的一个重要工具，其作用是以树状结构显示零件的装配关系，提供建立、编辑、管理部件的多种功能。启动时只需要在右侧的导航栏中单击【装配导航器】图标即可。如图 3-3 所示，它的内容反映了整个系统装配的层次关系。单击【装配导航器】中某项目前面的勾号（√），可以将该项内容设置或取消其在屏幕上的显示；如果在【装配导航器】中空白处右击，可以弹出快捷菜单，如图 3-4 所示。在进行设计时，一般要单击快捷菜单中的【WAVE 模式】，让其打上勾号（√）。这样可以在右击导航器中的某个部件时，快捷菜单中包含【WAVE】菜单项，如图 3-5 所示。

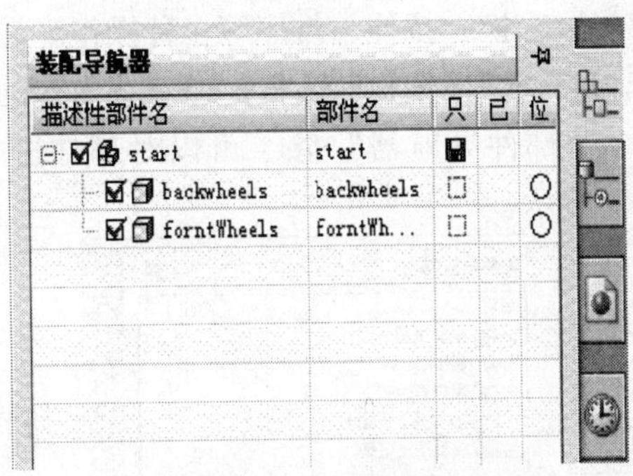


图 3-3　装配导航器

UG 装配在 WAVE 模式时，具有链接功能，是进行产品设计的重要途径，在图 3-5 所示的【WAVE】菜单中，“新建级别”命令是用来进行模块设计的；“创建链接部件”则是当产品细分到零件时进行零件设计的，往往用于设计产品最终装配用的零件；“将几何体复制到组件”、“将几何体复制到部件”及“将几何体复制到新部件”可用来进行产品几何特征的复制及创建类似部件，且这些部件都与原部件具有关联性。

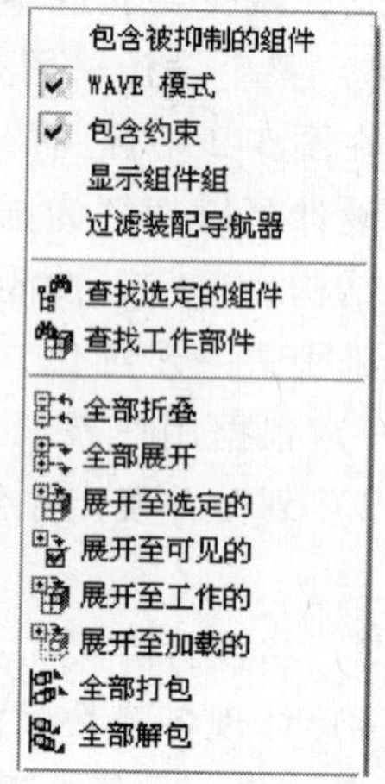


图 3-4　快捷菜单部分内容

**2. WAVE 几何链接器**

“WAVE 几何链接器”是一个重要工具，可以根据设计意图及目的的不同，进行部件间的点、线、面、区域、实体或草图的复制，从而满足不同的设计需要。单击【装配】工具栏中的【WAVE 几何链接器】按钮，弹出【WAVE 几何链接器】对话框，如图 3-6 所示。

操作时，可以根据需要，修改【类型】选项，并从中选择“点”、“基准”、“体”等内容，以方便对象链接；还可能改变【关联】复选框及其他复选框，使链接更符合需要。

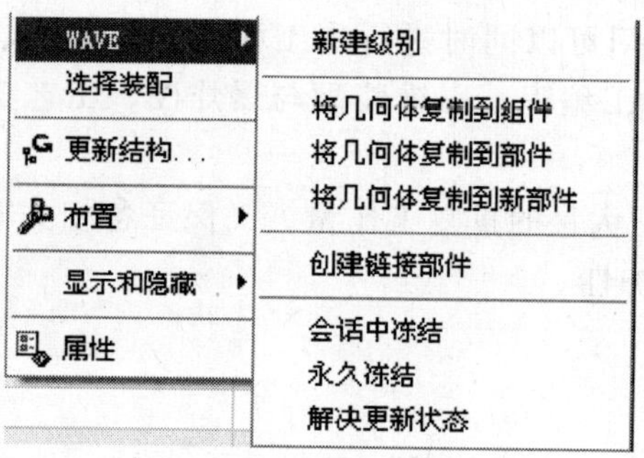


图 3-5　【WAVE】菜单项

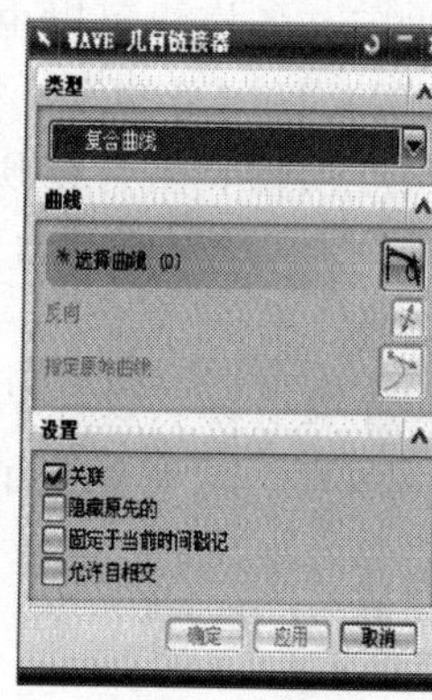


图 3-6　【WAVE 几何链接器】对话框

**3. 部件导航器**

在右侧的导航栏中单击图标即可启动部件导航器，如图 3-7 所示。通过它可以对部件进行编辑、变换、拉伸、排序等多种操作。在 UG 中，大多编辑工作可以直接双击要修改的部件，系统将自动弹出编辑对话框；但有些内容的修改，如链接属性的修改，就需要使用“部件导航器”。

“部件导航器”除了可以对部件进行各种操作外，下面还有一个【相关性】窗口，如图 3-8 所示。

图 3-7　【部件导航器】

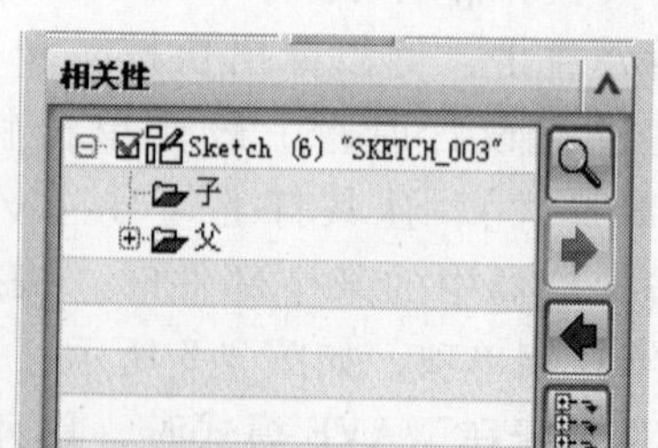


图 3-8　【相关性】窗口

【相关性】窗口反映了部件间的关联情况，并可从中判断各相关部件间的父子关系，使用前面所说的“创建链接部件”命令所创建的链接部件会显示在该对话框中，这对于一个复杂的设计是非常有用的。

**4. 关联性管理器**

当装配或会话中的部件更改时，“WAVE 关联性管理器”可在更新部件间的链接时进行显示和控制过时的部件，并提供更新部件。如图 3-9a 所示是【WAVE 关联性管理器】对话框。

启动 WAVE 关联性管理器可通过单击【装配】→【WAVE】→【关联性管理器】。但在默认状态下，【装配】菜单中没有【WAVE】菜单项，此时，可以在工具栏上右击，再单击弹出的快捷菜单中最后的【定制…】，结果弹出【定制】对话框，单击【命令】页面，在【类别】组中，单击【装配】按钮，然后在右侧的【命令】列表中，按住【WAVE】不松开鼠标拖到【装配】菜单中，再松开鼠标即可将【WAVE】菜单项添加到【装配】菜单中。后面可能还会遇到不在默认状态下出现的菜单项，读者也可仿此操作。

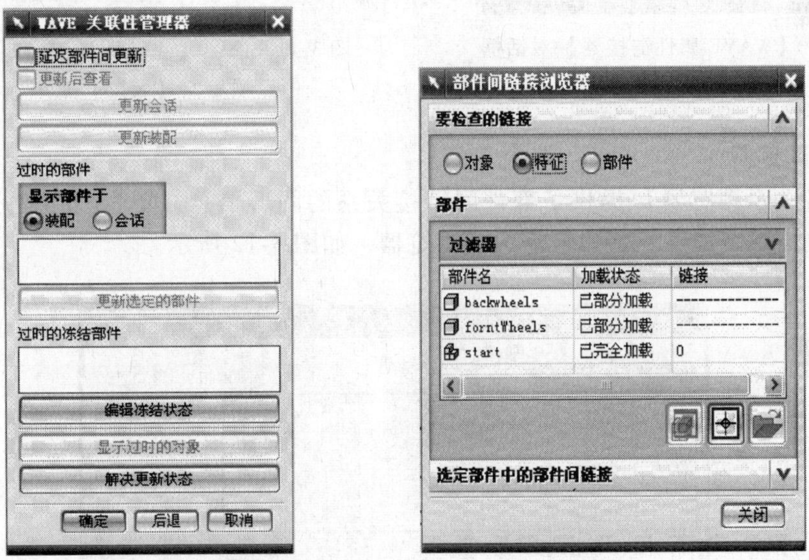


a)　　　　　　　　b)

图 3-9　【WAVE 关联性管理器】和【部件间链接浏览器】对话框

**5. 部件间链接浏览器**

单击【装配】工具栏中的【WAVE】→【部件间链接浏览器】图标，可以启动“部件间链接浏览器”，如图 3-9b 所示。部件间链接浏览器主要用来浏览各部件链接关系，并可编辑修改这些链接。操作时，先在【过滤器】列表框中选中要浏览的部件并双击，就可在【选定部件中的部件间链接】区域的列表框中看到该部件与其他部件的链接情况。然后可以选中其中的一个链接关系进行编辑、打断链接等操作。

**6. WAVE 属性链接器**

单击【装配】→【WAVE 属性链接器】来启动【WAVE 属性链接器】对话框，如图 3-10 所示。

【WAVE 属性链接器】可链接装配中各几何体之间的公差。

除了以上几个常用工具外，读者还可以在装配菜单中添加【克隆】命令项。图 3-11 所示是添加了【克隆】、【WAVE】等菜单项后的【装配】菜单。

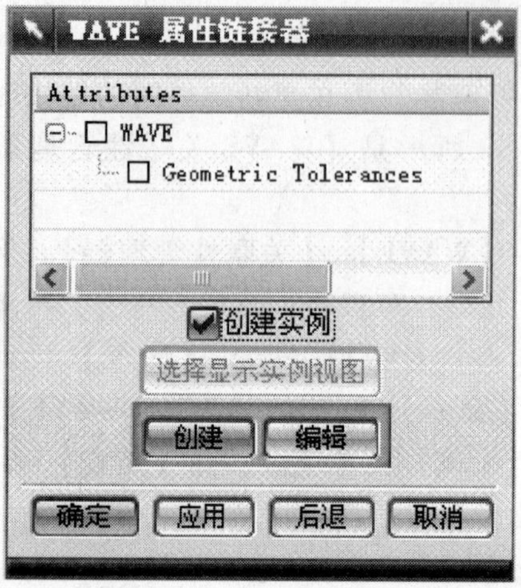

图 3-10 【WAVE 属性链接器】对话框

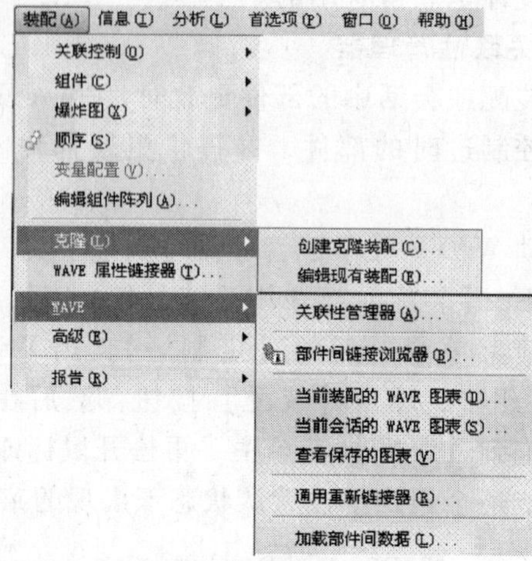

图 3-11 添加【克隆】、【WAVE】菜单项后的【装配】菜单

**7. 关系浏览器**

UG 中【关系浏览器】提供了部件间链接关系的图形信息，单击【装配】工具栏中的【WAVE】→【关系浏览器】可以启动关系浏览器，如图 3-12 所示。

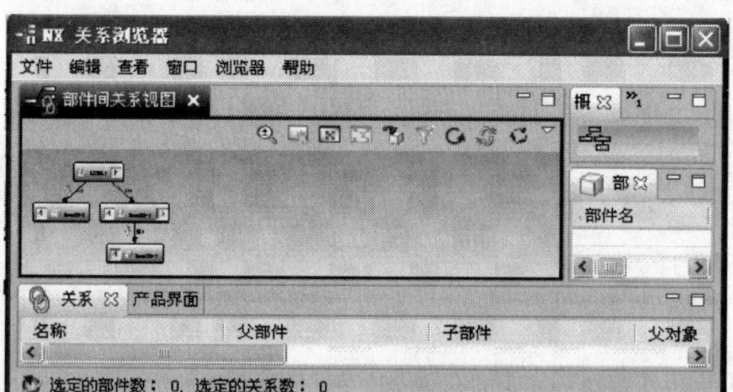

图 3-12 【关系浏览器】对话框

通过该浏览器可以很清楚地看到各部件间的链接信息，从而掌握链接的来龙去脉，正确理解部件链接途径，并诊断链接的正确性。

## 3.3 参数化技术

在 UG 的产品设计中，时常用到“参数化”这个概念。参数化（Parametric）设计，也叫尺寸驱动（Dimension-Driven）设计，是 CAD 技术在实际应用中提出的课题，它不仅可使 CAD 系统具有交互式绘图功能，还具有自动绘图的功能。

参数化技术大致可分为如下三种方法：基于几何约束的数学方法、基于几何原理的人工智能方法和基于特征模型的造型方法。参数化设计有一种驱动机制即参数驱动，参数驱动机制是基于图形数据的操作。通过参数驱动机制，可以对图形的几何数据进行参数化修改。

UG 的参数化技术，包括了约束建模、特征建模及人工智能的多种方法。一般地，按参数影响的范围又可分为零件内参数化建模、零件间参数化建模和产品间参数化建模。

所谓零件内参数化，简单来说就是在建立一个零件时，将一个或多个参数作为驱动参数，其余参数与之关联，达到驱动参数的改变，其余参数自动改变的目的。

UG 中用什么工具与方法来完成参数化建模？在零件内，通过约束和基于特征模型的方式进行参数化建模；在零件间，除了上面两种方法外，还使用 WAVE 链接技术来完成这种建模，WAVE 链接技术也是 UG 进行产品自顶向下设计的重要工具。

UG 约束包括几何约束与尺寸约束，这些约束可以对图形的尺寸、位置与形状进行限制，从而使其符合设计需求。参数化的目的就是要让图形的形状、位置、尺寸是可控的，因此，约束是 UG 参数化技术中的重要手段之一。

设计图形时，可以用公式的方式给出符合某种规律的表达式来限定图形的形状、位置与尺寸。因此，表达式也是参数化技术的另一种手段，但公式正是基于特征模型建模的一种反映。

UG 中经常提到的 WAVE（What-if Alternative Value Engineer）链接技术是 EDS 公司推出的参数关联设计技术。前面提到，UG 允许一个零件内部各参数间产生关联，从而达到参数驱动的目的，而 WAVE 就是实现通过一个零件的驱动参数来控制或影响另一个零件的一种技术手段，可以通过 WAVE 链接，用一个零件的参数传递并影响另一个零件或整个装配，从而实现零件间的关联，这就是 WAVE 链接技术。

## 3.3.1　零件内参数化建模

### 1. UG 表达式

在进行参数化操作举例前先介绍 UG 中的表达式，因为在进行操作时，常常用到这些表达式，如果设计人员不能理解这些表达式，就难以设计出符合要求的产品。

表达式是由常量、变量、函数、运算符号组成的有意义的式子。在 UG 中，表达式符合 C 语言的运算规则，下面就将这些内容做简要介绍。

常量：如 X = 10，Y = -5，P1 = 2.36

变量：在使用过程中是变化的量，如下式中的 D。

D = IF (d0 = 8) 8.7 ELSE IF (d0 = 9) 9.8 ELSE IF (d0 = 10) 10.8 ELSE IF (d0 = 11) 11.8 ELSE IF (d0 = 12) 13 ELSE IF (d0 = 13) 14.1 ELSE IF (d0 = 14) 15.1 ELSE 16.2;

函数：UG 提供大量的系统函数，如：SIN ( )，ABS ( )，LOG ( )，MAX ( ) 等，共计二百多个，读者在使用时，可以在图 3-13 所示的对话框中单击【函数】图标 f(x)，来显示和选择更多的函数，以满足设计需要。

运算符号又分为：

算术运算符号：+、-、*、/、^等。

关系运算符号：<，<=，>，>=，!=，==等，分别代表小于、小于等于、大于、大于等于、不等于和比较运算符。

布尔运算符号：&、||、!，表示“与”、“或”、“非”。

表达式举例：

数学表达式，如：5 * sin (18) +2/3，max (3, 5, 7) +20^0.125 等，结果为数值。

关系表达式，如：3！ =5，d0 <8 等，结果为逻辑值。

布尔表达式，如：1&&0，d =4 || d =9 等，结果为逻辑值。

综合表达式，结果常为逻辑值，如：（5！ =6） <（9 -2 >10）

图 3-13 【表达式】对话框

另外，UG 中提供了一个特殊表达式，就是 IF 表达式，其格式为：

IF（条件）结果 1 ELSE 结果 2。

该语句的含义是：如果“条件”成立，则表达式的值为“结果 1”，否则，表达式的值为“结果 2”。其中，“条件”即为关系表达式或布尔表达式；而“结果 1”与“结果 2”可以是一个表达式或是常数，当然也可以包括是 IF 表达式在内的其他表达式，如果“结果 1”与“结果 2”又出现表达式，就组成了所谓的嵌套格式。下面举的实例中，就有这种嵌套格式的表达式。

特别要注意的是：在 UG 环境下，可以在零件间进行链接，公式中也可以引用另一个零件的数据。其格式是：

零件名：：参数名。

例如，现有一个零件 L1. prt，以及另一个零件 L2. prt，这两个零件在同一装配中，此时，零件 L2 的参数 P1 与 L1 的参数 Lr 有关联关系，则可用下面的公式表达：

P1 = L1：：Lr * 2 + 10

这个公式说明 L2 的参数 P1 等于 L1 的参数 Lr 乘 2 再加 10 这种相关关系。

**2. 零件内参数化举例**

零件内参数化就是将一个零件用若干个参数来驱动，通过修改驱动参数，可以达到修改整个零件的目的。零件内参数化作图，可以全部用参数驱动，也可以部分使用几何约束来限定图形的形状与位置，如保证两圆同心，两线平行等几何约束来完成，从而减少尺寸约束的数量。

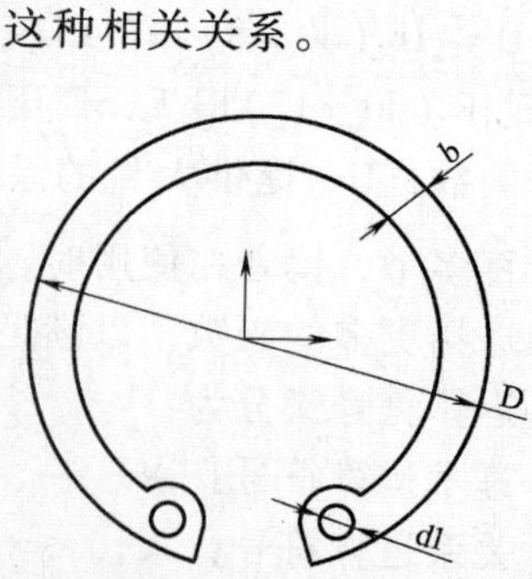


图 3-14　孔用弹性 A 型挡圈

**实例 3-1　孔用弹性挡圈的参数化设计**

下面以图 3-14 所示的孔用弹性 A 型挡圈为例，来说明参数化零件的设计过程。

孔用弹性 A 型挡圈的主要参数是孔径 d0，相应的挡圈外径用 D 表示，厚用 s 表示，挡圈宽为 b，挡圈小孔尺寸为 d1，这些参数都可以在机械设计手册中查到，其他尺寸在手册中没有做过多规定。

现在根据在机械设计手册中查得的一组数据（只是部分数据，取 d0 在 8 ~ 15 的数据）：当 d0 取值分别为 8 ~ 15 时，D 的取值对应为 8.7，9.8，10.8，11.8，13，14.1，15.1，16.2；而 s、d1 及 b 都与 d0 有分段对应关系。因此，d0 确定后，其余参数就与之形成了对应关系。现用 UG 表达式表示如下：

D = IF（d0 = 8）8.7 ELSE IF（d0 = 9）9.8 ELSE IF（d0 = 10）10.8 ELSE IF（d0 = 11）11.8 ELSE IF（d0 = 12）13 ELSE IF（d0 = 13）14.1 ELSE IF（d0 = 14）15.1 ELSE 16.2；　(3-1)

关系式表达了 d0 与 D 之间的对应关系，是按照机械设计手册查得的。需要注意的是，d0 的值只能在 8 ~ 15 取整数，本表达式仅给出了手册中的部分数据。其他表达式也是如此。

在这个关系式中，用到了上面提到的 IF 表达式，其余的表达式可分别如下：

s = IF（d0 = 8 || d0 = 9）0.6 ELSE IF（d0 > = 10 & d0 < = 13）0.8 ELSE 1；　(3-2)

b = IF（d0 = 8）1 ELSE IF（d0 = 9）1.2 ELSE IF（d0 > = 10 & d0 < = 13）1.7 ELSE 2.1；　(3-3)

d1 = IF（d0 = 8 || d0 = 9）1 ELSE IF（d0 > = 10 & d0 < = 12）1.5　ELSE 1.7。(3-4)

弄清了这些参数间的关系后，就可以开始进行参数化作图。

启动 UG，新建一个文件，取名为 DC-GB-T891.3，文件前缀用 DC-表示挡圈，后面部分直接用了孔用弹性 A 型挡圈的国标代码，方便理解与引用。然后进入建模环境下，单击【工具】→【表达式】，弹出【表达式】对话框如图 3-13 所示。在对话框的【名称】文本框中输入表达式的名称，如 d0，然后【公式】文本框中输入表达式内容：8，然后在右侧类型下拉框中将类型改为“恒定”，再单击【确定】按钮，完成一个公式的输入。最后单击【确定】按钮，完成公式的编辑。同样地，输入式（3-3），即

b = IF（d0 = 8）1 ELSE IF（d0 = 9）1.2 ELSE IF（d0 > = 10 & d0 < = 13）1.7 ELSE 2.1。

单击【草图】按钮，进入草图环境中，作两个同心圆，使用几何“约束”命令将刚才作的两个圆约束为“同心”，这样就保证了这两个圆心相对位置在今后的修改中保持固定不变。然后对大圆进行尺寸约束（标尺寸），出现如图 3-15 所示对话框，先将变量名由 px 改为 D，再单击右侧的向下箭头，弹出菜单，再单击【公式】，即可弹出图 3-13 所示对话框。

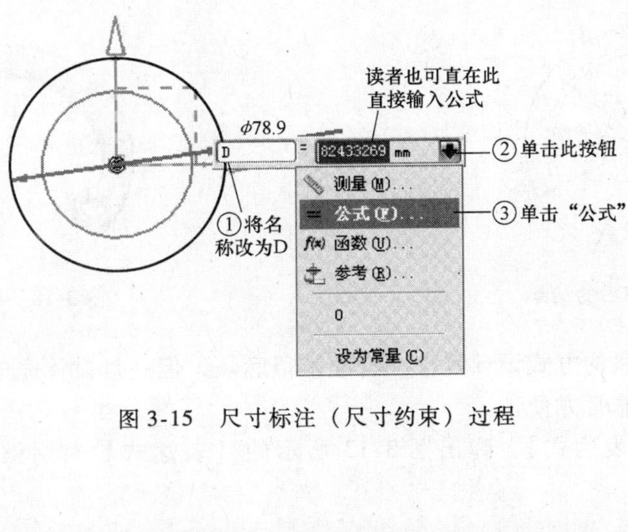


图 3-15　尺寸标注（尺寸约束）过程

在【表达式】对话框中的【公式】处输入上面的式（3-1）等号右侧的内容，即：

IF (d0 = 8) 8.7 ELSE IF (d0 = 9) 9.8 ELSE IF (d0 = 10) 10.8 ELSE IF (d0 = 11) 11.8 ELSE IF (d0 = 12) 13 ELSE IF (d0 = 13) 14.1 ELSE IF (d0 = 14) 15.1 ELSE 16.2

然后单击【确定】按钮，关闭【表达式】对话框，会发现原来的圆的大小发生了改变，变成了 8.7。同样地，给图 3-15 所示的另一个圆标尺寸，不过其公式内容为 P1 = D − 2 * b。可以按图 3-15 所示方法直接输入公式。完成操作后，可以看到圆的大小发生改变。

现在，再作两条直线，它们与 Y 轴正向夹角为 155°，（这个值手册中没有规定，读者也可做修改，只要对称即可），如图 3-16a 所示。

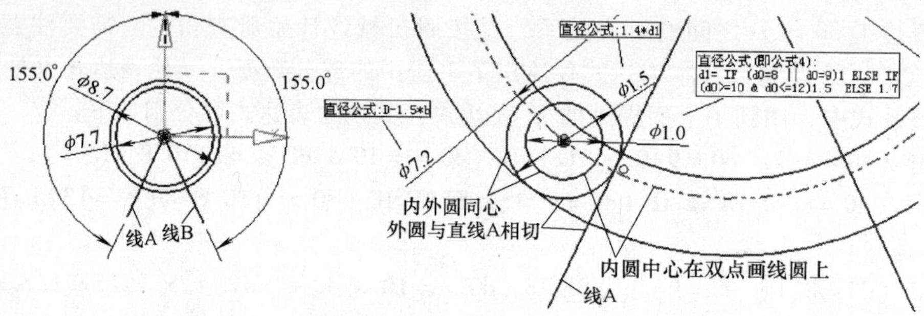


a)　　　　b)

图 3-16　作图过程

然后，作一条中心线，其直径为 D − 1.5 * b，如图 3-16b 所示中的双点画线。再作两个小圆，用几何约束进行约束：使这两个圆“同心”，让外圆与直线 A“相切”，并使外圆的中心在刚才作的中心线上（“点在线上”约束）；再输入内圆直径公式，即前面的式（3-4）：

d1 = IF (d0 = 8 || d0 = 9) 1 ELSE IF (d0 > = 10 & d0 < = 12) 1.5　ELSE 1.7。

作外圆的直径尺寸约束，公式为：1.4 * d1。

现在，请用【草图操作】工具条中的“镜像”命令，对刚才作的内外圆以 Y 轴进行镜像，并进行修剪，结果如图 3-17 所示。

现在完成草图操作后，使用“拉伸”命令对草图进行拉伸，并在【拉伸】对话框中的【距离】下拉框中输入式（3-2）中等号右侧的内容：

IF (d0 = 8 || d0 = 9) 0.6 ELSE IF (d0 > = 10 & d0 < = 13) 0.8 ELSE 1。

然后单击【确定】按钮，即可得到最后的挡圈，效果如图 3-18 所示。

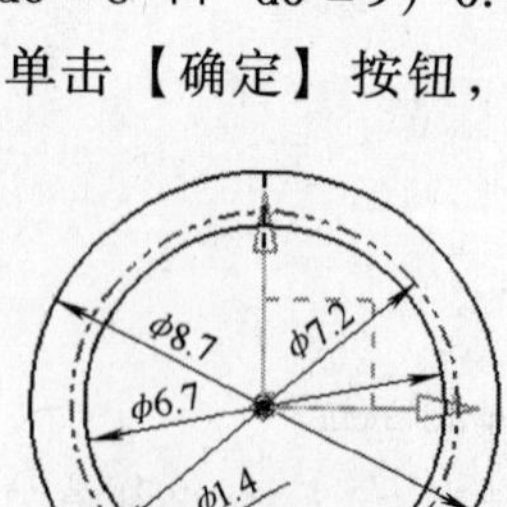


图 3-17　修剪后的结果

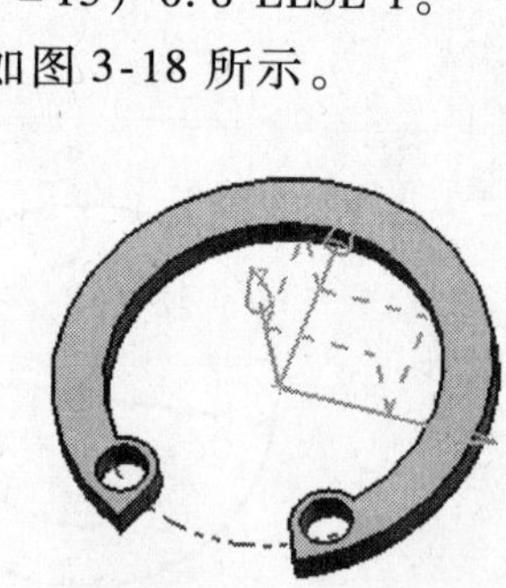

图 3-18　挡圈效果

使用参数化全关联的方式设计零件，看起来很麻烦，但一旦设计完成，对于产品的修改或其他操作，就显得非常方便。

单击【工具】→【表达式】，弹出图 3-13 所示的【表达式】对话框，单击其中的公式

d0，然后在对话框中【公式】处，将原来的数据由 8 改变为 8 ~ 15 的其他整数，如改为 13，然后单击【应用】按钮，可看到，挡圈自动进行了尺寸修改；同样，修改为其他数据时，挡圈尺寸也会相应的修改。之所以会这样，原因是整个零件的所有参数都是由 d0 来驱动的，即与之相关联。如果要修改图 3-16b 所示的小圆直径可在草图环境中双击尺寸修改，也可以从【表达式】对话框中进行修改。

从上面的操作过程可以看到，零件内的参数化设计是通过表达式、几何约束、尺寸约束来完成的。

## 3.3.2　零件间参数化建模

在 UG 环境下，要实现部件间的链接的途径是很多的，常用的方法有：使用【WAVE 几何链接器】、使用装配导航器中的【WAVE】弹出菜单中各命令项、通过公式编辑完成链接，即在图 3-13 所示的【表达式】对话框中，通过【创建部件间引用】按钮及【编辑部件间引用】按钮来进行。下面通过例子，来说明这些方法的使用。

**1. WAVE 几何链接器与零件间参数化建模举例**

建立一个零件，并保存为 L1. prt，如图 3-19 所示。该零件十分简单，目的是让读者容易理解操作过程。

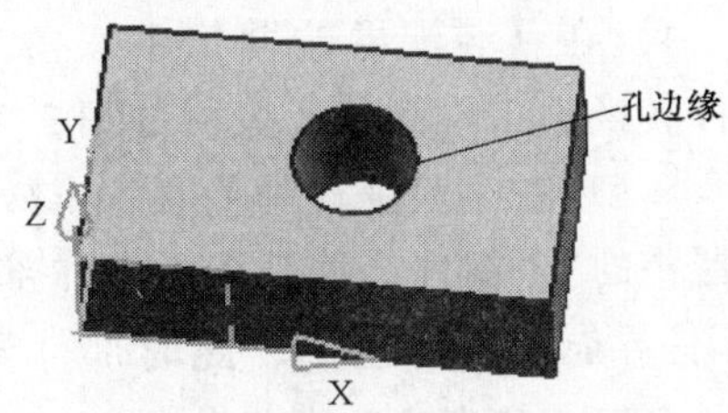

图 3-19　新建的零件 L1. prt

现在，关闭所有部件，再建立另一个文件 L0. prt，然后单击【开始】→【装配】，出现【装配】工具条，单击【装配】→【组件】→【添加组件】，将弹出【添加组件】对话框，如图 3-20 所示。

单击【打开】按钮，添加刚才创建的文件 L1. prt，单击【确定】按钮，完成组件的添加，此时，在【装配导航器】中，将出现刚才添加的组件，如图 3-21 所示。

在图 3-21 所示的【装配导航器】中单击图标 L0，然后再单击【装配】→【组件】→【新建 ...】，弹出【类选择】对话框，按中键，弹出【新建组件】对话框，输入文件名 L2，并选择保存路径后，再按鼠标中键，弹出另一个对话框，再单击【确定】按钮，就完成新组件的创建。此时，在【装配导航器】中的组件 L1 下面将出现组件 L2，如图 3-22 所示。

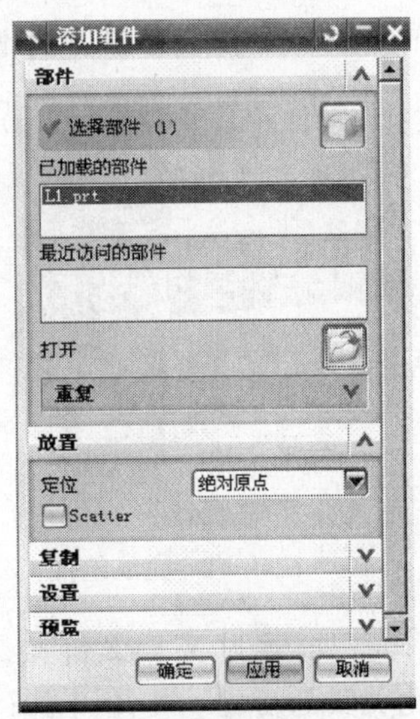

图 3-20　【添加组件】对话框

不过，此时组件 L2 是空的，为了给组件 L2 添加零件内容，且要求让 L2 零件与 L1 关联，需要进行如下操作：

1）双击【装配导航器】中的【L2】图标，以便使其激活为当前工作部件（也可右击后选中“转为工作部件”），单击【装配】工具条中的【WAVE 几何链接器】按钮，弹出【WAVE 几何链接器】对话框，如图 3-23 所示。

2）在【WAVE 几何链接器】对话框中的【类型】下拉框中选择“复合曲线”，然后选择零件 L1. prt 中孔的孔边缘线（参见图 3-19），单击【确定】按钮后，得到一条曲线，这条线就是通过链接得到的曲线。

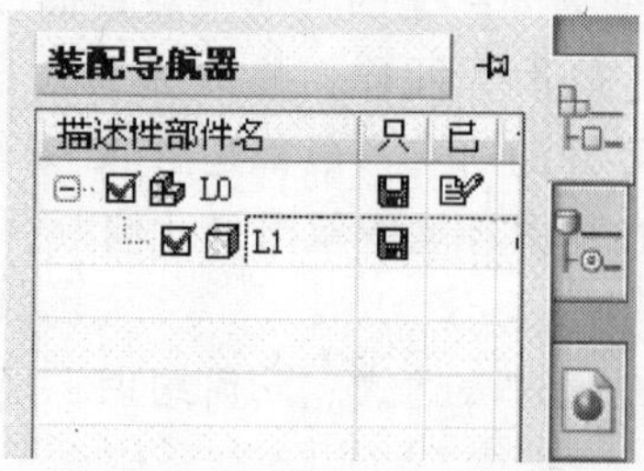


图 3-21　添加零件 L1. prt 后的【装配导航器】

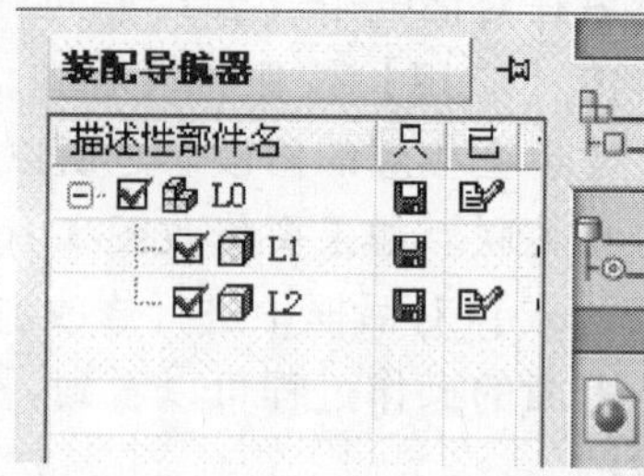


图 3-22　新建 L2 组件

3）使用“拉伸”命令将刚才得到的链接曲线拉伸 100mm，得到一个圆柱体，也就是说，组件 L2 的内容是一个圆柱体，但此圆柱体的大小与组件 L1 中孔的上边缘是关联的，这就是 WAVE 链接。单击【保存】→【全部保存】，保存所有内容。

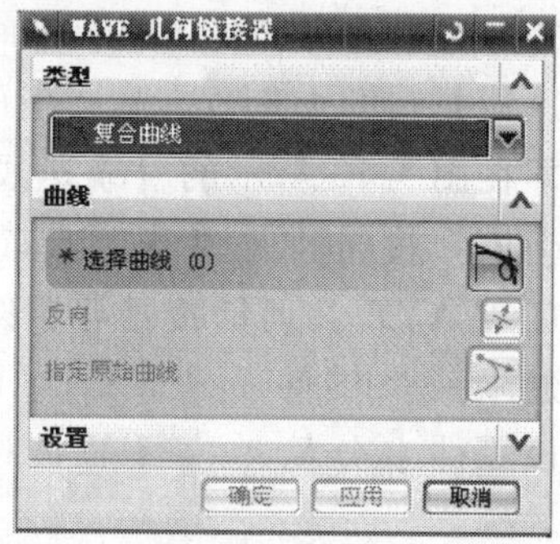


图 3-23 【WAVE 几何链接器】对话框

4）在【装配导航器】中双击【L0】图标，使该组件转换为工作部件，效果如图 3-24 所示。

5）现在来验证这种关联的有效性。先双击装配导航器中的 L1 组件，使其成为工作部件；再单击右侧的【部件导航器】按钮，此时部件导航器如图 3-25 所示，可以对组件 L1 进行修改。右击 Extrude (2)，在弹出的快捷菜单中选择“可回滚编辑...”，将弹出【拉伸】对话框，单击【草图截面】按钮，进入到草图环境中，任意改变孔径的大小，然后退出草图，按鼠标中键确定。从结果中可发现，当 L1 中孔的大小修改后，L2 圆柱体的直径也自动进行了修改，如图 3-26 所示。

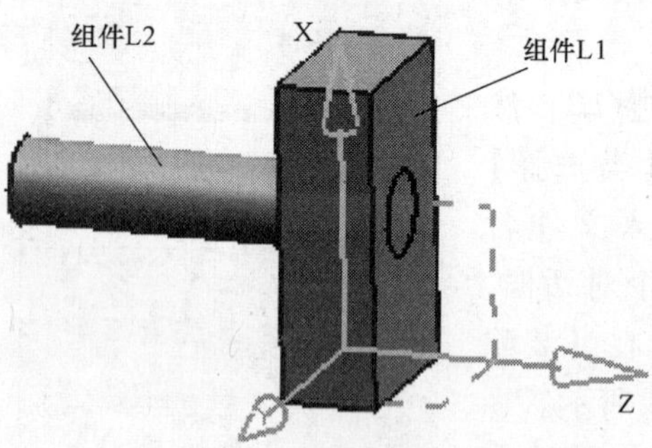


图 3-24　完成组件 L2 创建

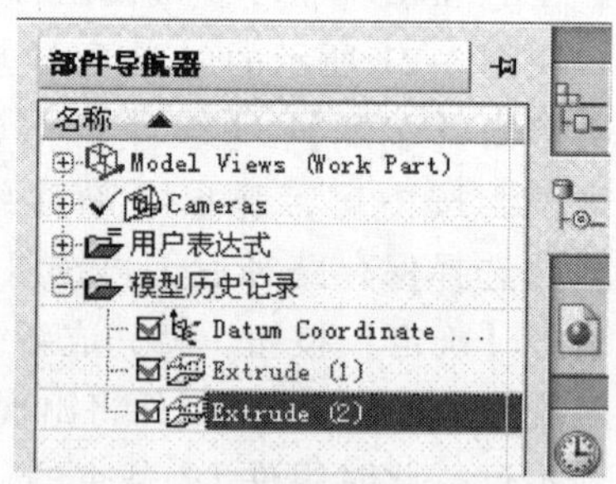


图 3-25 【部件导航器】对话框

可见，通过 WAVE 链接，达到了相关零件间的参数化关联的目的。使用【部件间链接浏览器】可以看到部件间的链接情况，如图 3-27 所示。

**2. 通过“表达式”进行部件间链接**

在新建一个文件后，建立如图 3-28a 所示的一个圆柱体零件 A，现在要使该圆柱体的半径与磁盘上另一零件 YZ2（图 3-28b）的内孔的尺寸相关联。

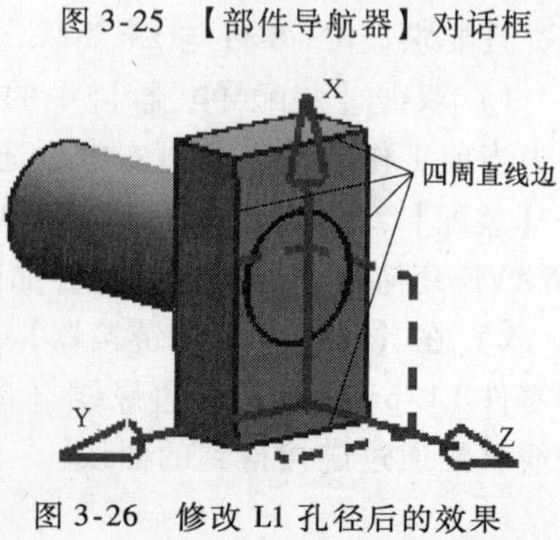


图 3-26　修改 L1 孔径后的效果

其操作过程是：

双击零件 A，使其进入编辑状态，此时会弹出【圆柱】对话框，展开【尺寸】区域的【直径】下拉菜单，选择“公式”，弹出了图 3-13 所示的【表达式】对话框，单击【创建部件间引用】按钮，弹出【选择部件】对话框，单击【选择部件文件】按钮，弹出【部件名】对话框，选择 YZ2 零件，单击【确定】按钮，弹出【表达式列表】对话框，其中列出了 YZ2 零件所有尺寸的表达式，找到【r = 2】这个表达式，其中的 r 就是 YZ2 零件的内孔半径表达式，单击“r = 2”这个表达式后，再单击【确定】按钮，就回到了【表达式】对话框中，此时可以看到在【公式】处出现了公式：" YZ2"：：r，这就是对 YZ2 零件内孔半径的引用。其中符号" YZ2" 表示引用外部零件 YZ2 上的尺寸、符号：：表示部件间引用、r 表示是 YZ2 这个零件上的半径。在公式后面加上 *2，结果公式变为：" YZ2"：：r*2，即零件 A 的直径等于 YZ2 的内孔的半径的 2 倍，也就是让二者直径相等，完成后按鼠标中键完成所有操作，结果如图 3-28c 所示。

图 3-27 【部件间链接浏览器】对话框

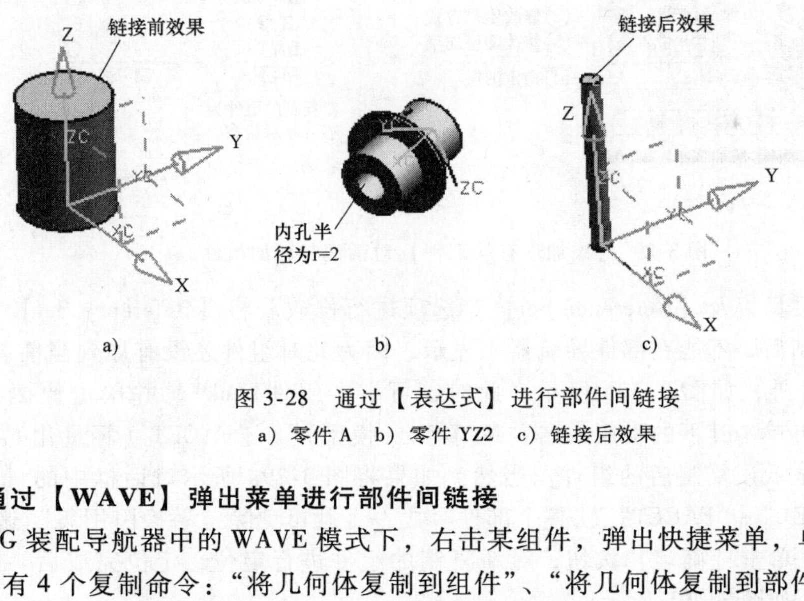


图 3-28　通过【表达式】进行部件间链接
a）零件 A　b）零件 YZ2　c）链接后效果

**3. 通过【WAVE】弹出菜单进行部件间链接**

在 UG 装配导航器中的 WAVE 模式下，右击某组件，弹出快捷菜单，单击【WAVE】选项，其下有 4 个复制命令：“将几何体复制到组件”、“将几何体复制到部件”、“将几何体复制到新部件”和“复制组件为”；另外还有“新建级别”与“创建链接部件”两个命令。这些命令都能建立部件间的链接。

（1）将几何体复制到组件　选中要复制的组件，然后右击，再单击快捷菜单中的【WAVE】→【将几何体复制到组件】，将弹出【部件间的复制】对话框。此时，可以选择一个或多个要复制的几何体，它们将被复制到新的组件中，选择完成后单击【确定】按钮或单击鼠标中键，再选择目的地组件，选择完成后按鼠标中键，完成操作。

（2）将几何体复制到部件　右击要复制的组件，单击快捷菜单中的【WAVE】→【将几何体复制到部件】，会弹出一个【创建一个与位置无关的链接特征】的确认对话框，单击

【确定】按钮后，弹出【选择部件】对话框，选择目的地部件，单击【确定】按钮后，弹出【部件间复制】对话框，可以从组件中选择要复制的几何体，选择后单击【确定】按钮，完成操作。

（3）将几何体复制到新部件　右击要复制的组件，单击快捷菜单中的【WAVE】→【将几何体复制到新部件】，会弹出一个【创建一个与位置与关的链接特征】的确认对话框，单击【确定】按钮后，弹出【新建部件】对话框，在其中输入部件名，按鼠标中键确定后，选择几何体，完成后再按鼠标中键结束操作。系统会将刚才选中的几何体复制到新命名的新零件中。利用这个命令可以方便地制定工艺卡。

在上面的三个复制命令中，注意在选择几何体时，可以单击【类选择】按钮，来改变要选择的类型，如实体、面、曲线、草图等。

（4）复制组件为　右击要复制的组件（即要将该组件内容复制到另一个组件中），单击快捷菜单中的【WAVE】→【复制组件为】，将弹出【选择部件名】对话框，在其中输入部件名，然后单击【确定】按钮，将弹出【添加组件】对话框，如图 3-29a 所示。

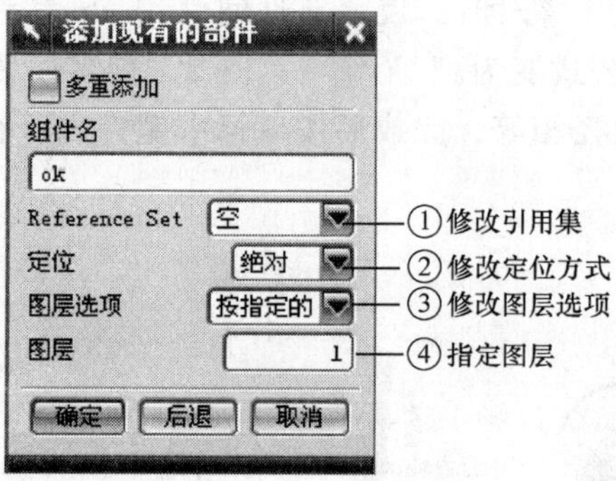


a)

b)

图 3-29　【添加现有的部件】对话框与新加组件

可以对【图层】以及【Reference Set】等选项进行修改。将【Reference Set】选项设为“空”，则组件复制后，不能在部件导航器中显示，因为此时组件还没有加到当前装配中来，而是被排除在部件外，如图 3-29b 所示。此时，可右击组件“ok”，并单击快捷菜单中的【替换引用集】，再单击其下的引用集名“MODEL（模型）”、“FACET（轻量化）”、“整个部件”之一即可显示该复制后的组件。当然，如果将图 3-29a 所示对话框中的【Reference Set】设为“MODEL”、“FACET”、“整个部件”之一，就可免除“替换引用集”这一操作。

修改完成后，单击【确定】按钮，对新复制的组件进行定位，定位完成后，组件就加入到整个模型中，如图 3-29b 所示。

另外的两个重要命令：“新建级别”与“创建链接部件”是进行产品自顶向下设计的重要工具，将在后面详细介绍。

**4. 进行特征抑制**

通过表达式，可以进行特征抑制，从而使某些特征在适当的状态下才显示出来，下面介绍表达式在抑制特征中的操作。

先建立一个长 × 宽 × 高 = 100 × 100 × 20 的长方体，并使用【特征】工具条中的“孔”命令制作一个简单穿孔，结果如图 3-30a 所示。

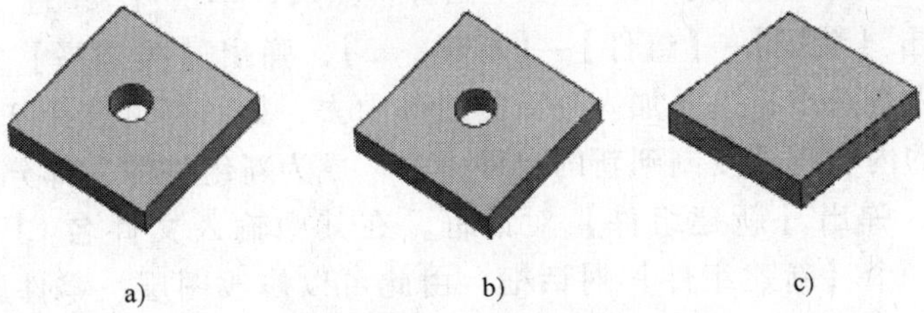


图 3-30　由表达式抑制特征

单击【编辑】→【特征】→【由表达式抑制...】，弹出【由表达式抑制】对话框，选中刚才作的孔，然后按鼠标中键完成操作。然后单击【工具】→【表达式】，弹出【表达式】对话框，将【由用户定义的】选项修改为“全部”，显示所有表达式。选中含有“suppression status”字样的表达式，并将它的值由原来的 1 修改为表达式：

if (p8 <20) 1 else 0

该表达式中的“p8”为长方体的高，在实际操作时，可能采用其他代号表示，只要与表达式中含有【height】字样的变量名保持一致即可。数字 1 表示真，在抑制表达式中表示对象显示；数字 0 表示不显示。完成表达式操作后，单击【确定】按钮退出。此时，分别将长方体高度（p8）设为 15 与 30，当高度为 15 时，满足 p8 <20 的条件，孔被显示出来，如图 3-30b 所示；当高度为 30 时，不满足 p8 <20 的条件，孔不能显示，如图 3-30c 所示。

## 3.3.3　设计装配

**1. 设计装配概述**

在 UG 中，装配可以分为一般装配（即传统装配）和设计装配。一般装配是先将要装配的零件的三维图作好，然后组装成一个完整的系统的装配过程。而设计装配的思想是边设计边装配，它符合自顶向下的产品设计方法，是组织重大设计的基础。

设计装配的操作过程可归纳为：

1）将总装配组件 XX-ZP 设置为工作部件。

2）用【装配】工具条中“创建新组件”命令建立新的组件或用“WAVE”功能建立新的级别来建立组件。

3）将新组件设置为工作部件。

4）使用建模命令中各种必要的命令来建立新组件的三维模型，这个过程与平时建立单独的三维模型没有区别。需要注意的是，如果组件间需要关联，可以使用“WAVE”链接。

5）重新将总装配设置为工作部件。

6）使用“配对组件”命令或“重定位”命令将新建立的组件装配到总装组件中。

不断重复 2）~6）步，完成设计装配。如果一个系统复杂，工作量大，则可以使用并行设计模式进行同步设计。

**2. 设计装配实例**

**实例 3-2　可折叠剪刀的装配**

下面以图 3-31 所示的可折叠剪刀为例说明设计装配的完整操作过程。

1）新建文件 Scissors-ZP. prt 作为总装配组件文件，此时，装配导航器效果如图 3-32 所示。

2）单击选中装配导航器中的 Scissors-ZP 图标，然后，单击【装配】工具条中的【新建组件】按钮或单击【装配】→【组件】→【新建...】，弹出【类选择】对话框。此时，可以将当前环境下的内容选中，一并加入到新的组件中去，如：可以选择基准、草图或其他图形等，这些被选中的内容将被复制到新的组件中去，成为新组件的一部分。这里，我们直接单击【确定】按钮，弹出【新建组件】对话框，在其中输入文件名 CUT，然后单击【确定】按钮，弹出另一个【新建组件】对话框，由此可以修改图层、零件原点的坐标模式等选项，单击【确定】按钮使用默认设置即可。此时，一个新组件就建立好了，但此组件没有内容。装配导航器效果如图 3-33 所示。

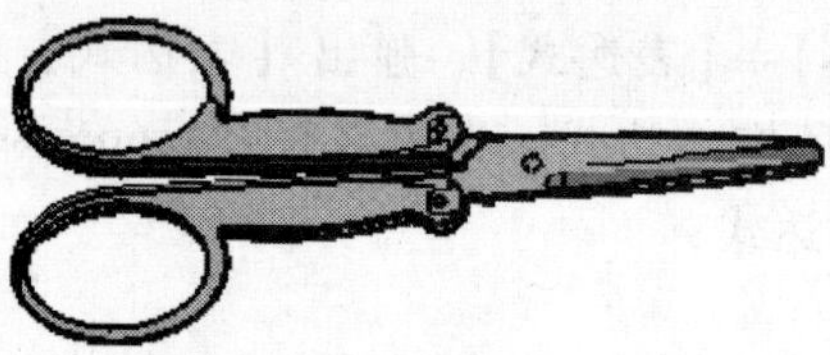

图 3-31　可折叠剪刀

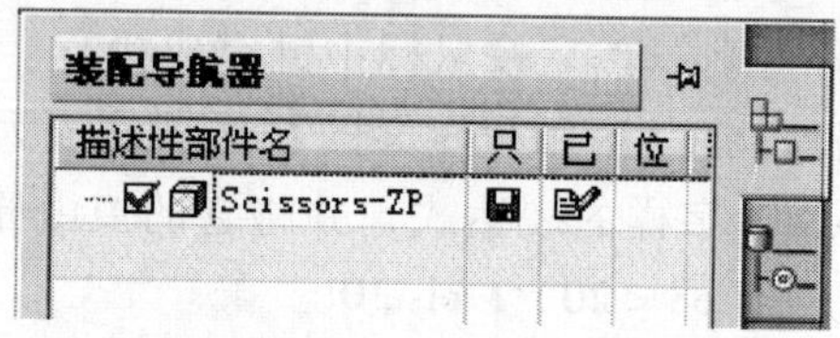


图 3-32　新建总装配文件后效果

3）双击图 3-33 中的 CUT 图标，或在该图标上右击后选中“转为工作部件”命令，使 CUT 成为工作部件。

4）然后使用 UG 相关作图命令作出剪刀的头部如图 3-34 所示。操作步骤如下：

建立草图如图 3-35 所示。

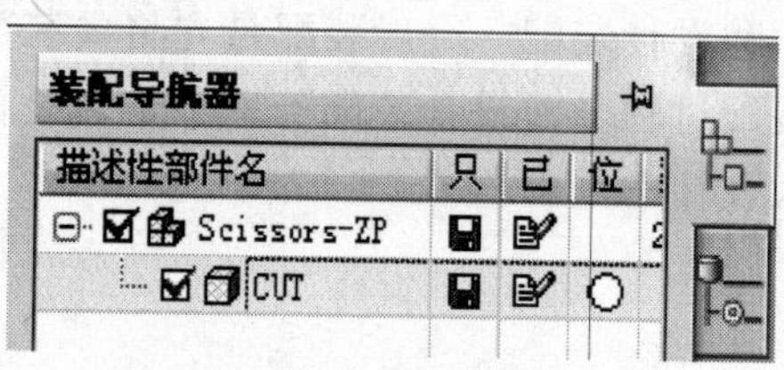


图 3-33　新建组件 CUT 效果

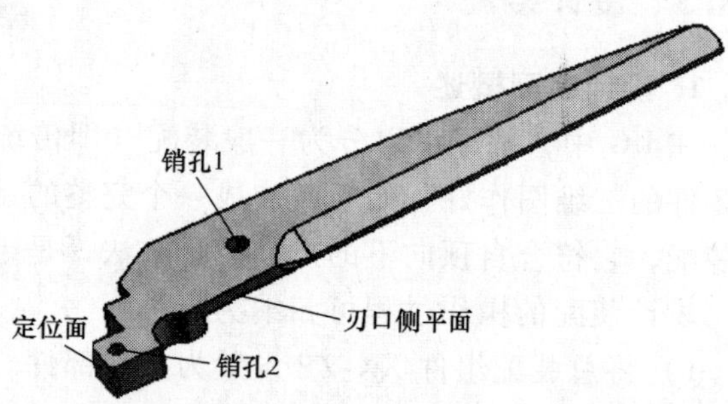


图 3-34　作出组件 CUT 中的剪刀头零件

对草图进行拉伸，拉伸厚度为 3mm，再在 XZ 面内作如图 3-36 所示草图，它只有两条

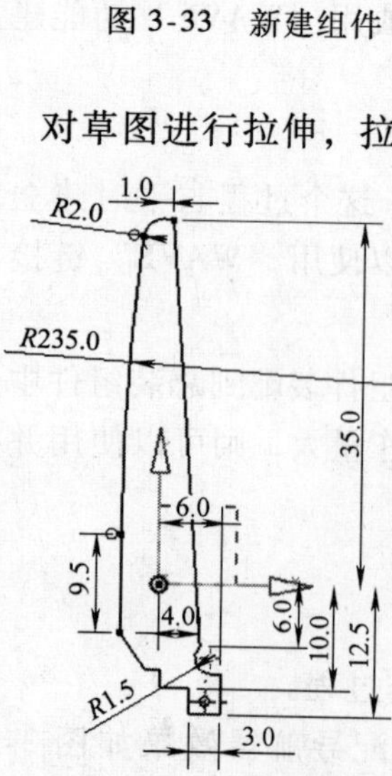


图 3-35　剪刀头草图

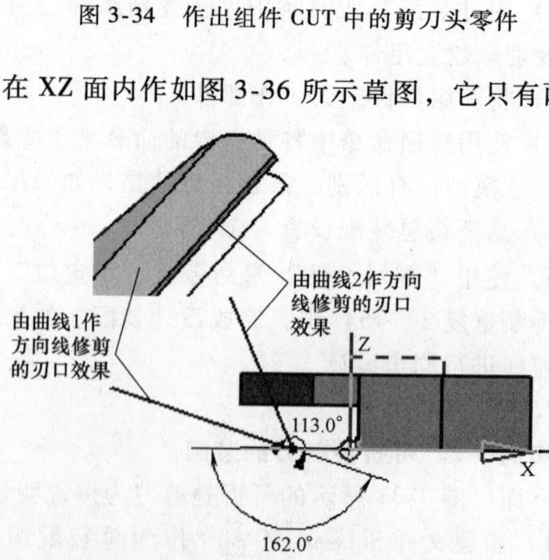


图 3-36　修剪剪刀头刃口用草图

直线，主要用来确定使用拉伸命令修剪剪刀的刃口时的方向线，以便产生刃口效果。

再以图 3-34 所示的刃口侧平面为基准面作两个草图如图 3-37 所示（a、b 两个草图分别用来修剪两个刃面）。

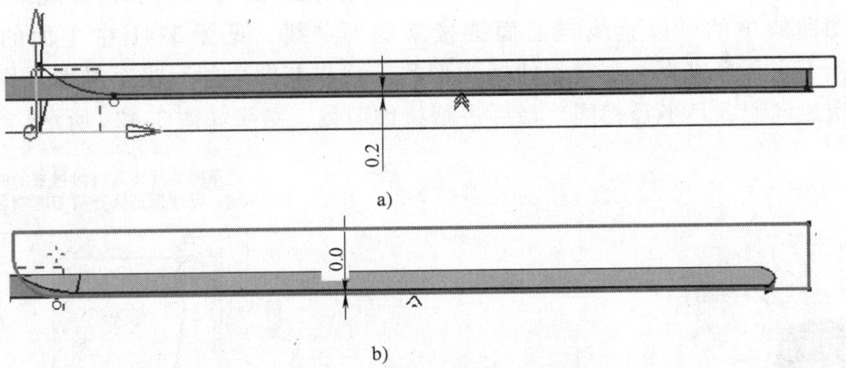


图 3-37　修剪刃口用到的草图

以图 3-37a 所示的草图作拉伸草图，以图 3-36 所示曲线 1 的方向线作拉伸方向进行拉伸，可得到剪刀的次刃口；以图 3-37b 所示的草图作拉伸草图，以图 3-36 所示曲线 2 的方向线作拉伸方向进行拉伸，可得到剪刀的主刃口。最后结果如图 3-34 所示。

最后保存该文件，完成组件 CUT 的建模工作。

5）将装配导航器中的 Scissors-ZP 组件设置为工作部件，准备制作下一组件：剪刀的手柄。在装配导航器中右击 Scissors-ZP 图标，将弹出快捷菜单，单击【WAVE】→【新建级别】，弹出【新建级别】对话框，在对话框中的【部件名】下面的文本框中输入部件名称：handle，然后按 <Enter> 键，此时，该对话框中的【确定】按钮可用，单击【确定】按钮，完成了新级别的创建。结果装配导航器效果如图 3-38 所示。

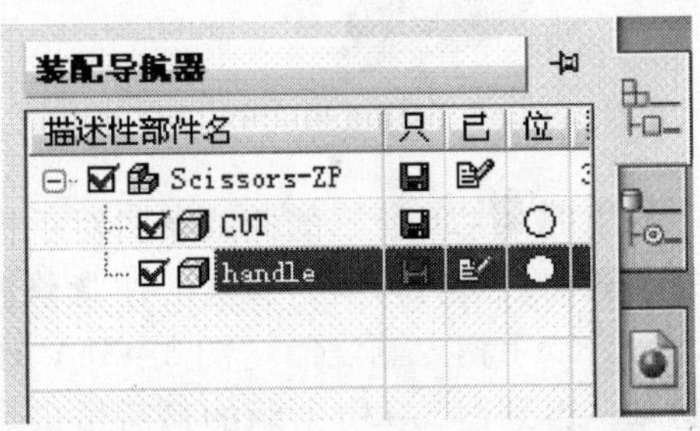


图 3-38　新建级别后装配导航器效果

由于手柄上的销孔与剪刀头上的销孔 2（参见图 3-34）是关联的，因此，需要对此孔进行 WAVE 链接。双击图 3-38 中的 handle 图标，使其转为工作部件，并将图层设置为 40 层，再单击【装配】工具条中的【WAVE 几何链接器】，将弹出【WAVE 几何链接器】对话框，将【类型】设置为“复合曲线”，然后选中图 3-34中销孔 2 的上边缘，并按鼠标中键完成曲线链接操作；同样，将【WAVE 几何链接器】对话框中的【类型】设置为“面”，选中图 3-34 中的定位面，来链接这个面，作为剪刀手柄与剪刀头相接触的面。

在装配导航器中右击 handle 图标，单击快捷菜单中的“转为显示部件”，使 handle 组件进入到编辑环境下，这种操作更加方便。此时，可以看到刚才链接过来的销孔 2 的边缘曲线及定位面。以此曲线作基础，作出手柄的草图如

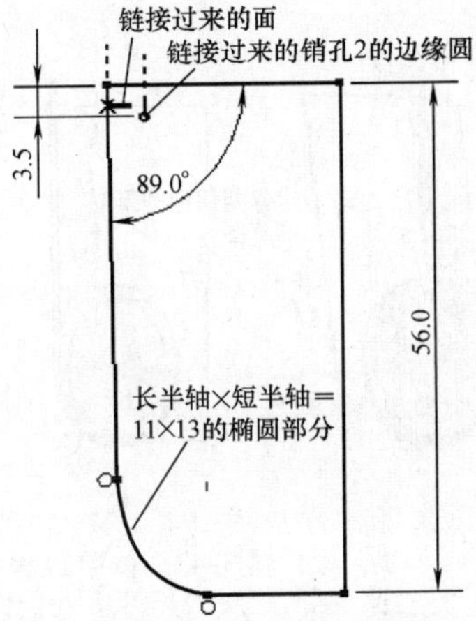


图 3-39　剪刀手柄外形草图

图 3-39 所示。拉伸 3.5mm 后，效果如图 3-40 所示。

以【特征操作】工具条中的“抽壳”命令来完成抽壳操作，操作时，选中图 3-40 中的两侧面，并使抽壳厚度为 0.5。完成抽壳操作后，通过拉伸操作对手柄进行修剪，其拉伸草图如图 3-41 所示。绘制草图时要注意：①为保证今后张开剪刀时，能很好地开合，请注意使左上角草图曲线中的一段直线与前面链接来的面共线，见图 3-41 中上面的文字说明；②为了使手柄下半部分成为一个完整的椭圆形状，请将草图中的大半个椭圆与图 3-39 中的半个椭圆约束成同心，且半径相同。最后进行拉伸剪裁，结果如图 3-42a 所示。

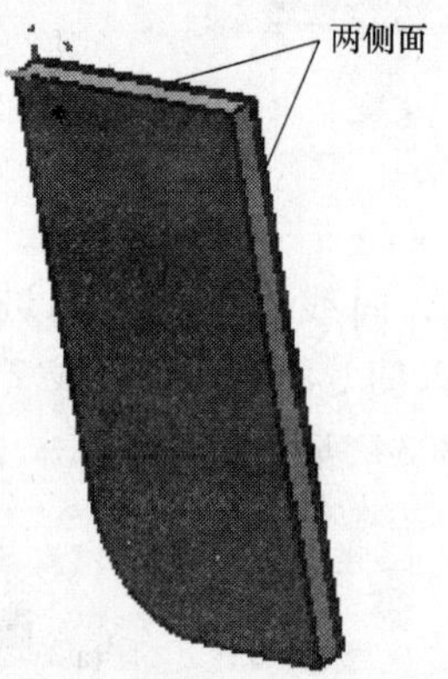


图 3-40　拉伸后效果

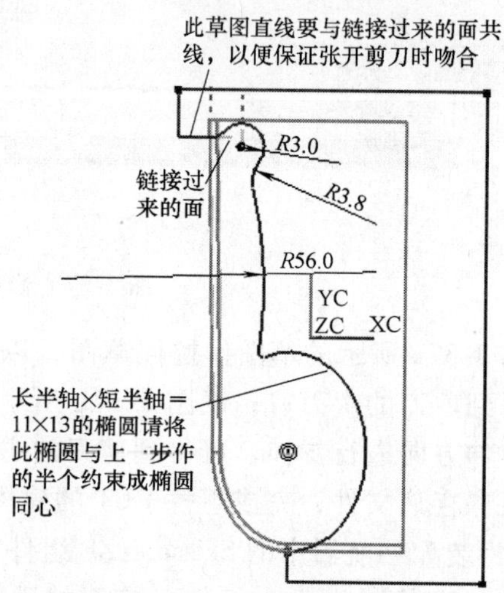


图 3-41　手机修剪用草图

使用图 3-42b 所示的椭圆草图对手柄修剪，结果如图 3-42c 所示。最后，用图 3-43a 所示的草图曲线进行修剪，修剪时注意修剪深度采用【拉伸】对话框中的【直到被延伸】选项，然后以手柄内侧表面（图 3-43b）作为延伸面，进行修剪操作，完成后，将不必的要图线隐藏，得到图 3-43b 所示的最后结果。

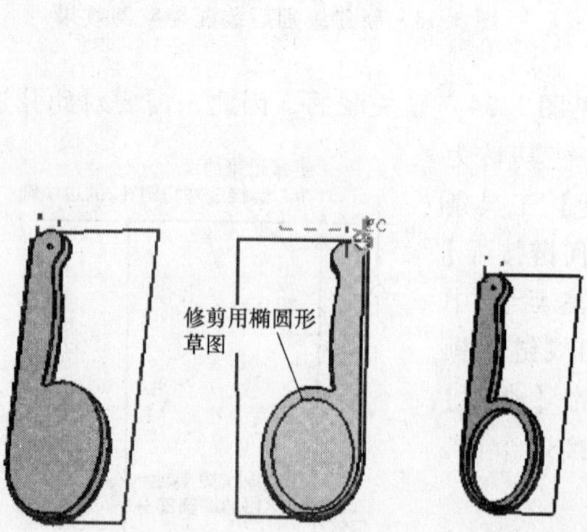


a)　　b)　　c)

图 3-42　修剪过程

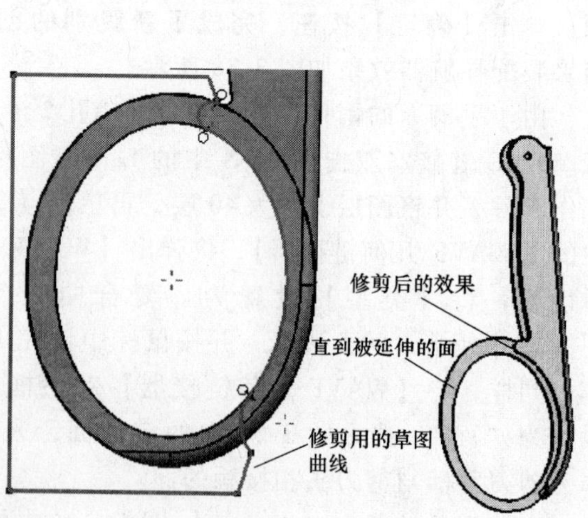


a)　　b)

图 3-43　最后修剪结果

a）修剪草图　b）修剪结果

保存文件，并单击【窗口】→【Scissors-ZP. prt】，再在装配导航器中双击 Scissors-ZP 图标，得到如图 3-44 所示的效果。

6）可以用同样的方法，做如下两个部件：一个是卡在手柄槽内的卡簧 spring. prt，其作用是在剪刀打开和合拢时产生一个弹簧力。该弹簧是一个片簧，用点焊的方法焊在手柄槽的内侧，如图 3-45a 所示。制作卡簧时注意使用 WAVE 几何链接器将它与前面的剪刀头和手柄的有关面链接，以保证需要尺寸的确定性。另一个是图 3-34 中销孔 2 中的销 pin. prt，作完后效果如图 3-45c 所示的销 2。实际上，销 2 只能有一端是大头的，另一头在铆后才变成图 3-45c 所示样子，这里是画出了铆后的效果。

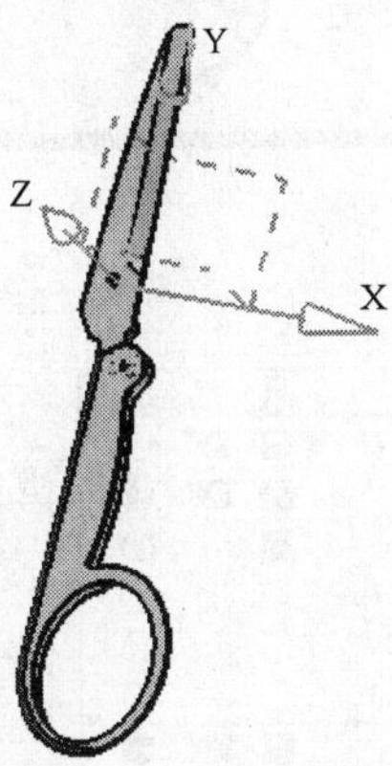


图 3-44　完成 handle 设计后的效果

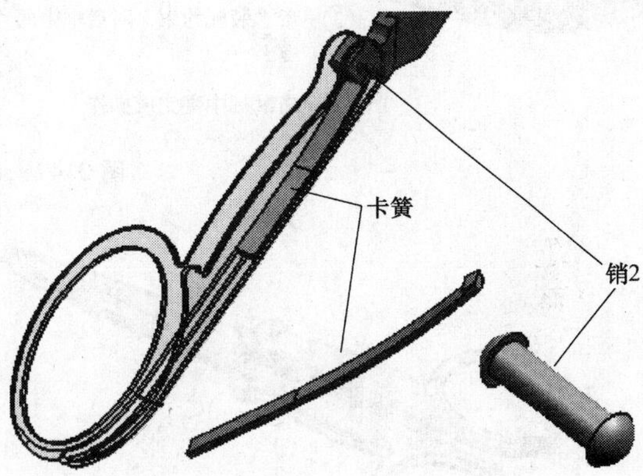


a)　b)　c)

图 3-45　完成卡簧与销 2 设计

经过上面操作后，装配导航器如图 3-46a 所示。

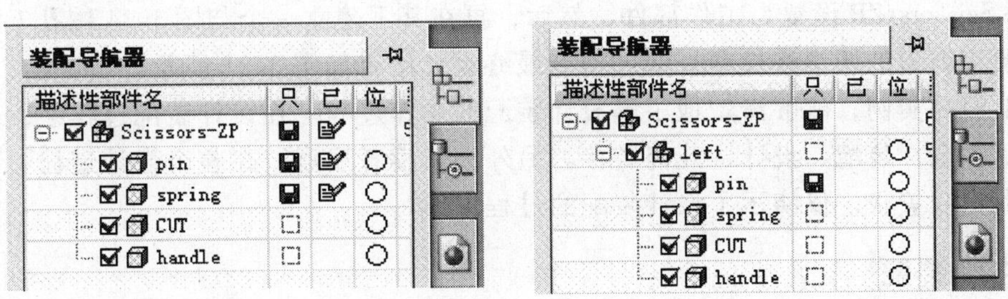


a)　b)

图 3-46　装配导航器调整

现在，在装配导航器中 Scissors-ZP 图标下再建立一个组件，名为 LEFT，并将上面的 CUT、spring、pin 和 handle 四个图标拖动到刚才建立的组件 LEFT 下面，结果如图 3-46b 所示。这样做的目的是为了让剪刀的整个一边定义为一个组件。

7）完成上面的操作后，单击【装配】工具条中的【添加组件】按钮，弹出【添加组件】对话框，在【已加载的部件】区域下面选中刚才建立的 LEFT 组件，将【定位】选项修改为“通过约束”，单击鼠标中键，弹出【装配约束】对话框，然后使用“同心”命令进行装配，操作过程如图 3-47 所示。

配对装配后的结果如图 3-48a 所示，此时的装配导航器则如图 3-48b 所示。

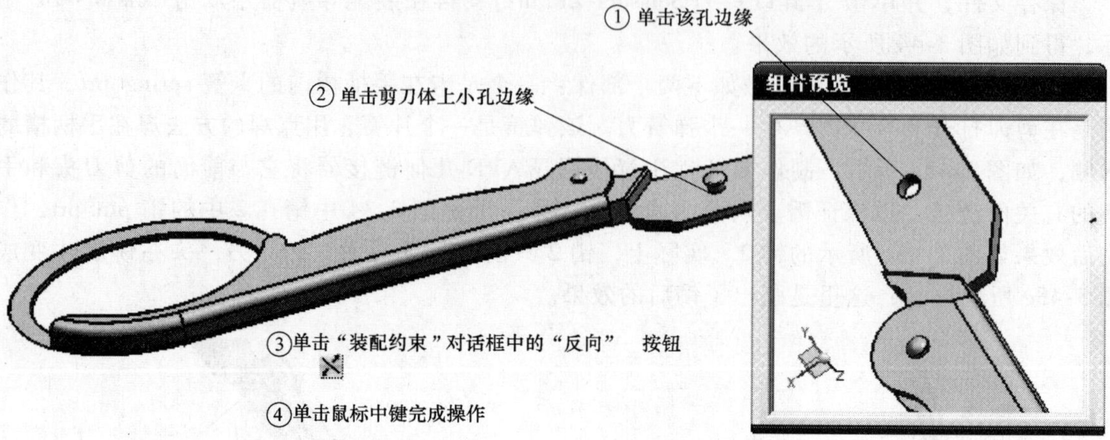


图 3-47　配对过程

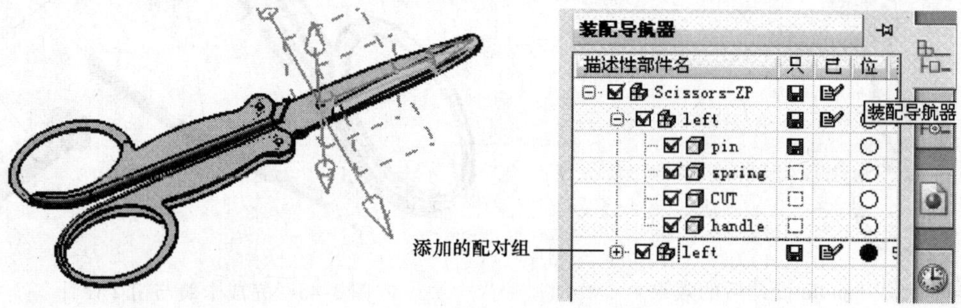


a)　　b)

图 3-48　装配后的效果

8）将 Scissors-ZP 设置为工作部件，然后，再在其下建立一个与图 3-34 销孔 1 配套的销 PIN1，以便将剪刀的两半连接在一起。得到最终设计结果如图 3-31 所示。

通过上面的实例，能够清楚地了解设计装配的操作过程。在设计装配过程中，有几个概念需要特别注意：装配、设计、几何链接。另外，请读者注意：在整个设计过程中，并没有将所有参数相互关联，仅演示了设计装配的过程。

### 3.3.4　克隆装配

克隆装配就是将现有的装配进行复制，也是 UG 环境下一种自顶向下的设计手段，目的是对已经存在的装配，进行部分或全部克隆，应用在产品系列的设计中，如：要设计规格不同的几个类似产品，就可以在克隆装配后，对其进行细节修改，从而减少重新设计的工作量；又如，要进行工艺设计，每个工步的加工不同，需要制作二维或三维图，也可以使用克隆装配。克隆后，新的装配内的零件都可以被修改，也可添加新的部件。

图 3-49　小型千斤顶

下面例子中，就是在克隆装配后，将新的装配中的部分零件进行修改，得到新的装配效果。

打开 QJD 文件夹下的 qjd-zp 文件，这是一个小型的千斤顶，如图 3-49 所示。

这个千斤顶的头部需要适当加长，并修改成较尖的形状，但原千斤顶也作为一个品种保留，这时可以使用克隆装配来完成操作。

操作时，应先关闭所有部件，再新建一个空白文件，然后单击【装配】→【克隆】→【创建克隆装配】，弹出如图 3-50 所示的【克隆装配】对话框。

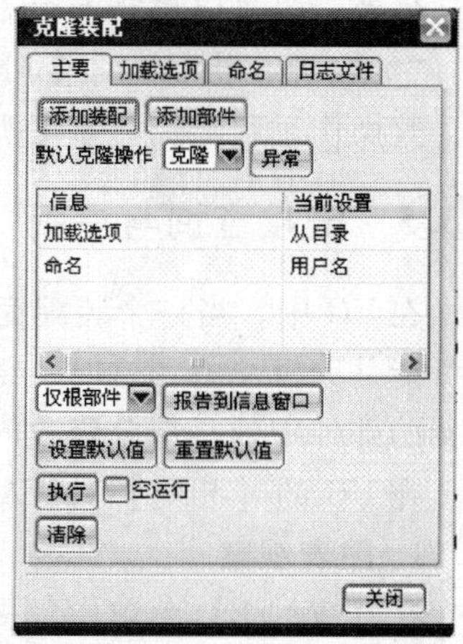

图 3-50　【克隆装配】对话框

在这个对话框中，可以通过【主界面】选项卡中的【添加装配】按钮来添加一个或多个现有的装配，也可以通过【添加部件】按钮来添加若干个部件，也可以使用【加载选项】区域中的按钮来添加装配或部件。添加完成后，可以通过【命名】选项卡中的【定义命名规则】按钮来给克隆后的文件重新命名，命名时可以加前缀、后缀、替换或重命名。还可以修改该区域中的【默认输出目录】下面的文本框定义输出路径。当这些修改完成后，可以单击【主界面】选项卡中的【执行】按钮来进行克隆。完成后，就可以打开克隆后的装配进行相关操作了。

单击【添加装配】按钮，然后选中 CLONE \ QJD 目录中的 qjd-zp. prt 文件，此即为图 3-49 所示的千斤顶；然后单击【命名】选项卡中的【定义命名规则】按钮，在弹出的对话框中单击【加前缀】单选钮，然后在【添加/替换/重命名线串】文本框下面输入自己给定的前缀 ZHT-，并单击【确定】按钮后，回到【克隆装配】对话框中；再修改路径，然后单击【主界面】选项卡上的【执行】按钮，系统开始进行克隆操作；完成后，弹出【信息】窗口，关闭【信息】窗口及【克隆装配】对话框后，打开刚才克隆的装配 ZHT-qjd-zp，可以看到，其效果与图 3-49 一样；此时，右击千斤顶上的螺杆，再单击弹出菜单中的“转为显示部件”，就可以看到图 3-51 所示的效果，现在，可以修改该零件，以便它符合新的要求。

单击【拉伸】按钮，弹出【拉伸】对话框，将【选择杆】工具条中的【曲线规则】选项设为“面的边”，然后选中图 3-51 所示的螺杆的顶面，再将【拉伸】对话框中的【草图】区域展开，将【草图】右侧的下拉框中内容修改为“从截面”，并在下面输入角度 20°，将布尔运算修改为“求和”，按鼠标中键，完成拉伸操作，然后对其倒圆角 $R5$，结果如图 3-52 所示。

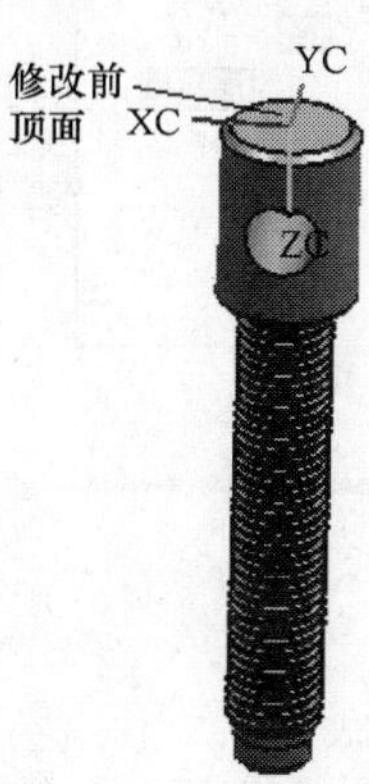

图 3-51　【转为显示部件】的螺杆

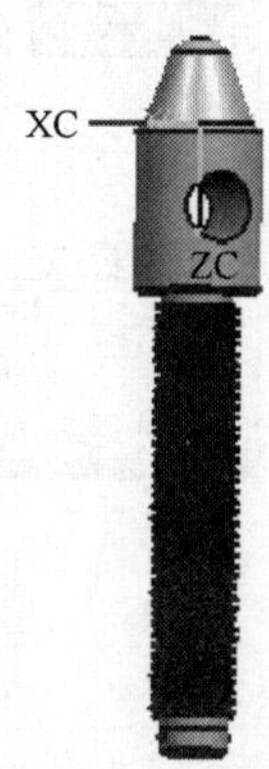

图 3-52　修改后的效果

另外，也可以对现有装配进行编辑，单击【装配】→【克隆】→【编辑现有装配】来完成。“编辑现有装配”命令可以对现有装配进行重命名、加前缀、加后缀及替换名称等操作台。其操作过程与克隆装配类似。

### 3.3.5 链接查询与更新

在 UG 中，当一个装配完成后，其内部可能有若干链接，如果是一个复杂的机器，其装配可能是分模块的，这时，链接状态可能是很复杂的。如何观察这些链接情况、以及当这些链接的部件中的一部分修改时，如何更新各部件就显得特别有意义了。

在 UG 的【装配】→【WAVE】菜单中提供了链接查询与更新工具，用于实现上述功能。

**1. 图表观察**

在【WAVE】菜单中，提供了三种图表命令，分别是：“当前装配的 WAVE 图表”、“当前会话的 WAVE 图表”及“查看保存的图表”。第一个命令是查询整个装配的，只对当前装配中的链接情况给出图表。当同时打开多个装配时，这些装配间可能有链接关系（如这些装配是同一系统的不同部分），也可能没有相关关系，使用“当前装配的 WAVE 图表”命令只能查询处于工作状态下的整个装配的链接关系；而“当前会话的 WAVE 图表”则可查询到所有打开的装配的联合图表；至于第三个命令则可打开已经保存好的链接图表并进行观察。

第一和第二个命令的使用类似，操作方法如下：

1）先打开两个已经存在的装配：L0. PRT（L 文件夹中）及 Scissors-ZP. prt（Scissors 文件夹中）。

2）单击【装配】→【WAVE】→【当前装配的 WAVE 图表】，此时会弹出一个【完全加载部件?】的提示对话框，单击【是】按钮，出现【WAVE 图表】对话框，勾选【显示所有级别】复选框，并单击【确定】按钮，就出现如图 3-53a 所示的对话框，其中显示了当前装配中的所有链接关系。

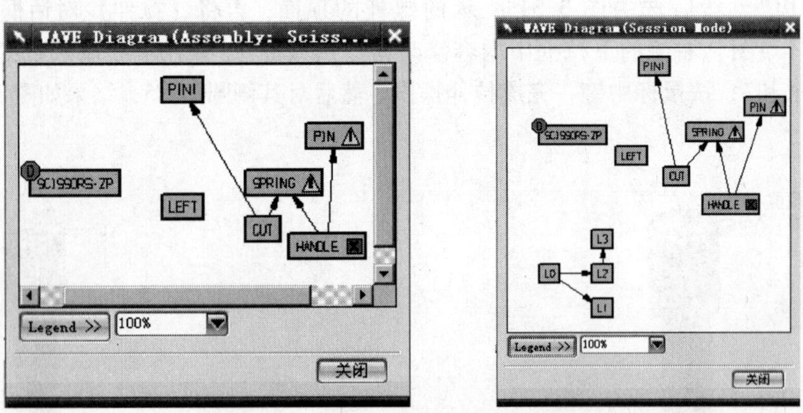


a) b)

图 3-53 【WAVE 图表】对话框

a）当前装配的 WAVE 图表 b）当前会话的 WAVE 图表

3）单击【装配】→【WAVE】→【当前会话的 WAVE 图表】，则可得到图 3-53b 所示的效果，从图中可以看到，不但有 Scissors-ZP. prt 中的链接关系，也有 L0. PRT 中的链接关系，也就是显示了当前会话中的所有链接关系。

4）在显示的图表中进行拖动这些方块形图标，可以对布局不清的图标进行调整位置，也可在图表对话框中右击，利用快捷菜单中的命令，显示选中对象的祖先及后代，也可以保存当前图表，如将图 3-53b 图的图表以文件名 table1. wcd 保存在 Scissors 文件夹中，再单击【装配】→【WAVE】→【查看保存的图表】就可以打开该图表。

**2. 部件间链接浏览器查询**

如果要显示链接关系，可以用“部件间链接浏览器”功能来查询，该功能不仅可以查询链接关系，还可以对现有链接进行编辑。

现以 L 文件夹中的 L0. PRT 为例来说明。先关闭所有部件，然后打开 L 文件夹中的 L0. PRT，单击【装配】→【WAVE】→【部件间链接浏览器】，会弹出【部件间链接浏览器】对话框，如图 3-54 所示。

在操作时，可以先修改检查方式，共有三种方式：“对象”、“特征”和“部件”。默认情况下是“特征”，如图 3-54 所示，在这种情况下，可以在部件组中选中一个特征（如图 3-54 所示选中了 L2），就可以在下面【选定部件中的部件间链接】区域中看到链接关系。从图中可以看到，L2 与 L0 的 Lr 尺寸有两个尺寸关联关系，还与草图有链接关系（Sketch），选中一个链接关系，就可利用右下角的【编辑】按钮对链接情况进行修改，也可以使用【打断】按钮打断这种链接关系。

如果先在“特征”状态下选中一个组件，如选中 L2，然后将状态由“特征”修改为“部件”，则可以看到 L2 与各部件间的链接树图，如图 3-55 所示。

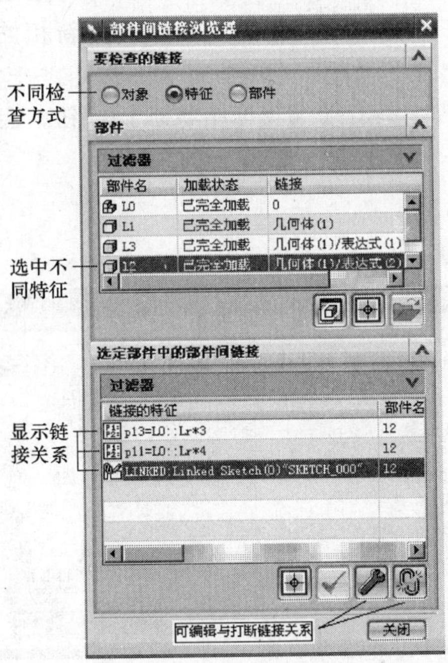


图 3-54　【部件间链接浏览器】对话框之“特征”

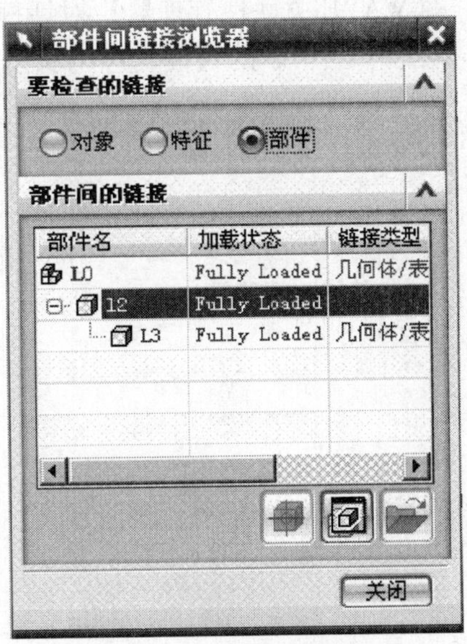


图 3-55　【部件间链接浏览器】对话框之“部件”

当状态修改为“对象”时，就要选择一个部件，此时可以修改与显示该部件。

UG 环境下除了上面介绍的查询链接状态的工具外，在部件导航器中也可以看到工作部件与其他部件间的链接关系，但不像上面介绍的这些工具直观易懂。需要说明的是，在部件导航器中双击链接图标可以对链接进行编辑。

**3. 链接更新**

一般情况下，当链接的源点数据（祖先）修改后，链接的后续点（子孙）就会随之修改，即自动更新。但当只打开装配中一个部件进行修改，或者设置了延迟更新时，更新就不能及时实现，此时，可以使用更新工具来更新链接的数据。

方法一：

在装配导航器中右击要更新的部件，然后在弹出的快捷菜单中单击【WAVE】→【解决更新状态】，就可使该部件得到更新，但其他部件可能不会更新。因此，这种方法适合对一个部件进行更新的情况。

方法二：

使用“WAVE 关联性管理器”可更新或延迟更新，也可编辑冻结状态。

单击【装配】→【WAVE】→【WAVE 关联性管理器】，弹出【WAVE 关联性管理器】对话框，如图 3-56 所示。

如果在装配或会话中存在没更新的部件，就会在【过时的部件】下的列表框中显示出来。此时，可以单击【更新会话】或【更新装配】按钮来完成更新，如果装配或会话中部件全部完成更新，则列表框中不显示部件。

单击【解决更新状态】按钮，会弹出【解决更新状态】对话框，在其中选中要更新的部件或装配，单击【确定】按钮，可以解决更新状态；如果在做此项操作前，将【延迟部件间更新】复选框勾上，则选中的部件或装配将会在更改某些部件后，不立刻更新相关的链接部件，而是等待用户进行人工更新。

【WAVE 关联性管理器】对话框还能编辑冻结状态。单击【编辑冻结状态】按钮，会弹出如图 3-57 所示的【编辑冻结状态】对话框，可以根据需要进行修改。

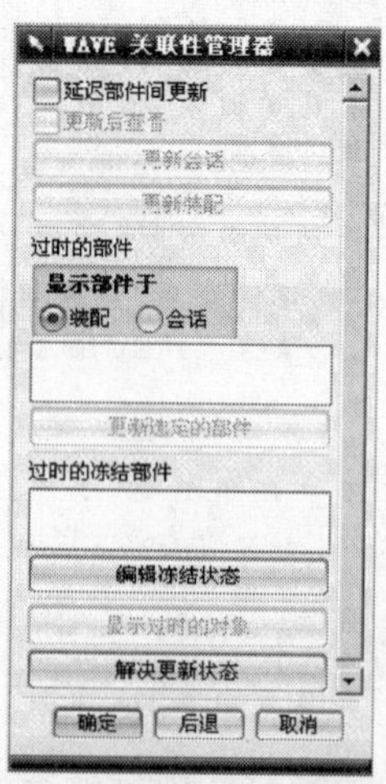


图 3-56 【WAVE 关联性管理器】对话框

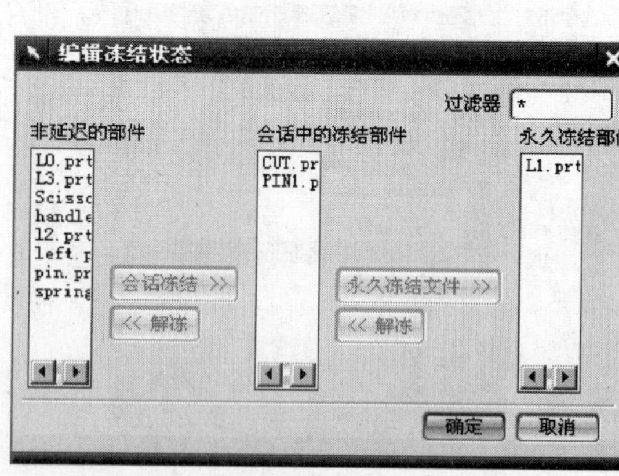


图 3-57 【编辑冻结状态】对话框

方法三：

使用“通用重新链接器”也可实现链接更新。单击【装配】→【WAVE】→【通用重新链接器】，弹出【通用重新链接器】对话框，单击【重新链接】按钮，就会在对话框中间的列表框中显示各种链接关系，然后单击【更新】右侧的向下箭头按钮，可展开【更新】下拉菜单，单击其中的【更新会话】按钮，就可使整个会话得到更新。

要注意的是，“通用重新链接器”除了更新会话外，还可以通过【查看特征故障】按钮来查看链接故障。

不同的更新方法在不同场合使用，读者可以根据使用需要选择合适的工具应用在不同的设计中。

## 3.4 系统工程与自顶向下产品设计

自顶向下设计属于系统工程的范畴，系统工程的思想是将一个大的工程分解为多个有逻辑关系的子系统（或称为模块），每个子系统有自己的设计准则、设计约束；每个子系统可以相互独立地进行设计，从而实现所谓的并行工程。例如，在设计飞机时，可以将其分为机身、航电、动力等模块，这些模块间有联系，但又有内部的独立性。因此，只要理清了系统间的关系，子系统内部是可以独立进行设计的。例如，用系统工程的方法，可以同时设计机身、航电、动力等不同部件。当然，每个子系统又可以再次进行细分成若干下级子系统来由不同的设计团队完成，这样一个团队只需关心自己的设计模块，从而提高了设计的效率；按类似方法，不断将子模块进行细分，直到最后将系统细分到具体的零部件为止。这就是所谓的自顶向下设计模式。

在 UG 环境下的自顶向下设计过程，主要是依赖 WAVE 几何链接器来进行。在设计时，通过布局，可以得到系统的组成模块，并将每一个模块的具体作用、性能参数、外形尺寸、与其他模块间的连接参数、安装位置与尺寸、通信方式及参数等设计数据进行有机链接，组成分级分层结构，最终完成整个系统的构造。

一般而言，系统顶层包括系统的性能参数、系统外形尺寸、各模块的外形尺寸、各模块的安装位置与尺寸、模块间的连接、控制方式及通信方式等内容。下级模块层，主要包括各零件与部件间的相关性、零件与部件的大小形状、零件与部件的装配关系等内容。

一个系统可以设计成如图 3-58 所示的模块结构。系统由 $n$ 个模块组成，各模块又可分为更小的若干个模块，如此下去，可分为 M 层，组成树状结构。各模块通过 WAVE 链接来控制系统内各模块间及模块内的主要参数。

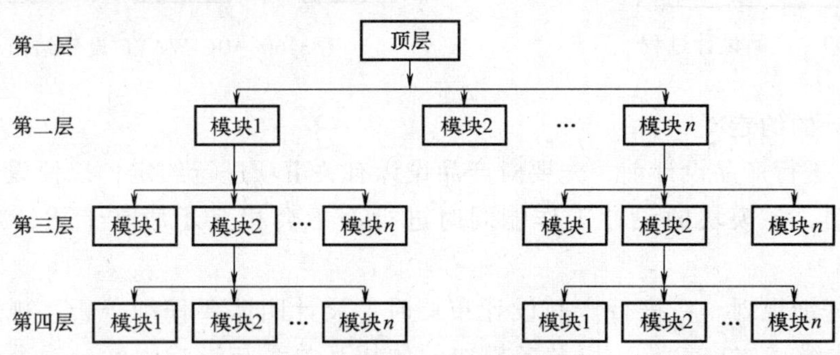


图 3-58 分层图

自顶向下设计是 UG 产品设计的一个亮点，通过它可以将上层的设计参数依次向下层传递，控制各下级模块间链接参数，从而使整个系统的修改变得容易；另外，它可以实现并行工程，从而加快工程进展。

### 3.4.1　产品设计过程

一个产品的开发，首先要满足市场与社会的需求，这种需求会以一定的形式反映到产品的参数中，从而制约产品的设计。比如说，设计一辆家用小汽车，用户会对汽车的外观、价格、舒适性、安全性、使用性等提出一定要求，这些要求就会反映到汽车的设计中。如价格要求，就会反映在材料的使用、功能配置等方面；舒适性要求就会反映到汽车空间大小（结构尺寸）、座位数等方面；使用性要求会反映到汽车的动力大小、变速箱的性能、尺寸及参数等方面。总之，这些用户需求最终将以不同形式的参数反映在汽车的设计中，从而形成汽车的外观形状与尺寸、各主要部件（主要模块）的关键参数及各主要部件之间的联系参数等数据。由这些参数设计出汽车各部分的主要结构、各模块间的相对位置与相互关系，形成了所谓的概念设计。通过概念设计，再由细节设计工程师完成各部分细化工作，直到整个系统最终以零件的形式出现，完成细节设计为止。整个产品的设计过程如图 3-59 所示。

在使用 UG 完成产品设计时，离不开使用 UG 的 WAVE 设计模式，图 3-60 所示为 UG 的 WAVE 设计结构，它与图 3-58 中系统工程所倡导的设计模式是一致的。

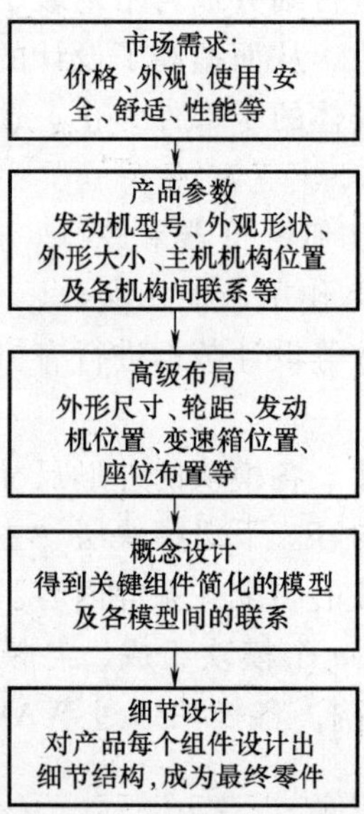


图 3-59　产品设计过程

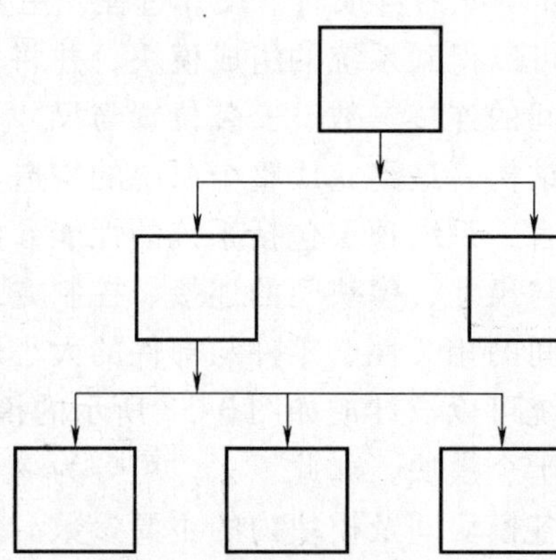

图 3-60　UG WAVE 设计结构

**1. 系统设计的约定**

在使用 UG 进行产品设计前，先要对产品设计有关事项进行约定，以便设计时各设计组成员能统一行动，各模块的设计工作能同时进行而不会相互矛盾与干扰，减少不必要的麻烦。

（1）必须仔细规划　在进行产品设计布局时，设计团队要仔细分析、规划各模块，理顺系统的控制主线（主控参数）以及各模块间的相互关系与影响因素。一个企业的产品应当有一定的模式性，也就是说，要做出和自己产品相关的框架模式，尽可能避免设计缺陷，以免造成后续设计的不断修改，特别要防止重大修改，因为这样可能会增加很大的修改成本。

（2）统一命名规则　统一命名包括文件命名、引用集命名、表达式命名、重要参数命名等，要遵循一定规则。这些命名规则的统一有利于整个团队的信息交流与数据管理。另外，一个系统设计中可能有成千上万的零件，关系错综复杂，如果命名方式不统一，将造成不必要的麻烦，因此，在设计前，统一命名规则是必要的。

各企业可以根据自己的设计习惯进行命名，下面给出一些参考建议：

1）对于零件命名，要以整个系统的名称作为命名零件的首字串。如设计汽车系统，可以以汽车型号作为首字串，然后在短划线后加入控制结构标志或装配结构标志。这里需要说明的是，UG 设计模式下控制结构是用来控制整个产品的主线，是系统的中枢神经，而装配结构是产品装配的最终效果，两者都属装配操作。例如，设计 A10 型汽车，控制结构用 CS 表示，装配结构用 AS 表示，则字串写成 A10-CS 或 A10-AS。

2）模块名应统一给出，且尽量简短，后面再跟模块内的子模块名或零件名，如此下去，直到每一个零件都有自己的名称。例如 A10 型汽车有 A、B、C 三大模块，A 模块中又有下级子模块 A1、A2，A1 中有零件 A11，则零件 A11 在控制结构中名称为 A10-CS-A-A1-A11；而装配结构名称则为 A10-AS-A-A1-A11，以此类推。如果名称太长，也可从部件名开始命名，但一定要保证所有零件与部件或子模块的名称在系统中都是唯一的。

3）标准件使用标准名称加规格，如 M16 × 1.5，长度为 50 的螺栓，可以表示为“M16X1.5-50-GB-T5781-2000”。又如滚动轴承表示为“6208，GB-T292-2007”。其中，前面的是型号，后面是标准，其余标准件采用类似方法表示（注意：UG 名称允许用英文的逗号，但不能用斜扛/符号）。

4）对引用集命名。对引用集命名时可以在零件名称后面加上 REF，如在汽车 A10 的 A 模块中，引用集 one 可以命名为 A10-A-one-REF，引用集 two 可以命名为 A10-A-two-REF 等。

5）草图命名。草图建议用 SCH 来表示，在某个模块中的草图可以使用模块名加上草图平面坐标来表示，如以 XY 面为草图面，在 A1 模块中的草图可以命名为 A10-AS-A-A1-SCH_XY来表示。

6）表达式名可以依照引用集的形式来进行，不过将引用集中的 REF 修改成 EX 即可，其他参数命名都可使用类似方法确定。

7）零件图与工程图可以在工程图后面加-DWG 来区分。

当然，读者可以根据本单位工作习惯来设置文件名，这样，在本单位内使用起来更加方便。

（3）统一文件存储位置　在进行系统设计时，可能是多个团队同时进行，使用多台计算机并联成局域网，这种情况下，就要统一规定文件的存储位置，并在每个使用者的机器中进行相应的设置。这有利于文件管理与更新。

（4）统一图层设置　UG 共有 256 个图层，统一图层设置可以更高效率地完成系统设计与管理。建议按如下方式设置：

实体：1 ~ 10 层

片体：11 ~ 20 层

草图：21 ~ 40 层

曲线：41 ~ 60 层

基准：61 ~ 80 层

其他：101 ~ 256 层

当然，用户也可以根据自己团队的习惯进行设置，或者参照 UG 中“创建层分类”命令中的图层模式。

**2. 定义产品控制结构需要注意的事项**

在产品设计时，要认真进行控制结构设计，确定管理维护人员和数据的存放位置，然后再进行部件的设计。在建立控制结构图时，需要考虑以下问题：

1）产品的总体控制参数有哪些？（控制参数往往是在用户需求的基础上整理出来的产品的主要参数）它们会影响哪些模块？修改它们时会造成多大的修改成本？维护是否方便？

2）模块划分的原则是什么？如何划分各系统模块，是要根据产品的性质与结构进行仔细分析与探讨的，划分不合理将造成设计成本的提高，甚至会使系统设计崩溃。

3）顶层数据的设置是否合理？在设计时，需要认真考虑哪些数据放在顶层作为控制结构是最合理的，如外形尺寸参数，各模块间的联系参数等，这些参数可以用基准的形式出现，也可以用表达式的方式出现，还可以是实体或片体的形式出现，一般放在顶层，对后续的下级层进行控制。

4）各模块能否再细分为更多的下级模块？在细分模块时，最好使最底层以零件的形式出现，这样便于进行细节设计。特别是要注意零件间与模块的控制关系，零件内部结构数据与模块间的联系。

5）当系统主控制结构发生变动后，会给各细节设计带来多大影响？如何影响？

**3. 产品控制结构图**

完成一个复杂的产品设计，首先需要花很多精力完成其控制结构图，以保证后面的操作顺利进行，减少改动量。

控制结构图分为四个部分：

第一部分是控制结构层，主要是将产品按照系统工程的方法进行拆分，直到拆分成单一零件为止。这层最为复杂，是自顶向下设计的关键。重点要理顺控制参数、上下层及同级层间的控制方式，形成控制中枢。这部分实现方法主要用“新建级别”命令来完成。

第二部分是起始部件层，是最终装配部件前的冗余层，通过“新建级别”命令实现，往往将上一级的所有几何体都加进来作为该层的内容。

第三个部分是引用集，通过建立不同部件的引用集，达到最终传递部件连接数据的作用。这部分通过“引用集”命令来建立的，在操作时，往往只加入实体到引用集中，而不加其他几何体。

第四部分是连接部件部分，该层次往往是最终的装配零件，使用“创建链接部件”命令来建立，创建时使用第三个层次建立的引用集。需要注意的是：后面的引用集在装配导航器中不可见，而连接部件则显示在装配导航器的【相关性】栏中。整个控制结构如图 3-61 所示。

### 3.4.2　产品设计实例

本节通过多个实例来介绍产品的设计过程。

**实例 3-3　电冰箱设计**

设计完成后的电冰箱效果如图 3-62 所示。

**1. 结构分析**

首先分析电冰箱的结构与组成。在进行结构分析时不能粗心，重要部件及参数不能遗

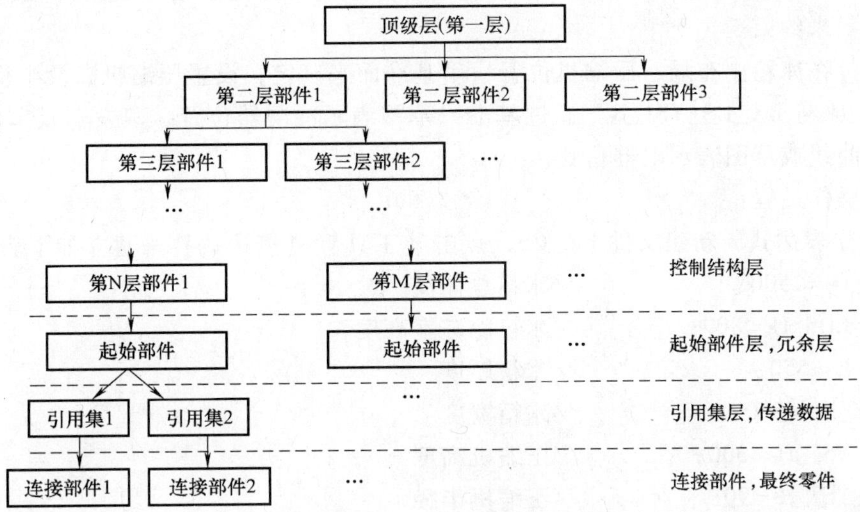


图 3-61　四个控制层次

漏，否则为后续操作带来不便。

1）电器部分：包括输入电源、指示灯、温控器、控制电路等部分。

2）制冷部分：压缩机、冷凝器、蒸发器、节流器。

3）箱体部分：箱体外壳、冷冻室、冷藏室。

图 3-62　电冰箱效果

每一个主要部分又可以细分，如压缩机，又可分为电动机、压缩泵、密封外壳等；继续将电动机细分，又可得到定子、转子、支撑架等。之后继续细分，直到螺钉、垫片等单一零件为止。为了简化问题，以图 3-63 所示的底层作为最终部件，而不具体到每一个单一零件（其实它们可以继续细分）。这样做的目的是节约篇幅，同时又能方便读者了解设计过程。

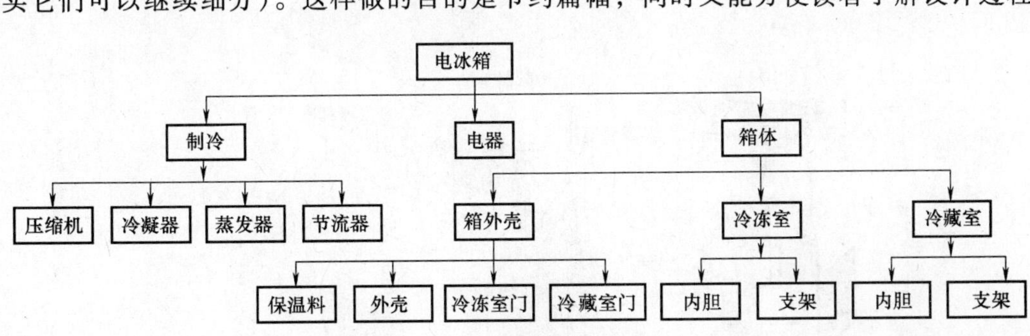


图 3-63　电冰箱控制结构

**2. 主控制结构**

顶层控制，即图 3-63 所示电冰箱这一级，主要控制冰箱总体布局，包括高（BX_CS_H）、冷冻室高（BX_CS_LDS_H）、冷藏室高（BX_CS_LCS_H）、宽（BX_CSZ_

W)、厚（BX_CS_L）；这些可以使用表达式与基准面相结合来表达，其中各基准面间距离以上面各参数来约束。

制冷部件在冰箱中布局：压缩机位置，用基准面来确定，设置压缩机高及半径两个变量 BX_CS_YSJ_H 与 BX_CS_YSJ_R。通过基准或草图表示冷凝器位置、蒸发器及节流器位置；使用基准或曲线或草图表示电器位置。

下面是操作过程：

（1）建立表达式　新建文件 BX_CS，点击【工具】→【表达式】来建立如下表达式：

```
BX_CS_H = 1500;           //冰箱总体高
BX_CS_LDS_H = 800;        //冰箱冷冻室高度
BX_CS_L = 550;            //冰箱厚度
BX_CSZ_W = 650;           //冰箱宽度
BX_CS_YSJ_H = 300;        //压缩机高度
BX_CS_YSJ_R = 90;         //压缩机半径
BX_CS_ZLG_R = 5;          //制冷管路半径
```

（2）建立箱体控制结构　在第 61 层建立如图 3-64a 所示的基准面，操作步骤是：单击【基准面】按钮，先选中绝对坐标的 XZ 面，然后在【基准平面】对话框中的【距离】处输入“冰箱宽度除以 2”，即：BX_CSZ_W/2，单击【确定】完成如图 3-64a 所示的 BX_CS_LEFT_JZ。同理，可作其他基准面，注意前后基准面到坐标中心距离等于冰箱厚度的一半（BX_CS_L/2）；冰箱高基准面到坐标中心距离为 BX_CS_H，冷冻室基准面到坐标中心距离等于 BX_CS_H - BX_CS_LDS_H 等。各基准面均有命名，命名步骤是右击要命名的基准，单击弹出菜单中的【属性】，在弹出对话框中的【常规】选项卡中的【名称】下面输入基准面名称，并按鼠标中键确定。完成其他的基准面命名后的结果如图 3-64a所示。

**注意：要显示基准面名称，可以单击【首选项】→【可视化】→【名称/边界】，在【对象名称】处单击【工作视图】或【视图定义】按钮进行设置均可。**

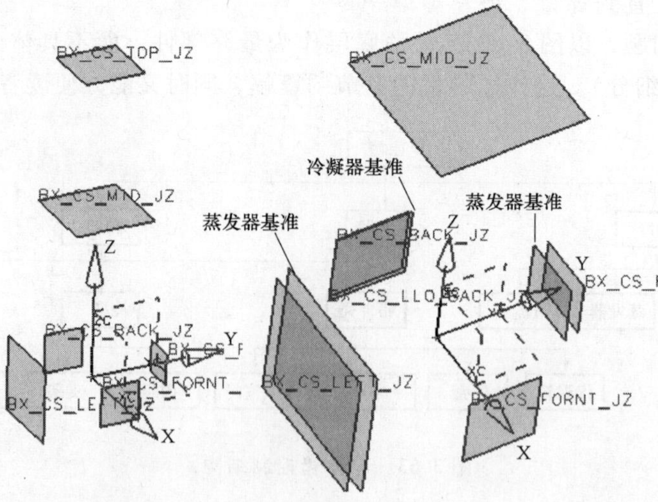


图 3-64　基准面

冰箱的蒸发器是起制冷作用的，因此需要紧贴冰箱内胆，一般是布置在冷冻室左右两侧，并少量布置在冷藏室后面；冷凝器一般布置在冰箱外壳后面；压缩机往往布置在冷藏室后下部位置。因此，在 62 层建立冷凝器基准面 BX_CS_LNQ_BACK_JZ；在 63 层建立蒸发器基准面 BX_CS_ZFQ_LEFT_JZ、BX_CS_ZFQ_RIGHT_JZ；结果如图 3-64b 所示。

（3）建立布局草图　在 21 层建立冰箱外形草图，在 22 层建立冷凝器草图，在 23 层建立蒸发器草图，结果分别如图 3-65a、b、c 所示。草图分别命名为：BX_CS_XT_SCH、BX_CS_LNQ_SCH及 BX_CS_ZFQ_SCH。建立草图时，分别用上一步作的基准面，冰箱外形草图用 XY 面作草图面，蒸发器草图用上面作的蒸发器基准面 BX_CS_ZFQ_LEFT_JZ；冷凝器草图则用冷凝器基准面 BX_CS_LNQ_BACK_JZ 建立。

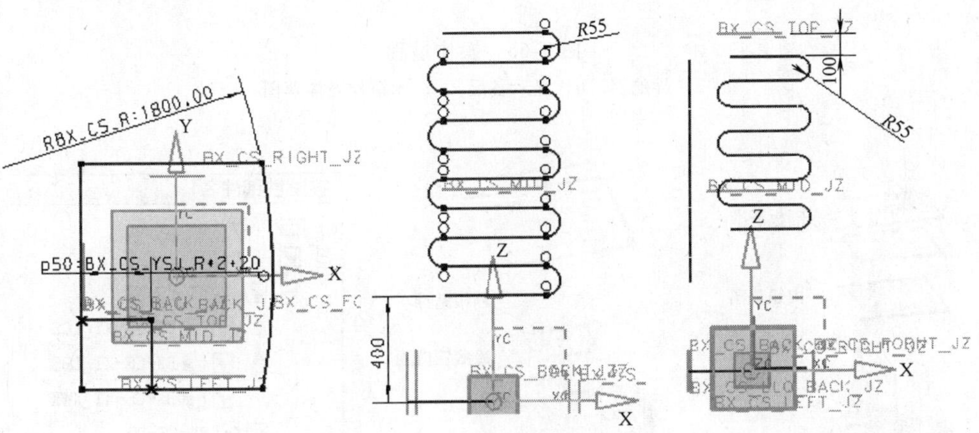


a)　　b)　　c)

图 3-65　草图

a）冰箱外形草图　b）冷凝器草图　c）蒸发器草图

通过以上操作，就完成了主控结构的建立，下面将建立下一层结构。

**3. 建立下级层**

第一层为图 3-63 所示的制冷、电器、箱体，在这一层中，主要建立该层对下级的控制与约束。如对于“制冷”部件，就是要建立对下级层的控制与约束模型来控制下级层压缩机、冷凝器、蒸发器和节流器等部件的位置与形状等。现在先来实现箱体这个部件。

（1）建立箱体的下级部件　在装配导航器中，右击 BX_CS 图标，单击【WAVE】→【新建级别】弹出【新建级别】对话框，先在【部件名】下面的文本框中输入要建立的部件名称：BX-CS-XT（建立箱体部件），然后按 <Enter> 键，再在屏幕上选中屏幕中除了蒸发器和冷凝器草图之外的所有内容，单击鼠标中键完成操作。可以看到在装配导航器中增加了新组件 DZS_CS_XT 图标。同理，建立电器（BX_CS_DQ）部件，基准面选择为冰箱中除蒸发器和冷凝器草图及基准面外的其余所有基准及草图；建立制冷（BX_CS_ZL）部件，选择的所有基准面及所有草图。结果装配导航器如图 3-66a 所示。

右击【BX-CS-XT】图标，将其设置为显示部件，将各图层设置为显示，结果如图 3-66b所示。

以绝对坐标中的 XY 面为草图面，以图 3-66b 所示的 A、B、C 作投影，同时以这三条线向内侧偏置 2，再使用直线将图形封闭，得到冰箱外壳体的草图，如图 3-66c 所示。

现在按一定尺寸建立冷冻室的隔板的基准面，定位内胆的草图，结果如图 3-67a 所示。

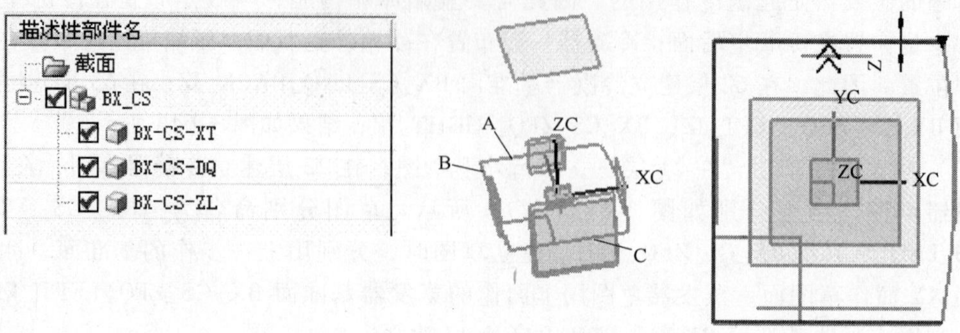


a)　　b)　　c)

图 3-66　操作过程

a）导航器　b）显示各层　c）冰箱外壳体草图

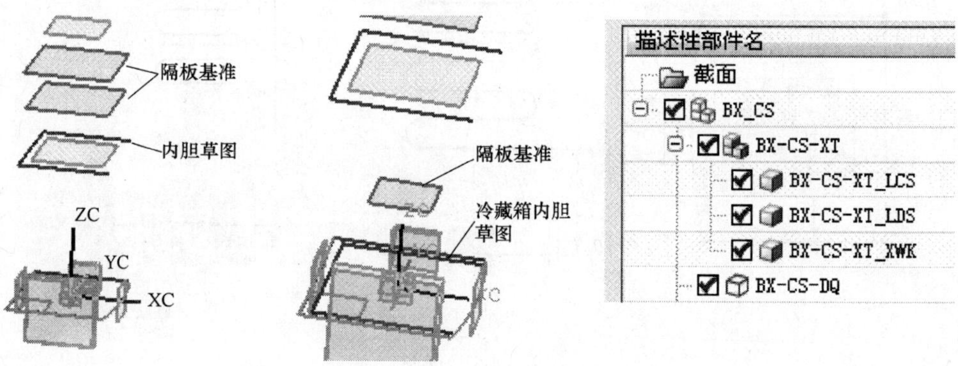


a)　　b)　　c)

图 3-67　定位基准面与草图

a）内胆草图　b）冷藏室草图　c）导航器

同理，建立冷藏室的草图及定位基准面，结果如图 3-67b 所示。

按相同方法建立新部件，结果导航器内容如图 3-67c 所示。这三个部件所包含的对象如图 3-68 所示。

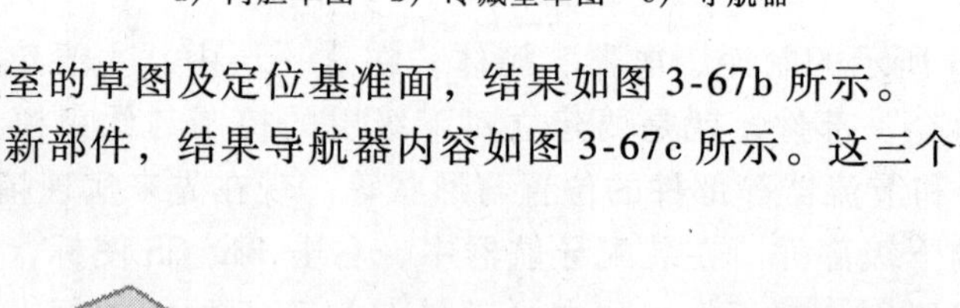


BX-CS-XT_XYK　　BX-CS-XT_LDS　　BX-CS-XT_LCS

图 3-68　部件所包含对象

以 BX-CS-XT_XWK 为显示部件，然后在其下建立外壳（BX-CS-XT_XWK_WK）、冷冻室门（BX-CS-XT_XWK_LDSM）、冷藏室门（BX-CS-XT_XWK_LCSM）及保温材料（BX_CS_XT_XWK_BWCL）四个部件，导航器效果如图 3-69a 所示。

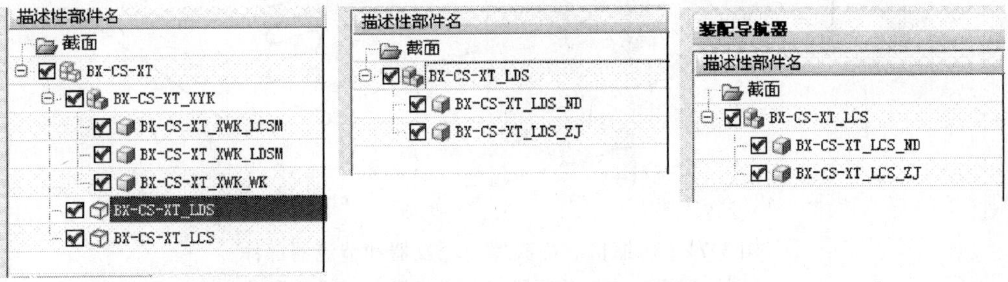


a)　　b)　　c)

图 3-69　下级部件的建立

a）　建立箱外壳下级部件　b）建立冷冻室下级部件　c）建立冷藏室下级部件

同理，给冷冻室建立内胆（BX-CS-XT_LDS_ND）和支架（BX-CS-XT_LDS_ZJ），结果如图 3-69b 所示。建立冷藏室内胆（BX-CS-XT_LCS_ND）和支架（BX-CS-XT_LCS_ZJ），结果如图 3-69c 所示。

（2）建立制冷部件的下级部件　右击【BX-CS-XT】图标，单击【显示父项】→【BX_CS】回到顶级父层，并将【BX-CS-ZL】设置为显示部件，如图 3-70a 所示。通过镜像，得到蒸发器在冰箱右侧的草图。如图 3-70b 所示。类似地，作多个草图，并将所有管路全部连接起来，结果如图 3-70c 所示。

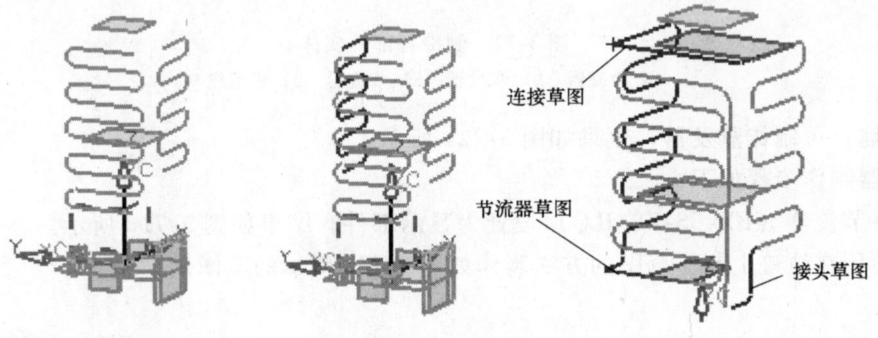


a)　　b)　　c)

图 3-70　管理草图

通过上面的制作，为下一步操作作好了准备。

按前面的方法，在 BX-CS-ZL 图标下建立新的级别，分别表示压缩机（BX-CS-ZL_YSJ）、冷凝器（BX-CS-ZL_LNQ）、蒸发器（BX-CS-ZL_ZFQ）、节流器（BX-CS-ZL_JLQ）等部件。分别将这些部件中加入相应的草图及基准面，如图 3-71 所示。

（3）建立各级部件实体

设计冷凝器实体：

将 BX-CS-ZL_LNQ 设置为显示部件，结果如图 3-71b 所示。单击【特征】工具条中的【管道】按钮，弹出【管道】对话框，单击选中图 3-71b 所示的冷凝器草图，然后将对话框中的外径修改为 10，内径修改为 7，按鼠标中键，完成操作后，得到冷凝器管路如图 3-72a所示。

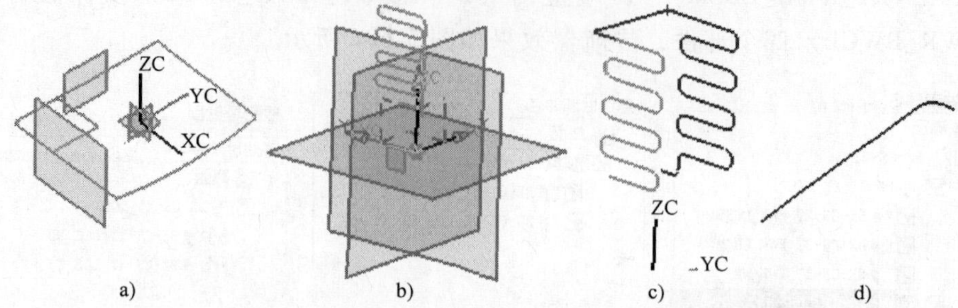


图 3-71　压缩机、冷凝器、蒸发器和节流器部件

a）压缩机　b）冷凝器　c）蒸发器　d）节流器

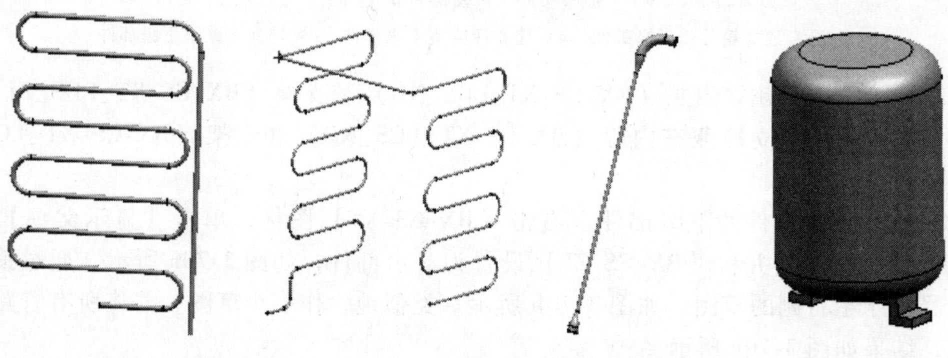


图 3-72　制冷各部件实体

a）冷凝器　b）蒸发器　c）节流器　d）压缩机

同样地，可制作蒸发器，效果如图 3-72b 所示。

节流器制作步骤如下：

1）将节流器（BX-CS-ZL_JLQ）设置为显示部件，结果如图 3-71d 所示。

2）使用在轨迹上制作草图的方法制作如图 3-73a 所示的草图。

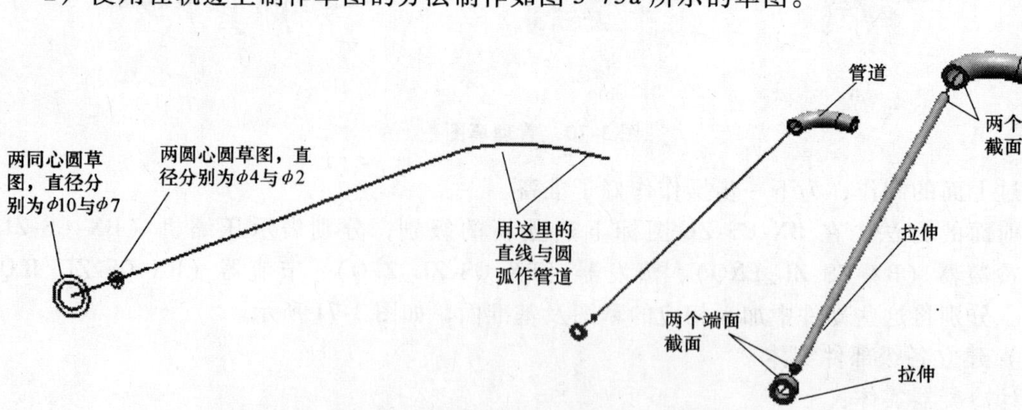


图 3-73　节流器制作过程

3）用图 3-73a 所示圆弧与直线作管道，结果如图 3-73b 所示。

4）再对两个同心圆草图进行拉伸，得到两段拉伸体，如图 3-73c 所示。

5）再用“通过曲线组”命令利用图中两个端面的截面来作两段曲面，让它与左右两端的面分别相切，即 G1 约束，最后求和，得到图 3-72c 所示效果。

箱外壳制作步骤如下：

1）将 BX-CS-XT_XWK_WK 设置为显示部件，结果如图 3-74a 所示。

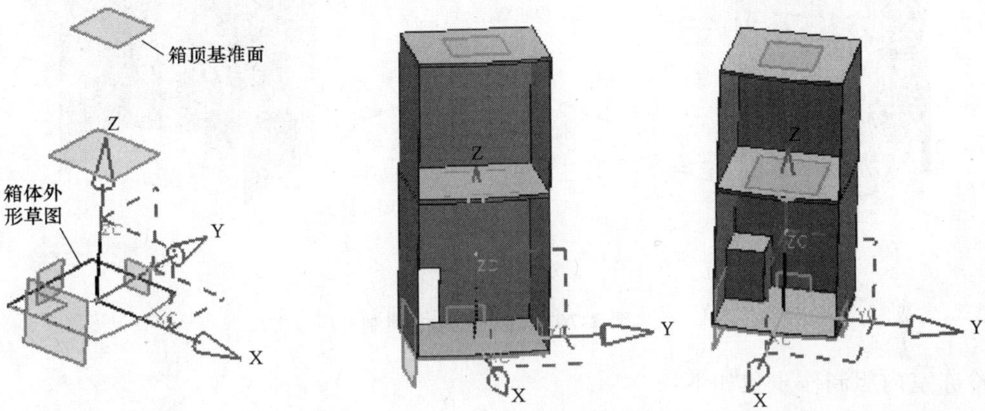


a)　b)　c)

图 3-74　外壳制作

2）作草图，使图 3-74a 图中的箱体外形向内偏置 2mm，作为箱体外壳厚度，然后拉伸到箱顶基准面处，再作箱顶、中间隔板、箱底几个拉伸面，并在后面拉伸出压缩机位置的孔，结果如图 3-74b 所示。

3）对压缩机处孔进行拉伸，得到图 3-74c 所示效果，完成箱体外壳的初步设计。

冷冻室门制作步骤如下：

1）使 BX-CS-XT_XWK_LDSM 成为显示部件，结果如图 3-75a 所示。

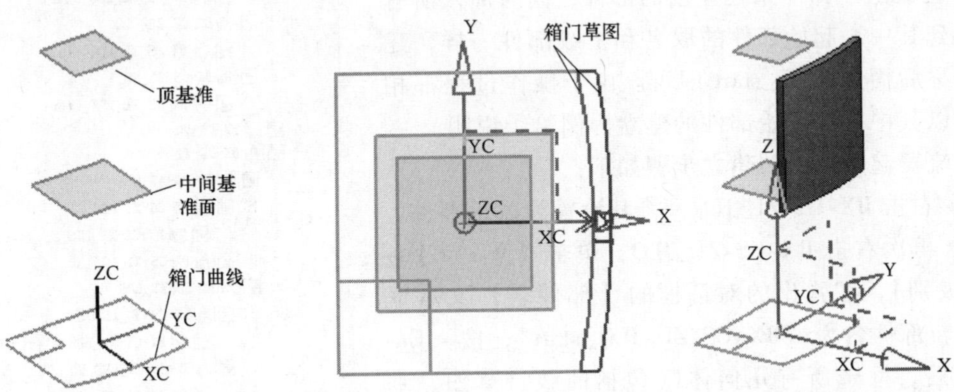


a)　b)　c)

图 3-75　冷冻室门制作

2）以箱顶基准面为草图面，以箱门曲线作门的曲线，并将此曲线向外偏置 40mm，用直线对草图进行封闭，结果如图 3-75b 所示。

3）对草图进行拉伸得到冷冻室门，拉伸长度为顶面与中间基准面之间的距离减去 7.5mm，如图 3-75c 所示。

同理可以制作冷藏室的箱门。所有箱门作好后的外壳效果如图 3-76a 所示。

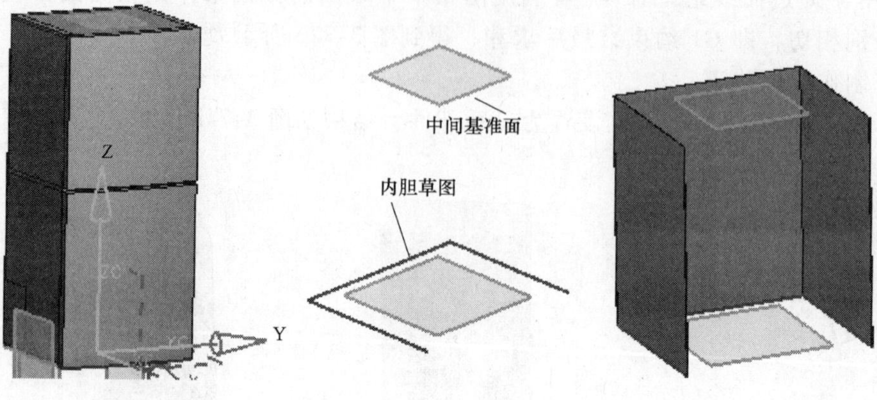


a)　　　　b)　　　　c)

图 3-76　箱外壳及内胆制作

冷冻室内胆制作步骤如下：

1）将 BX-CS-XT_LDS_ND 设置为显示部件，结果如图 3-76b 所示。

2）将内胆草图拉伸到中间基准面处，结果得到内胆效果，如图 3-76c 所示。

同理，可以制作冷藏室的内胆。

其他部件的实体的制作方法类似，在此不再一一介绍，请读者自行完成。

**4. 建立起始部件**

当所有部件都已经细分到最终部件后，就要为每一个最终部件建立起始部件，起始部件的建立也是通过“新建级别”命令来建立新的部件，同时加入所有几何体到其中。起始部件的取名和上级部件一样，建议在名称后面加后缀_start 即可。由于操作过程都相同，只以其中一个起始部件的建立为例给予说明。

节流器起始部件的建立步骤如下：

1）右击 BX-CS-ZL_JLQ，将其设置为显示部件。

2）再次右击 BX-CS-ZL_JLQ，单击【WAVE】→【新建级别】，在弹出的对话框的【部件名】文本框中输入新部件名为“BX-CS-ZL_JLQ_start”，按 <Enter> 键后，框选所有几何体（包括曲线、草图、基准、实体等）。

3）按鼠标中键完成操作，就得到节流器的起始部件。

其他部件的起始部件均可这样建立，完成后的装配导航器如图 3-77 所示，其中，带有后缀_start 是起始部件。

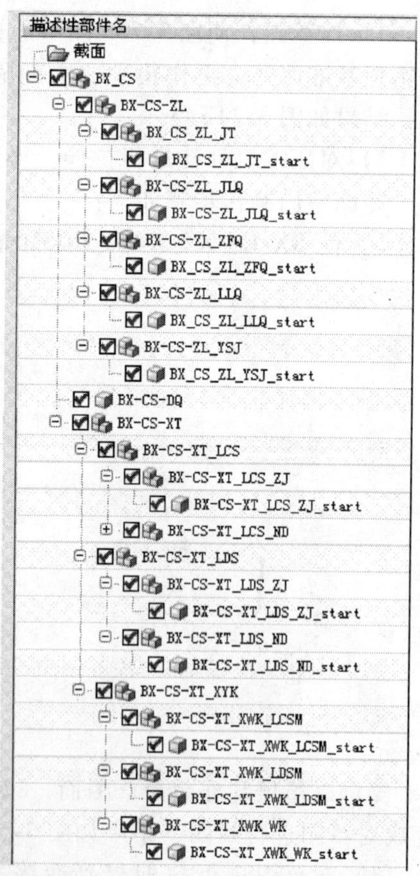


图 3-77　全部起始部件制作后的效果

**5. 建立引用集**

引用集的作用是进行数据传递。为每一个起始部件建立一个或多个引用集，可以连接一个或多个连接部件。

引用集其实在不同的层次都可以建立，其中也可以包括实体、曲面、基准、曲线、草图或其他内容。但在建立连接部件的引用集时一般只建立包含实体的引用集，下面以建立节流器的引用集为例给予说明。

操作步骤如下：

1）将上面建立的起始部件 BX-CS-ZL_JLQ_start 设置为显示部件。

2）单击【格式】→【引用集】，弹出【引用集】对话框。

3）单击【添加新的引用集】按钮，将【引用集名称】修改为“BX-CS-ZL_JLQ_REF”并按 <Enter> 键确定。然后将鼠标放在绘图区的空白处右击，在弹出的快捷栏中将【过滤】类型设置为“实体”，然后单击“节流器”实体，以便选中该实体。按鼠标中键，完成引用集的建立。

建立完引用集后，不能在导航器中看到引用集。只能通过单击【格式】→【引用集】来建立、编辑或观察引用集，或通过单击【信息】→【装配】→【引用集】来观察引用集。

请读者按上述操作过程对其他每一个起始部件都建立一个或多个引用集。

**6. 建立连接部件**

引用集是进行数据传递的，而连接部件用于产品的装配，是产品最终细节设计后的结果，是可以直接进行加工的零件。因此，建立连接部件时，一定要在前面的操作过程将其细分到零件级别。在上面的讲解过程中，实际上并没有细分到零件级别，如节流器，它是由几段粗细不同的管路组成的，每一段都是一个零件，但为了便于讲解，将节流器视为最终零件。

下面以节流器为例，来演示连接部件的建立过程。

1）在导航器中右击节流器的起始部件 BX-CS-ZL_JLQ_start，单击【WAVE】→【创建连接部件】，弹出【创建连接部件】对话框。

2）在【部件名】下面的文本框中输入新的连接部件的名称：BX-AS-ZL_JLQ。注意，在这个名称中，和前面的节流器部件名称 BX-CS-ZL_JLQ 相比，只有第二个名称段-CS 修改成-AS，表示这是最终的装配零件，其余内容没变，输入完成后按 <Enter> 键。

3）在【源引用集】处单击选中上面建立的引用集 BX-CS-ZL_JLQ_REF，然后按鼠标中键。就完成了连接部件 BX-AS-ZL_JLQ 的创建。

完成连接部件的建立后，连接部件会在装配导航器的【相关性】栏中显示，如图 3-78 所示。

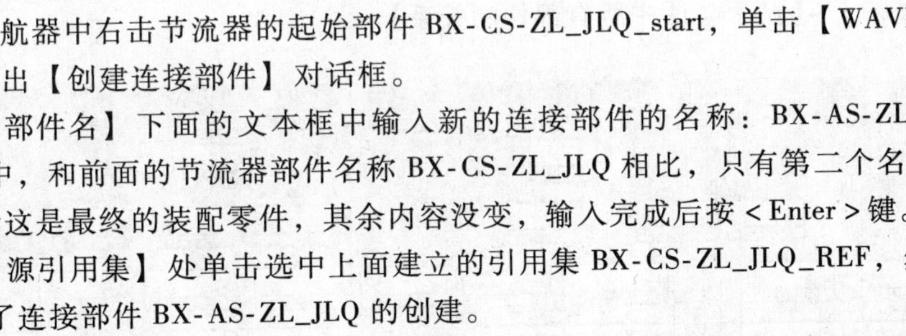


图 3-78　创建连接部件后显示在相关性栏中

其余连接部件的建立与上述过程一样，请读者完成。

完成了所有连接部件后，可以查看一下各部件间的链接关系，单击【装配】→【WAVE】→【当前装配的 WAVE 图表】，会弹出对话框，单击其中的【显示所有级别】复选按钮，结果如图 3-79 所示。

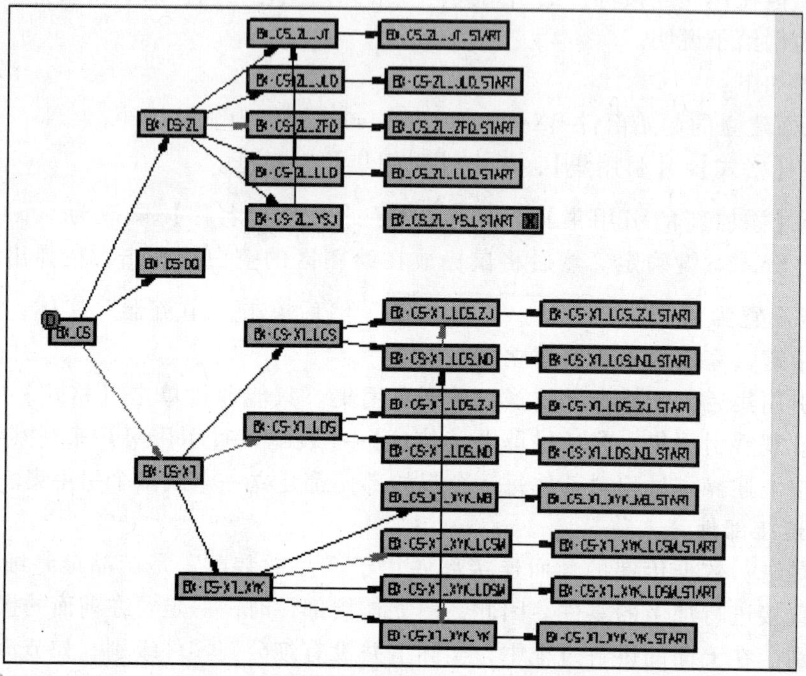

图 3-79　显示装配中的 WAVE 链接

当然，也可以单击【装配】→【WAVE】→【关系浏览器】，弹出【NX 关系浏览器】对话框，单击【查看】→【显示会话中所有部件的关系】。

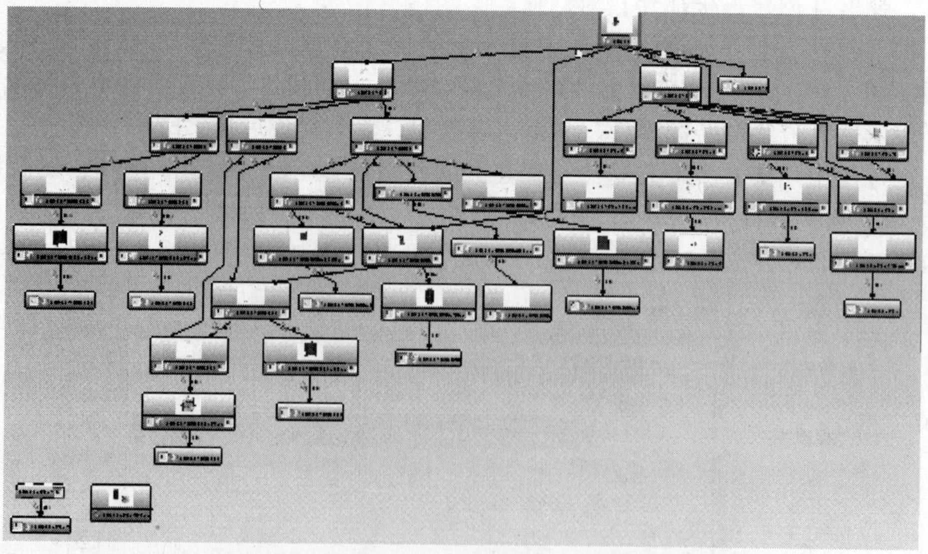

图 3-80　【NX 关系浏览器】显示的链接关系

**7. 装配**

由于连接部件包含了在设计时定义的位置信息，因此，在装配时可以使用这些信息，从而简化装配过程。

(1) 装配冷藏室　装配的操作步骤如下：

单击【文件】→【全部保存】，对所有文件进行保存（注意不要关闭原有文件），然后再单击【文件】→【新建】，建立一个名为 BX_AS 的文件。

单击【起始】→【装配】，显示【装配】工具条，单击其中的【添加组件】按钮，弹出【添加组件】对话框，如图 3-81 所示。

单击【添加组件】对话框中【已加载的部件】列表框中的 BX-AS-XT_LCS_ND. prt（冷藏室内胆），然后将【定位】选项修改为“绝对原点”，即保持该零件的位置不变；将【多重添加】选项修改为“无”，将引用集【Reference Set】选项修改为“BX-CS-XT_LCS_ND_REF”，然后单击【应用】按钮，完成该零件的安装，结果如图 3-82a 所示。

单击【已加载的部件】列表框中的 BX-AS-XT_LCS_ZJ. prt（冷藏室支架），再将引用集【Reference Set】选项修改为“BX-CS-XT_LCS_ZJ_REF”，其余内容与上面的设置一样，然后单击【应用】按钮完成安装，结果如图 3-82b 所示。

再次单击【已加载的部件】列表框中的 BX-AS-XT_LCS_ZJ. prt（冷藏室支架），其余参数与上一步一样，但将【定位】选项修改为“移动”，单击【应用】按钮后，会弹出

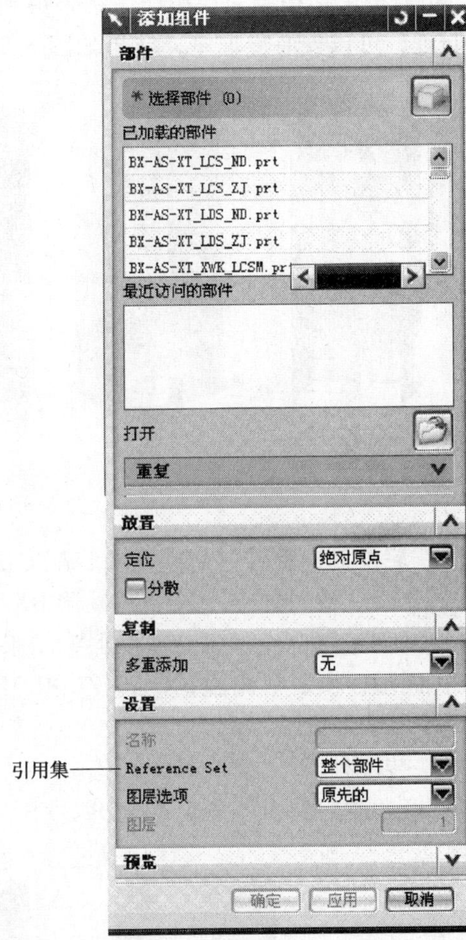


图 3-81　【添加组件】对话框

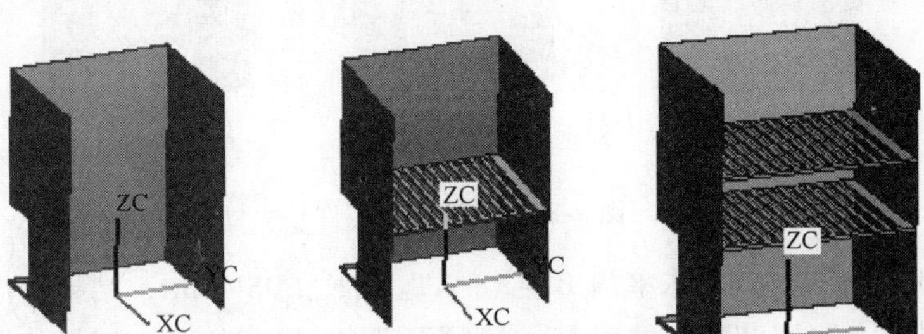


a)　　b)　　c)

图 3-82　添加组件过程

【点】对话框，这是要求用户输入 BX-AS-XT_LCS_ZJ.prt 这个零件的定位原点，直接单击【确定】按钮，表示使用默认原点作为参考点，此时，弹出【移动组件】对话框，将【类型】选项修改为“平移”后，在【Z 增量】处输入 200，其余【X 增量】及【Y 增量】均为 0，然后按鼠标中键完成操作，结果得到图 3-82c 所示的效果。

同理，可以安装冷冻室，结果如图 3-83a 所示。

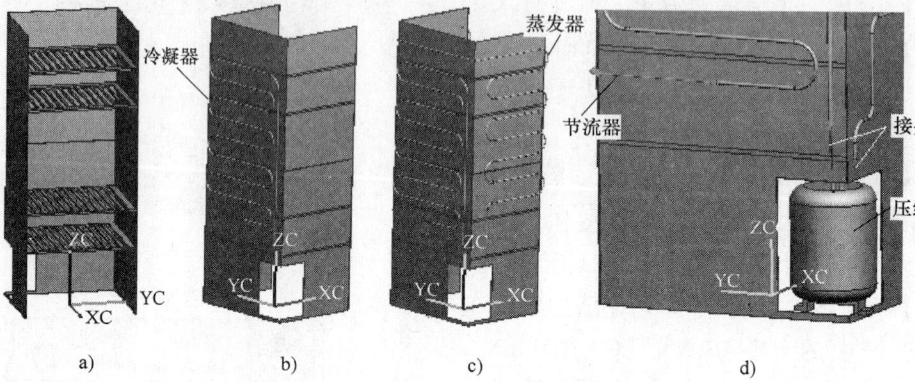


图 3-83　安装制冷部件

（2）装配制冷部件　用同样的装配方法来安装制冷部件。

1）先以“绝对原点”安装冷凝器 BX-AS-ZL_LLQ.prt，结果如图 3-83b 所示。

2）以“绝对原点”安装蒸发器，结果如图 3-83c 所示。

3）同理，安装节流器 BX-AS-ZL_JLQ.prt、接头 BX-AS-ZL_JT 及压缩机 BX-AS-ZL_YSJ 几个部件，结果如图 3-83d 所示。

（3）装配外壳

1）以“绝对原点”安装外壳 BX-AS-XT_XYK_YK.prt，结果如图 3-84a 所示。

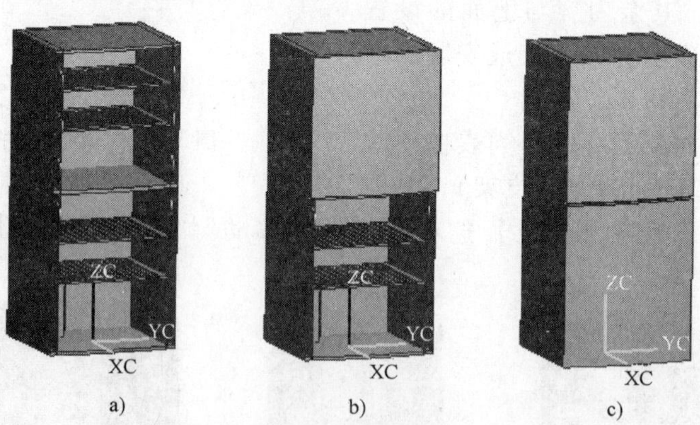


图 3-84　安装外壳部件

2）以“绝对原点”安装冷冻室门 BX-AS-XT_XYK_LDSM.prt，结果如图 3-84b 所示。

3）以“绝对原点”安装冷冻藏门 BX-AS-XT_XYK_LDSM.prt，结果如图 3-84c 所示。

4）以“绝对原点”安装门边 BX-AS-XT_XYK_MB.prt。

限于篇幅，对各部件没能做更多的细化，如冰箱外壳 BX-AS-XT_XYK_YK.prt，其实是由许多更小的部件组成的。

**8. 爆炸图、装配顺序**

装配操作完成后，可以制作爆炸图，也可录制装配顺序的录像。所谓爆炸图，就是将装配好的零件爆开一定距离，以便能显示装配效果；而装配顺序则是将装配过程录制成 .avi 格式的文件，以指导装配过程。

（1）爆炸图制作　下面我们先来看下 UG 爆炸图的制作过程。

1）单击【装配】→【爆炸图】→【新建爆炸图】，弹出【创建爆炸图】对话框，在其中输入爆炸图的名称，然后按鼠标中键，就完成了第一步工作。

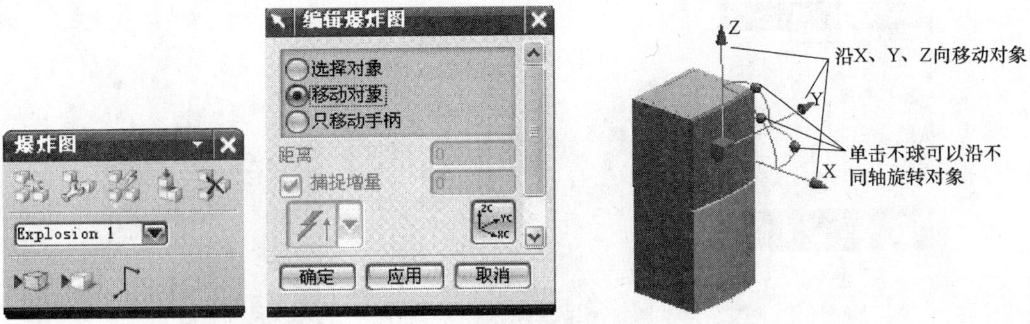


a)　　b)　　c)

图 3-85　建立爆炸图

a）【爆炸图】工具条　b）【编辑爆炸图】对话框　c）编辑手柄

2）单击【装配】→【爆炸图】→【显示工具条】，可以看到如图 3-85a 所示的【爆炸图】工具条，单击【编辑爆炸图】按钮，弹出【编辑爆炸图】对话框，如图 3-85b 所示。

3）先单击【编辑爆炸图】对话框中的【选择对象】单选按钮，然后选中冰箱的冷冻室门，再单击对话框中的【移动对象】单选按钮，则可看到出现如图 3-85c 所示的坐标系。此时，单击其中的 X 轴的箭头，再在【编辑爆炸图】对话框中的【距离】文本框中输入移动的距离值 500，按 <Enter> 键后，可以看到移动的效果如图 3-86a 所示。

4）使用同样方法，可以根据需要移动，或者旋转其他对对象。当然，如果有必要，可以单击【编辑爆炸图】对话框中的【只移动手柄】单选按钮，这种状态下不移动对象，仅移动坐标系。根据上述操作，可生成冰箱爆炸图，结果如图 3-86b 所示。

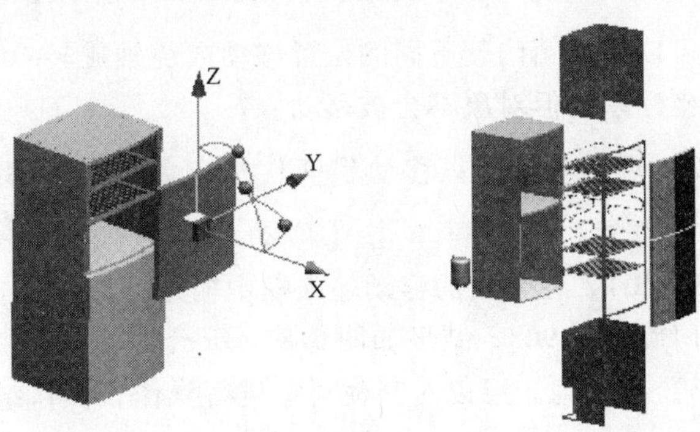


a)　　b)

图 3-86　移动对象

a）移动冷冻室门　b）爆炸图

值得注意的是，在【爆炸图】工具条中还有【自动爆炸组件】按钮，可以对组件进行自动爆炸，但使用自动爆炸的前提是要在装配时有约束，即配对条件。由于在冰箱的装配过程中使用的是“绝对原点”方式定位，没有配对约束，因此不能使用自动爆炸命令来完成。

在完成爆炸图制作后，如果想隐藏爆炸效果，可以单击【装配】→【爆炸图】→【隐藏爆炸图】；想显示爆炸效果，则可单击【装配】→【爆炸图】→【显示爆炸图】；单击【装配】→【爆炸图】→【删除爆炸图】则可将爆炸图删除。

（2）装配顺序　爆炸图可以反映装配的基本情况，但如果装配特别复杂时，仍然不太方便，为此，UG 中提供了装配“顺序”这个功能，可以录制装配过程或工作过程的动画，因此，看起来更易懂，效果更好，下面来看下“顺序”命令如何使用。

单击【装配】→【顺序】，进入到【顺序】工作环境中。此时会出现如图 3-87a 所示的【装配次序和运动】和【装配次序回放】工具条。

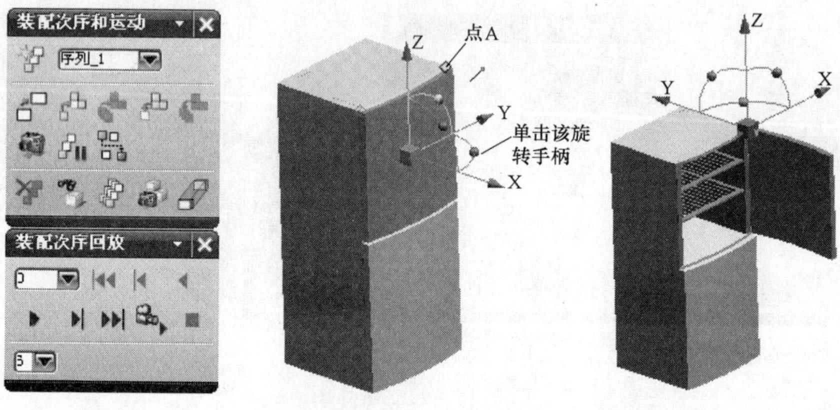


a)　　b)　　c)

图 3-87　装配次序操作
a）工具条　b）选择运动组件　c）旋转后结果

创建冰箱装配顺序的操作步骤如下：

1）单击【装配次序和运动】工具条中的【插入运动】按钮，出现【记录组件运动】浮动工具条，单击选中冰箱的冷冻室门，便激活了【记录组件运动】浮动工具条中的各命令项。如果单击【移动对象】按钮可以显示图 3-87b 所示的坐标系，通过修改不同的手柄，可以使冰箱门朝不同的位置移动或绕轴旋转；如果单击【只移动手柄】按钮，则只移动坐标系，但对象不会被移动。

2）现在单击【只移动手柄】按钮，出现坐标系，将坐标系移动到如图 3-87b 所示的 A 点位置，然后再单击【移动对象】按钮，单击坐标系中 XY 面内的旋转手柄（图 3-87b），在弹出的浮动输入框中输入【角度】值为 90，并按 <Enter> 键确定，结果将冰箱门旋转了 90°，结果如图 3-87c 所示。

3）类似地，可以对其他对象进行操作，操作结束后，关闭【记录组件运动】浮动工具条。单击【记录组件运动】浮动工具条中的【向前播放】按钮，可以看到刚才操作过程的动画效果，单击【导出至电影】按钮，可以将刚才作的录像保存成 .avi 文件，并可在任意一台装有相应播放器的计算机上播放该文件。

在【装配次序和运动】工具条中还提供了另两种动画，就是“装配”与“拆卸”两种操作。单击【拆卸】按钮，弹出【类选择】对话框，选中冰箱上门，按鼠标中键，则冰箱上门就不见了；再选中其他要拆卸的对象，单击鼠标中键完成操作就可完成拆卸操作。当全部拆卸完成后，可以通过“向前播放”观看拆卸录像。

同理，单击【装配】按钮，弹出【类选择】对话框，此时，到【装配】导航器中选中要装配的组件，然后按鼠标中键，就可以进行装配。使用类似方法，可完成其他装配，同样可以导出视频文件。

如果有必要，还可进行其他的录像操作，以方便装配。

**9. 小结**

通过上面的设计演示，可以看到，在完成了高级布局后，通过仔细分析，将系统划分为若干子系统（模块），然后再将子系统继续往下细分，直到最终部件为单一零件为止，这样就得到了系统的总体布局结构。如果系统复杂，可以只分大模块，小模块由负责该模块的工程人员再继续细分，这样就可以进行并行设计，提高工作效率。

当零件已经划分到单一零件后，就要对每一个单一零件进行实体设计，设计出该零件的细节，然后为每一个零件建立起始部件，并建立相应的引用集，再以相应的引用集为源引用集来建立连接部件，并以连接部件完成最终装配。在整个设计过程中，起始部件是冗余设计，但也是装配中细节设计的起始环境。

读者可以认真理解上述设计过程，建立自己的设计模型，为进行大型设计打下基础。

**实例 3-4　弹子挂锁设计**

设计如图 3-88 所示的锁系列，用锁型号来控制结构。

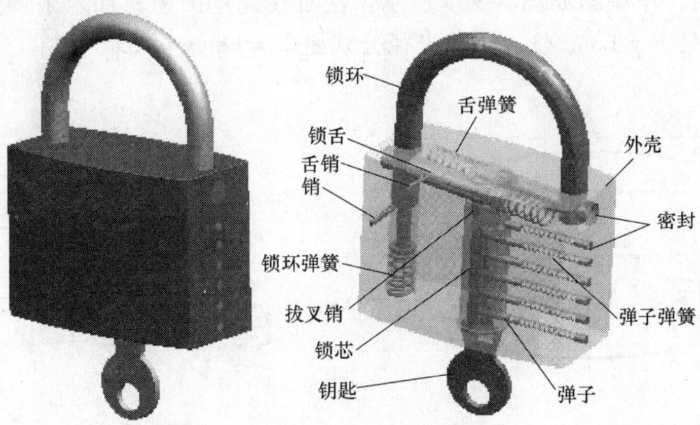


图 3-88　弹子锁

**1. 控制结构图**

控制结构是指通过某些参数来控制整个系统尺寸与结构的变化。弹子锁主要参数有：外形尺寸、锁芯直径；锁舌所在平面及锁舌间的距离。

可以将弹子锁分为两个大模块：锁体与锁簧；其中锁体包括锁环、外壳、锁舌体、锁环弹簧、锁销等部件；锁簧包括锁芯、钥匙、弹子、拔叉销、弹子弹簧等。而锁舌体还包括舌销、锁舌、舌弹簧等。

可以设计一个表达式，将锁的外形参数，如长、宽、高等与锁的型号关联。这样，当修改型号时，通过对应的函数关系，就可以改变相应外形参数，从而可以设计出系列产品。根据这一思路，设计锁的控制结构图如图 3-89 所示。赋予“弹子挂锁”不同型号，来控制“锁体”与“锁簧”，再由“锁体”来往下控制“锁环”、“外壳”，如此类推，即可通过型号的修改来修改锁的所有参数。

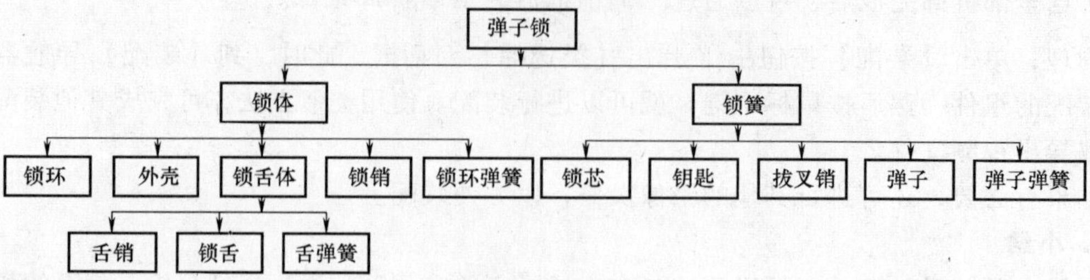


图 3-89　锁的控制结构

在整个结构中，有很多铅密封，用来封堵弹子弹簧及锁舌孔的，读者可以自行制作。

**2. 建立控制部件**

在 E 盘建立 DZS 文件夹，用来存放弹子锁系统。启动 UG 后，建立控制结构的最早的部件 DZS-CS. prt，进入建模环境后，在表达式中输入如下公式：

XH = 1　//表示锁的型号，目前型号是 1 号，假设共有 4 种型号，则用数字 1 ~ 4 表示。

LMAX = IF（XH = 1）40 ELSE IF(XH = 2）50 ELSE IF(XH = 3）60 ELSE 70　//不同型号时锁的长度值。

通过这两个表达式，将使锁的长度参数 Lmax 受型号参数 XH 来控制，不过用户需要注意，此处只设置了锁的四种型号，分别是 1 ~ 4，因此，不能输入其他数据，否则输入无效。

现在进入 21 层，作草图如图 3-90a 所示。注意在此草图中，加入了参数 Lmax 来控制锁的长度，高度公式是 H = Lmax/3，弧的半径公式是 R = Lmax * 1.2。

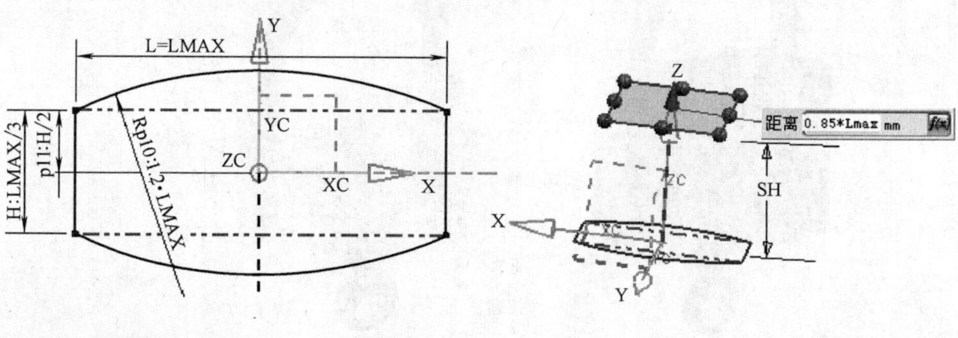


a)　　b)

图 3-90　制作顶层控制

a）锁体草图　b）上部平面

进入 62 层，作锁的上部平面，使该平面与 WCS 的 XY 面的距离 SH 为 0.85 * Lmax；如图 3-90b 所示。同理，作锁舌平面，将距离设置为 0.85 * Lmax-7，如图 3-91a 所示。

进入 22 层，作锁环草图，如图 3-91a 所示。注意锁环的半径由下面的公式来控制：

p24 = IF（XH = 1）LMAX/2-3 ELSE IF(XH = 2）LMAX/2-3.5 ELSE IF(XH = 3）LMAX/2-4 ELSE LMAX/2-4.5；

图中其他参数确定方法如下：

p27 = IF（XH = 1）18 ELSE IF(XH = 2）21 ELSE IF(XH = 3）26 ELSE 30；

p26 = 20；

p25 = 4；

同理，在 22 层作锁环的截面圆草图。并使其直径符合下面表达式：

R = IF（XH = 1）　4 ELSE　IF(XH = 2) 5　ELSE IF(XH = 3) 6　ELSE 7；

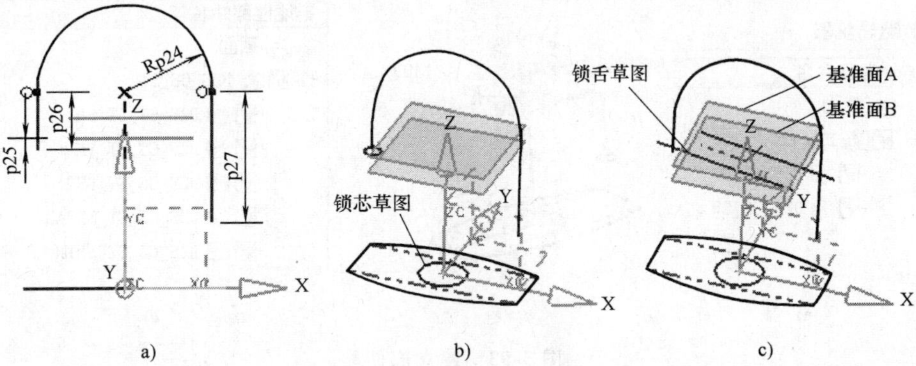


图 3-91　顶层控制草图

a）锁舌平面　b）锁芯草图　c）锁舌草图

进入 23 层，作锁芯尺寸草图，如图 3-91b 所示。注意锁芯半径 SHR 为 Lmax/4 + 2。同理，在第 24 层作锁舌尺寸草图，进入结果如图 3-91c 所示，草图如图 3-92 所示。

图中控制关系是：

锁舌长：p39 = IF（XH = 1）35 ELSE IF（XH = 2）42 ELSE IF（XH = 3）50 ELSE 60。

到一端尺寸：p38 = IF（XH = 1）14 ELSE IF（XH = 2）17 ELSE IF（XH = 3）22 ELSE 25。

距离：p35 = SHR * 0.36。

p36 = p35；p40 = p38；p37 = 12。

完成以上零件的创建，就完成了主要参数的设置工作，可以进入下一步。

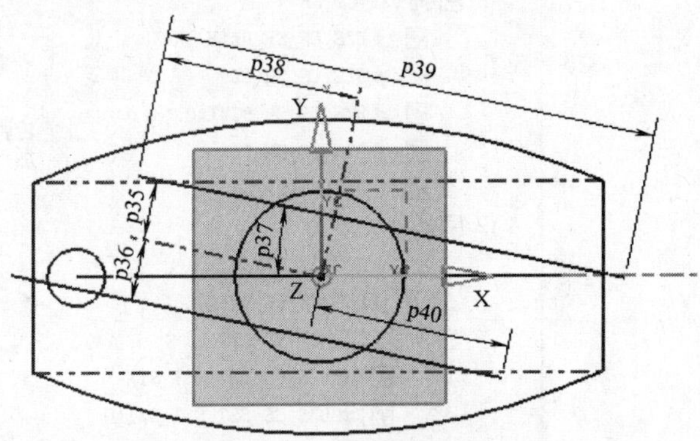


图 3-92　锁舌草图

右击装配导航器中的 DZS_CS 图标，单击【WAVE】→【新建级别】，弹出【新建级别】对话框，先在【部件名】下面的文本框中输入要建立的部件名称：DZS_CS_ST，然后按 <Enter> 键，再在屏幕上选中屏幕中所有内容，按鼠标中键完成操作，可以看到在装配导航器中增加了新组件 DZS_CS_ST 图标。同理，创建名为 DZS_CS_SH 的新级别，加入的内容有：图 3-93b 所示中的锁舌草图、锁芯草图、基准面 TOP 及基准面 MID。结果装配导航器如图 3-93a 所示。

右击 DZS_CS_ST 图标，将其设置为显示部件，结果如图 3-93b 所示。新建级别 DZS_CS_ST_WK（锁外壳），加入图 3-93b 所示的所有对象；新建级别 DZS_CS_ST_SH（锁环）并加入锁环用对象；类似地，建立 DZS_CS_ST_SST（锁舌体）、DZS_CS_ST_SXIAO（锁销）、DZS_CS_ST_SHTH（锁环弹簧）等部件，结果如图 3-93c 所示。右击【DZS_CS_SST】图标，将其转换为显示部件，并在其下建立三个级别：

DZS_CS_ST_SST_STH（舌弹簧），加入所有几何体；DZS_CS_ST_SST_SXIAO（舌销），

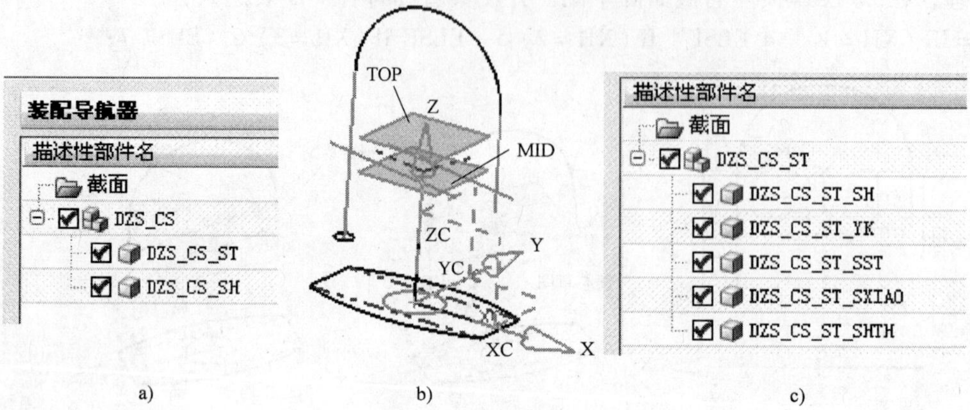

图 3-93　建立部件

加入所有几何体；DZS_CS_ST_SST_SS（锁舌），加入所有几何体。如图 3-94b 所示。

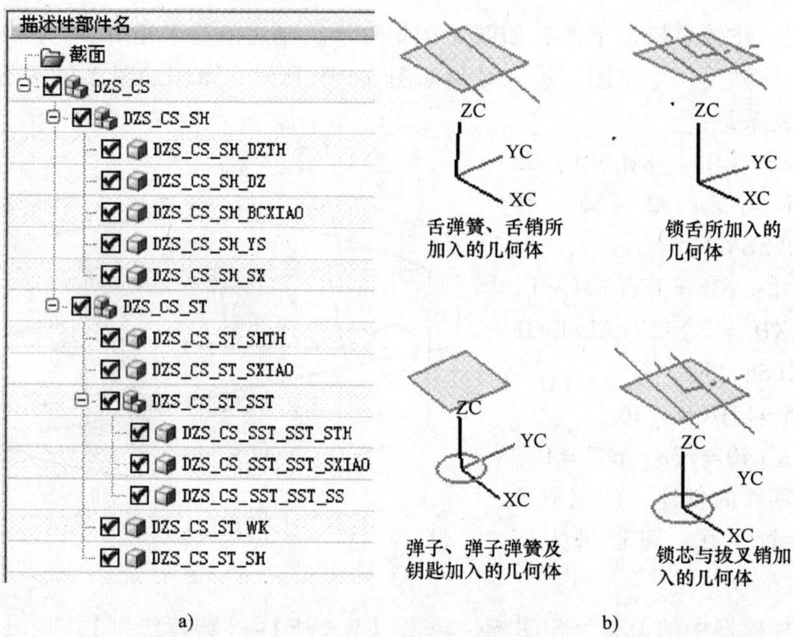

图 3-94　建立下级部件

右击 DZS_CS_ST_SHT 图标，单击【显示父项】→【DZS_CS】，此时导航器中显示内容如图 3-94a 所示。注意，每次加入的内容为与该零件的建立与操作有关的几何体，如果初学者没有足够把握，可以加入所有对象。

类似地，将 DZS_CS_SH 转换为显示部件，并在其下加入如下部件：

DZS_CS_SH_DZTH（弹子弹簧）、DZS_CS_SH_DZ（弹子）、DZS_CS_SH_BCXIAO（拔叉销）、DZS_CS_SH_YS（钥匙）和 DZS_CS_SH_SX（锁芯），加入的内容见图 3-94b 所示。

完成后的导航器结构如图 3-94a 所示。

### 3. 建立实体

回到父项 DZS_CS 级，右击 DZS_CS_ST_WK，将其设置为显示部件，将所有图层均设置为可选，结果如图 3-95a 所示。

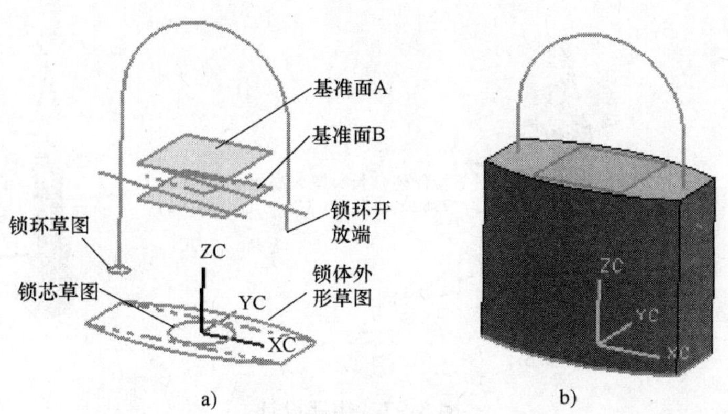


图 3-95　建立锁的外壳
a）草图　b）拉伸效果

单击【拉伸】按钮，选中图 3-95a 所示的锁体外形草图，将【拉伸】选项设置为“直到被延伸”，单击基准面 A，然后按鼠标中键完成拉伸，结果如图 3-95b 所示。同理，使用图 3-95a 所示的锁环草图进行拉伸，拉伸长度分别设置为 60 及 -8，与锁体求差，再以图 3-95a所示的锁环开放端的端点作拉伸，延伸到基准面 A，草图中心就是锁环开放端的端点，草图圆的半径与环草图的圆相等，拉伸时使用求差；同样对锁芯草图进行拉伸，拉伸长度" DZS_CS"：：L * 0.83 - 2，结果得到如图 3-96a 所示的锁体结构。

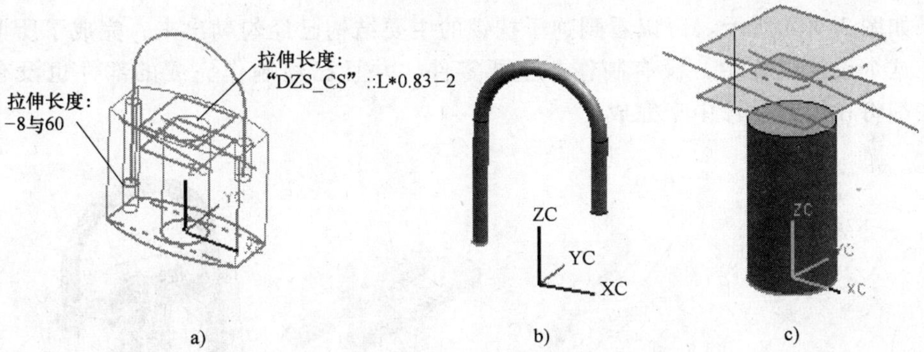


图 3-96　制作实体

对弹子锁中 DZS_CS_ST_SH 进行设计：使用【沿导引线扫掠】命令进行扫掠，得到如图 3-96b 所示的效果。再对锁芯 DZS_CS_SH_SX 设计，锁芯拉伸长度为：" DZS_CS"：：L * 0.83-8-"　DZS_CS"：：p27/2，结果如图 3-96c 所示。

将 DZS_CS_SH_YS 设置为显示部件，将所有图层设置为可选，结果如图 3-97a 所示。

使用“拉伸”命令，以 XY 面为基准面，画一个以坐标原点为中心，长 7.5、宽 2 的矩形草图，并进行拉伸，结果如图 3-97b 所示。以刚才的拉伸体的表面 A 为基准平面，绘制匙柄草图并进行拉伸，得到钥匙的匙柄形状，如图 3-97c 所示。

右击 DZS_CS_ST_SST_SS（锁舌）图标，设置为显示部件，结果如图 3-98a 所示。以直线 A 的端点作一个直径等于链接部件 DZS_CS 中的变量 p27（锁环的直径）减 0.5，即让圆的直径为：" DZS_CS"：：p27 - 0.5。操作过程是：以直线 A 的端点作草图进入草图环境中，然后以该线端点作一个任意大小的圆，并标注直径，然后在直径右侧处单击按钮，打开

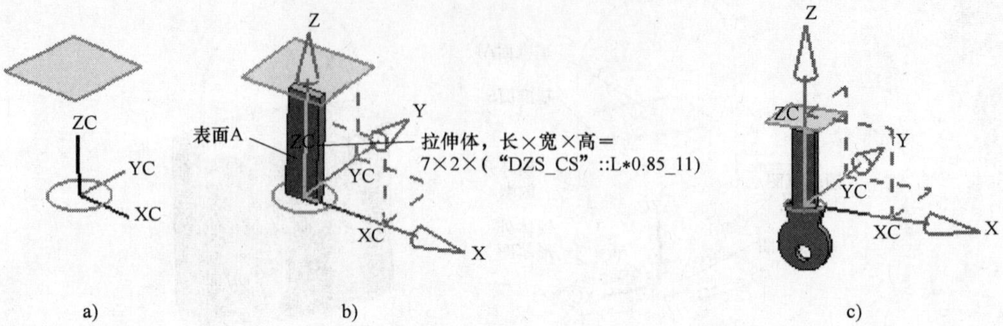


图 3-97　钥匙设计

【表达式】对话框，单击【创建部件间的引用】按钮，在弹出的【选择部件】对话框中选中 DZS_CS. prt 文件，按鼠标中键后，选择 p27 变量，再次单击中键后，在【表达式】对话框的【公式】文本框中输入" DZS_CS"：: p27 －0.5，按鼠标中键完成操作，就得到了一个有部件间链接功能的草图。以此草图作截面线串，以直线 A 作引导线串作“沿导引线扫掠”，结果得到如图 3-98b 所示的效果。然后将 DZS_CS_ST_SST 设置为显示部件，单击【装配】工具条中的【添加组件】按钮添加 DZS_CS_ST_SST_SS，添加时将【定位】选项为“移动”，将对象从图 3-98b 所示的 K1 点移动到 K2 点，并以 Z 轴为旋转方向，以 K2 点为旋转中心旋转 180°，则装配了另一个锁舌，结果如图 3-98c 所示。然后以 DZS_CS 为显示部件，结果如图 3-98d 所示。可以看到弹子挂锁的主要结构已经勾勒出来，完成了所谓的概念设计。在这个设计过程中，没有制作非主要零件，并且已经制作完成的部件也没有制作细节，这些都将在细节设计中来完成。

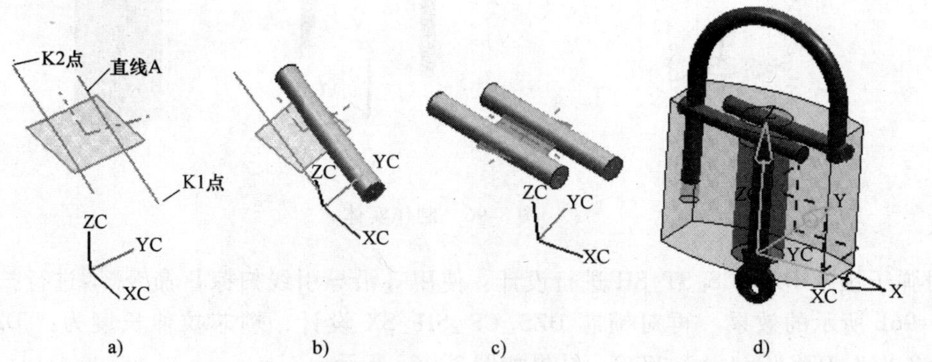


图 3-98　实体设计结果

现在，来检验一下设计效果。使 DZS_CS 设置为工作部件，单击【工具】→【表达式】，修改锁的型号参数 XH 值，让它从 1 到 4 变化（取整数），每改变一次，单击一下【表达式】对话框中的【应用】按钮，可以看到锁的各部分的尺寸跟着修改，这就说明了通过参数 XH 的控制，完全控制了锁的关键部件的主要尺寸。这样做降低了整个系统的修改成本，也便于设计不同型号的同一产品。

**注意：在上面的操作中，使用了“表达式”链接方式完成多次部件间的链接，在细节设计时，除了这种方法外，可能还要用到部件间的对象复制等功能进行部件间链接。**

**4. 锁的细节设计**

锁的细节设计包括对原有概念设计的部件进行完善及增加辅助部件，如弹簧、销等零件。这个过程需要对每一个零件的每一个细节进行设计，使之成为最后用来加工的零件，但也允许有些最终细节留到连接部件中设计，如倒圆、倒斜角等。这里会有许多部件需要完成，为了节约篇幅，只以几个零件为例来进行说明。

（1）钥匙的细节设计　钥匙主要与锁簧相连，当它设计完成后，锁簧的细节可以在此基础上进行，因此，我们先设计钥匙。需要理解的是，前面的钥匙设计中，我们只有钥匙长度是随锁的型号变化的，而其他尺寸是不随型号变化的，因此，在设计锁的细节时也要注意这个问题。

右击 DZS_CS_SH_YS 图标，将其设置为显示部件，如图 3-99a 所示。以面 B 为草图面，作如图 3-99b 所示的草图，(注意要对草图进行几何约束，以便在锁的型号变化时草图能跟着变化，具有关联性)，拉伸 4mm 长并求差，结果如图 3-99c 所示。

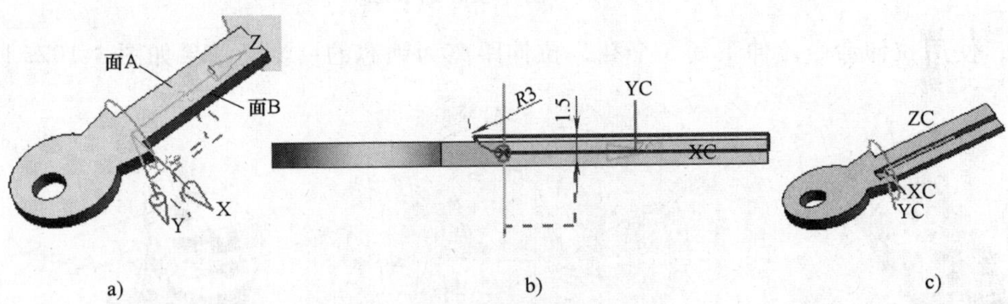


图 3-99　钥匙制作过程之一

然后在图 3-99a 所示的面 A 上作拉伸，拉伸时，为了保证钥匙的形状也能随锁的型号改变而改变，可以用钥匙的长度参数 p1 作为关联，让齿顶之间各段长度为 p1 的几分之一即可，如 p1/8 或 p1/12 等，得到钥匙的形状如图 3-100a 所示。同样地，以面 A 的反面进行拉伸，得到侧钩，如图 3-100b所示。最后对不需要的内容进行隐藏，得到图 3-100c 所示效果，完成了钥匙的细节设计。

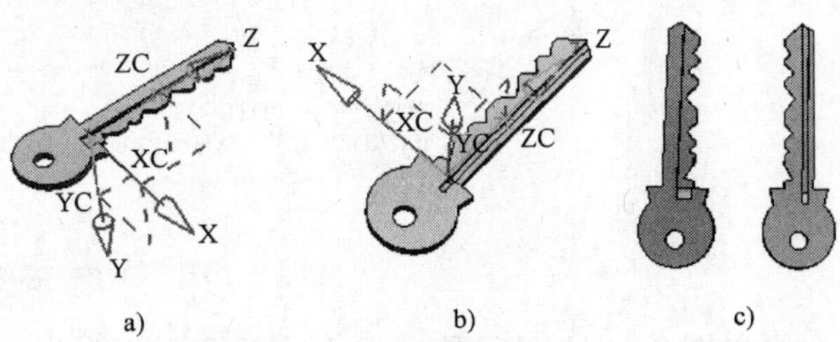


图 3-100　钥匙制作过程之二

（2）锁芯细节设计　回到父项 DZS_CS 处，将 DZS_CS_SH 设置为显示部件，再将 DZS_CS_SH_SX（锁芯）设置为工作部件，然后单击【起始】→【装配】，调出【装配】工具条，单击该工具条中的【WAVE 几何链接器】按钮，弹出【WAVE 几何链接器】对话框，将【类型】选项设置为“体”，然后单击选中刚才作的钥匙，再右击 DZS_CS_SH_SX，设置为显示部件，结果如图 3-101a 所示。

单击【特征操作】工具条中的【求差】按钮，对锁芯与钥匙求差后，结果如图 3-101b 所示。以端面 A 为草图面，以对求差后的钥匙的形状进行投影的结果作为草图，进行拉伸求差，贯穿整个锁芯；然后以 YZ 面为草图面，作如图 3-101c 所示的草图，准备进行弹子孔的制作。注意图中各相邻两条水平虚线距离为 p1/6.5，其中 p1 为锁芯高度。制作

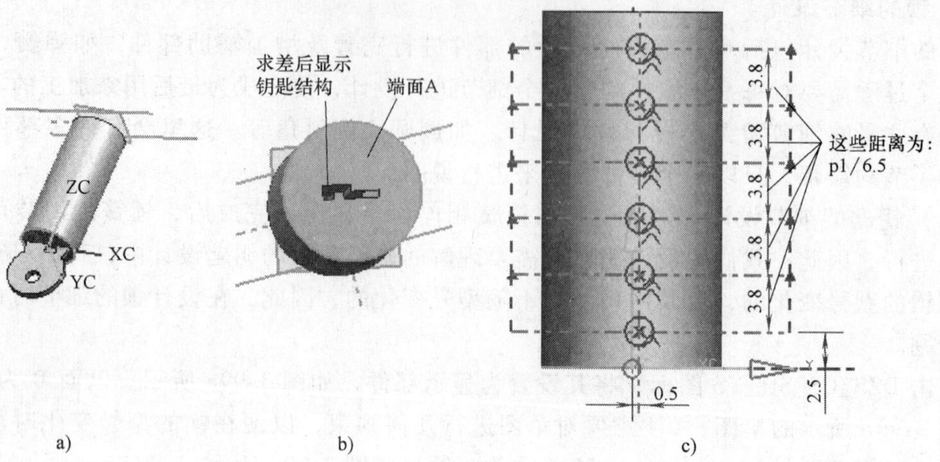


图 3-101　制作锁芯细节之一

完成后，使用拉伸命令拉伸下面 5 个孔，拉伸距离为锁芯的一半，结果如图 3-102a 所示。

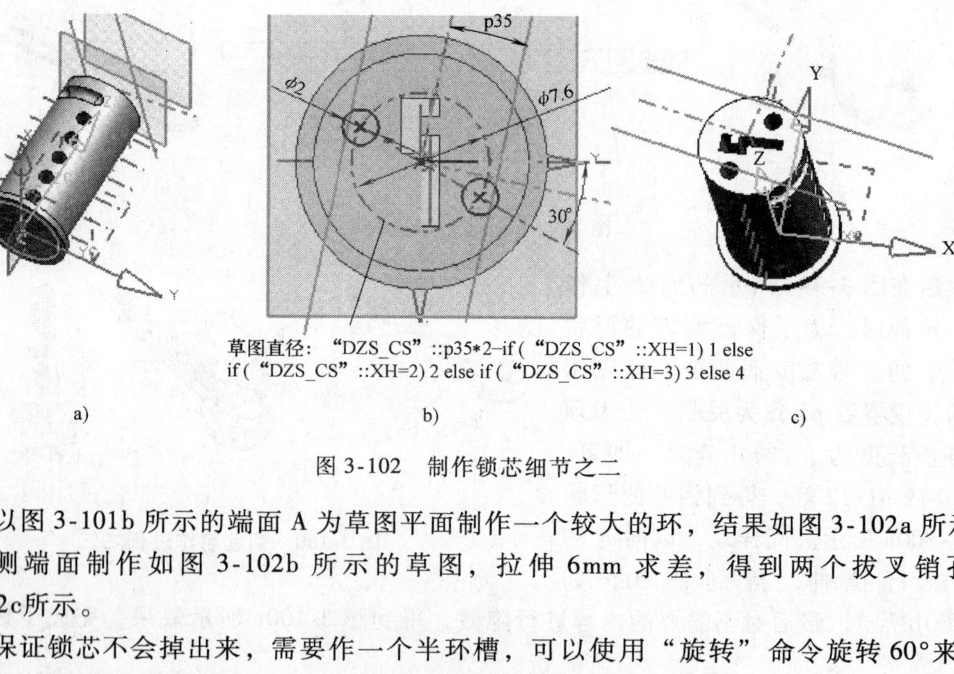


图 3-102　制作锁芯细节之二

再以图 3-101b 所示的端面 A 为草图平面制作一个较大的环，结果如图 3-102a 所示。再在另一侧端面制作如图 3-102b 所示的草图，拉伸 6mm 求差，得到两个拨叉销孔，如图 3-102c所示。

为保证锁芯不会掉出来，需要作一个半环槽，可以使用“旋转”命令旋转 60°来完成，在这里不详细介绍，请读者自行完成。结果如图 3-102a 所示。

经过上面的操作，已经完成了锁芯的细节设计，但为了保证锁体外壳上的弹子孔与上面锁芯上的弹子孔的一一对应，必须经过如下操作步骤：

在导航器中右击 DZS_CS_SH_SX 后，单击【WAVE】→【将几何体复制到部件】，弹出【创建一个与位置无关的链接特征】对话框，单击【确定】按钮后，单击选中【选择部件】对话框中的 DZS_CS_ST_YK. prt，按鼠标中键后，弹出【部件间的复制】对话框，此时单击选中图 3-101c 所示的弹子孔草图，再按鼠标中键完成操作。这样，就将该草图复制到了锁外壳零件中，从而保证了二者的孔的位置的对应关系。结果如图 3-103a 所示。现在将 DZS_CS_ST_YK设置为显示工作部件，然后使用“拉伸”命令对刚才复制过来的草图进行拉

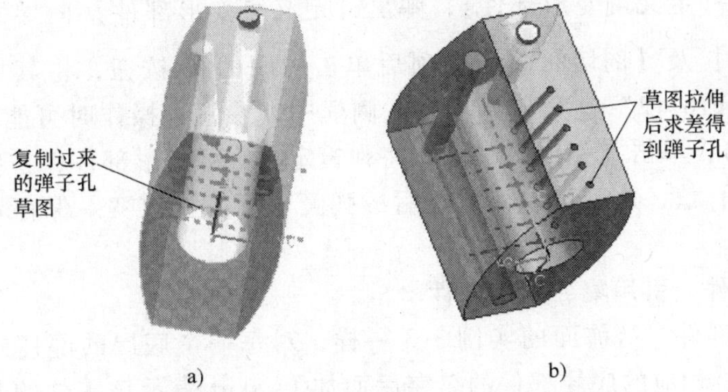


图3-103　经过链接来完成弹子孔的制作

伸，与外壳求差，就得到外壳上对应的孔，如图3-103b所示。

需要读者注意的是，在上面的操作中，用到了几种不同的方法来保证零件间的配合关系，如使用“表达式”法、“WAVE几何链接器”法、“将几何体复制到部件”等，这些都是在实际工作中常用的方法。如果两个部件只有部分内容不同，可以使用“将几何体复制到新部件”来制作一个只有细节不同的部件，这种方法在某些场合经常使用。

（3）锁舌弹簧的设计　读者可以先按前面介绍的方法，完成锁舌及其他部件的细节设计。将DZS_CS_ST_SST设置为工作显示及工作部件，结果如图3-104a所示。

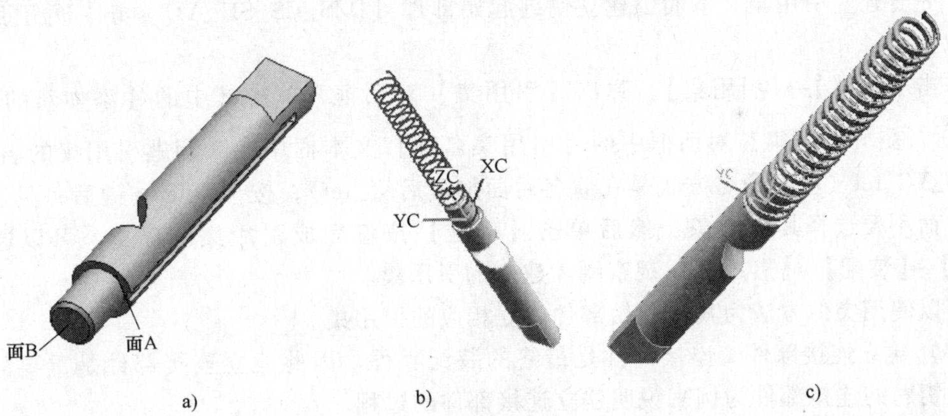


图3-104　锁舌弹簧制作

右击DZS_CS_ST_SST设置为显示部件，并右击DZS_CS_ST_SST_STH，将其设置为工作部件，使用【WAVE几何链接器】将【类选择】选项修改为“面”，然后选中图3-104a所示的面A作为新零件的链接面，按鼠标中键完成操作，就完成了将锁舌面链接到舌弹簧的工作。单击【格式】→【WCS】→【原点】，单击图3-104a所示面A的边缘捕捉面的边缘的圆心点，按鼠标中键就得到一个坐标系，然后双击刚才作的坐标，使其激活，再单击Z轴的箭头，表示要对Z的方向进行修改，然后再单击图3-104a所示的面B，就让Z指向该面的法向。单击【曲线】工具条中的【螺旋线】按钮，将螺旋线圈数设置为"DZS_CS"::SHR*3-1，螺距设置为2，半径设置为（"DZS_CS"::SHR*-1）/2-0.5，按鼠标中键完成操作，就得到一条螺旋线，如图3-104b所示。再单击【剖切曲面】工具条中的【以圆创建曲面】按钮来创建一个半径为0.4的弹簧，结果如图3-104c所示。

单击【工具】→【定义可变形部件】，弹出【定义可变形部件】向导，单击【下一步】，选中【螺旋线（6）】及【剖切曲面】两项后单击中间的按钮，将其加到右边，再单击【下一步】，找到“P16 = 2”这个值添加到右侧框中（注意：操作时可能不是P16，主要是找到螺距这个变量），单击【完成】按钮，将弹簧定义为可变形部件，在装配时会弹出对话框以便修改【螺距】值，从而可以使装配后的弹簧长度发生改变。保存零件，完成了弹簧的制作。

**5. 制作起始部件、引用集、连接部件**

（1）制作起始部件　与前面的实例3-3一样，对每一个底层的部件制作一个对应的起始部件。命名时，将相应的底层部件的名字后面加上_start表示该零件的起始部件，由于每一个起始部件的制作相似，因此，这里只以钥匙为例来说明起始部件的制作过程：

右击【DZS_CS_SH_YS】（钥匙），使其成为显示部件。再次右击【DZS_CS_SH_YS】，单击【WAVE】→【新建级别】，在弹出的【新建级别】对话框中的【部件名】文本框中输入部件名“DZS_CS_SH_YC_start”作为起始部件的名字，按回车键后框选绘图区中的所有内容，然后按鼠标中键完成操作。完成起始部件的建立。

同样地，为每一个底层部件建立起始部件，记住，起始部件是最终装配零件的基本环境与入口。

（2）建立引用集　引用集是起始部件与连接部件传递数据的工具，因此，要建立连接部件，先要建立引用集。下面以建立钥匙起始部件【DZS_CS_SH_YC_start】的引用集为例来加以说明：

单击【格式】→【引用集】，弹出【引用集】对话框，单击其中的【添加新的引用集】按钮，在【引用集】对话框中的【引用集名称】文本框中输入钥匙引用集的名称DZS_CS_SH_YC_ref（注意命名方式是在原名后面加了后缀_ref），按<Enter>键后，只选中钥匙实体，而不要选择其他对象，然后单击【确定】按钮完成引用集的建立。可以通过单击【信息】→【装配】→【引用集】观察刚才建立的引用集。

可以使用类似方法为其他起始部件建立相应的引用集。

（3）建立连接部件　连接部件是最终的装配零件，因此建立连接部件是重要的，下面以建立钥匙的连接部件为例来说明建立连接部件的过程。

右击【DZS_CS_SH_YC_start】，单击【WAVE】→【创建连接部件】，弹出【创建连接部件】对话框，在其中输入连接部件的名称“DZS_AS_SH_YC”，注意名称的第二部分由原来的CS改成了AS，表示这是装配结构，按<Enter>键完成名称输入，再单击【源引用集】中的刚才在上面建立的引用集DZS_CS_SH_YC_ref，单击鼠标中键完成创建连接部件的操作。

用相同方法，为每一个起始部件建立连接部件。

**6. 锁的装配**

前面操作进行的设计其实就是制作了控制结构，看上去它们像是装配好了一样，但是在UG中，一般是设计完控制结构后，再作引用集与连接部件，再制作装配结构。这样可以将控制与装配分开，便于高层设计者按自顶向下的设计方法进行产品设计及修改控制模型，也易于在进行产品的系列设计时通过克隆装配设计产品，另外也方便管理与维护。

下面就来进行装配操作：

1）在设计完上面的控制结构后，直接单击【文件】→【全部保存】，以便保存所有新制作的文件。

2）单击【新建】按钮，新建一个名为 DZS_AS 的文件作为装配总体结构，然后进入到装配环境中，单击【装配】工具条中的【添加组件】按钮，弹出【添加组件】对话框，单击【已加载的部件】列表框中的锁外壳（DZS_AS_ST_YK. prt）文件，然后将【定位】选项改为“绝对原点”，引用集【Reference Set】选项修改为“DZS_CS_ST_YK_REF”，按鼠标中键，完成该部件的添加。安装时只安装连接部件，添加其他部件。

以弹簧为例，当添加弹簧时，由于在前面制作弹簧时将其制作成了“可变形部件”，因此，在装配时，会弹出一个【DZS_CS_ST_SST_STH】对话框，将其中的【螺距】值由 2 修改为 1，然后按鼠标中键确定，则安装的弹簧长度将变为设计时的一半。以同样方法完成其他弹簧的安装。完成装配后的效果如图 3-88 所示。

上面对自顶向下的设计进行了实例演示，由于篇幅的限制，不能列举更多实例。为了更加清楚地掌握这种优秀的设计方法，读者可参阅本书网络电子资源中的其他实例。

## 3.5　传统装配

一般在完成产品的三维模型设计后，就要进行三维装配，而三维装配可以按前面介绍的实例进行绝对定位装配，也可以采用 UG 中提供的约束装配。

所谓约束装配，就是通过对两个要装配的对象使用多种约束，以保证对象间的相对位置。下面以减速器的装配为例，介绍相关命令的操作过程。

### 3.5.1　装配实例

**实例 3-5　减速器的装配**

减速器由小齿轮组件、大齿轮组件、箱体组件 3 大部件组成，或者说是由这 3 个主要模块组成，因此，可以先对这 3 个部件进行部分装配，然后再将这 3 个部件装配成一个整体，再做其他处理，这样装配便于完整操作。同时要注意，在对各零件进行三维建模时，其零件标号也应是以组件为单位进行标注，如小齿轮组件以 01-开头，大齿轮组件以 02-开头，箱体部件以 03-开头，总装配以 00-开头，另外，对于装配后的三维模型，如果要转换成工程图，则在原图名后面加上-dwg 来进行区分，这样操作便于理解、区分、查找与操作。这些规定可以参考前面产品设计时的约定或自行决定。

**1. 安装小齿轮组件**

启动 UG，并新建 01-00-zp. prt 文件，用来装配减速器中的小齿轮组件，因此，这是一个部装图，只装配减速器中的部分零件，为后续装配作准备。

进入到 UG 的基本环境中后，单击【开始】→【装配】或单击【应用】工具条中的【装配】按钮，即可弹出【装配】工具条，进入到装配环境中。装配工具条一般放在屏幕的底部，功能按钮较多，其部分功能按钮如图 3-105 所示。



图 3-105　装配工具条

进入了基本环境中，单击【添加现有组件】按钮，弹出【添加组件】对话框，单击【打开】按钮，弹出【部件名】对话框，在其中修改目录到本书附带网络电子资源的 ugfile \ ZP \ JSQ 目录下（读者可以修改到自己光盘的安装目录下），选择 01-01-clz. prt 文件，它是一根齿轮轴，确定后，弹出【部件预览】窗口和【添加组件】对话框。

在打开组件时，在预览窗口中或许看不到零件及【添加组件】对话框，这是由于在作零件的三维模型时，零件实体没有放在第一图层，系统默认安装零件要放在第一图层，此时将【添加组件】对话框中的【图层】选项改为“原先的”、“工作层”或“如指定的”即可预览。

当弹出【添加组件】对话框后，会看到对话框中的【定位】选项为“绝对原点”，因为这是装配第一个零件。之后进行其他零件的装配时系统会将定位方式更改为“通过约束”或“指定原点”等方式。单击【应用】按钮，系统将第一个零件定位在原点处。结果如图 3-106a 所示。

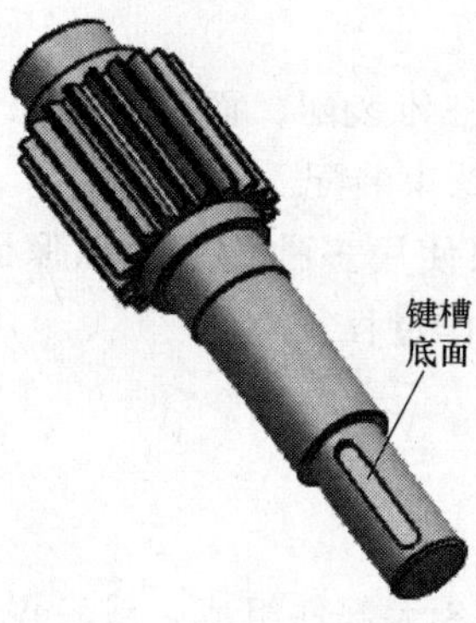


a)

b)

图 3-106　装配操作
a）添加齿轮轴　b）【装配约束】对话框

现在要装配一个平键，该平键宽为 8，长为 32，可以使用 UG 外挂生成，操作过程如下：

1）右击【01-00-zp】图标，单击【WAVE】→【新建级别】，弹出【新建级别】对话框，在【部件名】文本框中输入部件名“GB1096-79-A-8 ×50”，其中，GB1096-79 是平键执行的国家标准㊀，而 A-8 ×50 表示平键是 A 型的，宽为 8，长为 50，完成后按 <Enter> 键，并按鼠标中键完成创建。此时的文件为空文件，没有内容，现在在装配导航器中右击【GB1096-79-A-8 ×50】图标，单击【设为显示部件】按钮，进入显示部件环境。

2）单击【中国国标标准件库】外挂按钮，弹出【中国国标标准件库】对话框，单击其中的【键】按钮，再单击【GB 1096-79 普通平键】按钮，选择 A 型键，在新对

㊀ 我国现行的平键标准为 GB/T 1096—2003。但由于 UG NX 7.5 中相应的标准尚未更新，故暂以旧标准为例进行讲解。

话框中选择键宽 b = 8 的，长度 L = 50 的普通平键，会出现定位对话框，直接单击【确定】按钮完成操作，结果出现了平键如图 3-107a 所示。

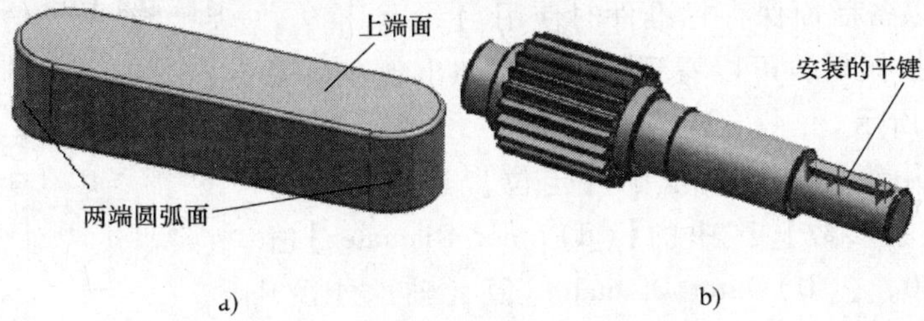


图 3-107　由外挂生成的平键标准件

a）生成的平键　b）安装的平键

3）单击【文件】→【保存】，保存该平键文件后，就可进行装配了。右击【GB1096-79-A-8】图标，单击【显示父项】→【01-00-zp】，就回到了原来的环境中，可以进行后续操作。

当完成上面的操作，回到原来环境中时，可以看到 GB1096-79-A-8 ×50 零件已经增加进来了，但位置不对，此时单击【装配】工具条中的【装配约束】按钮，弹出【装配约束】对话框，将【类型】选项修改为“接触对齐”，【方位】选项设置为“接触”，将【装配导航器】中【01-01-clz】图标前的√去掉，让齿轮轴不可见，以便能看到刚才的平键，单击平键的一个上平面，然后再单击【装配导航器】中【01-01-clz】图标中的√，让齿轮轴可见，再单击图 3-106a 所示的键槽底面，就完成了一次约束操作。按上述方法，将【装配约束】对话框中的【方位】修改为“自动判断中心/轴”，如图 3-106b 所示。选择图 3-107a 所示平键一端的圆弧面，然后选中图 3-106a 所示键槽底面的一个圆弧面，就完成平键的另一约束操作；同样地，完成另一侧圆弧面的约束，完成平键的安装，结果如图 3-107b 所示。

之后为齿轮轴装配两个滚动轴承，由于 UG NX7.5 提供了国家标准件库，因此，可直接到标准件库中来选用相关标准件，也可以使用外挂来选用。下面介绍标准件库的使用方法，单击【导航器】中的【重用库】标签，展开【重用库】导航器，结果如图 3-108a 所示。

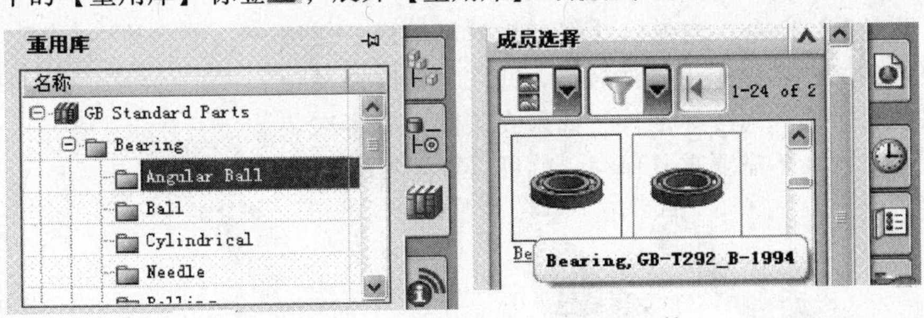


图 3-108　标准件库

a）选择标准类别　b）选择标准件

单击【GB Standard Parts】库中【bearing】文件夹下的【Angular Ball】文件夹，结果在下面的【成员选择】区域可以看到多种类型的轴承，如图 3-108b 所示，选中其中的“Bearing，GB-T292_B-1994”㊀型轴承后，右击该图标后单击【添加到装配】或将该图标直接拖动

㊀ 滚动轴承，角接触球轴承的现行国家标准为 GB/T 292—2007。

至绘图区，弹出【添加可重用组件】对话框，如图 3-109 所示。

（此时，请读者将对话框中【名称】文本框内容选中后复制到剪贴板上，以备后面保存标准件时使用。）

单击【确定】按钮后，可以看到轴承的实体出现在绘图区中，如图 3-110a 所示。

将【添加可重用组件】对话框中【定位】选项修改为“通过约束”，将【主参数】区中的【(d) Inner Diamater】值（轴承内径）设为 40，【(D) Outer Diamater】值（轴承外径）设为 62，按鼠标中键，出现【重定义约束】对话框，将该对话框中的【轴向几何体】下拉文本框修改为“自动判断中心/轴”，然后单击图 3-110a 所示的齿轮轴上的约束圆柱面，按鼠标中键完成操作，可看到轴承移动了位置，但没有完全安装好，结果如图 3-110b 所示。右击刚才安装的轴承，单击快捷菜单中的【装配约束】，弹出图 3-106b 所示的【装配约束】对话框，将【类型】选项修改为“距离”，然后分别单击轴承靠近齿轮轴端的端面及齿轮轴的端面 A，然后将【装配约束】对话框中的【距离】值设为 0，按鼠标中键完成操作，结果如图 3-110c 所示（也可用“接触”命令来完成，效果一样）。

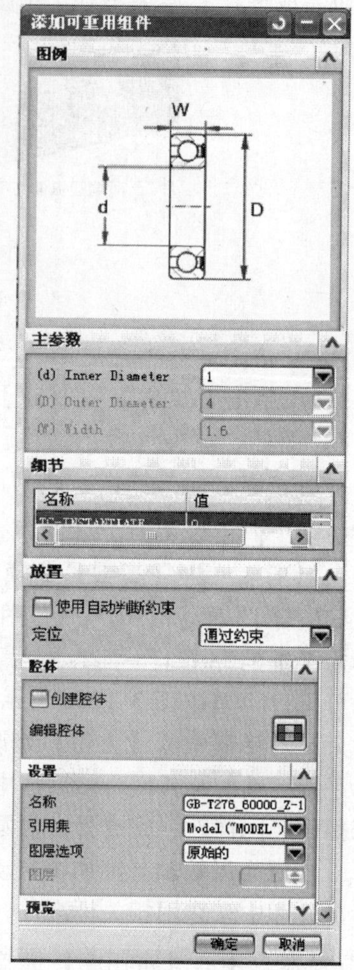


图 3-109 【添加可重用组件】对话框

需要读者注意的是：将轴承装配上去后，如果直接保存，结果在下次打开装配图时，就会出现错误，看不到原来的轴承。原因是当装配完成后，即使单击【文件】→【全部保存】，也没有将刚才加入的标准件零件保存到刚才的目录下。为了保存好添加的标准件，需要进行如下操作：首先，将加入的标准件右击，并单击【设为显示部件】，再单击【文件】→【另存为】命令，当弹出【保存】对话框后，使用刚才上面复制的文件名称作为零件名称，并注意修改路径到当前装配文件目录下。同一标准件，如果在装配中有多次装配，只要保存一次，不需要重复保存，就可以重复装配。

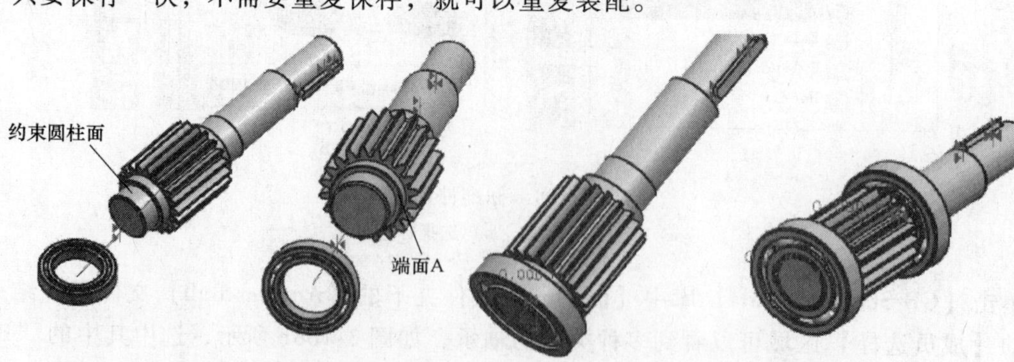


a)　　b)　　c)　　d)

图 3-110　添加轴承

a）调用轴承　b）设置装配面　c）完成轴承装配　d）完成小齿轮组件的安装

单击【添加现有组件】按钮，弹出【添加组件】对话框，直接单击刚才添加的轴承，完成另一个轴承的安装（重复安装），结果如图 3-110d 所示。

单击【文件】→【全部保存】，保存所有部件文件，完成第一个部件装配。

**2. 安装大齿轮组件**

建立新文件“02-00-zp. prt”，用来装配大齿轮组件。先将零件 02-02-zhou. prt 装配在绝对原点，然后按照上面方式新建平键 GB1096-79-A-16×50. prt 并装配，另一个平键 GB1096-79-A-8×50. prt 在上面装配小齿轮轴时就有了，现在只要进行重复装配就可以了。完成后结果如图 3-111所示，

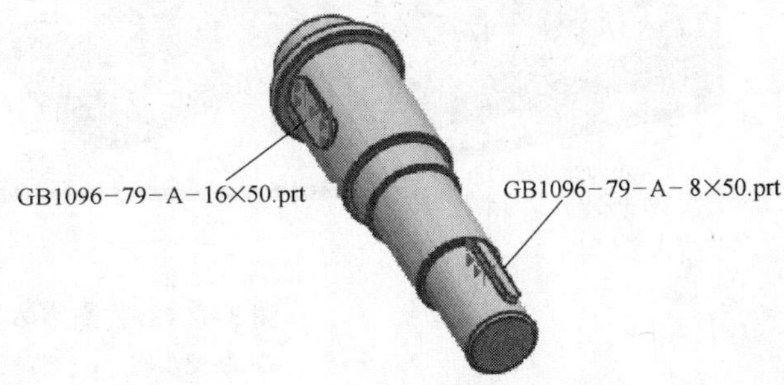


图 3-111　装配好平键的大齿轮轴

大齿轮的零件号为 02-01-dcl. prt，装配时，请按图 3-112a 所示步骤装配，否则，可能产生错误；另外，三个约束全部使用类型为“接触对齐”，而【方位】选项的设置则分别如图 3-112a 所示。完成装配效果如图 3-112b 所示。

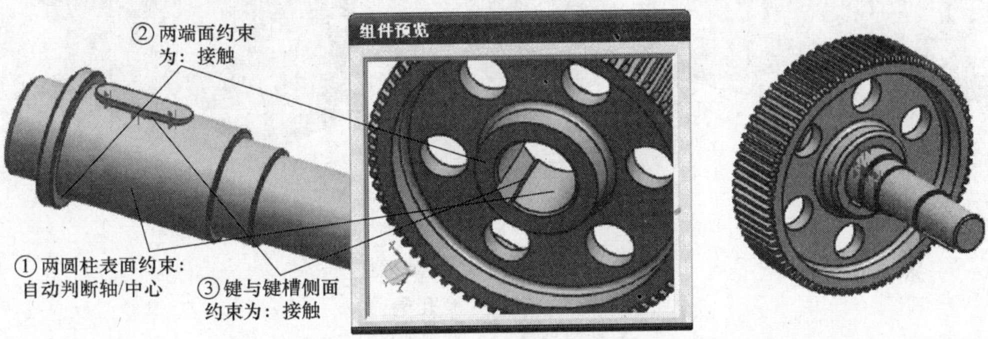


a)　　b)

图 3-112　装配大齿轮

a）装配步骤　b）装配结果

运用与步骤 1 相同的方法，为大齿轮加装两个轴承，类型与小齿轮轴上面的轴承类型相同，但内径为 50，外径为 90，注意将轴承设置为工作部件后另存为 GB-T292-B-1994，7210-B. prt 文件，保存在装配目录下。结果如图 3-113 所示。

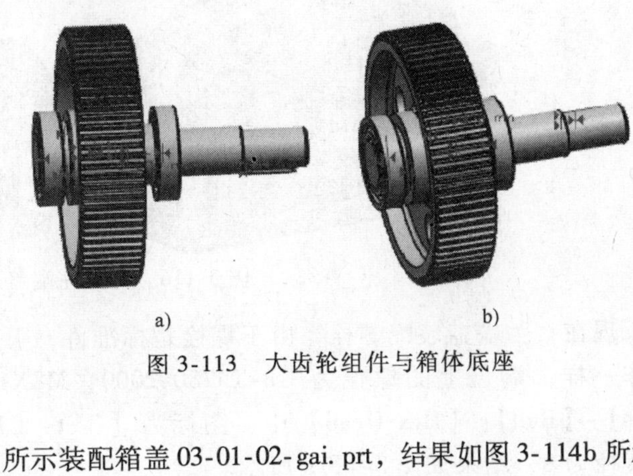

a)　　b)

图 3-113　大齿轮组件与箱体底座

**3. 安装箱体**

建立新文件“03-00. prt”，作为箱体的装配文件，并将底座零件 03-01-01-xg. prt 装配在绝对原点。然后按图 3-114a 所示装配箱盖 03-01-02-gai. prt，结果如图 3-114b 所示。

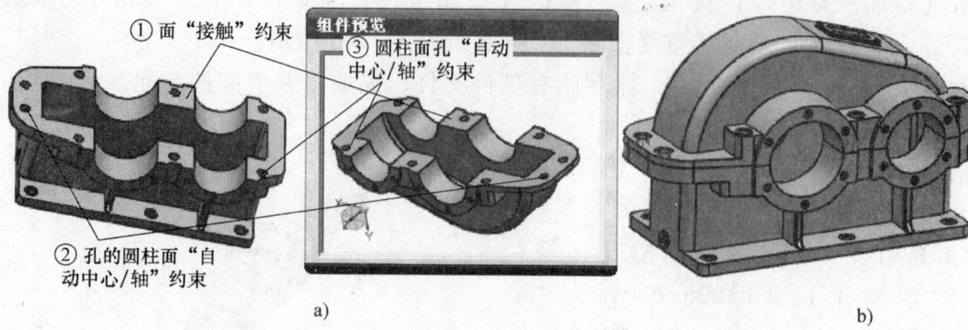


图 3-114　装配箱体上盖
a）装配步骤　b）装配结果

同样地，装配箱体的有孔端盖 03-02-02-ykdfg. prt，结果如图 3-115 所示。

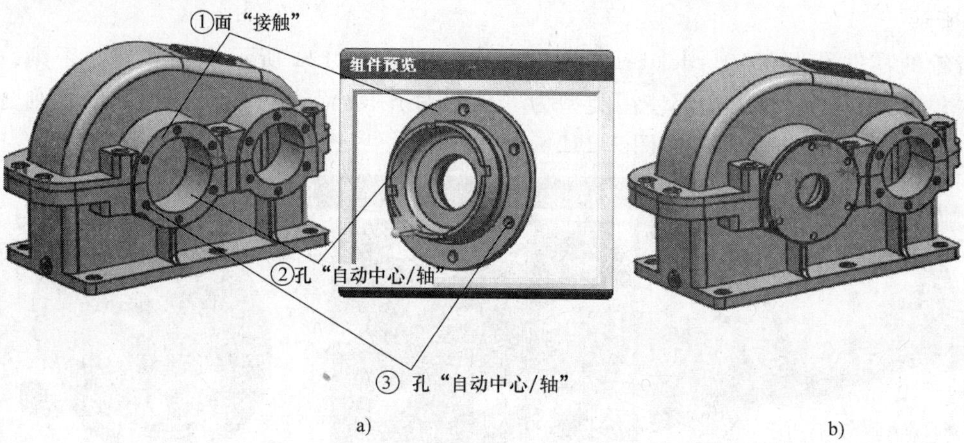


图 3-115　装配大有孔端盖
a）装配步骤　b）装配结果

使用相同方法可完成无孔大端盖 03-02-01-wkdfg. prt，有孔小端盖 03-03-02-ykxfg. prt，无孔小端盖 03-03-01-wkxfg. prt 这几个零件的安装，结果如图 3-116 所示。

图 3-116　装配完端盖后效果

现在，为端盖装配螺栓，由于螺栓是标准件，可以从重用库中提取，方法与上面轴承的操作一样，端盖上的螺栓为 GB-T5780-2000，M8X16 的螺栓，在重用库中【GB Standard Parts】→【Bolt】→【Hex Head】中，图标为【Bolt，GB-T5780-2000】，设置螺栓长为 16，公称直径为 8，结果如图 3-117a 所示。

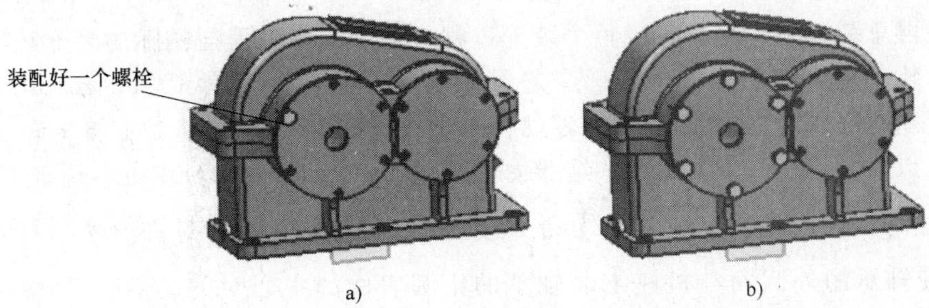


图 3-117　装配螺栓

单击【装配】工具条中的【创建组件阵列】按钮，在弹出浮动工具条后，单击选中刚才装配的螺栓，然后按鼠标中键，弹出【创建组件阵列】对话框，选中【圆的】单选按钮，表示要创建圆周阵列，之后单击【确定】按钮，再单击图 3-117a 中所示端盖的外圆面，然后在【创建圆周阵列】对话框中的【总数】文本框中输入数字 6，在【角度】文本框中输入 360/6，单击【确定】按钮，完成了阵列，结果如图 3-117b 所示。

同理，可以创建小端盖的螺栓装配，装配结果如图 3-118 所示。

装完大小端盖的螺栓后，使用镜像命令装配来完成另一侧共 12 个螺栓的装配，其过程是：单击【装配】工具条中的【镜像装配】按钮，将弹出【镜像装配】向导，单击【下一步】按钮，然后选中刚才装配的所有 12 个螺栓，然后单击【下一步】按钮，单击【创建基准平面】按钮，弹出无名对话框，单击其中的 XC-YC 面，然后，单击【确定】按钮，再按鼠标中键 3 次，完成螺栓的镜像装配。结果两侧都装配上了螺栓，如图 3-119 所示。

图 3-118　装配完一侧的 12 个螺栓

图 3-119　镜像装配了另一侧的螺栓

类似地，读者可以装配窥视板（03-04-01-ksk. prt）、通气塞（03-04-02-tqq. prt）、排油螺栓（03-06-ys. prt）、油标（03-03-yb. prt）等零件，并相应添加螺栓、螺母、垫片等标准件，结果如图 3-120 所示。

完成上述操作后，使用【文件】→【全部保存】来保存文件，并注意将每一种不同规格与类型的标准件中的一个另存到装配目录下。

**4. 总安装**

上面已经完成了 3 个部件的安装，它们分别是：小齿轮部件 01-00-zp. prt，大齿轮部

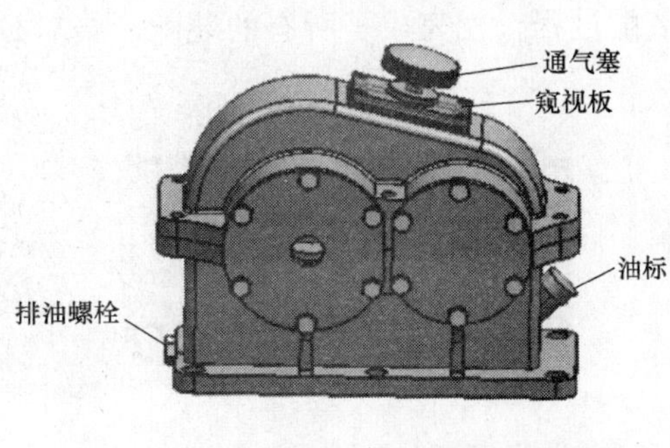


图 3-120　完成部分组件装配的结果

件 02-00-zp. prt，箱体部件 03-00-zp. prt。现在再新建一个总装部件 00-00-zp. prt，来将前面安装的结果再总装配到一起，完成整个装配过程。这个工作过程与实际的装配顺序相符。

新建总装部件 00-00-zp. prt 后，首先添加刚才作的机体部件 03-00-zp. prt，结果如图 3-121所示。单击选中上盖上面的所有零件，然后按 < Ctrl + B > 快捷键，将上盖及其上零件隐藏起来，以便进行下面的操作，结果如图 3-121a 所示。然后添加小齿轮部件 01-00-zp. prt，添加时，首先使用“对齐”命令按图 3-121b 所示进行对齐。然后使用“中心”命令，使轴承的外圆面与机座上装轴承的半圆表面的中心对齐。然后单击【应用】与【确定】按钮，就可以完成安装，结果如图 3-121c 所示。

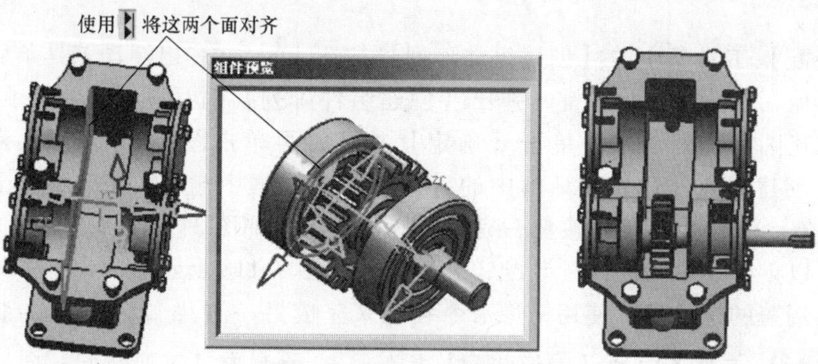


图 3-121　装配小齿轮部件

a）隐藏上盖　b）装配小齿轮组件　c）装配结果

同理，装配大齿轮部件 02-00-zp. prt，装配方法与装配小齿轮部件的一样，结果如图 3-122所示。

图 3-122　装配大齿轮部件

如果仔细观察，一定会注意一个问题，就是装配好的大齿轮与小齿轮的齿轮啮合不正确，两个相交的齿重叠在一起。这是不对的，两个啮合的齿应该是相切的。因此，可以单击【装配】工具条中的【装配约束】按钮，打开【装配约束】对话框，将【类型】选项改为“接触对齐”，【方位】选项改为“接触”，然后先单击大齿轮上的一个齿表面，再单击小齿轮上一个相对的表面，再单击鼠标中键两次，就完成了齿表面的相切操作，从而保证了两个齿轮啮合处的齿面是相切的。如图 3-123 所示。

现在，单击【编辑】→【隐藏】→【显示部件中所有的】，显示刚才隐藏的上盖零件，保存装配过程，就完成了所有的装配。最后效果如图 3-124 所示。

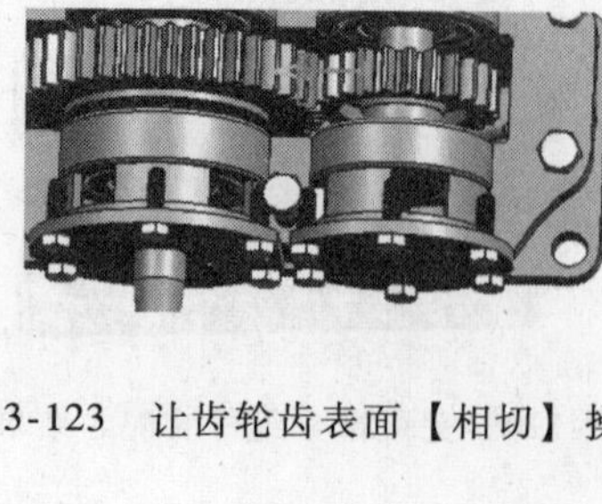

图 3-123　让齿轮齿表面【相切】操作

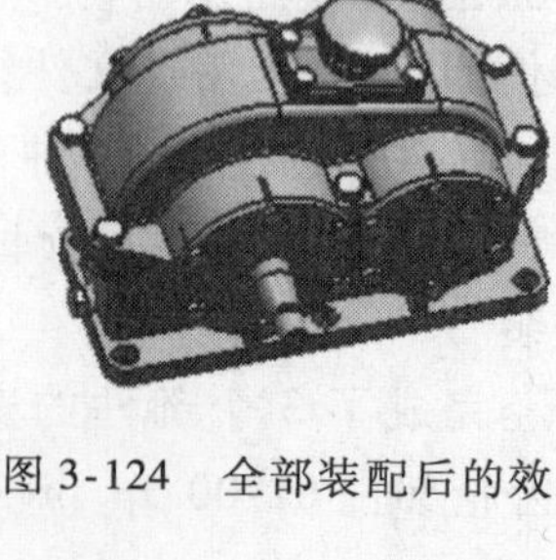

图 3-124　全部装配后的效果

**5. 制作剖面并修改可视化效果**

如果想看装配完成后的内部结构，可以用剖面来解决。

单击【视图】工具条上的【编辑工作截面】按钮或按 < Ctrl + H > 快捷键，就弹出【查看截面】对话框，并出现确定剖截面的坐标系，如图 3-125 所示。

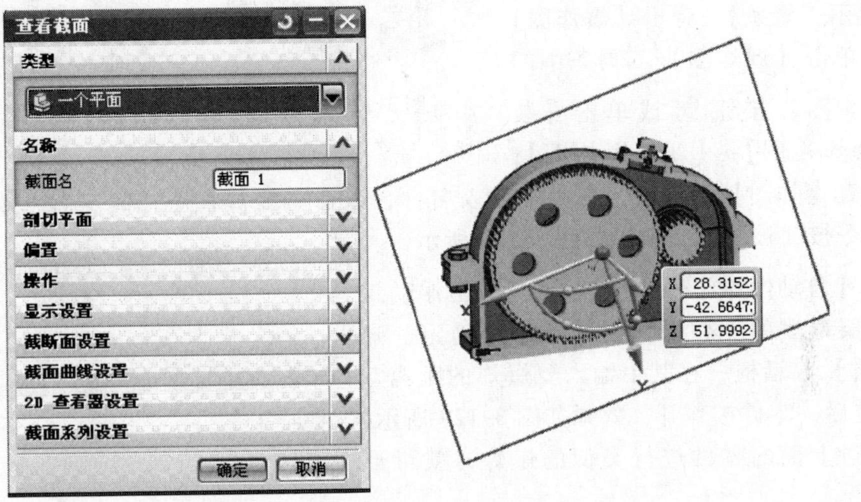


图 3-125　【剖截定义】对话框与坐标

可以通过对图中箭头的拖动或对旋转球的旋转来改变工作截面的位置，从而得到不同的显示效果。将对话框中的【类型】选项修改为“方块”，得到如图 3-126a所示效果。再单击出现的方框的前面，将坐标移到该面上，再移动坐标箭头，可以得到 3-126b 所示效果。同理，可以得到其他方位的工作截面效果。

操作时，如果单击坐标原点处的球，然后在适当位置单击鼠标，则工作截面就移动到该位置，从而可以在任意给定位置设置工作截面。

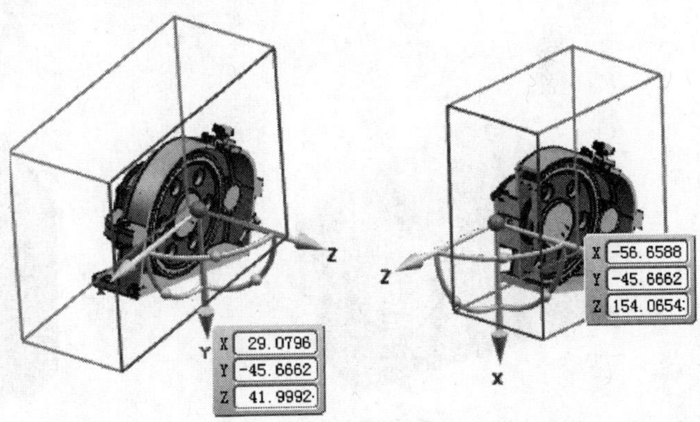


a)　　b)

图 3-126　剖开的效果

如果剖切面颜色相同需要修改，可以先按 < Ctrl + H > 快捷键，弹出如图 3-125 所示的【查看截面】对话框，然后将此对话框中的【截断面设置】区域展开，将其中的【颜色设置】选项修改为“体颜色”，然后单击【首选项】→【可视化】，在弹出的对话框中单击【颜色】标签，然后将此面板中的【随机颜色】选项设置为“体”。确定后，就可以分清零件间的分界线了，因为此时不同的实体有不同的颜色显示。结果如图 3-127 所示。

在该对话框中，还有许多选项，如显示干涉、显示截面曲线等操作，读者可以自己操作。

如果不想看剖面的效果了，只要单击【视图】工具条中的【隐藏工作截面】按钮就可以了。

图 3-127　完成的剖切后不同实体有不同的颜色

**6. 制作爆炸视图**

单击【装配】工具条中的【爆炸图】→【显示工具条】，弹出【爆炸图】工具条，单击【爆炸图】工具条中的【新建爆炸图】按钮或单击【装配】→【爆炸视图】→【新建爆炸图】，弹出【新建爆炸图】对话框，在其中输入名称，以命名爆炸视图，确定后，爆炸工具条中的多个命令按钮被激活，结果如图 3-128 所示。

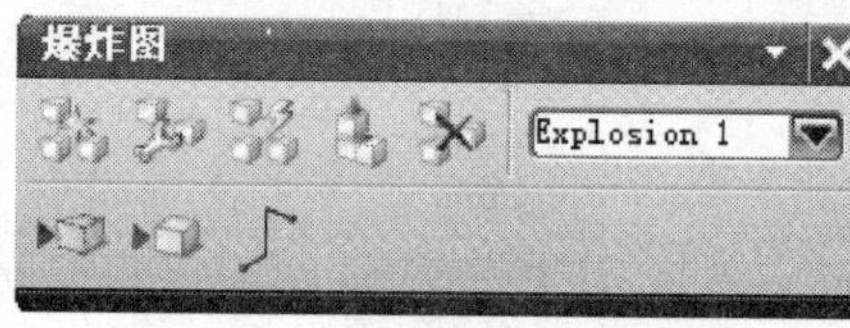


图 3-128　【爆炸图】工具条

单击【自动爆炸组件】按钮，弹出浮动工具条，选中要爆炸的零件后，按鼠标中键确定，弹出【爆炸距离】对话框，在其中输入要爆炸的距离，如 200，确定后，零件被炸开，效果如图 3-129 所示。

继续对上面的零件进行类似的爆炸，就可形成爆炸群。

当然也可以用“编辑爆炸视图”命令来完成爆炸视图。操作步骤是：单击【编辑爆炸视图】按钮，弹出【编辑视图】对话框，然后选中要移动的对象，如在图 3-130 中选中了多个要爆炸的螺栓，按鼠标中键确定后，出现移动坐标及手柄，如图 3-130 所示。

图 3-129　炸开的两个零件

图 3-130　编辑爆炸视图时出现手柄

移动这些手柄与箭头，可以旋转、平移这些零件，从而将这些零件炸开。继续以此方法将所有零件炸开，结果如图 3-131 所示。

如果爆炸后不易看出装配关系，可以制作爆炸跟踪线，单击【创建跟踪线】按钮，弹出【创建跟踪线】对话框，先选中一个要作跟踪线的零件，然后再单击与之对应的装配位置，确定后，就作好了一个跟踪线，如图 3-132 所示。

利用同样方法可以作出许多的跟踪线。

如果不想看到爆炸效果，可以单击图 3-128 中爆炸视图工具条中爆炸名右侧的，然后选中【无爆炸】选项即可恢复到没有爆炸前的效果，如图 3-133 所示。

需要注意的是，在制作爆炸效果时，剖面效果也是可以同时进行的，如果按 <Ctrl + H>

图 3-131　不同方位的零件炸开后的效果

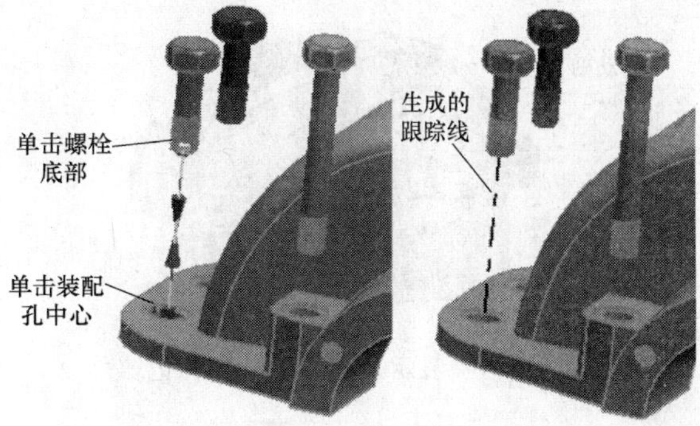


图 3-132　创建跟踪线前后对比

快捷键并确定后，就可以看到爆炸效果时的剖面图，此时有部分内容将不可见了，如图 3-134所示。

图 3-133　无爆炸的效果

图 3-134　剖面状态下的爆炸图

**7. 制作运动仿真**

上面的爆炸图可以指导安装机器，也可以用作宣传及其他用途，而运动仿真，则可以进行静、动力学分析等，作为一个入门，仅介绍初步知识。

单击【起始】→【运动仿真】或单击【应用程序】工具条中的【运动仿真】按钮，确定后，单击右侧的【运动导航器】按钮，将展开导航栏，如图 3-135 所示。可以看见在其下有一个运动仿真模型 jsq-zp，就是前面所作的装配图的引用，右击图标 jsq-zp，在弹出的快捷菜单中单击【新建仿真】选项，系统将自动分析出装配部件中的运动副，并以报告的形式给出。

系统分析完后，图 3-135 的内容发生改变，系统自动将运动副以树状目录方式列出，如图 3-136 所示。同时，在原装配模型上有许多运动副标记，如图 3-137 所示。

若要对齿轮作运动分析，则要先选中箱体的上盖及其上不运动的零件，将它们隐藏起来，效果如图 3-138 所示。

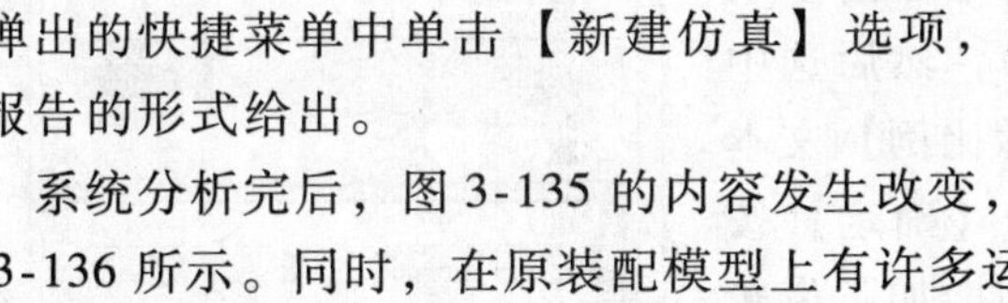


图 3-135　运动导航器

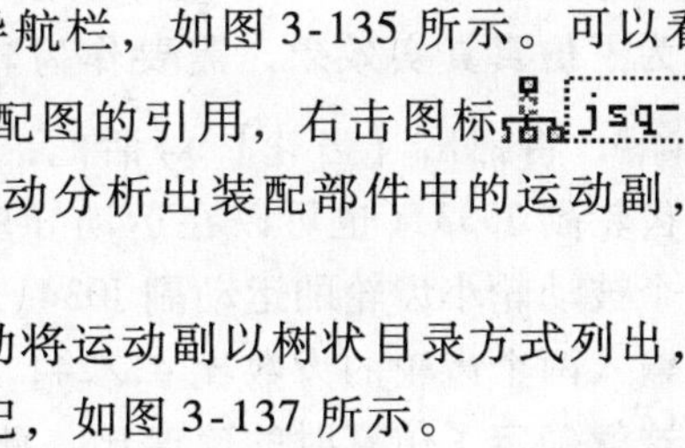


图 3-136　部分运动导航器中的内容

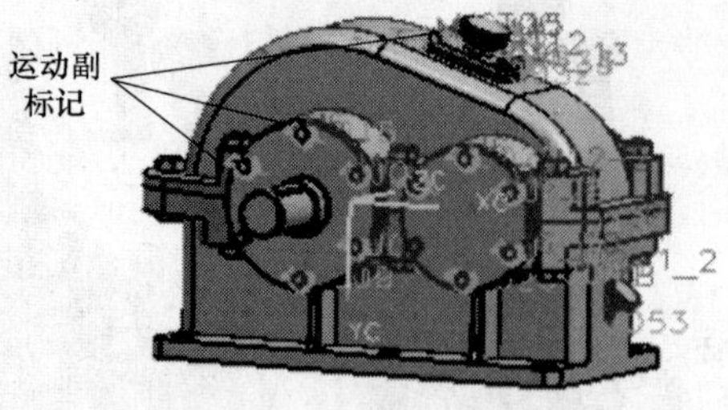


图 3-137　显示出来的运动副标记

图 3-138　隐藏不必要的部件后的效果

单击【运动副】按钮，将弹出【运动副】对话框，如图 3-139 所示。先在“运动副类型”处选择一种运动类型，这些类型有旋转、滑动、圆柱、螺钉、万向节、球形、平面及固定等。由于减速器中的齿轮做旋转运动，因此就用“旋转副”，然后单击大齿轮后，将【过滤器】选项改为“点”，选中大齿轮轴端面圆的中心，然后在【运动驱动】下拉菜单处由原来的“无”改变为“恒定的”，并在加速度栏输入 50，即此大齿轮在外力（即驱动）作用下，将以 $50m/s^2$ 的加速度运动，注意名称处为 J033（实际操作时名称可能不同），说明这个运动副名为 J033，记录名称并单击【确定】按钮，完成此运动副的创建。

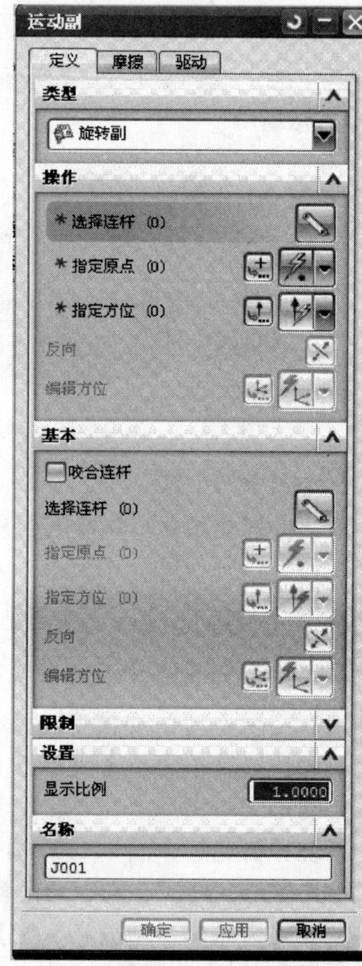


图 3-139　【运动副】对话框

在上面的操作中，运动驱动是用来给运动副增加动力的，以便之后进行仿真。一个系统中一般只需要一个驱动，但最终要根据实际工作性质来决定。以同样的方式对小齿轮作旋转副“J034”，但不要添加运动驱动。

为了仿真真实效果，需要作齿轮副，单击【齿轮副】按钮，将弹出【齿轮】对话框，先选中刚才作的主动轮大齿轮副 J033（也可以在运动导航栏中选），然后选中另一个被动轮小齿轮的运动副 J034，在【显示比例】文本框中输入两个齿轮的齿数比 41/24，然后单击【确定】按钮，这就确定了仿真时的速度比。此时会看到增加了齿轮副标记。

单击【动画】按钮，弹出【分析选项】对话框，用默认的【静力/动力分析】，在时间处输入加速过程所用的时间，这里输入 20，表示 20s，然后在步数处输入 200，表示在 20s 内将有 200 帧图像生成。然后单击【确定】按钮，系统开始计算，完成计算后，将弹出结果报告，同时弹出【动画播放】对话框，单击其中的【播放】按钮，可以看到仿真的动画效果。

**实例 3-6　运动转换装置装配**

本书网络电子资源中的 ug_file \ zp \ move 目录下有一些零件，可以用来装配成一个运动方式转换装置，效果如图 3-140 所示。

该机构虽然只有几个零件，但装配时有一些值得注意的事项，因此，特举此例。

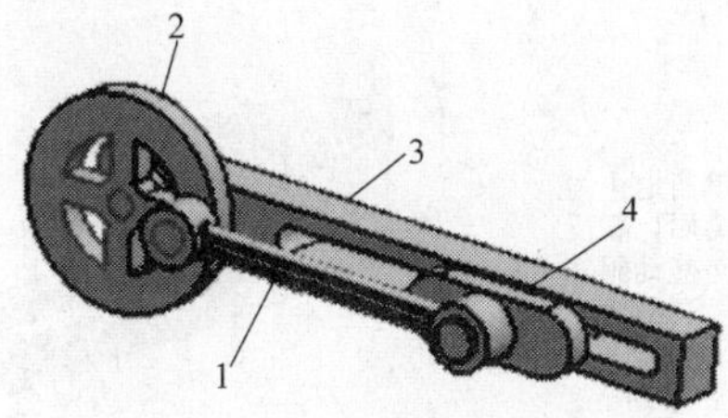

图3-140　运动转换装置

新建装配文件 zhq-zp. prt，然后进入到装配环境中。单击【添加现有组件】按钮，弹出【选择部件】对话框，单击【选择部件文件】按钮，弹出【选择部件名】对话框，选中本书网络电子资源中 move \ one \ 目录下的 3. prt 零件，单击【确定】按钮两次，完成第一个零件的装配。

然后单击【选择部件文件】按钮，装配 2. prt 零件，使用“配对”与“中心”命令来完成装配，过程略，结果如图 3-141 所示。

继续单击【选择部件文件】按钮，装配 2. prt 零件，当出现【配对条件】对话框时，进行两次配对操作，操作过程如图 3-142 所示。

图3-141　装配零件2的效果

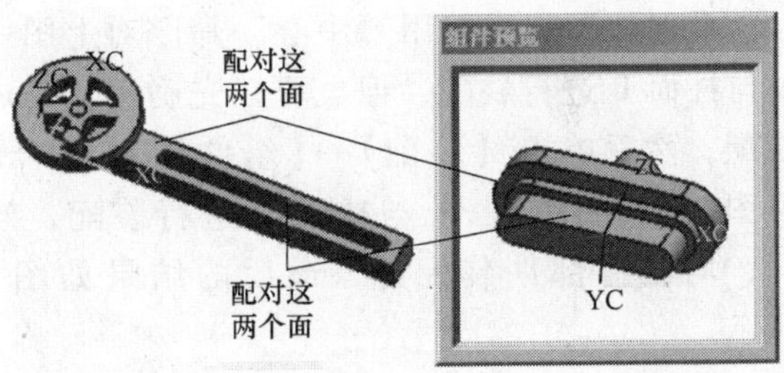

图3-142　正确的操作

**注意：在这里装配时，初学者极易犯一个错误，就是用“中心”命令进行装配，结果使后续的装配难于进行，也不能进行运动仿真，其错误操作过程如图 3-143 所示。**

通过图 3-142 所示的操作后，单击【配对条件】对话框中的【应用】按钮，结果如图 3-144 所示。此时位置并不正确。

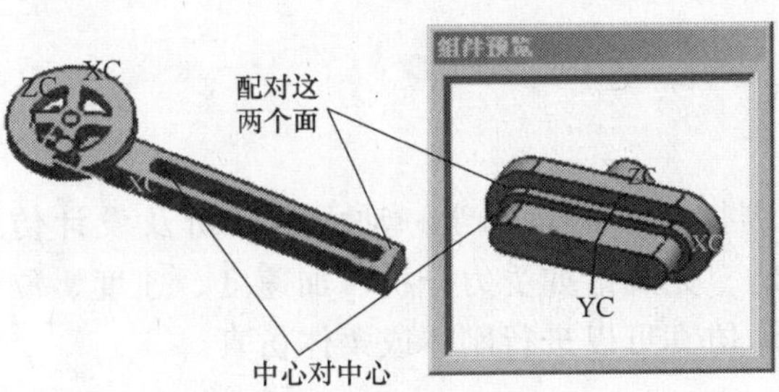

图3-143　错误操作

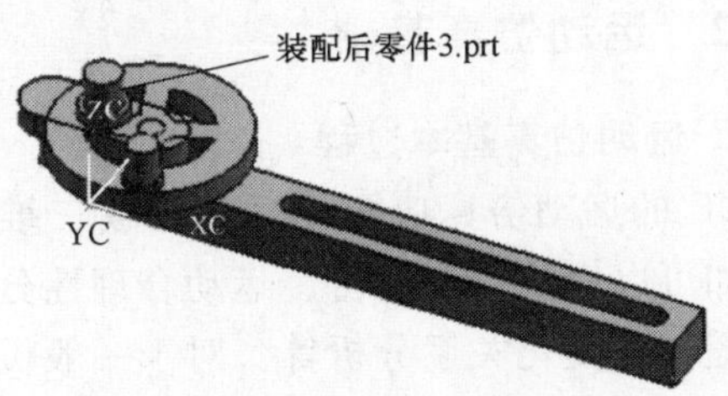

图3-144　应用后结果位置不正确

此时，单击【配对条件】对话框中的【确定】按钮，完成装配，然后使用“重定位组件”命令来修改组件位置：单击【重定位组件】按钮，再单击组件 3. prt，然后单击鼠标中键确定，结果出现了移动手柄与坐标，如图 3-145a 所示。按图 3-145a 所示操作后单击【确定】按钮，就得到装配好的效果，如图 3-145b 所示。

经过上面的操作后，就可装配好零件 3. prt，在这里注意：如果用图 3-143 所示的方法操作，就会将零件 3 固定在图 3-146 所示的 A 处，这样对零件的装配就无法进行了，请读者思考原因。

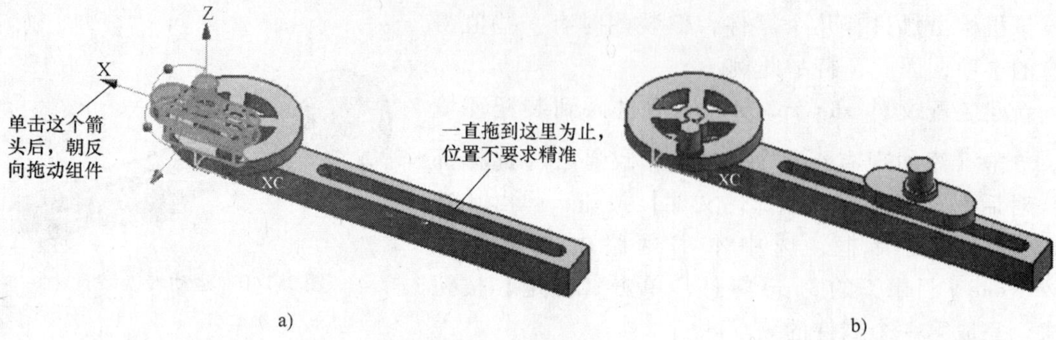


图 3-145　重定位操作
a）装配好之前　b）装配好之后

装配零件 1，用“配对”与“中心”命令装配后，单击【配对条件】对话框中的【应用】按钮，结果如图 3-146 所示。

此时，可以继续用“中心”命令对上图中的孔 A 与柱面 B 进行装配，但也可以先确定，完成初步装配，然后单击【装配】→【组件】→【贴合组件】对图 3-146 中的孔 A 与柱面 B 进行装配，效果相同，均能将部件装配好，最后的结果如图 3-140 所示。

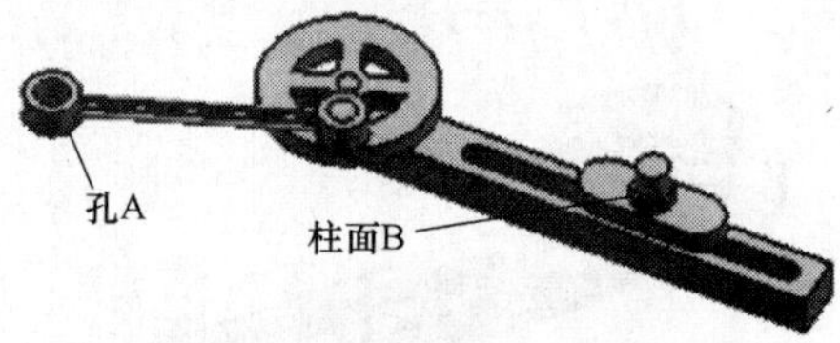


图 3-146　应用后的效果

**注意：本例装配说明了有运动关系的部件间的装配，要求各运动件间的运动符合运动规律，如上面装配中就要保证零件 4 能在长方形孔中滑动；否则不能装配或影响后面的运动分析等。**

单击【运动仿真】按钮，建立仿真文件，按上例操作，给零件 2 加上恒定的加速度 $50m/s^2$，就可以作出运动仿真效果，注意设置动画时间为 10 ~ 20s，步数为 200 ~ 500 左右即可。

## 3.5.2　运动仿真基础

### 1. 运动仿真基本过程

UG 的运动仿真功能能对二维或三维的机构进行复杂的运动学、动力学分析及设计仿真，如可以完成装配分析，运动合理性分析等功能，完成诸如受力分析、加速度、速度、位移等随时间变化关系分析等。对于一般机械的运动仿真可以进行刚体或柔体仿真。

进行运动仿真的大体步骤如下：

1）建立一个运动分析场景。

2）进行运动模型的构建，包括设置每个零件的连杆特性，两个连杆间的运动副，添加机构载荷等操作。

3）进行运动参数的设置，提交运动仿真模型数据，同时进行运动仿真动画的输出和运动过程的控制。

4）运动分析结果的数据输出和表格、变化曲线输出，人为地进行机构运动特性的分析。

5）如果是对柔体进行运动仿真，还需要在运动仿真前进行两项操作，即对给定材料进行柔体设置和在运动仿真中定义柔性连杆。

**2. 实例演示**

**实例 3-7　机械手运动仿真**

通过本例可以说明，只有直观了解产品的运动关系，才可以进行 UG 的运动仿真操作。图 3-147 所示是一个机械手模型，由固定基座、升降臂、转臂和抓手组成。

该机械手的工作流程为：

升降臂上升 100 后，转臂转动 90°，然后升降臂下降到底，抓手合拢，抓起产品，然后升降臂上升到 100，转臂向反方向回转 90°，升降臂下降到底，抓手张开，放下产品，完成一次产品的抓取、传送及放下的过程。现在设计机械手的工作流程用时关系，见表 3-1。

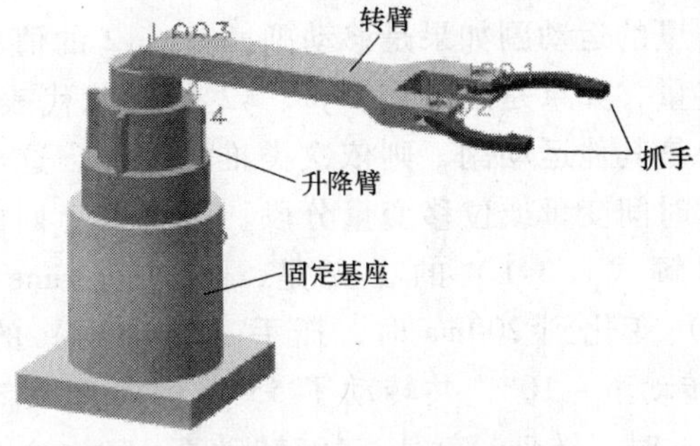


图 3-147　机械手模型

**表 3-1　机械手动作流程及用时表**

| 序号 | 动作名称 | 起始时间/ms | 结束时间/ms | 位移(转动角度或移动距离) | 备注 |
|---|---|---|---|---|---|
| 1 | 升降臂上升 | 0 | 50 | 100mm | |
| 2 | 转臂正向转动 | 55 | 100 | 90° | 两动作间休整 5ms |
| 3 | 升降臂下降 | 105 | 150 | −100mm | |
| 4 | 抓手合拢 | 155 | 200 | 两个抓手分别旋转相反的 55° | |
| 5 | 升降臂上升 | 205 | 250 | 100mm | |
| 6 | 转臂反向转动 | 255 | 300 | −90° | |
| 7 | 升降臂下降 | 305 | 350 | −100mm | |
| 8 | 抓手张开 | 355 | 400 | 两个抓手分别旋转相反的 55° | |

分析清楚机械手的动作关系后，就可以开始制作仿真。设两个抓手与转臂之间的两个转动副分别为 J001 与 J002，在设置 J001 转动副的对话框中，将驱动设置为函数，如图 3-148 所示。

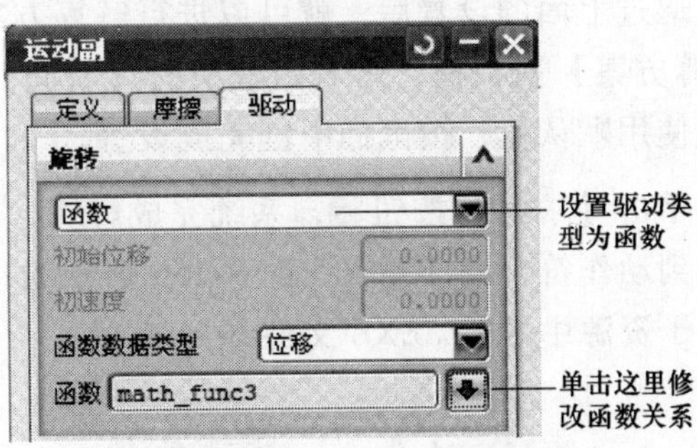


图 3-148　【运动副】对话框设置

单击【函数】下拉文本框中的“f (x) 函数管理器”，出现【XY 函数管理器】对话框，单击下方的【新建】按钮后，弹出【XY 函数编辑器】对话框，如图 3-149 所示。

在该对话框中，将【插入】下拉文本框内容修改为“运动函数”，则在其下面显示了多种运动函数。双击了选定的函数后，就可将函数添加到上面的公式编辑框中进行编辑了。

在此添加 STEP 函数，并根据表 3-1 的运动流程关系，添加运动函数如下：

$$\mathrm{STEP}(time,155,45,200,-10)+\mathrm{STEP}(time,355-10,400,45) \tag{3-5}$$

其中，STEP 函数的模式是：

STEP（x，x1，y1，x2，y2）

在这里，变量 x 是系统变量，可以是位移 X 坐标值，也可以是时间值 time 等系统变量。该函数的意义是，当变量 x 由 x1 变为 x2 时，运动副将由位置 y1 运动到位置 y2；而这里的运动副如果是移动副，y1、y2 的值就代表移动的位移量，如果是旋转副，y1、y2 的值就代表转动的角度，如果是其他运动副，则依次类推。因此，这个函数的意义时对时间变量或位移变量分段。理解了上面的意思后，不难理解式（3-1）的含义是，当时间 time 从 155 毫秒（ms）变化到 200ms 时，抓手（转动副）的转动量就从 45°转动至 – 10°，共转动了 55°；当时间从 355ms 变化到 400ms 时，转动量就从 – 10°转动至 45°。这一过程正好是转过去再转回来，是一个循环过程。

对于另一只抓手，其转动过程和上面这个抓手过程相似，但转动的角度是对称的，因此，其运动函数是：

STEP(time,155,-45,200,10) + STEP(time,355,10,400, – 45)　　(3-6)

请注意对比式（3-5）与式（3-6）之间的异同

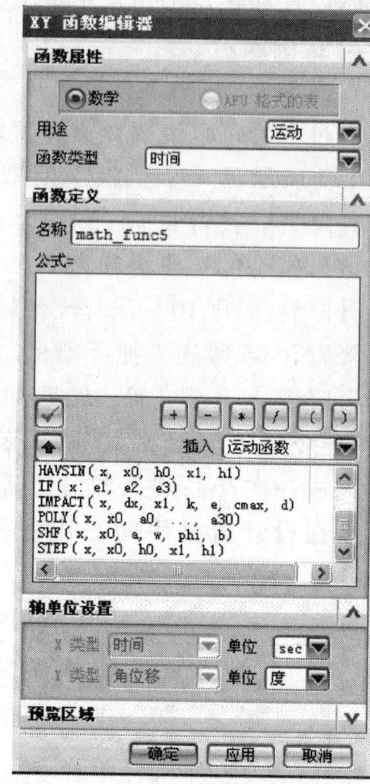


图 3-149　【XY 函数编辑器】对话框

同样，可以对转臂与升降臂之间的转动副 J004 输入如下的驱动函数：

STEP( time,55,0,100,90) + STEP(time,255,90,300,0)　　(3-7)

对升降臂与固定基座之间的滑动副输入如下的驱动函数：

STEP（time，0，0，50，100）+ STEP（time，105，100，150，0）+ STEP（time，205，0，250，100）+ STEP（time，305，100，350，0）

通过上面的设置后，就可以进行解算方案的设置了。单击【解算方案】按钮，弹出【解算方案】对话框，将对话框中的【时间】值设置为 400，【步数】值设置为 2000，其他设置使用默认值，按鼠标中键完成设置。

单击【求解】按钮，系统完成解算，然后单击【播放】按钮，进行动作演示。可以看到动作符合设计要求，图 3-150 所示为动画中的几个截图画面。具体动画效果可以看网络电子资源中的 FZ. EXE 文件。

图 3-150　仿真动画效果截图

## 实例 3-8　四杆机构运动分析

四杆机构的运动分析图如图 3-151a 所示，这是一个曲柄连杆机构。

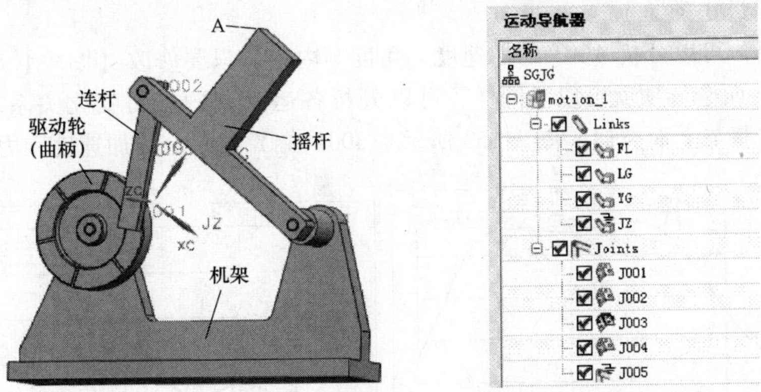


a)　　b)

图 3-151　四杆机械运动仿真

进入运动仿真环境，建立如图 3-151b 所示的连杆及运动副。其中 J003 是对驱动轮（曲柄）与机架间的转动副，设置为恒定的、初速度为 10°/s 的驱动。机架 JZ 设置为固定连杆。

单击【解算方案】按钮，设置【时间】值为 36，因为前面在设置 J003 这个驱动时设置的初速度为 10°/s，36 秒则正好能旋转一周，即 360°。【步数】值设置为 1000 步。单击【确定】按钮完成设置及解算。单击【播放】按钮可以看到仿真效果。

单击【智能点】图标右侧的，选择【标记】图标，在图 3-151a 所示摇杆的 A 点处制作一个标记 A001。单击【布局管理器】工具条【两侧】图标，窗口分成左右两部分，在【运动导航器】导航栏中右击【Solution_1】，单击【求解】按钮。

单击【动画】右侧的按钮，选择“作图”，弹出【图表】对话框，在【选择对象】组中选择刚才制作的标记 A001，将【请求】选项设为“位移”，【组件】选项设为“Y”，表示准备作 Y 轴位移图，在【Y 轴定义】组中单击【增加曲线】按钮，可看到在相应编辑框中增加了一个曲线资源，按鼠标中键确定后，选择刚才分成的两个窗口中右边一个窗口单击，则在此窗口中出现了 A001 标记点的 Y 轴方向的位移图，如图 3-152 所示。

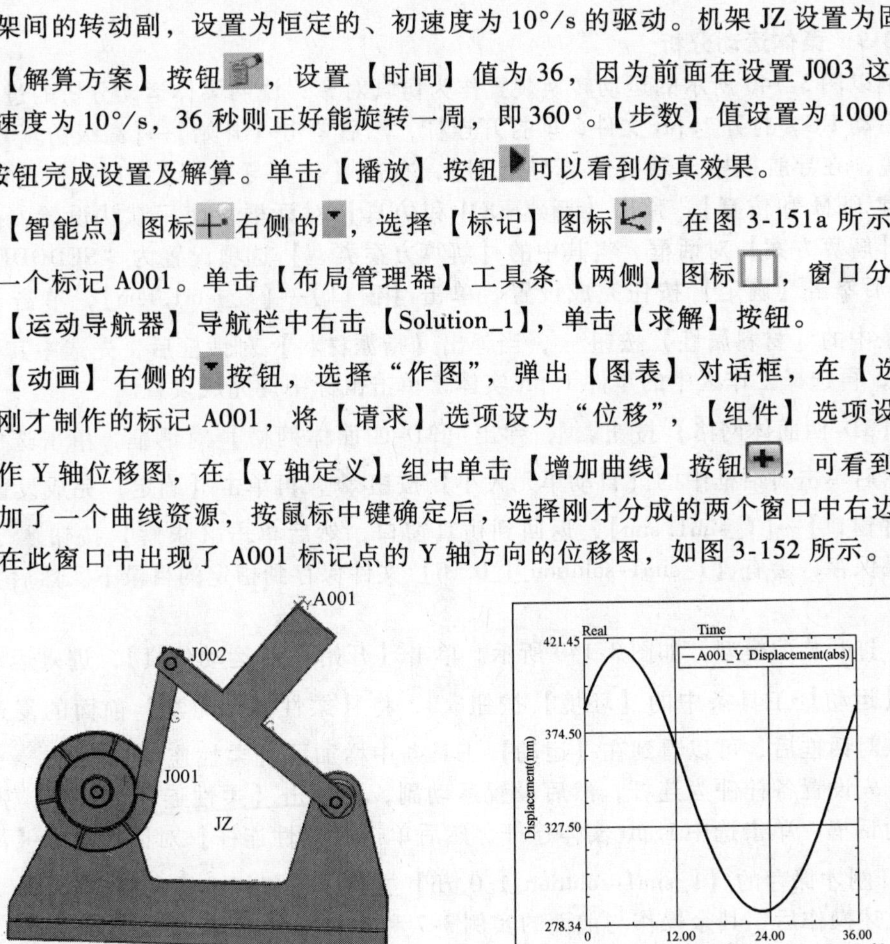


图 3-152　运动分析图

再次单击【播放】按钮可以在看到仿真效果的同时，也可看到 A001 点的 Y 坐标随时间的变化关系。可以从图中看出，在时间为 4.5 秒时，A001 点 Y 坐标达到最大，在 22.5 秒时，Y 位移达到最小的。

如果有必要，可以分析 A001 的加速度，角度等内容，只要修改【图表】对话框中的【请求】与【组件】两个选项就可以。同样，可以分析各运动副的受力变化关系，如力、力矩等内容，其操作步骤与上面类似。图 3-153 所示是 J001 在 Y 方向上的加速度和力的变化曲线。

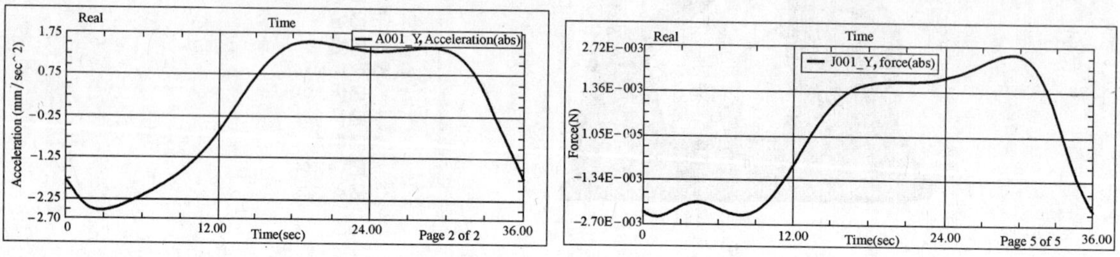

a)　　b)

图 3-153　J001 在 Y 方向上的加速度和力的变化图

a）加速度变化曲线　b）力变化曲线

**实例 3-9　柔体运动分析**

本实例以图 3-140 所示的运动转换装置作为仿真对象，说明柔体运动分析的过程。

首先启动 UG，打开 1.prt 文件，即打开连杆，然后单击【开始】→【高级仿真】，进入高级仿真环境，在导航栏中出现【仿真导航器】，右击【仿真导航器】中的【1.prt】图标，单击【新建 FEM 和仿真】，弹出【新建 FEM 和仿真】对话框，使用默认设置，按鼠标中键，弹出【解算方案】对话框，将其中的【解算方案类型】选项设置为“SEDODES 103-柔性体”，然后单击【确定】按钮完成设置。单击【窗口】→【1_fem1.fem】，单击【高级仿真】工具条中的【材料属性】按钮，当弹出【指派材料】对话框后，先选中其中的材料为“steel”，再选择工作区中的零件 1.prt 实体，单击鼠标中键完成设置。

单击【3D-四面体网格】按钮，弹出【3D-四面体网格】对话框，单击选中工作区的实体，然后单击对话框中的【自动单元大小】按钮，再单击【确定】完成设置。

单击【窗口】→【1_sim1.sim】，返回到仿真窗口，然后单击【求解】按钮，完成求解，将结果保存，会有【1_sim1-solution_1_0.rfi】文件保存到指定的目录下。然后关闭所有文件。

然后，打开装配模型，如图 3-140 所示。单击【开始】→【运动仿真】，进入运动仿真环境。单击【运动】工具条中的【环境】按钮，将【柔性体动力学】前面的复选框打上勾；关闭该对话框后，可以看到在【运动】工具条中增加了【柔性连杆】按钮；与前面实例一样，先设置各杆件为连杆，然后设置运动副，再单击【柔性连杆】按钮，弹出【柔性连杆】对话框，单击选中 1.prt 实体连杆，然后单击【柔性连杆】对话框中的【浏览】按钮，打开刚才保存的【1_sim1-solution_1_0.rfi】文件。按鼠标中键完成设置。

完成上述操作后，其余操作与前面的实例 3-7 和 3-8 操作类似，在此不重复。

**3. 运动仿真中的函数**

（1）*FORCOS*（$x$，$x_0$，$w$，$a_0$，…，$a_{30}$）函数　该函数返回傅里叶余弦级数值，函数

变量为 $x$，初始偏置为 $x_0$，基本系数 $w$，$a_0 \sim a_{30}$ 共 31 个参数是级数系数。

傅里叶余弦级数的数学表达式是：

$$f(x) = \frac{a_0}{2} + \sum_{i=1}^{n} a_n \cos ix$$

因此，该函数的意义可以理解为：

$$\begin{aligned}&FORCOS(x, x_0, w, a_0, \cdots, a_{30})\\&= a_0 + a_1 \times \cos(1 \times w \times (x - x_0)) + a_2 \times \cos(2 \times w \times (x - x_0))\\&+ \cdots + a_n \times \cos(n \times w \times (x - x_0))\end{aligned}$$

其中，在 UG 中，$n$ 最大只能取到 30 以内的整数，在操作时，可以取少于 30 的有限个数字。

例如：

*FORCOS*(time,0,360,1,10,20,30,40)(注:这里只取了 $a_0 \sim a_4$)

= 1 + 10 × cos(1 × 360 × time) + 20 × cos(2 × 360 × time) + 30 × cos(3 × 360 × time) + 40 × cos(4 × 360 × time)

(2) *FORSIN*（$x$, $x_0$, $w$, $a_0$, …, $a_{30}$）函数　该函数返回傅里叶正弦级数值，其参数与上面的 FORCOS 函数类似，第 $j$ 项级数公式为：

$$T_j(x - x_0) = \sin(j \times w \times (x - x_0))$$

由于傅里叶正弦级数的数学表达式是：

$$f(x) = \sum_{i=1}^{n} a_n \sin ix$$

因此，整个 *FORSIN* 函数可以理解为：

$$\begin{aligned}&FORSIN(x, x_0, w, a_0, \cdots, a30)\\&= a_0 + a_1 \times \sin(1 \times w \times (x - x_0)) + a_2 \times \sin(2 \times w \times (x - x_0))\\&+ \cdots + a_n \times \sin(n \times w \times (x - x_0))\end{aligned}$$

其中，$a_0$ 是初值。

例如：

*FORSIN*(time, -0.25, PI, 0, 1, 2, 3)

= 0 + 1 × SIN[π × (time + 0.25)] + 2 × SIN[2 × π × (time + 0.25)] + 3 × SIN[3 × π × (time + 0.25)]

在上面的参数中，PI 表示圆周率 π，是 UG 系统默认常数。

(3) *CHEBY*（$x$, $x_0$, $a_0$, …, $a_{30}$）函数　该函数用来返回一个切比雪夫多项式的值，其中的参数是：

$x$ 是变量，$x_0$ 是变量的偏量值，$a_0 \sim a_{30}$ 共 31 个参数是多项式的系数。函数的定义形式可以这样理解：

$$CHEBY(x) = \sum_{j=0}^{n} a_j T_j(x - x0) = a_0 T_0 + a_1 T_1 + \cdots + a_n T_n$$

其中，$T_j$ 级数项的递归定义为：

$$T_j(x - x_0) = 2 \times (x - x_0) \times T_{j-1}(x - x_0) - T_{j-2}(x - x_0)$$

当 $T_0(x - x_0) = 1$，及 $T_1(x - x_0) = x - x_0$ 时

"$j$" 序号取 $0 \sim n$ 的正整数。也就是参数 $a_0 \sim a_{30}$ 中的序号。

由此可以得到：

$$T_2(x-x_0)=2\times(x-x_0)^2-1$$
$$T_3(x-x_0)=4\times(x-x_0)^3-3\times(x-x_0)$$
$$T_4(x-x_0)=8\times(x-x_0)^4-8\times(x-x_0)^2+1$$

例如：*CHEBY*（time，1，1，0，-1）

这个函数的结果是：

CHEBY(time,1,1,0,-1) = 1 + 0 × (time - 1) - 1 × [2(time - 1)2 - 1] = 2 × time2 - 4 × time

(4) *POLY*（$x$，$x_0$，$a_0$，…，$a_{30}$）函数　该函数返回一元多项式的值，其格式是：

$$POLY(x,x_0,a_0,\cdots a_{30})=a_0+a_1(x-x_0)+a_2(x-x_0)^2+\cdots+a_n(x-x_0)^n$$

例如：*POLY*（time，0，1，2）= 1 + 2 × time

这实际是一个随时间不断增加的线性函数。如果你增加一个参数 $a_2=0.1$，于是上面方程便是 POLY（time，0，1，2，0.1）= 1 + 2 × time + 0.1 × time$^2$，由于出现了平方值，可以看到随着 time 的增加，*POLY* 的增加趋势会越来越明显。

(5) *SHF*（$x$，$x_0$，$a$，$w$，$phi$，$b$）函数　该函数是一个正弦周期函数，是简谐振动函数，因此可以用来实现振动等周期性变化的关系模拟，函数返回结果是：

$$SHF=\mathrm{a}\times\sin[\mathrm{w}(x-x_0)-phi]+b$$

其中：

$x$ 是变量、$x_0$ 是初偏相位、$a$ 是振幅、$w$ 是频率、$phi$ 是相位角、$b$ 是位移偏量，这些参数除了 $x$ 外，其余都可以是常量、函数表达式或设计变量。

(6) *STEP*（$x$，$x_0$，$h_0$，$x_1$，$h_1$）与 *HAVSIN*（$x$，$x_0$，$h_0$，$x_1$，$h_1$）函数　*STEP* 是 3 次多项式逼迫阶跃函数，而 *HAVSIN* 则是半正矢阶跃函数，这两个函数的参数一样，操作方法类似。

其中参数意义是：$x$ 为变量，是时间或时间的表达式；$x_0$，$x_1$ 分别是变量 $x$ 的初始值与终止值，可以是常量、函数表达式或设计变量；$h_0$，$h_1$ 分别是 *STEP*（或 *HAVSIN*）函数的返回值的初始值与终止值，可以是常量、函数表达式或设计变量；整个函数可以理解为当 $x$ 从 $x_0$ 变化到 $x_1$ 时，相应地，函数 *STEP*（或 *HAVSIN*）的值由 $h_0$ 变化到 $h_1$。因此，利用这两个函数可以进行时间分段。

例如：时间从 0 变化到 20 时，*STEP* 从 0 变化到 40，当时间从 30 变化到 50 时，*STEP* 从 40 变化到 0，这样就可以写成：

*STEP*(time,0,0,20,40) + *STEP*(time,30,50,40,0)。

(7) *IF*（$x$：$e_1$，$e_2$，$e_3$）函数　该函数是判断函数，其中的结果是当 $x<0$ 时，函数结果为表达式 $e_1$，当 $x=0$ 时，函数结果为表达式 $e_2$，否则，当 $x>0$ 时，函数结果为表达式 $e_3$；其中，$x$ 可以是常量，表达式或设计变量；该函数可以表述为：

$$IF=\begin{cases}e_1 & \text{当 } x<0 \text{ 时}\\ e_2 & \text{当 } x=0 \text{ 时}\\ e_3 & \text{当 } x>0 \text{ 时}\end{cases}$$

例如：对于一个转动副，我们当时间小于 50 时，使用振动，而时间大于 50 时，使用转动 90°角度，就可以这样写了：

*IF*(time-50,*SHF*(x,0,20,0.1,0,0),0,*STEP*(time,50,0,100,90))

其中，用 time-50 作为判断条件，用 *SHF* 实现振动，用 *STEP* 实现旋转 90°角度，注意 *STEP* 函数的时间点是从 50 至 100。

（8）*BISTOP*（$x$，$dx$，$x_1$，$x_2$，$k$，$e$，$cmax$，$d$）函数　它在 UG 里的格式是 *BISTOP*（$x$，$dx$，$x_1$，$x_2$，$k$，$e$，$cmax$，$d$）这里它由八个参数定义。*BISTOP* 是双侧碰撞函数，返回的是力。

*BISTOP* 的触发是由两个边界条件确定的，即 $x_1$ 和 $x_2$，当 $x$ 值大于或等于 $x_1$ 且小于或等于 $x_2$ 时，函数值为 0，当 $x$ 值大于 $x_2$ 或小于 $x_1$ 时，它的值是不同的。当 $x$ 小于 $x_1$ 时，返回值是：$k(x_1-x)^e - cmax*dx*STEP$（$x$，$x_1-d$，1，$x_1$，0），当 $x$ 大于 $x_2$ 时，返回值是：$k(x-x_2)^e - cmax*dx*STEP$（$x$，$x_2$，1，$x_2+d$，0）。各种参数表示意义可以从下面介绍的 *IMPACT* 函数里推出来，而 *BISTOP* 它只是多了一个 $x_2$。

（9）*IMPACT*（$x$，$dx$，$x_1$，$k$，$e$，$cmax$，$d$）函数　该函数是单侧碰撞函数，返回的是力。使用该函数时，可参考上面的 BISTOP 函数。

函数中 $x$：是一个位移函数的返回值；$dx$：是一个速度函数的返回值（位移函数和速度函数可在 ADAMS-VARIABLE 里的 *DX*，*DY*，*DZ*，*VX*，*VY*，*VZ* 中进行选择）；$x_1$、$k$、$e$、$cmax$、$d$：可以定义成一个实数，一个函数或者一个表达式

当 $x$ 值大于 $x_1$ 时，*IMPACT* 函数值是无效的，只能当 $x$ 值小于或等于 $x_1$ 这个触发变量时，它才有效。在数学上，它所计算的值是这样的：

$$IMPACT=\begin{cases}MAX(0,k(x_1-x)^e,cmax*dx*STEP(x,x_1-x,1,x_1,0)) & x\leqslant x_1\\ 0 & x>x_1\end{cases}$$

它返回的值是力，一般用来描述非线性弹簧或阻尼所产生的作用效果。力的效果由以上七个参数确定。但是可以从表达式中看出，可以通过定义不同的刚度系数和阻尼系数实现纯弹簧和纯阻尼的设置。还可以用来描述接触碰撞所产生的力，因为接触碰撞也可以转化成类似弹簧模型。

## 本章小结

本章介绍了两种装配操作方式，是日常工作中常用的设计与操作模式，同时在介绍装配的过程中还简要地介绍了实际工作中要用到的运动仿真、爆炸图等内容，读者可以通过本章列举的实例，掌握基本的操作规则，但要得到良好的学习效果，还要进行相关的练习。

## 练习题

3-1　本书网络电子资源中的 ug-file\zp\LHQ 目录下有如图 3-154 所示离合器的各零件，请按图完成三维装配。

3-2　本书网络电子资源中的 ug-file\ZP\ZSB 文件夹下有如图 3-155 所示轴向柱塞泵的各零件，按图 3-155 装配此模型。

3-3　本书网络电子资源中的 ug-file\ZP\JYJ 文件夹下有如图 3-156 所示卷扬机各零件，按图 3-156 装配此三维模型。

图 3-154　离合器装配效果图

图 3-155　轴向柱塞泵

3-4　找一个玩具赛车模型，以设计装配的形式进行如图 3-157 所示的赛车设计（本赛车由 130 多个零件组成，读者也可使用常见的生活用品和工业产品进行练习）。

图 3-156　卷扬机装配效果

图 3-157　以设计装配的形式完成的赛车

3-5　请使用自顶向下设计模式完成台式电扇设计。

3-6　请使用自顶向下设计模式完成减速器设计。

3-7　完成自行车的设计与装配。

# 第4章　工　程　图

**本章重点：**

本章主要介绍 UGNX7.5 设计环境下工程图的制作，通过本章学习，培养绘制符合国家标准的工程图能力。由于 UG 工程图设计存在一些操作技巧，因此，本章在掌握好 UG 工程图的制作方法的同时，应重点掌握常用作图命令、方法与技巧。

**本章难点：**

UG 环境下制作工程图常会遇到一些问题，在 UGNX7 以后的版本对制图功能进行了改进，可通过设置使绘出的图样符合中国国家标准，但在个别问题上，还需要进行特殊操作，例如绘制符合中国国标的基准符号和将 UG 工程图转换为 CAD 图的操作。

UG 的制图功能是将三维模型转换为二维工程图，以满足传统加工的需要。由于 UG 的工程图与三维模型是完全关联的，因此，修改三维模型，二维工程图会自动做相应的修改，这就保证了三维模型与二维图的一致性，减少了工程技术人员的劳动量，降低了错误率。需要注意的是，工程图只能引用三维模型数据，而不能通过修改工程图来达到修改相应的三维模型的数据的目的。

为了使 UGNX7.5 绘制的工程图符合我国国家标准，在作图前，要先做适当的设置。

## 4.1　制图的基本设置

**1. 用户默认设置**

启动 UG 后，单击【文件】→【实用工具】→【用户默认设置】，将弹出【用户默认设置】对话框，如图 4-1a 所示，单击【制图】→【常规】，然后在右侧单击定制标准【Customize Standard】按钮，会弹出定制制图标准【Customize Drafting Standard】对话框，如图 4-1b 所示。在对话框的左侧是制图标准选项，有“常规”、“注释”、“剖切线”、“视图”等，在右侧是对应的设置内容，可以逐一对每一项进行设置，使之符合我国制图国家标准即可。如：修改图纸正交投影角为第一象限，默认为第三象限；将所有字体均改变为 hzkfs 字体（此为 UG 专用汉字库中的空心仿宋体，用户需要自己安装）或系统自带的字体 Chinasef；如对箭头、标注等也都要逐一进行设置。

完成设置后，可以单击其中的【Save as】按钮，输入自己的标准名称，如 GB（CHINA），将标准进行保存；然后在回到图 4-1a 所示的【用户默认设置】对话框时，将【制图标准】修改为已保存的标准即可。经过这样设置，在重新启动 UG 后，就能方便地制作出符合我国国家标准的工程图。

如果使用的是 UGNX7，则可以在图 4-1a 所示的【制图标准】选择 GB 标准即可作出符合我国标准的基本设置。

**2. UG 工程图图框模板的修改**

在 UGNX7.5 安装目录下的 LOCALIZATION \ prc \ simpl_chinese \ startup 文件夹中，有

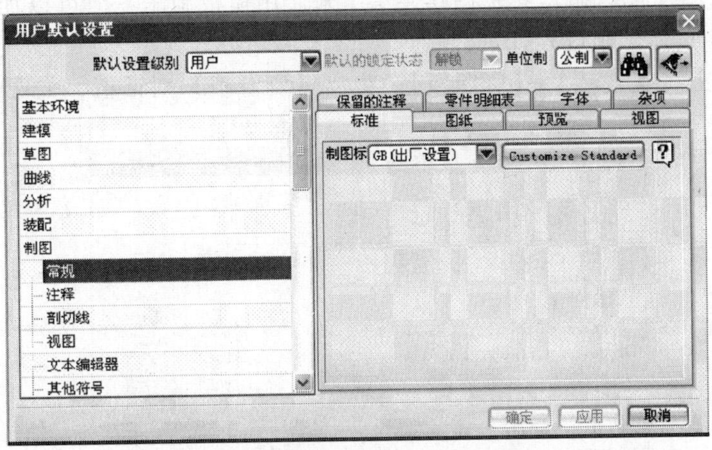


a)

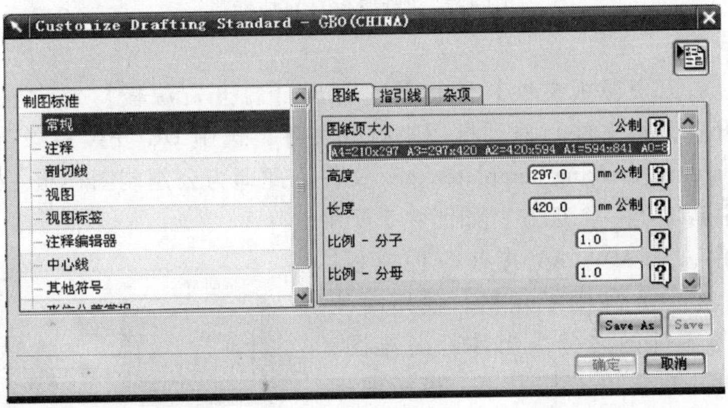


b)

图 4-1 修改设置

a)【用户默认设置】对话框 b)【Customize Drafting Standard】对话框

A0-noviews-template. prt、A2-noviews-asm-template. prt 等 16 个 prt 文件。其中，带有-asm-标志的是装配图模板，没带这个标志的是零件图模板。但这些模板用起来不太方便，为了解决这个问题，作者在本书网络电子资源中的【UG 资料 \ UG 工程图图框】文件夹中，包含了上述文件的修改后的模板，并且增加了符合我国标准的装配图用的明细栏，读者只要将光盘文件夹的相应资料覆盖原来 UG 安装目录下的文件即可。当然读者也可以自己制作模板。

另外，模具图纸也需要将该文件夹中的模板文件复制到模具制图对应的文件夹下，如塑料模具的装配图模板在目录 MOLDWIZARD \ drafting \ assembly_drawing \ metric 下，而零件图模板则在 MOLDWIZARD \ drafting \ component_drawing \ metric 文件夹中，覆盖原有文件即可制作符合国家标准的模具工程图。

完成上面的工作后，还要设置导航栏【制图模板】面板，以便能使用制图模板。

**3. 在导航栏中加【制图模板】面板**

以上的操作只是完成工程图图框模板的修改，但未能将模板显示出来。在实际作图时，如果使用 UG 中的图模板，那么要先将其显示出来。用模板制图不但可以加入图框，而且还能自定义标题栏，具体操作过程如下。

启动 UG，单击【首选项】→【资源板】，弹出【资源板】对话框，如图 4-2 所示。

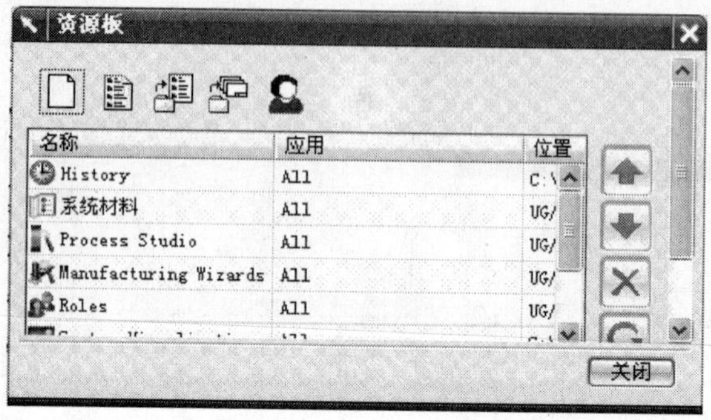


图 4-2 【资源板】对话框

单击上面的【打开资源板文件】图标，弹出【打开资源板】对话框，单击【浏览】按钮，弹出【打开资源板文件】对话框用来打开文件，选中 UG 安装目录下的 UGII 文件夹中 html-files 下的 metric_drawing_templates. pax 文件，此即为公制制图模板。确定后，看到在右侧资源导航器中新增了一个标签，如图 4-3 所示。

在操作面板中，从 A0 ~ A4 共有 5 种模板，分别代表 A0 ~ A4 中的 5 种图纸规格，使用时注意模板有装配图与零件图之分。当作好三维图，进入制图环境中时，只要单击其中一个模板图标即可。

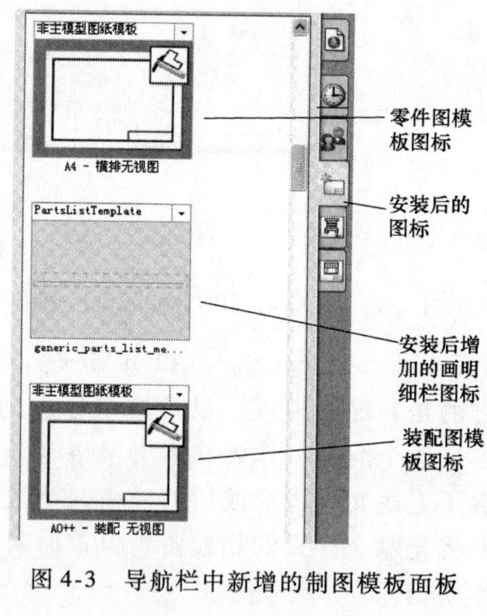


图 4-3 导航栏中新增的制图模板面板

**4. 定义重用库**

在 UGNX7.5 及以后版本中，都有重用库功能，包括二维图形库及三维标准件库，读者可以根据需要来添加自己的图形。重用库中的图形类似 AutoCAD 软件中的块，可反复使用，用它来定义常用符号，可以加快作图速度。如在 UGNX7.5 中定义标注向视图方向的箭头（UG 中有此命令，仅以此为例说明），此时，就可以右击右侧导航栏中【重用库】标签中的【2D Section Library】图标，然后单击弹出菜单中的【新建文件夹】，建立库文件夹，如图 4-4a 所示就是用户新建的自定义文件夹。然后在绘图区中画一个箭头，右击【重用库】标签中刚才建立的文件夹，单击弹出菜单中的【定义可重用对象】，就弹出【可重用对象】对话框，如图 4-4b 所示，将【类型】选项修改为“2D 截面”，框选刚才画的箭头，将【描述性名称】选项修改为“箭头”，单击【定义图像】按钮，然后按鼠标中键，完成操作。就可看到在重用库【成员选择】栏中出现了定义的箭头，如图 4-4c 所示，然后按住鼠标拖动到绘图区就可以使用了。

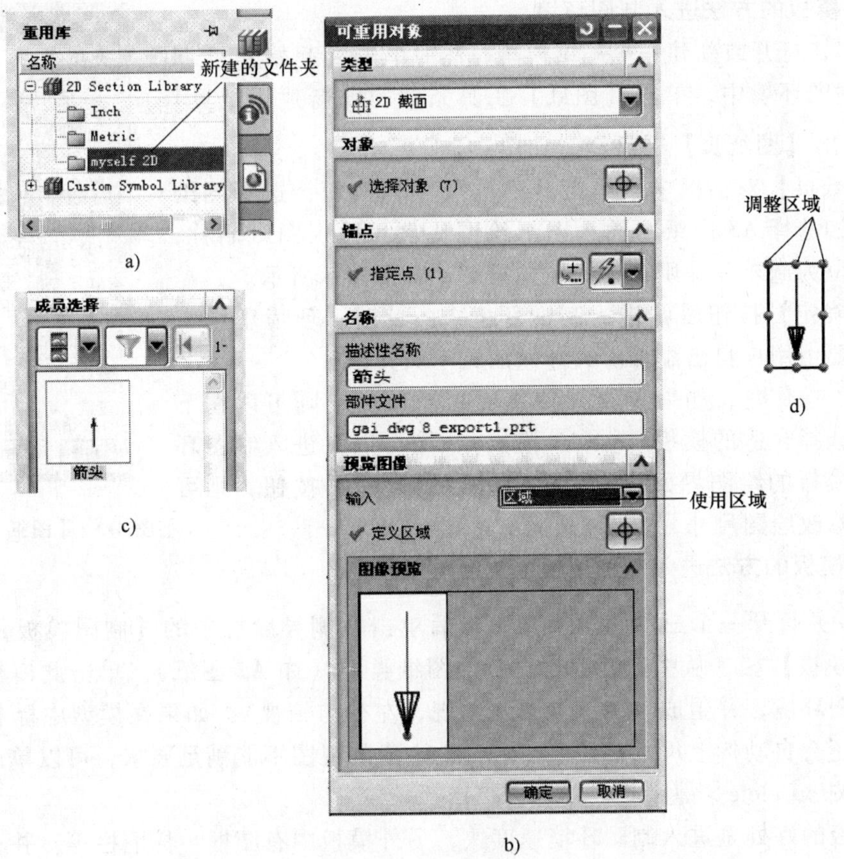


图 4-4　重用库操作

## 4.2　制图实例

UG 提供各种各样的视图与剖面图，这些足以完成符合中国国家标准的制图操作的要求。UG 中制图的过程与步骤如下：

1）制作或打开三维模型文件，如 xx-3d. prt，xx 是零件的名称，-3d 表示是三维模型文件。

2）单击【起始】→【制图】或单击右侧导航栏中的制图模板进入制图环境中，然后另存为 xx-dwg. prt，其中，xx 是零件的名称，-dwg 表示是工程图文件。

3）如有必要，可对制图项目逐一进行设置，如“注释”、“剖面线”等，一般情况下，这些内容已经设置好，有必要时可以修改。

4）制作必要的视图，包括剖面、局部放大、半剖、全剖、旋转剖等。

5）标注尺寸、几何公差、粗糙度与技术要求。如果是装配图，还要加零件明细栏并标注零件序号。

6）填写标题栏并保存文件。

### 4.2.1　进入 UG 制图环境的两种方法

进入制图环境可以有两种方法，即用模板与不用模板两种。

**1. 不用模板的方法进入制图环境**

启动 UG，打开或新建一个三维模型，然后单击【起始】→【制图】，进入制图环境中，单击【图纸】工具条中的【新建图纸页】按钮，弹出【图纸页】对话框，如图 4-5 所示。

在【图纸页】对话框中，单击【标准尺寸】按钮，选择图纸幅面大小，如选择 A3 图纸，输入图纸绘图比例，输入图纸名称，然后选择单位为毫米，并用第一象限角投影，如图 4-5 所示。

单击【确定】按钮后就进入制图环境中。此时，环境中没有任何图形，要由用户自己添加。具体做法见下文介绍。

但上面的操作时，如果单击【使用模板】按钮，则可以在下面的列表中选择合适的模板（如 A3 模板），则可以在进入制图环境后出现该模板的绘图界面。如果单击【定制尺寸】按钮，则可以根据需要修改绘图尺寸，操作类同于“标准尺寸”。

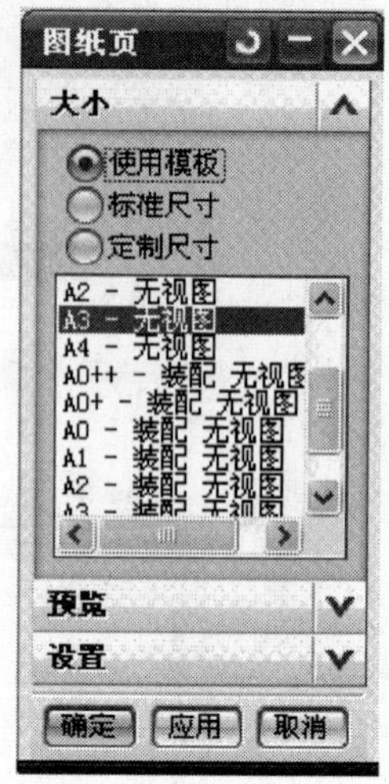

图 4-5 【图纸页】对话框

**2. 使用模板的方法进入制图环境**

启动 UG 并打开一个三维模型文件，然后单击右侧导航栏中的【制图模板】按钮，弹出【制图模板】栏，从中选择适合自己的图纸类型（如 A2 图纸）。单击此模板，系统将自动进入制图环境，并生成一个三视图（主视、左视与俯视），如果在模型中标有尺寸与公差，则此时还会自动标上尺寸与公差。若自动生成的视图不能满足要求，可以单击要删除的视图，然后按 <Delete> 键删除，并重新制作。

使用模板的好处是进入制图环境速度快，另外模板中有图框、标题栏等，并有一定的自动绘图功能。

## 4.2.2 工程图实例

**实例 4-1　轴的工程图**

启动 UG，并打开文件 gct-zhou-3d. prt，单击【起始】→【制图】，弹出【插入图纸页】对话框，选用 A3 图纸幅面，比例为 1:1，单位用毫米，投影角为第一象限角投影，单击【确定】按钮，进入制图环境中。

如果已经在【文件】→【实用工具】→【用户默认设置】中做过设置，则这里的部分设置可能是不需要的，但注释等项目还是需要设置的；如果没有设置过，则需要进行设置，否则会对后续操作带来不便。

单击【首选项】→【注释】，弹出【注释首选项】对话框，对【文字】、【尺寸】、【直线/箭头】、【剖面】等选项卡的内容进行设置，然后开始作图。以【文字】选项卡设置为例，将文字设置为中文，安装软件时，会在计算机中安装 UG 专用的 38 种汉字字体，可以将文字设置为 hzkfs 字体，即仿宋体字体；如果计算机中没有安装专用汉字，可设置为 chinesef 字体，将字的宽高比设置为 0.7，字的大小设置为 3.5 等。其他设置就不详述了，读者可以逐一进行设置，使之符合我国工程制图标准；设置完成后单击【应用】按钮，使设置生效。

另外还可对【首选项】菜单中的【视图】、【剖切线】、【制图】等选项进行设置，这些都是与制图操作有关的项目，有助于方便、快捷地进行制图。

设置完成后，单击【文件】→【导入】→【部件】，弹出【导入部件】对话框，单击【确定】按钮后，将弹出【打开文件】对话框，选中网络电子资源目录下“UG资料\UG工程图图框”文件夹中的dwg_a3_format.prt（此为作者给用户提供的符合国家标准的图框与标题栏的文件，其中a3表示A3图纸幅面），确定两次后，就将工程图图框与标题栏加入进来了。

单击【图纸布局】工具条中的【基本视图】按钮，弹出【基本视图】浮动工具条，展开【视图】下拉菜单，选择“后视图”作为本图的主视图，在作图区的适当位置单击，则作出了一个视图，同时准备作下一个视图，结果如图4-6所示。

移到刚才作出视图的正左侧，在图4-6所示箭头水平向左时单击，又作出一个视图，然后按鼠标中键，完成操作，结果如图4-7所示。

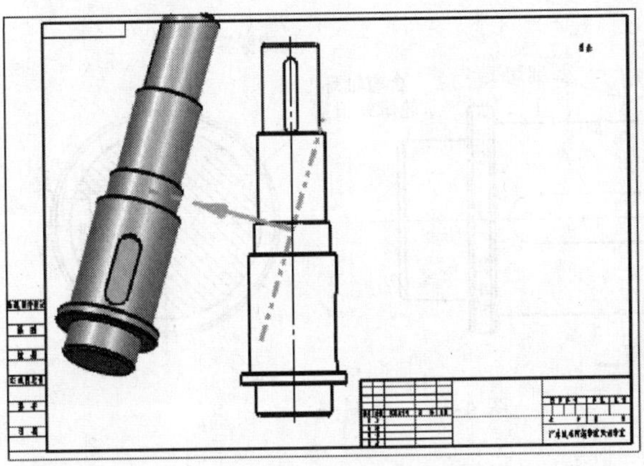

图4-6 作出的主视图

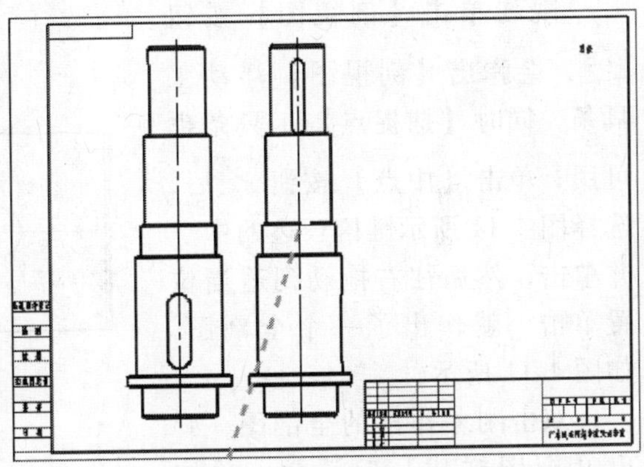

图4-7 作出两个视图后的效果

将鼠标移到刚才作的视图的周围，会出现一个红色的边框，双击，可弹出【视图样式】对话框，有【一般】、【隐藏线】、【可见线】、【光顺边】等11个选项卡，在【一般】选项卡中，将【角度】值由0°修改为90°后确定，则主视图旋转了90°（如图4-8所示），移动主视图到适当位置，以便继续作其他视图。

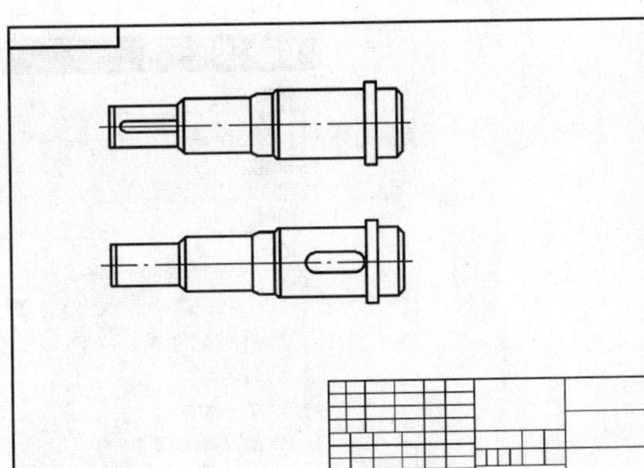

图4-8 旋转后的效果

单击【图纸布局】工具条中的【断开视图】按钮，先单击图4-8所示上面的视图，结果图变大了，其实是进入了扩展模式中，同时出现了【断开视图】对话框，单击此对话框中的【曲线类型】右侧的按钮，然后将类型改变为“简单管状断裂”，然后单击【捕捉点】工具条中的【点在曲线上】按钮，按照图4-9所示的步骤进行操作。注意，图中箭头所指位置的点，是操作时单击过的点，按逆时针顺序单击取点。

完成上面操作后，结果如图4-10所示。

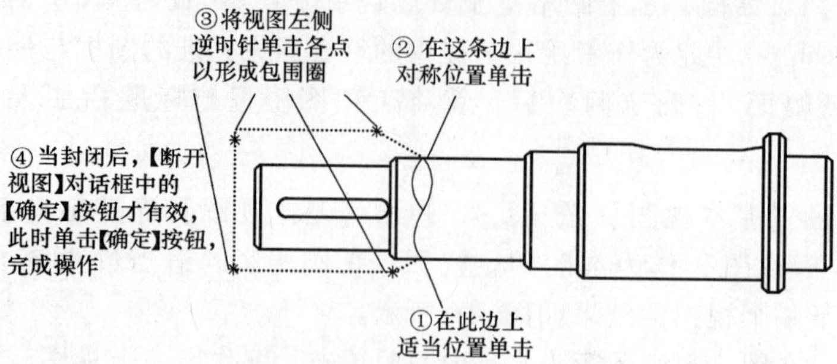


图 4-9　断开视图操作步骤

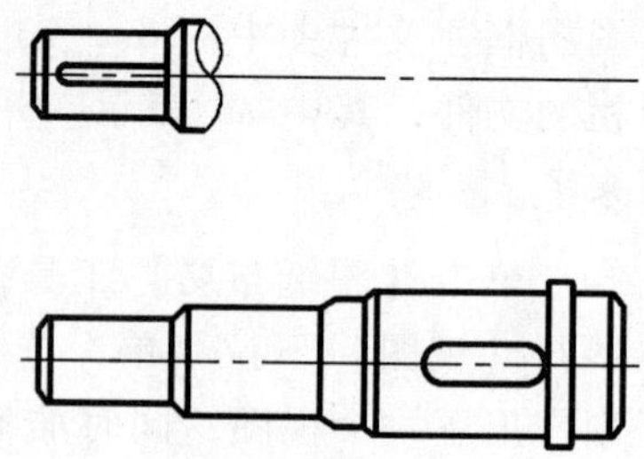

图 4-10　制成断开视图

现在单击【剖视图】按钮，会弹出【剖视图】浮动工具条，同时【捕捉点】工具条也可用，单击【中点】按钮后，选择图 4-11 所示键槽长边的中点并单击，然后往右拖动到适当位置单击，就作出了一个全剖图，如图 4-11 所示。

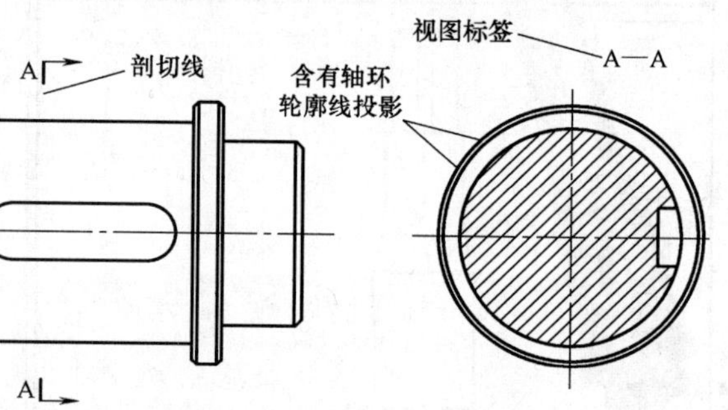


图 4-11　全剖图

双击刚才作出的全剖图，弹出【视图样式】对话框，单击【截面线】按钮，去掉【背景】复选框前面的勾，单击【确定】按钮，可以看到全剖视图变成了剖面轮廓视图，修改结果如图 4-13 所示。双击图 4-11 中的剖切线，则弹出【截面线型】对话框，如图 4-12 所示。

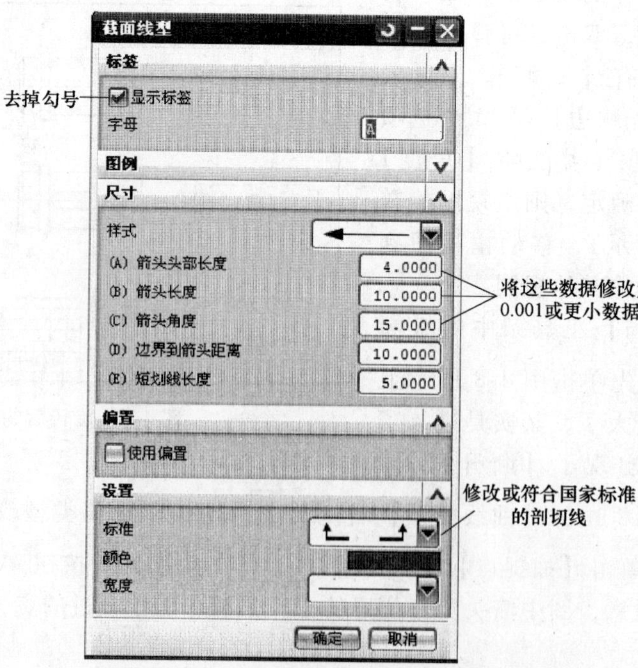


图 4-12　【截面线型】对话框

按图 4-12 所示进行设置后，单击【确定】按钮，就可以看到如图 4-11 所示的剖面线变成如图 4-13 所示的样式了，视图标签和轴环轮廓线投影都没有了。

**注意：在上面的修改中，没有将图 4-12 中的箭头符号下的 A、B、C 3 个参数值全修改为 0 而是修改为 0.001，这是因为系统不允许设置为 0。**

现在，将鼠标移到剖视图外围，发现有一个红色的边框，此时按住鼠标左键不放将剖视图拖到上方适当位置，如图 4-14 所示。

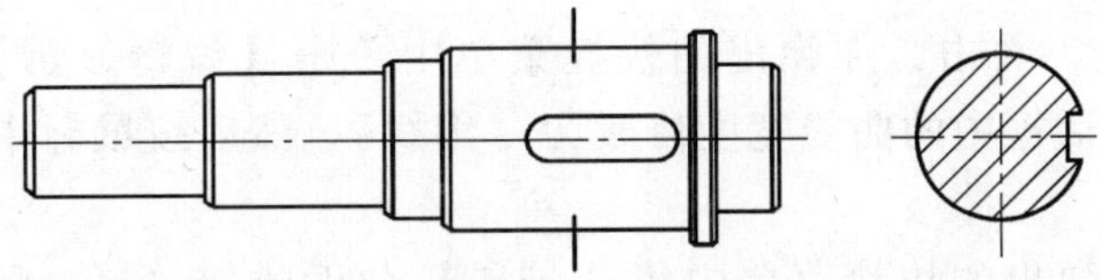

图 4-13　修改剖切线及剖面线后效果

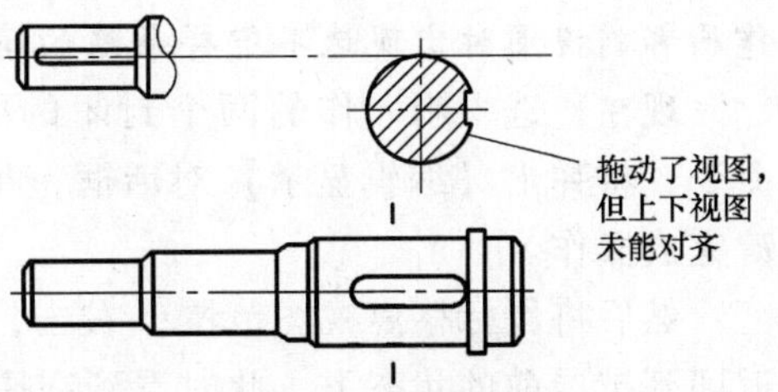


图 4-14　拖动视图

单击【图纸布局】工具条中的【对齐视图】按钮，将弹出【对齐视图】对话框，如图 4-15 所示。

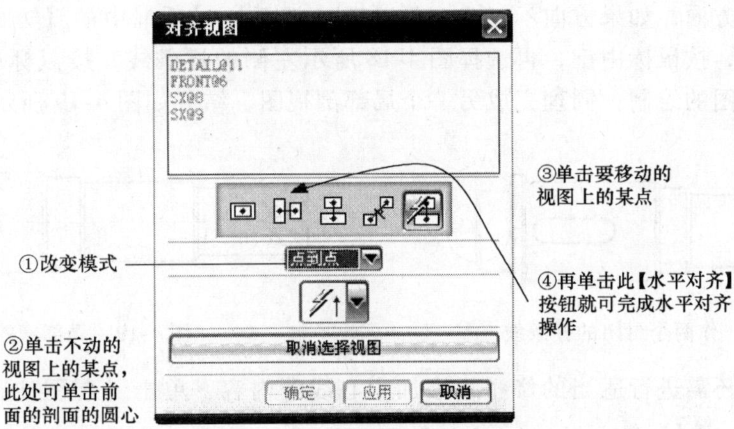


图 4-15　【对齐视图】对话框

先将模式修改为“点到点”，再单击图 4-14 所示剖切线的端点，然后选中剖视图的圆心，然后在【对齐视图】对话框中单击【竖直对齐】按钮，将视图与剖切线对齐，结果如图 4-16 所示。

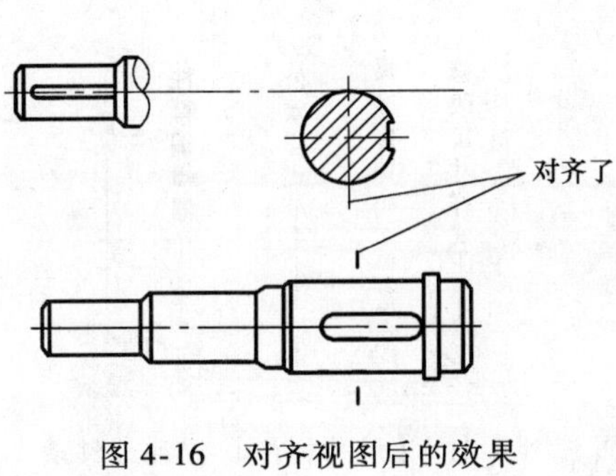


图 4-16　对齐视图后的效果

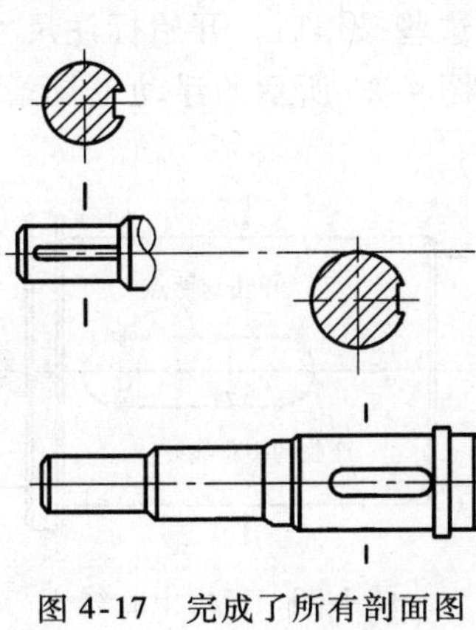

图 4-17　完成了所有剖面图

以同样的方式，作出另一个平键的剖面图，效果如图 4-17 所示。

右击主视图，在弹出的快捷菜单中，单击【扩展】按钮，进入扩展成员修改状态。在工具条上右击，调出【曲线】工具条，单击其中的【艺术样条】按钮，选中【艺术样条】对话框中的【封闭的】复选框，然后在轴的左右两端作两个封闭的样条线，结果如图 4-18 所示。

**注意：在作上面艺术样条曲线时，要将阶次修改为 5 次或 5 次以上为好，否则，可能在作局部剖视图时出现选不中样条线的情况。**

现在，选中刚才作的两个封闭的曲线，右击，在弹出的快捷菜单中单击【编辑显示】命令，将弹出【编辑显示】对话框，将对话框中的曲线宽度修改为“细线”，然后按鼠标中键完成操作。

然后将鼠标移离视图范围，右击，在弹出的快捷菜单中将【扩展】前面的勾去掉，则返回到扩展前的状态下，此时看到在原图中加了两个样条线。

单击【图纸布局】工具条中的【局部剖】按钮，弹出【局部剖】对话框。先单击图 4-18 所示的主视图，表示要在主视图中作局部剖；同时系统弹出新的对话框，然后选中图 4-18 所示视图中左边的剖面图的圆心，表示剖面图将从圆心处剖开，此时看到有一个箭头，表示剖开的方向，如果方向不正确，可以对【剖面】对话框中的【方向矢量】进行修改；确定方向后，按鼠标中键，再选择图 4-18 所示左侧的样条线，按鼠标中键确定后，则完成了局部剖视图的绘制；同理完成另一个局部剖视图，结果如图 4-19 所示。

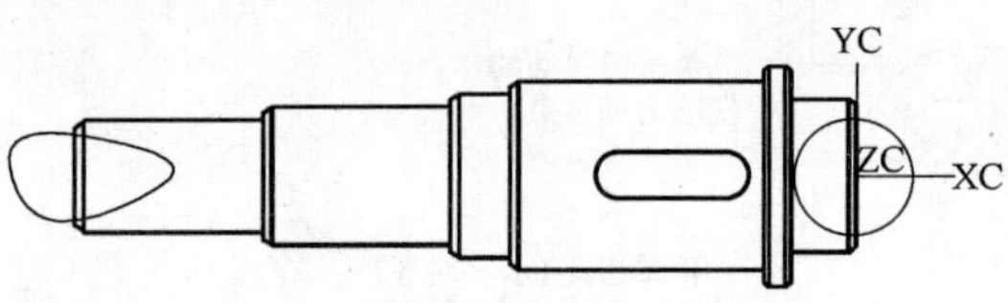


图 4-18　作两个封闭的样条线

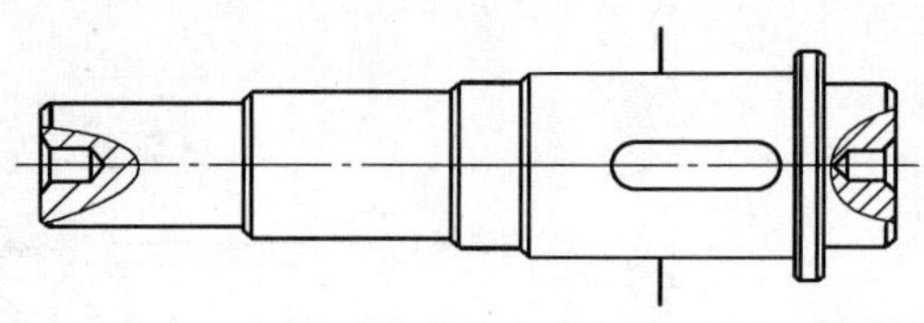

图 4-19　局部剖效果

此时，图形还需进行适当的修整，添加中心线等内容，单击【制图注释】工具条中的【实用符号】按钮，弹出【实用符号】对话框。单击对话框中的【圆柱中心线】按钮，然后在图 4-19 中平键的两条直线与平键右侧圆弧的切点处分别单击，则产生一条中心线，如图 4-20 所示。

以同样的方式对其他部位作必要的中心线，以使它们符合作图标准。

完成这些操作后，开始标注尺寸，不论单击尺寸工具条中的哪一个尺寸标注命令，都会弹出类似图 4-21 所示的浮动工具条，但不同命令可能略有不同。

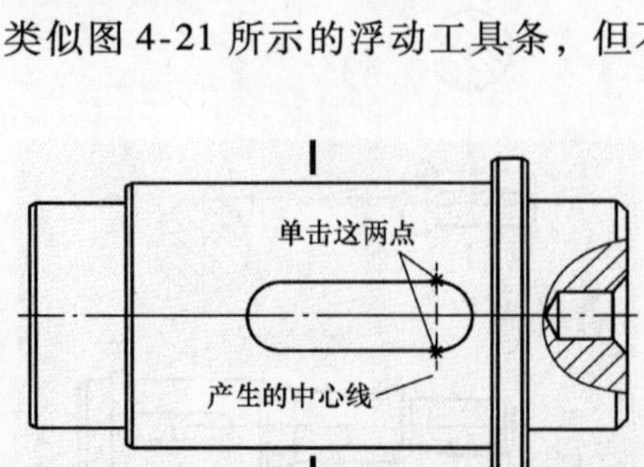


图 4-20　产生中心线

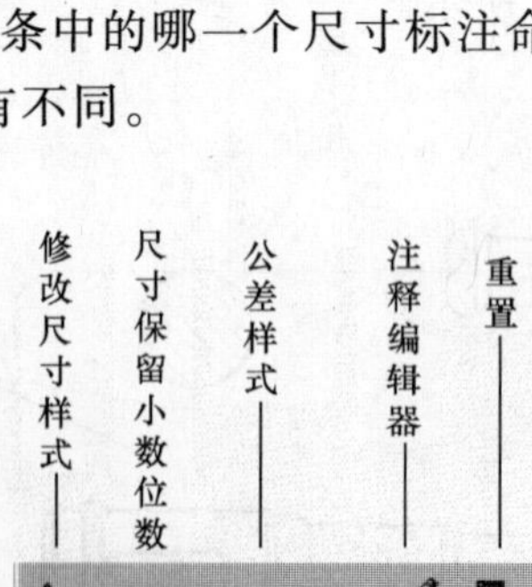


图 4-21　【尺寸标注】浮动工具条

若单击【修改尺寸样式】按钮，将弹出【尺寸样式】对话框，可以修改标注样式；单击【尺寸小数位】按钮旁的可以修改保留的主尺寸的小数位数；单击【公差样式】按钮旁的可以修改尺寸的公差模式，即是否有公差等；单击【注释编辑器】按钮可弹出【注释编辑器】对话框，供增加各种标注符号，如 M、ϕ、几何公差符号、分数、前缀与后缀等特殊符号。值得注意的是，这些修改应在标注前修改并确定后再标尺寸才起作用，否则修改无效。

现在单击【尺寸】工具条中的【自动判断】按钮，然后单击要标注尺寸的第一条尺寸线与第二条尺寸线，再在适当位置单击，尺寸就显示在最后单击的位置处。下面以标注轴右端的直径尺寸为例讲解其操作步骤。

单击【尺寸】工具条中的【自动判断】按钮，再单击浮动工具条中的【注释编辑器】按钮，将弹出【注释编辑器】对话框；先单击对话框中的【清除所有附加文本】按钮以清除不必要的附加文本，然后单击【在前面】按钮以便增加前缀，再单击对话框中下面部位处的直径符号按钮，则在附加文本列表框中增加了一个符号：<O>，它表示在尺寸前面加上直径标记 ϕ，确定后，又回到图 4-21 所示的状态；单击【公差样式】旁的，然后在弹出的下拉框中选中【双向公差】1.00$^{+.05}_{-.02}$，然后分别单击图 4-22 中的 A、B 二线，再在右侧适当位置单击，就标出了尺寸。不过此时的公差为系统默认的 +0.1 与 -0.1，双击公差值，弹出一个对话框，左边的下拉按钮显示数字 3，表示公差保留 3 个小数位，右边的【上部的】文本框的数字表示上偏差，【下限】文本框的数字表示下偏差。修改并确定后，效果如图 4-22 所示。

其余的尺寸标注的类型还有“水平标注”、“竖直”、“平行”、“水平链”、“水平基准线”、“角度”等，其操作过程类似，就不一一举例了。

另一个较难的标注是图 4-22 所示的中心孔。中心孔的标注应当符合相关国家标准的规定。此外中心孔有很多种，不同的中心孔画法有所不同，可以查阅《机械设计手册》。下面介绍中心孔的标注方法。

单击【注释】按钮，弹出【注释】对话框，在该对话框中的【输入文本】区域中输入：2×GB/T 4459.5—A4/8.3，然后单击对话框中的按钮，然后在图 4-22 所示的中心孔圆心处单击，再在右侧适当位置单击，指引线及文字会跟着鼠标的移动而移动，在适当位置单击，完成放置操作，结果如图 4-23 所示。这样就完成了中心孔的标注。

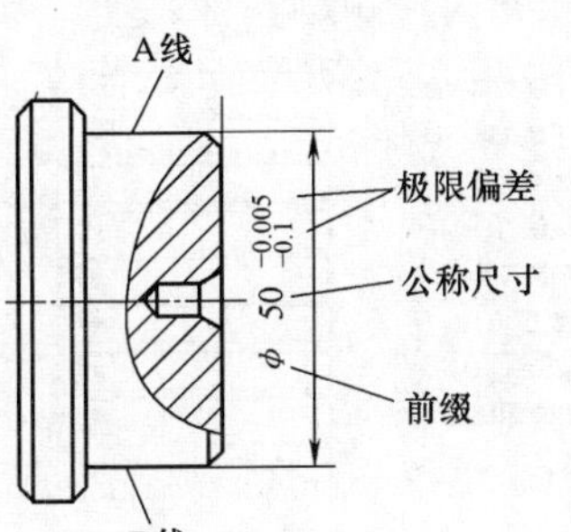


图 4-22 尺寸标注

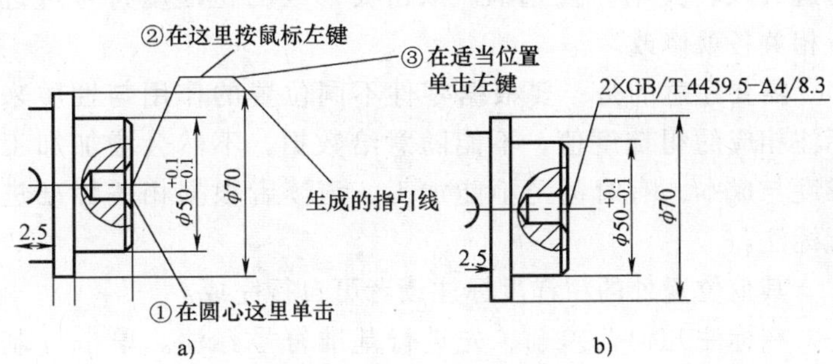


图 4-23 标注中心孔

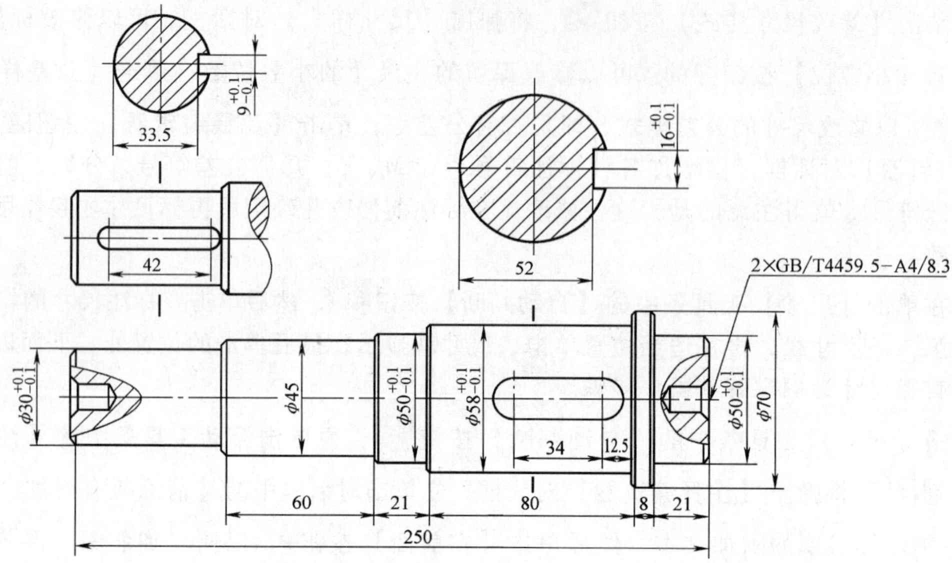


图 4-24　完成尺寸标注的效果

完成尺寸标注后的效果如图 4-24 所示。

标注完尺寸后，标注粗糙度及几何公差，单击【注释】工具条中的【表面粗糙度符号】按钮，弹出【表面粗糙度符号】对话框，如图 4-25 所示。

先选择合适的粗糙度符号，然后给出各项参数值，选择一种标注式样后，在图上要标粗糙度符号的位置单击就可标出粗糙度符号。

以图 4-24 所示的主视图为例，要在两个装轴承的 $\phi50$ 的轴段标注粗糙度，可以单击【表面粗糙度】按钮，弹出【表面粗糙度符号】对话框，先修改各项参数，然后在图 4-24 所示轴右侧 $\phi50$ 处的轴段处单击，就标出了粗糙度符号，如图 4-26 所示。如果要将粗糙度符号旋转一个角度，可将【表面粗糙度】对话框中【设置】区域的【旋转】值修改为适当的角度，如图 4-26 所示轴段下面的粗糙度符号，就是垂直标注的；如果有必要，需要将文字反转过来，可以勾选【反转文本】复选框。双击要修改的粗糙度符号可进行相关各项修改。

需要注意的是：要根据零件不同位置的作用与性质来标注相应的粗糙度值，不能随意给数据，不然会增加加工难度与成本，有时甚至不能加工，请读者根据相关标准进行标注。

其他位置处的粗糙度标注读者可自行完成。

在标注几何公差前，先进行基准符号标注。单击【基准特征符号】按钮，弹出【基准特征符号】对话框，将

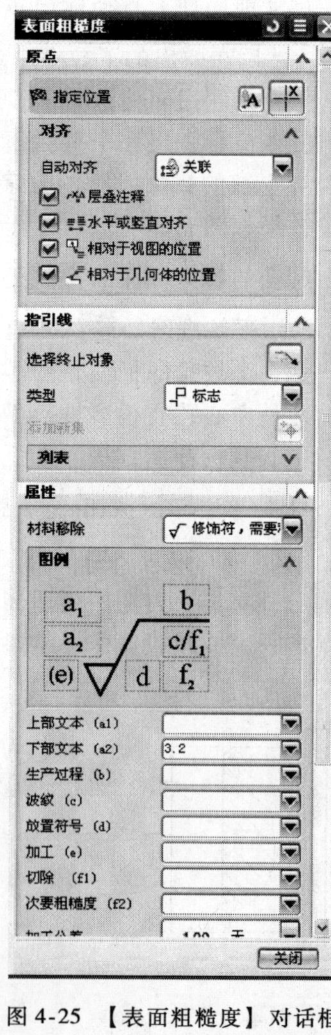


图 4-25　【表面粗糙度】对话框

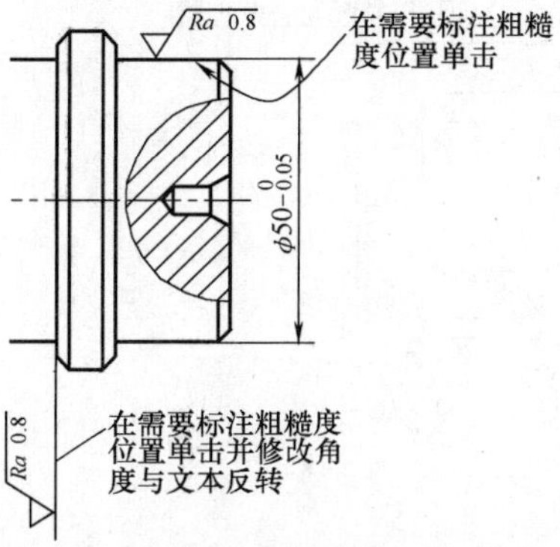


图 4-26 标注粗糙度符号的过程与效果

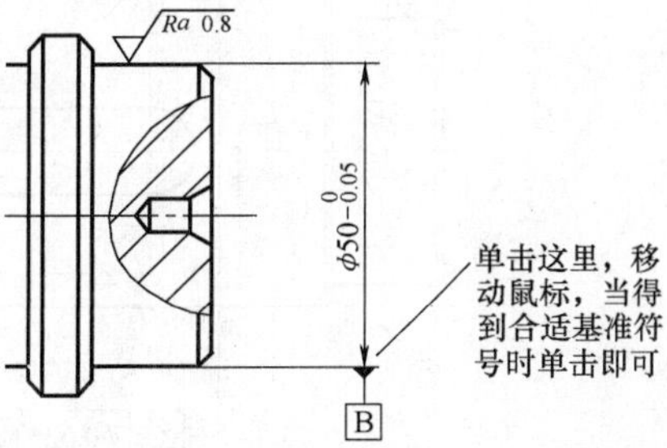


图 4-27 添加基准符号

【类型】选项修改为“基准”，并单击【选择终止对象】按钮，然后在图 4-27 所示的尺寸 50 处单击，得到基准符号，右击该基准符号，单击【样式】按钮，弹出【注释样式】对话框，单击【直线/箭头】按钮，将 H 值修改为 1，结果如图 4-27 所示。

之后标注几何公差。单击【注释】工具条中的【特征控制框】按钮，弹出【特征控制框】对话框，如图4-28所示。

从图 4-28 中可以看到，特征控制框的各参数主要有：【特性】下拉文框用来进行几何公差符号设定，如圆度、圆柱度、平面度、位置度等；【公差】区域用于设置公差数据；【主要基准参考】区域用于指定位置公差的基准。当输入完成后，可展开【指引线】区域，单击【指引线位置】按钮，然后在绘图区适当位置单击，则可从单击位置作出指引线，如果想要指引线有折线，可以勾选【创建折线】复选框再来操作。按照上面操作后，可以完成图中需要标注的几何公差符号，如图 4-29 所示。

完成了几何公差标注后，要填写技术要求。技术要求包括对零件加工、保养、装配等方面的要求。技术要求可以使用【注释】命令来制作，也可使用【制图工具—GC工具】工具条中的【技术要求库】按钮来制作。

单击【注释】按钮，将弹出【注释】对话框，在其中输入技术要求的内容，然后在合适位置单击完成技术要求的编辑。

用【技术要求库】来制作技术要求的操作过程是：单击【技术要求库】按钮，弹出【技术要求】对话框，在【技术要求库】区域中选择要添加的技术要求选

图 4-28 【特征控制框】

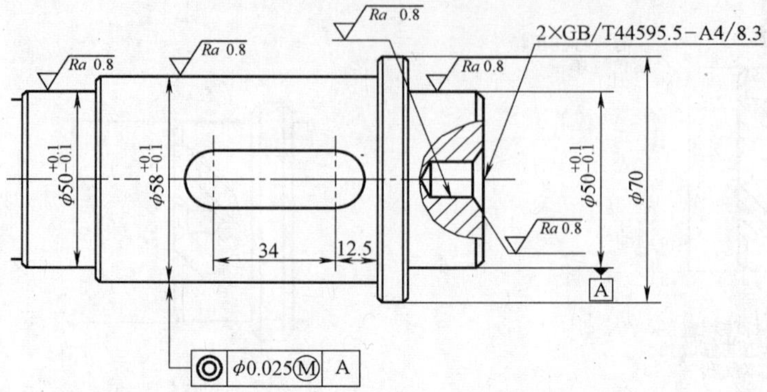


图 4-29　作好的几何公差符号

项，然后单击对话框中的⇧按钮，就将选中的技术要求内容添加到了对话框中的【文本输入】区中，读者也可以自己在该区域中添加需要的文本，最后在绘图区中适当位置单击，就可以完成技术要求的建立，如图 4-30 所示。

最后，填写标题栏。通过编辑标题栏，完成材料、图名、图样代号等内容的填写，完成标题栏的编辑操作。

完成所有操作后结果如图 4-30 所示。

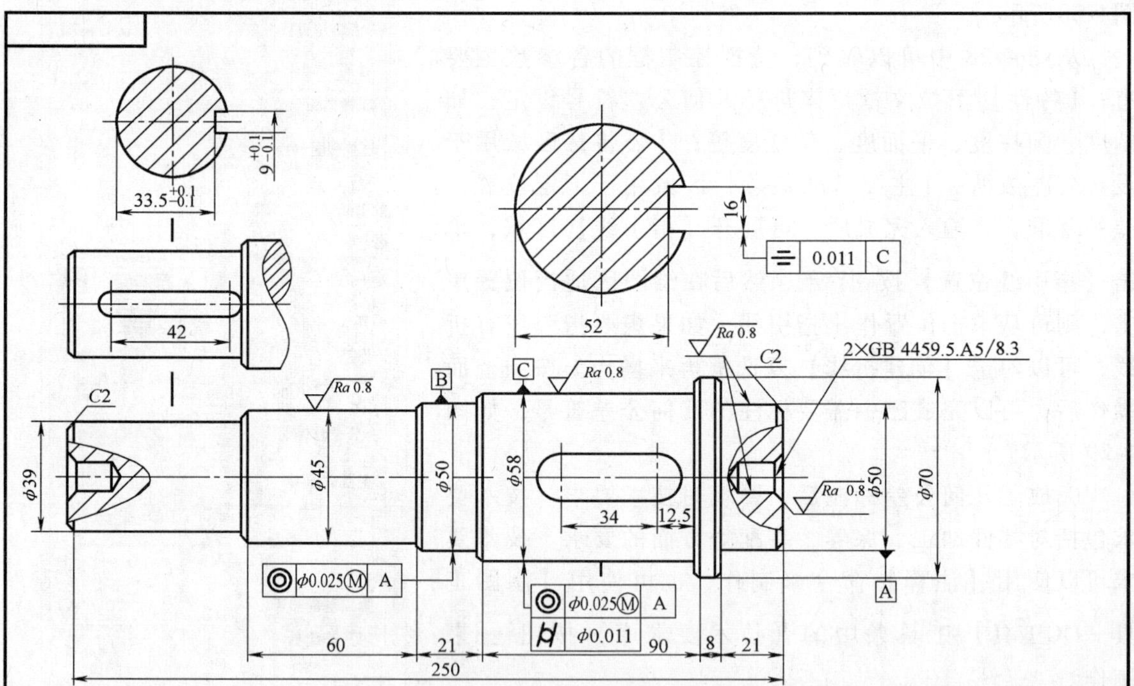


图 4-30　完成后的零件图

**实例 4-2 连杆工程图**

图 4-31 所示是一个机器中的连杆，为了显示其内部结构，需要进行旋转剖。

打开网络电子资源中的 GCT \ LG. prt 文件，单击导航栏右侧的【Drawing Templates (metric)】按钮，展开导航栏，然后单击其中的 A3 模型，结果系统自动进入制图环境，按照实例 4-1 介绍的方法制作主视图，结果如图 4-32 所示。

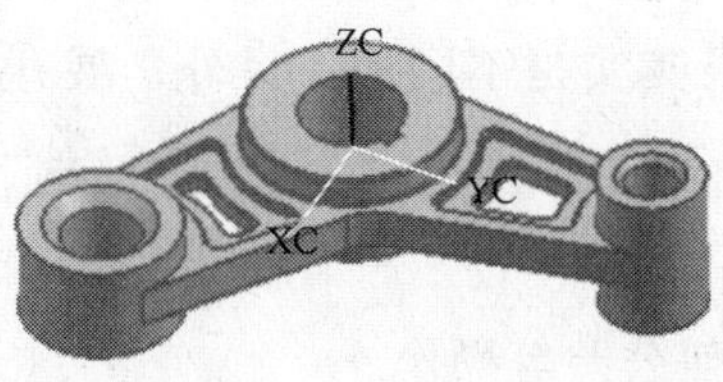


图 4-31 连杆三维图

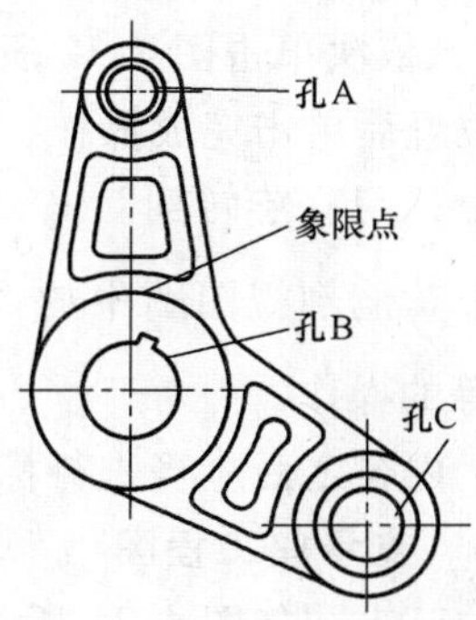


图 4-32 制作出主视图

单击【图纸布局】工具条中的【旋转剖视图】按钮，此时会弹出浮动工具条，单击图 4-32 所示的视图，出现了旋转剖视图的折断线；选中图 4-32 中孔 B 的圆心，表示以此孔中心作为旋转中心，然后单击图 4-32 中孔 C 的圆心，确定第一条剖切线的位置，然后再单击图 4-32 中孔 B 中平键槽的边的中点，这样就确定了第二条剖切线的位置。此时可以往左右上下的某一方向移动鼠标，之后单击来完成旋转剖视图的操作，单击浮动工具条中的【添加段】按钮，然后在上面的折断线上单击，可以看到折断线又被打断了，且动态可移动，此时再单击【捕捉点】工具条中的【象限点】按钮，便能选中圆的象限点，然后单击孔 B 外围的大圆靠上边的象限点（见图 4-32），剖视结束。将鼠标右移一定位置，单击，完成剖视图，如图 4-33 所示。

需要注意的是：与此操作类似的还有“剖视图”命令，也可以通过增加段来完成阶梯剖。上面的操作还可以用“其他视图”命令中的“展开剖”命令完成，其操作过程如下：

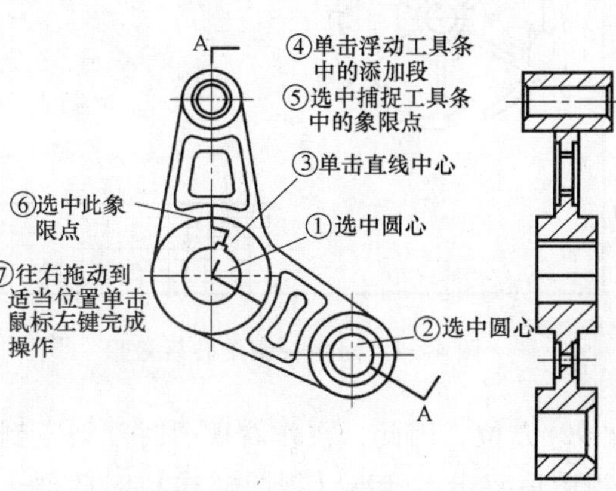


图 4-33 制作旋转剖视图

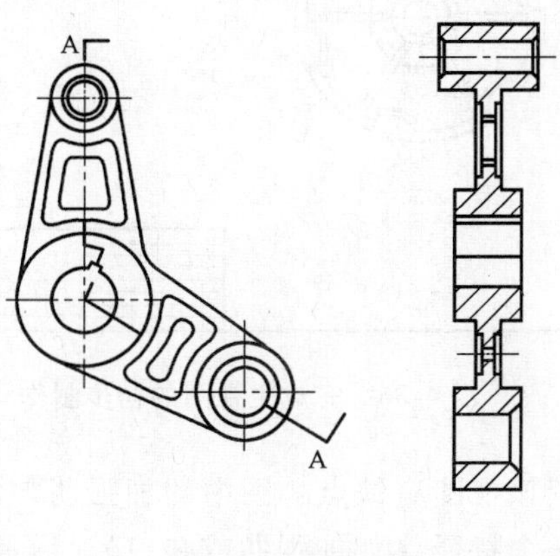


图 4-34 利用展开剖命令绘制的剖视图

1）单击【其他视图】按钮，弹出【其他剖视图】对话框，单击【展开剖】按钮，然后在图 4-33 所示的主视图上单击以便选中它。

2）单击【其他剖视图】对话框中【自动判断的矢量】中的按钮，然后在弹出的下拉列表框中选择“YC”，表示剖切方向与 YC 平行，单击【应用】按钮，结果又弹出一个【剖切线创建】的对话框。

3）此时，依次单击图 4-32 所示的孔 A、B、C 的圆心，然后按鼠标中键确定，再往右拖动到适当位置后单击完成操作，完成剖切，结果如图 4-34 所示。

应当注意，用“旋转剖”与“展开剖”作出的效果其实是不同的。另外，展开剖的操作步骤类似于其他剖视图图中的“折叠剖”、“轴测图”中的“全剖/阶梯剖”及“半剖”等的操作。

完成以上内容之后应当进行标注尺寸、粗糙度及几何公差等操作。

**实例 4-3　支承座工程图**

支承座的三维图如图 4-35 所示。

这个零件的特殊性在于在该零件上有一个锥面，锥面上有一个与正交方向成一定夹角（15°）的缺口，这样的缺口共 6 个。为了能反映缺口的真实形状，需要作一个此缺口法面方向的局部视图。另外，要进行旋转剖时也遇到问题，就是不易剖到缺口正中央，下面就来介绍如何解决这些问题。

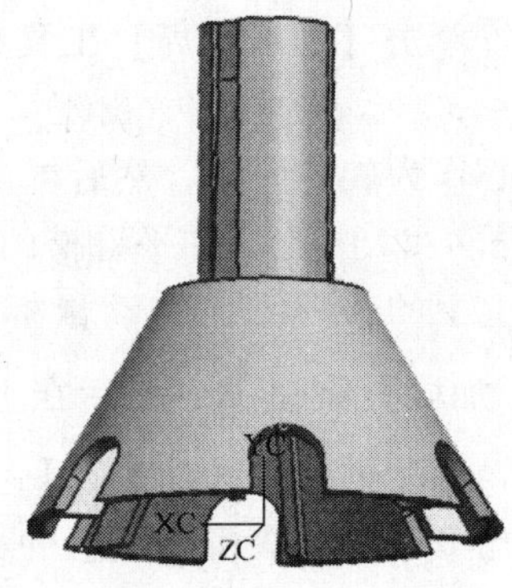

图 4-35　支承座

先打开光盘安装目录下的 GCT \ MZ. prt 零件，然后进入制图环境（用 A3 图纸），单击【图纸布局】工具条中的【基本视图】按钮，弹出浮动工具条，单击浮动工具条中的【视图类型】下拉框旁的按钮后选择“前视图”，然后在图纸左侧适当位置单击完成一个主视图的制作，单击中键完成操作，结果如图 4-36 所示。

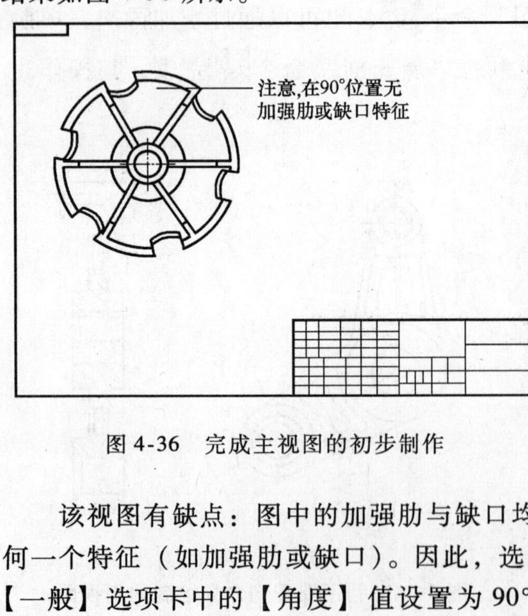

图 4-36　完成主视图的初步制作

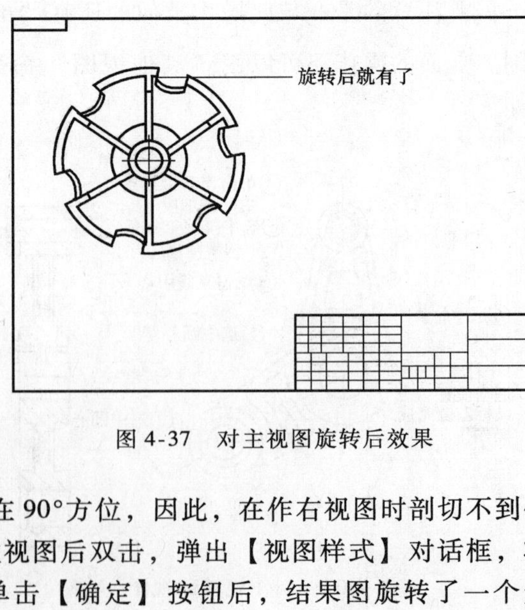

图 4-37　对主视图旋转后效果

该视图有缺点：图中的加强肋与缺口均不在 90°方位，因此，在作右视图时剖切不到任何一个特征（如加强肋或缺口）。因此，选中主视图后双击，弹出【视图样式】对话框，将【一般】选项卡中的【角度】值设置为 90°，单击【确定】按钮后，结果图旋转了一个角度，如图 4-37 所示。

现在单击【旋转剖视图】按钮作一个旋转剖，想从一个缺口正中央处剖开，但发现很难剖到正中间，如果凭视觉会不准确。可先将鼠标放在视图上右击，并在弹出快捷菜单后单击【展开成员视图】，进入展开成员状态，然后单击【曲线】工具条中的【基本曲线】按钮，弹出【基本曲线】对话框与【跟踪栏】工具条，单击【基本曲线】对话框中的【直线】按钮，将【点方式】选项设为“圆弧中心”，然后单击展开后的视图的圆弧，以便于选择圆心；然后在跟踪栏中的【长度】值设为 150 后按 < Enter > 键，将【角度】值设为 255°后按 < Enter > 键，再在视图左下角单击完成直线的创建。

也可以在进行【点方式】时直接用“自动判断的点”方式来直接选取缺口的边的中点，这样更方便。

完成上面的操作后，右击刚才作的直线后单击【编辑显示】按钮，弹出【编辑对象显示】对话框，将其中的【线型】选项设为“点画线”，【线宽】选项设为“细线”，按鼠标中键确定，然后右击，单击【扩展】，返回到图 4-37 所示的状态，但此时有了缺口的中心线，如图 4-38 所示。

现在作旋转剖，单击【旋转剖视图】按钮，先单击图 4-38 的视图，然后选择中间的圆心，再选中最大外圆上边缘处的象限点，再单击缺口中心线上的任意点，朝右移动鼠标就可以作出旋转剖，结果如图 4-39 所示。

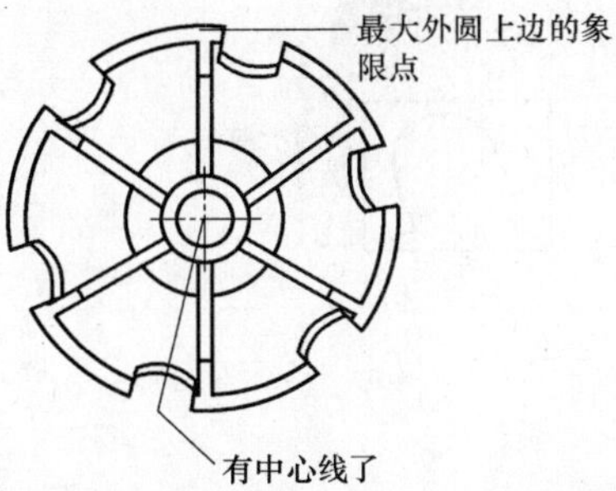


图 4-38　作出了缺口的中心线

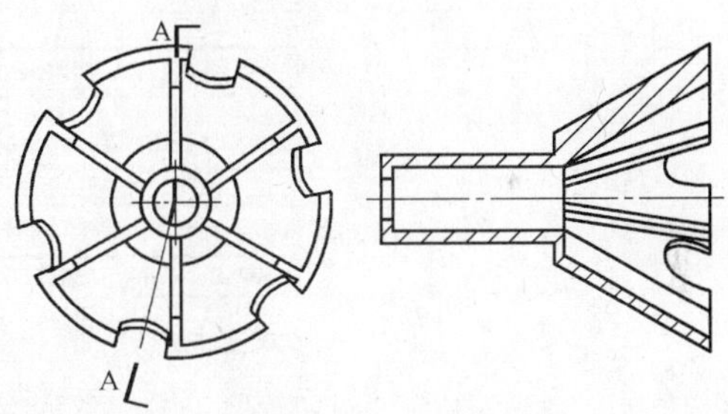


图 4-39　作出的旋转剖

现在要作缺口的局部视图，关键是要让视线垂直于缺口，这样作出的视图才会反映缺口的真实形状，操作过程是：

单击【基本视图】按钮，弹出浮动工具条，如图 4-40 所示。

图 4-40　基本视图浮动工具条

单击其中的【定向视图】按钮，弹出【定向视图】对话框，其中上面有一排按钮，下面的区域是预览区。单击【查看平面】按钮，弹出【平面构造器】对话框，再单击【平面构造器】对话框中的【平面子功能】按钮，弹出【平面】对话框。选中其中的 3 点，然后按图 4-41 所示在定向视图预览窗口中选择直线与圆弧交接处的一条边，按鼠标中键确定后，发现有视图跟着鼠标移动，在适当位置单击完成操作，如图 4-42 所示。

单击【图纸布局】工具条中的【视图边界】命令，弹出【视图边界】对话框，先单

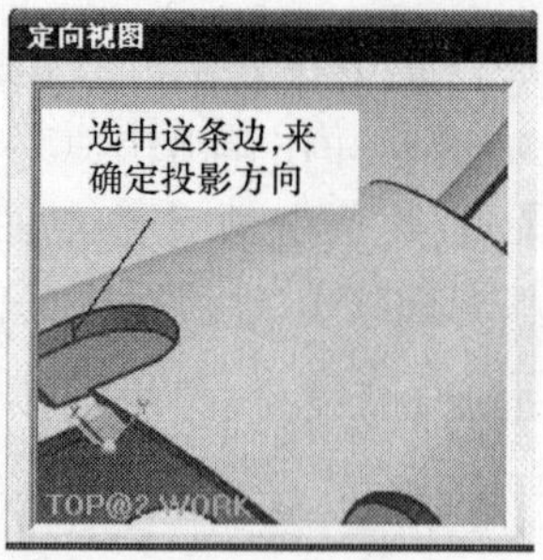


图 4-41　选择 3 点

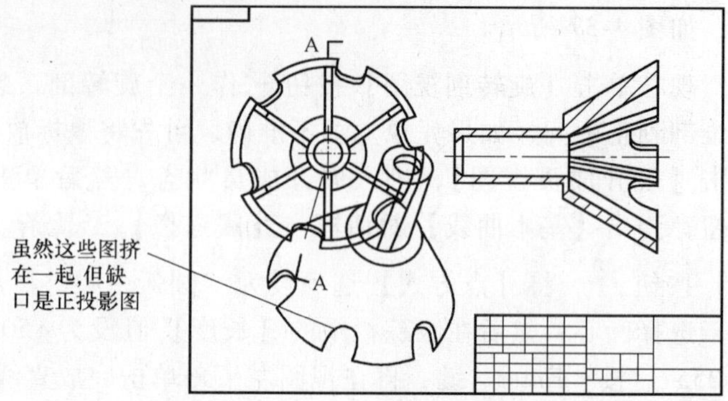


图 4-42　作出了缺口的正投影图

击刚才作的视图，然后单击【视图边界】对话框中的下拉框，在弹出的选项中选择【手工生成矩形】选项，然后按图 4-43 所示在缺口处拖出一个矩形。松开鼠标后，就形成了只被刚才所作矩形包围的局部视图，如图 4-44 所示。

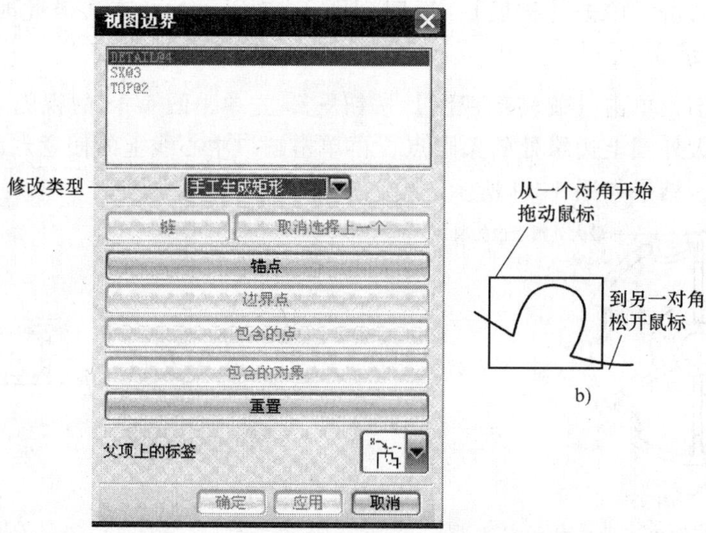


图 4-43　拖动生成视图边界所需要的矩形
a）【视图边界】对话框　b）绘图过程

上面的局部视图的特点是没有折线边，为此，右击进入展开成员视图环境中，然后使用一条样条曲线将图 4-44 中所示轮廓线连成封闭图形，如图 4-45 所示。

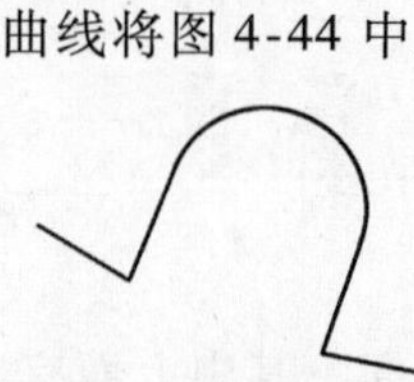

图 4-44　作出的局部视图

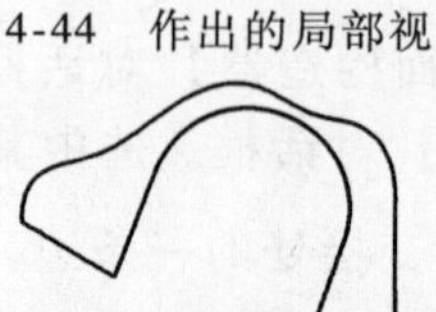

图 4-45　加了边后的效果

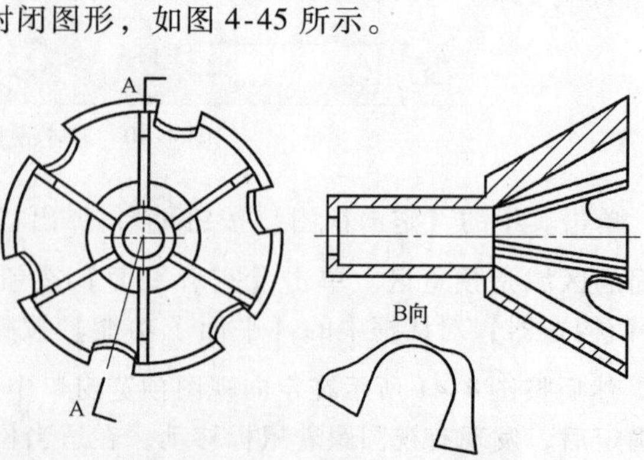


图 4-46　作完视图后的效果

完成局部视图操作之后修改视图名称，并加注视图方向箭头，结果如图 4-46 所示。

为了表达清楚此零件，还需进行一些后续工作，此处不再讲述。

**实例 4-4　基座工程图**

作如图 4-47 所示基座的工程图。

启动 UG 并打开网络电子资源目录中 GCT 文件夹中的 LJ. prt 零件，然后以 A4 图纸进入工程制图环境中，先以“俯视图”作为工程图的主视图，结果如图 4-48 所示。

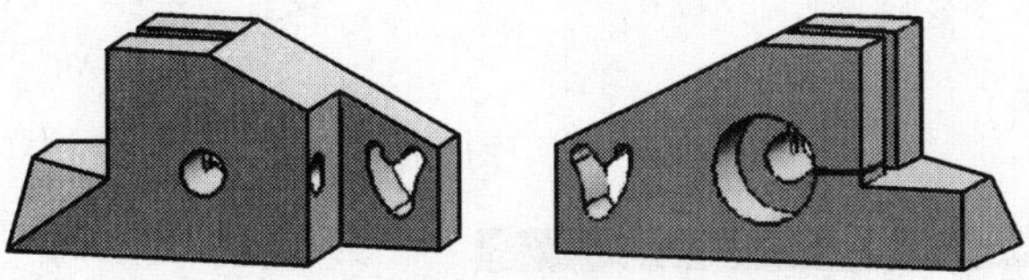

图 4-47　基座

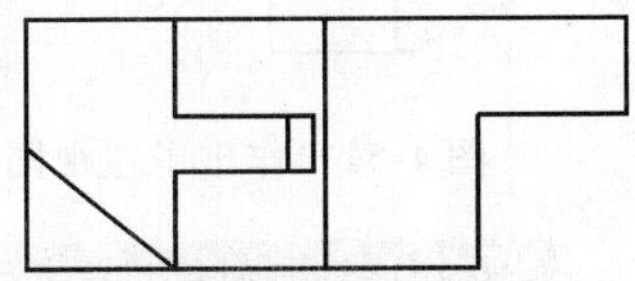

图 4-48　作出的主视图

然后双击主视图，弹出【视图样式】对话框，先将【一般】选项中的【角度】值设置为 180°；再选择【隐藏线】选项卡，将原来的【隐藏线类型】由“不可见”修改为“虚线”，然后确定，结果显示了许多虚线，同时图形也旋转了 180°，如图 4-49 所示。

单击【图纸布局】工具条中的【剖视图】按钮，弹出浮动工具条，单击如图 4-49 所示的主视图后，出现随鼠标移动的剖切线，单击图中虚线圆的圆心，然后单击浮动工具条中的【增加段】按钮，再单击槽的中点，然后朝下拖动鼠标到适当位置单击，完成阶梯剖切，效果如图 4-50 所示。

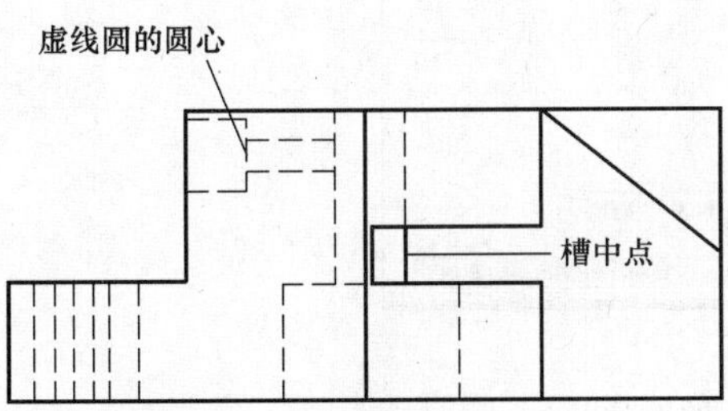


图 4-49　将虚线显示出来

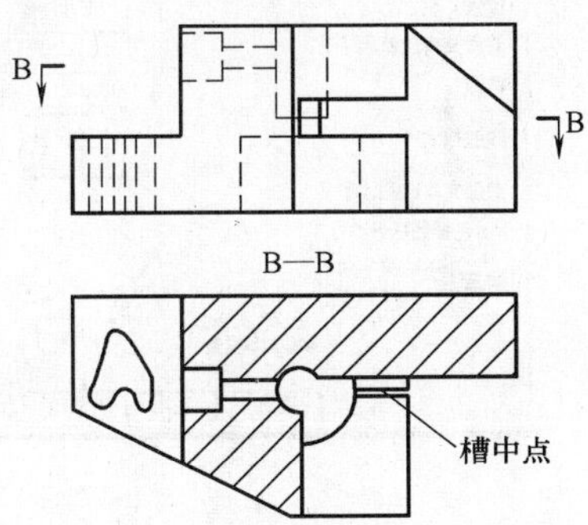


图 4-50　作出阶梯剖

同样，双击刚才作的剖切图，按前面的操作方法显示出虚线。

以“剖视图”命令再对主视图以其最大的虚线圆的中心作剖切位置，作一个左视方向的剖视图，并显示虚线，结果如图 4-51 所示。

现在，单击【图纸布局】工具条中的【局部放大图】按钮，再单击图 4-50 中所示的槽的中点，作出一个圆，然后拖动鼠标往右，在适当位置单击完成局部放大图的制作，结果如图 4-52 所示。

若设置不同，读者绘制的结果可能会与图 4-52 不同。下面对设置进行修改，以符合中国国家标准。

双击图 4-52 左侧图中的标注字母 D，弹出【视图标签样式】对话框，对其进行修改，结果对比如图 4-53 所示。

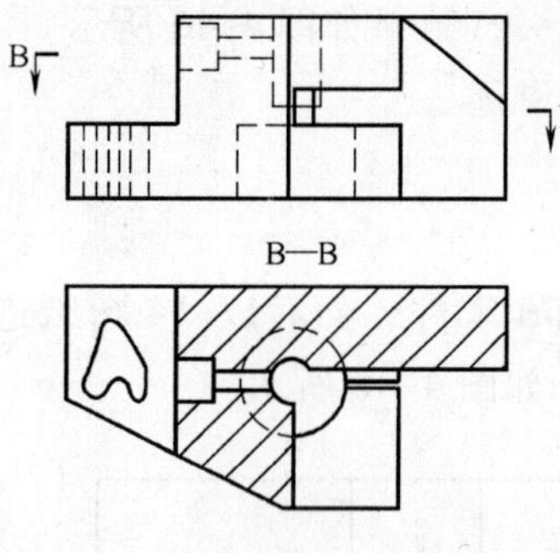


图 4-51　作出了左视图

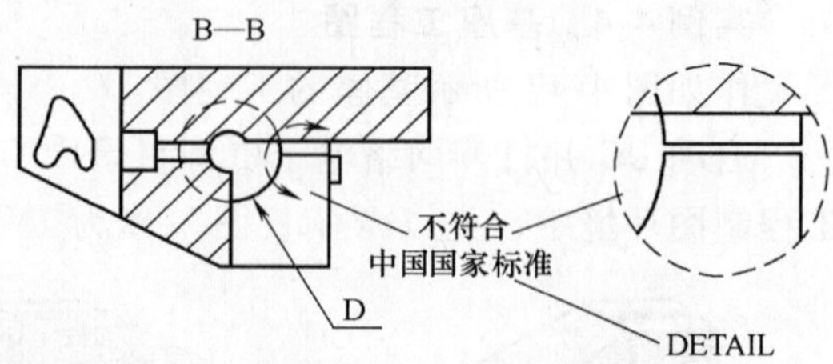


图 4-52　作出的局部放大图

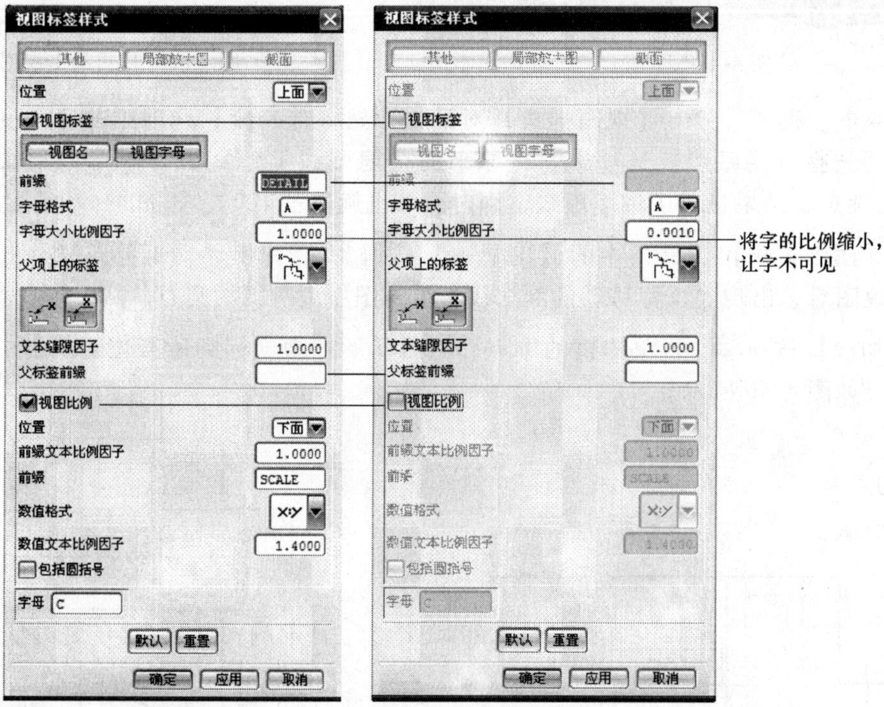


a)　　　　　　　　b)

图 4-53　修改前后的对比

a）修改前　b）修改后

修改完成后单击【确定】按钮，结果原来的局部放大图变化如图 4-54 所示。

现在，单击【注释】按钮，输入字母 I，然后将字母 I 放在图 4-54 左侧图所示指引线上方的适当位置，再在【注释】文本框中输入【I 处放大】及图比等字样，结果如图 4-55 所示。需要注意的是，这些修改也可在扩展成员环境中完成，可能有更佳的效果。

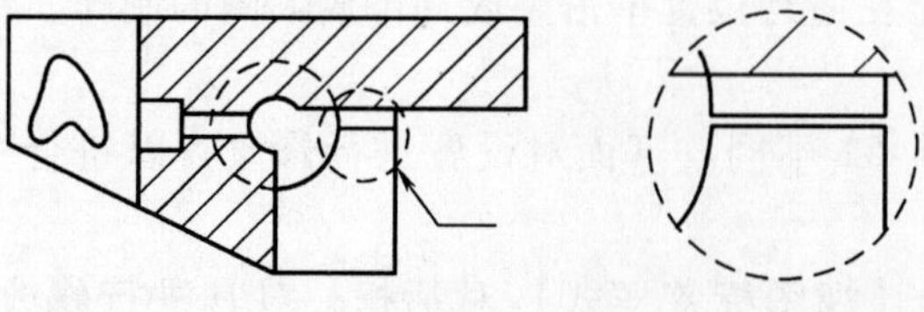

图 4-54　修改后的结果

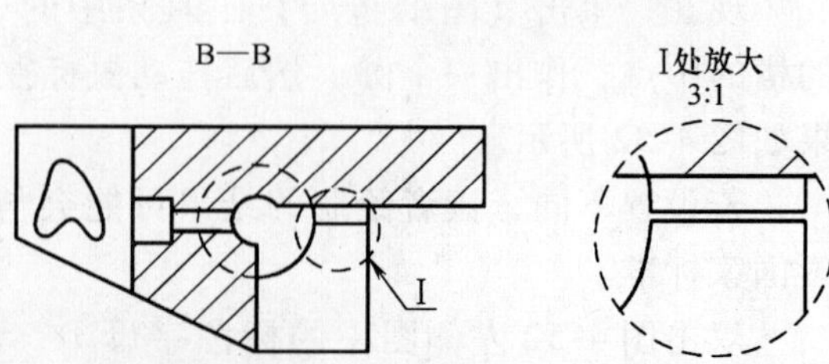


图 4-55　加上标签与文字

最后看到放大图用了虚线圆，但中国国家标准是细实线。可以双击虚线圆，弹出【视图样式】对话框，单击【局部放大图】下拉列表框，将其中的“虚线”修改为“实线”，线宽由原来的“实线宽”修改为“细线宽”，按鼠标中键完成操作，结果如图4-56所示。

作完视图后，剩下来的操作与实例4-1相同，不再重述。

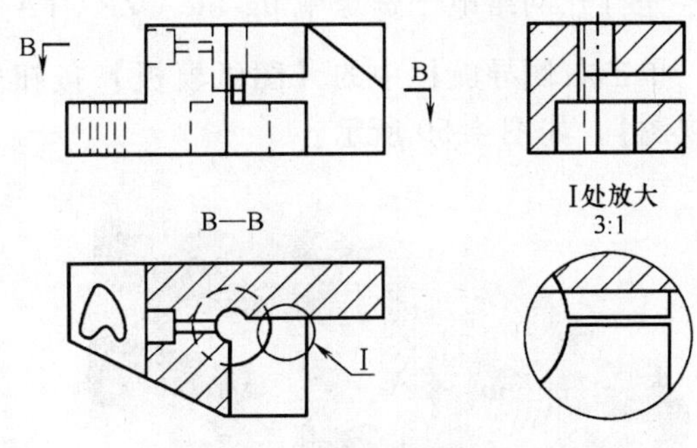

图4-56 全部视图作完的效果

**实例4-5 阀的装配工程图**

装配工程图的一般内容如下：

1）用一组视图完整准确地表达出机器的工作原理，零件间的位置关系、装配关系、连接方式及重要零件的结构。

2）标注机器或部件的规格、装配、检验、安装等必要的尺寸。

3）书写技术要求，包括机器或部件的性能和装配、调试、试验、操作等所必须满足的条件与要求。

4）给出零件标号，填写明细表、标题栏等。

当然，进行装配工程图操作时也与零件工程图有细微区别，下面举一个实例来说明。

图4-57所示为某型机器中一个阀部件的装配图的最后效果。

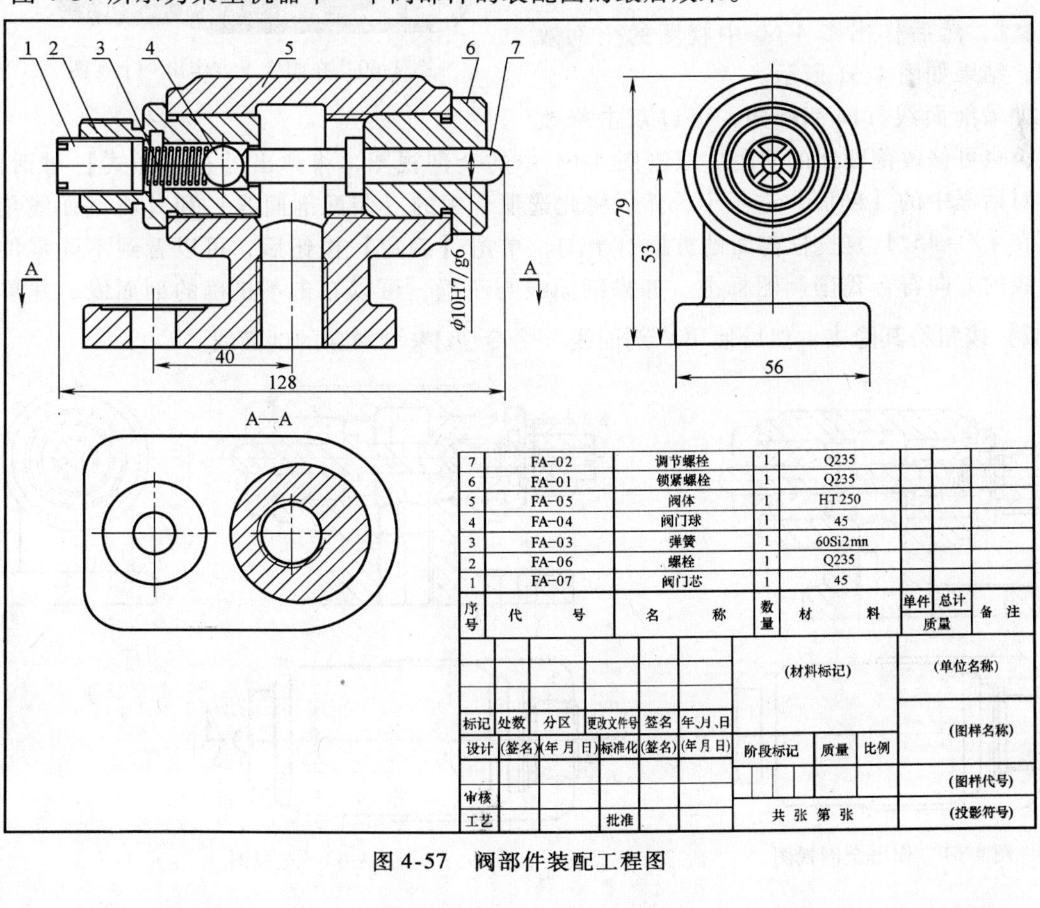

图4-57 阀部件装配工程图

先打开网络电子资源中 ug-file \ ZP \ FA 文件夹下的 FA-ZP. prt 文件，如图 4-58 所示。

单击右侧导航栏中的【图纸模板】按钮，展开导航栏，然后单击其中【A3 装配无视图】，如图 4-59 所示。

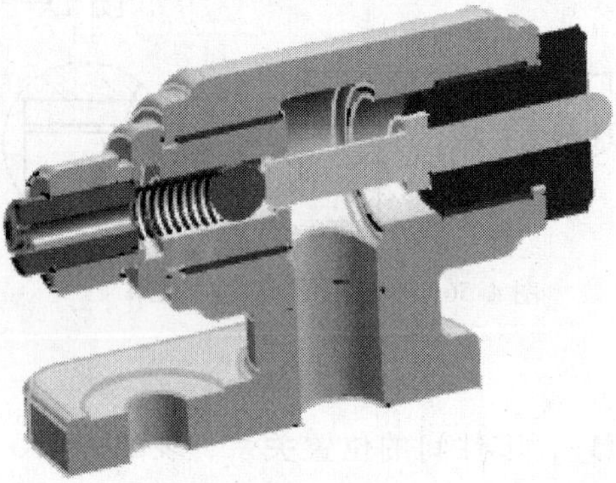

图 4-58　阀门装配

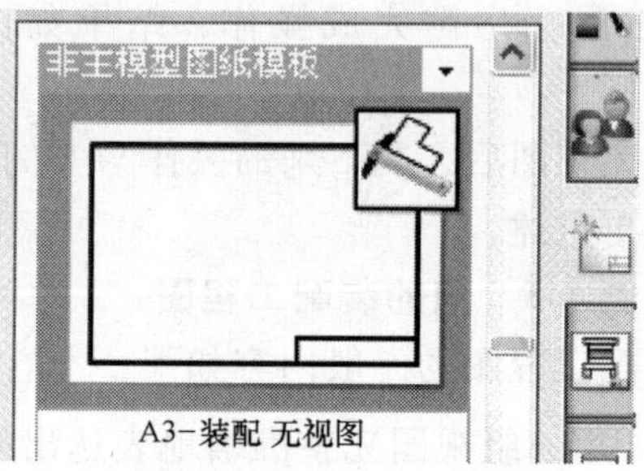


图 4-59　选择 A3 图纸

进入到制图环境中，单击【基本视图】按钮，将弹出制图浮动工具条，将浮动工具条中的【视图类型】改为“俯视图”，然后在图纸下方作一个视图，结果如图 4-60 所示。

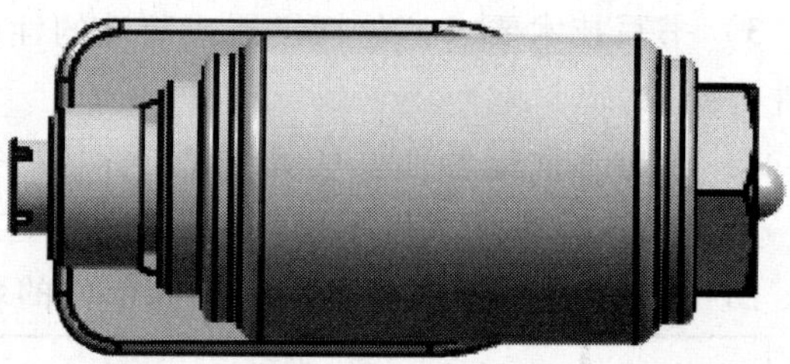

图 4-60　在图纸下方作出一个视图

单击【图纸布局】工具条中的【剖视图】按钮，然后作出图 4-60 中视图的全剖效果图，结果如图 4-61 所示。

如果剖面线方向都相同，可以双击修改角度，也可修改剖面线的间距。双击图 4-61 中的全剖视图，将弹出【视图样式】对话框，选择对话框中的【剖面】选项卡，然后将此选项卡中的【装配剖面线】和【将剖面线角度限制在 +/ -45°】复选框前面的方框打上勾，单击【确定】按钮后，可以看到不同零件的剖面线的方向符合我国制图标准。如果剖面线与正确，可以右击不正确的剖面线，并单击【隐藏】按钮将其隐去，然后使用“剖面线”命令来增加新的剖面线。

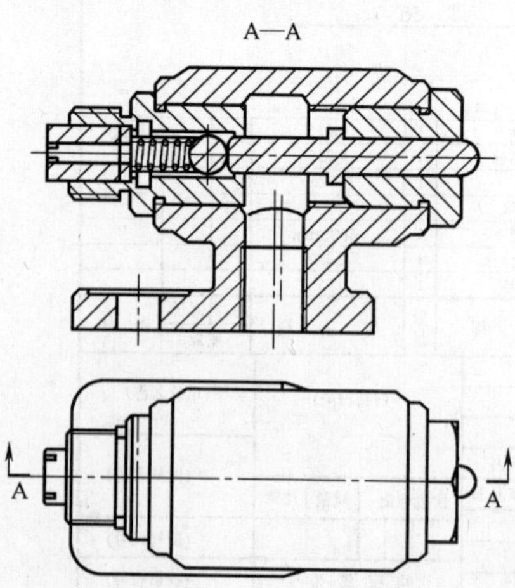


图 4-61　作出全剖视图

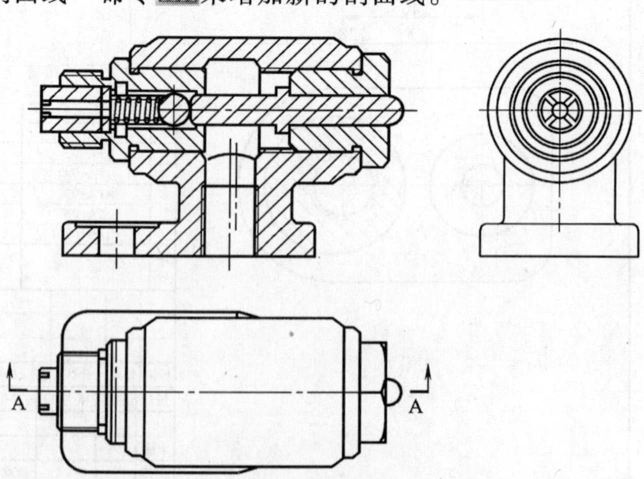


图 4-62　左视图

单击【图纸布局】工具条中的【投影视图】按钮，作一个左视图，然后双击此左视图，将弹出【视图样式】对话框，选择对话框中的【一般】选项卡，将【角度】值由0改为90°，单击【确定】按钮后，将左视图移动到图4-61所示全剖图的右侧，结果如图4-62所示。

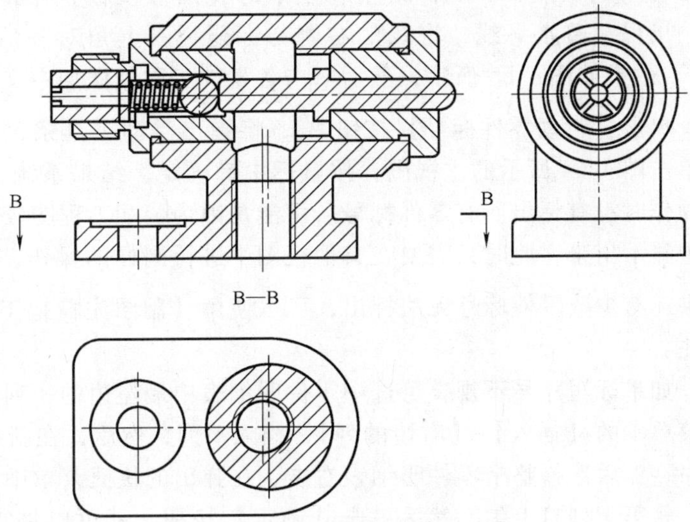


图4-63　作出新俯视图

将下面的俯视图拖到图框外面，使其在图纸中隐藏，然后使用【图纸布局】工具条中的“剖视图”命令作一个新的俯视图，如图4-63所示。

在图4-63中，主视图中间的阀门球、阀门芯等零件都可以不剖开，但在前面做全剖时都剖开了，此时，可以使用“视图中的剖切”命令将这些零件变成非剖切的效果。作出所有必要视图后的结果如图4-64所示。

装配图应当标注必要的尺寸，这些尺寸主要包括：机器或部件的规格、装配、检验和安装时所需要的尺寸，对于配合部件，需要标注公差代号。

尺寸标注完成后，其效果如图4-64所示。

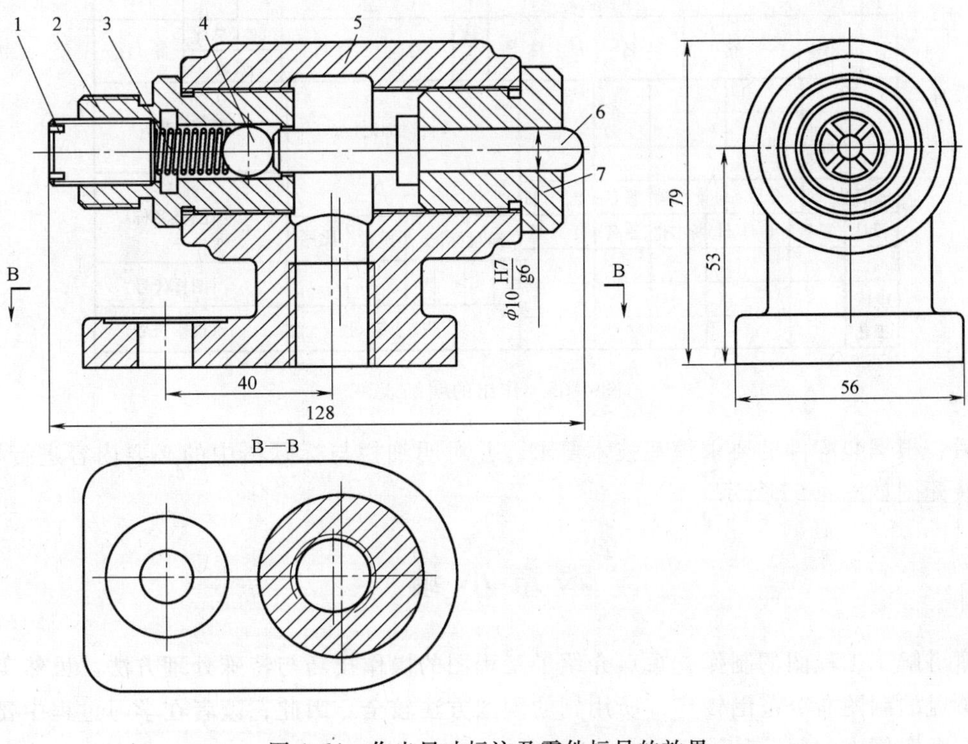


图4-64　作出尺寸标注及零件标号的效果

之后标注零件，首先单击【首选项】→【注释】，将【直线/箭头】选项卡中的左箭头修改为【•—】，然后单击右侧导航栏中的【图纸模板】中的【generic_parts_list_metric】图标，出现一条水平线，将线的右侧与标题栏右上角对齐后单击，就可以得到“零件明细表”，效果如图 4-65 所示，然后双击各零件名称处添加中文名称及其他明细栏内容。

单击【自动零件标号】按钮，将弹出浮动工具条，此时单击已作出的零件明细表，再单击图 4-64 所示的主视图，按鼠标中键确定，结果系统自动标出了所有零件标号。如果在操作时没有标出所有零件标号，可能是因为装配工程图较复杂，所有零件没能在同一个视图中显示出来，此时只需要在其他视图中进行同样的操作，即可将剩下的零件标号标出来。如果还有少数零件标号无法标出，可以使用【制图注释】工具条中的“ID 符号”命令来标注。

如果标写序号不规整可选中零件明细表中最左边的一列，右击，弹出快捷菜单，单击快捷菜单中的【插入】→【右边的列】，插入 1 列，然后，在新加的列中，输入新的零件标号的顺序，然后选择整个零件明细表右击，在弹出的快捷菜单中单击【排序】，在弹出的对话框中，将第一列打上勾，然后单击【确定】按钮，就可以将零件标号进行重新排列。结果如图 4-64 所示。

完成操作后的零件明细表如图 4-65 所示。

| 序号 | 代　号 | 名　称 | 数量 | 材　料 | 单件 | 总计 | 备　注 |
|---|---|---|---|---|---|---|---|
| 7 | FA-07 | 调节螺栓 | 1 | Q235 | | | |
| 6 | FA-06 | 竖固螺栓 | 1 | Q235 | | | |
| 5 | FA-05 | 弹簧 | 1 | 60Si2Mn | | | |
| 4 | FA-04 | 阀门球 | 1 | 45 | | | |
| 3 | FA-03 | 阀体 | 1 | HT-250 | | | |
| 2 | FA-01 | 端螺栓 | 1 | Q235 | | | |
| 1 | FA-02 | 阀门芯 | 1 | 45 | | | |
| 序号 | 代　号 | 名　称 | 数量 | 材　料 | 质量（单件） | 质量（总计） | 备　注 |

| | | | | | | | | | |
|---|---|---|---|---|---|---|---|---|---|
| | | | | | | (材料标记) | | | (单位名称) |
| 标记 | 处数 | 分区 | 更改文件号 | 签名 | 年、月、日 | | | | |
| 设计 | (签名) | (年 月 日) | 标准化 | (签名) | (年 月 日) | 阶段标记 | 质量 | 比例 | (图样名称) |
| 审核 | | | | | | | | | (图样代号) |
| 工艺 | | | 批准 | | | 共 张 | 第 张 | | (投影符号) |

图 4-65　作出的明细表

最后，根据装配件的要求填写技术要求，并对明细栏与标题栏中的必要内容进行填写，完成的装配图如图 4-57 所示。

## 本 章 小 结

本章讲解了工程图的制作，重点介绍了工程图的操作技巧与特殊处理方法。虽然实例不多，但覆盖的制图命令范围较广，所用到的制图方法较全。因此，读者在学习过程中要注意学懂每一个实例中的每一种技巧与方法。

本章内容对后面进行模具设计时作工程图也是适用的。

## 练　习　题

4-1　作工程图时，如何完成全剖、半剖、局部剖、旋转剖？如何作各种特殊视图，如局部放大图、断开视图、向视图？

4-2　如何在工程图中标注几何公差？如何填写技术要求？

4-3　完成本书网络电子资源中 ug-file \ zp \ LHQ 目录下离合器的装配工程图，可参考图 3-154。

4-4　完成本书网络电子资源中 ug-file \ ZP \ ZSB 文件夹下轴向柱塞泵的装配工程图，并完成该泵的上下两个外壳零件的零件工程图，可参考图 3-155。

4-5　完成本书网络电子资源中 ug-file \ BT 目录下 BW250. PRT 文件的工程图制作，可参考图 5-20。

# 第5章　渲　染

**本章重点：**

渲染是工业设计与机械产品设计中必须应用的重要工具，通过对三维图形或完整产品的真实环境渲染，可以让设计效果真实，并可进行产品宣传。本章重点掌握 UGNX7.5 的场景渲染，材质运用、高质量图像的制作以及参数化动画的原理、设计过程等知识。

**本章难点：**

调配材质、场景渲染、规划与构思参数化动画是本章难点。

UGNX7.5 具有强大的渲染功能，能模仿真实外部环境、完成产品设计后的效果模拟，是大多数机械产品机械部分设计完成后进行后处理的必用工具。如果与 UG 的附加模块 imageware 共同配合，可以完成复杂的工业设计与反求工程。是工业设计专业、机械设计专业学生与工作人员的重要参考。

UG 中提供的渲染工具条主要有三个：【可视化】工具条，【可视化形状】工具条及【真实着色】工具条，这三个工具条如图 5-1 所示。

图 5-1　渲染工具条

其中，【可视化】工具条中的命令用来记录高质量图片及动作模拟，可产生图片文件或动画文件，可形成动态效果；而【可视化形状】工具条中的命令可以调整环境、灯光及背景等；【真实着色】工具条则对表面光泽、阴影反光等进行设置；三者配合，可以完成完美的动静结合的真实效果。

## 5.1　可视化形状

可视化形状工具条功能包括图片制作、材料添加、光源调整及环境设置等，可对给定材料的参数进行编辑，增加表面效果，如纹理、缠绕皮革、缠绕图像等，并以高质量的图像形式显示，最后以图像文件的形式保存。现在，使用第 3 章中制作的弹子锁作为实例进行演示。

**1. 添加材料**

单击【可视化形状】工具条中的【材料/纹理】按钮，弹出【材料/纹理】对话框。同时，在导航栏中增加了【部件中的材料】导航栏，可以通过两种方式获得材料，一个是“系统材料”，一个是“材料库”，这两个方式的图标都在导航栏中。单击【系统材料】

图标，会展开【系统材料】导航栏，结果如图 5-2a 所示。单击【材料库】图标则展开【材料库】导航栏，如图 5-2b 所示。

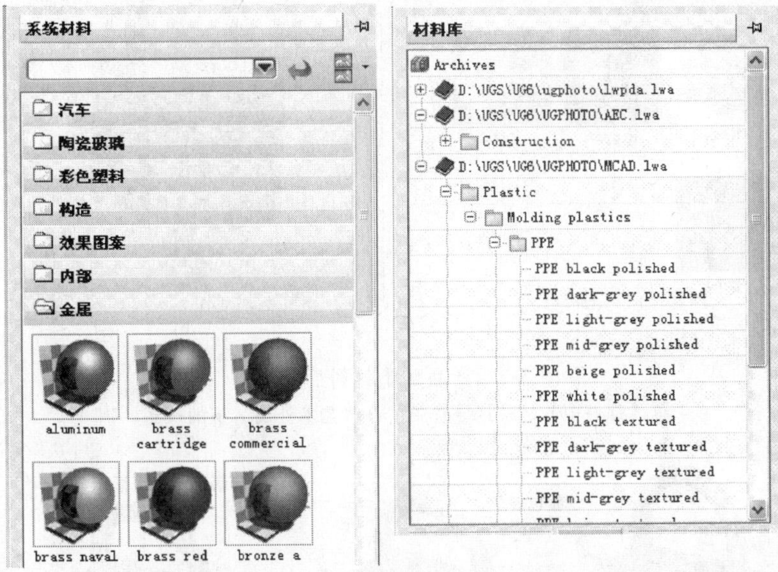


a)　　　　b)

图 5-2　系统材料与材料库

a)【系统材料】导航栏　b)【材料库】导航栏

利用【系统材料】导航器为实体赋材料时，可以选中要用的材料，如图 5-2a 中的 aluminum 球，然后按住鼠标左键拖到相应的体上或面上（注意将材料赋给面时，需要将【选择条】工具条中的【类型过滤器】修改为“面”）。也可以先选中要赋材料的面或体，然后单击材料球，即可将这种材料赋予实体或面。【材料库】导航器中的材料也可以按上述方法赋予。

UG 自带了一些材料库，一般情况下，只显示一个材料库 lwpda. lwa，但实际还有其他材料库，如 MCAD. lwa、AEC. lwa 等，要加入时可以在材料库的空白处右击鼠标，单击【打开归档文件…】，然后找到相应的材料库打开即可。

在加入了材料后，单击【部件中的材料】图标展开该导航栏，就可以看到加入的材料了，如图 5-3a 所示。如果将【显示方式】选项修改为“艺术外观”模式，则可以看到产品的外观发生了变化，如图 5-3b 所示。

现在给锁身的不同表面赋予不同材料，操作过程是：先将【选择条】工具条中的【类型过滤器】选项修改为“面”，然后单击图 5-3b 所示的锁的前表面，再单击【系统材料】→【彩色塑料】→【magenta】，则这种材料就赋给了这个面，结果如图 5-4a 所示。同理，再将【材料库】中【lwpda. lwa】中的材料【patterns/real-world pokas/imperial/polka black 36】赋到图 5-3b 所示的上表面上，则可以看到，这个面已经修改成相应的颜色了。如图 5-4b 所示。

单击【高级艺术外观显示】按钮，可以看到更为真实的效果。如图 5-4c 所示。

**2. 图像效果**

在 UG 中，提供两种图像效果，即“高质量图像”及“艺术图像”，单击【高

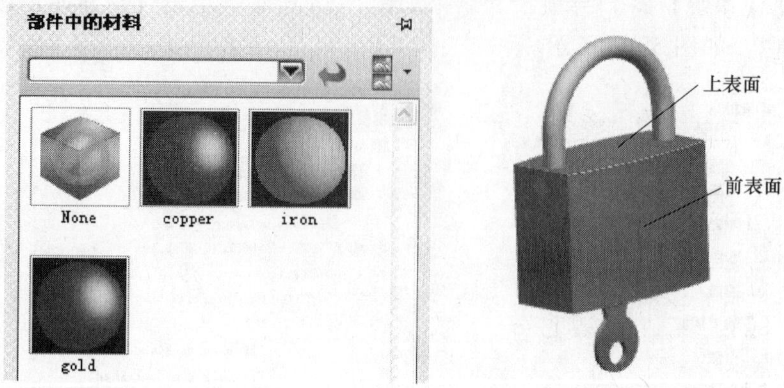


a)　　b)

图 5-3　产品赋予材料后效果

a)【部件中的材料】导航器　b)“艺术外观”下的产品

a)　　b)　　c)

图 5-4　不同显示效果

质量图像】按钮，弹出【高质量图像】对话框，修改【方法】选项内容，可以使生成的图像效果不同，默认为“照片般逼真的”，单击【开始着色】按钮，就可以生成不同效果的图片，再单击【保存】按钮，可将生成的图片保存成 TIF 文件，单击【绘图】按钮则可以将生成的图片从打印机上打印出来。图 5-5 所示为对泵体零件进行高质量图像处理的效果。

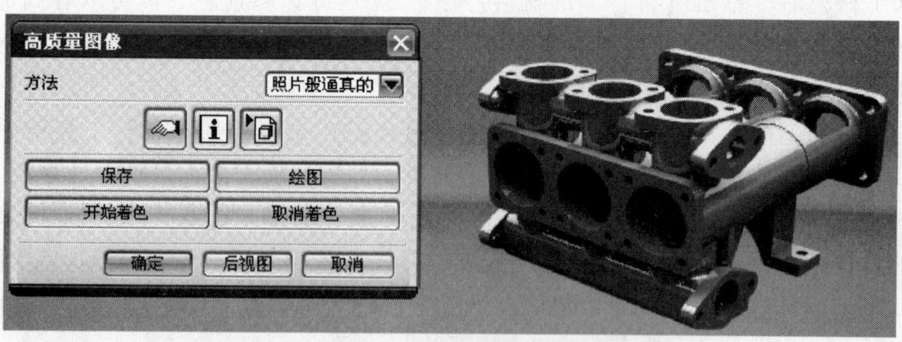


图 5-5　高质量图像效果

单击【艺术图像】按钮，弹出【艺术图像】对话框，对话框共列出了 8 种不同的艺术图像，分别是：卡通、颜色衰减、铅笔着色、手绘、喷墨打印、线条和阴影、粗糙铅笔及点刻。我们现在分别选择卡通、铅笔着色、线条和阴影几种效果，然后单击对话框中的【开始着色】按钮，就可以得到不同的着色效果，如图5-6所示。

a) b) c)

图5-6 不同的“艺术图像”效果

a）卡通 b）铅笔着色 c）线条和阴影

**3. 视觉效果**

单击【视觉效果】按钮，弹出【视觉效果】对话框，如图5-7a所示。

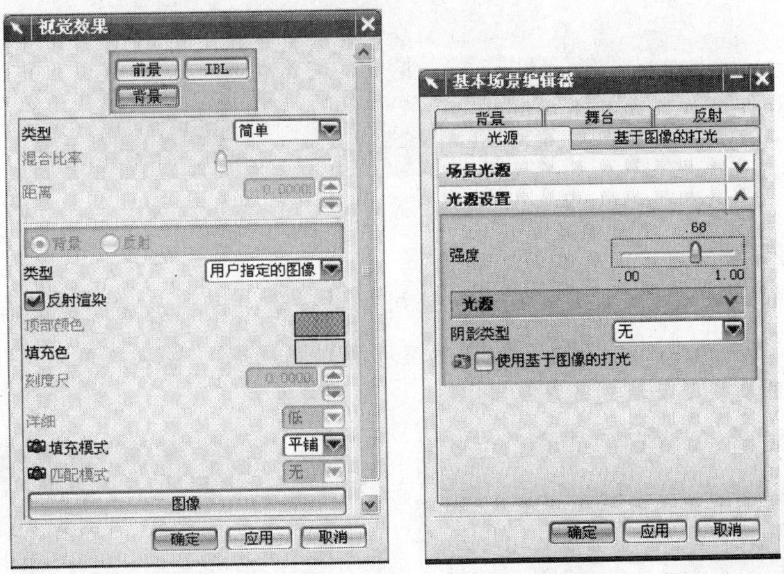


a) b)

图5-7 【视觉效果】与【基本场景编辑器】对话框

a）【视觉效果】对话框 b）【基本场景编辑器】对话框

在对话框中可以对“前景”、“背景”及“IBL”（图像打光）进行设置。以设置背景为例，单击【背景】按钮，【类型】选项设为“用户指定的图像”，再单击【图像】按钮，选择一幅合适的图像，单击【确定】按钮，结果如图5-8所示。

单击【基本场景编辑器】按钮，弹出【基本场景编辑器】对话框如图5-7b所示，可以对“背景”、“舞台”、“反射”、“光源”及“基于图像的打光”进行设置。还是以设置背景为例，首先选择对话框中的【背景】选项卡，发现背景有“普通”、“渐变”和“图像

图 5-8　增加背景图像后的效果

文件”等几种类型。其中“普通”就是保持原来设定的背景颜色、“渐变”则是允许用户设置两种颜色，然后背景逐渐从一种颜色变化到另一颜色，“图像文件”则有两种方式，一是单击【选择图像文件】按钮，可以允许用户自己给定图片；另一种是单击【从图像资源板选择】按钮，然后弹出【环境图像调色板】，选择其中一个后单击，结果如图 5-9 所示。

图 5-9　使用【基本场景编辑器】设置的背景

**4. 展示室环境**

如果这样得到的效果不能令人满意，还可以进一步设置展示室环境，单击【展示室环境】按钮，在导航栏中单击【系统展示室环境】图标，展开后单击【building. lst】图标，就可以获得如图 5-10a 所示的效果。

a)　　b)

图 5-10　展示室环境

a）系统展示室环境——building　b）用户展示室环境

如果在右侧导航栏中单击【用户展示室环境】按钮，则会出现图 5-10b 所示效果，同时，在屏幕左上角有【展示室环境】工具条出现，单击其中的【编辑器】按钮，会弹出【编辑环境立方体图像】对话框，如图 5-11 所示。

可编辑【环境名称】文本框中的环境名，使其符合要求。同时，分别单击前、后、左、右、上、下后再选择合适的图像，就可以在该导航栏中增加自定义的立方体环境。

在增加环境时，UG 只能使用 TIFF 格式的图像，如果在自定义立方体环境时没有合适的 TIFF 图像，可以使用图像编辑软件将其他格式的图像转换成 TIFF 格式后再来创建。

最后，单击【开始着色】按钮，可以对修改后的效果进行高质量着色，但着色后，如果缩放或移动视图区，其效果将消失。

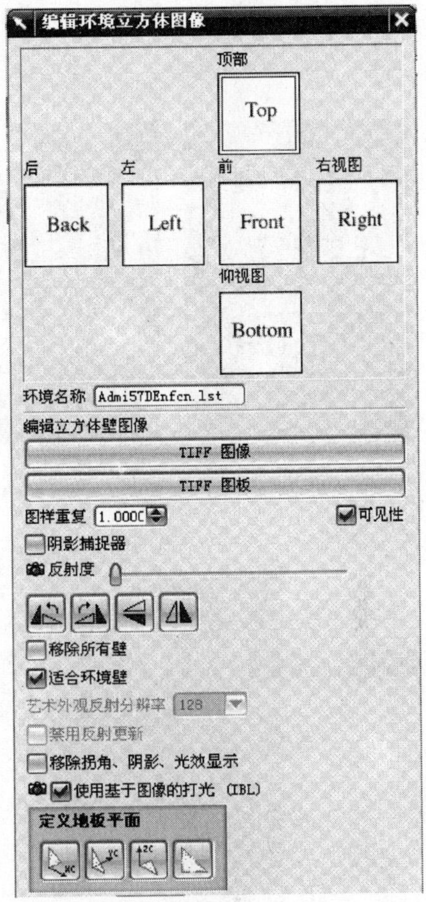


图 5-11 【编辑环境立方体图像】对话框

**5. 材料编辑**

加入材料后，可以对材料的表面进行高级处理，让外表达到特殊效果，单击【部件中的材料】导航器按钮，单击其中的一种材料，则工作区右上角的【材料/纹理】工具条中的【编辑器】可用，表明可以对这种材料进行编辑。单击该按钮，弹出【材料编辑器】对话框，如图 5-12 所示。

通过该对话框，可以对材料表面进行处理，如在表面增加“凹凸”，“图样”，“透明度”或“纹理空间”等，让被处理的材料达到特殊效果。如单击【凹凸】标签，在选项卡中将【类型】选项改为“缠绕粗糙面”，将【刻度尺】值修改为 64，再单击【开始着色】按钮，完成着色的效果如图 5-13a 所示；单击【图样】标签，在选项卡中将【类型】选项设为“缠绕栅格”，再将【比例】值修改为 4，再单击【开始着色】按钮，完成着色的效果如图 5-13b 所示；单击【透明度】标签，在选项卡中将【类型】选项设为“缠绕栅格”，再单击【开始着色】按钮，完成着色的效果如图 5-13c 所示，这种效果好像被镂空一样。当然，也可以通过点击【高级艺术外观显示】按钮来显示这些效果。

图 5-12 【材料编辑器】对话框

读者可以对以上各项选项进行逐一修改，观察不同的着色效果。

**6. 贴花**

单击【贴花】按钮，弹出【贴花】对话框，如图 5-14 所示。

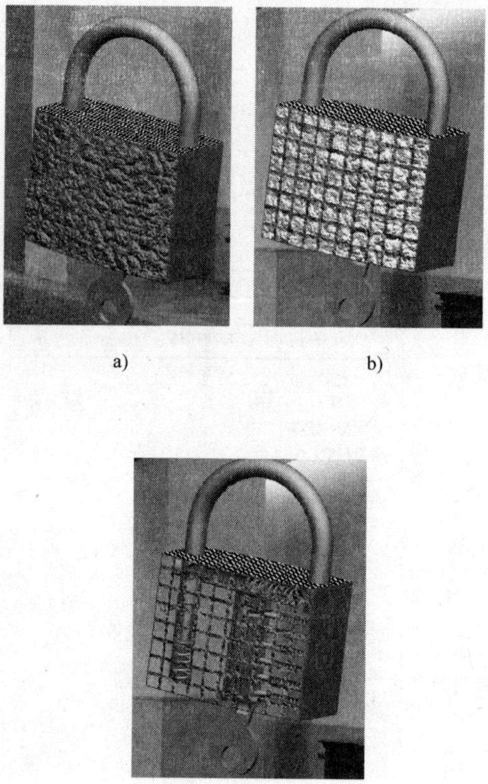

a)　　b)　　c)

图 5-13　不同着色效果

a）“凹凸”改为“缠绕粗糙面”　b）“图样”修改为“缠绕栅格”　c）“透明度”修改为“缠绕栅格”

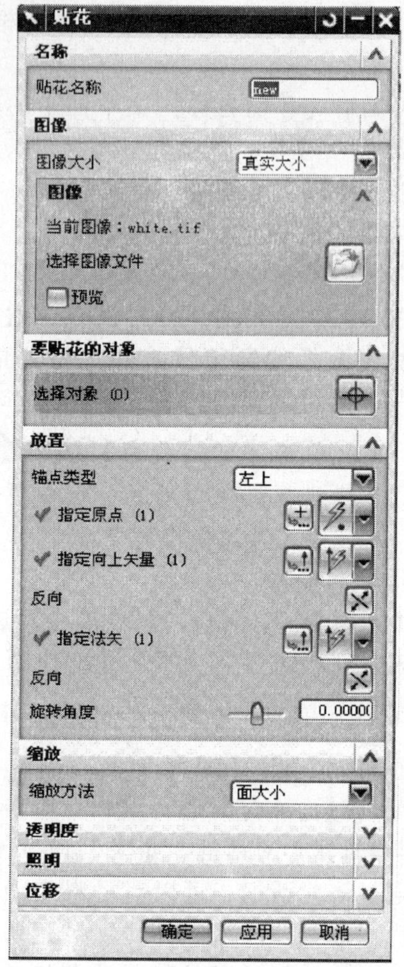


图 5-14　【贴花】对话框

贴花是在产品的表面增加一个图形，这与前面介绍的缠绕图像不一样，缠绕图像会充填整个同种材料的表面，而贴花可以只贴其中一部分，就像在产品表面贴标签一样。

先单击产品表面中的一个面，表明要将花贴在该面上，再单击【选择图像文件】按钮，找个合适的图像，然后单击【确定】按钮，就可以看到贴花的效果，如图 5-15a 所示。该贴花没有在锁面中央，若要使它移动到面的中央，可以单击右侧导航栏中的【部件中的材料】导航按钮，然后单击刚才作的贴花材料，会在绘图区中出现浮动【材料/纹理】工具条，单击【编辑器】按钮，会弹出【编辑贴花】对话框，将【缩

a)　　b)

图 5-15　不同贴花效果

a）只贴一部分　b）贴整个曲面

放】区域中的【缩放方法】选项修改为“非均匀比例”，将【位移】区域中的【启用位移】复选框勾上，然后拖动贴花，使其在合适位置及有合适大小，最终效果如图 5-15b 所示。

你可以对各参数进行修改，使之最终符合你的要求。如果需要删除贴花，需要到【部件中的材料】导航栏中相应的贴花上右击来删除。

**7. 光栅图像**

UGNX7.5 中提供了“光栅图像”这个重要工具，用来在产品造型及渲染时使用。例如在进行工业设计时，可以通过将产品的新外形的三视图，以光栅图像的形式输入 UG 的方式进行三维造型；又如，将图像的手工绘制的艺术外观输入 UG 中，以此进行外观色调的设置与渲染；另外，在进行反求工程中，也可能是将已经完成的产品的三向视图输入 UG，反求三维模型。

现分别用 Windows 自带的【画图】工具截取图 5-16 中的俯视图，保存为 TIF 格式的图形，取名为 top.tif；截取主视图，保存为 front.tif；截取左视图，取名为 left.tif。注意，在保存时，一定要保存为 TIF 格式，否则，后面的操作不能进行。

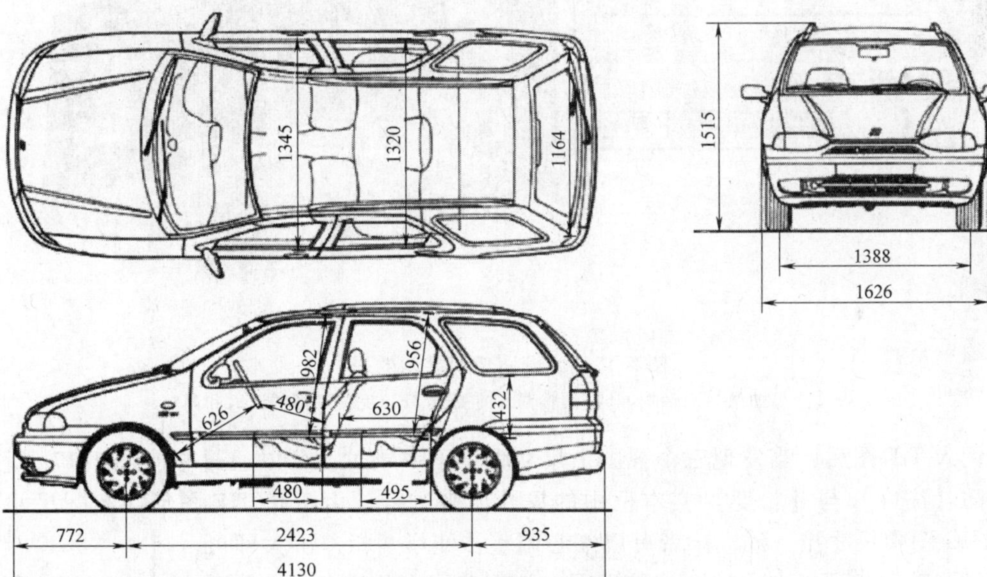


图 5-16　汽车外观三视图

完成了 TIF 图制作后，启动 UG，新建一个空白文件，单击【视图】→【可视化】→【光栅图像】，或者单击图 5-1 所示【可视化形状】工具条中的【光栅图像】按钮，就可以弹出图 5-17a 所示的【光栅图像】对话框，单击【指定 TIFF 图像】按钮，打开刚才做好的 TIF 文件 top.tif，然后单击对话框中的【创建光栅图像】按钮，就可以看到图 5-17b 所示效果。导入图像后，或导入后双击图像，都会出现许多调节按钮，如调节图像大小的方形按钮，旋转图像到不同视图，如主视、俯视或左视等效果的球形按钮，还有前后左右移动的箭头按钮，通过调节这些按钮，可以改变图像在屏幕中的位置与方向。如果同时导入三个方向的视图，其尺寸可能相差较大，可以通过双击后，在弹出的【光栅图像】对话框中修改高度、宽度值的大小，从而使每一个视图尺寸基本符合实际要求。调入三个视图后，通过旋转及拖动调整后效果如图 5-17c 所示。

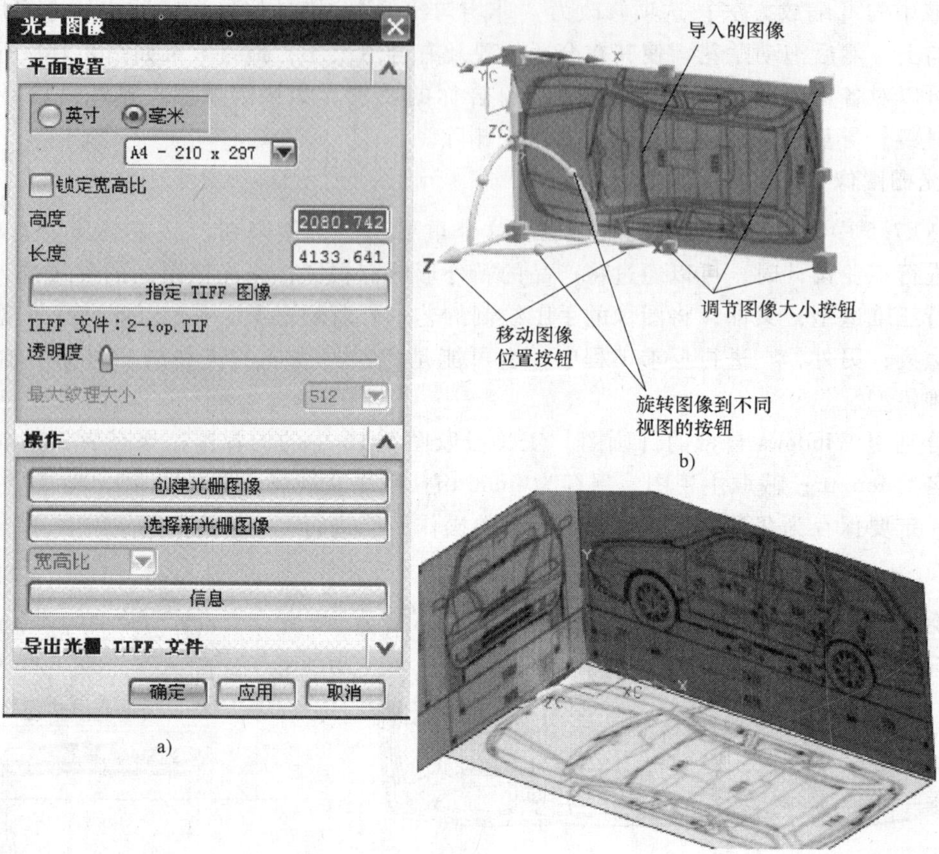


图 5-17　光栅图像及导入效果

a)【光栅图像】对话框　b）调整调入的视图　c）完成视图的调入和调整

在调入 TIF 图后，当发现三个视图上尺寸大小不一致时，可以通过修改图 5-17a 所示对话框中的【高度】与【长度】文本框中的尺寸值来进行。由于是 TIF 图形，实际尺寸可能很难与 UG 图中尺寸相一致，读者可以细心调整，使尺寸相差不大即可。

完成调整后，可以在主视图与俯视图中使用草图中的样条命令，绘制汽车顶部两条曲线的两个草图，如图 5-18a 所示，然后单击【插入】→【来自曲线集的曲线】→【组合投影】和使用“镜像”命令，完成车顶曲线的制作，如图 5-28b 所示，最后，使用曲面命令完成车

图 5-18　利用光栅图像作造型

顶曲面制作，如图 5-18c 所示。

同理，通过获得光栅图像来反求汽车不同部位的外形，可以完成汽车的车身其他曲面的制作。如图 5-19 所示。

上面完成的车顶曲面制作仅是车身设计的一个步骤，在这里主要用这个设计过程说明使用光栅图像来完成实际应用的情况。其他情况就不再举例，希望读者能举一反三，融会贯通。

图 5-19　车身效果

## 5.2　真实着色

真实着色是 UGNX7.5 提供的专门渲染金属材料效果的渲染方式，可以模仿真实场景、设置反光、改变场景灯光等。

需要注意的是，如果进入真实着色环境，则上一节中介绍的赋予材料等不能同时显示，即二者不能同时进行。单击【真实着色】工具条中的【真实着色】按钮，进入真实着色环境，如图 5-20a 所示。

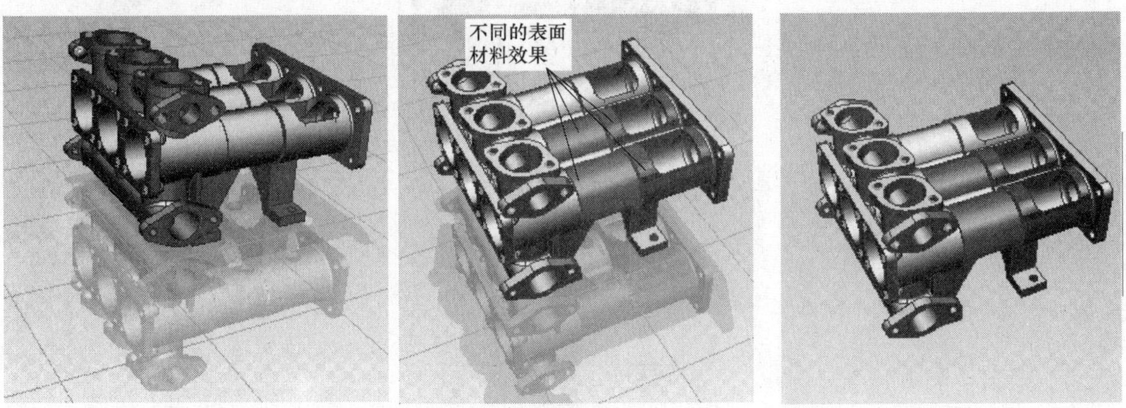


a)　　b)　　c)

图 5-20　真实着色效果

单击【金属材料】按钮，可以给被渲染的对象增加金属材料光泽效果，该命令的特点是对整个三维实体进行着色。如果想对实体的某个面使用不同的金属材料效果，则可以单击【替代材料】按钮来完成。操作时，使用 UG 的过滤功能，选择一个面，然后单击要使用的材料，就可以给选定的面渲染该材料，如图 5-20b 所示是给泵体三维模型的不同表面赋予不同材料后的效果。单击【全局反射图】按钮，可以选择一种全局反射效果；单击【阴影】按钮则可显示阴影效果。单击【显示地板反射】按钮则可显示地板反射效果，单击【显示地板删格】按钮则可以显示或取消地板删格；如图 5-20c 所示是取消地板删格、阴影及背景后的效果。

单击【背景】按钮，可以选择一种合适的背景，图 5-21 所示为已经批量生产的分离机在设计时的后处理效果，用了三种不同的背景。

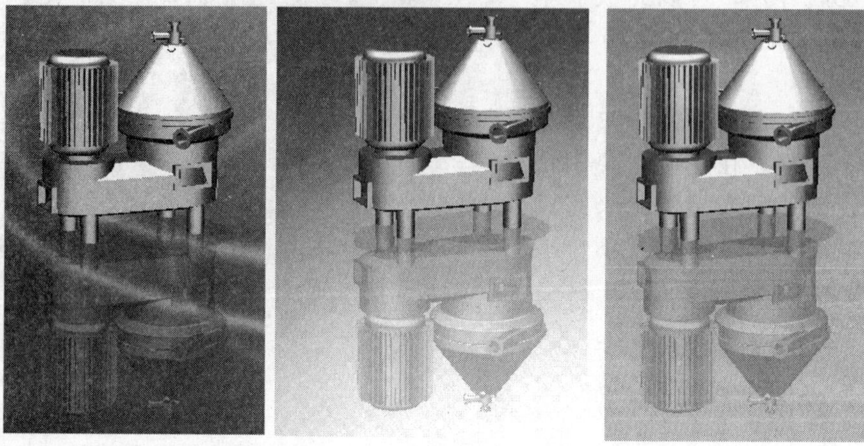

图 5-21　应用不同背景效果

单击【光源下拉菜单】中的某个光源，就可以使用该光源进行光照，从而进行不同的打光设置，当单击该菜单下的【基本光源】时，会弹出【基本光源】对话框，如图 5-22 所示。用鼠标拖动其中不同光源的微调按钮，就可改变光照度，从而使得显示效果不同。

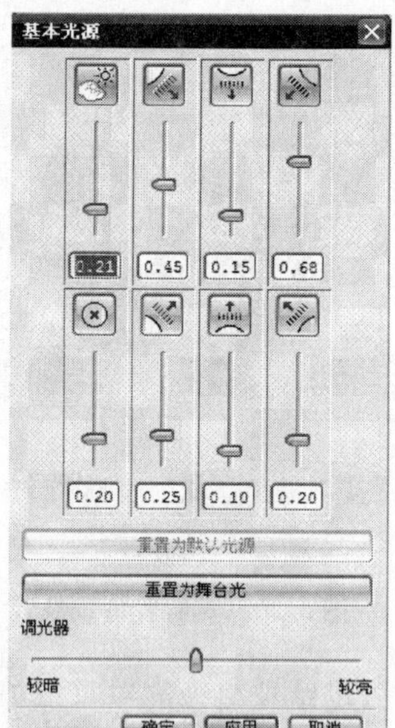


图 5-22　【基本光源】对话框

## 5.3　可视化

【可视化】工具条中的命令中，最常用的有“动画”、“随机颜色显示”及“改变随机颜色”这几个命令，其中，后两个命令是关联的，当使用【随机颜色显示】使三维模型以随机颜色显示后，单击【改变随机颜色】按钮可以使模型颜色随机变化。

**1. 随机颜色**

单击【随机颜色显示】按钮，结果模型颜色随机显示，如图 5-23a 所示。再单击【改变随机颜色】，则可看到各处颜色变化，结果如图 5-23b 所示。

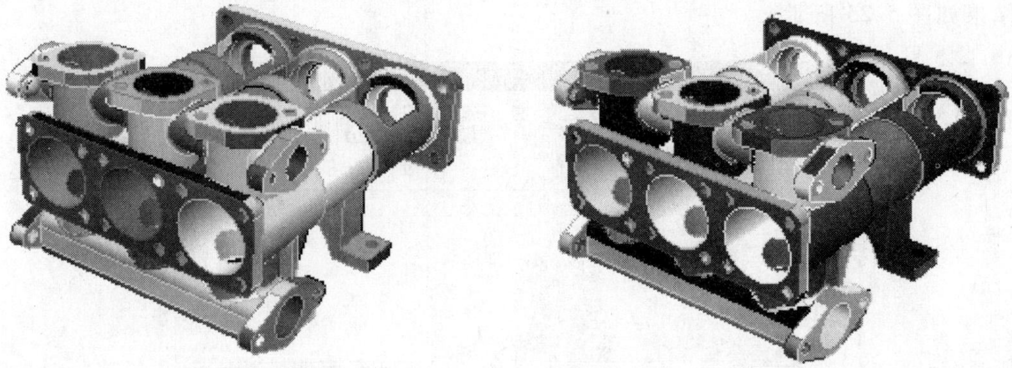

a) b)

图 5-23 随机颜色

a）随机颜色显示 b）改变随机颜色

与上面的操作相比，“动画”命令则有较多灵活性。UG 提供的参数化动画功能，目的是对机械产品进行运动仿真，可用于工业设计、产品变形模拟、产品动作渲染等，下面专门对该命令进行介绍与举例。

**2. 动作仿真**

**实例 5-1 皮球运动仿真**

该运动仿真效果请参看网络电子资源中的 AVI 文件夹下的 A. mpg。

UG 提供的参数化动画功能，可以模仿机械的某些运动关系。本例模仿一个皮球的运动。先建立一个文件，并进入草图环境中，作如图 5-24a 所示的草图。

该草图只是做了半个圆，并标注了尺寸，也就是进行了尺寸约束。完成草图后，使用【特征】工具条中的“回转”命令完成球的绘制，如图 5-24b 所示。

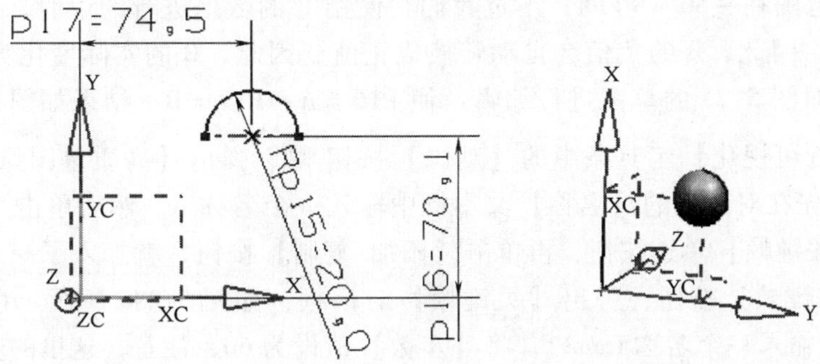


a) b)

图 5-24 绘制皮球

a）皮球草图 b）完成皮球的绘制

单击【工具】→【表达式】，弹出【表达式】对话框，输入如下公式：

```
FrameNumber =0;
MaxFrame =60;
A =FrameNumber* 10;
B =80* sin(FrameNumber* 12);
```

结果如图 5-25 所示。

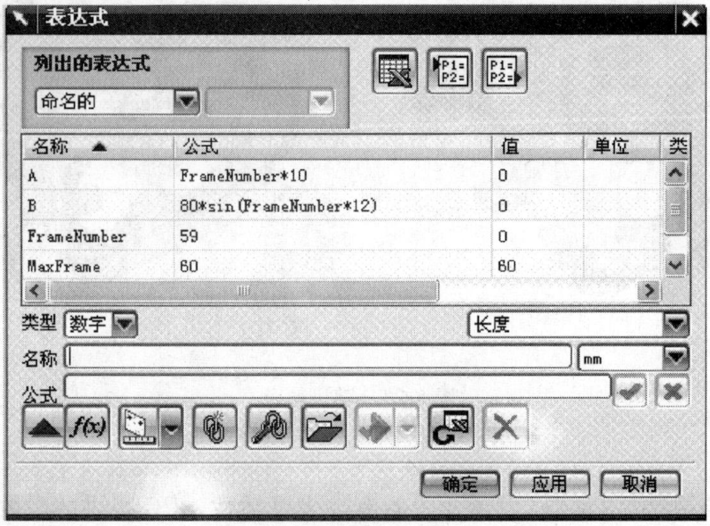


图 5-25　输入表达式效果

在这里需要说明，公式中的 FrameNumber 与 MaxFrame 是 UG 的内部变量，其中，FrameNumber 是内部自动变量，其变化范围是从 0 至 MaxFrame，MaxFrame 越大，则放映的时间就越长。如上面图 5-25 所示的 MaxFrame =60，则 FrameNumber 从 0 变化到 60；在使用该变量时，注意区分大小写字母。

A = FrameNumber * 10；表示 A 的变化范围是从 0 变化到 60 * 10 = 600，由于在动画运行时 FrameNumber 数据是每次递加 1 的，因此，A 的变化是每次递加 10 的。

而 B =80 * sin（FrameNumber * 12）中，FrameNumber * 12 = 720，sin（FrameNumber * 12）就是从 sin（0）变化到 sin（720），共两个正弦周期；由于 sinx 的变化值在 -1 ~ 1 间，因此，B 的变化范围在 -80 ~ 80 间；不过我们在使用 B 的数据进行约束时，由于 UG 的尺寸约束不支持负值，因此，B 的负值会自动转换成正值，因此，B 的实际变化为 0 ~ 80。

现在，重新对图 5-23 的草图进行编辑，使 P16 = A；P17 = B；结果如图 5-26 所示。

现在，单击【可视化】工具条中的【动画】按钮，弹出【高质量图像动画】对话框，如图 5-27 所示。先在对话框的【名称】文本框中输入一个名称 A，然后单击【创建轨迹】单选框中的【定义关键帧】单选按钮，再单击【添加/复制】按钮，就加入了一个新的动画文件 A；然后单击【关键帧】按钮，弹出【关键帧】对话框，如图 5-28a 所示。在该对话框中的【名称】文本框中输入一个名称 frame1，将【步数】值设为 60，注意，这里的步数要与前面的 MaxFrame 值相同，然后单击【添加/复制】按钮，就加入了一个帧。（如果想修改某个帧，可以先输入正确的“步数”，然后单击【更新帧】按钮即可）。单击【确定】按钮完成设置，回到图 5-27 所示对话框中，单击【参数】按钮，弹出【编辑参数】对话框，如图 5-28b 所示。

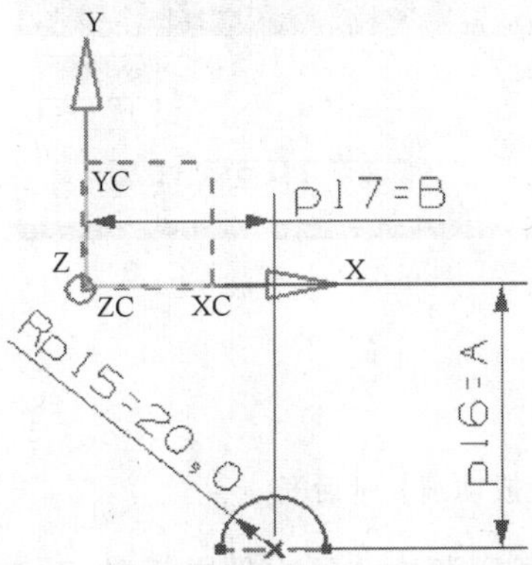


图5-26 编辑草图尺寸约束数据

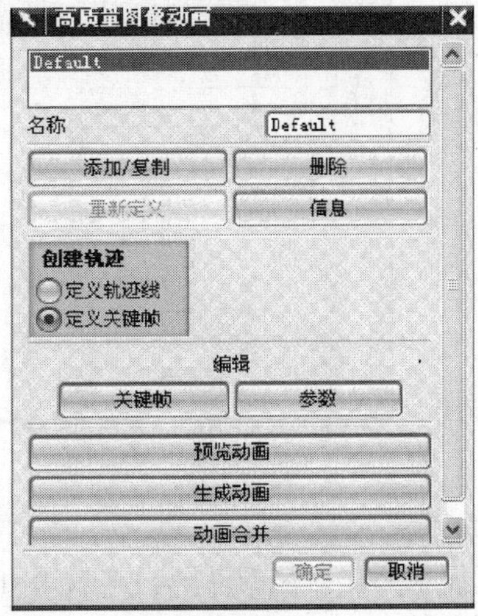


图5-27 【高质量图像动画】对话框

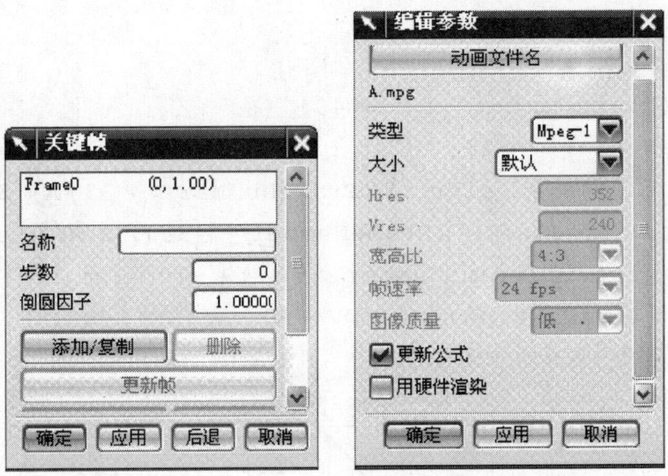


a) b)

图5-28 【关键帧】及【编辑参数】对话框

将该对话框中的【更新公式】复选框打上勾，还可通过改变【类型】选项以输出不同格式的动画或图片，也可设置动画或图片的【大小】；完成后，单击【确定】按钮，回到图5-27所示对话框。

单击【预览动画】按钮，弹出【预览动画】对话框，如图5-29a所示，单击其中的【播放】按钮▶，就可以看到动画效果。完成预览后，回到图5-27所示对话框中，单击【生成动画】，弹出【生成动画】对话框，如图5-29b所示。

单击【确定】按钮，就可生成动画或图片。如果没有进行目录设置，则生成的动画文件存在于UG安装目录下的UGⅡ文件夹下。如果想改变路径，则需要在图5-28b所示的【编辑参数】对话框中单击【动画文件名】按钮，来修改存储路径。

**实例5-2 射箭动作仿真**

下面我们结合UG的渲染功能对环境进行美化，并设置不同的动画视角，以便得到逼真的效果。

a)　　b)

图 5-29 【预览动画】与【生成动画】对话框

下面来制作射箭的动画，其效果可参见网络电子资源中 AVI 文件夹下的 JIAN. mpg 文件。动画原文件在 UGFILE \ DH \ jian. prt 文件夹下。

新建文件，并在【表达式】对话框中输入如下公式：

```
FrameNumber =0;
MaxFrame =40;
A =abs(cos(FrameNumber* 4.5)* 40)
B =if(FrameNumber < =30)Aelse if(FrameNumber < =31)A +10 else if (FrameNumber < =32)A +20 else if(FrameNumber < =33)A +30 else if(FrameNumber < =34)A +40 else if(FrameNumber < =35)A +50 else if(FrameNumber < =36)A +60 else if(FrameNumber < =37)A +70 else if(FrameNumber < =38)A +80 else if (FrameNumber < =39)A +90 else A +100
```

进入草图，完成如 5-30a 所示的草图。

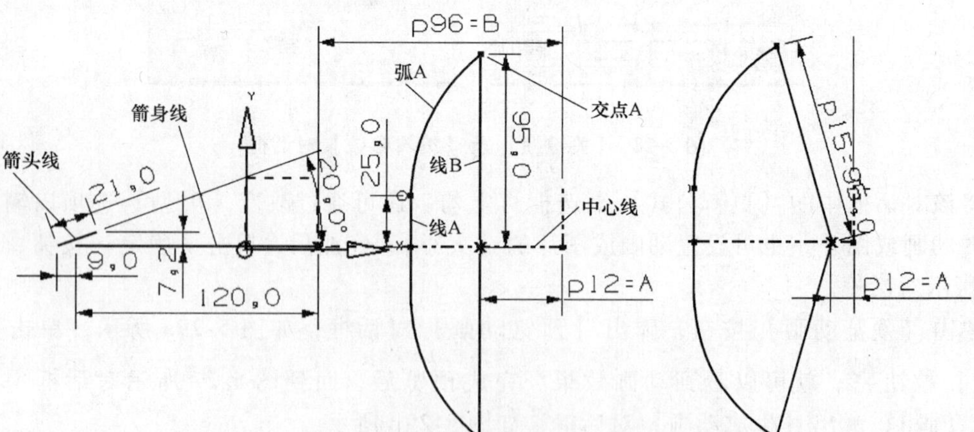


a)　　b)

图 5-30　草图绘制

a）箭头、箭身和弓的草图　b）拉开后的弓

在作该草图时要注意下述问题：

1）在作参数化动画的草图时，约束对动画有极其重要的作用，不同约束，效果将完全不同。凡是在运动过程中，是一个整体的部分，可以用约束将其充分约束，以免在运动过程

中散架，如箭头与箭身间的约束，需要保证箭头与箭身在运动过程中不会分离。

2）有运动要求的，则需要根据运动性质，使用不同类型的适合的约束。如线 A 是不动的，则使用“固定”约束，弧 A 则在开弓时，需要进行变形但总周长不变，因此，可对弧 A 进行“周长”尺寸约束而不能用“半径”约束；直线 B，由于开弓时要变成图 5-30b 所示形式，因此，对该线的约束是约束该线的长度，而不能约束交点 A 到中心线的距离，否则，不能实现图 5-30b 所示效果。读者可以修改约束 P12，让它先变成 10，看能否得到图 5-30b 所示效果，如果可以，再修改成图 5-30a 所示的标注，使 P12 = A。

3）弓的上下对称，因此，建议先完成上部分作图，再镜像到下侧，完成弓的草图。

完成草图后，使用“回转”命令完成对箭头的制作，用“剖面曲线”命令中的【圆】类型来完成其他部分的制作，结果如图 5-31a 所示。

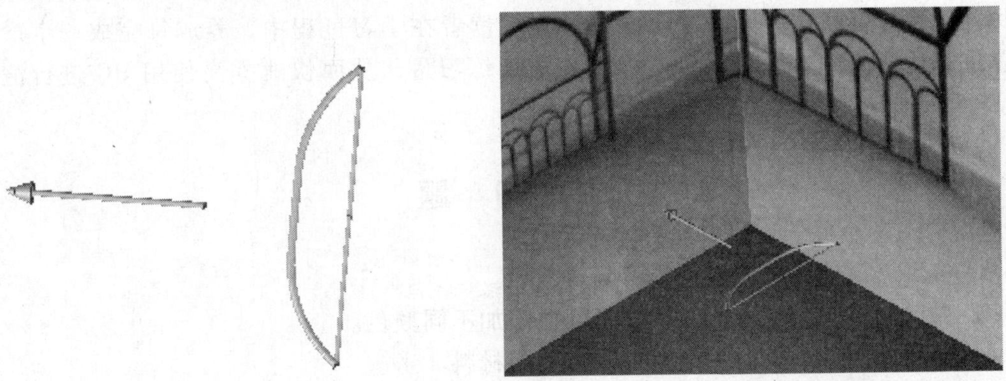

a)　　　　　　　　　　　　　　　　b)

图 5-31　动画场景

单击【艺术外观】按钮进行渲染，然后单击【可视化形状】工具条中的【显示立方体环境】按钮，在导航栏中单击【系统展示室环境】按钮，双击其中的 building. lst 图标，效果如图 5-31b 所示。这样，就将产品放置到一个合适的环境中。读者可根据自己的意愿，旋转视图成某一个角度后，单击【可视化】工具条中的【捕获和编辑摄像机】按钮，弹出【编辑摄像机】对话框，将【摄像机名称】修改为某英文名（自己任取名），单击【确定】按钮，就完成了摄像机的设定，这种设定保证了今后动画的场景与现在的视图角度一致。

读者可以适当缩放视图大小，以便得到更佳效果，然后单击【可视化】工具条中的【动画】按钮，与前面一样完成动画设置，并播放动画，可以看到满意的效果。

如若希望看到在播放时转台可以回旋，则可以在图 5-28a 所示对话框中单击【关键帧选项】按钮，将弹出【关键帧选项】对话框，将【用回转台运动】打上勾，并单击【设置回转台矢量】按钮，设置回转台矢量的位置与方向，然后再单击图 5-28 所示的【更新帧】按钮，单击【确定】后预览，可以看到动画在旋转中插放，即摄像机在摄影时在对着工作目标旋转。

另一种让摄影台回转的方法是：出现图 5-28a 所示对话框后，单击【添加/复制】按钮前，在【步数】文本框中输入 20，【名称】设为 fram1，用鼠标中键将视图旋转一定角度，再单击【添加/复制】按钮，完成前20帧的设置，再在【步数】文本框中输入20，【名称】设为fram2，并旋转视图，然后单击【添加/复制】按钮完成后20帧的设置，最后预览动画，就可看到回转台的回转。其效果可以看网络电子资源中AVI文件夹下jian1.mpg文件的效果。

UG提供的参数化动画，有很强大的制作能力，只要读者有想像力，完全可以制作较复杂的动画效果。

## 本章小结

本章重点讲解UG的渲染功能，介绍了各种渲染方法，是工业设计专业及其他专业读者进行产品渲染时的必要的基础知识。读者在掌握这些基本方法的基础上，需要进行大量的实际应用操作，方可将这些知识融会贯通。建议读者在学习过程中，养成每完成一个产品设计，就进行适当的渲染的习惯，这样可以增加练习量，从而快速提高使用UG进行渲染的能力。

## 练习题

5-1. 将自己设计的机械零件进行真实着色。

5-2. 自己制作一个模型，给模型不同面添加不同颜色。

5-3. 自己制作一个模型，给模型赋予不同材料。

5-4. 制作波浪效果。

# 第 6 章　注塑模具设计

**本章重点：**

本章重点讲解采用 UG 模具设计模块实现模具分模的过程和基本步骤及模具组件设计。

**本章难点：**

注塑模具设计的难点包括分模、标准件添加与修改、非标准件的添加等。

UG NX7.5 提供了方便的模具设计方法，主要包括注塑模具设计与级进模具设计两大模块。金属压铸模具的设计可以使用注塑模具功能完成，因为它们原理、结构与过程类似，其他模具设计包括泡沫注塑模具、挤出模具、吹塑模具、浇注模具、大型工程模具等都可以通过 UG 的自顶向下设计模式完成。

为了学好模具设计，读者应该具备模具设计课程专业知识，如注塑模具设计课程、冲压模具设计课程、压铸模具设计等等，然后才考虑使用 UG 来进行设计相应的模具。

限于篇幅，本章只重点介绍注塑模具设计方法与过程，其中所讲到的方法与技巧，可以作为其他模具设计的参考。

在模具设计过程中，模具的模架是有国家标准的，并由专门的模架加工厂家制作的。一般的模具厂可以通过购买现成的模架来缩短模具制造周期，但购买的模架需要根据不同的模具结构进行处理，以便和实际要求相符合。因此，模架的设计实际上是一个选择模架的过程，一般根据工厂的机械的加工能力、加工的工艺性、经济性、安全性和可靠性等多种要求来进行选择。

## 6.1　注塑模具设计

### 1. 分模方法

在 UG 分模中，主要包括自动分模与手工分模两种方法。

自动分模就是使用 UG 的自动分模功能来完成分模过程，主要使用“注塑模向导”工具栏中的命令来完成。

手工法分模就是利用 UG 的实体建模操作的各项命令，包括实体、曲面等及布尔运算命令来完成分模过程。本章在实例 6-5 中对此进行了介绍。

在分模时，不管是使用手工法还是使用自动法，其目的都是要分出型芯与型腔两大部分，两种方法都是可行的。同时，在用自动法分模时，也可能要借鉴手工法分模的特点来协助分模。

### 2. 模具设计步骤

在 UG 中，模具设计过程大体上与工具条中的按钮顺序相同。下面简单地说明一下模具设计的操作步骤及操作时的注意事项。

1）准备好零件图，制作或装载零件。零件图要求准确无误，模具设计前要进行核对。

2）多模腔设计。根据零件的不同，确定是否使用一模多腔设计，如果多件不同的产品在一个模具中一次成型，例如配套的上下盖一次成型，则要进行多模腔设计；如果是一模出几个同样的产品，则进行布局处理。

3）确定模具坐标系。模具坐标系是在模具设计中的参考，一般要使其对中，以方便操作。另外，为了操作简单，一般以 $z$ 轴正方向作为模具坐标的正方向，且 $z$ 轴正方向指向定模一侧，多数情况下，定模侧为型腔，但根据模具的具体情况，定模侧也可以是型芯。

4）确定收缩率。材料不同，收缩率不同，UG 提供了常用材料的收缩率，用户可以从中选用。如果 UG 中没有给出所需材料的收缩率可以通过查模具设计手册得到，然后存入 UG 材料表中。在实际操作过程中可以在装入零件时设定收缩率，也可以在确定模具坐标系后确定。

5）设计工件。工件是 UG 中用来制作上下模的一个虚拟材料块，或称坯料，这个坯料可以抽取出上下模型芯与型腔，因此其大小应比注塑件本身略大些，以包容下整个塑件。

6）分型。分型是模具设计的一个难点，分型就是将坯料分成型芯与型腔的过程，分型有时习惯称为分模。在 UG 中分模可以利用其自带分模工具条中的工具完成，也可以用 UG 中的造型工具完成，因此，分模操作灵活多变。

7）添加模架与标准件。模架可以根据模具的大小与类型进行选择，标准件也要根据需要来选取。标准件包括推杆、定位圈、流道、浇口套、浇注系统、冷却系统、导柱导套、侧抽芯机构、镶块等。

8）制作电极。电极是用来作为型腔加工的电火花加工的工具极。通过 UG 提供的电极命令，可以轻松地设计模具所需要的电极，为加工提供方便。

9）剪裁标准件与腔体。前面制作的标准件或其他零件虽然存在，但它们与其配套的零件间可能是相交的，必须将多余材料去除，剪裁标准件与腔体就是用来完成这个工作的。

10）给出材料清单。模具中用到的零件数量多、材料多样，UG 给出了自动列材料清单的功能。

11）产生零件图与装配图。

虽然说模具设计过程大体上相同，但在进行具体模具设计时，还是会对上面的操作步骤进行取舍，有时还会增加一些特殊操作。

## 6.2　模具设计全过程操作示例

由于 UG 模具设计的步骤是基本相同的，因此，下面以一个简单示例，使读者对设计步骤有个初步的认识，同时掌握整个设计过程。

图 6-1 所示是要进行模具设计的实际零件，零件名为：电器盒盖。这个零件的形状不太复杂，但有侧孔，因此，需要进行侧抽芯。

### 6.2.1　装载零件并设定材料及收缩率

启动 UG，右击工具条，在弹出快捷菜单后，单击【应用】，工具条中将增加【应用】工具条，单击其中的【注塑模向导】按钮，进入注塑模具设计环境，并弹出【注塑模向导】工具条，然后单击工具条中的【初始化项目】按钮，弹出【打开部件文件】对话框，选中本书网络电子资

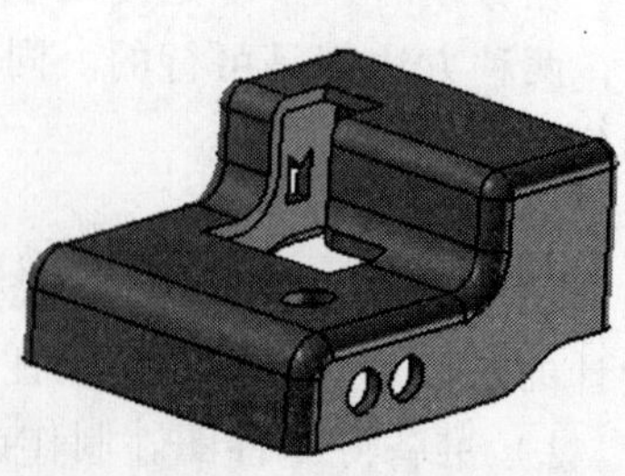

图 6-1　电器盒盖

源目录中的 ug-file\mz\dqg. prt 文件，然后单击【确定】按钮，弹出【初始化项目】对话框，并预显示零件，图 6-2 所示即是初始化项目的效果图。

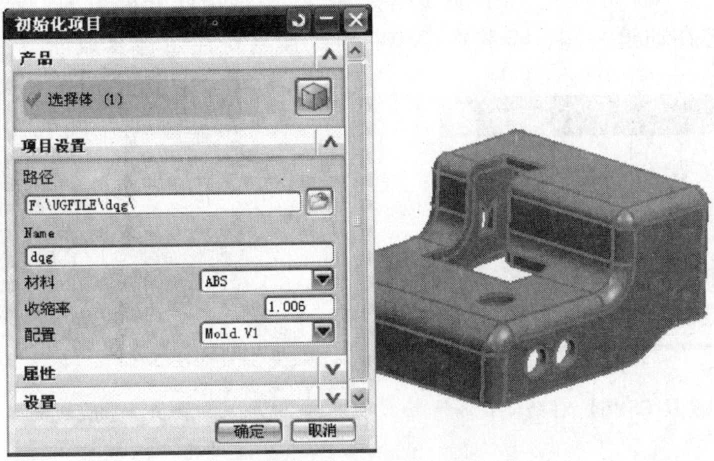


图 6-2 【初始化项目】对话框

在展开该对话框中的【设置】区域后，将【单位】选项设为毫米，注意图中在【路径】处的目录后面加上了文件夹的名称为 mz，后面制作的模具文件将存储在此目录下。操作时，读者也可以单击【浏览】按钮，在要存放的目的磁盘上建立一个文件夹，并进行命名。本例中将该文件夹命名为“mz”。需要注意的是，路径中不能含有中文，否则不能正常工作。部件材料可以在下拉框中选择，这里选择 ABS。材料的收缩率是系统自动给出的，但读者可以对收缩率进行修改；如果材料不能在图 6-2 所示的下拉框中找到，则可以单击【设置】区域的【编辑材料数据库】按钮自行添加材料，系统将打开 Excel，并列出若干材料，可以在其后按照相应格式增加材料种类，以充实数据库。

操作完成后单击【确定】按钮，系统将进行初始化操作，完成后将以“可见”的方式（亦即线框模式）显示被加入的零件，如图 6-3 所示。

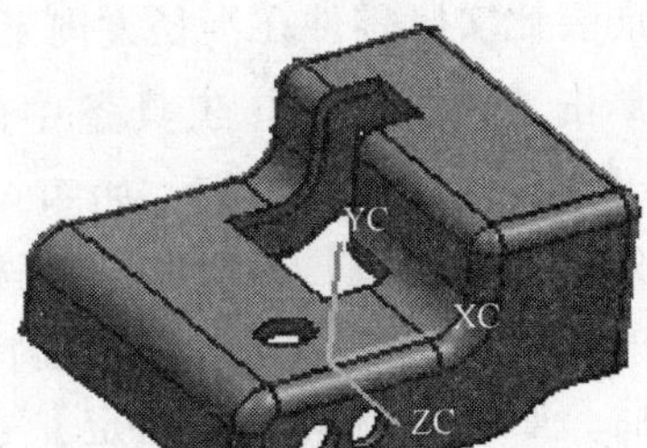


图 6-3　加载并初始化后的零件

## 6.2.2　确定模具坐标系

本示例只有一个塑胶件，因此不进行多模腔设计，直接进行模具坐标系的确定。因为多腔模设计一般是供同一模具生产多个不同产品时进行模具切换用的，如生产一个产品时有多个不同形状的塑胶件，想在同一模具中作出，此时，就会在同一个模具中设计出不同产品的型芯与型腔，这样做主要是节省开模费用、减少注塑机数量、提高注塑加工效率。此时需要在模型间切换。

单击模具向导工具条中的【模具 CSYS】按钮，弹出【模具 CSYS】对话框，如图 6-4所示。

在确定模具坐标系时，可以使用【格式】菜单中的【WCS】下级菜单中的所有命令来改变坐标系的位置与方向，最后的结果应该是 $Z$ 轴朝着开模的方向，且 ZC 正向指向定模一侧，这一点要特别注意；坐标原点最好在产品中心或者附近，坐标的 XY 平面应与主分型面在一个平面内。

本次设计由于坐标系的 ZC 方向不在开模方向上（如图 6-3 所示 ZC 方向），因此双击系统坐标系，使其进入编辑状态，然后旋转坐标轴，使 ZC 指向开模方向，结果如图 6-5 所示。图中调整后，型芯在动模一侧，型腔在定模一侧，读者应注意模具取向。

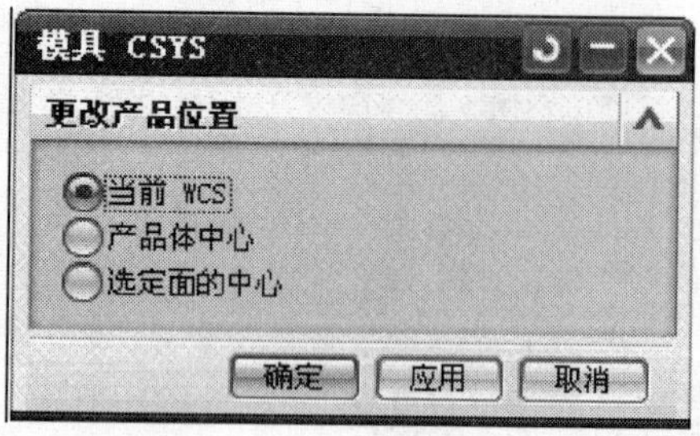

图 6-4　【模具 CSYS】对话框

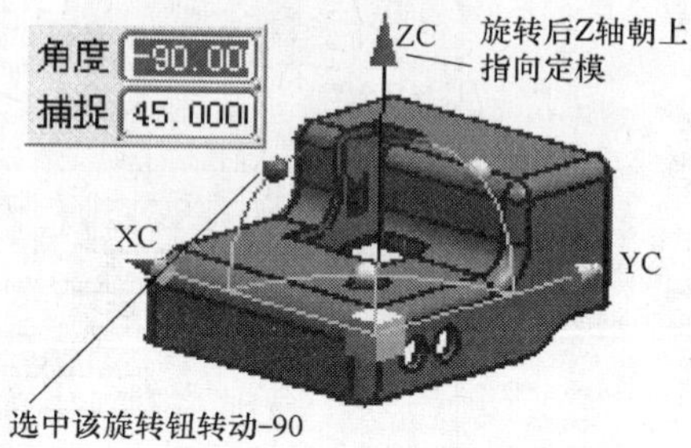

图 6-5　旋转的坐标系

设置好开模方向后，先单击鼠标中键，直接使用【模具 CSYS】对话框中的默认设置，如图 6-4 所示，单击【确定】按钮，完成坐标系的设定。

### 6.2.3　设置收缩率及设计工件

单击【收缩率】按钮，弹出【缩放体】对话框，在对话框中已给出【比例因子】值，读者可以根据塑料性质，选择【类型】中的“常规”、“轴对称”、“均匀”三种方式中的“均匀”，然后单击【确定】按钮完成收缩率的设置。

所谓工件，就是用来制作型芯型腔的毛坯料模型，其形状与大小可以根据实际产品进行设定，也可以使用软件自动设定，根据注塑模具设计知识可知，毛坯在半径方向要比实际零件在半径方向上大 10mm 以上。

单击【模具向导】工具条中的【工件】按钮，弹出【工件尺寸】对话框，如图 6-6 所示。

先选择【类型】种类，一般选择“产品工件”；再选择一种【工件方法】，一般选择“用户定义的块”。完成后，如果直接单击【确定】按钮，系统会自动给出一个工件；如果单击【绘制截面】按钮，可以根据产品情况，绘制不同形状的草图来设置工件，单击【确定】按钮直接完成工件的设置。结果得到如图 6-7 所示效果。将【显示模式】修改为“静态线框”时，效果如图 6-8 所示，可以看到，工件中包容了原来的零件。

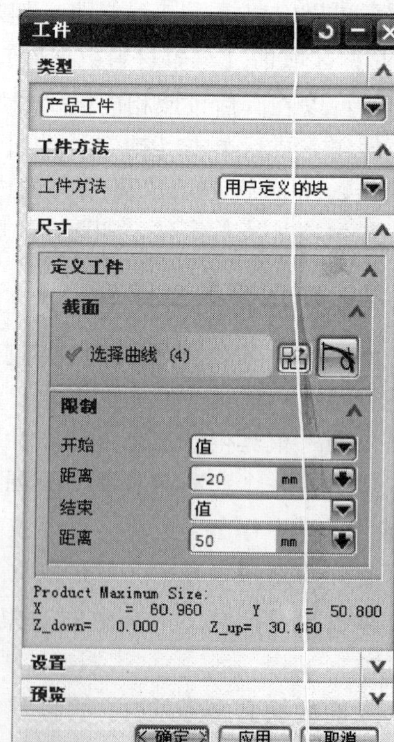

图 6-6　【工件尺寸】对话框

### 6.2.4　型腔布局

型腔布局是对同一产品进行一模多腔形式的设定，也就是工厂中常说的一模多出。在实际生产中，可以是

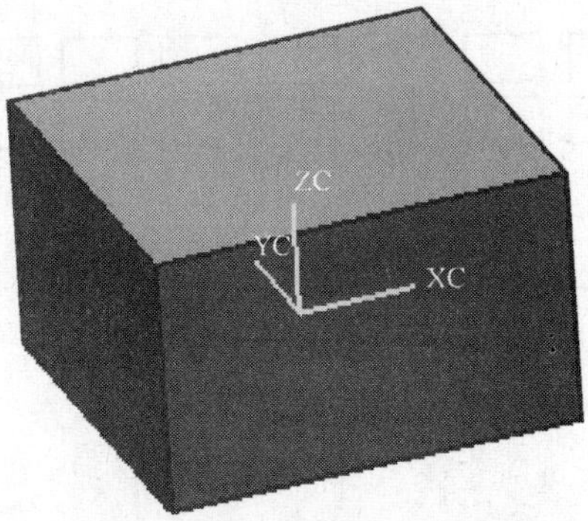


图 6-7　参考点定位的工件尺寸

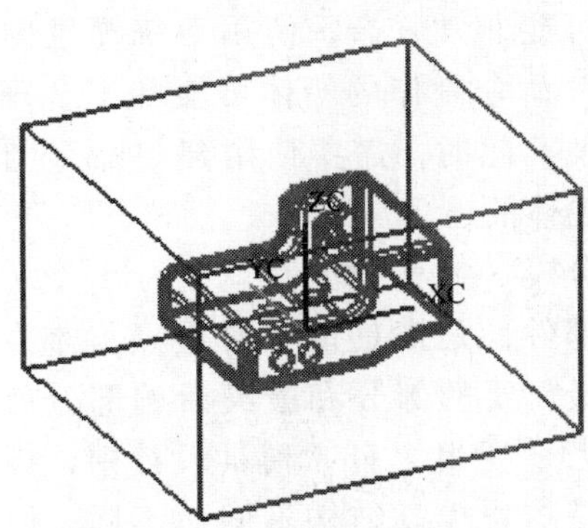


图 6-8　设置完成后的工件

一模一出，也可以是一模多出，要根据产品大小、形状、注塑机公称压力、注射量等因素来确定具体采用何种方式。一般地，当能够进行一模多出时尽量采用一模多出，这样可以提高生产效率，但开模费用会增加。本例暂用一模一出，操作过程比较简单，过程如下：

单击【注塑模向导】工具条上的【型腔布局】按钮 ，弹出【型腔布局】对话框，如图 6-9 所示。

布局形式有 4 种，如图 6-10 所示。操作过程是：将【布局类型】选项设为“矩形”，然后单击【平衡】或【线性】单选按钮，就可得到“矩形-平衡”、“矩形-线性”两种布局；如果将【布局类型】选项设为“圆的”就可以得到“圆的-径向”、“圆的-恒定的”两种布局。

第一种布局最多可以布局两个或 4 个零件，其他几种可以布局多个，具体个数由设计者根据模具的结构与尺寸、产品形状、是否有侧抽芯等因素来决定，也可以参考注塑模具设计的有关教材来确定。

本示例选择“矩形-线性”方式，并使 $X$ 和 $Y$ 向型腔数均为 1，其余用默认参数，然后单击图 6-9 所示的【自动对准中心】按钮，完成型腔布局操作，单击【关闭】按钮退出操作。

**注：进行此次操作后好像没有反应，因为产品中心与模具中心已经重合。**

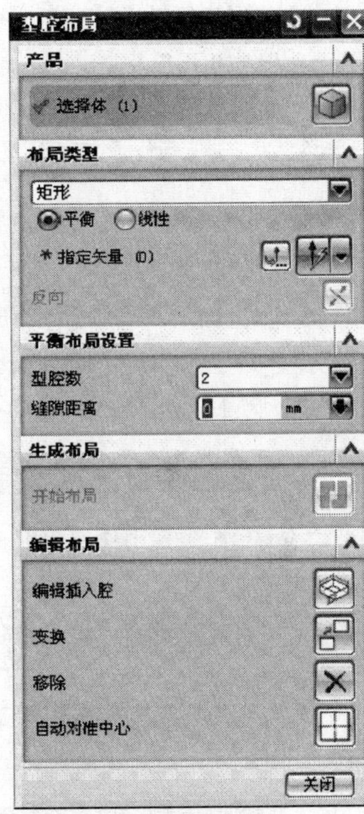


图 6-9　【型腔布局】对话框

## 6.2.5　创建箱体与分模

创建箱体（一个特定的长方体）的目的是为了在进行侧抽芯时填补孔洞，或填补复杂模具的特殊部位，以便于分模。UG 的【注塑模工具】工具条中有专门的创建箱体的命令。当分模完成后，箱体块通过“WAVE 几何链接器”链接后，将成为侧抽芯机构、模具型芯或型腔中的一部分。

箱体可以使用 UG 的各种造型命令来建立，如拉伸、旋转、扫掠等。有的模具要用到的箱体可能非常复杂，使用系统提供的“创建箱体”命令制作的箱体可能并不合理或操作不方便，此时，需要使用建模命令与方法来完成箱体的建立。

分模（或称分型）就是分出型芯与型腔两个部件，是模具设计的重点与难点。一个模具最重要的部分和最灵活的部分就是分模（分型）。除此之外，模具设计中，模架的修改也是随着模具结构不同而不同，而其余的操作步骤基本相同。分模时需要一个特殊的曲面，以便通过该曲面将工件分成型芯与型腔，常将这个面称为分型面。创建箱体和分模的基本操作如下：

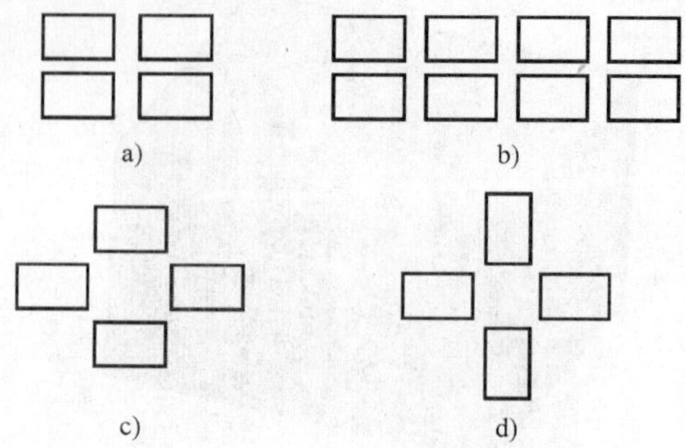


图 6-10　4 种布局

a）矩形-平衡　b）矩形-线性

c）圆的-恒定的　d）圆的-径向

（1）创建箱体　单击【注塑模向导】工具条中的【注塑模工具】按钮，将显示【注塑模工具】工具条，单击该工具条中的【Existing Surface（已存在曲面）】按钮，弹出【选择片体】对话框，然后单击【取消】按钮。通过这个操作，可以看到产品模型的显示模型由“线框”模型修改为“着色”模型。

然后单击【创建箱体】按钮，弹出【创建方块】对话框，此对话框中提供两种创建箱体的方法：“常规框”与“对象包容方块”。这里使用默认设置，其中该对话框中的（默认间隙）值为 1，然后选中其中一个侧孔的内表面，结果如图 6-11 所示。

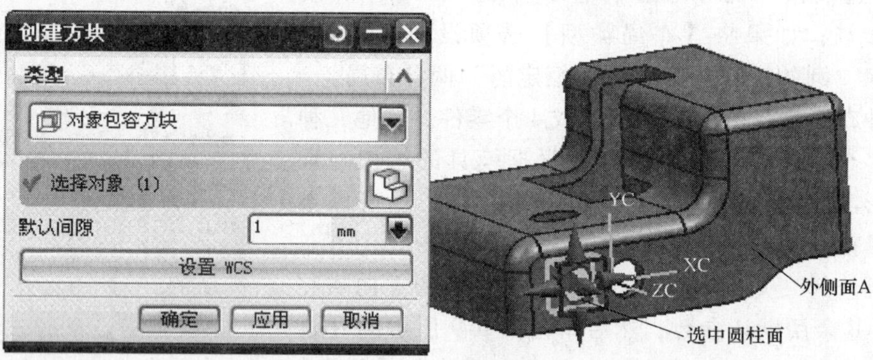


图 6-11　创建箱体

按鼠标中键确定后，就创建了一个长方体箱体块，并且将侧孔填充覆盖，单击【注塑模工具】工具条中的【分割实体】按钮，弹出【分割实体】对话框，先将该对话框中的【类型】选项修改为“修剪”，然后选中刚才创建的箱体，单击图 6-11 所示的外侧面 A，再按鼠标中键，就会看到箱体被修剪了；再以同样的方法修剪箱体的另一面；然后选择刚才创建的箱体的孔的内表面，再单击鼠标中键，就可以将孔修剪成圆柱形的柱体，结果如图6-12所示。

以同样的方式完成所有侧孔的箱体的创建，并进行修剪。

**注意：修剪箱体时，如果使用上面的方法操作有困难，可以先单击【建模】按钮，进入到建模环境中，单击【求差】按钮进行修剪。求差时，先选择箱体，然后再选择产品**

**模型，并选中【求差】对话框中的【保留工具体】复选框。然后单击【确定】按钮，就可以进行修剪了。**

图 6-13 所示是所有的侧孔均进行修补后的结果。

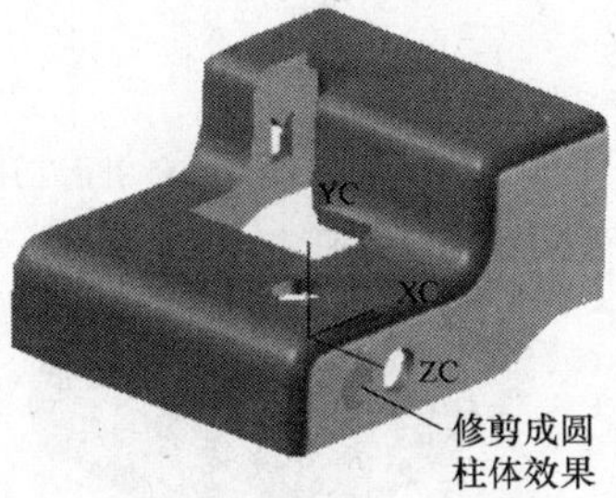


图 6-12　修剪后的箱体

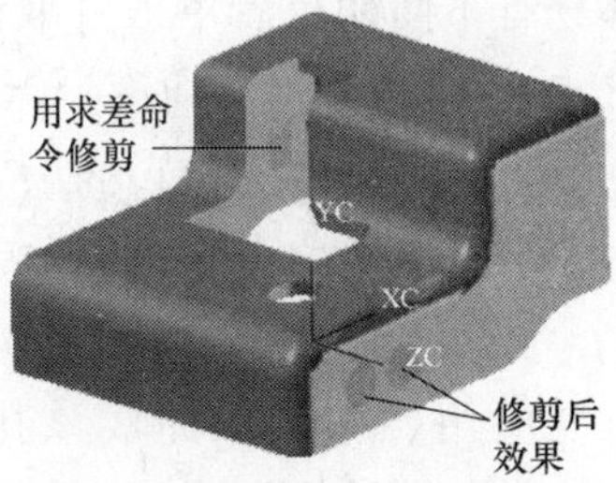


图 6-13　修补后的 3 个侧孔

单击【注塑模工具】工具条中的【补实体】按钮命令，然后选中各箱体，再单击【确定】按钮，就可以看到所有箱体已经与产品同色，可见箱体已经将侧孔补好，结果如图 6-14 所示。

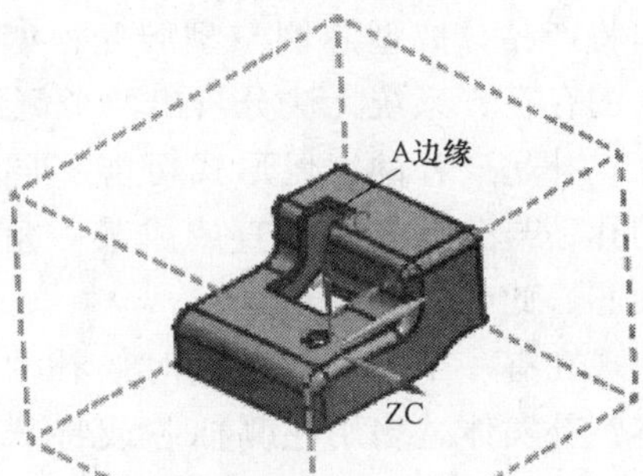


图 6-14　补实体后侧孔看不见了

（2）曲面补片　上面创建箱体是针对侧孔的，但实际产品中有与开模方向一致的孔，此时，为了保证分模的正常进行，要进行补片。所谓补片，就是用一个曲面将这些孔封闭起来，今后分型时就以这个面作为分模面的一部分，可以将模具分隔成型芯与型腔两部分。

UG 中提供了多种专用的补片方法，如“边缘补片”可以通过引导搜索对较复杂的边界面进行补片；“扩大曲面补片”，可以通过曲面扩大，然后保留部分曲面，从而进行补片。当以上方法不能满足用户要求时，UG 允许使用制作曲面的任何方法来制作一个曲面，将孔补好，补好后使用“编辑分型面和曲面补片”命令将自己作的面转换成补片体即可。

单击【注塑模工具】工具条中的【分型】按钮，会弹出图 6-15 所示的【模具分型工具】工具条及【分型导航器】。

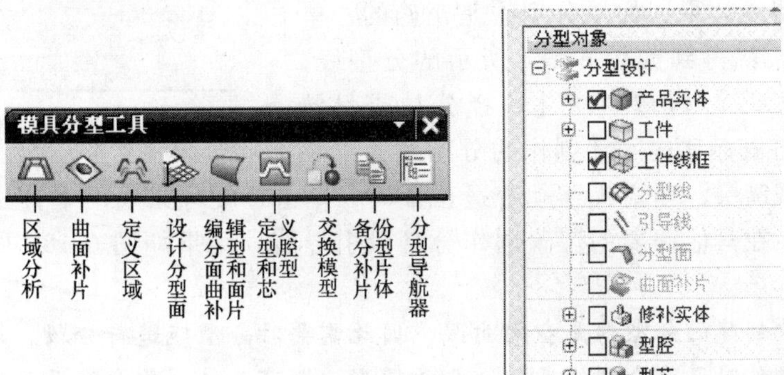


图 6-15　【模具分型工具】工具条及【分型导航器】

单击该工具条中的【区域分析】按钮，弹出【MPV 初始化】对话框，由于前面已经设置了模具方向，因此，这里直接按鼠标中键，弹出【塑模部件验证】对话框，并有部分边缘被系统自动选中，单击该对话框中的【设置区域颜色】按钮，结果如图 6-14 所示，零件不同部分有不同颜色。单击【取消】按钮完成操作。

单击【曲面补片】按钮，弹出【边缘修补】对话框，如果有需要，读者可以将【类型】选项修改为“面”或“体”，这里使用默认选项。然后选中图 6-14 所示的“A 边缘”，会看到 L 型孔所有边被自动选中，单击【应用】按钮，完成该孔的补片；同理，完成圆孔的补片。结果如图 6-16 所示。

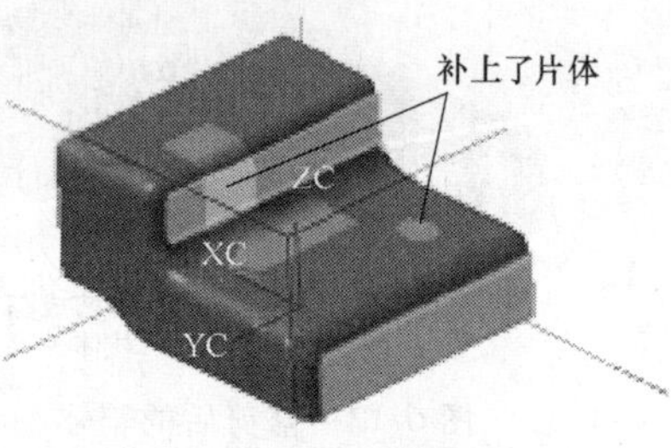


图 6-16　补片效果

补片的目的是要使型芯与型腔分开，系统根据分型面将产品分成型芯侧与型腔侧，如果不补片，由于穿孔的存在，系统无法分辨出两个侧面的交界面，因此分型将失败。那么是不是所有孔都要补片？补是要补的，但形式可能不同，如果是产品侧面的孔，与分型方向垂直或成某一角度，则此孔需要侧抽芯，此时多做成箱体。

现在有一个问题，什么时候补片体，什么时候补实体？补实体，多用在侧抽芯或特殊模具部位，本例中介绍的情况是侧抽芯，而本章实例 6-3 中的凸台就是模具中的特殊位置，此时进行补实体会使后续操作更方便；如果孔与抽芯方向相同时，可以补片体，这样后续操作更方便。因此，什么时候补片体或实体主要决定于后续操作的方便性，一个孔补片体或补实体其实都是可以的，但后续操作的方便程度会不同。

(3) 获得分型线与分型面　单击图 6-15 所示【模具分型工具】工具条中的【设计分型面】按钮，弹出【设计分型面】对话框，如图 6-17 所示。

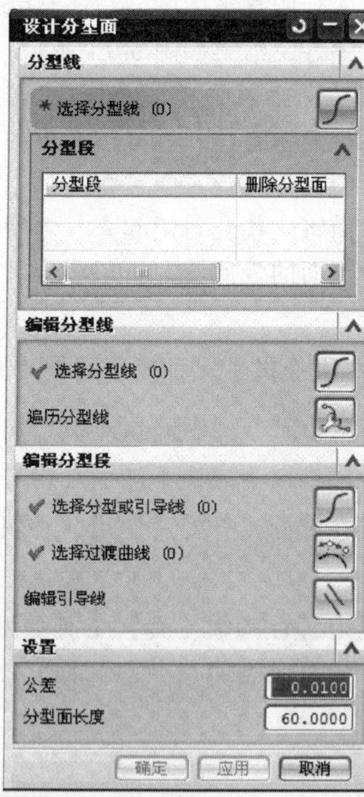


图 6-17　【设计分型面】对话框

单击【编辑分型线】区域中的【选择分型线】按钮，然后单击图 6-16 中零件的下边缘任意一条边，可以看到预览的分型线效果，如果分型线是正确的，单击【应用】按钮，就得到如图 6-18a 所示的分型线，再单击【编辑分型段】区域中的【选择分型或引导线】按钮，同时将鼠标移向刚才制作的分型线的某一位置时，就会出现箭头，当箭头移动合适位置时，单击，就可完成一个分型段引导线的制作。照同样方法，在其他需要的位置制作分型段引导线，结果如图 6-18b 所示，得到四个分段。

**注意：本例中创建的分型线是空间曲线，因此需要对分型线进行分段，即制作分型段引导线。但如果在操作时所得分型线是一个平面图形，则可直接制作分型面而不需要制作分型线。一般地，如果分型线是空间曲线，则需在合适的位置设置分型段，以使分出来的各段分**

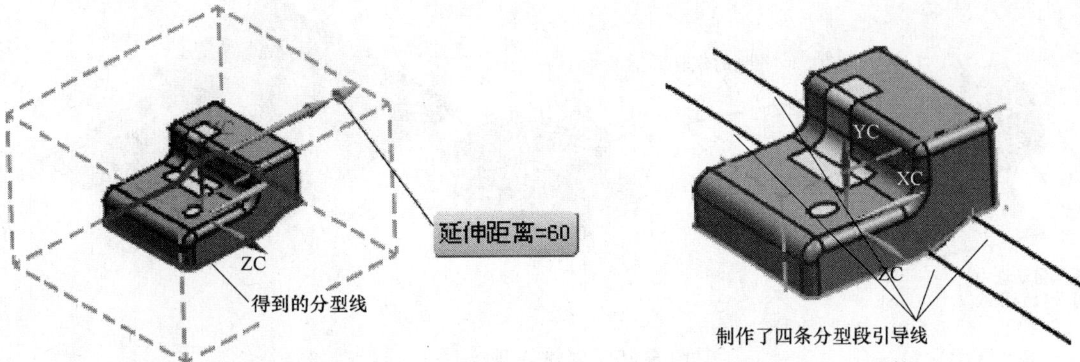


a)　　b)

图 6-18　制作分型线及引导线

a）分型线　b）引导线

**型线均是平面曲线，即两分型段间的分型线是一个平面曲线而非空间曲线。**

**另外，在 UG NX7.5 中，分型线的制作更加自由与开放，即可以根据需要，任意绘制零件的边缘曲线或其他曲线并将其作为分型线，因此，制作分型线方法更加灵活，样式更多。**

当完成分型引导线的绘制后，单击【设计分型面】对话框中的【应用】按钮，此时，系统自动选中“分段 1”，并使对应分段的分型线高亮度显示，如图 6-19a 所示。此时，【设计分型面】对话框中的【创建分型面】区域中的图标变化为图 6-19b 所示，共提供了“拉伸”、“扫掠”、“有界平面”、“扩大的曲面”及“条带曲面”等几种制作分型面的方法。由于该段分型线是一段与开模方向垂直的平面曲线，因此，可以使用“有界平面”的方法来制作，这样比较方便，因此，单击【有界平面】按钮，看到在原高亮显示的分型线处显示了一个平面，其中有拖动球，用鼠标左键按住拖动，可以改变平面大小，使平面大过工件框架即可，结果如图 6-19c 所示。

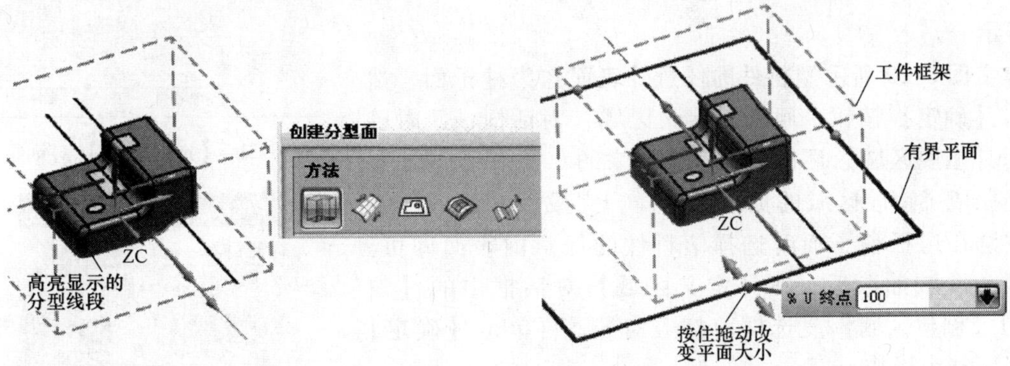


a)　　b)　　c)

图 6-19　创建分型面过程

a）选中分段　b）【创建分型面】工具条　c）创建有界平面

单击【应用】按钮，弹出【查看修剪片体】对话框，如果平面方向正确，直接单击【确定】按钮完成该段分型面制作，否则，单击【翻转修剪的片体】的按钮，以便改变分型面的方向。结果得到如图 6-20a 所示的部分分型面，同时，系统自动选中另一段相邻的分型

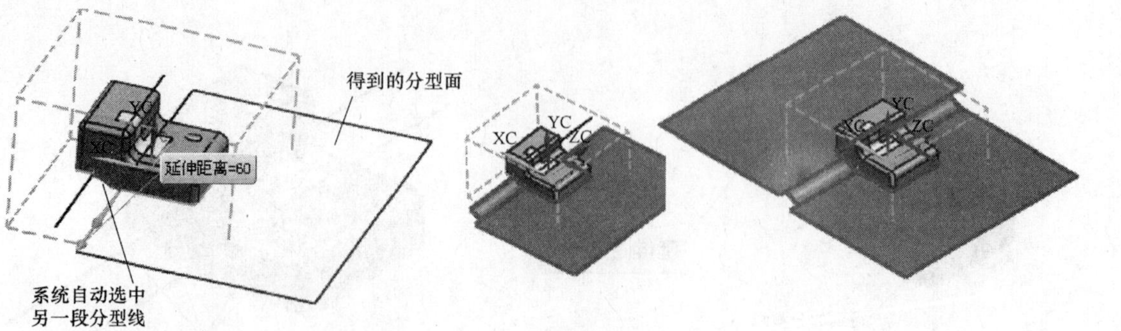


a)　　b)　　c)

图 6-20　创建分型面

a）第一段分型面　b）第二段分型面　c）第三段分型面

线。由于该段分型线所在平面平行于开模方向，因此，使用“扫掠”的方法更方便。单击【扫掠】按钮，然后单击【应用】按钮，就完成了另一部分分型面的制作，如图 6-20b 所示。类似地，完成其他部分分型面的制作，结果如图 6-20c 所示。操作完成后关闭【设计分型面】对话框。

（4）创建区域　完成分型线与分型面的制作后，开始定义区域。定义区域实际上就是通过对零件内外表面及分型面的复制，获得一个复杂的曲面，以形成型芯区与型腔区的操作过程，在后面创建型芯与型腔时，将利用这两个区将工件剖分成型芯实体与型腔实体。

单击【模具分型工具】工具条中的【定义区域】按钮，弹出【定义区域】对话框，如图 6-21 所示。

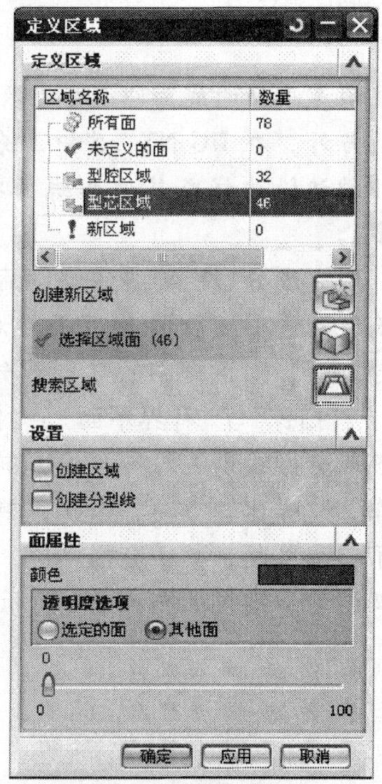


图 6-21　【定义区域】对话框

在【区域名称】列表内选中“型腔区域”，然后单击【搜索区域】按钮，弹出【搜索区域】对话框，如图 6-22所示。

单击图 6-20 所示塑料件的任意外表面作为种子面，然后单击【确定】按钮，回到【定义区域】对话框，此时已经看到【型腔区域】后面的数字由原来的 0 变成了 32，说明已经完成了型腔区域的抽取。同样，完成型芯区域的抽取，注意在选择种子面时选择塑料件的任意内表面即可。完成两个区域抽取后，在【定义区域】对话框中的【设置】的【创建区域】复选框前打上勾号，再单击【确定】按钮完成整个操作。

图 6-22　【搜索区域】对话框

（5）创建型芯与型腔　区域抽取完成后创建型芯与型腔，单击【创建型腔与型芯】按钮，弹出如图 6-23 所示的【定义型腔和型芯】对话框。

按住 <Ctrl> 键后，单击选中“型腔区域”与“型芯区域”，单击【确定】按钮，系统弹出【查看分型结果】对话框，并预显示型腔结果，如图 6-24 所示。

单击【查看分型结果】对话框中的【确定】按钮，完成型腔创建，系统会继续出现图 6-24 所示的【查看分型结果】对话框，并有如图 6-25 所示预览效果。单击【确定】按钮，就完成了型芯与型腔的创建。

图 6-23　【定义型腔和型芯】对话框

**注意：如果是第一次分型，可能发现刚才创建型芯与型腔时看到了创建的型芯与型腔，但创建完成后反而不见了，其实，单击【窗口】菜单中的【dqg_core_013. prt】，就可以看到完成的型芯，同样单击【dqg_cavity_011. prt】可以看到型腔。这里，“dqg”代表了项目名称，“core”、“cavity”分别表示型芯与型腔，而后面的数字是序号，读者在操作时，序号可能与这里的不同。在这里顺便说明一下，在 UG 模具设计中，不同零件的命名规则如下：**

**1）命名分为左中右三段，两段间用下划线隔开，左边的代表项目名，如上面的“dqg”；中间的代表零件类型，如上面的“core”和“cavity”；右边的是序号。**

**2）UG 分模中，几个主要的零件类型：“core”代表型芯，“cavity”表示型腔，“prod”代表型芯型腔组件，“cool”代表冷却系统，“fill”代表浇注系统，“layout”代表布局，“top”代表整个模具系统。在增加模架后，还会出现其他代号，后面再做介绍。**

**若需要保存分模结果，可单击【文件】→【全部保存】，这样才能对模具文件进行完整的保存；打开模具时，要用【注塑模向导】工具条中的“项目初始化”命令，打开含有 top 的文件，如上面的模具应打开 dqg_top_000. prt 文件，这样就可以打开所有文件了，并可继续进行后续操作或修改操作。**

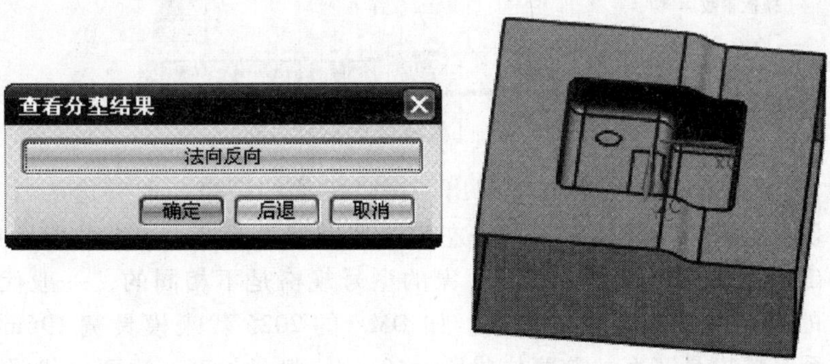


图 6-24　型腔分型后的结果

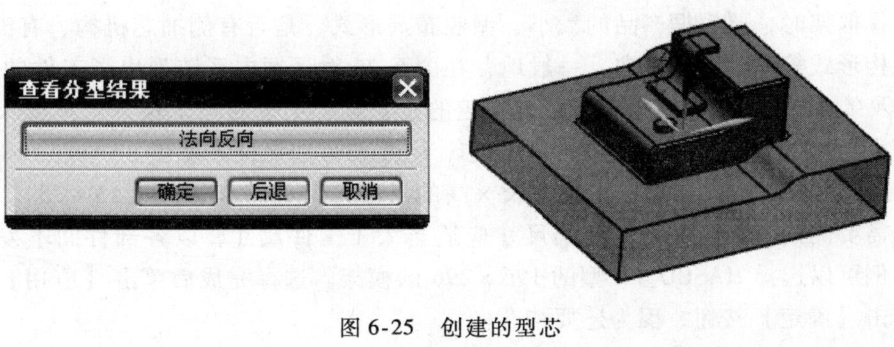


图 6-25　创建的型芯

### 6.2.6 添加模架与标准件

（1）加模架　单击【模具向导】工具条中的【模架】按钮，弹出【模架设计】对话框，如图 6-26 所示。

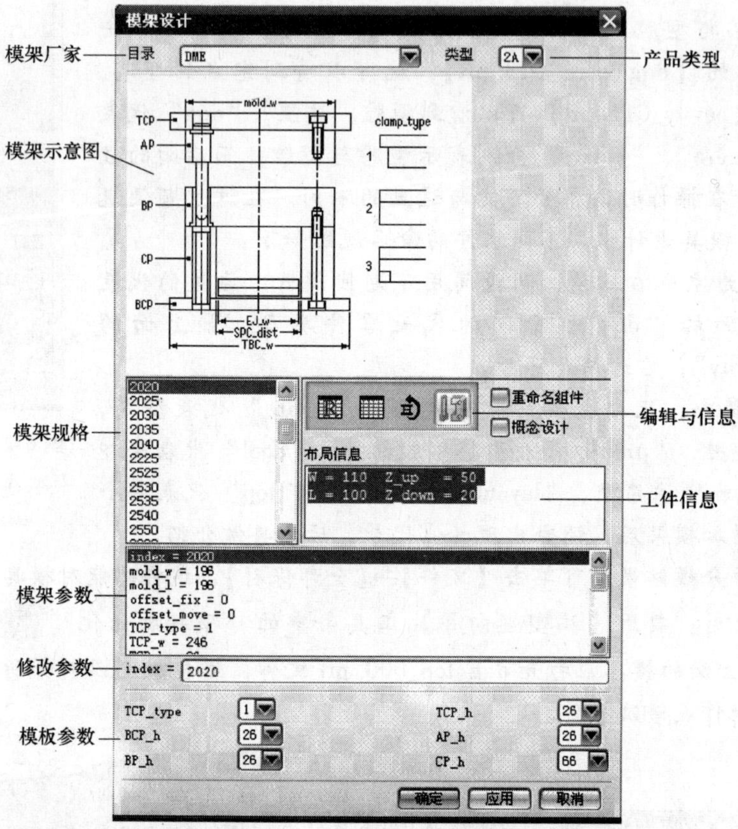


图 6-26　【模架设计】对话框

对话框中，【目录】下拉列表框中列出了提供模架的厂家，而旁边的【TYPE】下拉列表框则列出了该厂不同类型的模架，在中左位置列出型号规格，中右位置则给出布局信息，在下面位置给出模板形式与尺寸。不同厂家的型号规格是不相同的，一般代表模板（型腔板与型芯板）的长与宽或长与宽的代码。如 DME 的 2025 代表模具宽 196mm，长 246mm，代码与数据关系是：模具宽度 = 前两位代码 ×10 - 4，模具长度 = 后两位代码 ×10 - 4；又如 HASCO_E 则直接给出宽与长的乘积形式：196 ×246。

而选择框架时，要根据产品的大小、型腔布局形式、是否有侧抽芯机构、有没有镶块以及推出机构形式等多种因素考虑。一般地，在图 6-26 对话框中系统列出了工件的信息，W、L、Z_up 及 Z_down 数据分别代表型芯与型腔的长、宽、上模高与下模高。模架大小也以比型芯长宽大 100 ~ 150 为宜，但如果有侧抽芯，则需要另加侧抽芯宽度。

此零件选择模具型芯与型腔的宽 × 长 × 高的尺寸为 110 ×150 ×80（55 +25），尺寸虽然不大，但需要侧抽芯。选择时，模架尺寸应适当大于工件尺寸，以各部件间不发生干涉为宜。如本例可以选择 HASCO_ E 型的 196 ×296 的模架。选择完成后单击【应用】按钮，注意不要单击【确定】按钮，因为还要修改。

安装模架后的效果如图 6-27 所示。

在安装模架后，右击鼠标，在弹出的快捷菜单中单击【视图方向】→【前视图】，使视图成为前视图，单击【模架管理】中的【编辑组件】按钮，弹出【编辑模架组件】对话框，如图6-28所示。

用鼠标单击型腔板（如图 6-27 所示，模具从上往下的第二块板），则图 6-28 所示的【编辑模架组件】对话框中会自动发生相应的改变。选择图 6-28 所示的对话框中的【尺寸】选项卡，如图 6-29 所示。

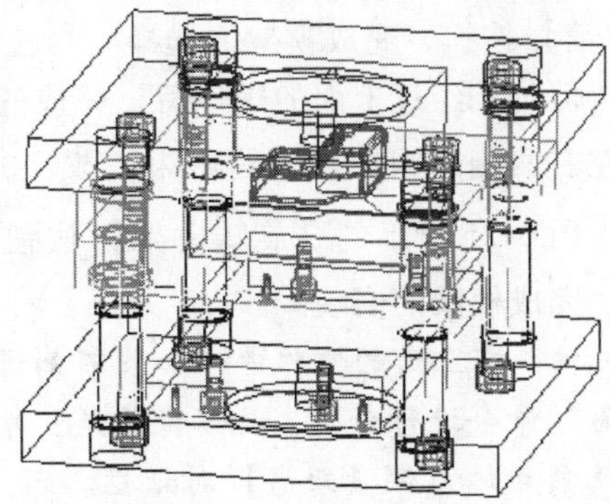

图 6-27　安装模架后的效果

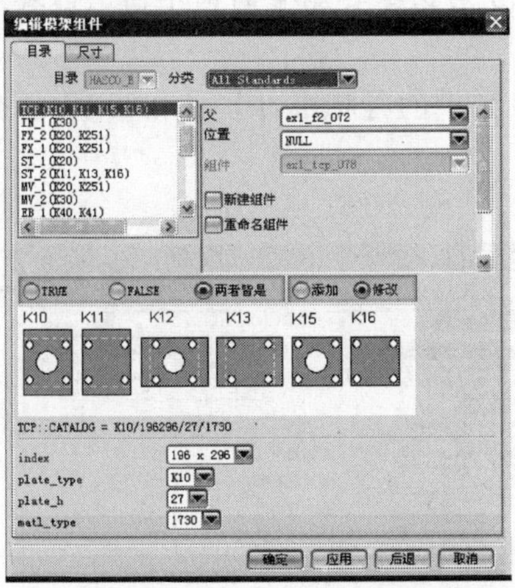


图 6-28　【编辑模架组件】对话框的【目录】选项卡

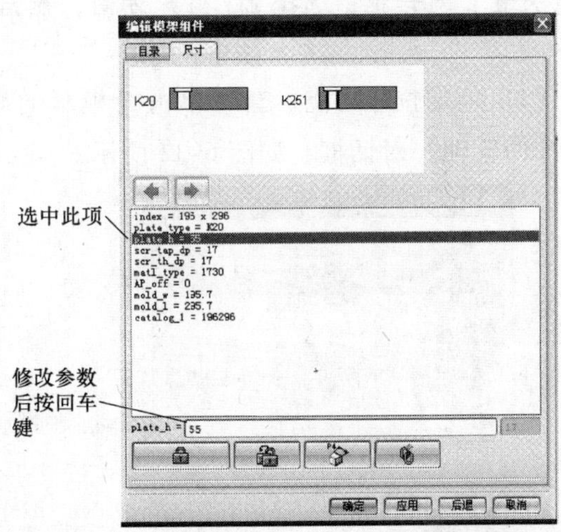


图 6-29　【编辑模架组件】对话框中的【尺寸】选项卡

在该对话框中，选中中部的 plate_h = 46，然后在下面的文本框中将其值修改为 55，如图 6-29 所示的指引线说明。单击【应用】按钮，则型腔板厚度修改为 55，与原来工件的型腔部分的厚度相同。同样单击第三块板，即型芯板，将 plate_h 值改为 25，将支承板的 plate_h值改为 80。修改前后的效果图如图 6-30 所示。

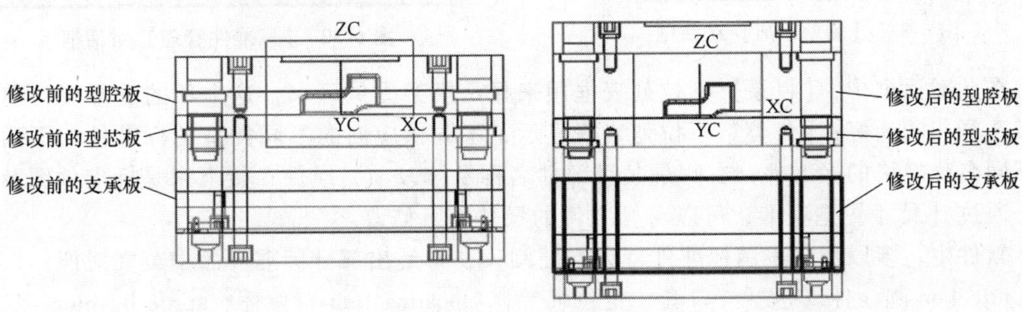


a)　　b)

图 6-30　修改前后对比

a）修改前　b）修改后

修改完成后，单击【取消】按钮，回到图 6-26 所示的【模架管理】对话框中，单击【取消】按钮，完成模架的选择。

但是，经过上面的操作后，完成的模架与工件的方向不正确，因为此时的方向不便于放置左右两侧的侧抽芯机构。为了改变方向，再次单击【模架】按钮，进入到模架环境，单击图 6-26 所示的【旋转模架】按钮，可以将模架旋转 90°，再次单击【取消】按钮后，完成模架的安装。

**注：在上面的操作中，如果不知道工件的某些尺寸，可以用【分析】菜单中的“测量距离”命令进行分析，具体操作是：单击【分析】菜单中的【测量距离】按钮，弹出如图 6-31 所示的【测量距离】对话框。**

**单击【类型】区域中的按钮，在弹出的下拉菜单中选择“投影距离”选项，将弹出【矢量】对话框，选择 ZC 坐标方向，然后用鼠标分别选择要测量的两个面，则有结果显示。**

（2）加定位环与浇口套　单击【模具向导】工具条中的【标准件】按钮，将弹出【标准件管理】对话框，如图 6-32 所示。

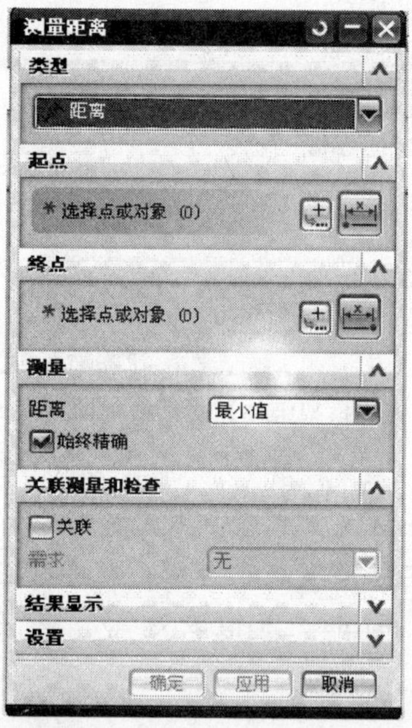


图 6-31　【测量距离】对话框

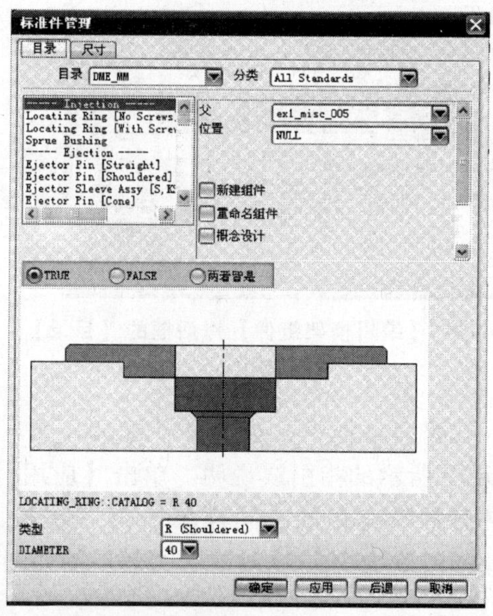


图 6-32　【标准件管理】对话框

在此对话框中，【目录】下拉列表框用来显示模架提供厂家，这个项的选择要与前面的模架选择相同为好；【分类】下拉列表框显示了不同供应商的不同类型的标准件；下面左边是不同名称规格的标准件；右侧是父级部件名称及修改项目组件；接下来是标准件图及其参数；通过【尺寸】选项卡，可以对标准件的尺寸进行修改。

软件中，多以英文表示标准件，为方便阅读，特给出部分标准件的中英文对照：

injection 浇注件（包括浇口套、定位环等）、locating ring 定位环、sprue bushing 浇口套、ejection 推出部件、ejector pin 推杆、ejector sleeve assy 推管机构、return pin 复位杆、ejector misc 推出部件杂件（如导向套等）、ejector rod 顶出杆、support pillar 支柱、stop pin 止动销、dowel 定位销、guides 导套、leader pin 导杆、guides pin 导杆、slide 滑动机构、cooling fitting

冷却部件。

因为前面加的模架是 HASCO_E 的，因此，这里选择 HASCO_MM 作为对应，在定位环（locating ring）处选择 K100A 型，然后单击对话框中的【应用】按钮。

在浇注件（injection）处选择浇口套（sprue bushing［z50，z51，z511，z512］），选择【尺寸】选项卡，将 HEAD_DIA（头部直径）改为 36，使之与前面加的定位环的 HOLE_DIA 尺寸对应一致，然后单击【应用】按钮，则一个浇口套就加好了。

（3）加推杆　在【标准部件管理】对话框中选择直推杆 ejector pin（straight），然后单击【应用】按钮，则弹出【点构造器】对话框，确定要加推杆的点的位置，一般以坐标的方式输入坐标值，图 6-33 所示即是其中的一个坐标值，各个坐标值分别为：（27，21）、（－27,21）、（－27，－21）、（27，－21）、（0，21）、（0，－21）。

按照上面的方法获得了 6 个点，当然可以多加几个点，这要根据推出时的情况确定，如塑料材料、塑件大小等。

若出错，可以修改位置，单击图 6-34 所示的【标准件管理】对话框中的目录，进入【目录】选项卡，往下拖动右侧的滚动条，可以看到有一排命令按钮，如图 6-34 所示。

单击【重定位】按钮，弹出【重定位组件】对话框，用鼠标选择刚才作过和需要重定位的标准件，发现有坐标系附于选择的标准件上，可以按住这个坐标的 X、Y 轴拖动标准件，也可旋转标准件，如果要准确移动，可以先单击坐标的某轴的箭头，如 X 轴，然后在图 6-35 所示的对话框中的【距离】文本框中输入正负数据，再单击【应用】按钮，可以实现精确移动；与此类似，可以移动 Y 坐标，或旋转。

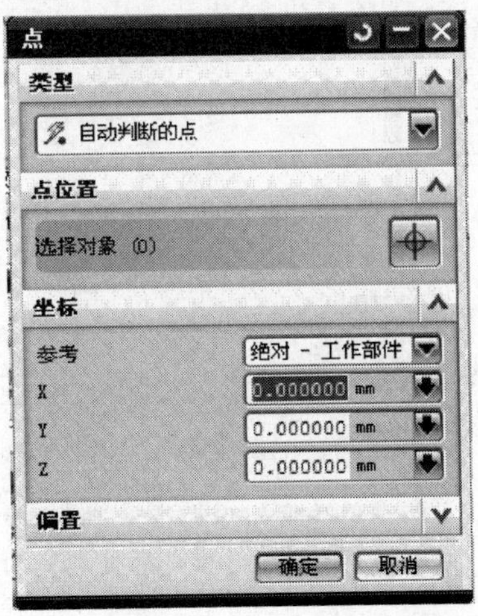


图 6-33　其中一个推杆的位置坐标

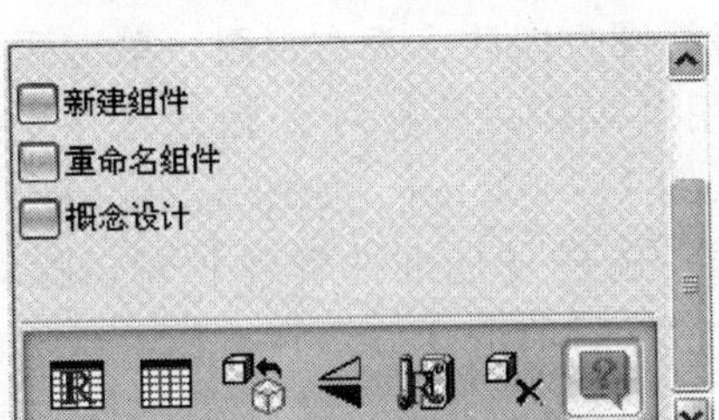


图 6-34　【标准件管理】对话框中的部分内容

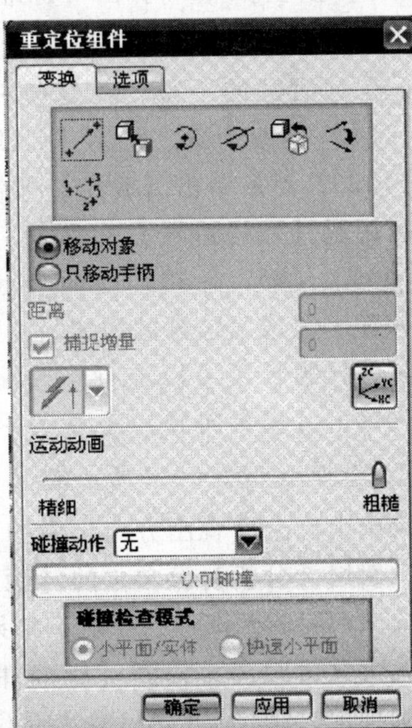


图 6-35　【重定位组件】对话框

根据上面的方法得到若干个点后，单击【点构造器】对话框中的【取消】按钮，回到图 6-32 所示的【标准件管理】对话框中，打开【尺寸】选项卡，将 CATALOG_LENGTH 的值改为 160，然后单击【确定】按钮，可以看到增加了 6 根推杆，如图 6-36 所示。

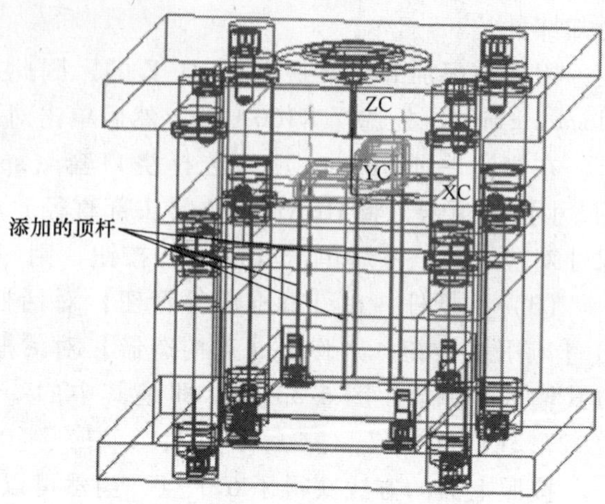


图 6-36　加上推杆后的情况

很明显，新加的推杆太长了，因此需要修剪。单击【模具向导】工具条中的【顶杆】按钮，弹出【推杆后处理】对话框，如图 6-37 所示。

按默认设置，选中刚才作的 6 根推杆，然后单击对话框中【选择步骤】选项组中的【第二步】按钮，发现对话框中的内容发生了改变，出现了【修剪部件】、【修剪曲面】等选项，在【修剪曲面】下拉列表框中选择“修剪型芯侧片体 CORE_TRIM_SHEET”，不要选择“修剪型腔侧片体 CAVITY_TRIM_SHEET”，然后单击【确定】按钮，则所有推杆被自动修剪。修剪后的结果如图 6-36 所示。

图 6-37　【推杆后处理】对话框

（4）加复位杆　单击【模具向导】工具条中的【标准件】按钮，将弹出【标准件管理】对话框，如图 6-32 所示。在此对话框中选择复位杆（return pin）；在对话框的下部，将复位杆的直径【CATALOG_DIA】值改为 5，长度【CATALOG_LENGTH】值改为 125，然后单击【确定】按钮，与上面的操作类似，出现【点构造器】对话框，分别输入坐标为（45，40）、（45，-40）的两个点，然后单击【取消】按钮，完成复位杆的添加。

复位杆的长度可以进行修改编辑，使之符合要求。先单击【模具向导】工具条中的【标准件】按钮，将弹出如图 6-32 所示的【标准件管理】对话框，然后在工作区中右击，在弹出的快捷菜单中单击【视图方向】中的【右视图】，将视图方向改变为右视图，单击要修改的复位杆，使用【分析】菜单中的【距离】命令，利用【投影距离】对 $Z$ 轴方向的复位杆的下部与分型面间的距离进行分析，结果测得复位杆长为 117.025mm，如图 6-38a 所示。

关闭分析距离，回到【标准件管理】对话框，选择【标准件管理】对话框中的【尺寸】选项卡，修改 CATALOG_LENGTH 为 117.025，然后单击【应用】按钮，系统将原来的复位杆的长度修改为规定的值。

与这个操作方法相同，可以加左端另外的两根复位杆，这两根复位杆的位置是（-45，-40）、（-45，40），修剪长度为 112，如图 6-38b 所示。

读者可能会问，4 根复位杆为何要作两次添加，而不一次完成？这是因为系统在加一次标准件时，就把同时添加的对象作为修改的整体，即修改其中一个，另一个也会被修改，因此，如果同时加 4 根复位杆，就不能使它们的长度不同，因此要作两次添加。

完成添加所有复位杆后的效果如图 6-39 所示。

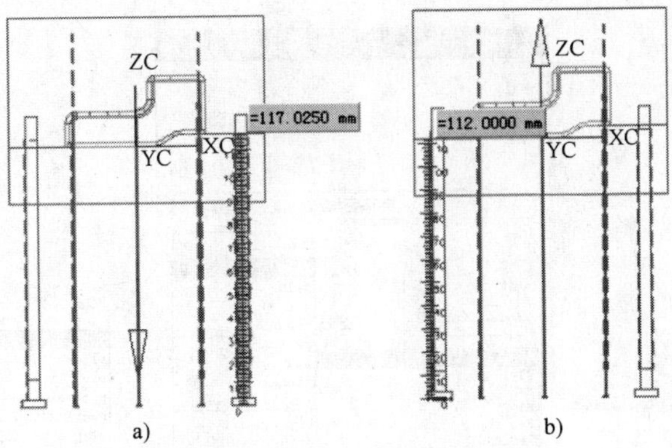


图 6-38　测量复位杆的长度
a）测量长复位杆　b）测量短复位杆

（5）加浇口　为了操作方便，先单击【窗口】→dqg_top_000. prt，进入系统总成环境，然后单击【着色】按钮，进入【着色】模式，再单击【编辑】→【隐藏】→【隐藏】，将不必要的部件隐藏，只剩下图 6-40 所示的部件。

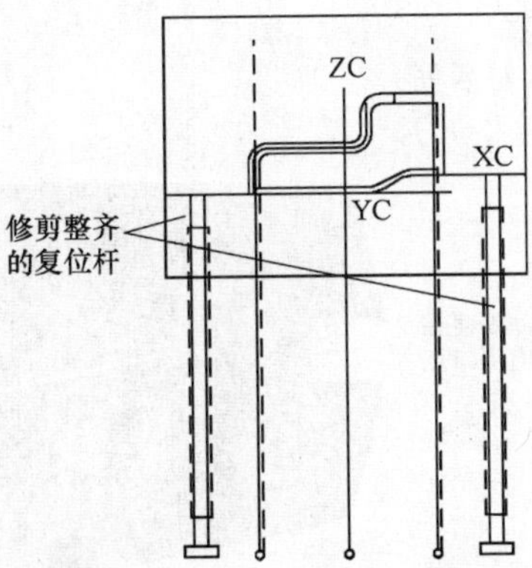


图 6-39　添加完成的复位杆

图 6-40　隐藏部件后准备加浇口

单击【模具向导】工具条中的【浇口】按钮，弹出【浇口设计】对话框，如图6-41 所示。

在【浇口设计】对话框中的【类型】下拉列表框中列出了各种浇口类型，如图 6-42 所示。

这里选择“潜伏浇口”（submarine）选项，然后单击对话框中的【浇口点表示】按钮，弹出【浇口点】对话框，单击【面上的点】按钮，弹出【面选择】对话框，选择浇口位置上的一个面，如图 6-42 所示。

当面选择好后则弹出【点在面上移动】（point move on face）对话框，适当修改对话框中 YC 方向的值，将原来的 YC 方向值减去 1.075，单击【确定】按钮，则创建了一个点，同时又回到前一次出现的【浇口点】对话框，单击【后退】按钮，回到图 6-41 所示的对话框，适当修改浇口参数，将对话框中的 HD 修改为 6.035，其余的使用默认值，然后单击【应用】按钮，系统要求选择一个点，同时弹出【点构造器】对话框，当选择好刚才创建的点后，弹出【矢量构成】对话框，这是要求用户给出浇口的方向，选择默认的方向，单击【确定】按钮，则浇口创建成功，并回到图 6-41 所示的对话框，单击【取消】按钮，完成

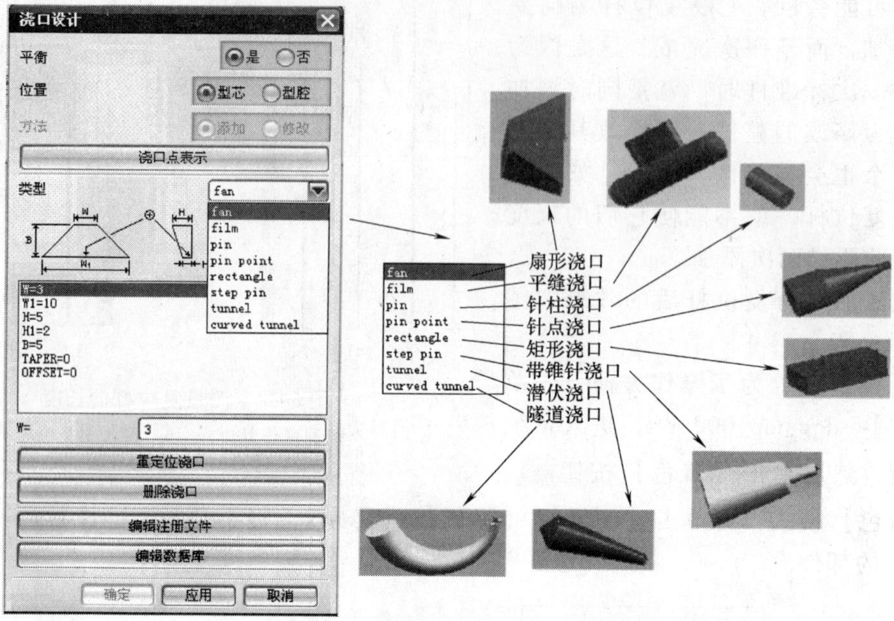


图 6-41 【浇口设计】对话框

浇口的创建。结果如图 6-43 所示。

浇口创建完成后，发现浇口套长度不合理，可以使用“标准件”命令将其长度与直径大小修改到合理的值。最后结果如图 6-44 所示。

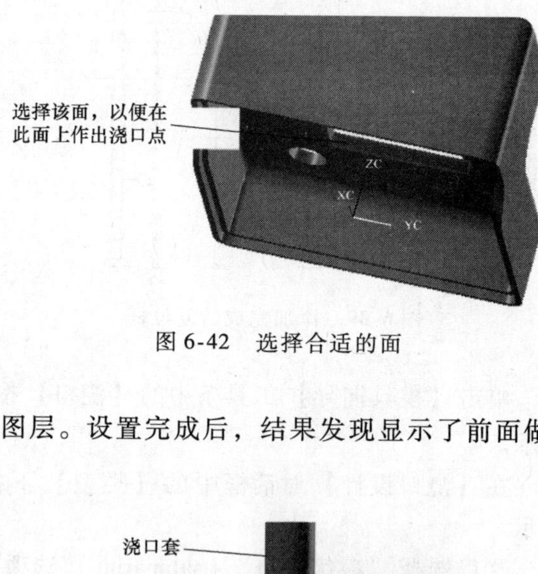


图 6-42　选择合适的面

（6）加侧抽芯机构　为了操作方便，将大部分零件隐藏起来，仅剩下型芯，结果如图 6-45 所示。

单击【实用工具】工具条中的【图层的设置】按钮，将第 25 层设置为“可选的”，因为这一层是 UG 默认的存放箱体的图层。设置完成后，结果发现显示了前面做的箱体，它们将成为侧型芯，如图 6-46 所示。

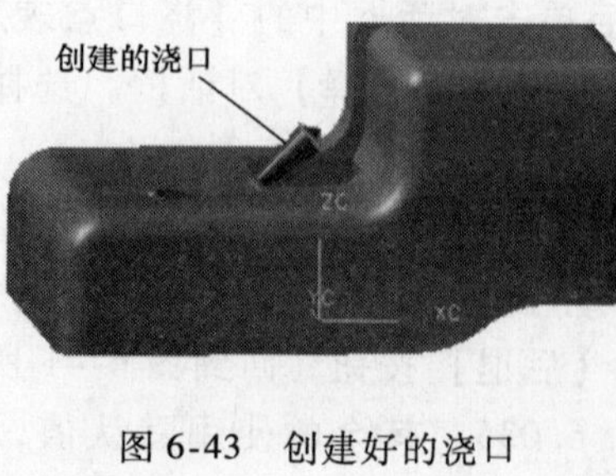


图 6-43　创建好的浇口

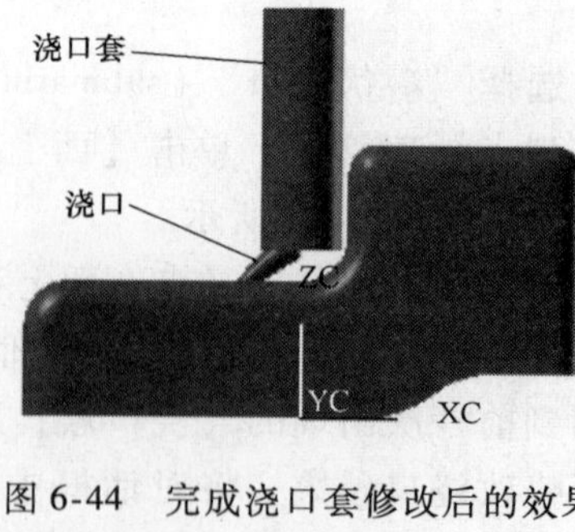


图 6-44　完成浇口套修改后的效果

单击【注塑模向导】工具条中的【滑块和浮升销设计】按钮，将弹出【滑块和浮升销设计】对话框，如图 6-47 所示。

图 6-45　仅剩下型芯准备作侧抽芯机构

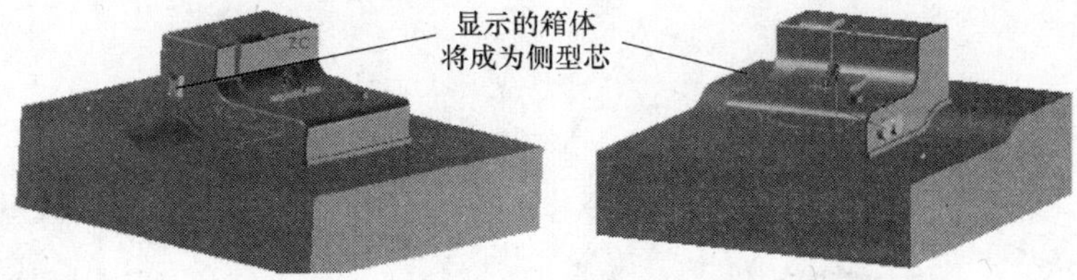


图 6-46　显示出来的侧型芯块

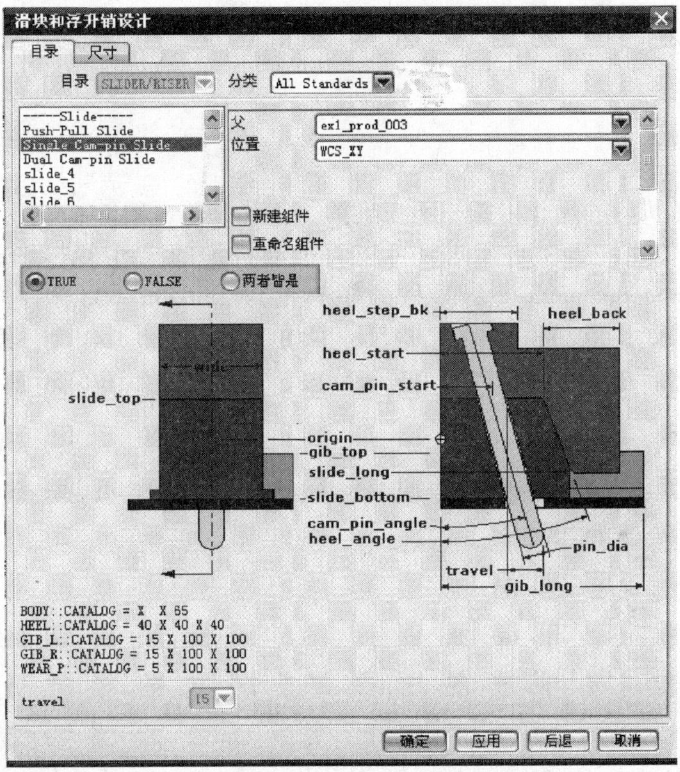


图 6-47　【滑块和浮升销设计】对话框

单击类型“Single Cam-pin Slider”，然后双击 WCS 坐标系，然后单击 XC 坐标轴前的箭头，出现输入数据文本框，在【距离】文本框中输入 -15 并按 <Enter> 键，然后再单击 ZC 箭头，在【距离】文本框中输入 5 并按 <Enter> 键，然后单击 YC 轴箭头，结果坐标系被调整到如图 6-48 所示的位置（注意将系统以“静态线框”模式显示）。

然后将 WCS 的 YC 轴反向，即将 WCS 绕 ZC 轴旋转 180°，再按鼠标中键确定，此时又回到了图 6-47 所示对话框的状态，单击【应用】按钮，就可以发现系统开始安装侧滑块机构了。安装完成后的效果如图 6-49 所示。

**注意：为什么要移动与旋转 WCS 坐标呢？这是因为 UG 安装侧抽芯机构时是以 WCS 为坐标参考点的，一般坐标原点就代表了抽芯机构的中心，YC 方向代表抽芯机构的抽出方向。因此，只有进行了坐标的平移与旋转后才能作出符合要求的侧抽芯机构。需要读者高度注意的是，不同的侧抽芯机构，其 YC 正方向的意义可能不同。**

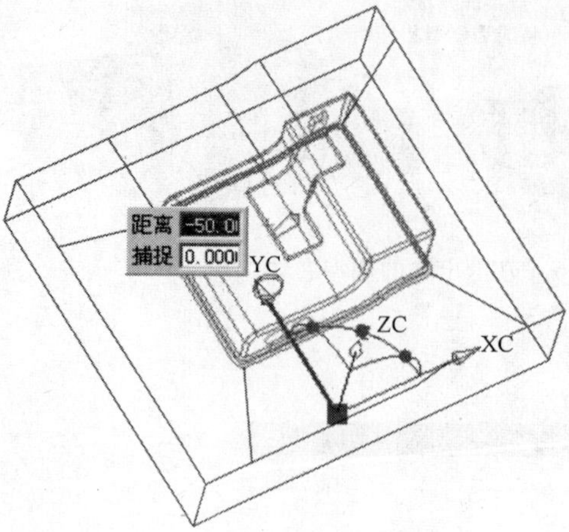


图 6-48　调整 WCS 坐标系

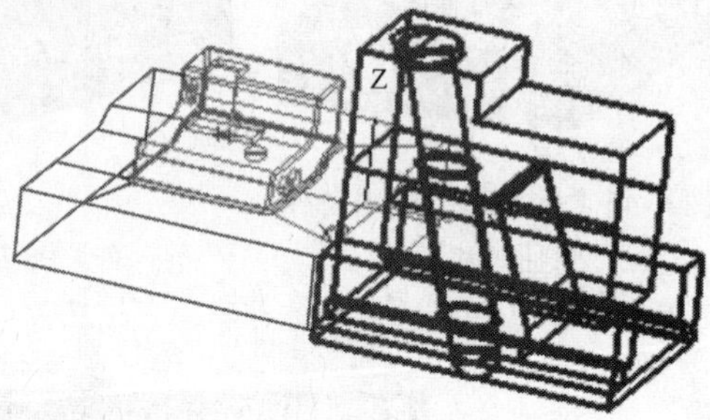


图 6-49　安装好侧抽芯机构

安装好的侧抽芯机构的尺寸可能是不正确的，因此，单击图 6-47 所示对话框中的【尺寸】标签，打开【尺寸】选项卡，此时可以对滑动机构的尺寸进行修改。关键尺寸有：travel（抽芯距）、cam pin angle（斜导柱的倾斜角）、pin-dia（斜导柱直径）、heel-angle（锁紧角）等，其他尺寸主要是机构的结构尺寸。如果这些尺寸不合理，读者可以先在文本框中选中某一项，然后在下面的编辑框中进行修改，操作过程如图 6-50 所示。

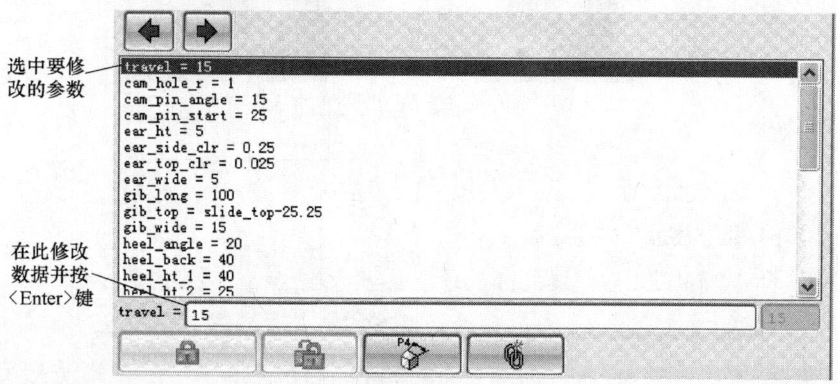


图 6-50　修改滑动机构

修改完成后，单击【起始】→【装配】，以便显示装配工具条，然后单击装配工具条中的【WAVE 几何链接器】按钮，将弹出【WAVE 几何链接器】对话框，单击其中的【体】按钮，然后单击侧抽芯机构的滑动块以及箱体，如图 6-51 所示。单击【确定】按钮后，完成链接过程。

现在单击导航栏中的【装配导航器】按钮，在展开的导航栏中右击【dqg-top-000】图标，弹出快捷菜单，再单击【转换为工作部件】。如果在右击时看不到【转换为工作部件】这个菜单命令，说明当前的工作部件已经是 dqg-top-000 了，因此，不用进行此项操作。否则，就必须进行转换为工作部件的操作，因为后面的操作只有在模块是工作部件的情况下才是可执行的。

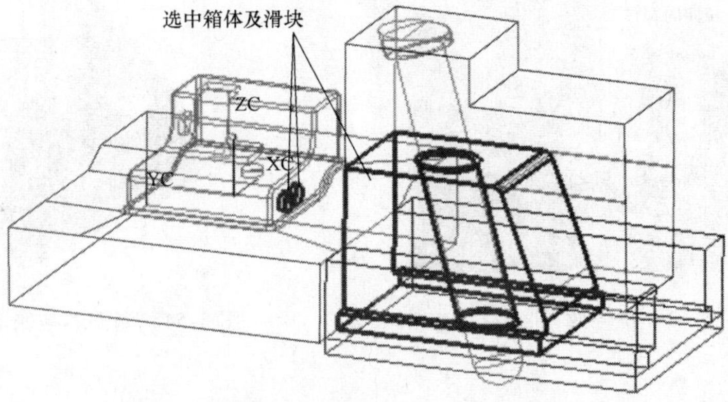


图 6-51　选中要链接的几何体

单击【起始】→【建模】，进入建模环境中，单击【拉伸】按钮，将弹出【拉伸】对话框，将【选择条】工具条中的内容改为“面的边”，然后选中图 6-51 中左侧的两个圆柱形箱体的右端面，并将【拉伸】对话框中的【结束】选项修改为“直至被延伸”，再选中图 6-51 中右侧滑块的左端面，结果如图 6-52 所示。

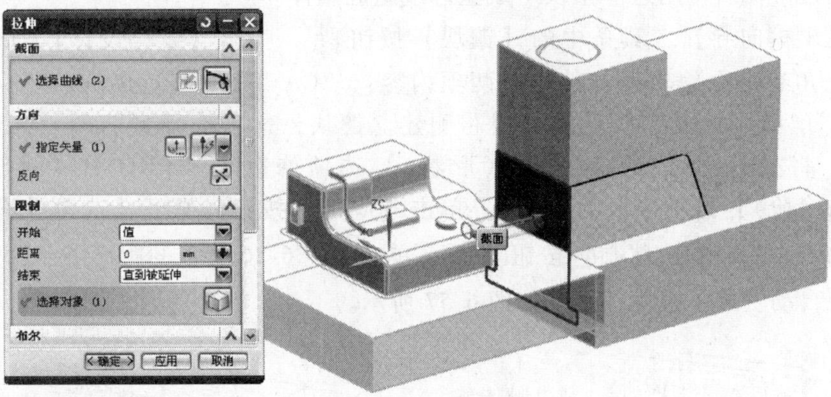


图 6-52　拉伸操作

然后将【布尔运算】选项修改为“求和”，并选中滑动块。确定后，可以看到拉伸的效果，如图 6-53 所示。

单击【求和】按钮，将图 6-53 中拉伸的圆柱与圆柱形箱体求和，使它们成为一个整体。这样，就使原来的箱体成为了侧抽芯机构的侧型芯了。隐藏其他部件，可以看到侧抽芯机构滑块的形状现在变成如图 6-54 所示的样式了。

使用同样方法可以作出另一侧的侧抽芯机构，如图 6-55 所示。

总结：侧抽芯机构的制作不难，步骤如下：

1）定位，即修改 WCS，值得注意的是，不同的类型侧抽芯机构其 WCS 的修改有所不同，YC 方向也可能不同。

2）单击【应用】按钮完成侧抽芯机构的安装。

3）修改安装后的侧抽芯机构的尺寸。

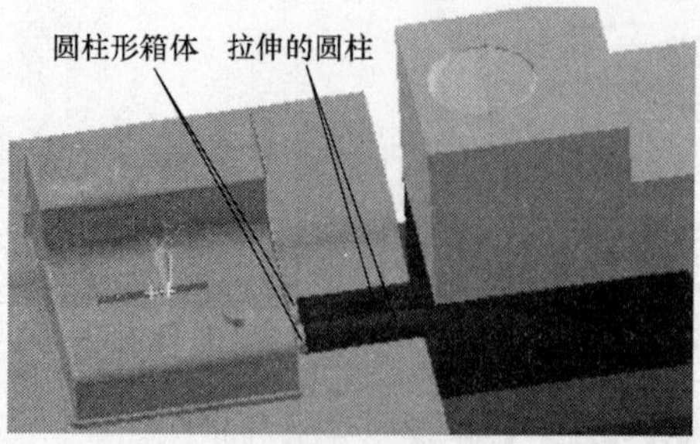


图 6-53　拉伸效果

图 6-54　侧型芯与侧滑块合在一起

4）链接侧型芯。

（7）添加镶块　为操作方便，可以将不必要的部件隐藏，只留下型芯部件（当然也可根据需要，对型腔进行同样的操作，这里只以型芯为例进行介绍）。

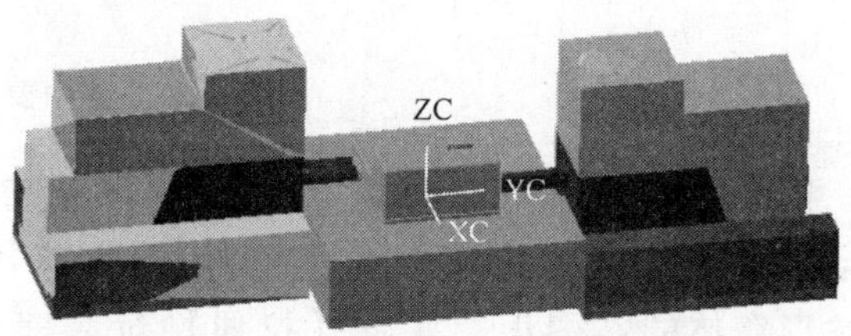


图 6-55　完成两侧抽芯机构后的效果

镶块的作用是对型芯或型腔中复杂的、不便于直接加工的内容作成一个单独的零件，以便于制造，今后再用这些镶块组成型芯或型腔整体。

单击【注塑模向导】工具条中的【镶块】按钮，弹出【镶块设计】对话框，在此对话框的左上角有一个编辑框，其中有两项内容："CAVITY_SUB_INSERT"及"CORE_SUB_INSERT"，分别代表在型腔侧与型芯侧建立镶块，这里选择型芯侧 CORE_SUB_INSERT，然后，将左下角处的【SHAPE（形状）】选项修改为"ROUND（圆形的）"，将【FOOT（定位台阶）】选项修改为"开"，单击【应用】按钮，弹出【点构造器】对话框，单击【圆弧中心/椭圆中心/球心】按钮后，单击如图 6-56 所示的圆形凸台的中心，选择完成后，系统自动生成了镶块，结果如图 6-57 所示。

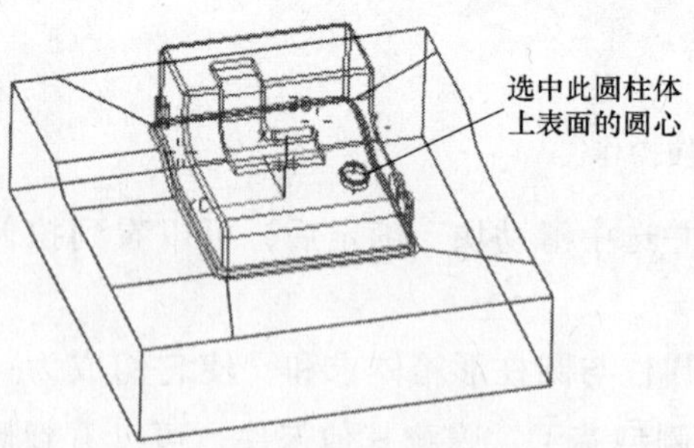


图 6-56　选择圆心

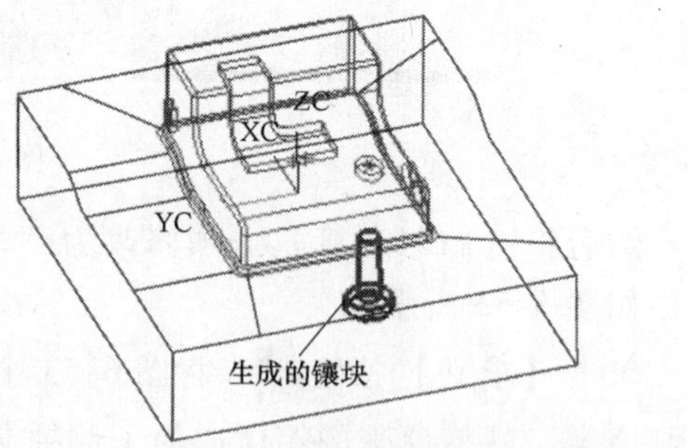


图 6-57　生成的镶块

单击【后退】按钮，返回到前面出现的【镶块设计】对话框中，打开【尺寸】选项卡，进入尺寸修改状态，可以用【分析】工具条中的"距离"命令分析镶块小端尺寸 X_LENGTH的大小，它的大小应等于图 6-56 中被选择的圆柱直径的尺寸，而镶块高度 Z_LENGTH 的大小应等于图 6-56 中被选圆柱的上表面到型芯底面的高度。测得它们的尺寸分别是 6.030 与 40.075，然后修改 X_LENGTH = 6.030 及 Z_LENGTH =40.075，单击【确定】按钮，完成一个镶块的制作。

（8）添加冷却系统　现在按 < Ctrl + Shift + U > 快捷键显示所有内容，结果如图 6-58 所示。

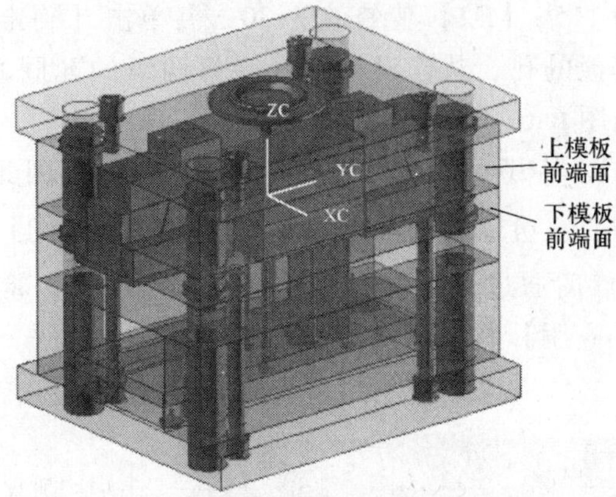


图 6-58　主要模具结构

为了保证模具有较高的工作效率及生产质量，对模具添加温度调节系统是很有必要的，本模具使用的是注射成型，大部分情况下是添加冷却管路，下面就来为此模具添加冷却系统。

单击【注塑模向导】工具条中的【模具冷却工具】按钮，弹出【模具冷却工具】工具条，如图 6-59a 所示，再单击其中的【冷却标准部件库】按钮，弹出【冷却组件设计】对话框，如图 6-59b 所示。

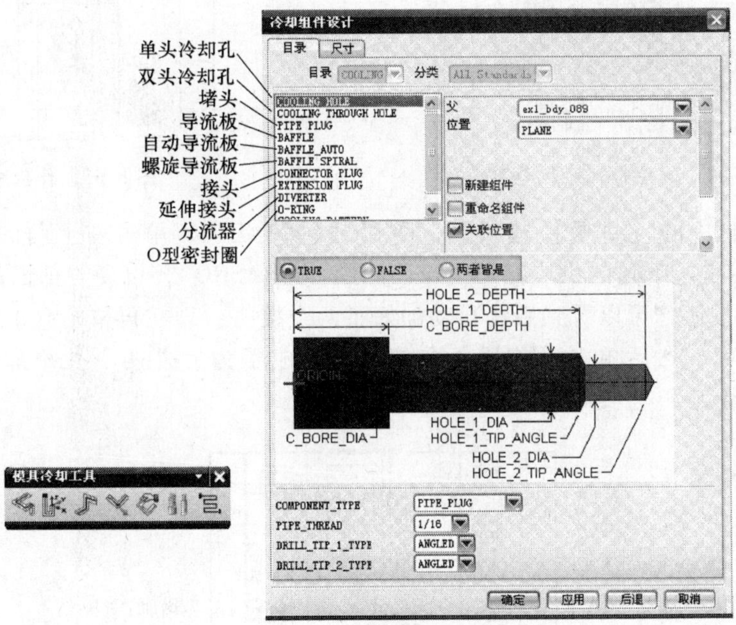


a)　　　　　　　　b)

图 6-59　【模具冷却工具】工具条及【冷却组件设计】对话框

在此对话框中，左上角有管件类型，单击冷却孔 COOLING HOLE，然后将左下角处的连接类型【COMPONENT_TYPE】选项修改为接头“CONNECTOR PLUG”，其余内容不更改，单击【应用】按钮，系统弹出【选择一个面】对话框，要求选择一个用来打孔的面，这里选择图 6-58 中上模板的前端面，系统自动摆正平面以便于进行打孔操作，同时弹出【点构造器】对话框，要求定位打孔位置，我们在要打孔的位置附近单击，结果弹出【位置】对话框，此时按图 6-60 所示单击两个垂直的定位线或面，作为打孔的定位基准。

定好基准后会发现，【位置】对话框中的偏置 D1 与 D2 的数据发生改变，将【D1】值修改为 115，【D2】值修改为 30，并单击【确定】按钮，完成一个孔的制作。使用同样方法制作其他的孔。共作出 4 个孔，每两组的孔同心，其中，孔 1 与孔 3 同轴，孔 2 与孔 4 同轴，如图 6-61 所示。

从图 6-61 可看出，4 孔之间没有打通，因此可将其中两个孔，如孔 3 与孔 4 加长到与另两孔相通。可以再次单击【冷却】按钮，当出现如图 6-59 所示的对话框时，单击其中的孔 3，然后通过对话框中的【尺寸】选项卡，将孔长尺寸 HOLE-1-DEPTH 修改为 150，然后单击【应用】按钮，完成孔的加长。

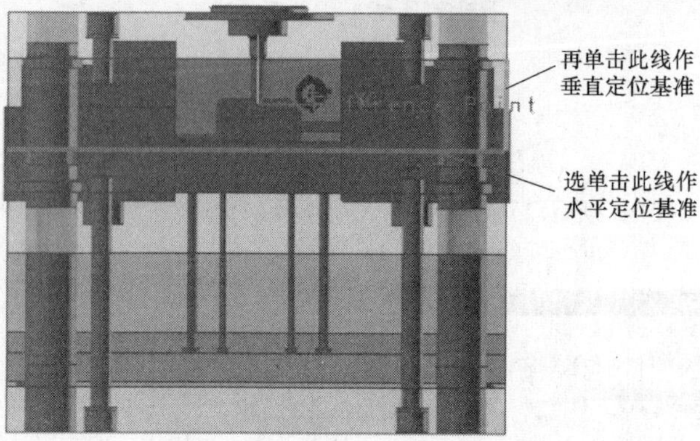


图 6-60　确定打孔定位基准

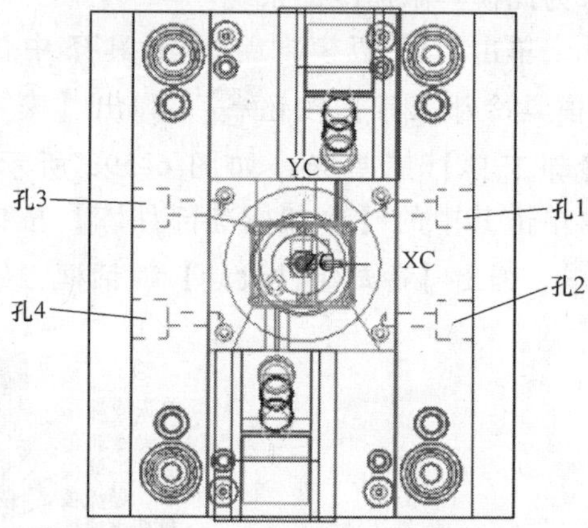


图 6-61　作出 4 个孔

再打开对话框中的【目录】选项卡，回到图 6-59 状态，单击左上角的类型 CONNECTOR PLUG，然后将左下角的供应商 supplier 修改为“HASCO”，以便与前面的选择对应，然后单击【应用】按钮，可以看到系统自动加好了两个接头；现在再单击孔 1，按照同样方法选定类型和供应商，然后单击【应用】按钮，就完成了为另外两个孔添加管接头的操作。结果如图 6-62 所示。

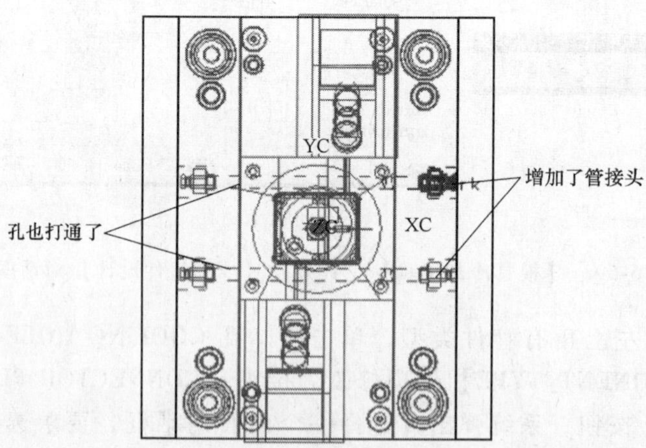


图 6-62　添加管接头的效果

如果有必要，还可增多管路数量，或者在下模板上增加水孔，制作的方法与上面介绍的方法类似，这里就不再详述了；至于水孔数量的多少，要根据产品大小、塑料材料、开模时间等多种因素决定，读者可参考有关注塑模具设计的教材来确定。

### 6.2.7　剪裁标准件与腔体

虽然完成了浇口、推杆、复位杆、水孔等结构的制作，但在上模板、下模板、型芯、型腔等零件上还没有相应的孔，而是作了一个实体来代替。UG 中提供了“模具修剪”与“腔体设计”两个命令来完成孔的结构，其中“模具修剪”可以修剪如推杆等零件，而“腔体设计”可用于修剪各种相交的零件。因此，后者用得更多。

单击【腔体设计】按钮，弹出【腔体管理】对话框，先选中要修剪的对象，如上模板，然后再单击【腔体管理】对话框中的【查找相交组件】按钮，系统会自动打开所有与上模板相交的零部件，单击【应用】按钮，完成修剪；同样可以修剪其他部件，读者应对所有有关部件进行修剪，如定模座板、定模板、动模板、动模座板、支承板等，这里就不再详述了。

右击上模板，在弹出的快捷菜单中单击【转为显示部件】按钮，就可以看到上模板修剪后的结果，如图 6-63 所示（以【艺术外观】模式显示）。

可以看到修剪后的上模板有许多孔洞，包括水孔、导柱孔、型腔孔等。

读者可以单击【窗口】按钮，选择不同的显示内容。现在返回到显示系统总成的 TOP 模式，可以看到完成的注塑模具，如图 6-64 所示。

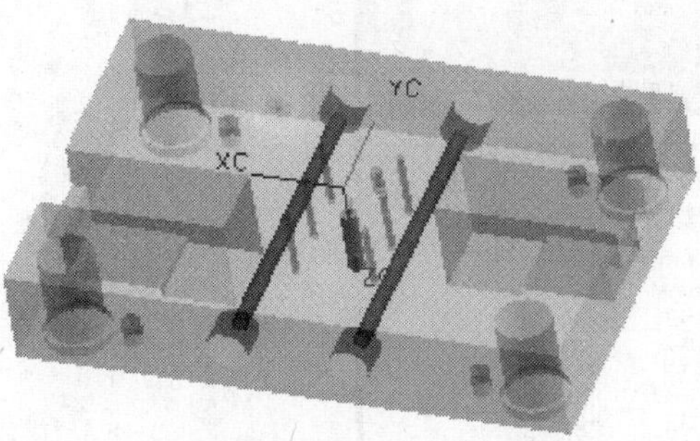


图 6-63　修剪后的上模板

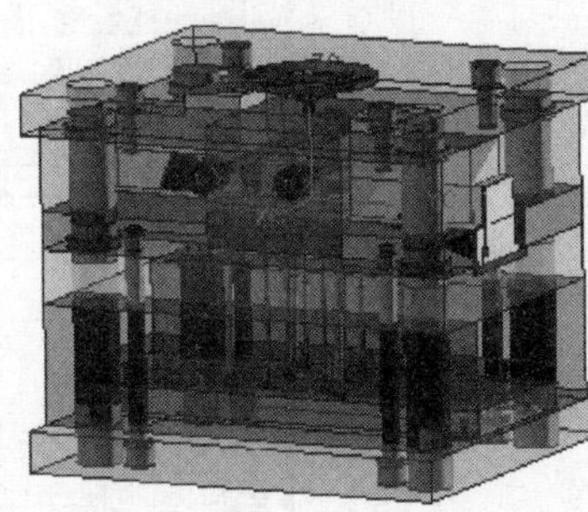

图 6-64　注塑模具的装配图

最后单击【文件】→【全部保存】，保存模具的所有内容。

### 6.2.8　生成材料清单

注塑模具材料清单可以用 UG 提供的“物料清单”命令来完成。单击【物料清单】按钮，弹出【物料清单】对话框，如图 6-65 所示。

可以选中其中的一个零件（即图 6-65 中的一行），然后右击，在右键快捷菜单中单击【编辑物料尺寸】来修改对应零件的物料尺寸，也可以修改其他数据，然后单击【导出 Excel】按钮，将结果导出到 Excel 中，结果如图 6-66 所示。

需要注意的是，导出的材料均为国外型号，读者可以查找有关资料进行转换。另外，有许多供应商，也可以提供中国国家标准的模架及资料，读者可以将这些模架安装，并使用这些模架来制作模具，使其更符合我国标准，以方便加工与制造。

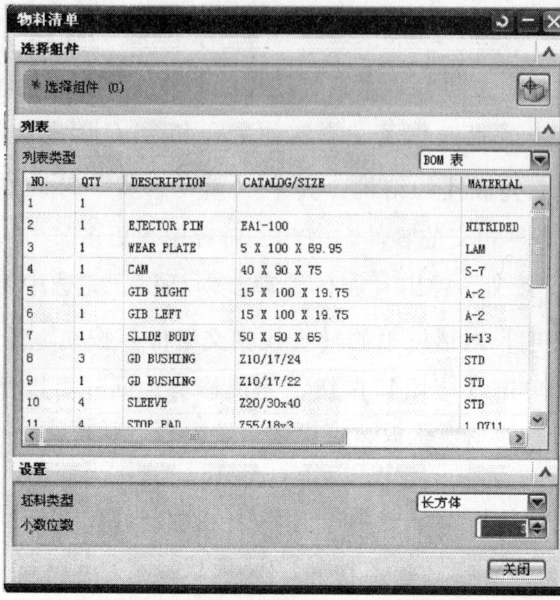


图 6-65 【物料清单】对话框

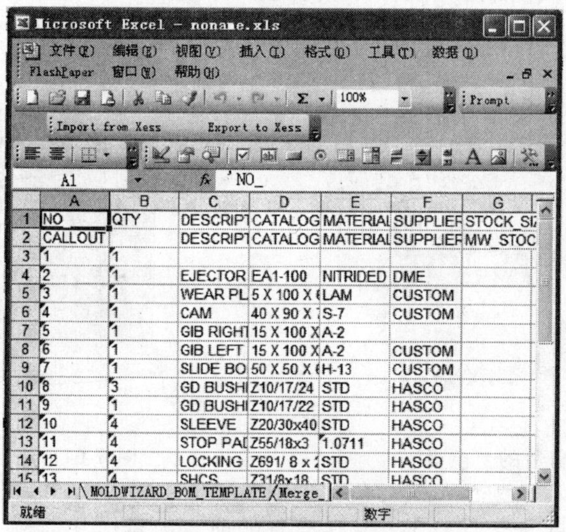


图 6-66　导出的 BOM 清单

## 6.2.9　零件图与装配图的制作

虽然 UG 提供了制作装配图与零件图的功能，但使用该功能生成的图样不太符合我国标准，因此，建议读者以第 4 章中作工程图的方法来创建装配图与零件图。这里只做简单的介绍。

单击【装配图纸】按钮，将弹出【创建/编辑模具图纸】对话框，在【图纸】选项卡中选择单位和、图纸模板等，在【可见性】选项卡中确定显示内容，在【视图】选项卡中确定视图，单击【确定】按钮后就可以创建装配图。如果系统生成的图不符合自己的要求，也可以进入制图环境自己来创建装配图。图 6-67 是在系统生成的装配图基础上修改而成的。

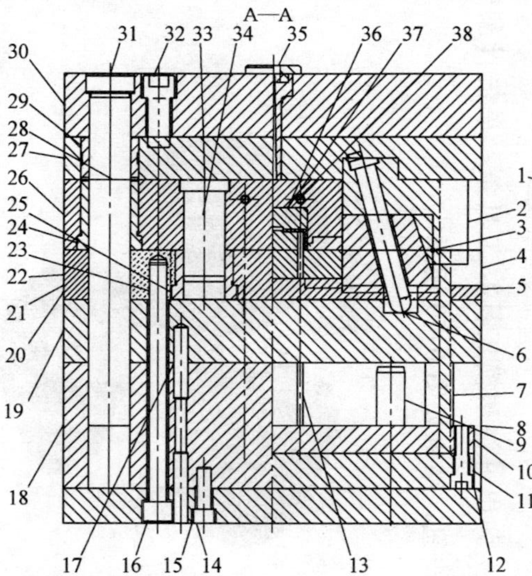


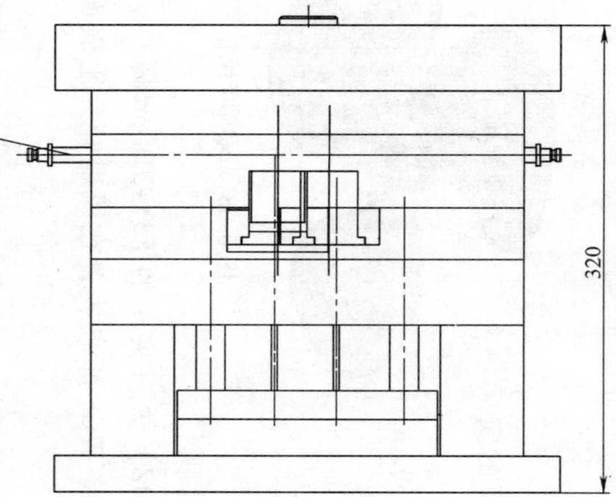


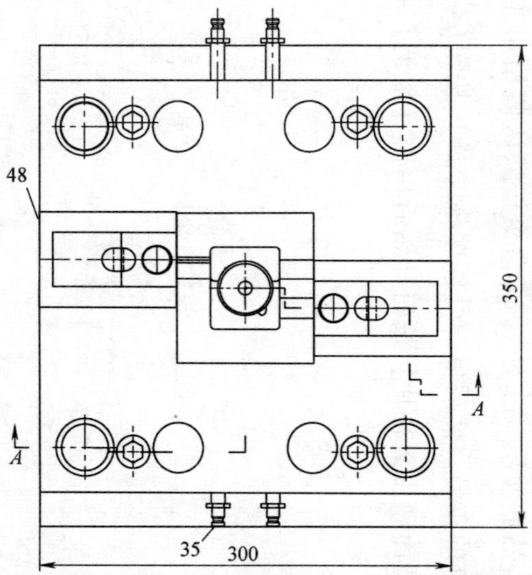


技术要求：
1.必须按照设计、工艺要求和有关标准进行装配。
2.各零部件装配后相对位置应准确。
3.零件在装配前必须清理和清洗干净，不得有飞翅、氧化皮、锈蚀、切屑、砂粒、灰尘和油污等，并应符合相应清洁度要求。
4.装配过程中零件不得磕碰，划伤和锈蚀。

| 序号 | 代号 | 名称 | 数量 | 材料 | 单件重量 | 总计重量 | 备注 |
|---|---|---|---|---|---|---|---|
| 9 | EXI_EGP_066 | | 4 | | | | |
| 8 | EXI_CR_PLATE_072 | | 1 | | | | |
| 7 | EXI_RPN_065 | | 4 | | | | |
| 6 | EXI_PIN_027 | | 1 | | | | |
| 56 | EXI_CORE_006 | | 1 | | | | |
| 55 | EXI_CAVITY_002 | | 1 | | | | |
| 54 | EXI_TRIM_012 | | 1 | | | | |
| 53 | EXI_MOLDING_025 | | 1 | | | | |
| 52 | ORIGINAL PRODUCT | | 1 | | | | |
| 52 | EXI_WORKPIECE_009 | | 1 | | | | |
| 50 | EXI_PROD_SIDE_A_007 | | 1 | | | | |
| 5 | EXI_WP_030 | | 1 | | | | |
| 49 | EXI_PROD_SIDE_B_008 | | 1 | | | | |
| 48 | EXI_GB_L_048 | | 1 | | | | |
| 47 | EXI_EJ_PIN_093 | | 2 | | | | |
| 46 | EXI_BOMB_CAVITY_024 | | 1 | | | | |
| 45 | EXI_COMB_CORE_016 | | 1 | | | | |
| 44 | EXI_COMB_WP_015 | | 1 | | | | |
| 43 | EXI_MISC_SIDE_A_019 | | 1 | | | | |
| 42 | EXI_MISC_SIDE_B_020 | | 1 | | | | |
| 41 | EXI_DOWEL_085 | | 1 | | | | |
| 40 | EXI_BOOL_SIDE_A_017 | | 1 | | | | |
| 4 | EXI_GB_L_028 | | 1 | | | | |
| 39 | EXI_COOL_SIDE_B_018 | | 1 | | | | |
| 38 | EXI_EXTENSION_089 | | 2 | | | | |
| 37 | EXI_PARTING_023 | | 1 | | | | |
| 36 | EXI_SHRINK_004 | | 1 | | | | |
| 35 | EXI_LOC_RING_PLN_084 | | 1 | | | | |
| 35 | EXI_EXTENSION_091 | | 2 | | | | |
| 34 | EXI_BDY_046 | | 1 | | | | |
| 34 | EXI_EGB_064 | | 4 | | | | |
| 33 | EXI_GPA_1_080 | | 4 | | | | |
| 32 | EXI_TCP_SCREW_078 | | 4 | | | | |
| 31 | EXI_SPN_OBI | | 4 | | | | |
| 30 | EXI_T_PLATE_062 | | 1 | | | | |
| 3 | EXI_BDY_026 | | 1 | | | | |
| 29 | EXI_GBB_SPN_074 | | 4 | | | | |
| 28 | EXI_HL_052 | | 1 | | | | |
| 27 | EXI_R_PLATE_056 | | 1 | | | | |
| 26 | EXI_A_PLATE_057 | | 1 | | | | |
| 25 | EXI_GBA_2_070 | | 4 | | | | |
| 24 | EXI_GBA_SPN_077 | | 4 | | | | |
| 23 | EXI_PIN_047 | | 1 | | | | |
| 22 | EXI_B_PLATE_079 | | 1 | | | | |
| 21 | EXI_GB_R_049 | | 1 | | | | |
| 20 | EXI_WP_050 | | 1 | | | | |
| 2 | EXI_HL_032 | | 1 | | | | |
| 20 | EXI_FILL_014 | | 1 | | | | |
| 19 | EXI_U_PLATE_054 | | 1 | | | | |
| 18 | EXI_CL_PLATE_082 | | 1 | | | | |
| 17 | EXI_DP_1_083 | | 8 | | | | |
| 16 | EXI_SCREW_PLL_068 | | 4 | | | | |
| 15 | EXI_L_PLATE_061 | | 1 | | | | |
| 14 | EXI_CL_SCREW_060 | | 4 | | | | |
| 13 | EXI_EJ_PIN_094 | | 2 | | | | |
| 12 | EXI_SCREW_EJ_058 | | 4 | | | | |
| 11 | EXI_F_PLATE_063 | | 1 | | | | |
| 10 | EXI_E_PLATE_076 | | 1 | | | | |
| 1 | EXI_VAR_011 | | 1 | | | | |

| 标记 | 处数 | 分区 | 更改文件号 | 签名 | 年、月、日 | | | | ××大学 |
|---|---|---|---|---|---|---|---|---|---|
| 设计 | (签名) | (年月日) | 标准化 | (签名) | (年月日) | 阶段标记 | 质量 | 比例 | (图标名称) |
| 审核 | | | | | | | | | (图标代号) |
| 工艺 | | | 批准 | | | 共　张　第　张 | | | (投影符号) |

图 6-67　装配图

同样，可以利用 UG 提供的“组件图纸”命令来创建组件图，但和装配图一样，有时也不是很理想，需要修改，建议读者以第 4 章讲的方法作图。此处不多解释。

## 6.3 分模详细实例

注塑模具的设计过程是类似的，但分模却是千差万别的，因此，分模是模具设计的一个重点与难点。本节通过几个典型示例，让读者获得更加丰富的分模知识，从而应对实际工作中千变万化的分模操作。

本节中前面三例是向导分模的典型实例，最后一例为手工分模的实例，请注意分析二者的区别。

本节实例力求从不同角度来让读者理解分模的操作，因此，虽然实例不多，但每一个实例都是一种全新的分析设计思路。（如果读者有需要，可以通过电子邮件与编者联系，进行探讨、商量、批评或指正。）

**实例 6-1　风扇叶分模**

风扇叶片如图 6-68 所示。本例也是前面第 2 章的实例，因为有代表性，故选作分模实例。

图 6-68　风扇叶片

风扇叶片的分模方法也是要自己制作分型面，使用系统提供的分型工具是难以完成分模操作的，因此，本例是另一种复杂的分模实例。

**1. 初始化操作**

启动 UG，单击【注塑模向导】工具条中的【项目初始化】按钮，打开网络电子资源中的【ug_file\MZ】文件夹中的 FSY-3D. prt 零件，给出材料，然后修改模具坐标，使 ZC 为开模方向，并将 WCS 原点放置在风扇叶片上表面的圆心处，结果如图 6-69 所示。

然后使用“工件”命令按默认值给出工件，并使用“型腔布局”命令进行线性 1×1的布局，然后单击【注塑模工具】按钮，弹出【注塑模工具】工具条，单击【编辑分型面和曲面补片】按钮，然后单击【取消】按钮，结果如图 6-70 所示。

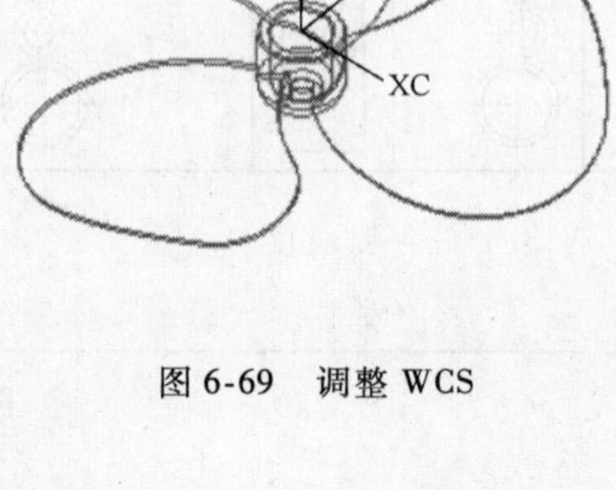


图 6-69　调整 WCS

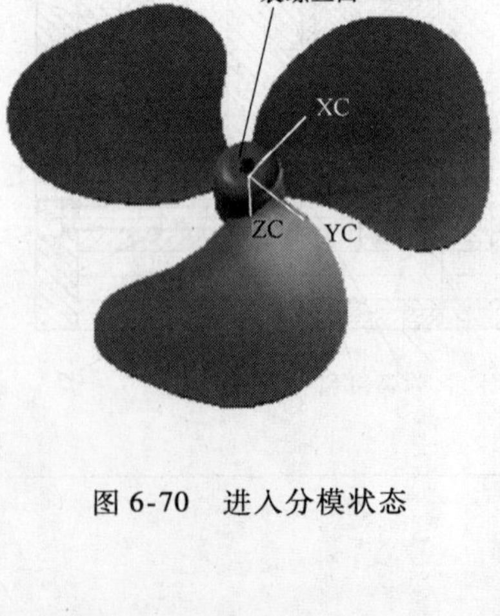


图 6-70　进入分模状态

**2. 表面补片**

单击【注塑模工具】工具条中的【边缘修补】按钮，弹出【边缘修补】对话框，展开【遍历环】中的【设置】区域，将该区域中的【按面的颜色遍历】前的钩去掉，选择图 6-70 中所示的装螺丝面，然后按鼠标中键，则将装螺丝面上的孔补好，结果如图 6-71 所示。

**3. 创建分型面**

单击【应用程序】工具条中的【建模】按钮，进入建模环境中，然后单击【曲线】工具条中的【样条】命令，建立如图 6-72 所示的第一条样条曲线，为了看得清楚，特意将图放大，因此只能看到叶片的一部分。

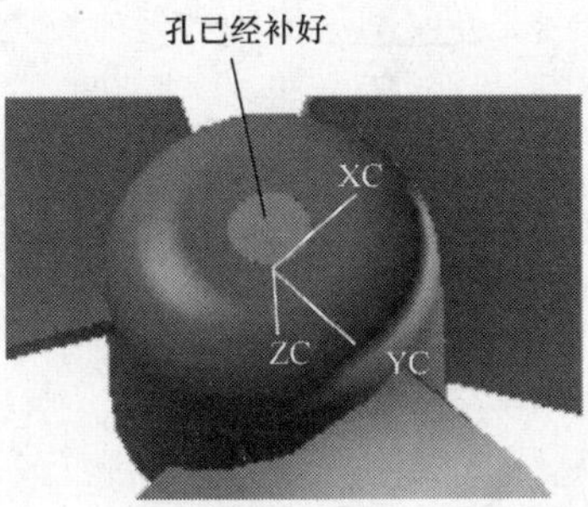


图 6-71　补好孔的效果

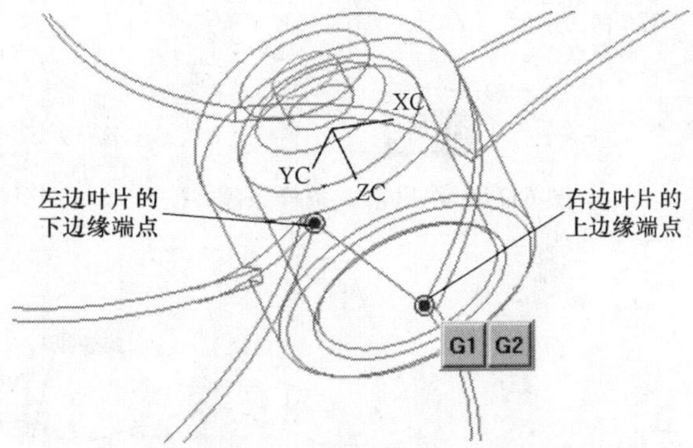


图 6-72　制作第一条样条线

现在，再作另一条样条曲线。在作图时，和图 6-72 所示的操作一样，先单击左边叶片处下边缘的端点，然后单击按钮，以便让曲线与边缘线相切；然后单击右边叶片上边缘的端点，再单击按钮，结果得到如图 6-73 所示的曲线。

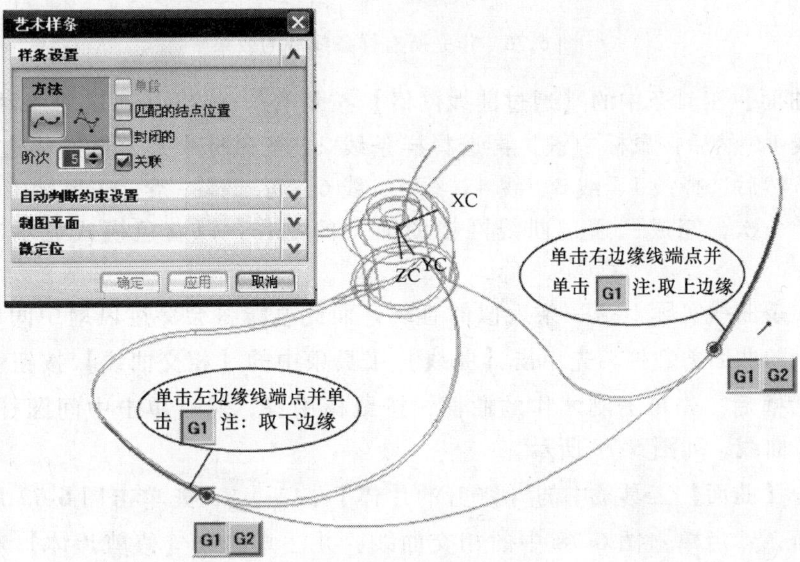


图 6-73　作出第 2 条样条线

然后，分别按照图 6-74、图 6-75 所示方法，作出第 3 和第 4 条样条曲线。

之后，按第 4 条样条线的制作方法再作几条样条线，结果如图 6-76 所示。注意，图中把所有样条线重新排序取名了，与前面的顺序不同，是为了下面操作方便。另外，图中的边缘线 1 与边缘线 2 均由两段边缘曲线组成，因此，下面操作时在选择此线时要选两次。

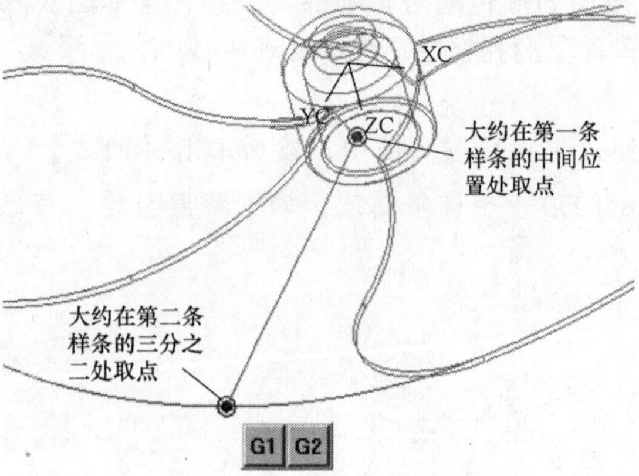


图 6-74　作出第 3 条样条线

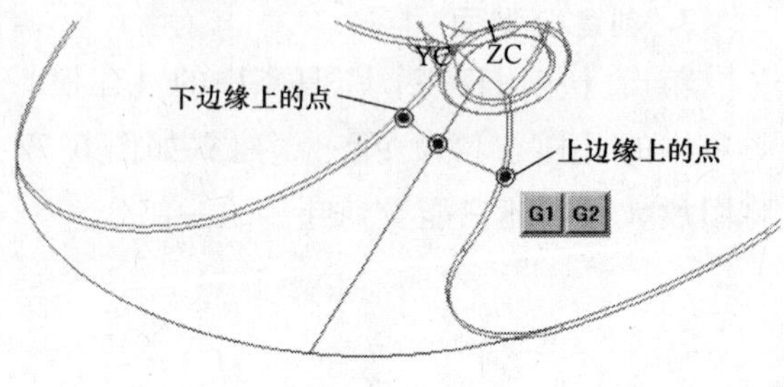


图 6-75　作出第 4 条样条线

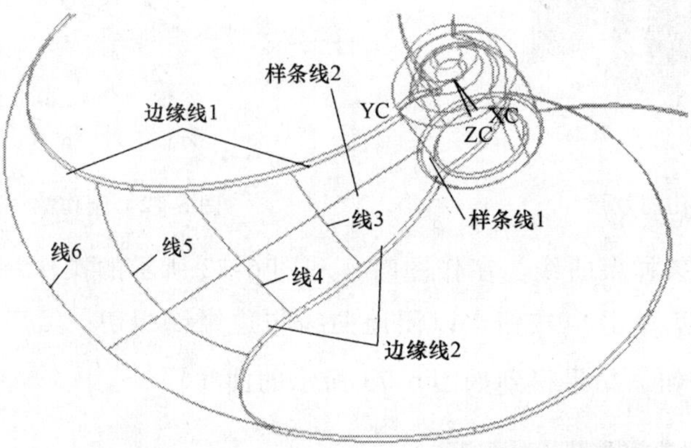


图 6-76　作完所有样条线后的效果

单击【曲面】工具条中的【通过曲线网格】按钮，弹出【通过曲线网格】对话框，先选择边缘线 1，然后按鼠标中键，再选择样条线 2，按鼠标中键，再选择边缘线 3，按鼠标中键两次，然后选择线 1、线 3、线 4、线 5、线 6，每选择一条，按鼠标中键一次，最后再按鼠标中键一次，完成“通过曲线网格的面”的制作，以着色模式显示出结果，如图 6-77所示。

第一条样条曲线实际上是一条近似的直线，而此直线将会穿过风扇中间的圆柱面，因此，要将多余的曲面剪裁掉。先单击【曲线】工具条中的【相交曲线】按钮，弹出【相交曲线】对话框后，先单击刚才作的曲面，按鼠标中键，然后单击中间圆柱体的外表面，结果得到一条曲线，如图 6-78 所示。

现在单击【曲面】工具条中的【修剪的片体】按钮，先单击图 6-77 所示的通过曲线网格的曲面，然后单击图 6-78 中的相交曲线，并注意修改【修剪片体】对话框中【区域】处的“保持”与“舍弃”选项然后按鼠标中键确定，则多余的曲面部分被切除。切除后，曲面看上去没有变化，但实际是变小了，没有切之前，图 6-78 中原来的样条曲线是曲面的边缘线，切除后，图 6-78 中的相交曲线是曲面的边缘线，即切除了样条线与相交线之

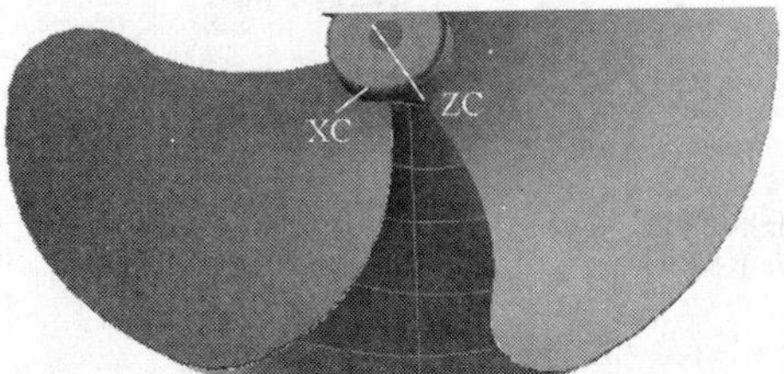


图 6-77　作出了通过曲线网格的曲面

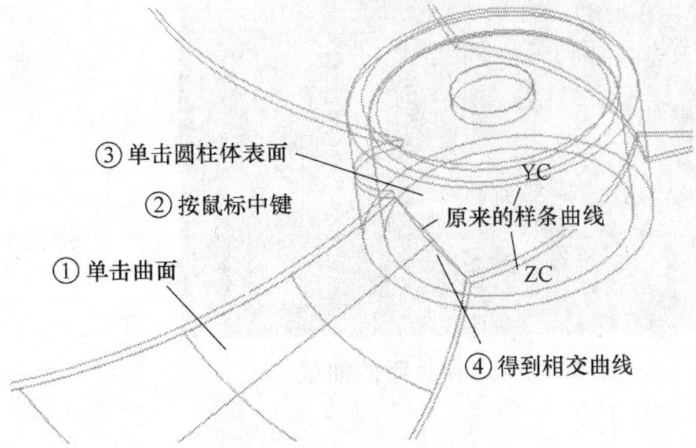


图 6-78　作出了相交曲线

间的曲面部分。

为了操作方便，单击【格式】→【移动至图层】将所有曲线均移到某标准层中，结果如图 6-79 所示。

移走曲线后，曲面显得很干净。使用"实例几何体"命令中的"旋转"功能，将前面作的曲面复制相差 120°的三份，结果如图 6-80 所示。

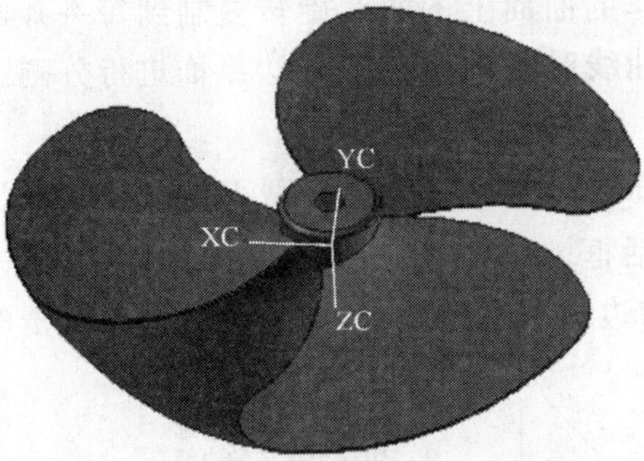


图 6-79　移走曲线后的效果

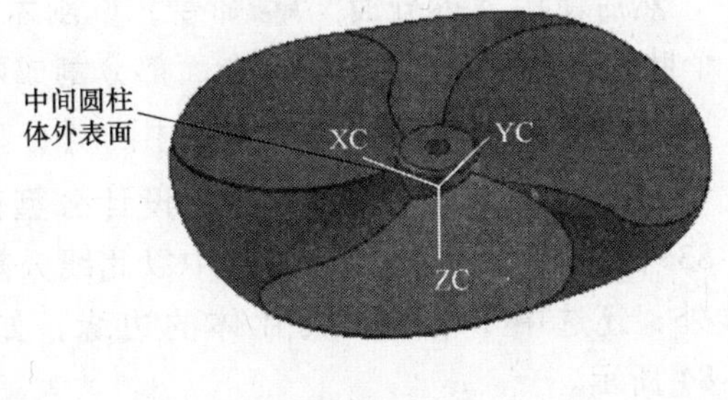


图 6-80　复制得到 3 个曲面

单击【注塑模工具】工具条中的【拆分面】按钮，将弹出【拆分面】对话框，先单击图 6-80 所示中间圆柱体的外表面，按鼠标中键后，按图 6-81 所示，选择沿曲面一周的曲线，然后单击【应用】按钮，就将图 6-80 的中间圆柱体外表面分割成上下两部分。

单击【编辑分型面和曲面补片】按钮，然后选中图 6-80 所示的刚才复制后得到的 3 个曲面，单击【确定】按钮后，可以看到这些面的颜色发生变化，说明它们已经转换成为补片体了。

下面要解决的问题是将叶片侧面沿厚度方向进行分割，如图 6-82 所示。叶片厚度方向的面需要从中间分割开，因为今后的分型面将经过这些面的中间。

为了分割这个面，单击【曲线】工具条中【曲面上的曲线】按钮，将弹出【曲面上的曲线】对话框，先选中图 6-82 中指出的要分割的面，此时，仔细观察会发现，当移动鼠标时，有一个较小的红色十字形光标在刚才选中的面上移动，此时，将鼠标移到左上角，以便使光标在选中平面的最左上角处，单击鼠标左键，完成了曲线起点的制作；同理，将光标移动到最右下角，单击左键，然后按鼠标中键两次，完成曲面上的曲线的创建，结果如图 6-83 所示。

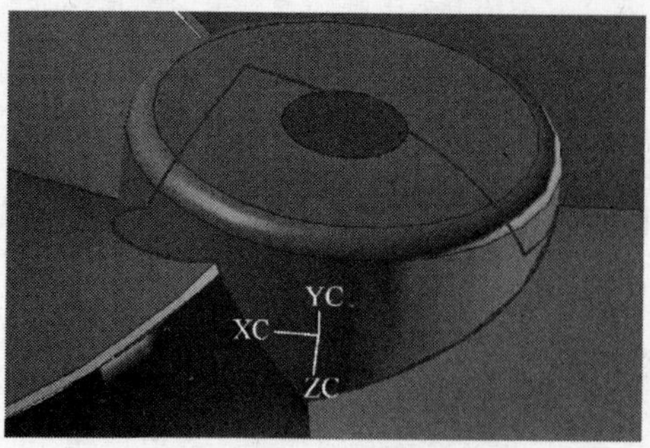


图 6-81　选择封闭的曲线

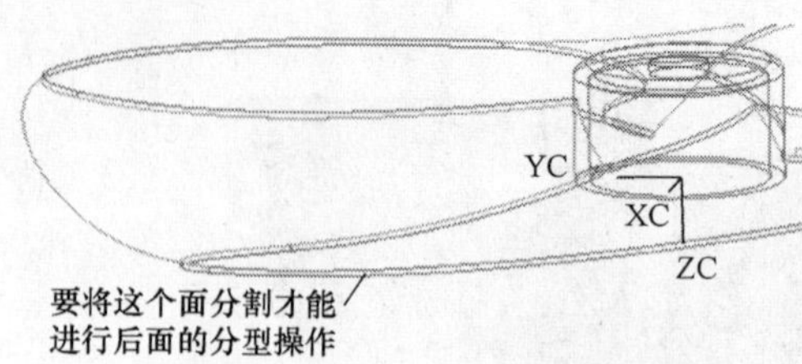


图 6-82　叶片厚度方向的面需要分割

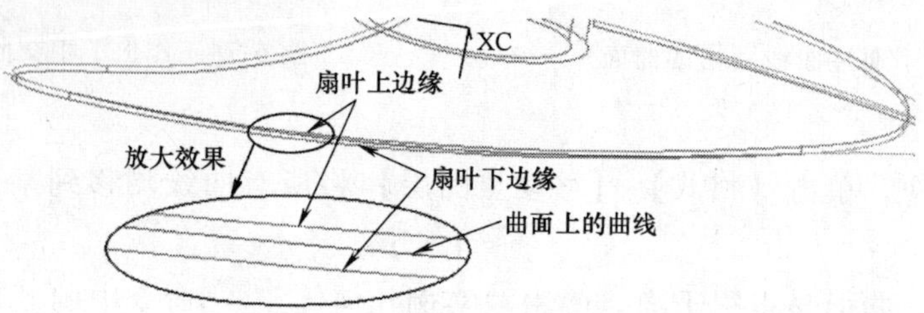


图 6-83　在曲面上作出的曲线

按前面图 6-80 所示复制曲面的方法，将刚才作的曲面上的曲线旋转复制到每一片叶片上，然后使用“拆分面”命令，以刚才复制的曲线对图 6-82 中扇叶边缘面进行分割（共 3 个叶片，分割 3 次），使每个面都分割成两个面。

单击【注塑模向导】工具条中的【分型】按钮，弹出【模具分型工具】工具条，单击【设计分型面】按钮，弹出【设计分型面】对话框，单击【选择分型线】，然后单击图 6-83 中作出的曲线（实际是选中以此线分割的面的边缘），结果，系统除选中刚才单击的曲线外，还选中了前面补的片体的边缘，如图 6-84 所示。

然后按图 6-84 所示的第 3 步，继续单击另一叶片的边缘线，系统又会自动选中另一个片体的边缘，如此操作，直到完成一个封闭的环，便得到了分型线，结果如图 6-85 所示。

单击【创建/编辑分型段】按钮，弹出【分型段】对话框，将鼠标移到图 6-85 所示的分型线上的一段时，会出现两个箭头，一个蓝色的箭头，一个红色的箭头，移动鼠标，让箭头朝外，如图 6-86 所示。

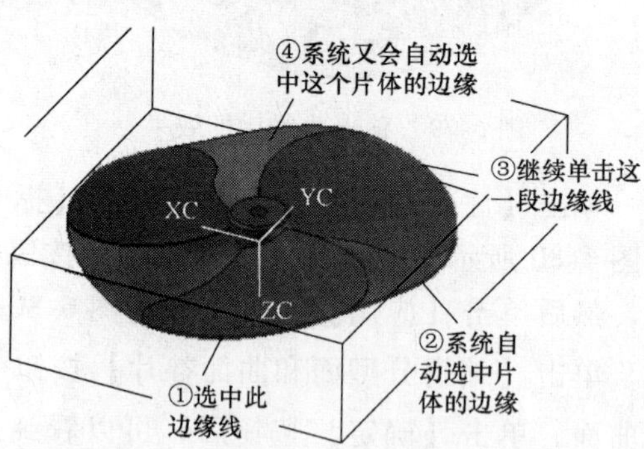


图 6-84　作分型线的过程

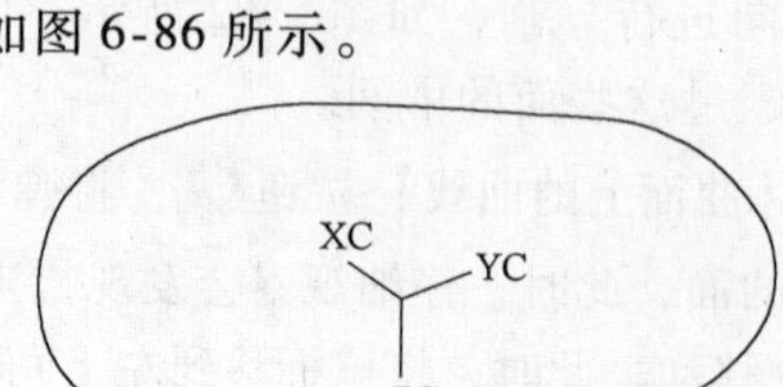


图 6-85　完成的分型线

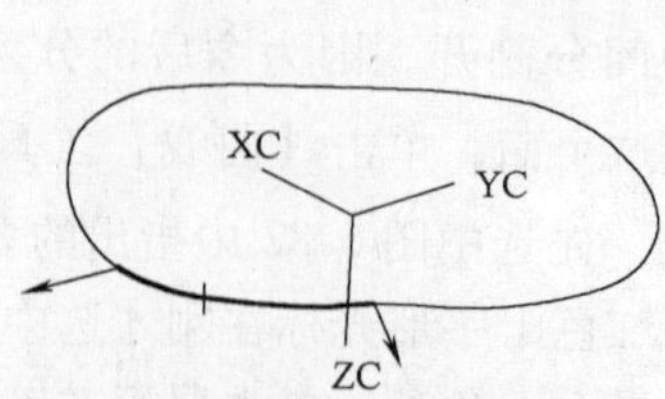


图 6-86　确定分型引导线的箭头方向

然后单击鼠标，得到一条分型引导线。照此方法，作对称的 6 条引导线即可，如图6-87所示。

然后单击【创建/编辑分型面】按钮，弹出【创建分型面】对话框，单击其中的【创建分型面】按钮，弹出【分型面】对话框，系统自动选中其中一段分型线，选择【分型面】对话框中的【已扫掠】单选按钮，然后单击【确定】按钮，得到一段分型面；同时，系统又选中下一段分型线，再单击【已扫掠】按钮完成分型面制作，如此重复，直到最后完成，然后系统回到【创始分型面】对话框处，单击其中的【合并曲面】按钮，再按鼠标中键确定后，最后单击【后退】按钮，回到【分型管理器】对话框处。

经过这样复杂的操作后，分型面就创建完成了，结果如图 6-88 所示。

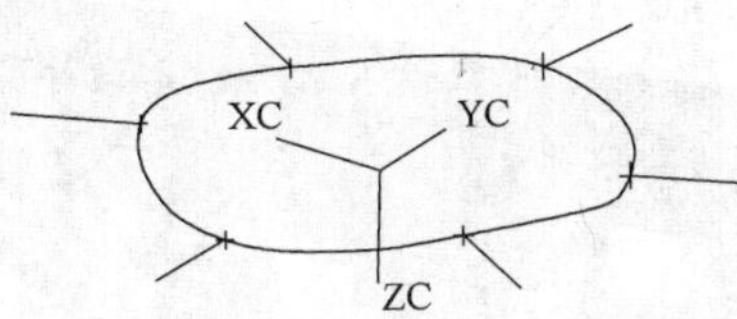

图 6-87　作出的 6 条引导线

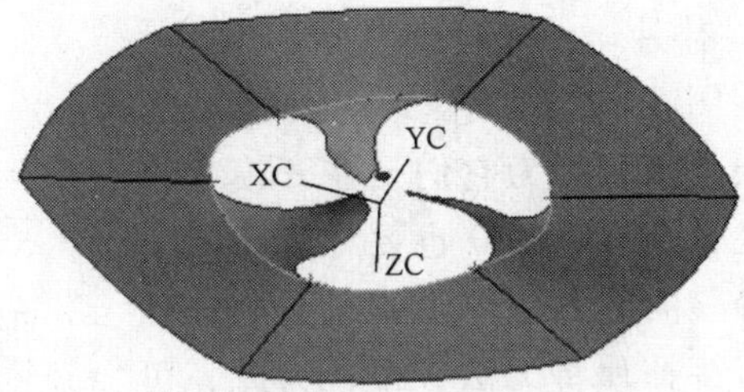

图 6-88　分型面

**4. 分型**

单击【分型管理器】对话框中的【抽取区域和分型线】按钮，弹出【区域和直线】对话框，选中【边界区域】单选按钮，再单击【确定】按钮后，弹出【抽取区域】对话框，看到总面数为 33，型腔面数为 18，型芯面数为 15。此时，总面数 = 型腔面数 + 型芯面数，单击【确定】按钮，完成区域复制。

单击【分型管理器】中的【创建型腔和型芯】按钮，弹出【型腔和型芯】对话框，单击对话框中的【自动创建型腔型芯】按钮，系统自动完成型腔与型芯的创建，结果如图 6-89 所示。

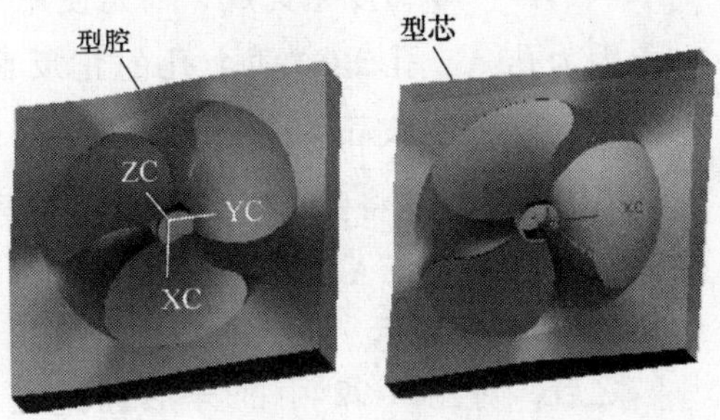

图 6-89　创建完成的型腔与型芯

为保证加工，读者应该对分出的型腔与型芯做必要的处理，在此不多介绍。

**实例 6-2　尾盖塑胶件分模**

图 6-90 所示是某电器产品的尾盖塑胶件，虽然其形状并不是太复杂，但可以从中学会两种分模技巧：斜滑块内侧分型的制作及箱体的特殊用法，下面就介绍其操作步骤。

**1. 初始化操作**

进入 UG 环境中，和前面的操作一样，先单击【注塑模向导】工具条中的【项目初始化】按钮，打开网络电子资源中 ug_file\MZ 文件夹中的 WG. prt 零件，给出材料，然后修改模具坐标，使 ZC 为开模方向，并将 WCS 原点放置在模具的适当中间处，结果如图 6-91 所示。

然后使用“工件”命令按默认值给出工件，并使用“型腔布局”命令进行线性 1×1的布局，然后单击【注塑模工具】按钮，弹出【注塑模工具】工具条，单击“Existing Surface”按钮，然后单击【取消】按钮，结果如图 6-92 所示。

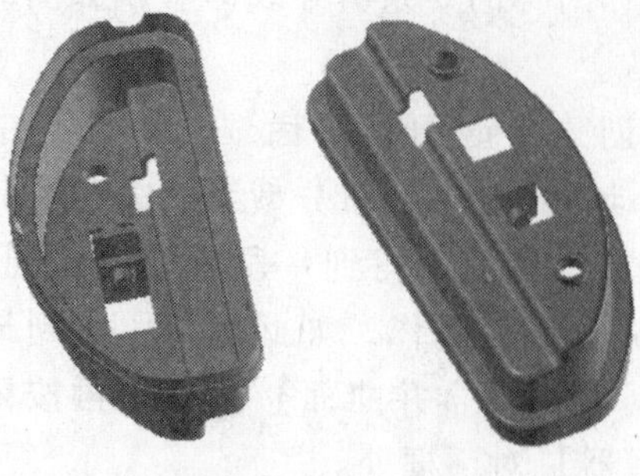

图 6-90　尾盖塑胶件

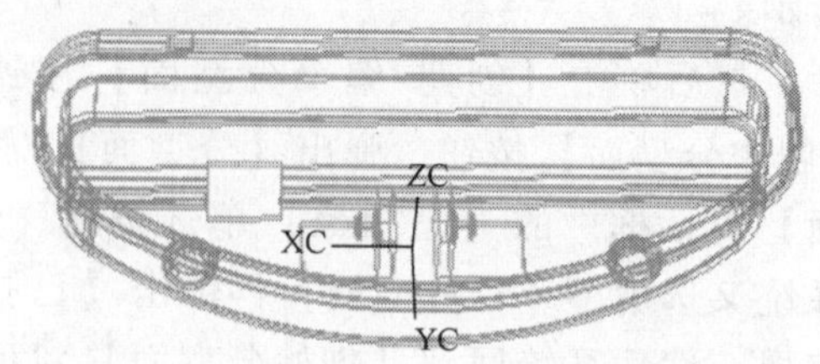


图 6-91　调整 WCS 后的结果

**2. 补片**

在图 6-92 中，孔 A、孔 B、异形孔需要补片，因为它们是在开模方向上的孔，孔 C、孔 D 也要补片，但上方有个横向的圆柱体阻止了分模，因此，直接补片将无法分模，为此，可以使用一种操作技巧，就是将此孔以箱体来代替补片，而且其箱体的操作不使用【注塑模工具】工具条中的“创建箱体”命令来完成，而是使用“拉伸”命令来完成。读者要注意操作过程。

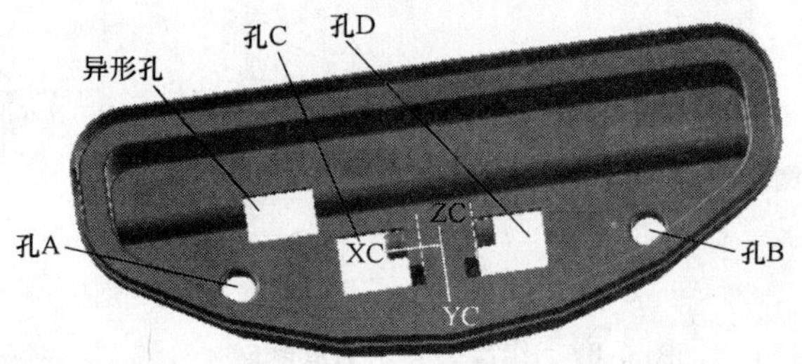


图 6-92　进入分模环境

因为孔 A、孔 B 这两个孔的正反面均有倒圆角，因此，不宜使用表面补片“Surface Patch”命令来完成补片，而是使用“边补片”Edge Patch命令来完成，单击【Edge Patch】按钮，将弹出【开始引导搜索】对话框，取消选中【按面的颜色引导搜索】复选框，然后单击孔 A 的边缘，按鼠标中键确定，完成补片，结果如图 6-93 所示。同理，可以对孔 B 进行补片。

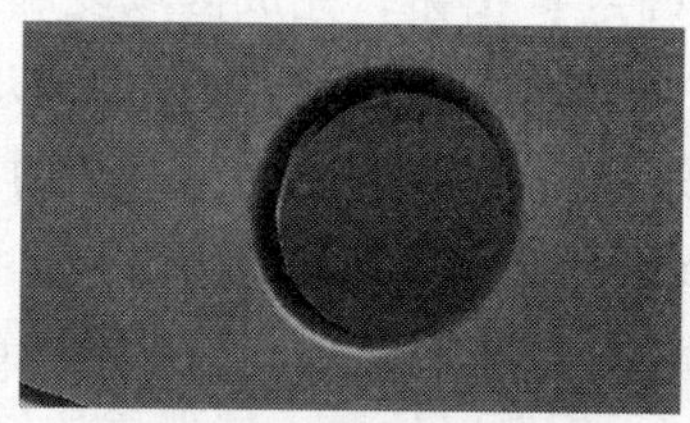

图 6-93　孔 A 补片的结果

之后，对图 6-92 中的异形孔进行补片，单击【Edge Patch】按钮，出现【开始引导搜索】对话框，先任意选择异形孔的一条边，此时出现【曲线/边选择】对话框，同时系统自动选择下一条边。如果系统选择的边是正确的，则单击【接受】按钮；否则，单击【下一个路径】按钮；如果不小心操作错误，则单击【向后引导搜索】按钮。按此方法，完成孔的边缘的选择，结果如图 6-94 所示。

全部选择完成后，弹出【添加或移除面】对话框，同时，系统会自动选择一个表面，表示创建的补片体与此面连接，如果确定系统所选择的面不正确，可以单击【添加或移除面】对话框中的【Select Another Side of Faces】按钮来修改所选面，如果正确，则直接单击【确定】按钮完成面的创建，如图 6-95 所示。

**3. 创建箱体**

对图 6-92 所示孔 C 与孔 D 进行创建箱体操作，由于直接使用“创建箱体”命令不能确定箱体的长度，因此，这里使用“拉伸”命令来完成。单击【建模】按钮进入建模

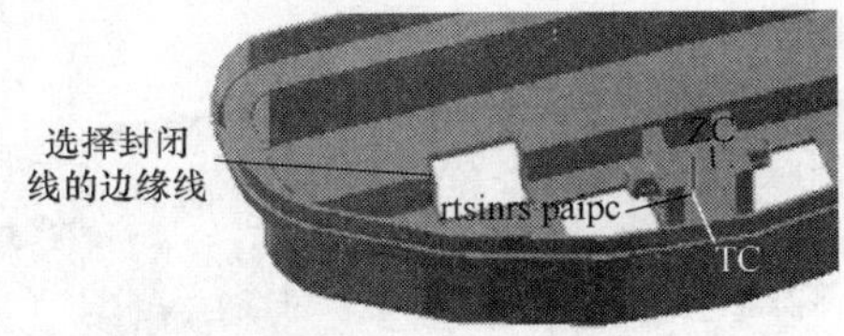


图 6-94 选择边缘线

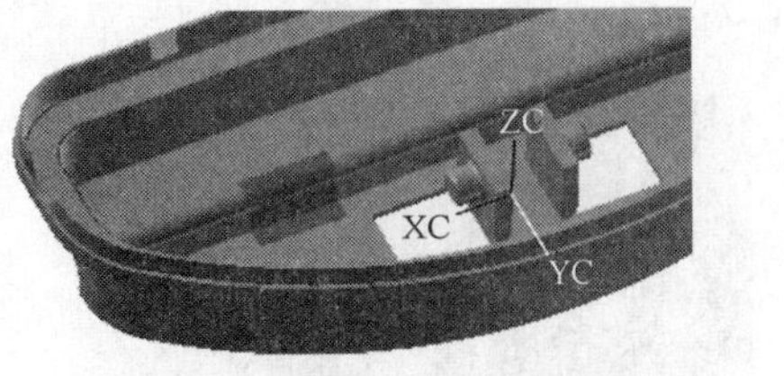


图 6-95 完成面的创建

环境中，然后单击【拉伸】按钮，当弹出【拉伸】对话框及【选择意图】工具条时，将【选择意图】工具条中的内容由“任何”修改为“单个曲线”，然后选中孔 C 的底面边缘线，如图 6-96 所示。

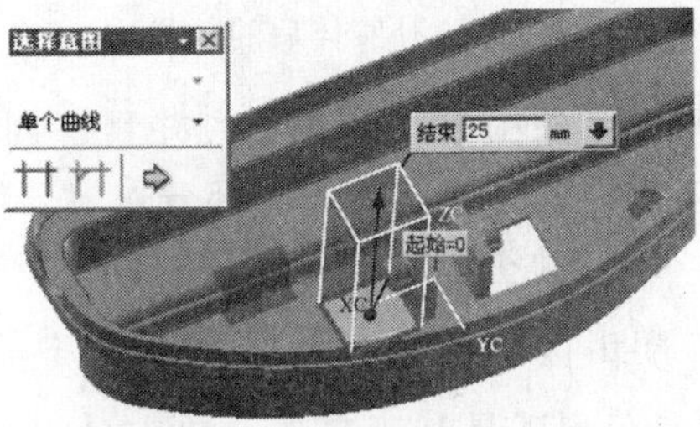


图 6-96 选择拉伸边缘

选择好拉伸的边缘后，【拉伸】对话框中的【起始】值为 0，而【结束】值未知，因此，单击【分析】工具条中的【距离】按钮对要拉伸的长度进行分析，测量的结果如图 6-97 所示。测量时注意使用“投距离”功能，同时要从圆柱体中心测到底面。

将测量的结果 7 输入到【拉伸】对话框中的【结束】文本框中，然后单击【确定】按钮，完成拉伸。创建的拉伸体包裹了圆柱体的一半，如图 6-98 所示。

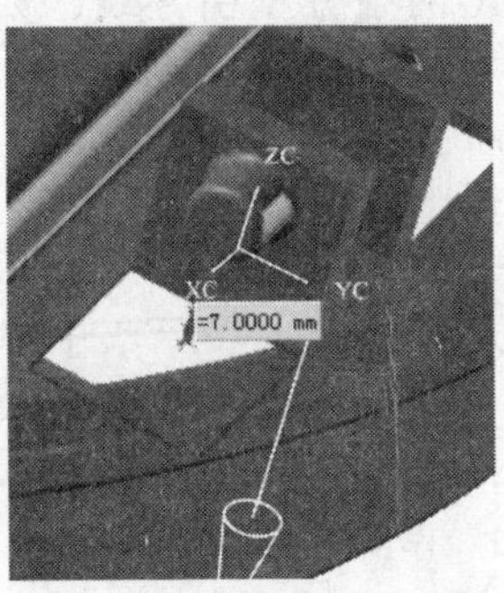


图 6-97 分析测量拉伸长度

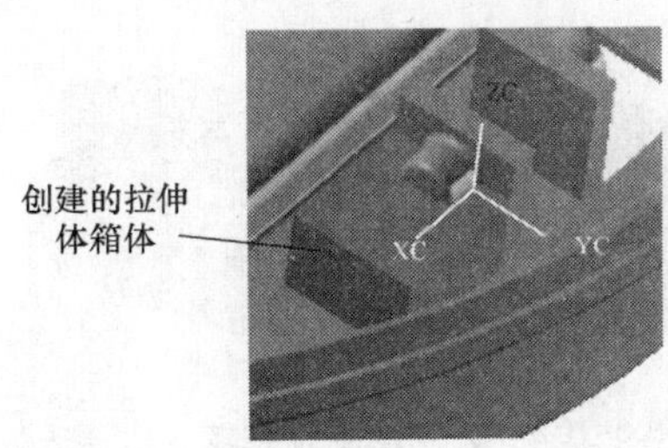


图 6-98 创建的拉伸体箱体

然后单击【求差】按钮，先选中刚才创建的拉伸体，然后选中塑胶产品，再选中【求差】对话框中的【保留工具体】复选框，然后按鼠标中键，完成箱体的操作。隐藏塑胶产品后，可以看到箱体效果如图 6-99 所示。

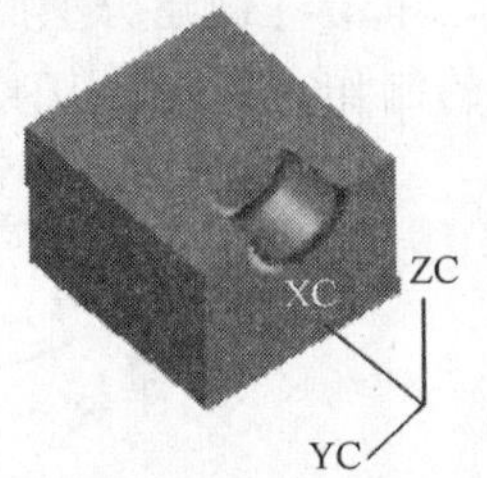


图 6-99 求差后的箱体

单击【补实体】按钮命令，在弹出【选择目标】对话框后，先选中产品塑胶件，然后选中刚才创建的箱体，单击【确定】按钮，完成补实体操作，结果如图 6-100 所示。

同样地，对另一个孔 D 进行同样的处理，完成孔的修补，结果如图 6-101 所示。

本次创建箱体时，使用了“拉伸”命令来完成箱体的创建。需要注意的是，在 UG 中，箱体可以使用读者在第 1 ~4 章学过的所有造型命令来制作，这和前面的补片体可以使用所有曲面造型命令来制作是一样的，因此，在碰到复杂的问题时，不要只局限于【注塑模工

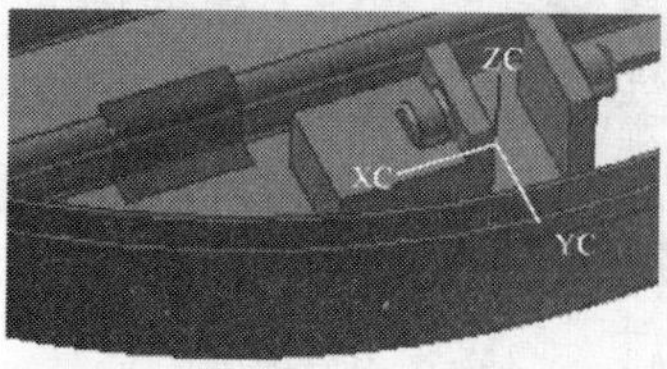


图 6-100　补实体后的效果

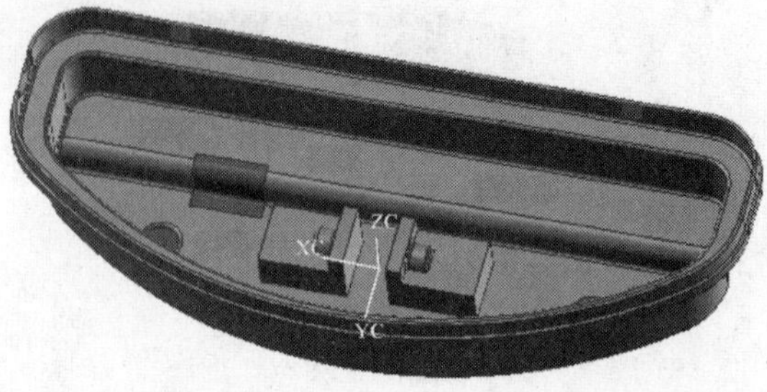


图 6-101　补完所有孔

具】工具条中的几个命令。并且，创建的箱体不但可以作为侧抽芯，也可以将刚才创建的箱体作为型芯或型腔的一部分。

**4. 创建分型线与分型面**

单击【注塑模向导】工具条中的【模具分型工具】按钮，弹出【分型导航器】及【模具分型工具】工具条，单击【设计分型面】按钮，弹出【设计分型面】对话框，单击【遍历分型线】按钮，弹出【遍历分型线】对话框，展开【设置】区域，去掉【按面的颜色引导搜索】复选框前的勾，然后选中最大外形轮廓线进行搜索，搜索结果如图 6-102 所示。

搜索完毕，得到的分型线上有一个小的圆弧凸出部分。此时，直接作分型面将有困难，因此，单击【选择分型或引导线】按钮，在圆弧凸出部分作出两条分型引导线，如图 6-103 所示。

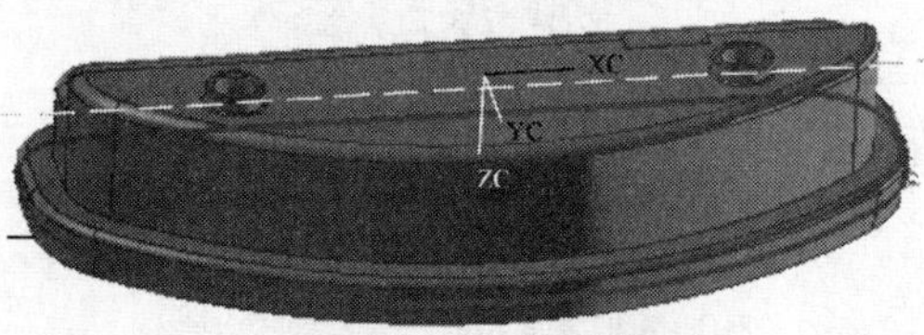


图 6-102　引导搜索分型线

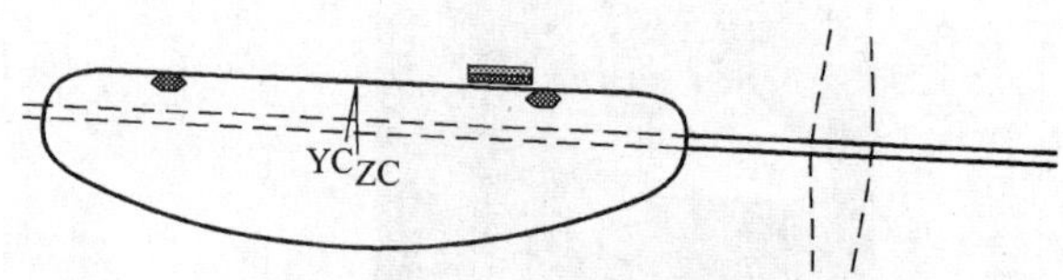


图 6-103　作出两条分型引导线

单击【应用】按钮，系统进入“创建分型面”状态，系统将自动选中小圆弧的凸出部分，单击【创建分型面】区域中的【已扫掠】按钮，再按鼠标中键确定，完成一小段分型面的制作，如图 6-104 所示。

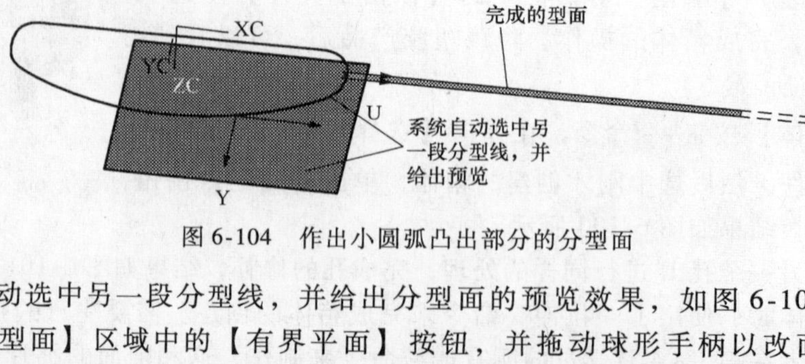


图 6-104　作出小圆弧凸出部分的分型面

系统会自动选中另一段分型线，并给出分型面的预览效果，如图 6-104 所示。此时，单击【创建分型面】区域中的【有界平面】按钮，并拖动球形手柄以改面“有界平面”的大小，使其比工件大即可。最后单击【确定】按钮完成分型面的制作，结果如图 6-105

所示。

**5. 分型**

单击【分型管理器】对话框中的【抽取区域和分型线】按钮，使用“边界区域”命令完成区域的抽取，然后使用“创建型腔和型芯”命令，再使用【自动创建型腔型芯】完成分模操作，得到型芯和型腔，如图 6-106 所示。

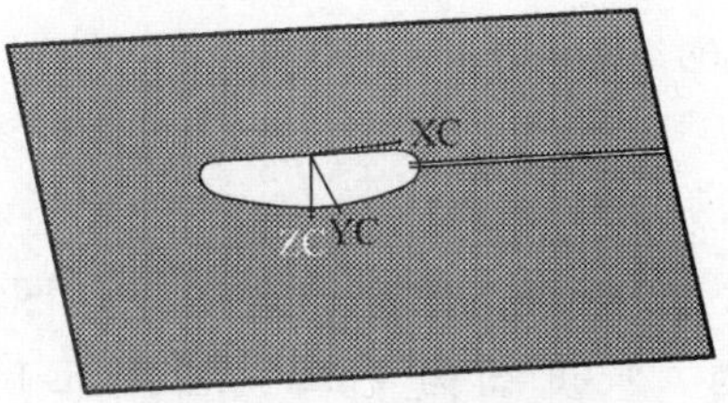


图 6-105　作好的分型面

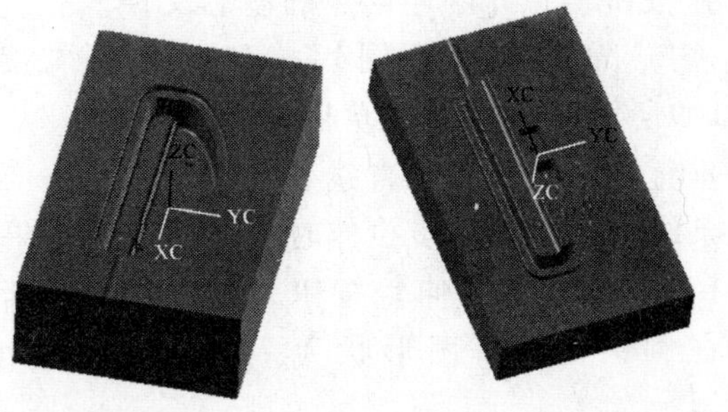


a)　b)

图 6-106　创建的型芯与型腔
a）型腔　b）型芯

**6. 后处理**

创建了型芯与型腔后，还有两个问题，一是前面作的箱体如何处理；二是型芯中有 3 个倒钩如何处理。下面就来解决这两个问题。

(1) 箱体与型芯合并操作　打开型腔，如图 6-106a 所示。然后单击【图层的设置】按钮，将第 25 层设置为“可选”，结果原来创建的箱体显示出来了；如图 6-107 所示。

然后单击【求和】按钮，先选中型腔，然后选中刚才显示的两个箱体，确定后，就将两个箱体作成了型腔的一部分，这样，上下模的相应处相合并后，就能形成图 6-107 所示的孔 D 中的柱体了，如图 6-108 所示。

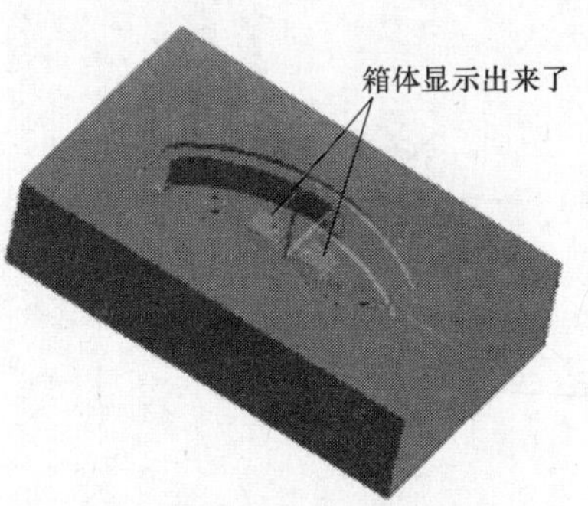


图 6-107　显示了箱体

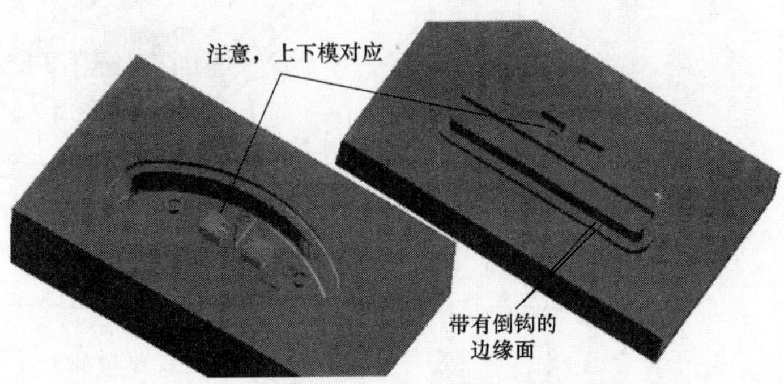


图 6-108　完成了箱体合并

(2) 创建斜滑块的内侧分型机　打开型芯，以静态线框模式显示，结果如图 6-109 所示。发现在型芯中有 3 处倒钩，这是塑胶件上的凸出部分，用来进行上下盖互锁的。

现在，要将倒钩作成斜滑块，形成内侧分型机构，可以按如下步骤进行操作：

1）单击【文件】→【全部保存】，以便保存所有刚才建立的文件，其中包括型芯与型腔等零件。

2）单击【文件】→【关闭】→【所有部件】，将所有文件全部关闭。

3）单击【文件】菜单中的【打开】按钮，打开刚才创建的型芯文件。

4）先单击【草图】按钮，以图6-109所示右侧端面作草图面，作一条与垂直方向成85°的直线作为草图线，这条线将作为下一步拉伸时的方向线，结果如图6-110所示。

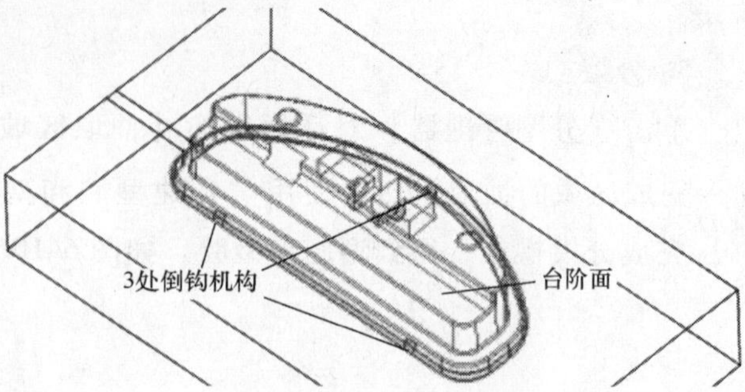


图6-109　型芯中有3处倒钩

5）单击【拉伸】按钮，以图6-109所示台阶面作为草图面，作拉伸草图，草图要作在倒钩处，草图形状为一矩形，其宽度与倒钩等宽，长度约为7mm，如图6-111所示。

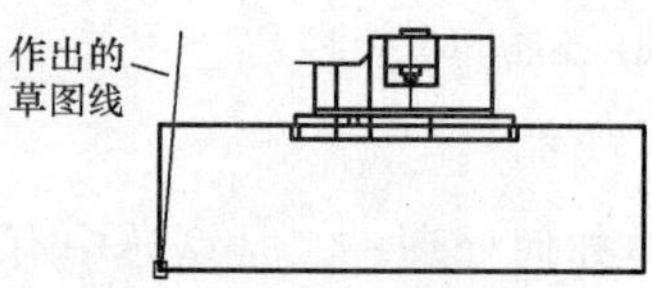


图6-110　拉伸方向曲线

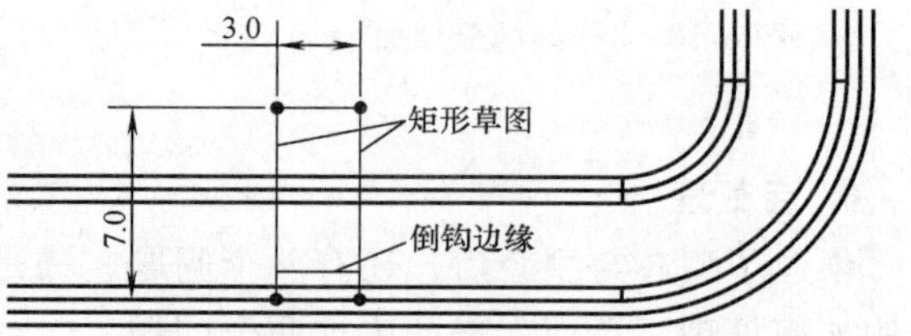


图6-111　作出的拉伸用的草图

6）单击【拉伸】对话框中的拉伸方向按钮【自动判断的矢量】，然后选中图6-110中作的拉伸方向曲线，其操作结果如图6-112所示。

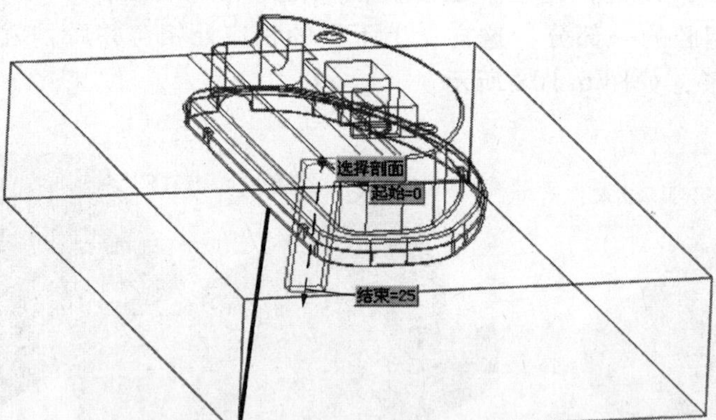


图6-112　选择拉伸方向

7）在【拉伸】对话框中，将拉伸长度的【结束】选项设为“直至被延伸”，然后选中型芯的底部，单击【确定】按钮，完成拉伸操作，得到一个拉伸体。

8）单击【求交】按钮，先选中刚才作的拉伸体，然后选中型芯（不要选错了顺序），再将【求交】对话框中的【保留工具体】前的复选框打上勾，单击【确定】按钮，完成求交操作，然后将型芯隐藏，可以看到求交后的斜滑块如图 6-113 所示。

9）为保证斜滑块能顺利滑动，要将多余部分修剪掉。单击【拉伸】按钮，先选中图 6-113所示的面 A，然后作拉伸剪裁操作，使多余部分去除，结果如图 6-114b 所示。

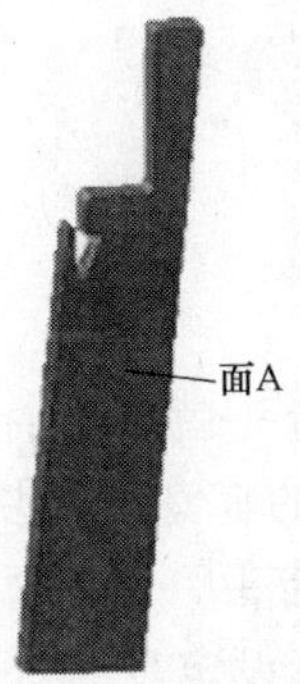


图 6-113　求交后得到的斜滑块

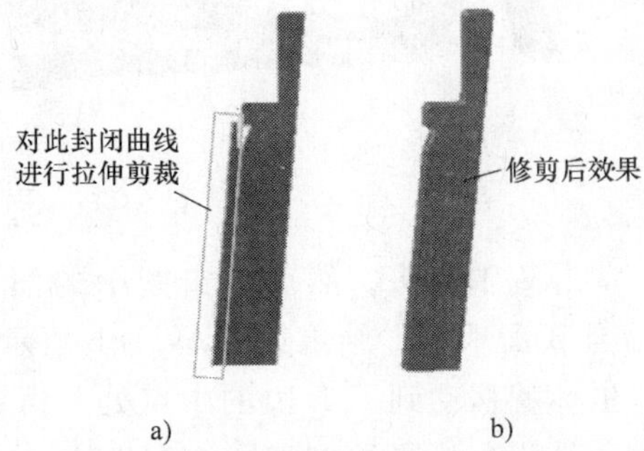


图 6-114　修平整后的面

a）修剪前　b）修剪后

10）通过修平后的滑块就是斜滑块，今后用推杆推动此滑块就可以取出塑胶件。但此时的型芯并没有发生变化，为此，取消对型芯的隐藏，然后，单击【求差】按钮，当出现【求差】对话框后，先选中塑胶件，然后选中图 6-114b 所示的斜滑块，再选中【保留工具体】复选框，单击【确定】按钮，就将型芯开出了一个滑槽，结果如图 6-115 所示。

11）以同样的方法开出其他几个滑槽，结果如图 6-116 所示，并保留上面作的这些滑块。

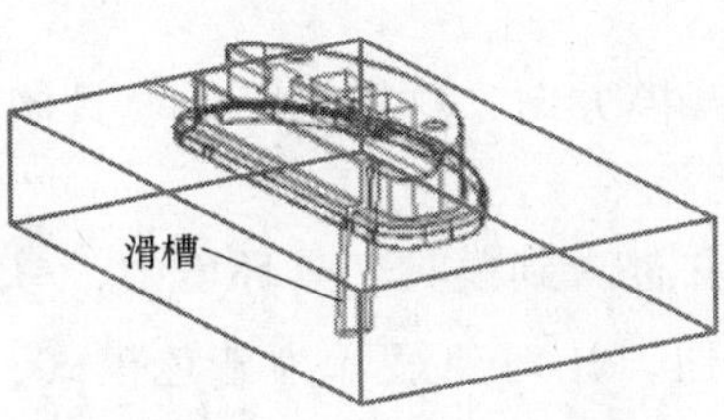


图 6-115　开出的滑槽

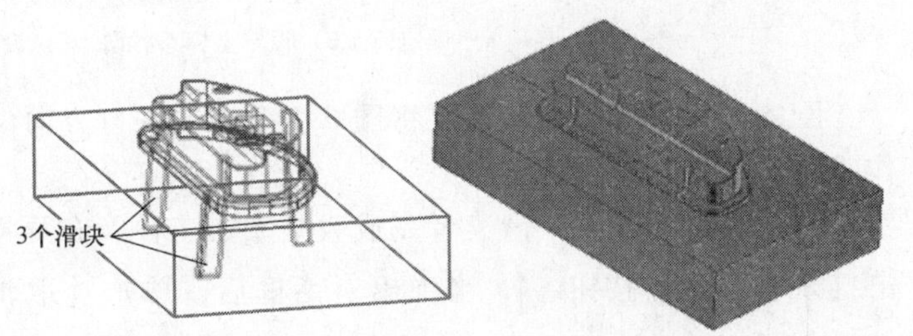


图 6-116　作出 3 个滑块及 3 个滑槽

经过上面的操作，就完成了斜滑块内侧抽芯机构的设计，今后，当 3 个滑块同时斜向上推动时，就可以将塑胶件顶出的同时进行脱模。

保存全部内容。完成分模操作。至于后面的其他操作，如加模架、浇口等可按 6.2 节操作完成。

总结：当型芯或型腔过于复杂需要分解才能加工时，读者可以使用本例中滑块的制作技巧。

**实例 6-3　固定板分模**

图 6-117 是固定板三维图，该塑料板的分模也是有一些特点：如果直接使用 UG【注塑模工具】栏中的命令，不易分模，因此，最好是建立分模面。

**1. 初始化操作**

启动 UG 后，对该零件进行项目初始化，结果如图 6-118a 所示。显然，模具坐标不正确，单击【注塑模向导】工具条中的【模具 CSYS】按钮，双击坐标，出现如图 6-118a 所

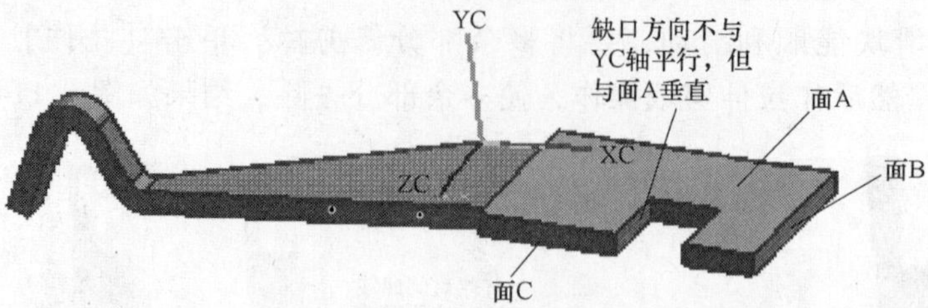


图 6-117　固定板

示的效果时，单击 Z 轴箭头，然后单击图中的面 A，此时，Z 轴箭头就与该面垂直了；同理，让 Y 坐标与 B 面垂直。结果如图 6-118b 所示。然后单击坐标的任意移动块 O，并单击边 L 的中点，坐标就移动到了 L 边的中点处，再单击 X 轴坐标的箭头，并且输入数据 -30 按 <Enter>键，结果坐标平移到如图 6-118c 所示位置，完成了坐标设定。

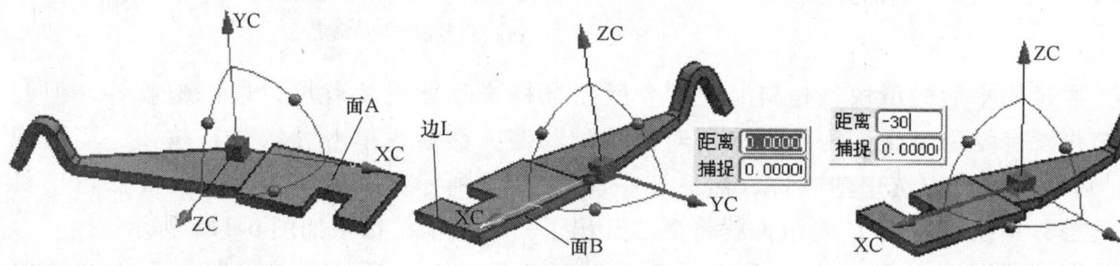


a)　　b)　　c)

图 6-118　设定坐标系

a）设定前　b）设定坐标系方向　c）设定坐标系原点

刚才这样做的目的就是要将图 6-117 中的缺口方向设置成开模方向，这样可降低模具制作难度。

与前面实例一样，请读者完成收缩率、工件及布局操作，并进入到模具工具环境中，单击【现有曲面】按钮，当弹出对话框后，单击【取消】按钮，让对象显示为着色模式，结果与图 6-117 类似。进入建模状态，使用“拉伸”命令，对其中一侧的边缘进行拉伸，效果如图 6-119a 所示。同样，拉伸其他各边，得到如图 6-119b 所示的面。注意在拉伸时，各拉伸面方向与图 6-117 所示面 B 或面 C 垂直，要注意拉伸时先拉伸前面两侧，再拉伸左右两边，拉伸左右边时选择前面拉伸的边一起进行拉伸。

然后，单击【特征操作】工具条中的【缝合】按钮对刚才拉伸的面进行缝合操作，使之成为一个面。该面将成为分型面。

**2. 创建分型面**

单击【注塑模向导】工具条中的【分型】按钮，弹出【分型管理器】对话框，单击其中的【编辑分型线】按钮，弹出【分型线】对话框，请读者使用“遍历环”功能完成分型线创建，结果如图 6-120a 所示，注意在遍历环时，选择刚才拉伸面的边缘进行。然后单击【分型管理器】对话框中的【创建/编辑分型面】按钮，在弹出【创建分型面】对话框时，单击【添加现有曲面】按钮，选择上面缝合的曲面，按鼠标中键多次完成操作。在操作时，可能出现看不到前面制作的缝合曲面的情况，此时，只要将第一图层显示出来就

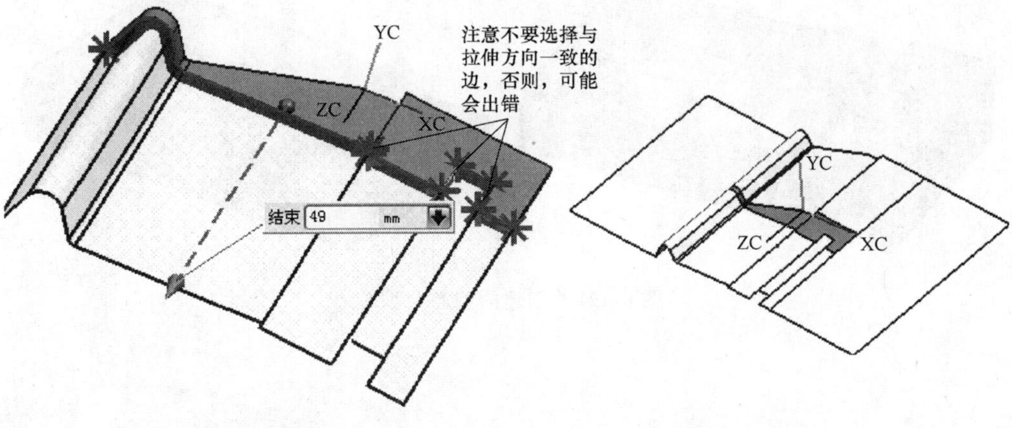


a)　　b)

图 6-119　制作分型面

a）拉伸一侧边缘　b）拉伸其他各边

可以看到刚才缝合的面。结果如图 6-120b 所示。

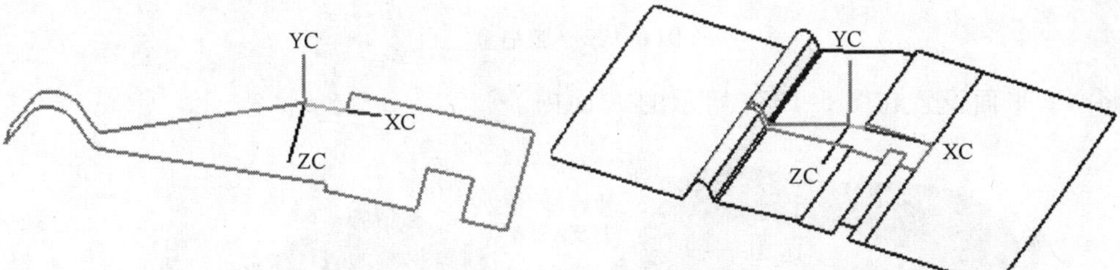


a)　　b)

图 6-120　分型线与分型面

a）分型线　b）分型面

在进行这一步操作时，可能感觉操作完和没有操作前效果一样，实际上，虽然表面上看操作前后缝合面没有变化，但本质变了。在进行创建分型面操作之前，该面是一个普通的缝合曲面，不是分型面，但操作后，该面就成为了分型面，不是普通的缝合面了，因此，这个操作过程是不可缺少的。

**3. 分模**

单击【分型管理器】对话框中的【抽取区域与分型线】按钮，分别抽取型芯与型腔的区域，最后，单击【分型管理器】对话框中的【创建型腔与型芯】按钮，完成型腔与型芯的创建，结果如图 6-121 所示。

**实例 6-4　肥皂盒分模**

如图 6-122 所示是一种肥皂盒，其特点是该盒沿着盒子的四边是一条空间曲线，因此，其难点是如何找到最大外形。

**1. 初始化操作**

新建项目，并对其进行初始化工作：设置模具坐标、收缩率、工件及布局，其中，模具

图 6-121　创建的型腔与型芯

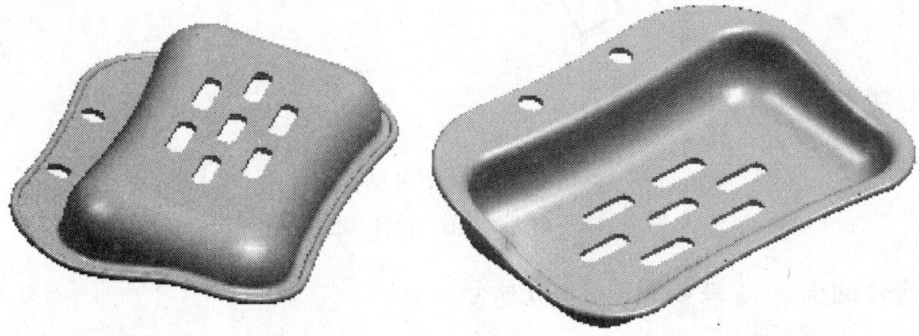

图 6-122　肥皂盒

坐标要将 XY 平面设置在图 6-123a 所示的 A 面内。

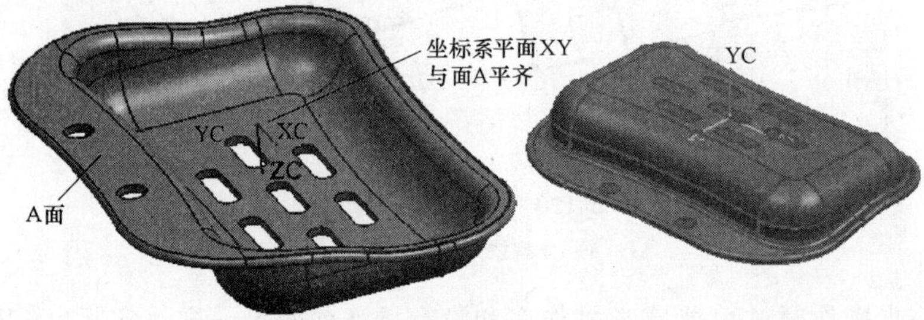


图 6-123　坐标设置及补片效果

a）坐标设置　b）完成补

单击【注塑模工具】工具条中的【曲面补片】按钮完成对各孔的补片，效果如图 6-123b所示。

**2. 制作分型线**

现在，进入建模状态，然后在绘图区中空白处右击，弹出快捷菜单，单击【定向视图】→【后视图】，肥皂盒显示如图 6-124a 所示。然后单击【曲线】工具条中的【抽取曲线】按钮，弹出【抽取曲线】对话框，之后单击【轮廓线】按钮后，弹出【轮廓线】对话框，单击肥皂盒，则可以看到，已经在肥皂盒的边缘四周制作了最大轮廓线，如图 6-124b 所示。

注意，图 6-124b 只有在制作出了最大轮廓线，并隐藏肥皂盒实体后才能得出，目的是

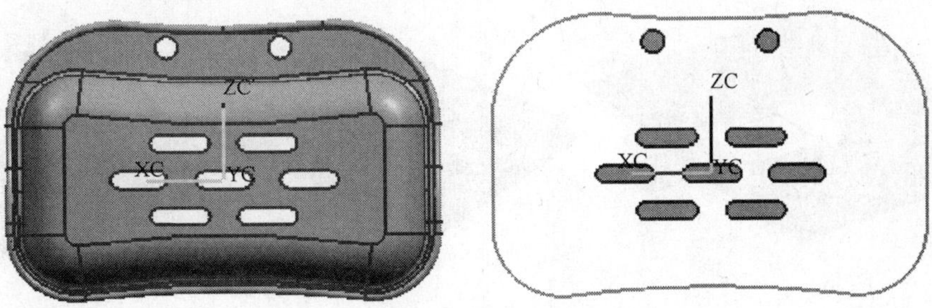


a)　　b)

图 6-124　定向为后视图并做出轮廓线

a）显示后视图　b）最大轮廓线

使读者看清楚轮廓线，该轮廓线为空间曲线，反映了肥皂盒的最大外形，因此，可以用来制作分型线。

现在需要注意的是，肥皂盒边缘是圆形线，而该轮廓线则经过盒边缘中间曲面，因此，需要对该面进行分割，单击【注塑模工具】工具条中的【拆分面】按钮，选中肥皂盒圆形边缘。注意要选中所有段的面，不要漏选。之后按鼠标中键，再选中刚才作的轮廓线，单击【应用】按钮，完成面的分割操作。

单击【注塑模向导】工具条中的【分型】按钮，弹出【分型管理器】对话框，再单击其中的【编辑分型线】按钮，弹出【分型线】对话框，可以使用“自动搜索分型线”命令来完成分型线的制作；也可以使用“编辑分型线”命令，选中前面作的最大轮廓曲线，以便使其变成分型线，结果得到分型线如图 6-125a 所示。

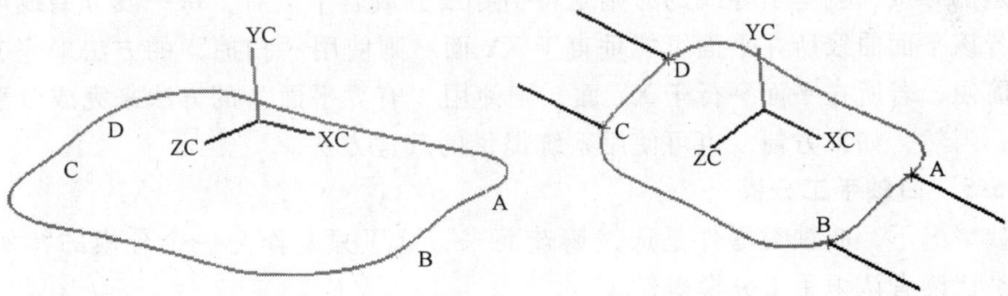


a)　　b)

图 6-125　分型线与分型段

由于该分型线是空间曲线，因此，需要在图中 A、B、C、D 各处制作分型引导线，然后制作分型面。在制作 B、C 两个分型段引导线时，需要将方向进行修正为 X 轴的正反两个方向，这样制作分型面时方便些。

**3. 制作分型面及分模**

单击【分型管理器】对话框中的【创建/编辑分型面】按钮进行分型面的创建，结果如图 6-126a 所示。然后进行“抽取区域与分型线”操作，最后完成分模，结果如图 6-126b所示。

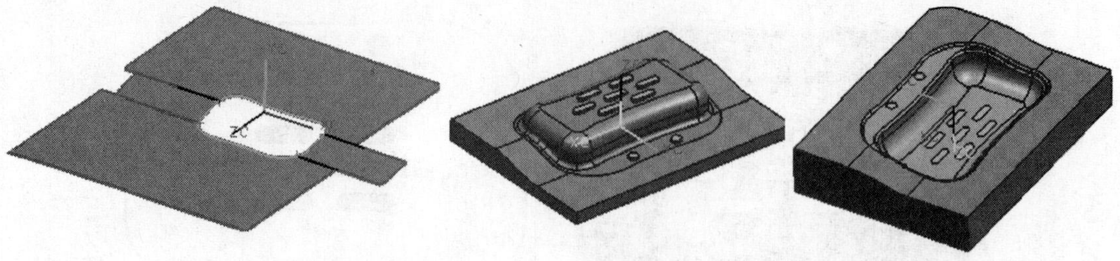

a)　　b)

图 6-126　分模效果

a）分型面　b）分模结果

**总结：**

在 UG 中进行分模，最大的难点是取得合理的分型线及分型面。分型面与分型线的获得需要根据具体问题进行具体操作，没有统一的方法与格式，下面的这些方法可供参考：

1）在产品表面有孔时，如果孔所在面与 XY 面夹角不大或平行时，使用补片体较方便，但有时也需要使用箱体，然后通过超级链接完成模具分模；如果孔面基本上或完全垂直于 XY 面，可能需要侧抽芯，则使用箱体较方便，也可通过补片体来完成，不过操作起来麻烦些。

2）分型面或分型线通过工件上某曲面中间时，需要从分型线或分型面处将工件曲面分割，否则不能得到正确的区域。

3）分型面可以使用曲面造型的各种命令来自己制作，也可以使用【分型】工具条中的命令来建立。

4）分型线一般情况下是通过搜索或遍历来得到，但也可以将现有曲线通过“编辑分型线”操作来转变为分型线，操作时看何种方式更方便即可。

5）分型线如果是平面曲线，可以直接制作分型面；但如果是空间曲线，则需要进行分段，即创建引导线，创建引导线的原则是将引导线分成若干段后，每一段分型线均为平面曲线即可。若该平面曲线所在平面可能垂直于 XY 面，则使用“扫掠”的方法来完成分型面的创建较为简便；若所在平面平行于 XY 面，则使用“有界平面”的方法来完成分型面的创建较为简便；当然，如果方便，也可使用系统提供的其他方法。

**实例 6-5　曲轴手工分模**

在多数情况下，曲轴类零件是通过铸造而来，这里只是作为一个分模的特例来进行讲解，目的是让读者认识手工分模操作。

其实，手工分模也可作为自动分模的借鉴，如作侧抽芯机构、特殊复杂结构等的混合抽芯方式中就常用手工分模的形式进行。下面就以图 6-127 所示曲轴为例来进行说明。

按前面的方法进入注塑模环境中，通过项目初始化打开曲轴零件（网络电子资源的 MZ 目录中的 qc.prt 零件），并进行以下初步操作：初始化、收缩、模具坐标系、布局。然后将各中心孔、键槽等均以箱体补上，结果如图 6-128a 所示。

然后，对箱体进行修剪，结果如图 6-128b 所示。

现在，进入建模环境中，然后单击【拉伸】按钮，当弹出【拉伸】浮动工具条时，直接按鼠标中键确定，进入草图环境中，作一个矩形草图，如图 6-129 所示。

然后，退出草图环境，对矩形草图进行拉伸，拉伸长度为 100mm 即可，拉伸结果如图 6-130 所示。

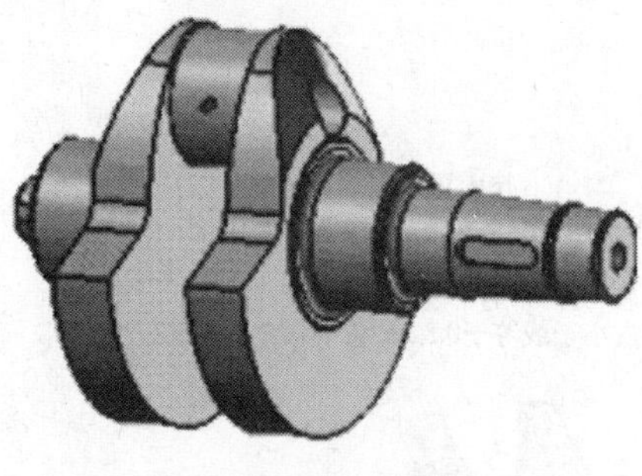

图 6-127　曲轴零件

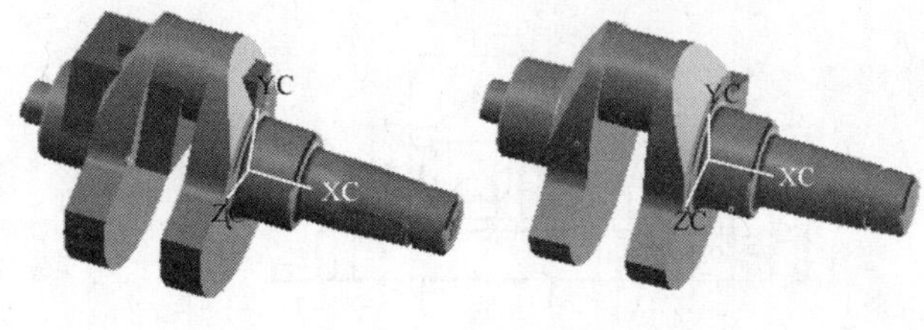


a)　　b)

图 6-128　补上箱体（a）及修剪箱体后（b）的效果

单击【求差】按钮，先单击刚才的拉伸体，然后单击曲轴零件，选中【求差】对话框中的【保留工具体】复选框，然后单击鼠标中键，完成求差操作。操作完成后，图形似乎没有反应，其实不然，单击导航工具条中的【部件导航器】按钮，然后，在展开的部件导航栏中取消选择 UM-PROD-BODY 复选框，从而隐藏曲轴，结果如图 6-131 所示。可见，型芯已经作好了。

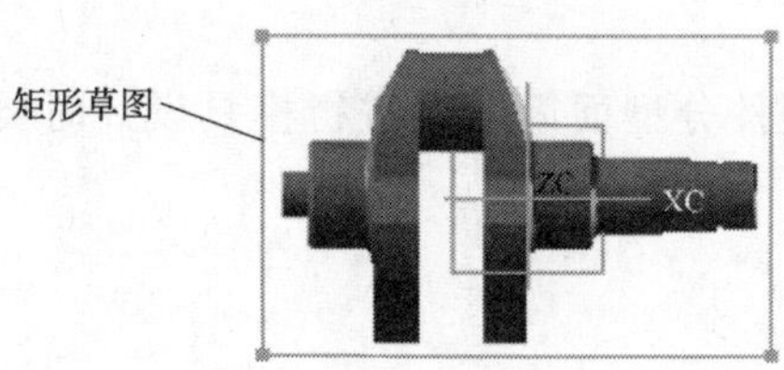


图 6-129　矩形草图

图 6-130　拉伸结果

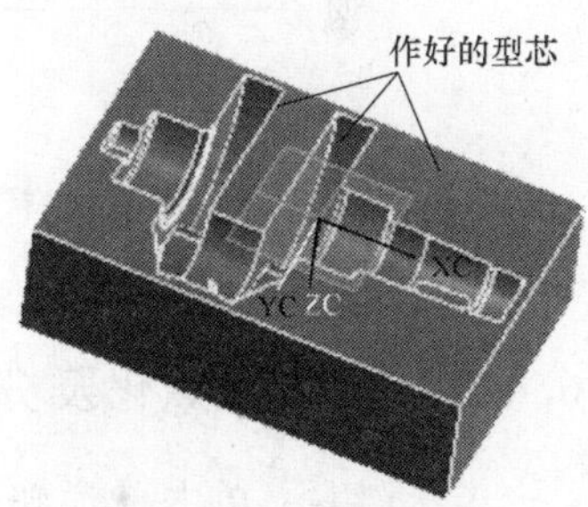


图 6-131　制作的型芯

同样，可以作出型腔。由于零件是对称的，型腔形状与图 6-131 类似，只是方向相反而已。使用"移动至图层"命令将型芯移至第 7 层，将型腔移动至第 8 层，这是 UG 默认的图层。完成了型芯与型腔的制作后，其余的操作与 6.2 节介绍的操作一样，在此就不详述了。

分模总结：通过这个简单的实例说明，在 UG 中，可以通过手工的方式进行分模，像曲轴这样的零件，如果以自动分模的方式来分模，反而将更加复杂，因此，根据零件的实际情况进行手工分模或自动分模的选择是必要的，希望读者在实践中慢慢理解并掌握。

## 6.4　综合练习

本节作为分模的总结，以图 6-132 所示的固定座塑件为例介绍一个完整的模具设计的操作步骤，以便让读者对 UG 注塑模具的设计有一个完整的认识。中间有些已经在前面叙述过的操作步骤，对其操作步骤的叙述会进行简化，重点讲解新知识。

分析：本固定座的材料为聚丙烯 PP，其流动性好，易于成形；成形温度宜在 80℃左右。设计模具时要有较好的冷却回路，浇口尺寸可取小些。

从图 6-132 中可以看出，本塑件中间有两个内凹的部分，且对称的两处相距较近，因此，可以采用强制脱模的办法脱模。

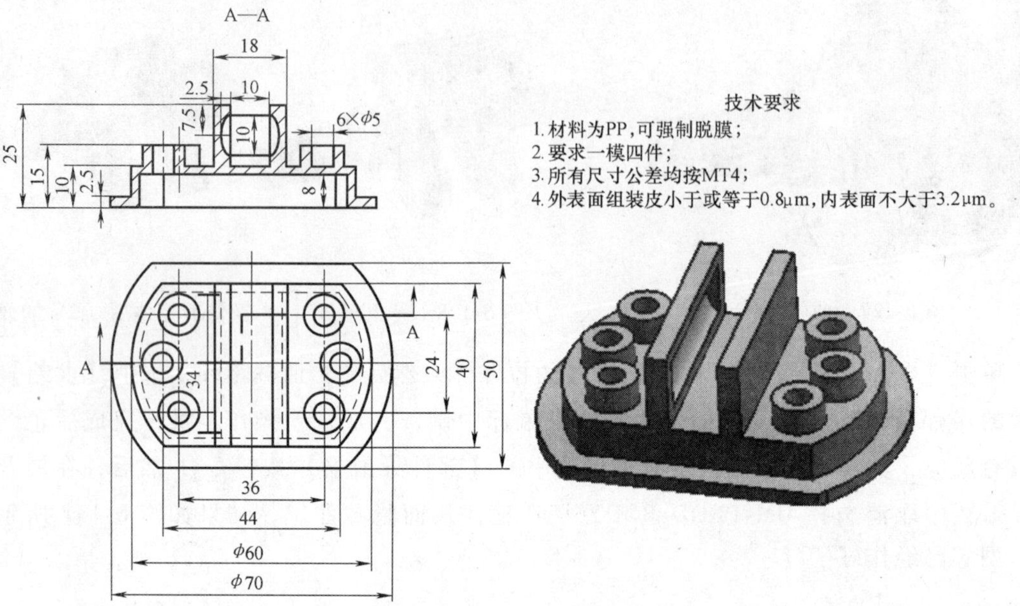


图 6-132　固定座

设计要求一模四出，模具布局可采用平衡式布局；塑件分型面简单。进行模具设计时要重点处理好强制脱模。

## 6.4.1　项目初始化及分模

启动 UG，单击【注塑模向导】工具条中的【项目初始化】按钮，弹出【项目初始化】对话框，给出项目路径及项目名称，单击【确定】按钮后，完成项目初始化操作；单击【模具 CSYS】按钮，弹出【模具 CSYS】对话框，双击 WCS 坐标系，修改 ZC 方向，使其指向定模方向，结果如图 6-133 所示。

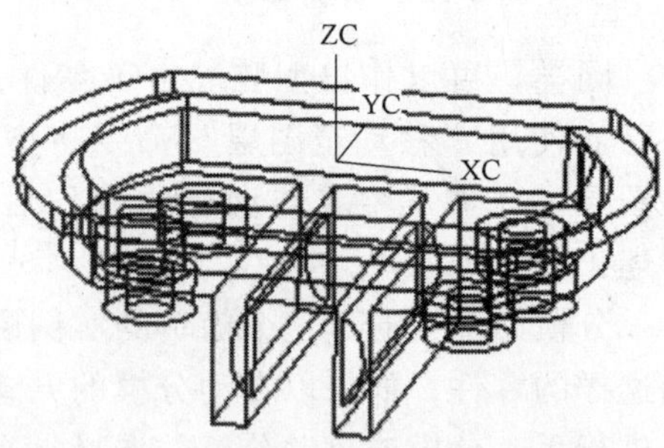


图 6-133　修改后的 WCS 坐标系

单击【工件】按钮，弹出【工件尺寸】对话框，以默认尺寸作出工件。单击【型腔布局】按钮，弹出【型腔布局】对话框，布局使用“矩形”、“平衡”，型腔数使用 4，以便作出一模四腔。单击【开始布局】按钮，然后在工作区的工件的右侧单击，系统进行布局，然后单击【自动对准中心】按钮，最后单击【后退】按钮，完成布局，结果如图 6-134 所示。

单击【注塑模工具】按钮，弹出【注塑模工具】工具条，单击【注塑模工具】工具条中的【Existing Surface】按钮，弹出【选择片体】对话框，单击【取消】按钮；之后单击“Edge Patch”命令，弹出【开始引导搜索】对话框，将塑件中的两个穿孔完成补片，如图 6-135 所示。

单击【注塑模工具】工具条中的【分型】按钮，弹出【分型管理器】对话框，单击【分型线】按钮，弹出【分型线】对话框，单击【搜索环】按钮，弹出【开始引导搜索】

对话框，选中图 6-135 所示图中最下的边缘线，然后完成分型线的创建。单击【创建/编辑分型面】按钮，弹出【创建分型面】对话框，单击【创建分型面】按钮，弹出【分型面】对话框，单击【有界平面】按钮，然后单击【确定】按钮，完成分型面的创建。单击【抽取区域和分型线】按钮，弹出【区域与直线】对话框，单击【边界区域】按钮后，单击【确定】按钮，完成区域的抽取。

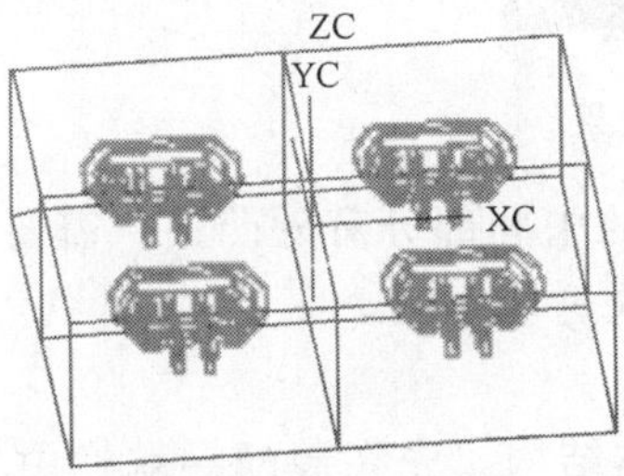


图 6-134　布局效果

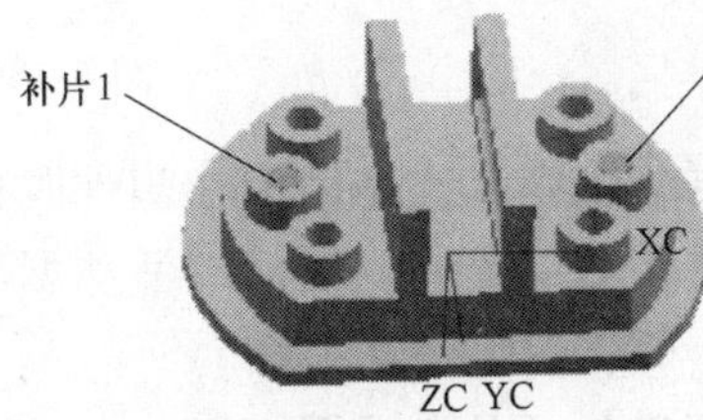


图 6-135　边补片的效果

然后单击【创建型腔和型芯】按钮，弹出【型腔和型芯】对话框，单击【自动创建型腔型芯】按钮，完成型芯与型腔的创建，结果如图 6-136 所示。

## 6.4.2　修改型腔

### 1. 分解型腔

单击【起始】→【建模】，进入建模环境，单击【成形特征】工具条中的【拉伸】按钮，选择图 6-136 中左侧的型腔的上表面作为拉伸草图面，作一个矩形草图，如图 6-137 所示。

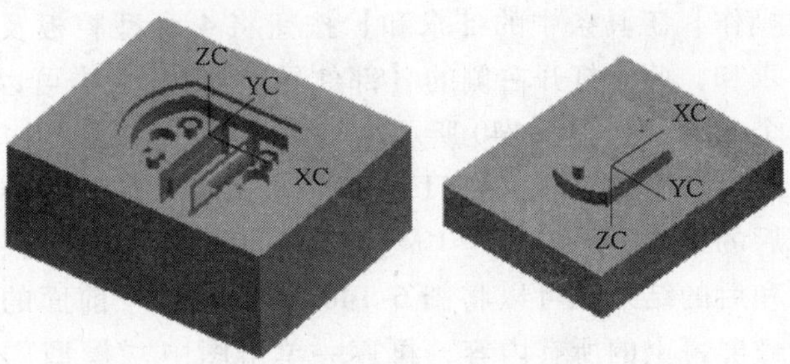


图 6-136　创建的型芯与型腔

完成草图后，将矩形拉伸 80mm 长，结果如图 6-138 所示。单击【特征操作】工具条中的【求交】按钮，弹出【求交】对话框，选中对话框中的【保留工具体】复选框，然后首先选中图 6-138 中的拉伸体，然后单击型腔，再单击【确定】按钮，完成求交操作。之后单击【特征操作】工具条中的【求差】按钮，注意先选中型腔，然后再选中前面求交的结果零件，单击【确定】按钮后，可以看到型腔已经被分成了两部分，结果如图 6-139 所示。把图 6-139 中右侧的部分称为活动型芯。

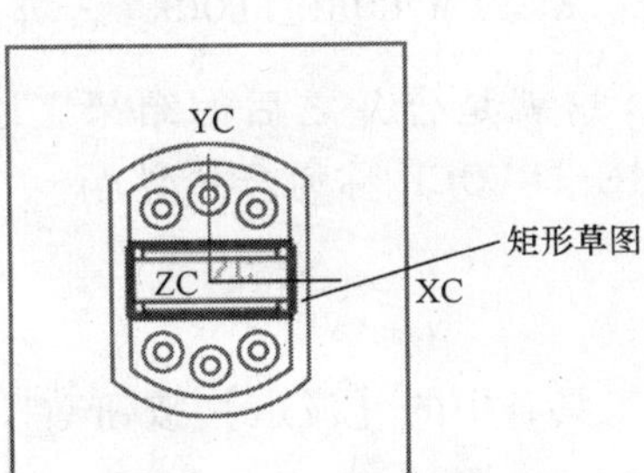


图 6-137　矩形草图

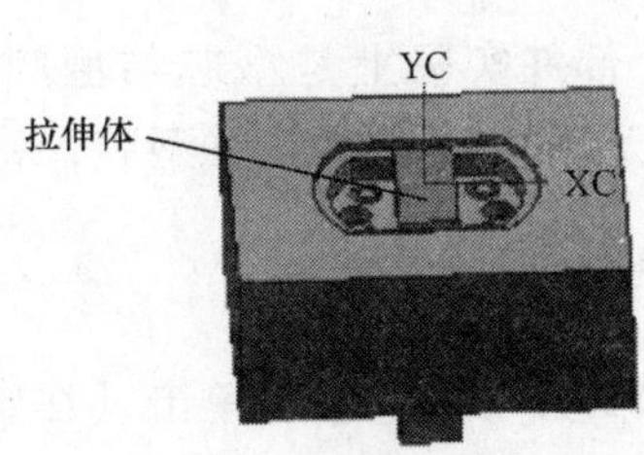


图 6-138　完成的拉伸体

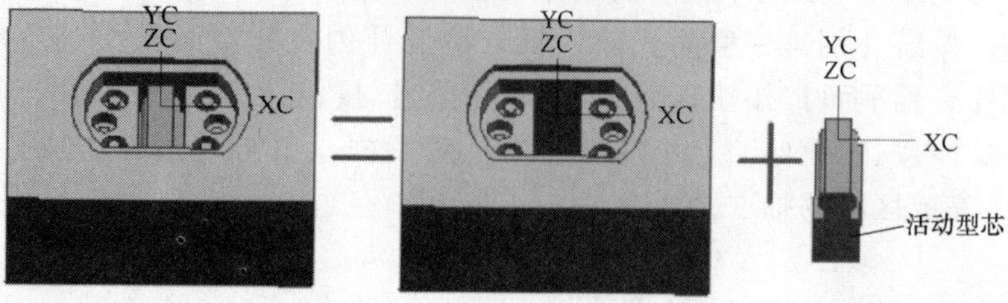


图 6-139　型腔分解效果

之所以要分解型腔，是因为在塑件脱模时，型腔的中间部分有外凸出，需要强制脱模，因此，要往前移动，分解成上面的活动型芯后可以解决这些问题。

**2. 合并**

单击【窗口】→ZHSL-TOP-000. prt，显示模具总体结构。先在装配导航栏中右击“ZHSL-TOP-000”图标，再单击弹出的快捷菜单中的【转为工作部件】命令（注：如果没有【转为工作部件】菜单命令，说明此部件已经是工作部件了，则不需要此步操作）；单击【装配】工具条中的【WAVE 几何链接器】按钮，弹出【WAVE 几何链接器】对话框，单击其中的【体】按钮，然后分别将 4 个型腔板及 4 个型芯板进行链接，然后单击【特征操作】工具条中的【求和】按钮将 4 个型腔板及 4 个型芯板求和，此时打开右侧的【部件导航器】，从中可以看到只有两个实体，如图 6-140 所示。

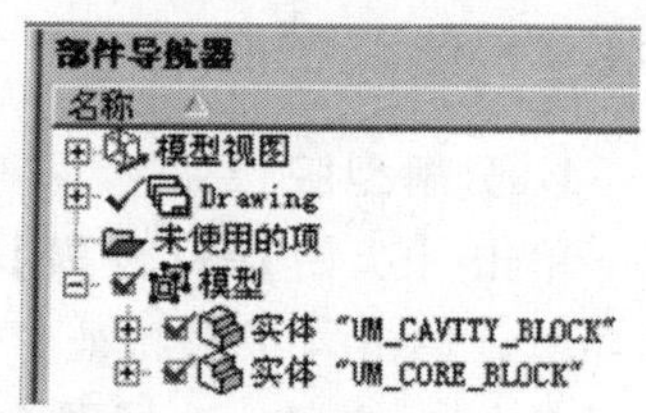


图 6-140　部件导航器中的实体

一个是 UM_CAVITY_BLOCK，表示是型腔链接并求和以后的结果；另一个是 UM_CORE_BLOCK，代表型芯链接并求和后的结果。可以将图 6-140 中“模型”前面的勾去掉，隐藏屏幕上的所有内容，再逐一单击图中“模型”下级部件前的“勾号”，使勾显示出来，此时屏幕上将显示 UM_CAVITY_BLOCK 及 UM_CORE_BLOCK 两个部件，结果如图 6-141 所示。

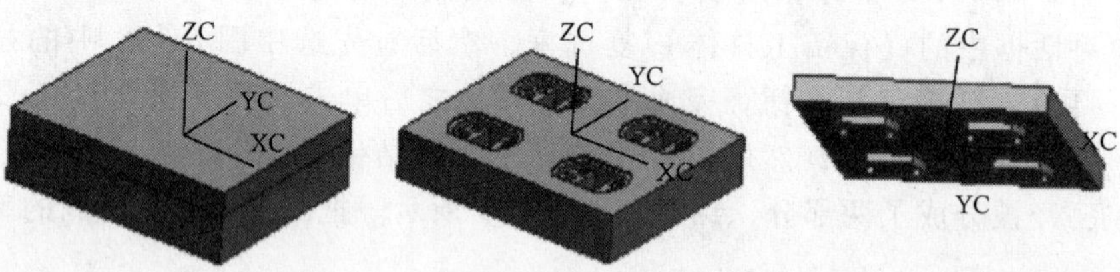


图 6-141　组合及分解后的 UM_CAVITY_BLOCK 与 UM_CORE_BLOCK 两个部件

这两个部件实际上是型芯与型腔的组合体，这就是合并之后的结果。以后将上面的 UM_CAVITY_BLOCK称为合并型腔，将 UM_ CORE_ BLOCK 称为合并型芯。

### 6.4.3　制作浇注系统

先隐藏合并型芯，然后单击【注塑模向导】工具条中的【流道】按钮，弹出【流道设计】对话框，单击定义方式中的【曲线定义点】按钮，将【引导线串形状】选项修改为“H 型”，然后单击【点子功能】按钮，弹出【点构造器】对话框，在对话框中输入 XC、YC、ZC 值分别为 21，50，0，然后单击【确定】按钮，完成一个点的创建；再次在对话框中输入 XC、YC、ZC 值分别为 -21，-50，0，创建另一个点。单击【确定】按钮后，将得到一个 H 型的流道线，可以通过单击【更改为其他方向】按钮来改变 H 型的方位，合适后单击【后退】按钮，完成流道线的创建；单击【创建流道通道】按钮，修改【直径】值为 5，然后单击【确定】按钮，完成流道的创建，如图 6-142 所示。

同样，使用“流道”命令，可以创建直线型的浇口，让浇口直径为 1，当然，也可以使用“拉伸”命令进行修剪。

现在单击【注塑模向导】工具条中的【型腔设计】按钮，选中图 6-142 所示合并后的型腔，然后按鼠标中键，再选中图 6-142 中的流道与浇口，然后单击【应用】按钮，完成修剪。以同样的方法修剪合并后的型芯，隐藏流道与型芯，可以看到作出了流道切口；同样，可以完成型芯的切口，如图 6-143 所示，图中右侧是浇口放大图。

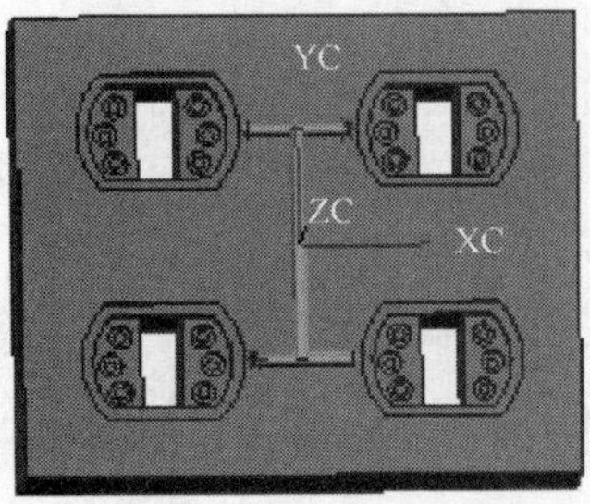


图 6-142　生成工字形流道

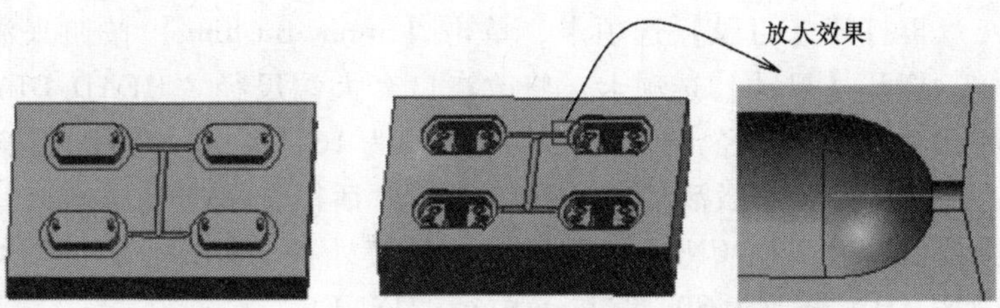


图 6-143　作出了浇口与流道

主流道与冷料穴可以使用“旋转”命令来完成，显示合并型芯与合并型腔，然后单击【成形特征】工具条中的【旋转】按钮，以 XC-ZC 为草图平面，作如图 6-144a 所示的草图，然后旋转，切除型芯与型腔。类似地，可以作出冷料穴切口，最后得到如图 6-144b 所示的效果。

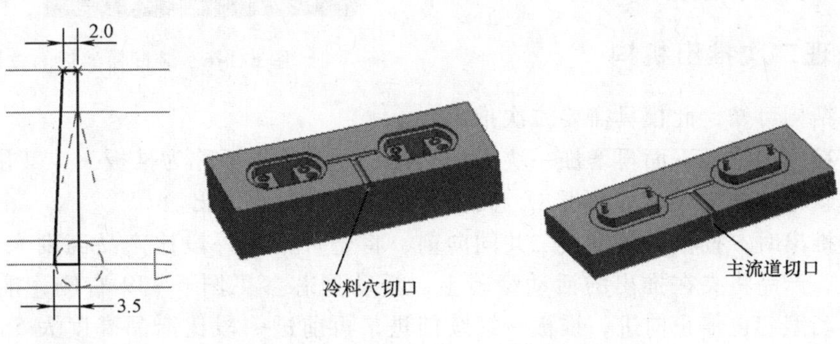


图 6-144　主流道与冷料穴切口

a）切口草图　b）切口效果

## 6.4.4　加模架

单击【注塑模向导】工具条中的【模架】按钮，弹出【模架管理】对话框，将【目录】修改为“FUTABA-FG”，将 TYPE 修改为“GC”，选择“3335”型模架，并将 A 板厚度“AP-H”修改为35，将B板厚度“BP-H”修改为50，将C板厚度“CP-H”修改为110，单击【确定】按钮，完成模架的安装，结果如图6-145所示。

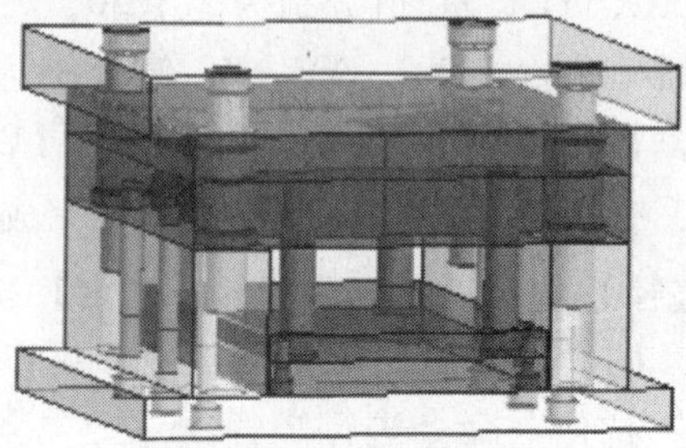
图6-145 安装后的模架

单击【注塑模向导】工具条中的【标准件】按钮，弹出【标准件管理】对话框，将目录修改为“FUTABA-MM”，然后在下面的列表框中单击“Locating Ring”（定位环）选项，将对话框下部的TYPE修改为“M-LRB”。打开【尺寸】选项卡，将定位环外径“DIAMETER”修改为100，环的内径“HOLE-THRU-DIA”修改为50，将环的固定螺栓的间距“BOLT-CIRCLE”修改为80，其余使用默认值，单击【应用】按钮，完成定位环的添加。

再打开【目录】选项卡，单击【Sprue Bushing】按钮来添加浇口套，与上面的操作一样，打开【尺寸】选项卡，修改浇口套大端尺径“HEAD-DIA”为50，以便与上面的定位环配套，小端外径“CATALOG-DIA”为16，单击【应用】按钮完成浇口套的制作。

然后，再次激活【标准件管理】对话框，单击【Springs】按钮来添加复位杆弹簧，将类型设置为“ROUND”（圆形），弹簧外径“DIAMETER”修改为35，长度“CATALOG-LENGTH”修改为80，将弹簧内径“INNER-DIA”修改为28，并设置显示类型为“DETAILET，TRUE”，单击【确定】按钮后，系统要求选择放置弹簧的表面，这里选择推杆固定板上表面，然后再以4根复位杆中心作为弹簧定位中心，作出弹簧。经以上操作，得到如图6-146所示的效果。

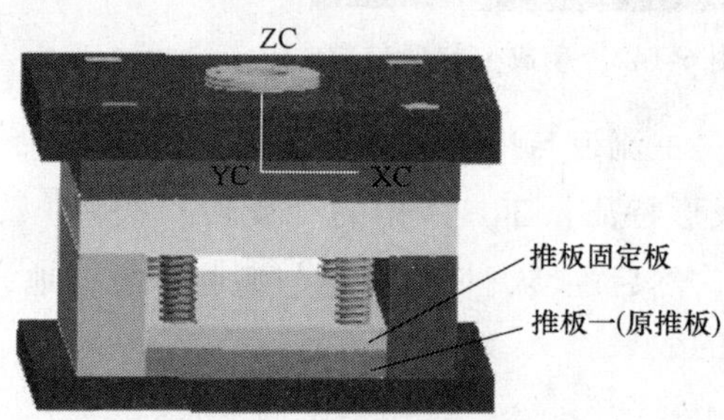

图6-146 装配模架后的效果

## 6.4.5 处理二次推出机构

由产品结构可知，此模具需要二次推出，因此，需要在原有推板下面再增加一块推板。其中原来的推板称为推板一，其作用是进行二次推出；而新增加的推板称为推板二，其作用是进行第一次推出。

第一次推出时，推板一与推板二共同向前，将塑件推出一段比产品高度大5mm左右的距离，此时，产品将夹在推出的活动型芯上，活动型芯参见图6-139右侧；推板二停止前进，因此活动型芯也停止前进，推板一继续前进，再前进一段比产品高度大5mm左右的距离，从而将产品强行推离活动型芯。

由上面的分析知，需要作新的推板及附属机构，下面就来介绍这种操作过程。

**1. 重定位原有推出机构**

首先展开装配导航器中的动模架部分，并将原推板固定板设置为工作部件，如图6-147a所示，双击该推板固定板，弹出【编辑参数】对话框，如图6-147中间图上部所示。单击其中的【特征参数】按钮，弹出【编辑参数】对话框，如图6-147b下部所示。

将该对话框中的【起始距离】值由原来的0修改为-20，即让该板上移20，将【终止距离】由原来的表达式：

"ex1_moldbase_mm_065"::EJA_h

修改为：

"ex1_moldbase_mm_065"::EJA_h-20

这样做是让该板的厚度不变，同时位置上移。完成操作后，按鼠标中键结束操作。则可以看到，原来的推板固定板上移一个距离了，如图 6-147c 所示。

以同样的方式，将图 6-146 所示的推板一向上移动，使之与原动模座板相距 20mm，为增加第二块推板做准备。上移后效果如图 6-148a 所示。

重定位后，有些零件的长度需要改变，如复位杆长度要减去上移的距离 20mm，弹簧长度在装入时已经考虑了上移因素，不必修改。修改复位杆长度可以在进入建模环境后，双击 4 根复位杆中的一根，然后在弹出的【参数编辑】对话框中，单击【特征对话框】按钮，弹出【编辑参数】对话框，将【高度】的公式由 L－H 修改为 L－H－20 即可，这时会看到复位杆变短了，结果如图 6-148b 所示。

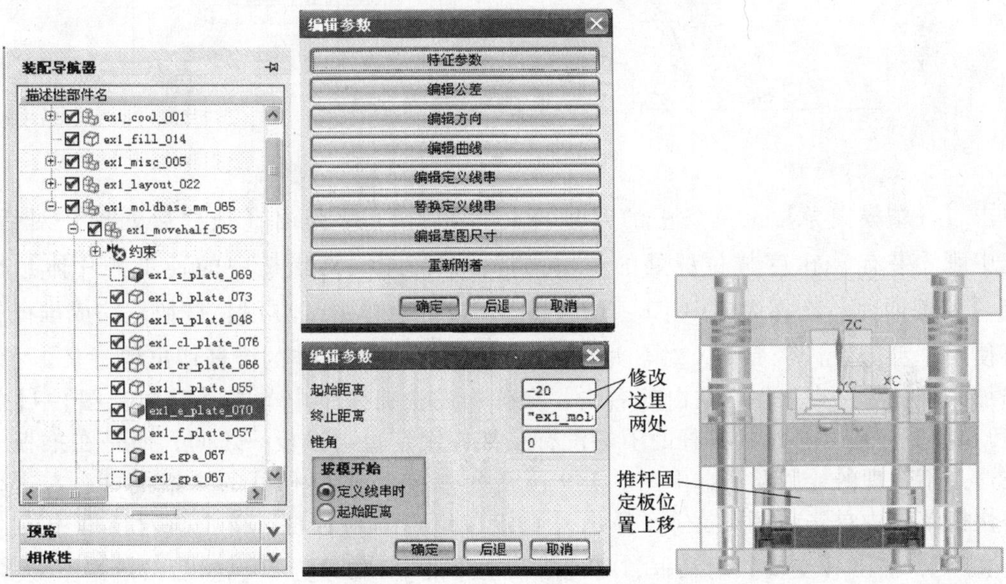


a) b) c)

图 6-147 修改推出机构位置

a）在导航器中选择 b）两个【编辑参数】对话框 c）操作结果

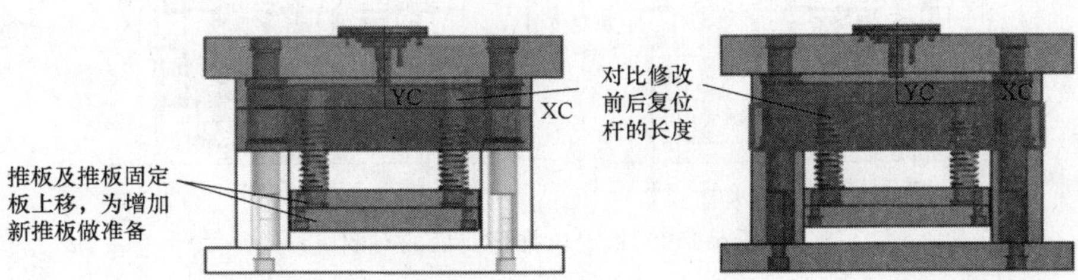


a) b)

图 6-148 重定位推出系统

**2. 增加推杆与拉料杆**

推杆与拉料杆可以用“标准件”命令中的“Ejector pin”选项来添加。与前面一样，调出【标准件管理】对话框，单击【目录】选项卡中的【Ejector pin Straight】按钮以添加直推杆，将推杆直径选择为4，长度为150，然后单击【应用】按钮，弹出【点构造器】对话框，同时，视图方向修改为俯视图，在图中标有work的型芯处选中4个圆心作为直推杆的位置点，系统将自动进行映像，使每一个型芯都有相同的操作，然后单击【后退】按钮完成推杆的布局，如图6-149所示。

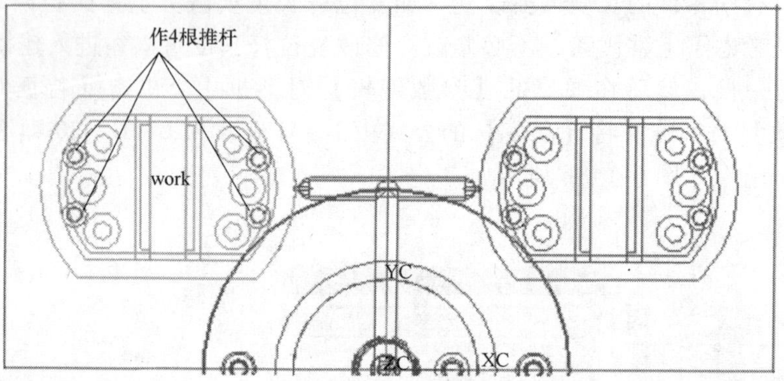


图6-149　定位推杆

单击【注塑模向导】工具条中的【顶杆】按钮，将弹出【顶杆后处理】对话框，单击选中刚才带有work字样位置处的4根推杆，然后单击对话框中的【工具片体】按钮，将【修剪曲面】选择为“CORE_TRIM_SHEET”，再单击【应用】按钮，完成推杆的修剪，再使用“型腔设计”命令，对合并型芯进行修剪，使刚才作的推杆切出切口来。

添加完推杆后，在工作区空白处右击，在弹出的快捷菜单中单击【定向视图】→【前视图】，可以看到，刚才添加的推杆的下端没有在推杆固定板与推板一之间，而是在推板一的中间，这是不合理的，因此，选中图6-149所示的带有work字样处的4根推杆，右击，在弹出的快捷菜单中单击【重定位】，弹出【重定位组件】对话框，单击该对话框中的【平移】按钮，弹出【变换】对话框，将此对话框中的DZ修改为20，然后按鼠标中键多次，完成推杆的重定位操作，结果使推杆底部平面准确地定位在推杆一与推杆固定板之间。同时，可以看到，推杆长度会比重定位前变短些，前面进行的修剪操作有效。图6-150所示是重定位推杆前后的结果对照。

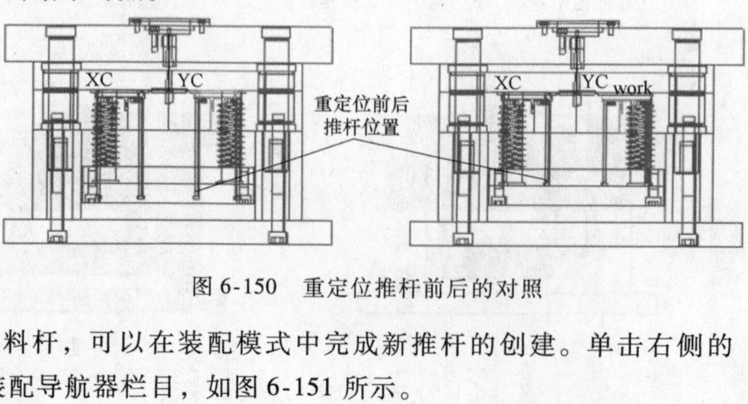


图6-150　重定位推杆前后的对照

为了增加拉料杆，可以在装配模式中完成新推杆的创建。单击右侧的【装配导航器】按钮，展开装配导航器栏目，如图6-151所示。

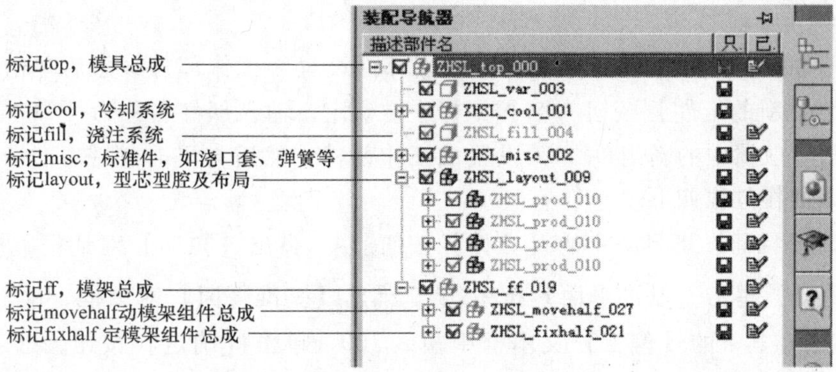


图 6-151　装配导航器

从图 6-151 中可以看到，在此栏目中有许多组件，其名称均由 3 部分组成：前面的 ZHSL 为项目名称，中间部分为系统名称，最后的数字部分是序号。以后为方便起见，只用中间部分代表组件，如 ZHSL_top_000，只用“top”表示，这些标记的作用如图 6-151 左侧说明，读者应仔细留意。

右击 movehalf 动模组件，然后单击【转换为工作部件】按钮，将动模组件转换为工作部件，然后单击【装配】工具条中的【创建新的组件】按钮，弹出浮动工具条，按鼠标中键，弹出【选择部件名】对话框，在【文件名】文本框输入要创建的零件的文件名，这里输入拉料杆的拼音缩写“LLG”，然后按鼠标中键完成创建新组件的操作再次打开装配导航器，可以发现在动模部件图标 ZHSL_movehalf_027 的下级树目录中添加了 LLG 图标。右击该图标，再将其转换为工件部件，可以看到其他部件的颜色变暗了，说明现在只有 LLG 是工作部件，可以使用前面的各种造型方法来创建 LLG 零件的三维模型。此时，单击【成形特征】工具条中的【旋转】按钮命令，以 XC-ZC 面作为草图平面，作如图 6-152 所示的草图。

退出草图后，按鼠标中键，再选中与 ZC 同向的基准轴作为旋转轴，之后按鼠标中键，完成拉料杆的创建。但拉料杆太长，要进行修剪，此时可以将除拉料杆外的大部分零件隐藏起来，以方便操作。然后单击【注塑模向导】工具条中的【型腔设计】按钮，以前面制作冷料穴时的公体进行修剪，得到如图 6-153 所示的效果。

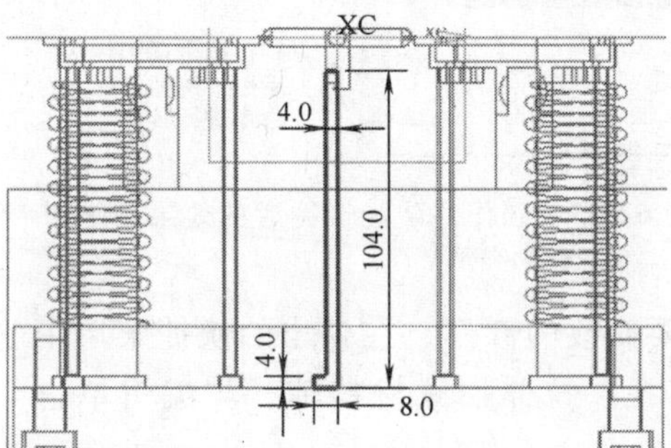


图 6-152　拉料杆草图

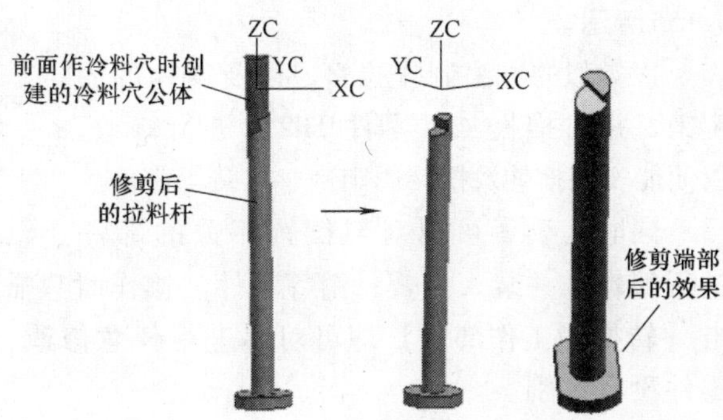


图 6-153　修剪后的拉料杆

操作后，可以看到装入了拉料杆的模架效果，如图 6-153 所示。

**3. 加另一块推板**

与前面增加拉料杆的操作一样，先将动模部件设置为工作部件，然后单击【装配】工具条中的【创建新的组件】按钮，按鼠标中键确定，输入部件名称为“TB2”，按鼠标中键后，将装配导航器中的新组件 TB2 设置成工作部件，然后与平时创建零件一样，创建一个拉伸板，其操作过程如下。

单击【成形特征】工具条中的【拉伸】按钮，弹出【拉伸】对话框，按鼠标中键，出现浮动工具条，单击【基准平面】按钮，弹出【基准平面】对话框，单击其中的 XC-YC 图标，然后在其下的【偏置】文本框中输入 100，单击【确定】按钮，进入草图环境；先以静态线框模式显示，可以看到模架中原来的推板，测量得其长与宽，分别是 350mm 与 210mm。现在，在草图环境中作一个与原推板等宽，但总长度为 50mm 的矩形，并在矩形正中央作一个直径为 45mm 的圆，完成草图；将拉伸距离设置为 20，按鼠标中键完成拉伸操作，得到第二块推板，称其为推板二。结果如图 6-154a 所示。

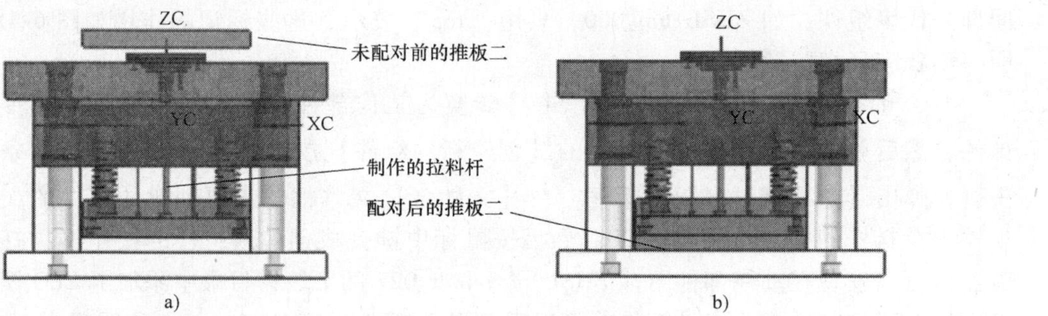


图 6-154　增加新推板及拉料杆的效果

现在，将动模架设置为工作部件，单击【装配】工具条中的【配对组件】按钮将新作的拉伸板定位到原来的推板一与动模座板之间，结果如图 6-154b 所示。

**4. 增加摆钩、拉簧、销等**

增加摆钩的操作过程与前面增加推板二类似。不过使用 YC-ZC 面作为草图面，拉伸时使用对称距离，拉钩总厚度为 15mm 即可。然后使用【装配】工具条中的“镜像装配”命令来完成摆钩的对称装配，结果如图 6-155所示。

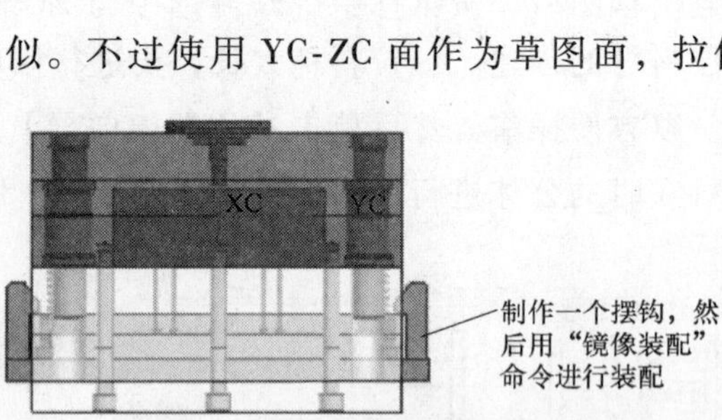


图 6-155　制作并装配摆钩后的效果

以类似的方法制作拉簧，以及摆钩的固定销，并对推板二（零件 TB2）进行修改，以便能安装摆钩及摆钩固定销、拉簧等零件。

同时，读者可以对与摆钩相关的部件进行编辑，并装入拉簧、销等零件。操作时只需右击要修改的部件，在弹出的快捷菜单中单击【转换为工作部件】即可对其进行任意修改，如打孔、拉伸加减材料等，与编辑单击个零件没有区别。

最后的操作结果如图 6-156 所示，在图中，注意有多处部件被修改，如推板一、推板二、推板固定板等。

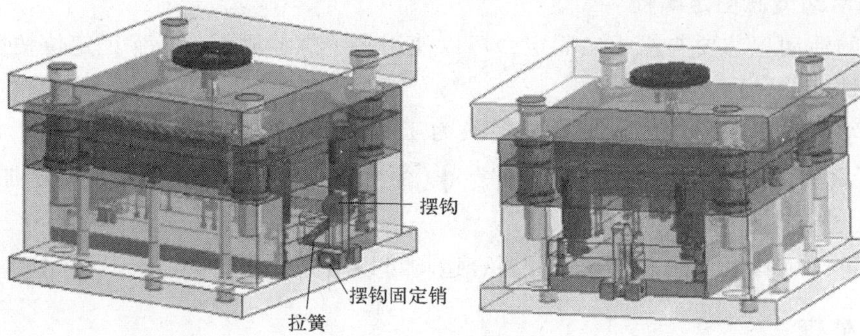


图 6-156　完成后的摆钩及相关组件

**5. 修改活动型芯**

推板二要与图 6-139 所示的活动型芯相连接，因此，可以在活动型芯与推板二间增加一个连接用的固定方柱，也可将活动型芯拉长些，直到与推板二上表面相接触。下面采用第二种方法。操作过程如下：

先测量从推板二上表面到活动型芯下表面的距离，现测得结果是 90mm，然后显示活动型芯，方法是按 <Ctrl + Shift + U> 快捷键；然后展开右侧装配导航器，将图 6-151 中的 top 组件设置为工作部件，然后展开 layout 组件，并将其下级树中的 prod 中的部分部件隐藏，只剩下如图 6-157a 所示的结构，其中留有一个活动型芯未显示出来。

**注意：读者最好使用 <Ctrl + B> 快捷键，当显示浮动工具条时，单击【类选择】按钮 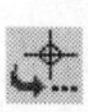，弹出【类选择】对话框，单击【类型】按钮，弹出【根据类型选择】对话框，单击【实体】按钮，这样可以只选择实体类型，再来选择要隐藏的内容。**

然后右击活动型芯，使其转换为工作部件，再使用【成形特征】工具条中的“拉伸”命令，当弹出【拉伸】对话框及【选择意图】工具条时，将【选择意图】工具条中的内容修改为“面的边”，然后单击活动型芯的底面，拉伸 90mm 长，并使用“求和”命令，将拉伸的方形柱体与原来的活动型芯求和，成为一个整体；最后将其他几个型芯显示出来，结果如图 6-157b 所示。

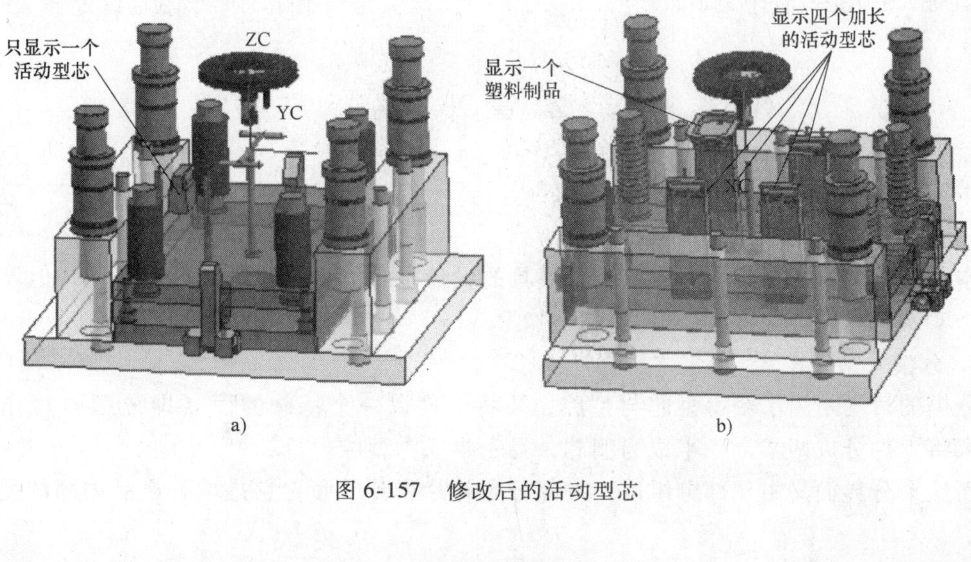


a)　　b)

图 6-157　修改后的活动型芯

**6. 增加活动型芯固定螺栓**

加长后的活动型芯要与推板二固定，可以使用多个螺栓固定。为保证定位精度，可以增加锥销等零件定位。

先隐藏动模底座板，然后将推板二转换为工作部件，并在其上拉伸裁出 8 个孔，孔深 10mm，孔径为 15mm，然后利用“标准件”命令找到 SHCS 类型的螺栓，添加 8 个螺栓，结果如图 6-158 所示。

当然，可以用其他方法来处理，只要合适均可以考虑采用。

## 6.4.6　后处理

模具设计还包括冷却设计，即增加冷却系统的配件，如打水孔，安装管接头等；型腔设计，对模具上各相交部件进行处理，去除相交的部分，如推杆安装在推板与推板固定板之间，应当使推板固定板上有孔，便推杆定位，型腔设计时应当做出这些孔；开排气槽，排气槽不是所有模具都要开，但要开槽时可以将型腔转换为工作部件，以拉伸命令剪裁即可；工程图，工程图包括装配图与零件图，虽然 UG 中有自动作图功能，但不太符合要求，读者可以考虑按第 4 章的方法制作；报表，主要有零件及材料清单等，可参照 6.2.8 节介绍的方法进行操作。

最后完成的结果如图 6-159 所示。

图 6-158　增加螺栓固定活动型芯

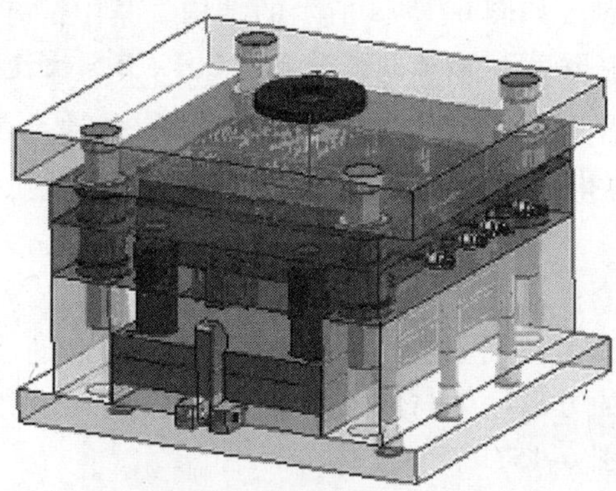

图 6-159　完成的模具

# 本 章 小 结

本章通过多个实例讲解了以下知识：

**1. 注塑模具的设计过程**

本章 6.1 节与 6.4 节均完成了整个模具的设计步骤，虽然这两节内容不同，但读者通过这两个实例，可以学会完整的模具设计过程。

**2. 分模**

分模的目的是为了获得型芯与型腔，要将工件以一个特殊的面（即分型面）作为分界面，来将工件分成两半，一半成为型芯，另一半成为型腔。

而这个分界面又由几部分组成，一部分是补片得到的面，它是填补产品内部的孔而得到的面；另一部分是分型面，它是扩展产品外围的面，以便能切割整个工件；其余就是抽取区域得到的产品的表面。将这些面合在一起，就可以将型芯与型腔分隔开来。

补片体、分型面等其实可以用一个任意的面来代替，只要能将工件分成两部分（型芯与型腔）就可以了，这一点读者可参考 6. 2 节的分模实例。

**3. 模架修改**

模架可以通过装配导航器来修改。根据实际需要，可以增加零件、减少零件、重新定位或装配零件，也可以对已经存在的零件进行编辑。具体操作过程可参照 6. 4 节中的实例。

**4. 工程图与编程**

完成模具的三维设计后，读者可以利用第 4 章的知识来完成工程图的制作及编程。

## 练　习　题

6-1　按比例制作如图 6-160 所示的 BP 机壳模型，然后对其进行分模。

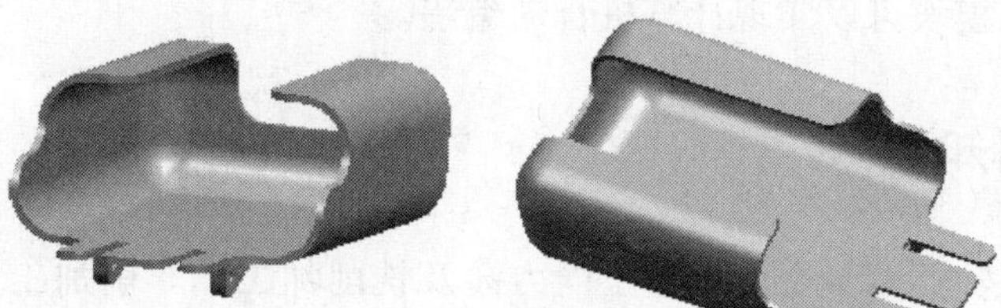

图 6-160　BP 机壳

6-2　对如图 6-161 所示的模型进行分模，其实际零件在本书网络电子资源安装目录下，可以在网站上免费下载。

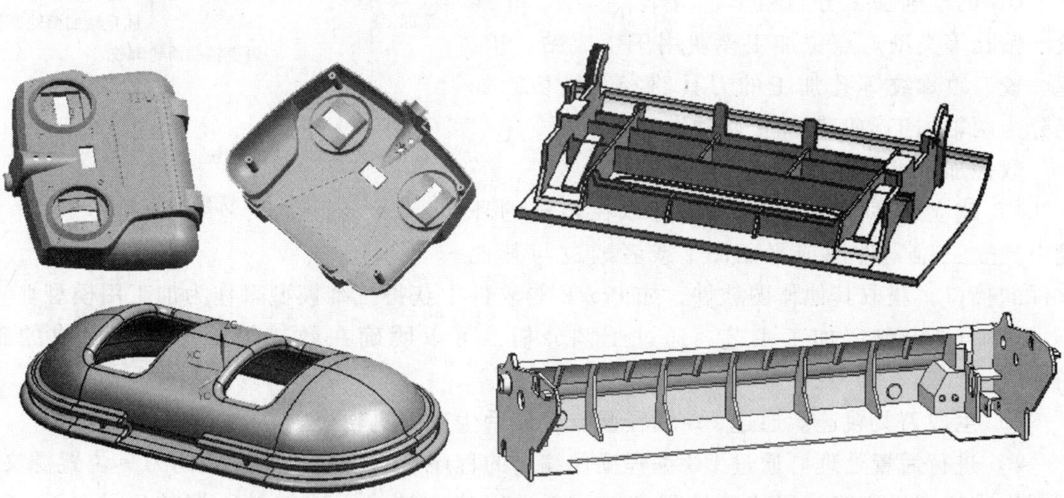

图 6-161　练习题 6-2 用图

**注意：在这些分模实例中，部分实例分模有难度。**

6-3　对本章各实例进行分模练习。

# 第7章 数控加工

**本章重点：**

本章主要介绍 UGNX7.5 的数控加工，加工单模拟仿真和程序后处理。通过本章学习，使读者了解 UG 的 CAM 加工模块功能，实现零件数控加工自动编程的全过程。

**本章难点：**

UGNX7.5 环境下数控加工自动编程的基本设置，数控加工方法的选择。

数控加工是利用记录在媒体上的数字信息对专用机床实施控制，从而使其自动完成规定加工任务的技术，数控加工需要有生产计划、工艺过程、数控编程作为辅助。

数控编程是计算机辅助制造（CAM）的关键，主要包括人工编程与计算机自动编程两种方式，UG 中加工模块可以实现计算机自动编程。

## 7.1 加工基础知识

UG 的数控加工功能较为全面，加工能力涉及铣削加工、车削加工、点位加工和线切割加工等。其中铣削加工又根据加工时主轴轴线的方向相对于工件是否可变而分为固定轴铣与可变轴铣。根据加工表面是平面还是轮廓，可以分为平面铣与轮廓铣，铣削加工的分类如图 7-1 所示。

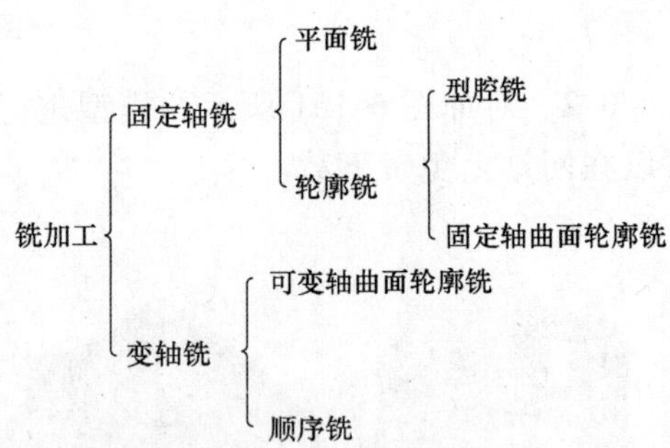

图 7-1　铣削加工分类

UG 的车削加工分为粗车、精车、车槽、车螺纹、钻孔等类型。点位加工模块用于生成钻、扩、镗、铰、攻螺纹等孔加工的刀具路径。线切割加工分为两轴加工和四轴加工两种类型。

数控加工可分为如下几个步骤：

1）建立或打开零件图。UG 可以在自身的环境中建立三维零件图或平面图，或者通过与其他软件的接口，获取其他作图软件，如 Pro/E 等软件中获得三维模型来作为加工用模型。

2）分析与制定加工工艺。通过工艺分析，可以明确在数控加工中应该完成的工作任务。

3）生成刀具轨迹。通过 UG 编程操作，最后生成刀具轨迹。

4）进行后置处理。通过 UG 编程操作编出的程序是与特定机床无关的刀具位置源文件，要转换成特定机床能使用的数控程序，还要进行特定转换，这就是所谓的后置处理（Post processing）。

5）获得工艺文件。

在这个操作过程中，生成刀具轨迹是用 UG 的 CAM 功能来完成的，这个过程又需要经过如下几个过程，分别为创建程序组、创建刀具组、创建几何组、创建加工方法和创建操作。

数控加工过程如图 7-2 所示。

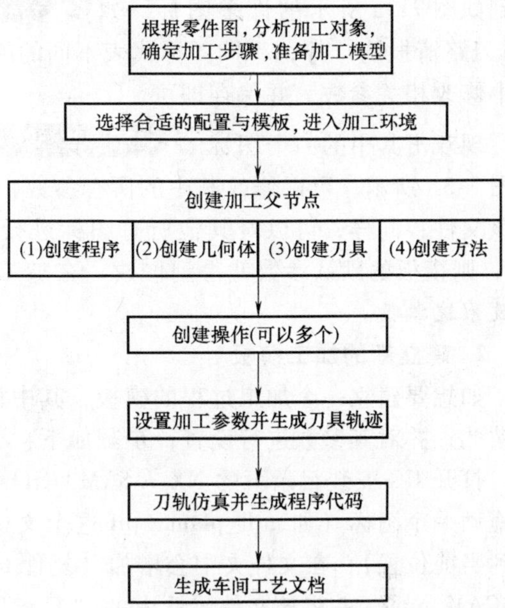


图 7-2 数控加工过程

## 7.2 加工设置

依据零件的工艺分析，进行符合零件加工实际需要的设置，可以提高工作效率。下面介绍 UGNX7.5 加工过程中的基本设置。

**1. 默认参数的设置**

在 UGNX7.5 加工模块中，有许多默认参数，这些参数对于不同用户来说，可能是需要修改的。修改的方法是：先打开 UG 安装目录下的 NX 7.5 \ MACH \ resource \ template_part \ metric 目录，可以看到许多 UG 模块零件，打开其中一个文件 die_sequences. prt，单击【起始】→【加工…】，进入加工环境中，然后单击【操作导航器】图标，展开该导航栏，可以

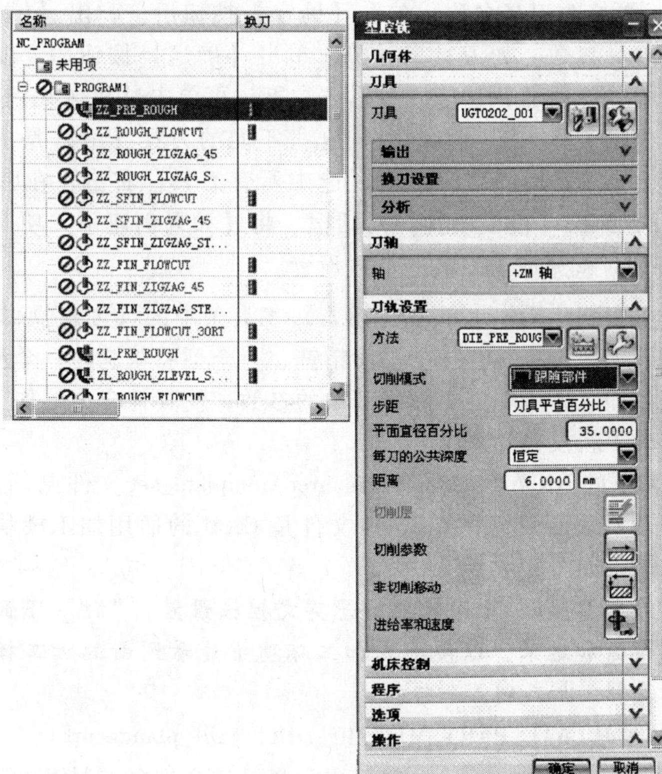


a) b)

图 7-3 加工设置

a) 导航栏的加工方法 b)【型腔铣】对话框

看到如图 7-3a 所示的许多图标，如 ZZ_PRE_ROUGH（型腔铣）、ZZ_ROUGH_FLOWCUT（单刀路清根铣）等，不同图标代表不同的加工模板及程序。只需要双击图标，在弹出对话框中修改相关参数，并保存即可。

现双击其中的一个图标 ZZ_PRE_ROUGH（型腔铣），就可以弹出【型腔铣】对话框，如图 7-3b 所示。可以修改其中的所有参数，以便符合加工要求与加工习惯，修改完成后保存该文件；同样，可以对其他所有图标进行双击后修改各参数，再保存。最后，重新启动 UG，则模板的默认参数就得到修改，在加工时，就使用已设置的参数。**注意：一般不建议修改系统参数。**

**2. 建立新的加工模板**

如想要建立一个加工过程的模板，其中加工方法包括平面粗铣与精铣、型腔粗铣与精铣和钻孔，并对其参数进行设置，步骤如下：

打开 UG 安装目录下的 NX 7.5\MACH\resource\template_part\metric 目录，按住鼠标右键拖动一个图标（如 mill_planar.prt 这个文件图标），松开右键后，在弹出菜单中单击【复制到当前位置】，在文件夹中会增加【复件 mill_planar.prt】文件；将文件更名修改为“MySelfCAM.prt”，并将该文件属性中的“只读”属性去掉，以便能修改。使用 UG 打开该文件，并在【操作导航器】中，将所有加工图标选中后删除（如图 7-3a 所示的各图标），然后，单击【插入】工具条中的【创建刀具】按钮，弹出【创建刀具】对话框，单击【face mill】按钮，再修改刀具名称，单击【确定】按钮后，弹出【铣刀参数】对话框，在该对话框中修改各刀具参数，如刀具尺寸等，单击【确定】按钮后，就完成了一把铣刀的创建。此时，在【操作导航器】中空白处右击鼠标，再单击【机床视图】，就可以看到创建的刀具。同理，可根据实际加工需要，创建几把不同的刀具（最好是根据在工作中最常用的刀具来确定）。当所有刀具创建完成后，选中所有刀具，右击，在弹出的菜单中单击【对象】→【模板设置】，弹出【模板设置】对话框，将【如果创建了父项则创建】复选框勾上，单击【确定】按钮，就完成了刀具的加载设置。

刀具创建好后，可以创建操作。单击【插入】工具条中的【创建操作】按钮，根据上面的假设，先创建一个平面粗铣、一个平面精铣、一个型腔粗铣、一个型腔精铣及一个钻孔加工，注意在创建各加工方法时，要修改其中的参数，使其符合你的加工要求与习惯，然后保存该模板，就完成了新模板的创建。

打开 UG 安装目录下的 NX 7.5\MACH\resource\template_set 文件夹下的 cam_general.opt 文件（也可以使用其他模块的设置文件），该文件是 CAM 的通用加工模块的设置文件，用记事本打开该文件，结果如图 7-4a 所示。

**注意，在这些文件中，“##”上面的内容是英文模板设置，“##”下面的是中文模板设置，为了将新创建的模板加进来，以便进入加工环境中能看到新的加工模板，并进行初始化，可以将其中一行复制，如复制第一行：**

$ {UGII_CAM_TEMPLATE_PART_METRIC_DIR} mill_planar.prt

并将“}”后的内容“mill_planar.prt”修改为自己的文件名“MySelfCAM.prt”，即

$ {UGII_CAM_TEMPLATE_PART_METRIC_DIR} MySelfCAM.prt

将这一行添加如图 7-4b 所示的那一行，保存该文件，然后打开一个要加工的零件，在项目初始化时，就可以在单击【起始】→【加工…】时弹出的【加工环境】对话框中看到该

```
${UGII_CAM_TEMPLATE_PART_ENGLISH_DIR}mill_planar.prt
${UGII_CAM_TEMPLATE_PART_ENGLISH_DIR}mill_contour.prt
${UGII_CAM_TEMPLATE_PART_ENGLISH_DIR}mill_multi-axis.prt
${UGII_CAM_TEMPLATE_PART_ENGLISH_DIR}mill_multi_blade.prt
${UGII_CAM_TEMPLATE_PART_ENGLISH_DIR}drill.prt
${UGII_CAM_TEMPLATE_PART_ENGLISH_DIR}hole_making.prt
${UGII_CAM_TEMPLATE_PART_ENGLISH_DIR}turning.prt
${UGII_CAM_TEMPLATE_PART_ENGLISH_DIR}wire_edm.prt
${UGII_CAM_TEMPLATE_PART_ENGLISH_DIR}probing.prt
${UGII_CAM_TEMPLATE_PART_ENGLISH_DIR}solid_tool.prt
${UGII_CAM_TEMPLATE_PART_ENGLISH_DIR}machining_knowledge.prt
##
${UGII_CAM_TEMPLATE_PART_METRIC_DIR}mill_planar.prt
${UGII_CAM_TEMPLATE_PART_METRIC_DIR}mill_contour.prt
${UGII_CAM_TEMPLATE_PART_METRIC_DIR}mill_multi-axis.prt
${UGII_CAM_TEMPLATE_PART_METRIC_DIR}mill_multi_blade.prt
${UGII_CAM_TEMPLATE_PART_METRIC_DIR}drill.prt
${UGII_CAM_TEMPLATE_PART_METRIC_DIR}hole_making.prt
${UGII_CAM_TEMPLATE_PART_METRIC_DIR}turning.prt
${UGII_CAM_TEMPLATE_PART_METRIC_DIR}wire_edm.prt
${UGII_CAM_TEMPLATE_PART_METRIC_DIR}probing.prt
${UGII_CAM_TEMPLATE_PART_METRIC_DIR}solid_tool.prt
${UGII_CAM_TEMPLATE_PART_METRIC_DIR}machining_knowledge.prt
```

a)

```
${UGII_CAM_TEMPLATE_PART_ENGLISH_DIR}mill_planar.prt
${UGII_CAM_TEMPLATE_PART_ENGLISH_DIR}mill_contour.prt
${UGII_CAM_TEMPLATE_PART_ENGLISH_DIR}mill_multi-axis.prt
${UGII_CAM_TEMPLATE_PART_ENGLISH_DIR}mill_multi_blade.prt
${UGII_CAM_TEMPLATE_PART_ENGLISH_DIR}drill.prt
${UGII_CAM_TEMPLATE_PART_ENGLISH_DIR}hole_making.prt
${UGII_CAM_TEMPLATE_PART_ENGLISH_DIR}turning.prt
${UGII_CAM_TEMPLATE_PART_ENGLISH_DIR}wire_edm.prt
${UGII_CAM_TEMPLATE_PART_ENGLISH_DIR}probing.prt
${UGII_CAM_TEMPLATE_PART_ENGLISH_DIR}solid_tool.prt
${UGII_CAM_TEMPLATE_PART_ENGLISH_DIR}machining_knowledge.pr
##
${UGII_CAM_TEMPLATE_PART_METRIC_DIR}MySelfCAM.prt
${UGII_CAM_TEMPLATE_PART_METRIC_DIR}mill_planar.prt
${UGII_CAM_TEMPLATE_PART_METRIC_DIR}mill_contour.prt
${UGII_CAM_TEMPLATE_PART_METRIC_DIR}mill_multi-axis.prt
${UGII_CAM_TEMPLATE_PART_METRIC_DIR}mill_multi_blade.prt
${UGII_CAM_TEMPLATE_PART_METRIC_DIR}drill.prt
${UGII_CAM_TEMPLATE_PART_METRIC_DIR}hole_making.prt
${UGII_CAM_TEMPLATE_PART_METRIC_DIR}turning.prt
${UGII_CAM_TEMPLATE_PART_METRIC_DIR}wire_edm.prt
${UGII_CAM_TEMPLATE_PART_METRIC_DIR}probing.prt
${UGII_CAM_TEMPLATE_PART_METRIC_DIR}solid_tool.prt
${UGII_CAM_TEMPLATE_PART_METRIC_DIR}machining_knowledge.prt
```

b)

图 7-4　修改设置文件

a）修改前　b）修改后

模板，如图 7-5a 所示。

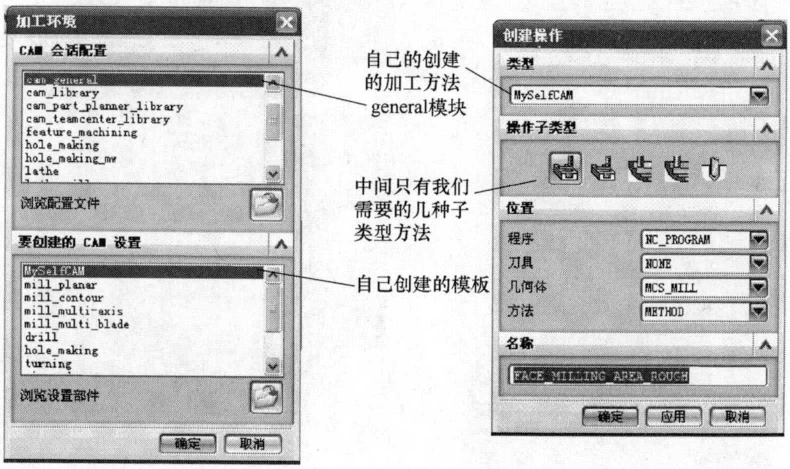


a)　　b)

图 7-5　启动时显示自己创建的模板

a）【加工环境】对话框　b）【创建操作】对话框

当使用新的模板初始化后，单击【创建操作】按钮，可以弹出如图 7-5b 所示的【创建操作】对话框，显示新模板的几种加工方法。

## 7.3　加工辅助操作

打开一个待加工的零件，如打开网络电子资源的文件 one. prt，进入加工环境后，首先会弹出【加工环境】对话框，如图 7-5a 所示。在此对话框中上面的【CAM 会话配置】列表里列出了不同的加工模板，而下面的【要创建的 CAM 设置】列表则是与上面的模板所对应的多个加工模板文件。如选择 cam_general，则下面显示了多个模板文件，它们表示了不同的加工方法，从上到下分别是平面铣、轮廓铣、多轴铣、叶片加工、钻加工、孔加工、车削加工、线切割加工等。

平面铣适合于加工底面与侧面垂直的面；而轮廓铣则适合于底面与侧面不垂直的面，包括侧面与底面的加工。

在【CAM 会话配置】列表中选择“cam_general”，在【要创建的 CAM 设置】列表处选择“mill_planar”。单击【初始化】按钮进入加工环境中。

单击【分析】→【NC 助理】，弹出【NC 助理】对话框，如图 7-6a 所示。

该工具的作用分析是待加工的零件，如分析图层，即分析一个零件的不同面之间的高度关系，分析圆角大小，分析拐角及拔模角等内容。

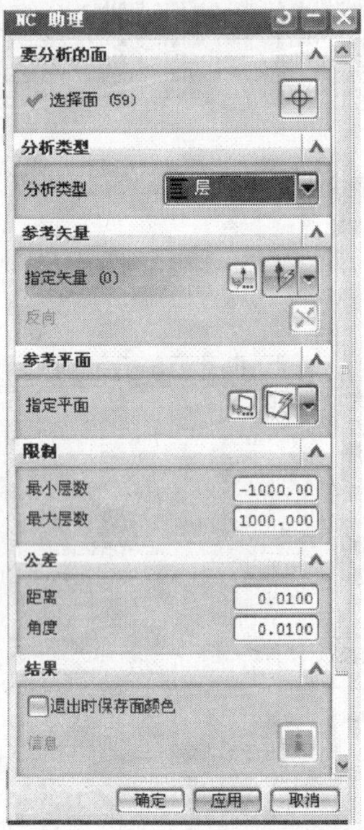


a)

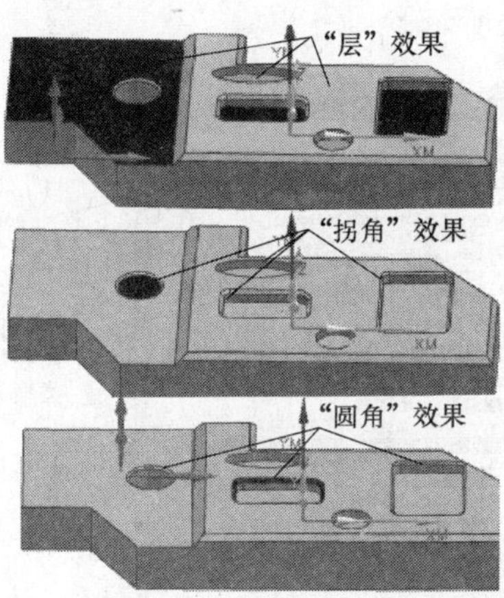


b)

图 7-6　NC 助理及操作效果

a)【NC 助理】对话框　b) 操作效果

在该对话框中，将【分析类型】选择为“层”，然后单击【应用】按钮，可以看到零件上不同高度处的面的颜色不同，同一颜色的平面其高度相同；同理，如果修改成“圆角”、“拐角”或“拔模角”等选项，会有不同的显示。在【结果】区域将【退出时保存面颜色】前打勾，则可以在关闭了该对话框后，还保存颜色，便于今后加工时进行面的选择。图 7-6b 所示是使用不同情况选项时的分析结果。

## 7.4　加工实例及相关概念

**实例 7-1　底座板加工实例**

下面以图 7-7 所示底座板零件为例简述完整的加工过程。

**1. 分析**

在生产过程中，加工工艺卡和过程卡是加工操作的必要文件，操作者可通过这些文件了解工艺过程，并明白自己的加工任务。工艺卡由技术部门制定，以文件形式下发给加工部门。工艺卡的内容包括加工的步骤、每一步骤所用的工装夹具、定位方法、使用机床、机床刀具、本步骤加工图等诸多内容。由于零件加工工艺卡制作较麻烦，因此，一般不太复杂的加工也可以使用加工过程卡，过程卡则简单许多，主要包括加工顺序、加工内容、加工方式、机床、刀具、留余量等项目。因此，过程卡也是不能缺少的。

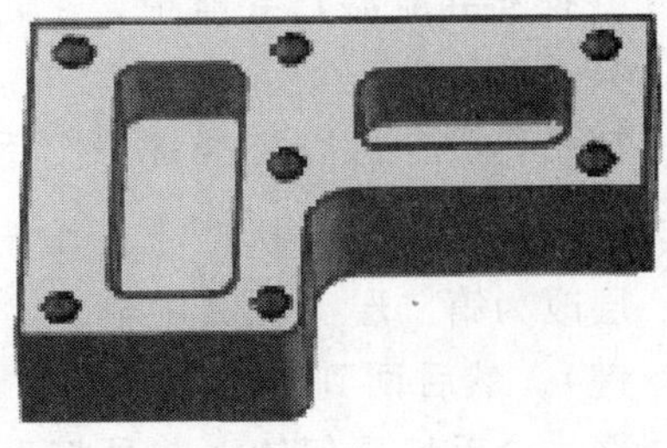

图 7-7 底座板零件

对于一般零件，其加工工艺流程大体上是：准备毛坯（下料）→划线→加工底面作为基准面→加工四周外围平面→加工上表平面→加工中间各凹陷面（粗精铣）→加工螺纹孔（钻孔、攻丝）。

现在假设从加工四周外围平面这道工序开始加工，并完成后面的各操作。此时零件底面已经加工完成，且在编程时，暂不考虑装夹方法（实际工作中需要考虑装夹），这样做主要是便于一次性编程。

理解了加工过程，下面就要确定加工所用刀具，如何知道零件上各孔的大小，各平面的高低？这就要使用前面介绍的【NC 助理】对话框了，按照上面介绍的方法使用【NC 助理】对话框分析零件中各孔的大小，圆角半径，拐角半径及各待加工的平面的高度。不难发现，此零件中最小的拐角半径为 $R5$，螺纹底孔半径为 $R3.35$，外围圆角半径为 $R10$。刀具半径应该略小于或等于圆角半径。因此，确定如下用刀模式：

粗铣、精铣凹陷面时，为提高工作效率，用较大的立铣刀，如 $\phi10$ 以上的刀具，这里用 $\phi16$ 的立铣刀；精铣时，为保证加工到位，保证每一个转角均能被加工，因此，要选择合适的刀具，由于零件要加工部件的最小圆角为 $R5$，因此，精铣时刀具直径可以选用 $\phi8$ 的立铣刀。四周铣削时，由于外围最小圆角半径为 $R10$，因此，也可以用 $\phi16$ 的立铣刀，与前面选择的立铣刀相同，以减少用刀数量。

钻孔时，先用中心钻打中心孔，以保证后面钻孔时定位准确，中心钻用 $\phi4$ 的；然后再钻螺纹的底孔 $\phi6.7$，用 $\phi6.7$ 的麻花钻即可；最后，用 M8 的丝锥攻丝。

**2. 编程过程**

打开本书附带网络电子资源目录下 ug-file\JZ 文件夹中的 EXE-1. prt 文件，显示效果如图 7-7 所示。单击【起始】→【加工】，弹出【加工环境】对话框，如图 7-5a 所示。

在图 7-5a 所示的对话框中，在【CAM 会话配置】列表中选择“cam_general”，而在【CAM 设置】列表中选择“mill_planar”，然后单击【初始化】按钮，进入到加工环境中，弹出了“操作”、“特征”等多个工具条。如图 7-8 所示。

同时，导航栏目中增加了【操作导航器】图标，如图 7-9 所示。单击此图标，可以

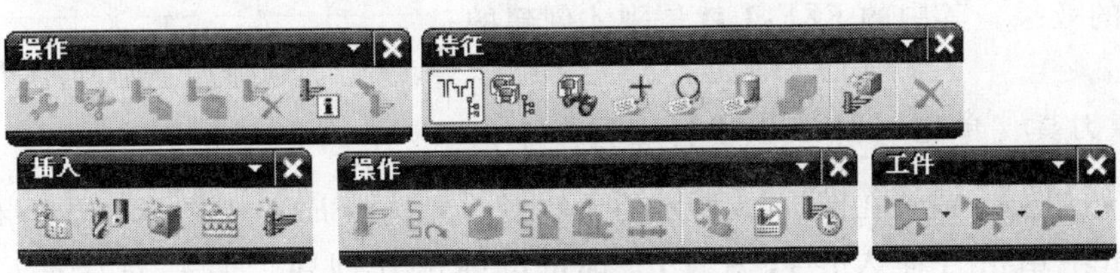


图 7-8 加工环境中的工具条

展开【操作导航器】导航栏，它是操作管理的重要工具。

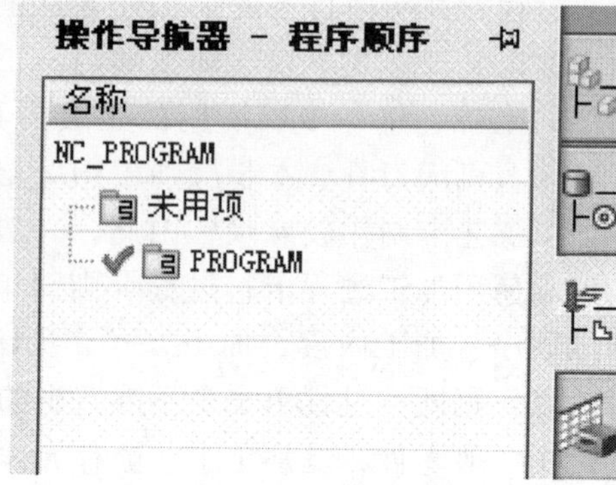


图 7-9　操作导航器

初始化后，可以先准备一个毛坯。首先，将【实用工具】工具条中的【工作图层】 由第一层改为第二层（在其中输入“2”后按 <Enter> 键），然后回到建模环境下，用“拉伸”命令建立一个毛坯几何体，并且将毛坯设置为半透明状态，如图 7-10 所示。

毛坯体也可以用建模的方式建立，加工时，有时可能需要使用复杂的毛坯，则采用建模的方法来获得毛坯较为方便。

完成了这些操作后，可以进行编程操作：

（1）创建程序　单击【加工创建】工具条中的【创建程序】按钮，弹出【创建程序】对话框，如图 7-11 所示。

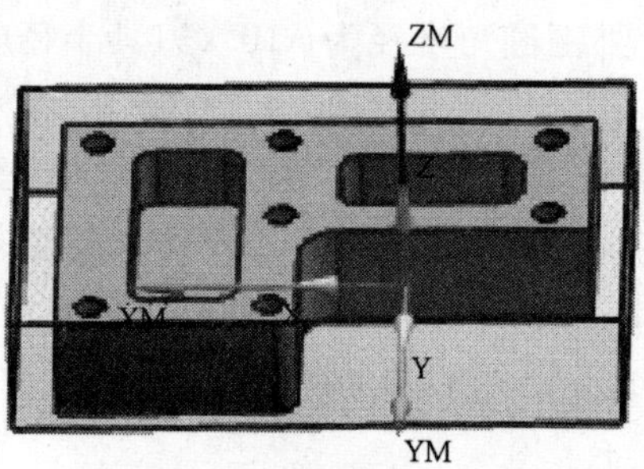


图 7-10　生成了毛坯长方体

图 7-11　【创建程序】对话框

在此对话框中，【类型】选项可以根据要进行的加工内容进行修改。由于要加工的零件是凹陷的面，其四周也需要加工，因此，选择“mill_planar”，【父级组】使用默认值，而【名称】可以根据零件取名，这里用 EXE-1 为名称。单击【确定】按钮后，就完成了程序的创建。

单击右则导航栏中的【操作导航器】按钮，展开【操作导航器】导航栏，在空白处右击，当弹出快捷菜单后，单击【程序顺序视图】，可以看到如图 7-12 所示的效果，其中的 EXE-1 就是刚才创建的程序。

图 7-12　创建的程序

（2）创建刀具　单击【加工创建】工具条中的【创建刀具】按钮，或者在图 7-12 所示的导航栏中先选中 EXE-1 图标，然后右击，在弹出的快捷菜单中单击【插入】→【刀具】，都可以弹出【创建刀具】对话框，如图 7-13 所示。

在此对话框中，【类型】的选择与前面一样，【刀具子类型】区域有多种刀具类型，第一排从左到右分别是：立铣刀、球头铣刀、盘形铣刀、T 形铣刀（盘状）、鼓状铣刀、套丝工具；第二排是：用户自定义铣刀、鸡心夹头、刀架、刀柄。排从左到右分别是：立铣刀、球头铣刀、盘形铣刀、T 形铣刀（盘状）、鼓状铣刀、套丝工具；第二排是：用户自定义铣刀、鸡心夹头、刀架、刀柄。

图 7-13 【创建刀具】对话框

先单击子类型中的【立铣刀】按钮，然后在名称处输入“MILL-D16”，其中，名称后面的 D16 表示刀具直径为 $\phi16$。确定后，弹出如图 7-14 所示的铣刀-5 参数（铣削工具参数设置）对话框。

在这个对话框中，可以对其中的直径、刀数等参数进行修改，也可以根据实际刀具进行设置。如图 7-14 所示。如果有必要，应对其他参数进行相应的修改与设置。

完成设置后，按鼠标中键，完成刀具的设置。此时，展开操作导航栏，在空白处右击后，在弹出的快捷菜单中单击【机床视图】就可以看到刚才创建的刀具了。

下面可以以与上面相同的方法进行其他刀具的创建，这些刀具分别是：$\phi8$ 立铣刀，$\phi4$ 中心钻，$\phi6.7$ 钻头，M8 丝锥。

表 7-1 是操作要修改的选项列表。

在创建刀具时，常用的刀具还有：铰刀（REAMER）、镗孔工具（COUNTERBORING）、埋头孔工具（COUNTERSINKING_TOOL）、丝锥（TAP）、丝板（THREAD_MILL）、镗刀（BORE）等。

按照表 7-1 完成刀具创建后，展开操作导航栏可以看到创建的刀具，如图 7-15 所示。

（3）创建几何体 几何体分为多种，如毛坯几何体、部件、MCS 坐标等，根据需要，一个程序中可以创建多个几何体，不同的加工部件可能用不同的几何体，如在粗加工时，用毛坯；在精加工时用部件；在改变加工方向时，用 MCS 坐标等。

图 7-14 参数设置

现在，单击【创建几何体】按钮，弹出【创建几何体】对话框，将【类型】选项修改为“mill_planar”，结果如图 7-16a 所示。单击其中的【WORKPICE】按钮，并按鼠标中键后，弹出【工件】对话框，如图 7-16b 所示。单击【选择或编辑部件几何体】按钮，再单击选中要加工的零件；之后单击【选择或编辑毛坯几何体】按钮，弹出【毛坯几何体】对话框，如果已经制作了毛坯，可以单击选中几何体，如果没有制作毛坯，也可以使用【选择选项】组中的其他方法，如“自动几何体”等。这里选择前面作的长方体作为毛坯体，单击【确定】按钮，又回到图 7-16b 所示的【工件】对话框。

表 7-1　创建刀具表

| 刀　具 | 类　型 | 子 类 型 | 父 组 级 | 名　称 |
|---|---|---|---|---|
| ϕ8 立铣刀 | Mill_contour | MILL | Generic-machine | MILL-D8 |
| ϕ16 立铣刀 | Mill_contour | MILL | Generic-machine | MILL-D16 |
| ϕ4 中心钻 | Hole-making | CENTERDRILL | Generic-machine | CENTERDRILL-D4 |
| ϕ6.7 钻头 | drill | DRILLING_TOOL | Generic-machine | DRILLING_TOOL-D6.7 |
| M8 丝锥 | drill | TAP | Generic-machine | TAP-M8 |

单击【材料】按钮来修改工件材料，弹出【搜索结果】对话框，在其中选择某种材料，如选择“4140 ALLOY STEEL”（合金钢 4140），然后单击【确定】按钮，返回到图7-16a 所示的对话框，单击【确定】按钮，完成几何体的创建【WORKPICE_1】的创建。

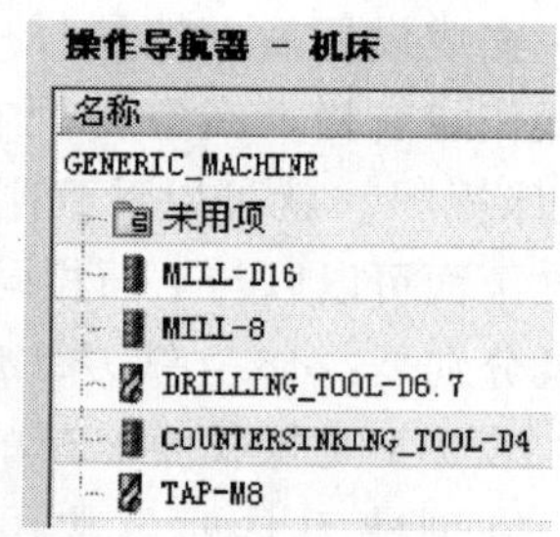


图 7-15　创建的所有刀具

**注意：这些钢材是国外牌号，可以使用手册对照。为方便读者，列出部分材料的中文名称，如：CARBON STEEL（碳素钢）、ALLOY STEEL（合金钢）、STAINLESS STEEL（不锈钢）、HS STEEL（高速钢）、TOOL STEEL（工具钢）、ALLUMINUM（铝合金）、COPPER（铜）。**

a)　　b)

图 7-16　【创建几何体】和【工件】对话框

（4）创建操作　创建操作是对不同的工序部位做不同的加工编程操作，因此，创建操作是要根据不同的部位来进行的。以本例来说，要加工凹陷面，就是一种操作，进行钻孔是一种操作，攻丝是一种操作等。

1）创建粗加工操作：单击右侧导航栏中的【操作导航器】图标，展开【操作导航器】导航栏，在空白处右击，在弹出的快捷菜单中单击【程序顺序视图】，右击前面创建的程序名 EXE-1，在弹出的快捷菜单中单击【插入】→【操作】，弹出【创建操作】对话框，如图 7-17 所示。

以下是子类型列表。

将【类型】选项修改为“mill_planar”，然后将【子类型】选项修改为 FACE_MILLING，将【程序】选项修改为“EXE_1”、【使用几何体】选项修改为“WORKPICE_1”、【使用刀具】选项修改为“MILL_D16”、【使用方法】选项修改为粗加工“MILL_ROUGH”、【名称】读者可以自行修改，进行设置后，单击【确定】按钮，就会弹出【平面铣】对话框，如图 7-18 所示。

在此对话框中，由于前面已经设置了毛坯，所以，不需要单击该对话框中的【指定部件】按钮及【几何体】按钮进行修改。单击【指定面边界】按钮，弹出【指定面几何体】对话框，如图 7-19a 所示。由于要加工的表面为毛坯表面，加工到最后，需要加工到工件表面，因此，加工的深度为 5mm，如果单击图 7-19a所示的【面边界】按钮来选择，就会由于系统自动定义加工面高度而无法加工到工件表面，因此，这里使用【曲线边界】按钮来进行选择。操作如下：

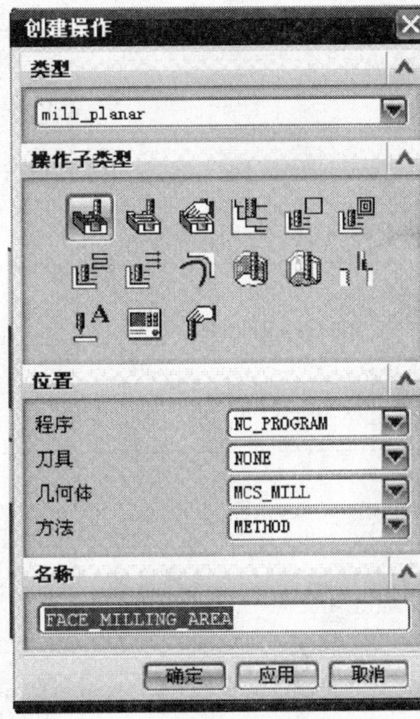


图 7-17 【创建操作】对话框

**表 7-2 平面铣图标说明**

| 图标与英文标志 | 加 工 名 称 | 备 注 |
|---|---|---|
| FACE_MILLING_AREA | 区域面铣 | 粗精加工用，用来铣削一个大的面中的孔、槽等，是平面铣的重要操作方式。重点掌握 |
| FACE_MILLING | 面铣 | 对表面进行粗精加工。是重要加工方式。重点掌握 |
| FACE_MILLING_MANUAL | 手动面铣 | 粗加工用 |
| PLANAR_MILL | 平面铣 | 对零件四周粗加工用，重点掌握 |
| PLANAR_PROFILE | 平面轮廓铣 | 仅加工轮廓，精加工操作 |
| ROUGH_FOLLOW | 跟随周边粗铣 | |
| ROUGH_ZIGZAG | 往复式粗铣 | |
| ROUGH_ZIG | 单向粗铣 | |
| CLEANUP_CORNERS | 清理拐角 | |

（续）

| 图标与英文标志 | 加 工 名 称 | 备　注 |
| --- | --- | --- |
| FINISH_WALLS | 精铣侧壁 | |
| FINISH_FLOOR | 精铣底面 | |
| THREAD_MILLING | 螺纹铣 | |
| PLANAR_TEXT | 文本铣 | |
| MILL_CONTROL | 机床控制 | |
| MILL_USER | 自定义参数加工 | |

单击【曲线边界】按钮，单击选中图 7-20a 所示毛坯表面四边作为边界，表明要加工的范围；然后单击图 7-19a 所示【平面】处的【手工】单选按钮，会弹出【平面】对话框，如图 7-19b 所示，将其中的【类型】选项修改为“自动判断”，然后选中图 7-20a 所示工件上表面上的一个孔的圆心，按鼠标中键两次，回到【平面铣】对话框中，单击其中【指定面边界】右侧的【显示】按钮，可以看到选择的平面结果如图 7-20b 所示。

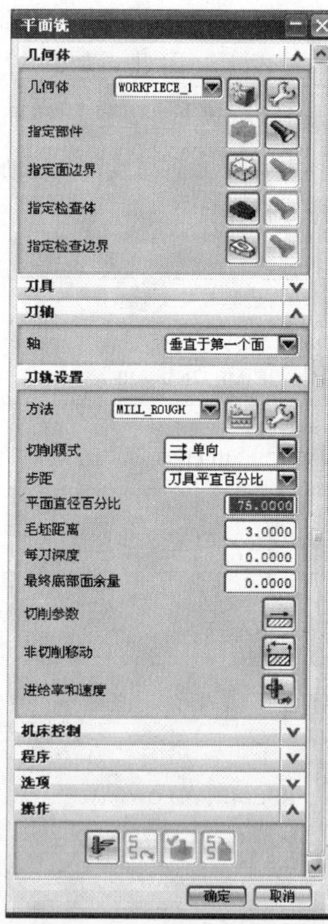


图 7-18 【平面铣】对话框

**注：**

**1. 在此对话框中，有“面边界”、“曲线边界”及“点边界”三种选择边界的方式。一般地，使用“面边界”的方式选择边界时，要求面一定是水平的，如果平面不是水平的，哪怕只有极小的倾斜角，系统也会报错；另外，面边界被选定后，系统默认最后加工高度即为该面高度。如果用“曲线边界”来定义边界或用“点边界”来定义边界，则可以通过绘制的曲线或零件的边线来进行设置加工边界，且图 7-19a 所示对话框中的【平面】处的【手工】与【自动】两个单选按钮均可用，单击【手工】按钮，读者可以设置任意加工高度。“点边界”的方法还可以定义出加工表面的小块表面。**

**2. 在图 7-18 所示的对话框中，指定检查体与指定检查边界的作用是检查加工中是否存在被刀具碰到的几何体。如加工时有压板或其他工具等，刀具不能碰该压板，可以进行设置检查体或边界。现以【指定检查边界】为例来说明，单击【指定检查边界】按钮，弹出类似图 7-19a 所示的【指定几何体】对话框，单击【点**

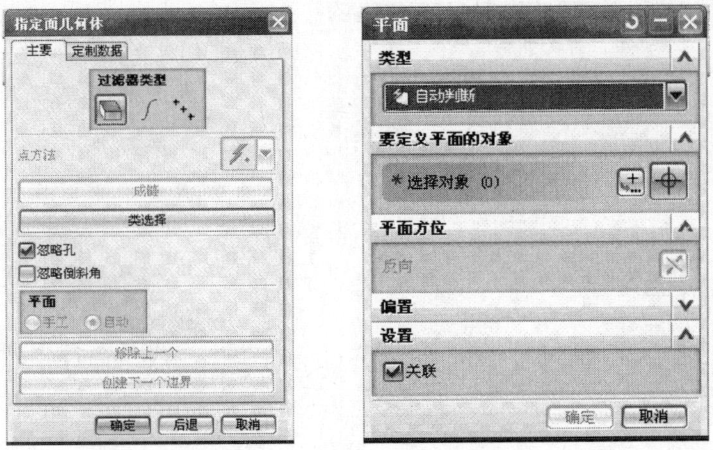


a)　　　　　　　　　　b)

图 7-19　【指定面几何体】和【平面】对话框

a)【指定面几何体】对话框　b)【平面】对话框

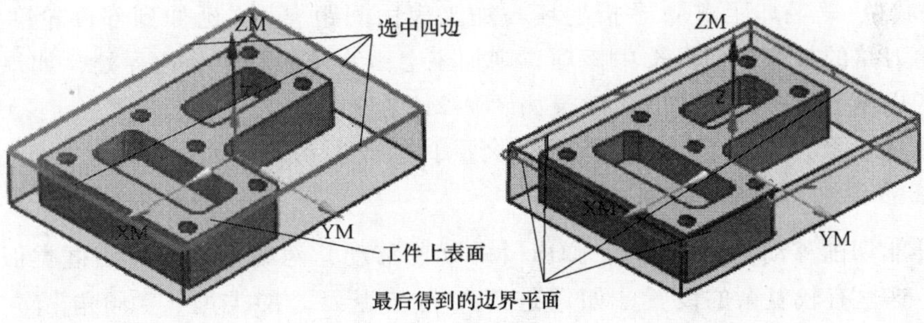


a)　　　　　　　　　　b)

图 7-20　边界选择

a) 选择过程　b) 选择结果

**边界】按钮，制作一个四边形边界，单击【确定】按钮后，回到图 7-18 所示对话框，需要特别注意的是，此时，要再次单击【指定检查边界】按钮，出现【检查边界】对话框，单击其中的【手工】单选按钮，出现【平面】对话框，一定要将高度设置高于加工表面，否则，设置的边界就不起作用。读者要注意的是“指定检查体”与“指定边界”只能使用其中之一，二者是互斥的。**

现在，再回到图 7-18 所示对话框。单击【切削方式】右侧的下拉框，将【切削模式】选项修改为“往复”；将【平面直径百分比】修改为 60%；将【毛坯距离】设置为 5（【毛坯距离】是指毛坯表面到最后加工表面之间的距离）将【每刀深度】修改为 3，表示每一刀切深为 3mm；将【最终底面余量】设置为 0.5，然后，单击【切削参数】按钮，弹出【切削参数】对话框，如图 7-21a 所示。

在这个对话框中，有多个选项卡，其中，【策略】选项卡中，主要有“切削方向”，包括顺铣和逆铣两种；“切削角”，有自动、指定、矢量及最长的线几种，一般可根据需要修改或使用默认值；在【精加工刀路】区域中，主要是选择是否需要增加精加工刀路；在

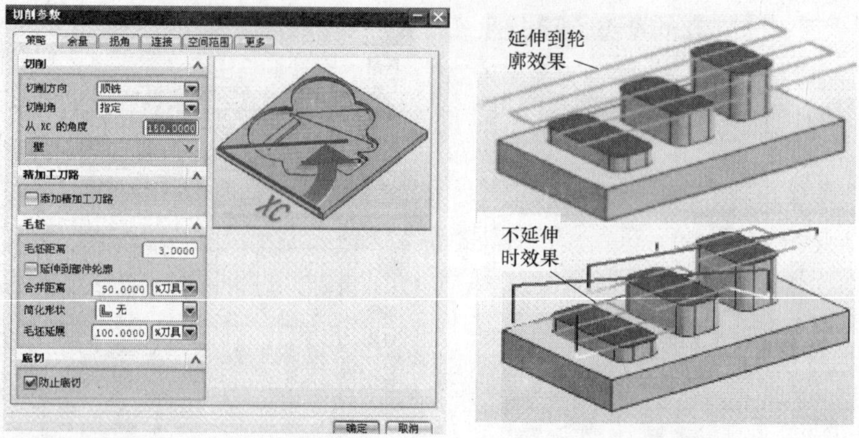


a)　　　　b)

图 7-21 【切削参数】对话框

a)【切削参数】对话框　b）延伸到部件轮廓选项的作用

【毛坯】区域中，“毛坯距离”是指毛坯与加工表面间距离；“延伸到部件轮廓”则可以改变加工时的刀路的长短，如果选中该项，则加工会一直延伸到产品边界处，如果产品中间平面有间断，也不会考虑这种间断。效果如图 7-21b 所示。

再选择【余量】选项卡，然后将【壁余量】值改为 0.5，单击【确定】按钮完成操作，返回图 7-18 所示的对话框。

单击【非切削移动】按钮，弹出【非切削移动】对话框，该对话框类似图 7-21a 所示对话框，这里有较复杂的设置，如“进刀”与“退刀”的类型、“倾角”、“安全距离”等参数；另外，在此对话框中，有【传递/快速】选项卡，其中有【安全距离】设置，在【安全设置选项】中有“使用继承的”、“自动平面”、“平面”、“圆柱”、“点”、“包容块”、“球”等多个选项，读者在设置时可根据实际情况选择，一般可设置为【包容块】或【自动平面】等。需要注意的是，这个项没有设置时，在生成刀具路径时可能会弹出一个【安全几何体传递方法已请求，但未指定任何安全几何体】的警告对话框，因此，必须设置完该选项才能生成刀具路径。我们在这里也设置成“包容块”，其余参数使用默认值。单击【确定】按钮后，又回到如图 7-18 所示状态。单击【进给率和速率】按钮，弹出【进给率和速度】对话框，如图 7-22a 所示。

在对话框中修改表面速度、每齿进给量及主轴速度等，如图 7-22a 所示。完成设置后，又回到如图 7-18 所示的对话框。对于其他参数，可根据加工需要进行设置。完成所有设置后，单击【生成】按钮，系统将自动生成加工程序代码并显示加工路径，如图 7-22b 所示。此时，单击【确认】按钮，可以弹出【可视化刀轨轨迹】对话框，单击【3D 动态】按钮，然后单击【播放】按钮，可以看到仿真加工的效果，如图 7-22c 所示仿真效果。

播放完成后，按鼠标中键确定两次，保存程序。打开操作导航栏，在空白处右击，在弹出的快捷菜单中单击【程序顺序视图】，可以看到刚才创建的程序，如图 7-23 所示。

2）创建精加工操作。上面的程序完成的是对上平面的粗加工操作，以同样的方式，还要对上平面进行精加工，创建操作的过程都是类似的，只是在出现图 7-17 所示对话框时，

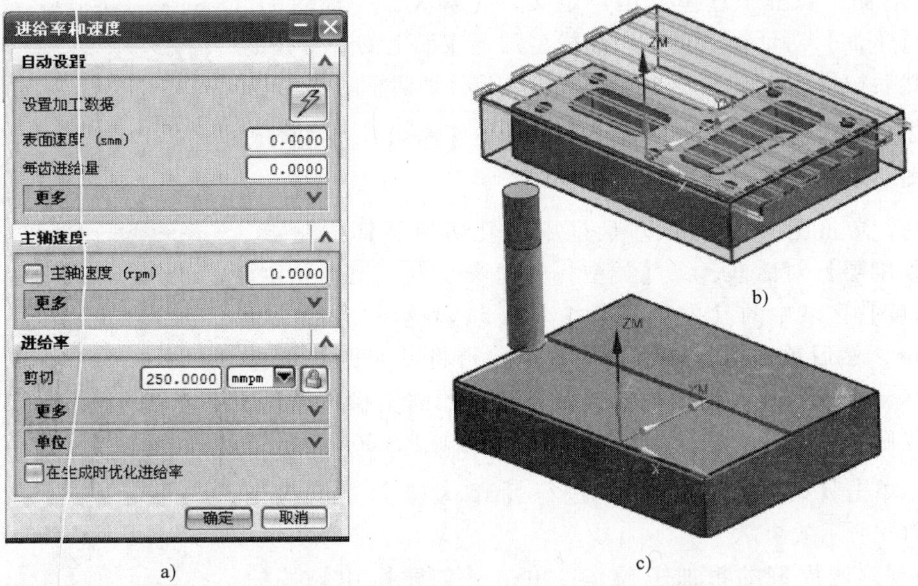


图 7-22　【进给和速度】对话框及仿真效果

a)【进给率和速度】对话框　b）显示加工路径　c）仿真效果

将【使用方法】选项修改为“MILL_FINISH”，其余操作一样，这里就不再重述，读者可自行完成操作。

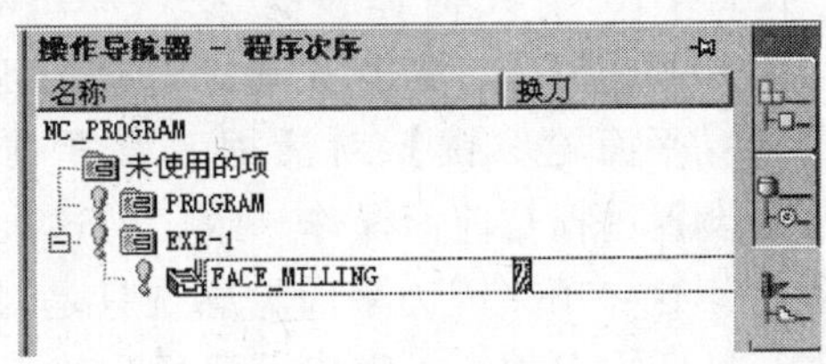


图 7-23　创建的程序

3）创建四周加工程序。零件四周有多余的毛坯料，需要进行加工，由于我们假设的毛坯是一个长方体，因此，有较多的余量需要削除。

单击【创建操作】按钮，弹出【创建操作】对话框，单击【PLANAR_MILL】（平面铣），将程序设置为 EXE-1，刀具设置为 MILL-D16，几何体设置为 WORKPICE-1，方法设置为【MILL-ROUGH】，单击【确定】按钮后，弹出如图 7-24 所示的【平面铣】对话框。

可以看到，该对话框和前面的图 7-18 中的平面铣对话框类似，但这里在【几何体】区域内选择的内容多些，这些内容有“几何体”，用来指定毛坯；“指定部件边界”用来确定要加工的边界，该边界是零件即产品模型边界；“指定毛坯边界”则是用来确定毛坯的最大边界，往往由“部件边界”与“毛坯边界”组成的区域是要加工的区域。根据需要，有时也可以不设置毛坯边界；另外，“指定底面”的含义是确定最后加工的底平面，刀具会加工到该面为止，如图 7-25a 中对底面的概念的说明。由部件边界、毛坯边界及底面三项组成的空间是需要去除材料的区域。如图 7-25b 所示。

单击【指定部件边界】按钮，弹出【几何边界】对话框，在该对话框中，【模式】有“曲线/边”、“边界”、“面”和“点”四种选项，其实是对应图 7-18a 所示的三种边界选择方式的。这里使用“面”，先在【忽略孔】前打上勾，然后直接选择图 7-25b 所示的部件上表面，按鼠标中键，完成选择，回到图 7-24 所示对话框。

指定毛坯边界的方法与指定部件的方法类似，不过，在弹出【几何边界】对话框时，使用模式为“曲线/边”，先选择毛坯的上表面的四边（参考前面操作），然后在对话框中

【平面】右侧下拉框中选择“用户定义”（默认为“自动”），会弹出【平面】对话框，选择产品模型的上表面上的一个孔的圆心，然后按鼠标中键三次回到图 7-24 所示对话框。最后选择图 7-25b 所示底面为产品底面。单击各个【显示】按钮，结果如图 7-25b 所示。

现在，单击图 7-24 所示对话框中的【切削层】按钮，弹出【切削层】对话框，将【类型】选项修改为“恒定”，将【每刀深度】区域中的【公共】值修改为 6，表示一次加工深度为 6mm，然后单击鼠标中键完成设置，再将【步距】值修改为 30%。其余操作和前面面铣类似，请参照前面操作进行。完成设置后，单击【生成】按钮，就可得到如图 7-26a 所示刀路效果，单击【确定】按钮，进行【3D 动态】仿真得到如图 7-26b 所示效果。

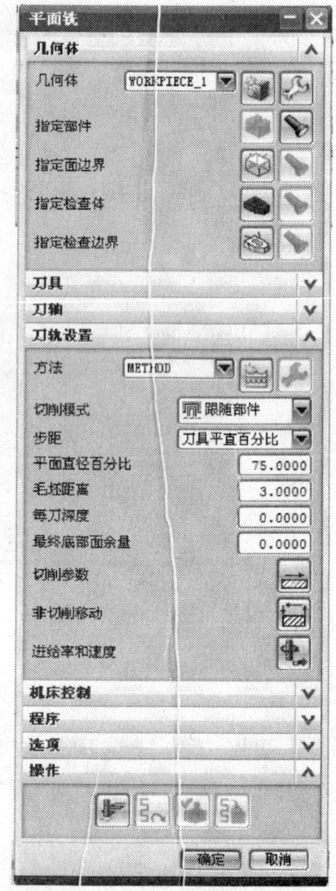


图 7-24 【平面铣】对话框

4）创建四周壁的精加工操作：单击【创建操作】按钮后，弹出【创建操作】对话框，单击【PLANAR_PROFILE】（平面轮廓铣），将程序设置为“EXE-1”，刀具设置为“MILL-D16”，几何体设置为“WORKPICE-1”，方法设置为【MILL-FINISH】，单击【确定】按钮后，会弹出类似图 7-24 所示【平面轮廓铣】对话框，设置其中的每刀切深为“8”，其余设置过程与前面操作一致，但这次不需要设置【指定毛坯边界】这一项，因为平面轮廓铣只是对四周壁进行精加工，只进行最后一刀加工。完成设置后生成程序即可。

5）创建中间孔的粗、精加工操作。与前面操作类似，单击【创建操作】按钮，弹出【创建操作】对话框，单击【FACE_MILLING_AREA】（区域面铣）按钮，将程序设置为“EXE-1”，刀具设置为“MILL-D8”，几何体设置为“WORKPICE-1”，方法设置为“MILL-ROUGH”，单击【确定】按钮后，弹出图 7-27 所示【区域面铣】对话框。

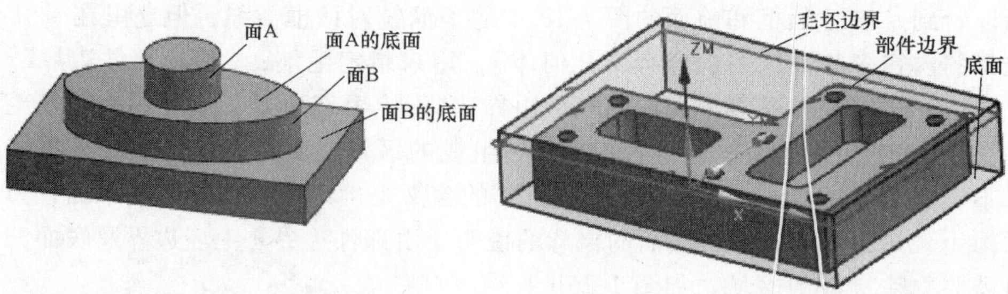


a) b)

图 7-25 边界设置

a）底面示例 b）各种边界的含义

在这个对话框中，【指定切削区域】按钮用来指定要加工的范围，这里指定为图 7-26a所示的面 A 与面 B 即可。而【指定壁几何体】按钮则是用来对加工面四周壁的设

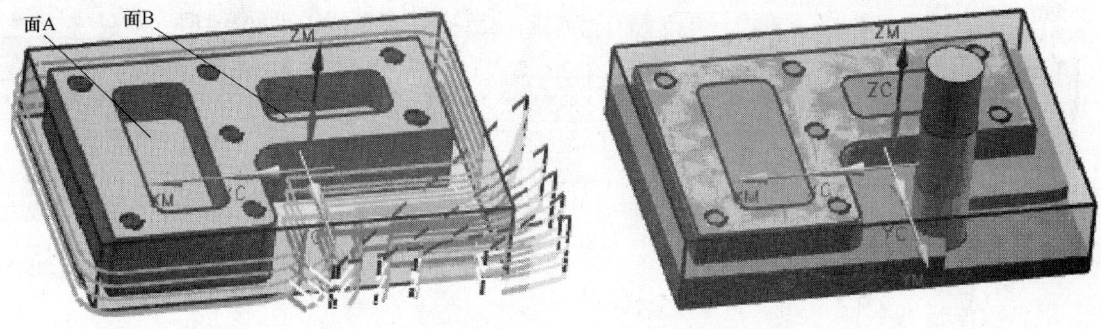


a)　　　　b)

图 7-26　对四周进行加工
a）生成刀路　b）加工仿真

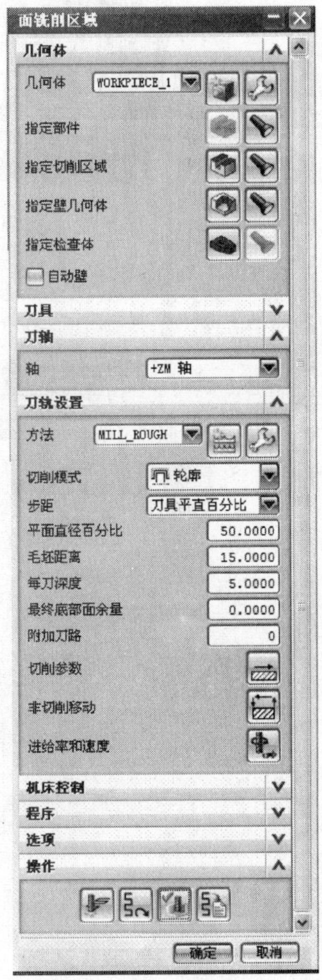


图 7-27　区域面铣

置的，如果不进行这项设置，则在加工时，四周余量是一样的，如果是精加工，则四周余量为零；但如果你只指定某一侧或几个侧的壁进行，则可单独对这些指定的壁进行余量设置，具体设置指定壁的余量可以通过单击【切削参数】按钮来设置，如图 7-28a 所示。单击【指定壁几何体】按钮，将壁几何体设为壁 A，在【余量】选项卡内设置【壁余量】值为 0，如图 7-28b 所示。结果加工后效果如图 7-28c 所示。

由上面操作结果可以看出，一旦使用了“指定壁几何体”功能，被指定的壁的余量将由【切削参数】对话框中的【壁余量】值确定，而未指定的部分的壁余量则由【部件余量】值来确定。

本例加工时不需要指定壁，因此，四周余量将由部件余量来确定。还需要指出的是，在【切削模式】中，这里设置为“跟随部件”，可以将加工面的底面全铣到，如果要进行最后壁的加工，可以使用“轮廓”。其余设置与前面类似，请读者完成。生成的刀路如图 7-29a 所示，进行“2D 动态”仿真的效果如图 7-29b 所示。

读者可以使用同样方法完成精加工操作。

6）创建中心钻点位加工操作。创建一个新的操作，用来完成中心钻的加工，操作过程与上面的操作类似，操作步骤如下：

当出现【创建操作】对话框时，将类型、子类型及其他参数修改为如图 7-30a 所示的参数设置。

在这个对话框中，由于将【类型】选项修改为“drill”，故子类型有改变，这些子类型的意义如表 7-3 所示。

按鼠标中键或单击【确定】按钮后，会出现【钻】对话框，该对话框上部内容如图 7-30b所示。

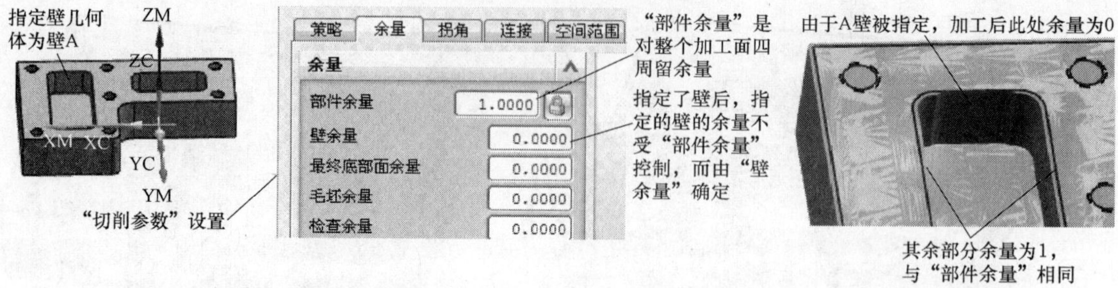


a)　　b)　　c)

图 7-28　【指定壁几何体】操作

a）指定壁几何体　b）设置切削参数　c）加工结果

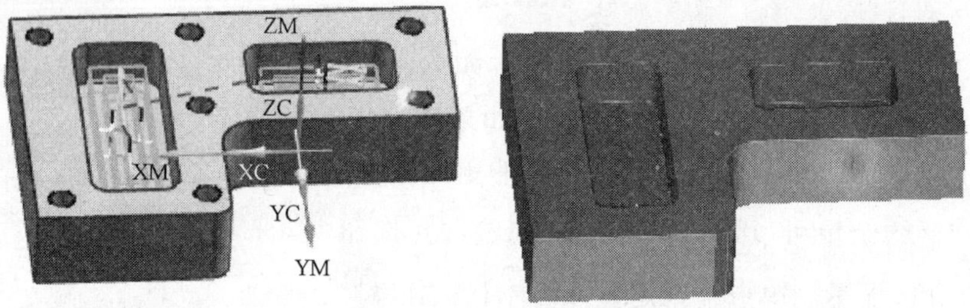


a)　　b)

图 7-29　刀轨及仿真效果

a）刀轨　b）仿真效果

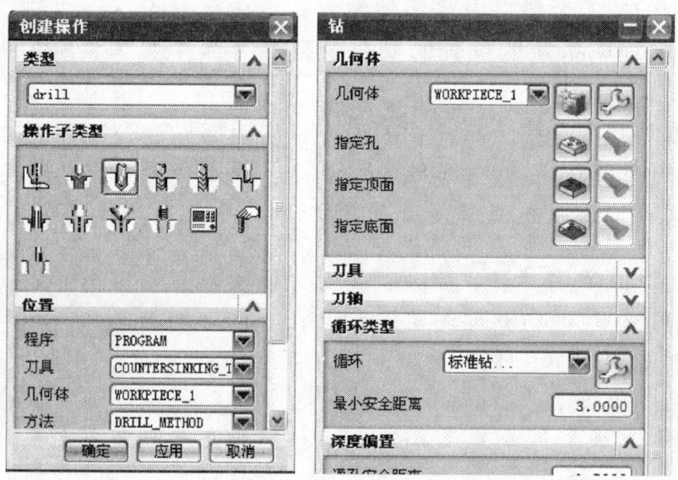


a)　　b)

图 7-30　钻孔加工设置

a）创建钻孔操作　b）设置【钻】对话框

在这个对话框中，单击【孔】按钮后，会弹出【点到点几何体】对话框，再单击【选择】按钮，又弹出无名对话框，单击其中的【一般点】按钮，出现【点构造器】对话框，单击【圆弧中心/椭圆中心/球心】按钮，然后逐一选中零件中要加工的7个螺纹孔的中心，注意选择顺序即是后面的加工顺序。

表 7-3　点位加工图标说明

| 图标与英文标志 | 加 工 名 称 | 备　　注 |
|---|---|---|
| SPOT_FACING | 扩孔 | |
| SPOT_DRILLING | 中心钻 | |
| DRILLING | 普通钻 | |
| PECK_DRILLING | 啄钻 | 加工方式似啄木鸟捕食而得名 |
| BREAKCHIP_DRILLING | 断屑钻 | 加工时铁屑被撕碎 |
| 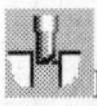BORING | 镗孔 | |
| 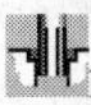REAMING | 铰孔 | |
| COUNTERBORING | 沉孔、沉孔锪平 | |
| COUNTERSINKING | 倒角沉孔 | |
| TAPPING | 攻丝 | |
| THREAD_MILLING | 铣螺纹 | |
| MILL_CONTROL | 铣削控制 | |
| MILL_USER | 自定义参数加工 | |

选择完成后，多次单击【确定】按钮，又回到了图 7-30b 所示的状态，再单击【标准钻】右侧的【编辑参数】按钮，弹出【指定参数组】对话框，单击【确定】按钮，出现【Cycle 参数】对话框，单击其中的【Depth】按钮，弹出【Cycle 深度】对话框，单击【刀尖深度】按钮，然后在新对话框中输入深度值为 3（因为现在是用中心钻钻出定位孔，一般只需要钻 3 ~ 5mm 就可以了，后面设置时应该超过 25mm，以便钻穿），单击两次【确定】按钮返回到图 7-30b 所示的状态。再对其他参数进行设置，最后进行生成，可得中心钻进行点钻的加工刀路。

在图 7-30b 所示的【孔】对话框中，【指定顶面】按钮用来指定钻孔开始的表面，【指定底面】按钮则是孔底的参考面，可以设置也可以不设置。

7）其他操作。现在还要创建钻孔加工与攻丝加工，由于其操作过程与上面的中心钻加工过程类似，因此不再详述，只把几个要修改的关键内容稍作说明。

第一是类型参数设置不同，图 7-31 及图 7-32 所示是钻孔与攻丝加工时的参数设置。

另一个不同是钻孔深度取“刀肩深度”，其值为 26mm，而攻丝深度为“到底面”，其他操作大体类似，读者可自行完成。

完成所有操作后，在操作导航器的导航栏内右击，在弹出快捷菜单中单击【程序顺序视图】，可以看到有 5 种操作的程序段，按住 <Ctrl> 或 <Shift> 键，选中所有程序，然后单击【加工操作】工具条中的【确定刀轨】按钮，将打开【可视化刀轨轨迹】对话框，单击【3D 动态】按钮，然后单击【播放】按钮，可以看到三维效果的加工模拟。

完成模拟后，仍然选中刚才做的程序，然后单击【加工操作】工具条中的【后处理】按钮，弹出【后处理】对话框，在【可用机床】列表框中选中一个机床型号，如“MILL-3-AXIS”，然后在【输出文件名】文本框处给出程序输出的路径与文件名，然后单击【确定】按钮，完成程序的输出，同理可以输出 CLSF 文件等。

最后，单击【车间文档】按钮，弹出【加工部件报告】对话框，在此对话框中，有多种可用模板，且这些模板又分为 TEXT 格式或 HTML 格式，其中，TEXT 格式是纯文本，而 HTML 格式可以有图片等内容，但要在浏览器中才能打开。这些模板输出的内容为车间常用文件，如刀具表、过程卡等内容。读者可以根据需要进行一个或多个文件的输出。

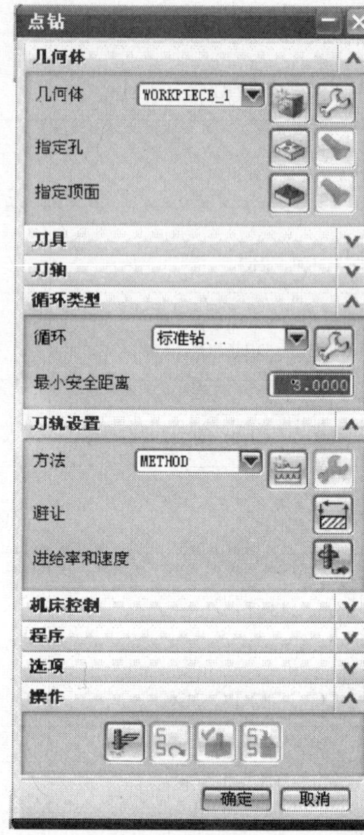


图 7-31　【点钻】对话框

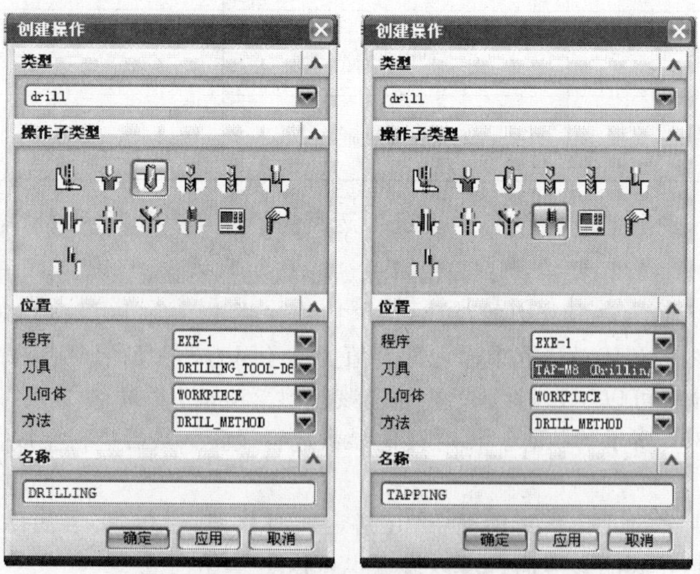


钻孔设置　　攻丝设置

图 7-32　钻孔与攻丝设置比较

**实例 7-2　风扇叶片模具加工**

图 7-33 所示是风扇叶片的下模。

分析：风扇叶片下模中间有个圆柱形凸出部位，其与四周有一个宽度为 1mm 的圆形凹槽，见图 7-33 中的放大部分。凹槽的宽度较小，并且深度较大（18mm），如果直接用铣床来铣，是难于实现的，如果做专用刀具进行钻铣，也难以保证其精度与粗糙度的要求，因此，最好是将这一部分作成镶块，经车床车削加工得到圆柱形镶块，然后从后面打入下模中，实际效果如图 7-34 所示。

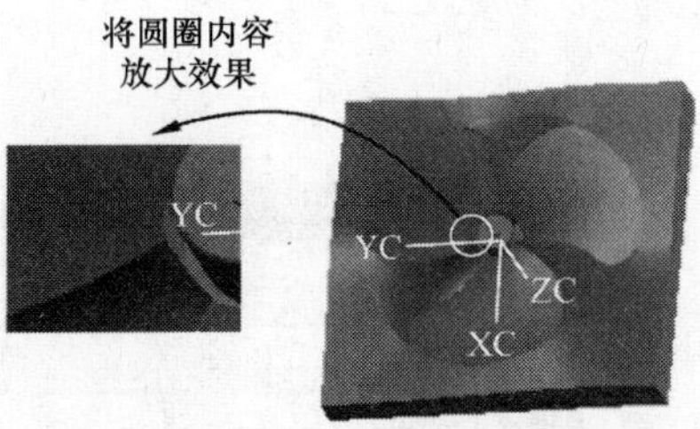


图 7-33　风扇叶片下模

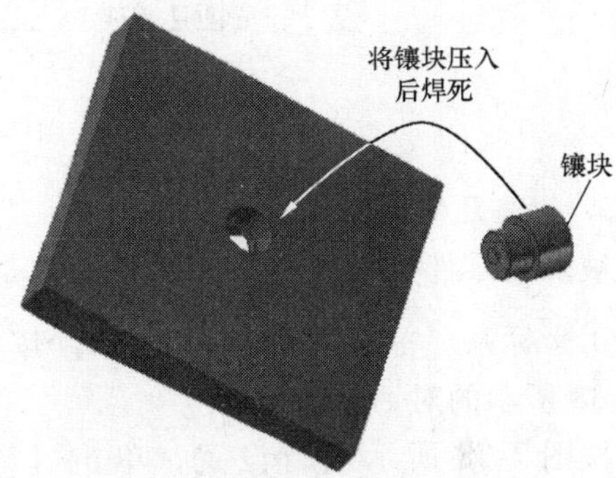


图 7-34　将下模分解后的效果

经过这样分解后，可以很容易地作出镶块，并且减轻了风扇叶片下模的加工难度，即可以只加工如图 7-35 所示的内容。

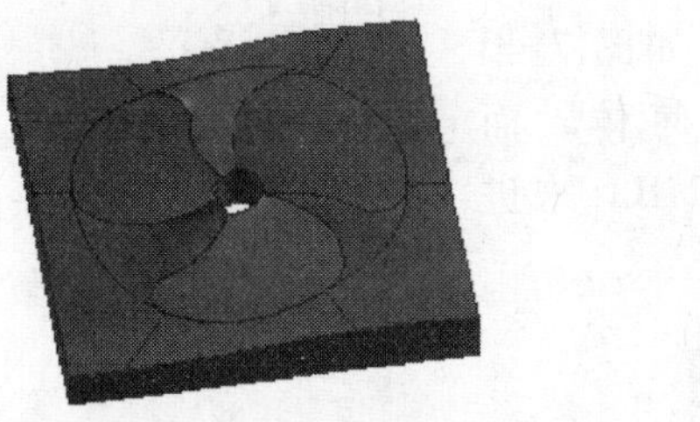

图 7-35　分解后的用于数控机床加工的下模部分

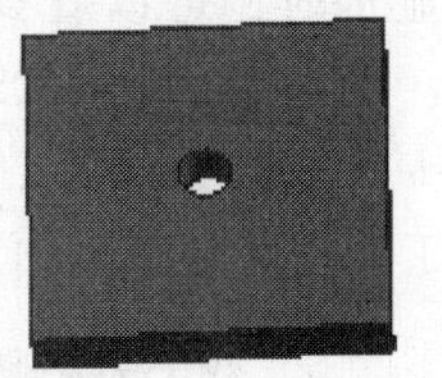

图 7-36　毛坯效果

假设已经作出了如图 7-36 所示的毛坯，然后在此毛坯基础上加工出如图 7-35 所示的效果，具体加工操作过程如下：

**1. 创建程序**

单击【起始】→【加工】，打开【加工环境】对话框，如图 7-5a 所示，将该对话框中的【CAM 会话配置】选项设置为"Cam_general"，而【要创建的 CAM 设置】选项设置为轮廓铣 mill_contour，然后单击【初始化】按钮，完成初始化后进入到加工环境中。

单击【创建程序】按钮，弹出【创建程序】对话框，给程序取名为"DFSMZ"，其余内容取默认值，然后单击【确定】按钮完成程序的创建。

**2. 创建刀具**

加工时，可以先粗加工，然后精加工，遵循先粗后精的加工原则；为了确定加工的各处平面，圆角半径等，可使用 NC 助理来进行分析：粗加工时用 $\phi10$ 的立铣刀、精加工时用 $\phi3$ 的球头铣刀、清角用 $\phi3$ 的立铣刀。

单击【创建刀具】按钮，设定类型为"mill_contour"，子类型为"立铣刀"，并在名称后面加上-号，然后再加上刀具直径，单击【确定】按钮，弹出如图 7-12 所示的对话框，设置各参数后，完成一把刀具的创建。用同样的方法创建其他刀具，全部刀具创建完成后，可以在操作导航栏的机床视图中看到所创建的刀具，如图 7-37 所示。

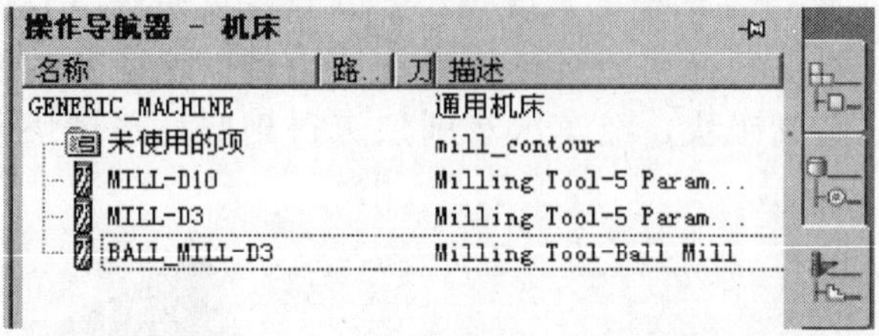


图 7-37　创建的刀具

**3. 创建几何体**

被加工零件是分模而来的零件，在加工时，需要创建加工坐标系。单击【创建几何体】按钮，弹出如图 7-38 所示的对话框。

按图 7-38 所示进行设置，单击【确定】按钮后，弹出 MCS 对话框，并且可以看到，加工坐标系处于激活状态。将加工坐标系的 ZM 轴旋转朝上，如图 7-39a 所示。

单击【确定】按钮后，在操作导航栏中以【几何体】显示时，可以看到刚才创建的几何体，如图 7-40 所示。其中，MY-MCS 是刚才创建的几何体，而 MCS-MILL是原有的几何体。如果使用 MCS-MILL 来进行加工，会使加工反向。

图 7-38　【创建几何体】对话框

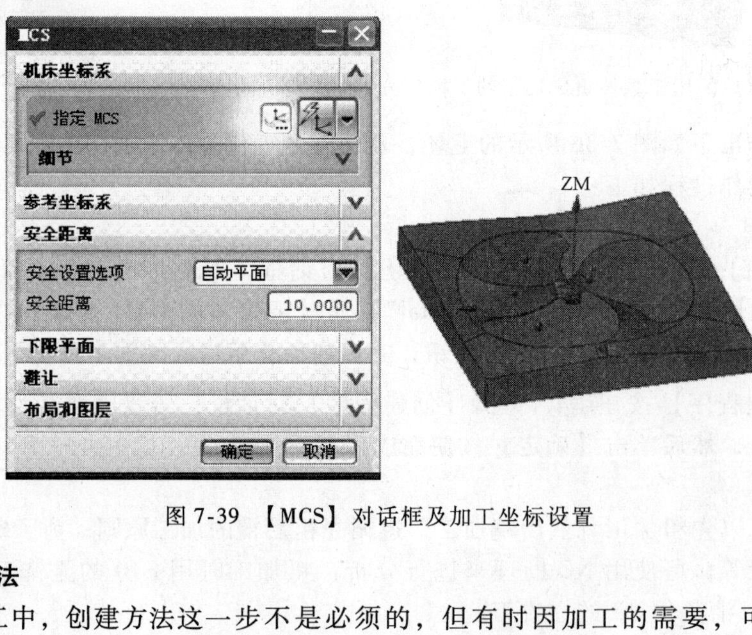


图 7-39　【MCS】对话框及加工坐标设置

**4. 创建方法**

在 UG 加工中，创建方法这一步不是必须的，但有时因加工的需要，可能需要创建方法，如精加工时要留余量或有其他必要的设置。如果不创建方法，读者也可以从系统提供的多种默认方法中进行选择。

单击【创建方法】按钮，弹出【创建方法】对话框，如图 7-41 所示。

单击第 4 个按钮（精加工 MOLD-FINISH-HSM ），并在名称前面加上“MY-”，然后单击【确定】按钮，弹出【模具精加工 HSM】对话框，如图 7-42 所示。

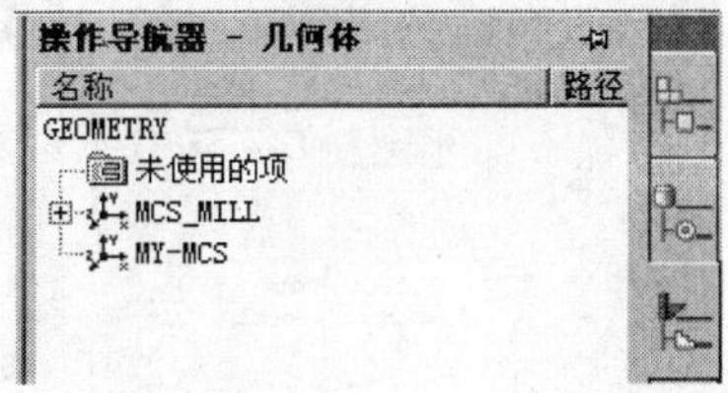


图 7-40 新创建的几何体【MY-MCS】

图 7-41 【创建方法】对话框

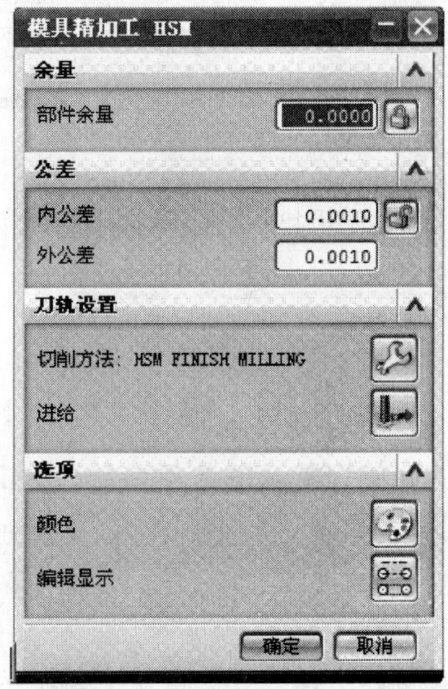


图 7-42 【模具精加工】对话框

该对话框中，按钮是用来修改加工切削参数的，单击该按钮可以弹出【进给与速度】对话框，如图 7-43a 所示，读者可以修改相关参数；按钮是用来修改加工轨迹的颜色的，单击该按钮可以弹出【刀轨显示颜色】对话框，如图 7-43b 所示；按钮是用来修改刀轨显示选项的，单击该按钮可以弹出【显示选项】对话框，如图 7-43c 所示，单击这 3 个按钮将得到如图 7-43 所示的 3 个对话框。

单击【切削方式】按钮，可以弹出图 7-44 所示的【搜索结果】对话框。

在此对话框中搜索出了多种切削方法，读者可以选择其中之一。现在，将图 7-42 所示对话框中的【部件余量】值修改为 0.2，作为精加工的余量，这便于以后进行电火花加工。其余的参数不修改，直接按鼠标中键，完成方法的创建。

**5. 创建操作**

单击【创建操作】按钮，弹出【创建操作】对话框，进行设置，结果如图 7-45 所示。

这里选择的操作子类型为“区域轮廓铣” CONTOUR_AREA。单击鼠标中键后，弹出【轮廓区域】对话框，如图 7-46 所示。先单击【指定部件】按钮，在弹出【工件几何体】对话框后，单击选中加工工件，然后单击【确定】按钮，又回到图 7-46 所示的状

a) b) c)

图 7-43　3 个设置加工的相关参数的对话框

a)【进给】对话框　b)【刀轨显示颜色】对话框　c)【显示选项】对话框

态；直接使用默认的各项参数，单击【生成】按钮，完成刀轨的建立，结果得到如图 7-47 所示的刀轨。单击【确认】按钮，以“3D-动态”方式仿真铣削效果，如图 7-48 所示。

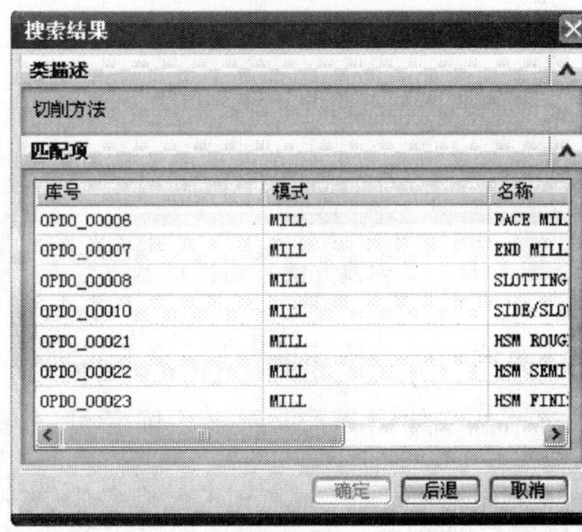


图 7-44　【搜索结果】对话框

按鼠标中键，完成粗加工操作的创建。在图 7-45 所示对话框中可以看到，当类型选择为轮廓铣时，有许多子类型，为便于读者理解，将这些子类型图标在表 7-4 中进行说明。

为了让加工更加精细，应当继续创建精加工操作，创建过程与前面操作类似，单击【创建操作】按钮后，出现图 7-45 所示对话框，进行如下的设置：

类型：mill_contour

子类型：CONTOUR_AREA_NON_STEEP

程序：DFSMZ

几何体：MY-MCS

使用刀具：BALL-MILL-D3

使用方法：MY-MOLD-FINISH-HSM

名称：CONTOUR_AREA_DIR_STEEP

单击【确定】按钮后，弹出如图 7-46 所示的对话框。

先单击【指定部件】按钮，在弹出新对话框后，选择加工零件，单击【确定】按钮后返回到图 7-46 所示状态；然后，单击【指定切削区域】按钮，将弹出【切削区域】对话框，如图 7-49 所示，选择要加工的区域，如图 7-50 所示。

图 7-45　【创建操作】对话框及其设置

图 7-46　【轮廓区域】对话框

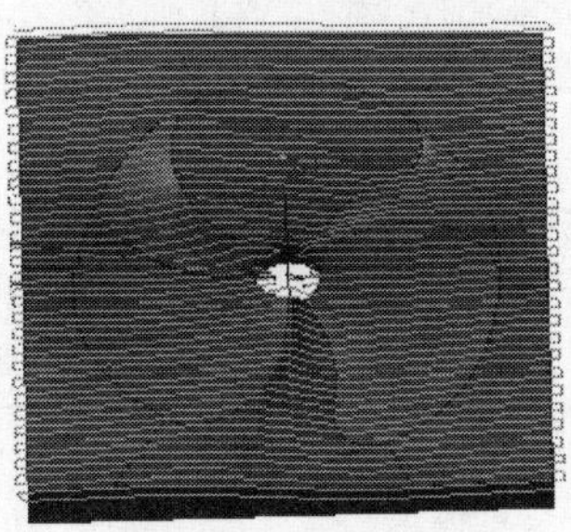

图 7-47　生成的刀轨

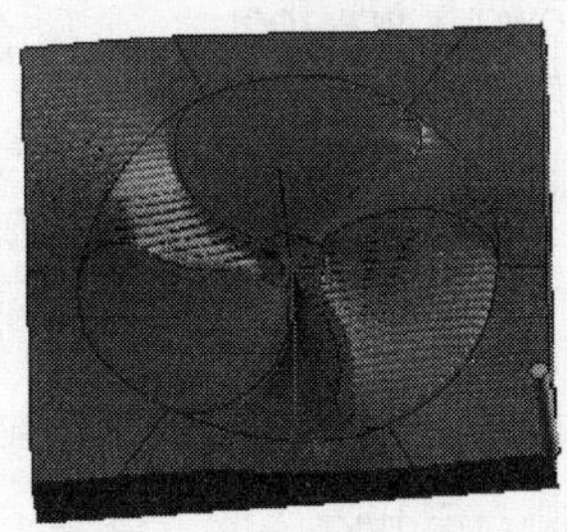

图 7-48　模拟铣削效果

**表 7-4　型腔铣图标说明**

| 图标与英文标志 | 加 工 名 称 | 备　注 |
|---|---|---|
| CAVITY_MILL | 通用型腔铣 | 铣底部 |
| ZLEVEL_FOLLOW_CORE | 跟随型芯铣 | 铣底部 |
| CORNER_ROUGH | 角落粗加工 | |
| PLUNGE_MILLING | 沉降铣 | |
| ZLEVEL_PROFILE | 等高轮廓铣 | 铣床壁，特别是非陡壁 |

（续）

| 图标与英文标志 | 加 工 名 称 | 备　注 |
|---|---|---|
| ZLEVEL_PROFILE_STEEP | 陡峭等高轮廓铣 | 铣床壁，特别是陡壁 |
| ZLEVEL_CORNER | 跟随角落铣 | |
| FIXED_CONTOUR | 固定轴轮廓铣 | |
| CONTOUR_AREA | 区域轮廓铣 | |
| CONTOUR_AREA_NON_STEEP | 非陡峭区域轮廓铣 | |
| ONTOUR_AREA_DIR_STEEP | 陡峭区域轮廓铣 | |
| CONTOUR_SURFACE_AREA | 曲面区域轮廓铣 | |
| FLOWCUT_SINGLE | 单路径清根铣 | |
| FLOWCUT_MULTIPLE | 多路径清根铣 | |
| FLOWCUT_REF_TOOL | 参考刀具清根铣 | |
| FLOWCUT_SMOOTH | 光顺清根铣 | |
| PROFILE_3D | 三维等高加工 | |
| CONTOUR_TEXT | 轮廓文字加工 | |
| MILL_USER | 用户自定义铣 | |
| MILL_CONTROL | 铣削控制 | |

单击【确定】按钮后，回到图 7-46 所示状态，单击【驱动方法】区域中下拉列表右侧的【编辑】按钮，将弹出【区域切削驱动方法】对话框，将该对话框中的【切削模式】选项修改为“单向”；将【平面直径百分比】值修改为“30”，然后单击【确定】按钮回到图 7-46 所示的状态。

单击【进给率和速度】按钮，弹出【进给率和速度】对话框，将【表面速度】值修改为 120，【主轴速度】值设置为 1000，确定后又回到图 7-46 所示的状态。单击【生成】按钮，得到精加工的刀轨。单击【确定】按钮后，保存生成的刀轨。

图 7-49 【切削区域】对话框

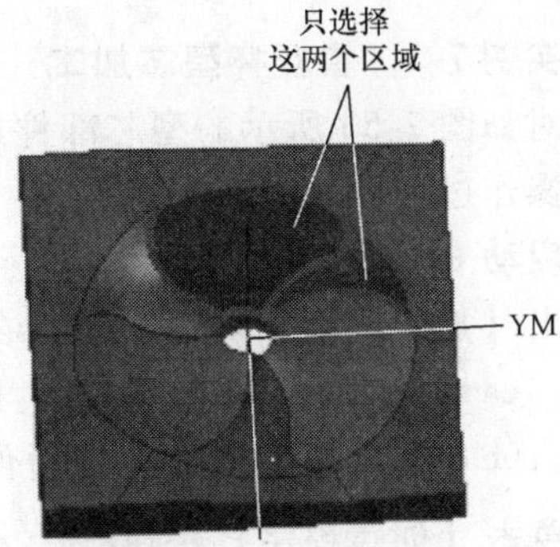


图 7-50 选择区域

现在，展开【操作导航器】导航栏，在空白处右击，在弹出的快捷菜单中单击【程序顺序视图】，在打开的对话框中单击 DFSMZ 前面的 + 号，看到有两个程序段。右击 CONTOUR_AREA_NON_STEEP 图标，弹出快捷菜单，单击【对象】→【变换】，弹出【CAM 变换】对话框，单击【绕点旋转】按钮，弹出【点构造器】对话框，选中图 7-50 所示工件中间的圆心，单击【确定】按钮后，输入【角度】值为 120°，再按鼠标中键，弹出新的无名对话框，单击【复制】按钮，看到有刀轨生成，并弹出新的无名对话框，单击【确定】按钮，完成刀轨的旋转复制，得到一个新的精加工刀轨。

重复上面的操作，不过将操作过程中的【角度】值修改为 240°，又得到一个新刀轨。此时，展开操作导航栏，以【程序顺序视图】方式显示时，可以看到复制了两个刀轨。

为了精加工四周表面，在【操作导航器】导航栏中，右击 CONTOUR_AREA_NON_STEEP 图标，单击【复制】按钮，然后右击 DFSMZ，单击【粘贴】，结果在导航栏中又增加了一个程序段。双击此新的程序段，弹出如图 7-44 所示的对话框，单击【指定切削区域】按钮 ，再单击【重新选择】按钮，将弹出【切削区域】对话框，对四周区域逐一选择，如图 7-51 所示。

单击【生成】按钮，完成刀轨的创建。按鼠标中键，保存程序。

现在，依照上面的操作，完成多路径清根铣“FLOWCUT_MULTIPLE” 操作的创建，使用的刀具为“MILL-D3”，方法为“精铣”。

完成后进行仿真铣削，效果如图 7-52 所示。

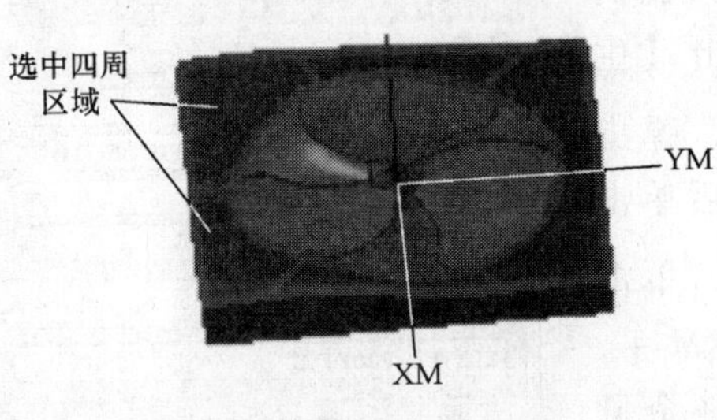


图 7-51 选中四周区域

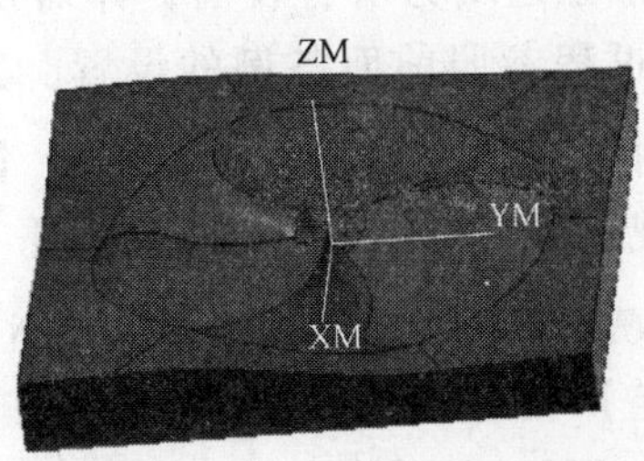


图 7-52 完成加工的效果

加工过程中由于留有余量 0.2mm 作为电火花加工的余量，因此，上面的效果图中没有加工到位。

最后，读者可以选中所有程序段，进行后处理，其操作过程与实例 7-1 类似，这里不再详述。

**实例 7-3　雪糕杯型芯加工**

对如图 7-53 所示的型芯部件进行加工编程。

操作过程：

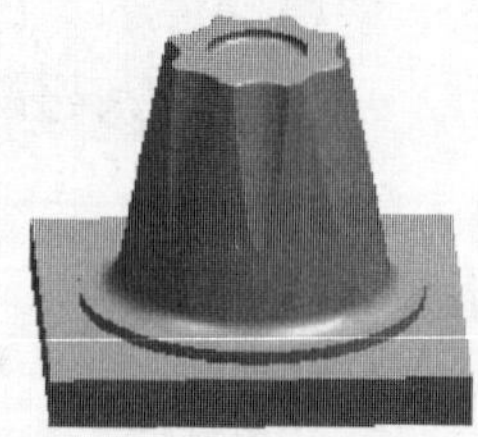

图 7-53　型芯部件

启动 UG，打开如图 7-53 所示的零件。单击【起始】→【加工】，当弹出【加工环境】对话框时，在【CAM 会话配置】下拉列表框中选择“cam_general”，在【CAM 配置】下拉列表框中选择轮廓铣“mill_contour”，然后单击【初始化】按钮，进入到加工环境。

单击【创建程序】按钮，弹出【创建程序】对话框，将类型设置为“mill_contour”，将名称修改为“EX3”，然后单击【确定】按钮完成创建程序操作。

单击【创建刀具】按钮，弹出【创建刀具】对话框，将类型设置为“mill_contour”，创建立铣刀 MILL，直径为 16mm；创建球刀 BALL_MILL 两把，直径分别为 6mm 及 3mm，创建过程可参见实例 7-1。

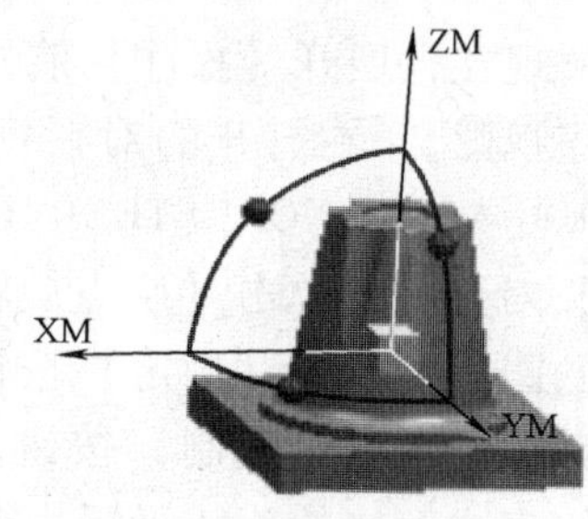


图 7-54　设置 MCS

单击【创建几何体】按钮，弹出【创建几何体】对话框，将类型设置为“mill_contour”，由于本次打开的零件的坐标系的 ZC 轴方向不与加工方向垂直，因此，创建一个 MCS，单击【创建几何体】对话框中的【MCS】按钮，然后单击【确定】按钮，弹出 MCS 对话框，修改加工坐标方向，使 ZM 方向朝上，如图 7-54 所示。

按鼠标中键，完成几何体的设置。

下面介绍加工步骤。

**1. 设置粗加工**

单击【创建工序】按钮，弹出【创建工序】对话框，如图 7-55 所示，单击子类型中的跟随型芯铣“ZLEVEL_FOLLOW_CORE”，然后做如图 7-55 所示的设置。

图 7-55　加工操作设置

单击【确定】按钮，弹出【ZLEVEL_FOLLOW_CORE】对话框，与前面的操作类似，设置部件为型芯，设置加工区域为所有表面，并对切削、进给率进行设置，设置过程参照前面各例的设置。完成设置后，单击【生成】按钮，生成刀轨，单击【确认】按钮，弹出【可视化刀轨轨迹】对话框，单击“3D”选项，然后单击【播放】按钮，系统将弹出【No blank】对话框，单击【确定】按钮，弹出【临时毛坯】对话框，将 XM+，XM-，YM+，YM-，ZM+均设置为“2”，表示毛坯余量四周均为 2mm，然后按鼠标中键，系统开始模拟加工，加工过程及完成后的效果分别如图 7-56a、b 所示。

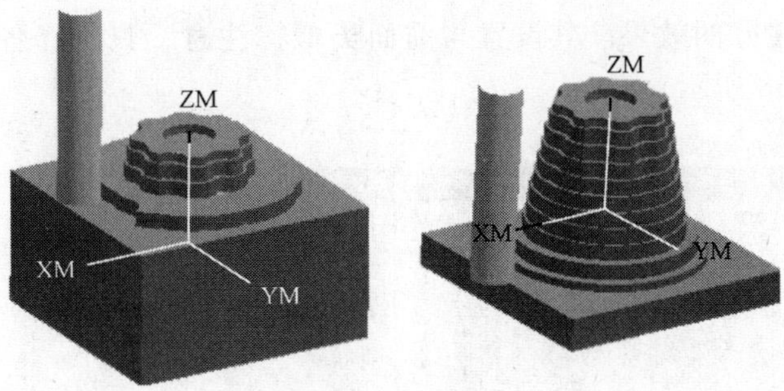


a)　　b)

图 7-56　加工效果

a）加工过程　b）加工完成

**2. 设置精加工**

为了减少加工中的空刀，使用下面几种方法来进行精加工。

1）使用区域轮廓铣 CONTOUR_AREA 对型芯的上表面进行铣削。当出现图 7-57a 所示的对话框时，单击【确定】按钮，弹出【CONTOUR_AREA】对话框，部件选择为整个型芯，进行区域设置时选择型芯的上部表面，不要选择陡坡部分，选择结果如图 7-57b 所示。单击【CONTOUR_AREA】对话框中的【参数编辑】按钮，弹出【区域铣削驱动方式】对话框，将【图样】设置为“同心圆”，【切削类型】设置为“单向”ZIG，【步进】设置为“刀痕”，其余按默认设置，完成设置后，可以按照与前面类似的操作生成刀轨及进行仿真加工。

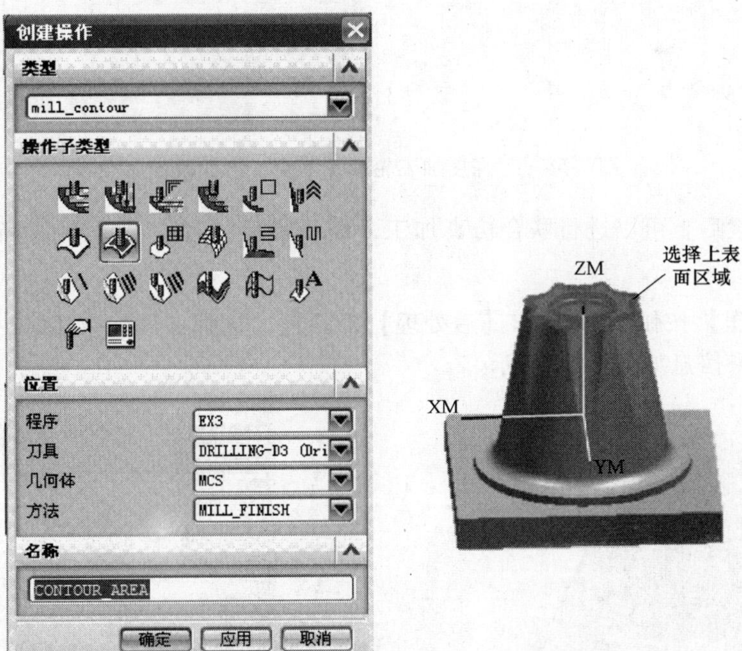


a)　　b)

图 7-57　CONTOUR_AREA 操作参数设置与区域选择

2）使用适合于陡坡加工的陡峭等高轮廓铣“ZLEVEL_PROFILE_STEEP”来加工型芯侧壁，具有效率高、质量好的效果。其设置与前面类似，注意，只选择各陡壁作为加工区域，主要参数设置如图 7-58 所示。

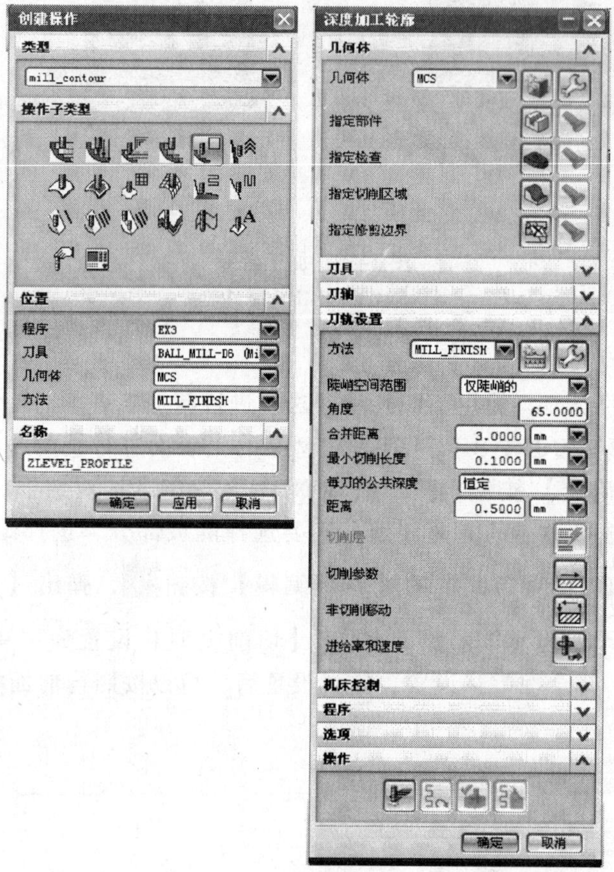


图 7-58　“深度加工轮廓铣”加工参数设置

完成这些设置后，可以进行联合仿真加工，编译最后的程序。图 7-59 所示是最后的加工结果。

单击【后处理】按钮，弹出【后处理】对话框，选择三轴铣 MILL-3-AXIS，确定后输出了程序，结果信息如图 7-60 所示。

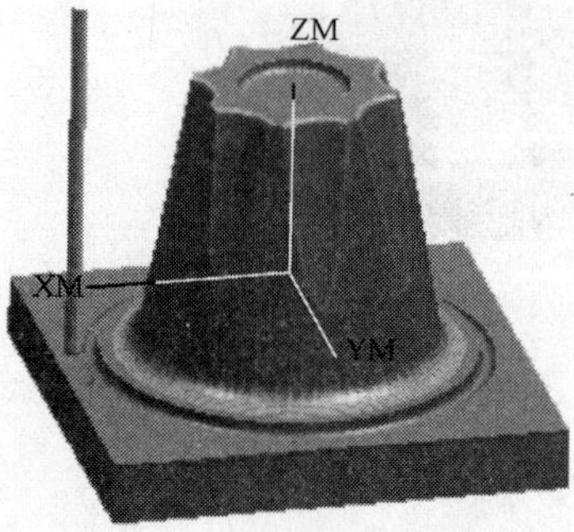


图 7-59　最后的加工结果

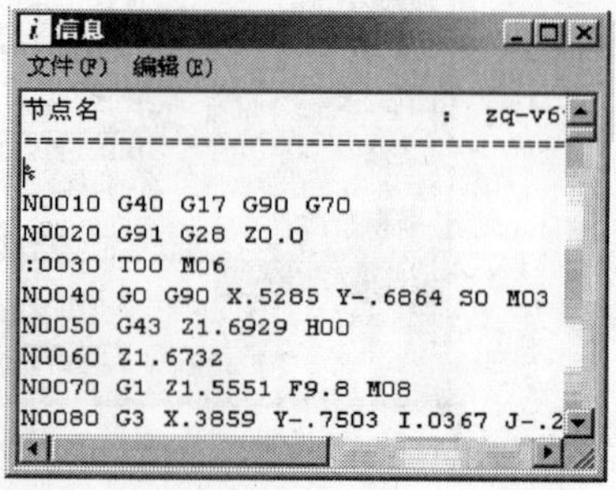


图 7-60　结果信息

保存文件，完成程序编制。

## 本章小结

本章简要地讲解了 UG 数控加工的基本知识，并以 3 个实例说明了常用的加工操作过程及主要操作技巧。由于 UG 的加工过程大同小异，因此，不必举太多实例。读者在操作过程中，要注意进行实践操作以便对所编程序进行验证。另外，虽然 UG 在编程时有粗、半精及精加工几种，但编程没有定式，读者可以通过修改参数，将精加工用做粗加工，同时也可用做半精加工。UG 操作方法的种类虽多，但读者在创建加工方法时，要根据实际需要，灵活选择加工方法，以加工效率高，精度能满足工艺要求为原则。如本章最后一例，在精加工时，完全可以只使用 CONTOUR_AREA 加工方法来加工所有需要精加工的表面；也可以尝试使用多种操作方法来代替现在的操作，只要编出的程序效率高、加工质量好就行。

## 练　习　题

7-1　加工如图 7-61 所示的零件。

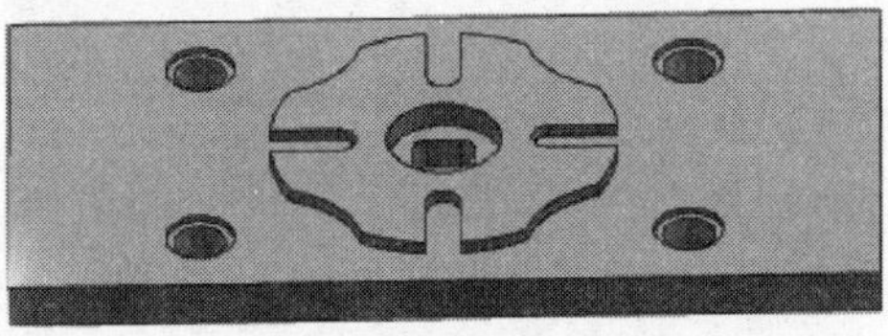

图 7-61　练习题 7-1 用图

7-2　对如图 7-62 所示的零件进行加工编程，此零件在本书网络电子资源目录下的 uf_file\mz 文件夹中。

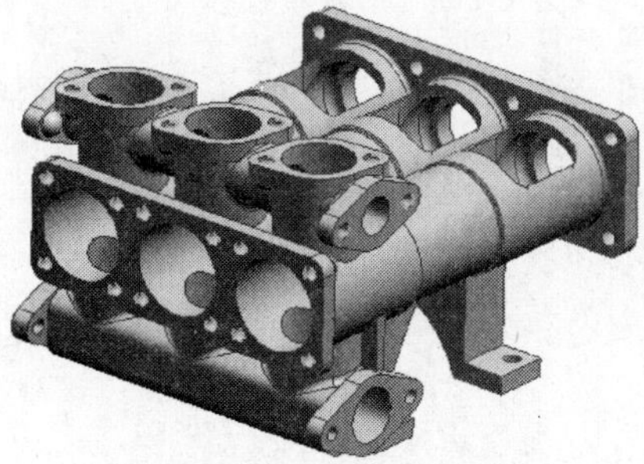

图 7-62　练习题 7-2 用图

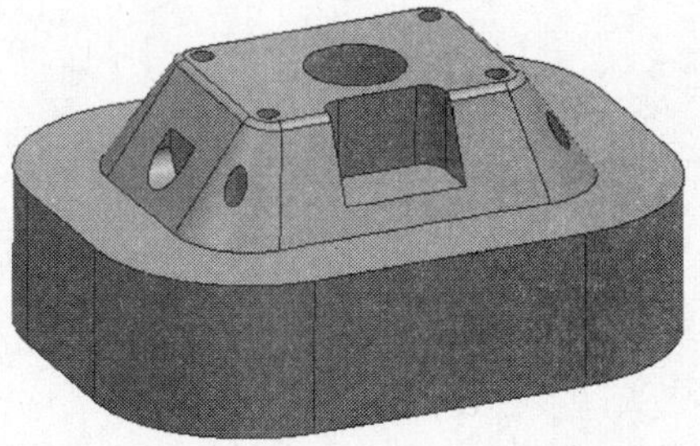

图 7-63　练习题 7-3 用图

7-3　对如图 7-63 所示的零件进行加工编程，此零件在本书网络电子资源目录下的 uf_file\mz 文件夹中。

7-4　对第 6 章中各分模实例中分模后的型芯、型腔进行加工编程。

# 参 考 文 献


[1] 钟奇，韩立兮．UG NX4 实例教程［M］．北京：人民邮电出版社，2008.

[2] 张黎骅．UG NX6.0 计算机辅助设计与制造实用教程［M］．北京：北京大学出版社，2009.

[3] 荣建刚，荣立峰．UG NX 6.0 中文版入门与提高［M］．北京：清华大学出版社，2011.

[4] 詹才浩．UG NX 产品设计范例［M］．北京：清华大学出版社，2009.

[5] 姜彬．UG 塑料注射模具设计方法及应用案例［M］．北京：电子工业出版社，2009.

## 《UG NX7.5 高级应用教程》

钟奇　王晓军　　主编

## 信息反馈表

尊敬的老师：

您好！感谢您多年来对机械工业出版社的支持和厚爱！为了进一步提高我社教材的出版质量，更好地为我国高等教育发展服务，欢迎您对我社的教材多提宝贵意见和建议。另外，如果您在教学中选用了本书，欢迎您对本书提出修改建议和意见。

**一、基本信息**

姓名：____________ 性别：______ 职称：____________ 职务：________________

邮编：____________ 地址：__________________________________________________

工作单位：______________ 校/院_______________系 任教课程：________________

学生层次、人数/年：____________ 电话______-____________（H）_________（O）

电子邮件：________________________________________ 手机：________________

**二、您对本书的意见和建议**

（欢迎您指出本书的疏误之处）

**三、您对我们的其他意见和建议**

请与我们联系：

100037　北京百万庄大街22号·机械工业出版社·高等教育分社　舒恬　收

Tel：　010—8837 9712（O）　　Fax：010—68997455

E-mail：shutiancmp@gmail.com